电梯制造与安装安全规范
——GB 7588 理解与应用

（第二版）

陈路阳　庞秀玲　陈维祥　孙立新　编著

U0311812

中国质检出版社
中国标准出版社
·北 京·

图书在版编目(CIP)数据

电梯制造与安装安全规范：GB 7588理解与应用/陈路阳等编著—2版.—北京：中国质检出版社,2017.8

ISBN 978-7-5066-8688-4

Ⅰ.①电… Ⅱ.①陈… Ⅲ.①电梯—安全生产—规范—中国 ②电梯—安装—安全技术—规范—中国 Ⅳ.①TU857-65

中国版本图书馆CIP数据核字(2017)第165739号

中国质检出版社
中国标准出版社
出版发行

北京市朝阳区和平里西街甲2号 （100029）

北京市西城区三里河北街16号 （100045）

网址：www.spc.net.cn

总编室：（010）68533533 发行中心：（010）51780238

读者服务部：（010）68523946

中国标准出版社秦皇岛印刷厂印刷

各地新华书店经销

*

开本 787×1092 1/16 印张 43 字数 1294 千字

2017年8月第二版 2017年8月第二次印刷

*

定价：118.00元

第二版出版说明

《电梯制造与安装安全规范——GB 7588 理解与应用》已出版 5 年，早已售完，需求者仍甚多。此外，GB 7588—2003《电梯制造与安装安全规范》国家标准第 1 号修改单自 2016 年 7 月 1 日起开始实施。第 1 号修改单增加了防止轿厢意外移动保护、防止从轿内开启轿门两个功能，并提高了对层门强度的要求，修改和增加的条款有 50 多项。为此，特修改再版此书，以满足众多读者需求。

此次增订的内容有：

(1) 对第一版中一些表述得不够全面或个别印刷有误之处，作了补充与订正；

(2) 对 GB 7588 第 1 号修改单中增加和修改的内容做了较全面的解析，以期与读者共同学习，充分理解修改单增订的内容。

"GB 7588 理解与应用"区别于提供依据为主的"一般标准宣贯"，也区别于进行深入分析、详细推导与细致介绍的"一般技术书籍"。"GB 7588 理解与应用"的目的在于方便应用，力求简明扼要。"GB 7588 理解与应用"给出标准原文并逐条作对应的简要解析，为便于理解标准的规定与对应的解析，还给出必需的有关基础知识与原理，个别问题进行必要研讨，以"解析""资料"和"讨论"相结合，期望使读者对电梯基础标准 GB 7588—2003《电梯制造与安装安全规范》的全貌有完整的了解。故此第二版仍保留此风格。

本书的形成过程中，众多造诣深厚、经验丰富的电梯专家起了非常重要的作用。借再版之机，由衷地感谢那些一直在关心帮助我们的行业专家与同仁，更感谢一直支持与厚爱我们的广大读者。

编著者

2017 年 7 月

序言

GB 7588《电梯制造与安装安全规范》是电梯主体技术标准,是电梯行业相关标准的技术基础和安全约束。因此,对《电梯制造与安装安全规范》的理解和学习便成为所有电梯设计、制造、安装、检验以及维修保养人员的一门必修课。

《电梯制造与安装安全规范》技术内容上与欧洲标准EN81 等效,条文编号与之一致。我国于 1987 年首次颁布实施,历经 1995 年和 2003 年 2 次修订,对规范我国电梯技术标准、提升电梯产品质量、保障电梯安全运行方面具有十分重要的作用。

《电梯制造与安装安全规范》在我国颁布以来,通过学习、贯彻、实施,逐步加深了广大读者对标准的理解。然而,由于此标准源于欧洲,很多技术背景并不为我们所完全了解,加之由于不同语言表述的差异,部分条文在阅读时可能会产生一些歧义,这些都可能影响到我们对条文确切含义的理解和把握;以及原标准的制定者 CEN 公布了诸多的解释条款。为此,作者将参与此标准编制、宣贯以及查阅的资料与学习心得辑录成册,供电梯界同仁在研究、探讨标准时参考。

为读者阅读方便,本书写作采用了对 GB 7588—2003《电梯制造与安装安全规范》逐条解析的方式。书中黑体字部分为标准的原文。

本书的叙述,主要分[解析]、[资料]和[讨论]几个部分。

[解析]分为两种情况:第一种是笔者对相应条文的理解。第二种是作者从各方面找到的 CEN TC10 对 EN81 相关条款的解释和问题解答(解释单),供大家参考使用。

[资料]部分是写作过程中为说明条款而引用、摘录的权威资料的内容,包括相关的国家标准内容、手册、法规以及设计规范中的相关内容。以及作者认为对贯彻执行标准有用的内容。

[讨论]部分是针对标准中表述容易出现歧义的地方进行的分析和说明,是作者的一家之言。

本书的目的是为读者提供如何更恰当的使用《电梯制造与安装安全规范》的方案,因此除极个别的条款外,对于标准条文是否完全合理并未作明确的讨论。

为了使读者阅读方便,在进行条文说明的时候,尽可能将附录的介绍放在标准正文的相应位置上进行叙述。因此附录部分没有单独进行解析。

由于"附录 B(标准的附录)开锁三角形钥匙""附录 C(提示的附录)技术文件"和"附录 ZA(提示的附录)本标准对欧洲电梯指令 EU 的符合性说明"的主要内容是一些具体规定,作者认为不需要作进一步的解析。同样"附录 K(标准的附录)曳引电梯的顶部间距"和"附录 L(标准的附录)需要的缓冲行程"本身就是对标准正文的进一步补充说明,因此也没有必要再对其进行解析。此外"附录 G(提示的附录)导轨验算"本身对于如何计算和选用导轨已经阐述得非常清晰了,对此作者也不再赘述了。

本书在编写过程中查阅了大量的相关资料,包括为数众多的国家标准、电梯著作。因此,本书与其说是笔者的著述,不如说是多年来我们的一份读书和求知笔记。衷心感谢那些曾给予我们莫大帮助的专家、同仁、领导和同事,是他们促成我们完成了此书。此外,本书的编写,在很大程度上也有赖于发达的互联网,在互联网的各个专业论坛上,有很多无私的网友就我们的提问展开交流和讨论,并使我们从中深获教益。

将本书献给所有研究电梯标准和技术的同仁。但愿本书能作为一块"砖",引出更珍贵的"玉"。

编著者
二〇一二年九月

目录

GB 7588—2003前言

本标准的第1、2、3、4章以及7.2.1(部分内容)、8.17.1、9.1.2b)、9.9.6.2(部分内容)、12.6(部分内容)、13.1.1.3、15.2.3.2(部分内容),16.2a)6)(部分内容)、附录C、附录E、附录G、附录M及附录ZA为推荐性的,其余为强制性的。

本标准是根据欧洲标准化委员会(CEN)的标准EN81-1《电梯制造与安装安全规范》1998年版,对GB 7588—1995《电梯制造与安装安全规范》(等效采用EN81-1:1985)进行修订的。经本次修订后的GB 7588—2003在技术内容上与EN81-1:1998等效,条文编号与之一致。

欧洲标准EN81-1:1998与EN81-1:1985相比,内容有较大变动。增加了许多新的技术内容和计算方法。本次对GB 7588的修订除少部分内容根据我国电梯行业情况有所变更外,基本上接受了EN81-1:1998的内容。

在本次修订中,主要技术内容变更如下:

1.GB 7588—1995适用范围简洁明确,因此仍保留GB 7588—1995适用范围,为了明确起见,加上"病床电梯",删去EN81-1:1998的使用范围。

2.本次修订对EN81-1:1998所引用的标准做了以下转化:

(1)属于EN81-1:1998"引用标准"一章中列入的国际标准或国外先进国家标准已被我国等效采用后成为我国国家标准或行业标准的,则直接引用相应的我国标准号。

(2)属于EN81-1:1998"引用标准"一章中没有列入的,在EN81-1:1998中也未提及标准代号,但其内容上涉及我国应实施的有关标准的,则也列入"引用标准"。如:16.2a)6)中原文为"使用CENELEC符号",列入对应的我国标准GB/T 4728《电气图用图形符号》。又如:对于9.1.2 c)的要求,列入对应的我国标准GB 8903《电梯用钢丝绳》。

(3)属于EN81-1:1998"引用标准"一章中已列入的,但我国尚未转化的国外先进标准,我们直接引用国外标准号,如:ENl2015《电磁兼容性 用于电梯、自动扶梯和自动人行道的系列标准 辐射》,EN12016《电磁兼容性 用于电梯、自动扶梯和自动人行道的系列标准抗干扰性》。

3.为了与我国其他电梯标准协调,EN81-1:1998中与GB/T 7024《电梯、自动扶梯和自动人行道术语》相同的术语不再列入,仅保留专用术语,并增加了"检修活板门"及"井道安全门"等。

4.根据我国国情,对EN81-1:1998的部分内容进行了修改或调整。

(1)增加的内容:如在5.1.2中增加"观光电梯可除外";在7.1及8.6.3中增加了"对于载货电梯,此间隙不得大于8mm";在5.6.1中增加"特殊情况,为了满足底坑安装的电梯部件的位置要求,允许在该隔障上开尽量小的缺口"。

(2)删去的内容:如删去9.8.2.1中"具有缓冲作用的瞬时式安全钳"及其他条文中相关

内容;删去 10.3.4 中"具有缓冲复位的蓄能型缓冲器"及其他条文中相关内容。

（3）调整的内容：如对 8.2.1、8.2.2 轿厢有效面积的规定进行了调整；对 9.8.2.1 中轿厢采用的瞬时式和渐进式安全钳的速度范围作了调整；在附录 D 的 D2j)中，将："额定速度"调整为"检修速度'；将 F5.3.1"具有缓冲作用的蓄能型缓冲器"的试验方法内容调整为"线性蓄能型缓冲器"试验方法。

本标准规定的各项安全准则以及附录内所有的要求，为乘客电梯、载货电梯的制造、安装与检验提供了全国统一的技术依据和安全要求，对于电梯交付使用前的检验、定期检验以及重大改装或事故后的检验的内容不应超出本标准的范围。

本标准的附录 A、B、D、F、H、J、K、L、N 均为标准的附录，附录 C、E、G、M、ZA 为提示的附录。

本标准从 2004 年 1 月 1 日起实施，与此同时代替 GB 7588—1995。本标准自实施之日起，过渡期为 1 年，过渡期满后，GB 7588—1995 同时废止。

本标准由中国机械工业联合会提出。

本标准由全国电梯标准化技术委员会归口。

本标准负责起草单位：中国建筑科学研究院建筑机械化研究分院。

本标准参加起草单位：中国迅达电梯有限公司、中国天津奥的斯电梯有限公司、上海三菱电梯有限公司、广州日立电梯有限公司、苏州迅达电梯有限公司、沈阳东芝电梯有限公司、杭州西子奥的斯电梯有限公司、通力电梯有限公司、广州广日电梯工业有限公司、蒂森电梯有限公司、上海东芝电梯有限公司、上海永大机电工业有限公司、广州奥的斯电梯有限公司、华升富士达电梯有限公司、苏州江南电梯(集团)有限公司。

本标准主要起草人：顾鑫、康红、张广健、万忠培、叶丹阳、朱健、徐文刚、金来生、马凌云、黄启俊、杨锡芝、严建忠、王伟峰、林曼青、陈路阳、魏山虎。

本标准首次发布于 1987 年，第一次修订于 1995 年，第二次修订于 2003 年。

EN81-1前言

　　■ **解析**　本章的标题是"EN81-1的前言",其实它是EN81-1的第0章,是EN81-1的总纲。它叙述了EN81-1制定的诸多原则和假设,对其后的所有内容起到原则性和指导性作用,也是保证标准合理性的基础。

　　EN81-1是在第0章(即本章)的假设条件下才能够保证符合本标准的电梯的安全性;同时标准中后面的每个条款也均是为保护第0章中所描述的风险而制定的,是对第0章内容的详细化和可操作化。因此,正确、全面的理解EN81-1第0章是理解和正确应用EN81-1的关键。

　　由于GB 7588—2003来源于EN81-1:1998,因此本章同样是GB 7588—2003的总纲,使用和学习GB 7588—2003必须充分了解本章。

　　EN81-1的前言说明了本标准的一些原则:

　　1. 事故依据原则

　　标准的0.1.1和0.1.2叙述了标准制订的原始依据是在分析了电梯可能出现的事故,如剪切、挤压、坠落被困、火灾、电击等的基础上,制订了相应的预防规范。

　　2. 通用设计原则

　　标准的0.2认定电梯整机及零部件是基于正确的设计、合格的制造质量以及良好的维修状态的状况。在此基础上本标准规定的仅是针对电梯的特定要求。本标准认为电梯在设计制造、材料选择、工艺使用方面已经遵守了通用的标准和规范,即默认这些方面是符合要求的且可靠的。所以说若电梯零部件因设计或制造质量造成人身伤害或设备事故及设备损坏也应认为是违反了本标准的安全要求。

　　3. 同等效果原则

　　标准的0.3、0.4明确说明了本本标准在制订时仅提出了安全要求,而不规定具体结构型式,这主要是防止标准的条文成为技术应用多样性的阻碍,标准上有时为了说明问题而举出的某些具体设计范例,不能认为是唯一可行的设计,只要效果相同都可以采用。同等效果原则为设计的多样化留有余地。当然同等效果原则不应被曲解,那些在标准中已经申明作为唯一途径或方法实现某种目的或功能的设计不能以"同等安全原则"为由被违反,事实上,凡是标准中已经申明必须采用唯一途径或方法而实现的目的或功能,采用其他途径或方法也难以做到"同等安全"。例如有关钢丝绳或链条的使用,标准中9.1.3规定:"钢丝绳或链条最少应有两根,每根钢丝绳或链条应是独立的"。此处已经申明使用两根以上的钢丝绳或链条作为电梯的悬挂部件是唯一可行的方式,无论使用何种手段(如增加钢丝绳的安全系数等),均不能违反此原则,此处除了使用标准中所规定的方法,其他手段都无法做到"同等安全"。

　　4. 全方面保护原则

　　标准的0.1.2.2、0.1.2.3说明了本标准的规定既保护人员又保护设备,同时也保护建筑物以及使用电梯运送的货物。人员方面包括了使用者、维修检查人员、电梯井道以及机房和滑轮间外的人员。使用者又包括了乘客、司机、陪伴货物的人员等。这里面,不包括进行安装和拆除电梯作业的人员,很明显由于安装和拆除电梯时,电梯系统都会处于(至少在某个阶段处于)不完整的状态,因此依靠电梯系统本身是无法保护进行此类作业人员的安全的。这些人员的安全还需要有其他的安全措施,并执行相关的操作规程才能得到保证。

5. 意外事件保护原则

标准的 0.3.7、0.3.8 指出了本标准考虑了使用者的疏忽和意外的不小心及鲁莽轻率动作的保护,但没有考虑两个以上非正常动作同时发生的情况。同时也不考虑违反使用说明的情况,因此应重视使用说明。事实上,任何安全标准都不可能保护故意违反安全要求的行为和同时出现多个鲁莽动作情况。

6. 采用软件和硬件共同保证安全

EN81-1 所制订的所有要求,都是根据事故发生的可能性,进行全方面的保护。但仅有硬件的保护是不够的,必须就事故发生的情况预先制订预案,硬件的配备是以预案为基础、并为事故预案作配套使用的。因此仅仅就 EN81-1 的要求设置的各种必要设施,如果没有事故预案也无法实现全面保护的目的。

必要的软件的规定还在于补充硬件保护的不足。因为不是所有行为都可以用硬件进行保护,单纯依赖硬件设施来进行全面的安全防护,不但会造成产品成本的无限增加,也难以取得预期效果。例如 0.3.8 规定了如果维修等行为可能影响电梯安全运行,同时使用人员又无法控制这种行为时,应采取有效的规章制度来保证这种行为不会危害电梯的安全运行。这就是用软件规定保证安全的一个很好体现。

另外,在本标准中遵守 GB/T 1.1《标准化工作导则 第 1 部分:标准的结构和编写规则》的要求:"标准中的要求应容易识别,并且这些要求的条款要与其他可选择的条款相区分,以便使标准使用者在声明符合某项标准时,能了解哪些条款是应遵守的,哪些条款是可选择的。为此,有必要规定明确的助动词使用规则"。因此,本标准中的"应、不应"表示要准确地符合标准而应严格遵守的要求。"宜、不宜"表示在几种可能性中推荐特别适合的一种,不提及也不排除其他可能性,或表示某个行动步骤是首选的但未必是所要求的,或(以否定形式)表示不赞成但也不禁止某种可能性或行动步骤。"可、不必"表示在标准的界限内所允许的行动步骤。"能、不能"用于陈述由材料的、生理的或某种原因导致的可能和能够。

引 言

0.1 总则

0.1.1 本标准从保护人员和货物的观点制定乘客电梯和载货电梯的安全规范,防止发生与使用人员、电梯维护或紧急操作相关的事故的危险。

■■ **解析** 根据 JB/T 7536—1994《机械安全通用术语》,"安全标准"的定义为:"以保护人和物的安全为目的而制定的标准"。从这个意义上说,0.1.1 的内容说明了本标准是安全标准,在本标准中规定的是与安全相关的内容。可以这样认为,对于与安全方面无关的产品性能和质量方面的内容,本规范不作过多要求。

本条同时强调了 EN81-1 保护的对象既包括人员的安全又包括货物的安全。在以下三种状态下,电梯均应是安全的:a)正常使用、b)电梯维护、c)紧急操作。

0.1.2 研究了电梯在下列方面的多种事故的可能性:

0.1.2.1 可能因下列事故造成危险:

    a)剪切;

    b)挤压;

    c)坠落;

    d)撞击;

    e)被困;

    f)火灾;

    g)电击;

    h)由下列原因引起的材料失效:

        1)机械损伤;

        2)磨损;

        3)锈蚀。

■■ **解析** 0.1.2.1 表明,在制定 EN81-1 时已经考虑到了以上事故发生的可能性,并已经考虑到在发生上述事故时,对人员、设备和建筑物的保护。可以这样认为,如果完全按照 EN81-1 的要求去做,以上事故的可能性要么可以被排除,要么在发生某些事故时其危险已被限制在可以接受的范围之内。举一个很典型的例子:附录 N(钢丝绳安全系数)就是考虑到钢丝绳磨损和疲劳导致失效的可能性,因此要用附录 N 中提供的方法(设计计算)来降低这种风险发生的概率,最终达到避免坠落危险发生的目的。

0.1.2.2　保护的人员：

　　a）使用人员；

　　b）维护和检查人员；

　　c）电梯井道、机房和滑轮间（如有）外面的人员。

　　解析　0.1.2.2表明，EN81-1在保护人员方面的目的是保证以上人员免受伤害。这里的"使用人员"不单指乘客，同时还应包括运送货物时伴随的人员等；"维护和检查人员"包括的是维修、保养以及试验人员等工作人员。这里要注意的是c），在标准中不但要保护那些使用电梯和检查、维护电梯的人员，同时对在电梯设备、井道和机房附近活动的人员也要提供必要的保护。标准中的5.2.1.2（部分封闭的井道）、5.5（底坑下方存在人可以到达的空间）等都可视作对应本条的要求。

　　本条所声明的保护对象没有包括进行电梯安装、拆除和装卸作业的人员，因为在安装、拆除电梯的过程中，电梯并不是一个完整的设备，单凭GB 7588的规定是无法保护上述人员安全的。上述人员的安全保护还需要其他安全防护措施以及严格执行合理的安全操作规程。

0.1.2.3　保护的物体：

　　a）轿厢中的装载物；

　　b）电梯的零部件；

　　c）安装电梯的建筑。

　　解析　0.1.2.3表明，EN81-1在保护物体方面的目的是保证上述物体免受损失。应注意的是，不但要保护电梯所运送的货物的安全、电梯设备本身的安全，同时也考虑到了建筑物的安全。由此可见，5.3等都可视作对本条要求的具体化。

0.2　原则

　　制定本标准时，采用了下列原则。

0.2.1　本标准未重复列入适用于任何电气、机械及包括建筑构件防火保护在内的建筑结构的通用技术规范。

　　然而，有必要去制定某些为保证有良好制造质量的要求。或许它们对电梯的制造者而言是特有的要求，也或许因为在电梯使用中，可能是有较其他场合更为严格的要求。

　　解析　本条说明EN81-1中规定的仅是与电梯相关的安全要求，其中并没有列举机械、电气以及建筑方面的通用技术要求。执行EN81-1的前提是首先要保证这些机械、电气以及建筑方面的通用技术要求已经被正确的执行了。EN81-1在欧洲属于一个C类标准，下面介绍一下各类欧洲标准的分类背景、地位和编制原则，这样可以加深对本标准的了解。

　　在欧洲机器指令之下，欧洲标准化组织制定了上百个标准，为了更好地管理并对这些标准分类，欧洲标准化组织制定了EN414《机械安全　安全标准的起草与表述规则》（我国

已将其转化为 GB/T 16755《机械安全 安全标准的起草与表述规则》),将它们划分成三个不同的层次结构:

1. A 类标准(基础安全标准):给出适用于所有机械的基本概念、设计原则和一般特征。

2. B 类标准(通用安全标准):涉及一种安全特征或使用范围较宽的一类安全装置。

(1)B1 类,特定的安全特征(如安全距离、表面温度、噪声)标准;

(2)B2 类,安全装置(如双手操纵装置、联锁装置、压敏装置、防护装置)标准。

3. C 类标准(专业机械安全标准):对一种特定的机器或一组机器规定出详细的安全要求。

所有安全标准都应符合 A 类标准给出的基本概念、设计原则和一般特征。

B 类标准和 C 类标准包含机器的设计和/或构造;B 类标准应考虑一种安全特征或一类安全装置;C 类标准应考虑一种型式的机器或一组机器。

它们之间的关系是这样的:A 类标准是涉及基本概念或设计原则的标准(如基本安全评估等)。在 A 类标准之下,是参考 A 类标准而制定的、对各种类别的机器做出规定的 B 类标准,B 类标准并不是针对某一种具体的机器,而是对整个类别的机器的共性做出了规定。B 类标准又划分为 B1 标准和 B2 标准,B1 标准对与安全保护相关的参数做出了规定,如安全间距、表面温度、噪声等;B2 标准规定的是对安全保护装置的具体要求,如紧急停止开关、双手按钮、安全门开关、安全地毯等。

在 B 类标准的基础之上,制定了大量的 C 类标准,C 类标准是针对具体产品所制定的安全标准,每一个 C 类标准都对一种具体的机器装置做出了详细的规定。

下面是三类标准级别的示意图:

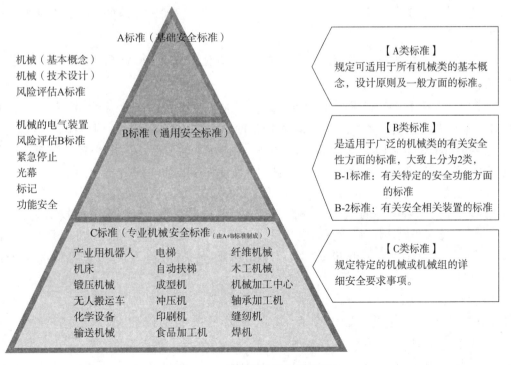

图 0-1 欧洲标准分级示意图

由此我们知道,EN81-1属于C类标准的范畴。

C类标准制定的原则就是通过下述方法尽可能在一个标准中包括与一种或一组机器有关的所有危险:

(1)引用相关的A类标准;

(2)引用相关的B类标准和性能类别;

(3)引用充分包括这些危险的其他标准(如C类标准);

(4)当不可能引用其他标准,而风险评价表明这又是需要的,则在标准中规定安全要求和/或措施。

在决定不包括所有危险时(例如,为了包括所有危险,而引起标准的起草时间不可接受时),应在标准的适用范围中作出明确的规定,并列出所处理的危险一览表。

由以上原则可以知道,由于EN81-1仅是一个针对具体产品所制定的标准(C类标准)。它的制订原则就是尽可能引用A类和B类标准的内容,而不是取代它们。因此EN81-1不可能替代或取代其他基础标准。在使用EN81-1时还要符合其他的基础标准和相关标准。

由此可知,在执行EN81-1时,首先默认已经遵守了机械、电气、建筑等通用标准和技术要求。而EN81-1所给出的要求之所以能够保证电梯的安全,其基础也正是建立在遵守这些基础标准和技术要求的前提下的。

0.2.2 本标准不仅表达了电梯指令的基本安全要求,而且另外叙述了电梯安装在建筑物或构筑物中的最低限度的规范要求。某些国家的建筑结构等法规也不可忽视。

受此影响的典型条款是,机房、滑轮间高度及它们入口门尺寸的最小值的规定。

解析 由于EN81-1是欧盟的协调标准,它将在欧盟各国作为国家标准来执行,各国在对电梯的认识上已经达成了一致,但对于建筑方面,各国之间还有不同的地方,因此强调了"某些国家的建筑结构等法规也不可忽视"。由于本章的名称就是"EN81-1前言",在这里有意保留了"EN81-1前言"的原文意思。另外要强调的是:EN81-1在欧盟各国并不是强制标准,这一点与我国不同。在欧盟不符合EN81-1并不意味着电梯不可以销售、安装和使用,也不意味着电梯的安全性不能令人放心。由于欧盟有专门的电梯技术法规——95/16/EC,技术法规是强制执行的,电梯只要符合95/16/EC即可,协调标准只是提供产品符合95/16/EC的途径。在这里EN81-1做出保证,只要符合EN81-1的电梯,一定符合95/16/EC。

0.2.3 当部件因质量、尺寸和(或)形状原因用手不能移动时,则这些部件应:

a)设置可供提升装置吊运的附件;

b)设计可以与上述吊运附件相连接的件(如:采用螺纹孔方式);

c)具有容易被标准型的提升设备缚系吊运的外形。

解析 本条文是为了保证在设备吊装和搬运过程中人员和设备的安全而设定的。本条充分考虑到人类功效学原则而制定,人类功效学也是保证机械安全的一个重要方面。GB/T 15706.1—2007《机械安全 基本概念与设计通则 第 1 部分:基本术语和方法》(ISO/TR12100-1:2003)中认为,机械设计时忽略人类工效学原则可能产生各种危及人身安全的危险(关于 GB/T 15706.1—2007 的介绍,请参见"资料 0-1 关于机器设备安全的介绍"。

国家标准 GB 5083—1999《生产设备安全卫生设计总则》中对吊装和搬运也有类似的规定:

"能够用手工进行搬运的生产设备,必须设计成易于搬运或在其上设有能进行安全搬运的部位或部件(如把手)";"因重量、尺寸、外形等因素限制而不能用手工进行搬运的生产设备,应在外形设计上采取措施,使之适应于一般起吊装置吊装或在其上设计出供起吊的部位或部件(如起吊孔、起吊环等)。设计吊装位置,必须保证吊装平稳并能避免发生倾覆或塑性变形"。

0.2.4 本标准尽可能只提出所用材料和部件必须满足电梯安全运行的要求。

解析 本条说明 EN81-1 是以安全标准的原则来制定,其目的就是为了保证电梯能够安全运行。对于电梯的经济性、舒适程度、美观与否等方面本标准都不做具体规定。本条表明了 EN81-1 规定的内容都是很基本的要求,涉及的面也尽可能只涉及安全方面内容。

0.2.5 买主和供应商之间所作的协商内容为:

a)电梯的预定用途;
b)环境条件;
c)土建工程问题;
d)安装地点的其他方面的问题。

解析 在本标准中规定买主和供应商之间应协商的内容,主要是为了保证电梯交付使用后的安全。本条中的 4 个方面均是影响电梯安全运行和正常使用的重要方面,但由于电梯的用途和安装地点等不可能由供应商单方面保证和解决,因此为保证电梯的安全使用,在标准中规定了买主和供应商之间必须对以上几个方面进行协商并达成一致,共同保证电梯在安装后的使用安全。

0.3 假设

考虑到包含在一部完整电梯内的每一零部件的可能危险。
制定了相应规范。

解析 本小节规定了使用 EN81-1 时,假设已满足了后面的要求。通俗的说,本小节是使用 EN81-1 的前提。EN81-1 能够保证电梯在维保、紧急操作和正常使用中都是安全的;0.1.2.2 中的人员和 0.1.2.3 的设备都能够得到应有的保护,是基于满足 0.3 假设的情况下才能够作到的。如果超出了这些假设的范围或这些假设条件没有被充分满足时,EN81-1 无法完善的保证人员和设备的安全。

本条文告诉我们,EN81-1 在制定时,假定使用者已经考虑到电梯的每个零件可能出现的危险,同时针对这些危险已制定了相关规范。这要求我们在设计制造电梯时,为达到本标准所要求的安全保护的目的,应全面考虑电梯每一零件可能发生的各种风险,决不能不加分析地草率认定某个零部件不存在任何危险。

本标准能够保证安全的基本原则是:设计、制造、安装过程经过合理、全面的风险分析,并制订了相应规范。

本节的"假设"是 EN81-1 能够对人员和设备安全进行有效保护的前提,同时也可以看作是对设备制造商、电梯管理者和使用者的要求,只有满足了这些"假设"条件 EN81-1 才能有效保护人员和电梯设备的安全。

0.3.1 零部件是:

a)按照通常工程实践和计算规范设计,并考虑到所有失效形式;

b)可靠的机械和电气结构;

c)由足够强度和良好质量的材料制成;

d)无缺陷。

有害材料如石棉等不准使用。

解析 本条文表明 EN81-1 的一个基础假定就是电梯的设计方法和工程实践是符合要求的、结构是可靠的。由于 EN81-1 是 C 类标准,它无法依靠标准本身的条文要求来覆盖通用设计和制造原则,因此其本身可靠性和合理性是建立在正常的设计制造基本原则上的。也就是说,EN81-1 只提出了与电梯相关的特殊要求,在使用 EN81-1 时,应首先遵守通用的安全原则、机械和电气的设计标准、建筑物的建造和构筑规范、零部件的制造规范、原材料的质量要求等。仅执行本标准的要求还是不能完全实现电梯的安全。

在使用本标准时,由零部件的质量问题、设计制造的不当、原材料自身的缺陷等问题引发的危险本标准不予考虑,避免这些因素导致的危险不是本标准需要解决的范畴。

本标准禁止在电梯部件中使用有害材料。由于石棉材料可能引起癌症和矽肺,且曾经被用于制造制动器摩擦片,因此本条中特别指出了的石棉不再允许被使用。有关石棉的危害,请参考"资料 0-4 关于石棉及其危害的介绍"。

当然有害材料不仅限于石棉材料,其他有害材料(尤其是公认的有害材料)也应避免被使用。

本标准能够保证安全的第一个基础条件是:应充分满足通用技术规范;原材料和零部件符合质量要求。

0.3.2 零部件应有良好的维护和保持正常的工作状态,尽管有磨损,仍应满足

所要求的尺寸。

■■ **解析** 本条实际是假定了电梯在使用过程中应处于正常良好的维护和保养的状态下。众所周知,零部件在使用过程中不发生磨损是不可能的,但如果处于在正常良好的维护和保养的情况下,磨损应不至于影响到零部件的预期性能和安全特性。

本标准能够保证安全的第二个基础条件是:电梯在使用过程中应保证一直处于良好的维护状态下。

0.3.3 选择和配置的零部件在预期的环境影响和特定的工作条件下,不应影响电梯的安全运行。

■■ **解析** 在选择和配置零部件时本标准假定已经充分考虑到 0.2.5"买主和供应商之间所作的协商"的内容:"a)电梯的预定用途;b)环境条件;c)安装地点的其他方面的问题",以使得所选配的零部件能够适合电梯的特定要求。在使用 EN81 – 1 时,不考虑环境影响可能对电梯运行安全带来的不利影响。

本标准能够保证安全的第三个基础条件是:环境因素和特定工作条件应已被充分考虑。

0.3.4 承载支撑件的设计,应保证在 0～100％ 额定载荷下电梯均能安全运行。

■■ **解析** 本条假定了电梯始终运行在 0～100％ 额定载荷下,同时电梯的承载支撑部件也是根据此载荷范围设计的,并能保证在上述载荷条件下能安全运行。这里强调了"在 0～100％ 额定载荷下电梯均能安全运行",承重梁等部件在载荷为 100％ 的条件下最为不利,但如钢丝绳在绳槽中的曳引力,可能是空载时最不利,因此要求在 0～100％ 额定载荷下电梯均能安全运行。

本标准能够保证安全的第四个基础条件是:电梯的载荷范围固定,且承载支撑部件的设计能够满足电梯在此载荷状态下安全运行。

0.3.5 本标准对于电气安全装置的要求是,若电气安全装置完全符合本标准的要求,则其失效的可能性不必考虑。

■■ **解析** 本标准对电气安全装置的型式和特点已经做了详细的规定和要求(如强制断开、足够的电气间隙等),如果电气安全装置完全符合本标准的要求,其可能失效的概率已经被降至可以忽略的程度。即,本标准认为符合标准规定的电气安全装置是不会失效的。

0.3.6 当使用人员按预定方法使用电梯时,对因其自身疏忽和非故意的不小心而造成的问题应予以保护。

■■ **解析** 所谓"按预定方法"是指按照本标准和电梯使用手册允许的情况下的操作。本条所强调的是"按预定方法使用电梯时"和"因其自身疏忽和非故意的不小心。"所谓"预定方法",在 GB/T 15706.1—2007《机械安全 基本概念与设计通则 第1部分:基本术语和方法》中 3.22 有相对应的定义和规定：

"按照使用说明书提供的信息使用机器"。

要求预定使用要与操作手册中的技术说明相一致，并要适当考虑可预见的误用。

"可预见的误用"是指："不是按设计者预定的方法而是按照容易预见的人的习惯来使用机器"。

在 GB/T 15706.1—2007 给出了操作者下意识的行为或机器可预见的误用的最常见的几种情况：

——操作者对机器失去控制（特别是手持式或移动式机器）的行为；

——人对使用中机器发生的失灵、事故或故障的条件反射行为；

——精神不集中或粗心大意导致的行为；

——工作中"走捷径"导致的行为；

——为保持机器在所有情况下运转所承受的压力导致的行为；

——特定人员的行为（如儿童、伤残人等）。

而 GB/T 15706.1—2007《机械安全　基本概念与设计通则　第 1 部分：基本术语和方法》中规定在"选择安全措施的对策"时应考虑"可能出现可预见的机器误用情况"。可见上述情况本标准都是应该进行保护的，也就是说做了"适当考虑可预见的误用"。

很显然，在考虑机械安全时应对"可预见的误用"进行保护，这种"误用"是"由于一般不小心所致，而不是由于有意滥用机器"而造成的。

比如在电梯关门时，人员的部分身体处于门关闭的区间内就属于"按预定方法使用电梯时"和"因其自身疏忽和非故意的不小心"。此外，在采用玻璃轿壁和玻璃厅、轿门时，标准中要求采用夹层玻璃且必须有一定强度，就是为了保护人员在进出电梯可能不慎碰撞厅、轿门和轿壁，此时人员不至于受伤，电梯设备也不至于损坏。这就是符合"按预定方法使用电梯时"和"因其自身疏忽和非故意的不小心"的描述。

0.3.7　在某些情况下，使用人员可能做出某种鲁莽动作，本标准没有考虑同时发生的两种鲁莽动作的可能性和（或）违反电梯使用说明的情况。

■■■ 解析　本条中所强调的"鲁莽动作"和"违反电梯使用说明的情况"，这两点都带有主观故意的色彩。本标准无法保护"违反电梯使用说明的情况"和两种（及以上）"鲁莽动作"。

本条中所谓"电梯使用说明的情况"，就是 GB/T 15706.1—2007《机械安全　基本概念与设计通则　第 1 部分：基本术语和方法》中 3.22"机器的预定使用"（详见 0.3.6 解析内容）。

同时，GB/T 15706.1—2007 也要求在"选择安全措施的对策"时应考虑"可能出现可预见的机器误用情况"。可见上述情况本标准都是应该进行保护的，也就是说做了"适当考虑可预见的误用"，因此，本标准考虑到了对单一"鲁莽动作"的保护。事实上也是如此，比如 7.2.3.6 中采用玻璃层门，为避免层门拖曳孩子的手而采取的那些诸如减小摩擦系数、感知手指的出现、使玻璃不透明的部分不低于 1.1m 等措施，就是为了保护孩子趴在层门上向井道中张望时，层门会拖曳孩子的手而造成的伤害。这就是保护了一个"鲁莽行为"。另外还比如,轿厢在运行过程中乘客扒开轿门,电梯立即停止运行,这也是保护了一个"鲁莽行为"。考虑保护多个鲁莽行为的组合是不现实的,这种情况与"违反电梯使用说明的情况"是一样的。

0.3.8 如果在维修期间,一个使用人员通常不易接近的安全装置被有意置为无效状态,此时电梯的安全运行无保障,则应遵照维修规程采取补充措施去保证使用人员的安全。

解析 本标准在一定程度上认可使用规章制度来保证电梯的安全运行。但这是在没有办法的情况下才这样做。本条最典型的例子就是维修人员如果短接了门锁,将导致电梯可以开门运行,但这个行为导致的状态是使用人员(无论是司机、乘客还是货物的陪伴者)都无法改变的。因此要有必要的规章制度来避免此类行为可能给电梯运行带来的危险,比如在电梯检修时停止使用等。

0.3.9 所用的水平力:
　　a)静力:300N;
　　b)撞击所产生的力:1000N;
　　这是一个人可能施加的作用力。

解析 这里所说的"这是一个人可能施加的作用力"是指人员在非故意破坏的情况下,无意或偶尔施加的。300N 的力是指人员在静态情况下所能够施加的力(如倚靠轿壁等);1000N 的力是人员在正常移动情况下(不包括奔跑、故意撞击等情况)所能够施加的力(如行走过程中可能碰到轿门、层门等)。这些值是基于人体功效学统计得出的结果,不能理解为:在任何条件下,单个人能够产生的最大力。我们知道,加助跑的撞击、用力蹬踹等情况能够产生比 1000N 大得多的力。

0.3.10 除了下列各项以外,根据良好实例和标准要求制造的机械装置,在无法检查情况下,将不会损坏至濒临危险状态。

　　下列机械故障应考虑:
　　a)悬挂装置的破断;
　　b)曳引轮上曳引绳失控滑移;
　　c)辅助绳、链和带的所有连接的破断和松弛;
　　d)参与对制动轮或盘制动的机电制动器机械零部件之一失效;
　　e)与主驱动机组和曳引轮有关零部件的失效。

解析 本标准认为,一般的部件只要是符合设计和制造规范、选用的材料符合质量要求,即使无法检查(如两次维保期间)也不会损坏到足以导致危害电梯安全运行的状态。

　　但 a)~e)所述的各项不包含在上述范围中。因此在标准中对这些可能发生的机械故障均有考虑,如:

（1）9.1、9.2和附录N的要求是为了避免"a)悬挂装置的破断"故障的发生；

（2）9.8、9.9要求的限速器-安全钳系统是为了在"a)悬挂装置的破断"和"b)曳引轮上曳引绳失控滑移"故障发生时依然能够保证人员和设备的安全；

（3）9.3和附录M是为了避免"b)曳引轮上曳引绳失控滑移"故障的发生；

（4）9.5.3要求的用于验证"钢丝绳或链条发生异常相对伸长"的开关和9.8、9.9要求的限速器-安全钳系统都是为了防止当"c)辅助绳、链和带的所有连接的破断和松弛"时发生危险；

（5）12.4.2所要求的制动系统机械部件必须采用两组独立部件是在d)故障发生时，保证电梯依然是安全的；

（6）9.10要求的轿厢上行超速保护装置和能够保护"e)参与驱动主机组和曳引轮有关的零部件"失效使电梯使用人员和设备的安全。

上述仅是一些保护a)～e)中所述危险的一些典型方法，通过上述例子可以看出，本标准充分考虑到了这些危险，并要求采取有效措施予以保护。

0.3.11 轿厢从最低层站坠落，在撞击缓冲器之前，允许安全钳有不动作的可能性。

解析 这一条我们理解为：轿厢在最低层站自由坠落，撞击缓冲器时，即使安全钳不动作，也应能够保护人员和设备的安全。而不应认为是对轿厢在最低层站自由坠落时，恰巧发生限速器-安全钳系统故障的一种豁免。限速器-安全钳系统作为轿厢发生坠落时对于轿内人员和电梯设备的最终保护装置，在任何时候都不允许发生故障。这一点在0.1.2.1中明确说明了本标准"研究了电梯在下列方面的多种事故的可能性"，其中c)项就是"坠落"。因此在这里所谓"即使安全钳不动作"的原因只能是速度没有达到限速器-安全钳系统的动作速度；或是安全钳还来不及将轿厢的速度降低至缓冲器允许的范围。而不应认为是由于限速器-安全钳系统失灵（如果在限速器-安全钳系统失灵条件下讨论超速保护是没有意义的，同时在GB 7588中从未对限速器-安全钳系统失灵条件加以考虑或设法保护）。

既然在本条假设中允许轿厢从最低层站坠落，且在撞击缓冲器前允许安全钳不动作，那么是否在这种情况下可以不顾及人员和设备的安全了呢？由于EN81-1是安全标准，其目的就是保护人员和设备的安全，而0.3又是整个标准的假设，EN81-1当然不可能允许某种不安全的假设在本节出现，并被认为是合理的。那么应如何正确理解本条的含义呢？

在"0.3假设"中已经提到："考虑到包含在一部完整电梯内的每一零部件的可能危险"；"制定了相应规范"。这说明本条所述的风险也应被充分考虑并将其降低到可以接受的范围内。

其实，轿厢从最低层站坠落，在撞击缓冲器前安全钳不动作的情况下，如果采取合理的设计，完全可以保证人员和设备的安全。以下给出两种解决方案，供读者参考：

1. 合理的设置轿厢空行程的大小

所谓轿厢空行程，是指轿厢在最下端层平层时，轿厢缓冲器撞板与缓冲器之间的距离。为保证轿厢从最低层站坠落，在撞击缓冲器前安全钳不动作的情况下的安全，我们可以通过限定轿厢空行程的上限值来实现安全保护。上限值可以这样设置:电梯在最低层站平层时,以初速度为零的状态下作自由落体运动,接触缓冲器时轿厢的速度应不大于缓冲器的允许撞击速度。

2.合理的选择缓冲器

我们知道,无论是蓄能型缓冲器还是耗能型缓冲器,都有自己的速度使用范围,这个范围通常都是一个区段而不是某个单一的速度值。在选择缓冲器时,可以充分利用这样的区段来满足 0.3.11 的要求,既保证电梯在意外情况下的安全,又可以获得比较合理的轿厢空行程尺寸。

以上两个方案也可以使用,在合理的选择缓冲器的基础上,配合相应的轿厢空行程尺寸能够完美的解决空行程尺寸和安全保护之间的矛盾。但应注意在使用 10.4.3.2 中所述的"减行程缓冲器"时,空行程尺寸要根据"减行程缓冲器"的实际动作速度设定。

0.3.12 当轿厢速度在达到机械制动瞬间仍与主电源频率相关时,则此时的速度假定不超过 115% 额定速度或相应的分级速度。

■■ 解析 本条所假定的是:当电梯始终处于电气控制系统的控制之下时,其速度不会超过额定速度(双速梯不超过其相应的分级速度)的 115%。我们知道,对于诸如双速电梯一类的电梯,其驱动主机电动机的转速与电源频率直接相关,此时负载的变化将直接影响转差率。可能出现轻负载的情况下,由于转差率较低,而导致电梯速度超过额度速度的 115% 的情况。

同时,这里所谓的"与主电源频率相关时"也表明电梯没有失控,其运行还处于电气系统的控制之下。

0.3.13 装有电梯的大楼管理机构,应能有效地响应应急召唤,而没有不恰当的延时。

■■ 解析 在这里假设电梯设备的管理者能够做到"有效响应应急召唤""没有不恰当的延时"。这对于防止 0.1.2.1 中"e)被困"风险是至关重要的。从技术角度而言,无论从技术上如何努力也无法绝对避免人员在使用电梯时被困的可能,因此必须采取必要的安全措施将此风险降低到可以接受的范围。

本条给定的只是原则,但如何去实现并没有给出统一的做法。总体说"大楼管理机构"应该具有如下设置:

a)有数量充足的具有相应资格的专业人员,当电梯发出应急召唤信号时可以及时处理。

b)备有完善的紧急预案,当电梯发出应急召唤信号时具有相应资格的人员可以根据所发生的情况选择使用紧急预案。

0.3.14 通常应提供用于提升笨重设备的设施(见 0.2.5)。

■■ 解析 本条与 0.2.3 保护的目的是相同的,但其要求的对象有所差异。0.2.3 主要是要求构成电梯设备的质量或尺寸较大的部件,应被设计成容易吊装的形式,或其本身应附带吊装附件。而本条假设的是提供了吊运、提升那些质量或尺寸较大的电梯部件的运输设备。

本条所述的"用于提升笨重设备的设施"通常由电梯设备供应商与买主之间协商解决，即本标准0.2.5所规定的"安装地点的其他方面的问题"。

0.3.15 为了保证机房中设备的正常运行,如考虑设备散发的热量,机房中的环境温度应保持在(5~40)℃之间。

解析 这是机房环境的假定,机房内设备能够正常运行是以本条所规定的环境条件为前提的。

环境温度对电梯部件尤其是电气部件的影响是巨大的,环境温度过高时(超过40℃),可能造成如电容的降容等诸多电气元器件性能改变;当环境温度低于5℃时,机械设备中的润滑油将受到影响。

根据GB 5226.1《机械电气安全 机械电气设备 第1部分:通用技术条件》中的规定:"电气设备应能正常工作在预期使用环境温度5℃~40℃范围内……",因此5℃~40℃的温度范围是保证电气设备安全运行的基础。

在GB 12974《交流电梯电动机通用技术条件》也有:"最高环境空气温度随季节而变化,但不超过40℃。如电动机指定在海拔超过1000m或环境空气温度高于40℃的条件下使用,应按GB 755的规定修正";以及"最低环境温度为+5℃"的要求。

因此将机房环境温度控制在合理范围内是必要的。

资料0-1 关于机器设备安全的介绍 ⇩ ▶

GB 7588—2003《电梯制造与安装安全规范》,顾名思义其中的内容针对的产品是电梯,是为了防止电梯运行时发生伤害乘客和损坏货物的事故而制定的。它是乘客电梯、病床电梯及载货电梯制造与安装应遵守的安全准则(见本规范第1章)。

电梯作为一部含有电气装置的机器设备(见本规范第13.1.1.1),符合GB/T 15706.1—2007《机械安全 基本概念与设计通则 第1部分:基本术语和方法》对机器做出的定义:"由若干个零、部件组合而成,其中至少有一个零件是可运动的,并且有适当的机器致动机构、控制和动力系统等。它们的组合具有一定应用目的,如物料的加工、处理、搬运或包装等。术语"机械"和"机器"也包括了为了同一个应用目的,将其安排、控制得像一台完整机器那样发挥它们功能的若干台机器的组合"。

对于电梯可能发生机械和电气故障时对人员、设备所产生的危害进行充分分析,并有针对性的采取措施降低这些危害的措施。

一、由机械产生的危险

"危险"是指"潜在的伤害源"。根据GB/T 15706.1—2007《机械安全 基本概念与设计通则 第1部分:基本术语和方法》中的分类,可分为以下几个大类:

1.机械危险

机械危险是指由于机器零件、工具、工件或飞溅的固体、流体物质的机械作用可能产生伤害的各种物理因素的总称。机械危险的基本形式主要有：

(1)挤压危险；

(2)剪切危险；

(3)切割或切断危险；

(4)缠绕危险；

(5)吸入或卷入危险；

(6)冲击危险；

(7)刺伤或扎穿危险；

(8)摩擦或磨损危险；

(9)高压流体喷射危险。

由机器零件(或工件)产生的机械危险主要由以下因素产生：

(1)形状：切割要素、锐边、角形部分，即使它们是静止的；

(2)相对位置：机器零件运动时可能产生挤压、剪切、缠绕等区域的相对位置；

(3)质量和稳定性：在重力的影响下可能运动的零部件的位能；

(4)质量和速度：可控或不可控运动中的零部件的动能；

(5)加速度/减速度；

(6)机械强度不够：可能产生危险的断裂或破裂；

(7)弹性元器件(弹簧)的位能或在压力或真空下的液体或气体的位能；

(8)工作环境。

例如：本标准 0.1.2.1 中所列出的危险当中，"剪切、挤压、坠落、撞击、机械损伤、磨损、锈蚀"属于机械危险的范畴。

2. 电气危险

电击或燃烧等危险。这类危险可能引起伤害或死亡。电气危险可由以下原因引起：

(1)人体与以下要素接触：

a)带电部件，例如在正常操作状态下用于传导的导线或导电零件(直接接触)；

b)在故障条件下变为带电的零件，尤其是绝缘失效而导致的带电零件(间接接触)。

(2)人体接近带电零件，尤其在高压范围内。

(3)绝缘不适用于可合理预见的使用条件。

(4)静电现象，例如人体与带电荷的零件接触。

(5)热辐射。

(6)由于短路或过载而产生的诸如熔化颗粒喷射或化学作用等引起的现象。

(7)也可能由于电击所导致的惊恐，使人跌倒(或由人体碰倒物体而跌倒)。

例如：本标准 0.1.2.1 中所列出的危险当中的"电击"属于电气危险的范畴。

3. 热危险

热危险可能导致：

(1)由于与超高温物体或材料、火焰或爆炸物接触及热源辐射所产生的烧伤或烫伤；

(2)炎热或寒冷的工作环境对健康的损害。

注:本标准 0.1.2.1 中所列出的危险当中的"火灾"属于热危险的范畴。

4.噪声危险

噪声可能导致如下结果:

(1)永久性听力损失;

(2)耳鸣;

(3)疲劳、精神压抑等;

(4)其他影响:如失去平衡,失去知觉等;

(5)干扰语言通信和听觉信号等。

5.振动危险

振动可能传至全身(使用移动设备),尤其是手和臂(使用手持式和手导式机器)。最剧烈的振动(或长时间不太剧烈的振动)可能产生严重的人体机能紊乱(腰背疾病和脊柱损伤)。全身振动和血脉失调会引起严重不适,如因手臂振动引起的白指病、神经和骨关节失调。

6.辐射危险

此类危险具有即刻影响(如灼伤)或者长期影响(如基因突变),由各种辐射源产生,可由非离子辐射或离子辐射产生:

(1)电磁场(例如低频、无线电频率、微波范围等);

(2)红外线、可见光和紫外线;

(3)激光;

(4)X 射线和 γ 射线;

(5)α、β 射线,电子束或离子束,中子。

例如:本标准 13.1.1.3 中所要求的"电磁兼容性"在一定程度上属于辐射危险的范畴。

7.材料和物质产生的危险

由机械加工、使用或排除的各种材料和物质及用于构成机械的各种材料可能产生以下不同危险:

(1)由摄入、皮肤接触、经眼睛和黏膜吸入的,有害、有毒、有腐蚀性、致畸、致癌、诱变、刺激或过敏的液体、气体、雾气、烟雾、纤维、粉尘或悬浮物所导致的危险;

(2)火灾与爆炸危险;

(3)生物(如霉菌)和微生物(病毒或细菌)危险。

例如:本标准 0.3.1 中所要求的"有害材料如石棉等不准使用"在一定程度上是针对材料和物质产生的危险。

8.机器设计时忽略人类工效学原则而产生的危险

机械与人的特征和能力不协调,可能产生以下危险:

(1)生理影响(如肌肉-骨骼的紊乱),由于不健康的姿势、过度或重复用力等所致;

(2)心理-生理影响,由于在机器的预定使用限度内对其进行操作、监视或维护而造成的心理负担过重或准备不足、压力等所致;

(3)人的各种差错。

例如:本标准 6.3.6 中所要求的"地面上的照度不应小于 200lx"在一定程度上是针对机器设计时忽略人类工效学原则而产生的危险。

9.滑倒、绊倒和跌落危险

忽视地板的表面情况和进入方法可以导致因滑倒、绊倒或跌落而造成的人身伤害。

10.综合危险

看似微不足道的危险,其组合相当于严重危险。

11. 与机器使用环境有关的危险

若所设计的机器用于会导致各种危险的环境(如温度、风、雪、闪电),则应考虑这些危险。

例如:本标准 0.1.2.1 中所列出的危险当中的"被困"属于综合危险的范畴。

二、机器的安全性

机器的安全性:是指机器在按使用说明书规定的预定使用条件下(有时在使用说明书中给定的期限内)执行其功能和在运输、安装、调整、维修、拆卸和处理时不产生损伤或危害健康的能力。

机械安全包括机械设备对人员的伤害和机械设备自身的损坏。人的不安全行为和机械的不安全状态是造成机械安全事故的直接原因。因此必须针对以上情况制定对策,减少直至避免机械安全事故的发生。

机械安全设计的思想是在设计时尽量采用当代最先进的机械安全技术,事先对机械系统内部可能发生的安全隐患及危险进行识别、分析和评价,然后再根据其评价结果来进行具体结构的设计。这种设计是力图保证所设计的机械能安全地度过整个生命周期。机械安全技术与传统的机械设计及安全工程设计方法相比,主要体现在以下几个方面:

系统性:它自始至终运用了系统工程的思想,将机械作为一个系统来考虑;

综合性:机械安全设计综合运用了心理学、控制论、可靠性工程、环境科学、工业工程、计算机及信息科学等方面的知识;

科学性:机械安全设计包括了机械安全分析、安全评价与安全设计。机械安全技术既全面又综合地考虑了各种影响因素,通过定性、定量的分析和评价,最大限度地降低了机械在安全方面的风险。

降低机器危险,提高机器安全性可通过以下途径:

1.通过设计减小风险

通过设计减小风险可以单独或联合使用以下措施:通过选用适当的设计结构尽可能避免或减小危险;通过减少对操作者涉入危险区的需要,限制人们面临的危险。

(1)避免锐边、尖角和凸出部分等

(2)使机器达到本质安全的措施

在设计机器时应借助以下措施使其达到本质安全:

(a)零部件的形状和相对位置,例如:为了避免挤压和剪切危险,可增大运动件间最小距离,这样使人的身体可以安全进入,或者减小运动件的最小距离,使人的身体不能进入;

(b)将操纵力限制到最低值,以使操作件不会产生机械危险;

(c)限制运动件的直流(重量)和(或)速度,以减小其动能;

(d)限制噪声和振动;

(e)其他。

(3)考虑设计规程,材料性能数据和有关机械设计与制造的各专业规则(如计算规则等)

(a)机械应力;

(b)材料。

(4)使用本质安全技术、工艺过程和动力源

(5)应用零件间的强制机械动作原则

如果一个机械零件运动不可避免的使另一个与其直接接触或依靠刚性连接间连接的零件随其一起运动,这两个零件就是以强制模式连接。它完全可以防止另一个零件的任意运动。相反,若一个零件运动并允许另一个零件自由运动(通过重力、弹力等),则第一个零件对另一个零件就不存在强制机械作用。

(6)遵循人类功效学原则

在机械设计中根据人类功效学原则,通过减小操纵者的紧张和所需体力来提高安全性。并以此改善机器的操纵特性和可靠性,从而减少机器使用各阶段的差错概率。

(7)设计控制系统时安全原则的应用

(a)机构启动及变速的实现方式:机构的启动或加速运动应通过施加或增大电压或流体压力去实现,若采用二进制逻辑元器件,应通过由"0"状态到"1"状态去实现;相反,停机或降速应通过去除或降低电压或流体压力去实现,若采用二进制逻辑元器件,应通过"1"状态到"0"状态去实现;

(b)重新启动的原则:动力中断后重新接通后,机器可能会自发的再启动,如果这种再启动会产生危险,应当防止;

(c)零部件的可靠性:这应作为安全功能完备性的基础,使用的零部件应能承受在预定使用条件下的各种干扰和应力,不会因失效而使机器产生危险的误动作;

(d)"定向失效模式":这是指部件或系统主要失效模式是预先已知的,而且只要失效总是这些部件或系统,这样可以事先针对其失效模式采取相应的预防措施。

(e)"关键"部件的加倍(或冗余):控制系统的关键零部件,可以通过备份的方法,当一个零部件万一失效,用备份件接替以实现预定功能。当与自动监控相结合时,自动监控应采用不同的设计工艺,以避免共因失效;

(f)自动监控:自动监控的功能是保证当部件或元器件执行其功能的能力减弱或加工条件变化而产生危险时,以下安全措施开始起作用:停止危险过程,防止故障停机后自行再启动,触发报警器;

(g)可重编程的控制系统中安全功能的保护:在关键的安全控制系统中,应注意采取可靠措施防止储存程序被有意或无意改变。可能的话,应采用故障检验系统来检查由于改变程序而引起的差错;

(h)有关手动控制的原则:

①手动操纵器应根据有关人类工效学原则进行设计和配置。

②停机操纵器应位于对应的每个启动操纵器附近。

③除了某些必须位于危险区的操纵器(如急停装置、吊挂式操纵器等)外,一般操纵器都应配置于危险区外。

④如果同一危险元器件可由几个操纵器控制,则应通过操纵器线路的设计,使其在给定时间内,只有一个操纵器有效;但这一原则不能用于双手操纵装置。

⑤在有风险的地方,操纵器的设计或防护应做到不是有意识的操作不会动作。

⑥操作模式的选择。如果机械允许使用几种操作模式以代表不同的安全水平(如允许调整、维修、检验等),则这些操作模式应装备能锁定在每个位置的模式选择器。选择器的每个位置都应相应于单一操作或控制模式。

(i)控制和操作模式的选择:如果已设计和制造出的机械允许使用几种控制和操作模式以代表不同安全水平(如允许调整、维修、检验等),它应装备有能锁定在每个为止的模式选择器。选择器的每个位置都应相应于单一操作或控制模式,限制某类操作者使用机器的某些功能的选择器也可以用另一种方式代替;

(j)设定、示教、过程转换、查找故障、清理或维修控制模式:为了对机械进行设定、示教、过程转换、查找故障、清理或维修。防护装置必须移开或拆除,或使安全装置的功能受到抑制,并且为了这些操作有必要使机器运转时,凡切实可行处,必须采用能同时满足以下要求的手动控制模式保证操作者在操作中的安全:

①使自动控制模式不起作用;

②只有通过触发启动装置——止-动操纵装置或双手操纵装置才允许危险元器件运转;

③为了防止连续风险,只有在加强安全的条件下(如降低速度、减小动力、点动——有限的运动操纵装置或其他适当措施)才允许危险元器件运转;

④可能限制接近危险区;

⑤急停操纵器应位于操作者立即可达的范围内;

⑥携带式操纵装置(吊挂操纵板)和(或)局部控制装置应使被控制部分能看见。

(k)防止危险的误动作,设计电(电气和电子)控系统的其他标准化措施:所有机器电子设备的电磁兼容性应与相关标准相一致。

(8)防止来自气动和液压装置的危险

(a)不能超过管路中最大允许压力(如借助限压装置);

(b)不会由于压力损失、压力降低或真空度降低而导致危险;

(c)不会由泄漏或元器件失效而导致危险的流体喷射;

(d)气体接吸器、储气罐或类似容器(如液-气蓄能器)应与这些元器件的设计规则相一致;

(e)所有元器件,尤其是管子和软管,要针对各种有害的外部影响加以防护;

(f)机器与其能源断开时,所有保持压力的元器件都应提供有明显识别排空的装置和绘制有注意事项的警告牌,指明对机器进行任何调整或维修前动作必须对这些元器件卸压。

(9)预防电的危险

机器中电气部分应符合有关电气安全标准的要求,尤其应主要以下几个方面:

(a)防止电击;

(b)防止短路;

(c)防止过载。

(10)通过设备的可靠性限制操作者面临危险

提高机械各组成部分的可靠性,减少需要纠正的事故频次,从而可以减少面临危险。机器的动力系统(操作部分)、控制系统、安全功能和其他功能系统都适用这一原则。应采用可靠性是已知的关键安全部件。防护装置和安全装置的元器件尤其要可靠,由于它们的失效会使人们面临危险。可靠性差还会加速它们的报废。

(11)通过装、卸操作机械化或自动化限制操作者面临危险

(12)通过使调整、危险点位于危险区外,限制操作者面临危险

2. 安全防护

通过设计不能适当的避免或充分限制的危险,应采用安全防护装置(防护装置、安全装置)对人们加以防护。

(1)安全防护的种类

机器安全装置可按控制方式或作用原理进行分类,常用的类型介绍如下:

(a)固定安全装置:按以下方式保持在应有位置(即关闭)的防护装置;

　　——永久固定(如焊接的等);

　　——或借助紧固件(螺钉、螺栓等)固定,不用工具不可能拆除或打开。

(b)活动式防护装置:一般通过机械方法(如铰链、滑道)与机器构架或邻近的固定元器件相连接并且不用工具就可打开的防护装置;

(c)连锁安全装置:与联锁装置联用的防护装置,由此;

　　——在防护装置关闭前被其"抑制"的危险机器功能不能执行;

　　——当危险机器功能在执行时,如果防护装置被打开,就给出停机指令;

　　——当防护装置关闭时,被其"抑制"的危险机器功能可以执行,但防护装置关闭的自身不能启动它们的运行。

(d)可调式防护装置:整个装置可调或者带有可调部分的固定式或活动式防护装置。在特定操作期间调整件保持固定。

(e)带防护锁的联锁防护装置:具有联锁装置和防护锁紧装置的防护装置,由此;

　　——在防护装置关闭和锁定前,被其"抑制"的危险机器功能不能执行;

　　——防护装置在危险机器功能伤害风险通过前,一直保持关闭和锁定;

　　——当防护装置关闭和锁定时,被其"抑制"的危险机器功能可以执行,但防护装置关闭和锁定的自身不能启动它们的运行。

(f)可控防护装置:具有联锁装置(有或无防护锁)的防护装置,由此;

　　——在防护装置关闭前,被其"抑制"的危险机器功能不能执行;

　　——关闭防护装置,危险机器功能开始运行。

(g)自动关闭防护装置:自动关闭防护装置由工件的运动而自动开启,当操作完毕后又回到关闭的状态。

(h)自动停机装置：自动停机装置的机制是，把任何暴露在危险中的人体部分从危险区域中移开。它仅能使用在有足够的时间来完成这样的动作而不会导致伤害的环境下，因此，仅限于在低速运动的机器上采用；

(i)双手操纵安全装置：这种装置迫使操纵者要用两只手来操纵控制器。但是，它仅能对操作者而不能对其他有可能靠近危险区域的人提供保护。因此，还要设置能为所有的人提供保护的安全装置，当使用这类装置时，其两个控制之间应有适当的距离，而机器也应当在两个控制开关都开启后才能运转，而且控制系统需要在机器的每次停止运转后，重新启动。

(2)安全防护装置的选择

固定安全装置所提供的保护标准最高。在机器正常运转时，不需要进入危险区域的情况下，只要有可能都应该使用这种安全装置。下面依次给出选择安全防护装置的原则，尽可能选用以下装置：

(a)在系统正常运转，不需要进入危险区域时：

①固定安全装置；

②连锁装置；

③自动关闭防护装置；

④自动停机装置。

(b)在系统正常运转，需要进入危险区域时：

①连锁装置；

②自动停机装置；

③可调防护装置；

④自动关闭防护装置；

⑤双手操纵安全装置；

⑥可控防护装置。

(3)设置安全装置，要考虑四方面的因素：

(a)强度、刚度和耐久性；

(b)对机器可靠性的影响，例如固体的安全装置有可能使机器过热；

(c)可视性（从操作及安全的角度来看，有可能需要机器的危险部位有良好的可见性）；

(d)对其他危险的控制，例如选择特殊的材料来控制噪声的总量。

3.使用信息

使用信息有文字、标记、符合或图表组成，它们可以单独或联合使用的形式，向使用者传递信息，对专业和(或)非专业使用者都起到指导作用。使用信息是机器供应的一个组成部分。

4.附加预防措施

(1)着眼紧急状态的预防措施

(a)急停装置；

(b)人们陷入危险时的躲避和救援保护措施。

(2)有助于安全的装备、系统和布局

(a)保证机器的可维修性；

(b)断开动力源和能量泄放措施；

(c)机器及其重型零部件容易而安全的扮演措施；

(d)安全进入机器的措施；

(e)机器零部件稳定性措施；

(f)提供有助于发现和纠正故障的诊断系统。

以上是 GB/T 15706.2—1995《机械安全　基本概念与设计通则　第 2 部分：技术原则》中提供的方法，是在设计机器产品时，为了保证机器安全而应遵守的技术原则与规范。这些技术原则与规范适用于各类机器产品的设计，也适用于具有类似危险的其他技术产品的设计。

资料 0 - 2　关于风险评价原则的介绍　　⇩▶

GB 7588 中引用的一个重要的基础标准就是 GB/T 16856《机械安全　风险评价的原则》，本书后面的论述（尤其是第 14 章的论述）很多地方也要引用其中的概念，再此作为本章资料介绍给大家。

GB/T 16856《机械安全　风险评价的原则》标准等效采用欧洲标准（草案）prEN1050—1994《机械安全　风险评价的原则》，而 prEN1050—1994 也是 EN81-1 的引用标准。但这个标准取消了原标准提示的附录 B"分析危险和评估风险的方法"。但实际上原标准附录 B 是很有用的，在很多安全标准中都有引用，因此我们也一并介绍。

GB/T 16856 规定了供风险评价（见 GB/T 15706.1）用的统一系统原则。同时，给出了机械设计（见 GB/T 15706.1）过程中的决策指南，它将有助于制定 B 类和 C 类标准中统一、合适的安全要求，以便符合 GB/T 15706.2 中规定的基本安全要求。

GB/T 16856 描述了被称为风险评价的程序，通过这种程序将有关机械的设计、使用、事件、事故和伤害的知识和经验汇集到一起，以进行机器寿命周期内各种风险的评价。这个标准规定了识别危险、评估和评定风险的程序，其目的是对有关机械安全问题及为验证风险评价所需的文件类型问题进行决策时提供建议。

一、风险评估概述

1. 基本概念

风险评价是以系统方式对与机械有关的危险进行考察的一系列逻辑步骤；当需要时，风险评价后应按照 GB/T 15706.1 所描述的方法减小风险。当重复这一过程时，就可达到尽可能消除危险和根据现有工艺水平实施安全措施的迭代过程（见资料 0 - 2 图 1）。

注：减小风险和选择适当的安全措施不是风险评价的内容。

风险评价包括

——风险分析

①机械限制的确定；

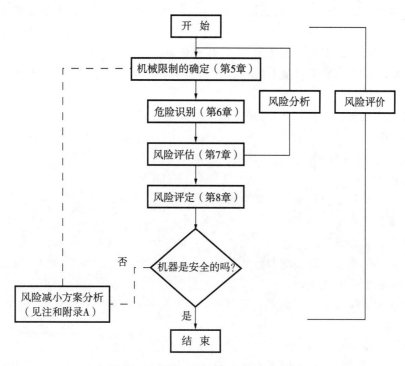

资料 0−2 图 1 　实现安全的迭代过程

②危险识别；

③风险评估；

——风险评定

风险分析提供了风险评定所需的信息，有了这种信息就可对机械安全做出判断。

注：由于定量法的使用受可得到的有用数据量的限制，因此，在许多应用场合，只能使用定性的风险评价。

2．风险评价信息

风险评价信息和定性、定量分析应包括以下内容：

——机械的限制；

——机械各寿命阶段的要求；

——规定机械特性的设计图样或其他手段；

——有关动力源的信息；

——事故或事件的历史（如果可得到的话）；

——有损健康的任何信息。

二、机械限制的确定

风险评价应考虑：

——机器寿命的各个阶段。

——机械的限制。

风险评价还应适当根据人的情况来考虑：

——可预见的机械全部使用范围,人的情况可依据性别、年龄及用手习惯或体能限制来确定。

——可预见的使用者预期训练水平、经验或能力。

——暴露于可合理预见机械危险场合的其他人员。

三、危险识别

应识别与机械有关的所有危险、危险状态和危险事件。

四、风险评估

危险识别后,对一种危险都应通过测定的风险要素进行风险评估。

1. 风险要素

与特殊情况或技术过程相关的风险由以下要素组合得出:

——伤害的严重度;

——伤害出现的概率;

①人员暴露于危险中的频次和持续时间;

②危险事件出现的概率;

——在技术上和人为方面避免或限制伤害的可能性(如对风险的了解、降低速度、急停装置、使动装置)。

风险要素见资料0-2图2。

注:在许多情况下,这些风险要素不能被精确地测定,而只能估计。这特别适用于可能伤害出现的概率。在某些情况(如由于有毒物质或精神压力有损健康的情况)下,可能伤害的严重度不容易确定。为改善这种情况,可使用附加辅助值即所谓的风险参数,以方便风险评估,总的来说,特别适用于这种情况的风险参数型式取决于所涉及的危险类型。

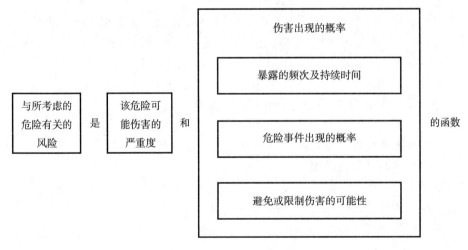

资料0-2图2 风险要素

(1)严重度(可能伤害的程度)

严重度可通过考虑以下因素评估:

——防护对象的性质;

①人；

②财产；

③环境。

——损伤的严重度(对人的情况)：

①轻度(可正常恢复的)损伤或危害健康；

②严重(不能正常恢复的)损伤或危害健康；

③死亡。

——伤害的限度(对每台机器)。对人的情况：

①一个人；

②几个人。

(2)伤害出现的概率

伤害出现的概率可通过考虑(a)到(c)来进行评估：

(a)暴露的频次和持续时间：

——接近危险的需要(如生产的原因、维护或修理)；

——接近的性质(如手动送料)；

——处于危险区的时间；

——需要接近危险的人数；

——进入危险区的频次。

(b)危险事件出现的概率

——可靠性和其他统计数据；

——事故历史；

——风险比较。

注：危险事件的出现可能源于技术的或人的原因。

(c)避免或限制伤害的可能性

——机器是

①由熟练工操作；

②由非熟练工操作；

③无人操作。

——危险事件出现的速度；

①突然；

②快；

③慢。

——对风险的了解：

①一般信息；

②直接观察；

③通过指示装置。

——人员避免危险的可能性(如反应、灵敏性、逃脱的可能性)；

①可能;

②在某些情况下可能;

③不可能。

——实践经验和知识;

①该机械的;

②类似机械的;

③没经验的。

2.确定风险要素应考虑的诸方面

(1)暴露的人员

(2)暴露的类型、频次和持续时间

(3)暴露和影响之间的关系

(4)人的因素

(5)安全功能的可靠性

(6)毁坏或避开安全措施的能力

(7)保持安全措施的能力

(8)使用信息

五、风险评定

风险评估后,要进行风险评定,以确定是否需要减小风险或是否达到了安全。如果风险需要减小,则应选择和应用相应的安全措施,并应重复该程序(见资料0-2图1)。在这种迭代过程中,重要的是当应用新的安全措施时,设计者应核对是否又产生了附加危险。如果附加危险的确出现了,则这些危险应列入到危险识别清单中。

风险减小目标的实现和风险比较的有效结果可以使人确信机械是安全的。

1.风险减小目标的实现

下列条件的实现将表明减小风险的过程可以结束:

——通过以下措施消除了危险或减小了风险;

①通过设计或替代稍有危险的材料或物质,

②按照现有工艺水平进行安全防护;

——所选的安全防护类型是经过验证的,对预期使用能起到充分的防护;

——针对以下几种情况,所选择的防护类型是合适的;

①毁坏或避开的概率,

②伤害的严重度,

③对执行所要求任务的妨碍;

——有关机械的预定使用信息十分清楚;

——使用机械的操作程序与使用该机械的人员或可能暴露于与该机械有关的危险中的其他人员的能力协调一致;

——推荐的该机械使用安全操作规程和有关的培训要求已充分说明;

——关于遗留风险已充分告知了用户;

——如果推荐用个体防护装备来对付遗留风险,对这种防护装备的需要和使用该防护装备的培训要求已充分说明;

——附加预防措施是充分的。

2.风险比较

只要下列判定适用,作为风险评定过程的一部分,与机械有关的风险可与类似机械的风险相比较;

——类似机械证明了按照现有工艺水平风险减小是可接受的;

——两种机械的预定使用和所采用的工艺都是可比的;

——危险和风险要素是可比的;

——技术目标是可比的;

——使用条件是可比的。

使用这种比较方法不排除在特定使用条件下还需要遵循本标准描述的风险评价过程。

六、文件

形成风险评价文件是描述所识别的危险和实施安全措施的一种手段。

文件应包含以下充分的信息:

——风险评价所依据的信息;

——已经评价过的机械(规范、限制等);

——已做过某些有关假设,如载荷、强度、安全因素等;

——判明的危险;

——判明的危险状态;

——在评价中考虑的危险事件;

——使用的数据及原始资料;

——与使用的数据有关的不确定度和对风险评价的影响;

——通过安全措施达到的目标;

——某些补充要求(如使用的标准或其他规范);

——关于遗留风险的信息;

——最终风险评定的结果。

七、prEN1050—1994《机械安全　风险评价的原则》附录B《类别的选择指南》的介绍

B1　概述

本附录阐述了一种选择作为各种控制系统有关安全部件设计参考点的合适类别的简单方法(根据 GB/T 16856)使风险定量化通常是很难的,甚至是不可能的,并且这种方法只与通过所考虑的控制系统有关安全部件承担的风险减小作用有关。这种方法只能给出风险减小的估价,并且预期对设计者和标准的制定者根据故障情况下的工况选择类别给以指导。然而这只是一个方面,另一方面的作用,也会影响对已达到安全的评价。这些包括诸如元器件的可靠性、所用的技术、具体应用场合,同时它们可能表明与预期的选择类别的偏差。

方法如下:

损伤严重度(用 S 代表)相对容易评估,例如,划伤、断肢、死亡。对于出现的频次,采用

辅助参数来改善评估。这些参数是：

——暴露于危险的频次和时间(F)；

——避开危险的可能性(P)。

经验表明这些参数可组合成如资料0-2图3所示由低到高的风险等级。需强调的是，这是一个只给出风险评价的定性过程。

在资料0-2图3中优先选用的类别是用一个大的实心圆表示。在有些应用场合设计者或C类标准的制定者可偏离到用小的实心圆或大的空心圆表示的另一类别。可以采用不是优先选用的类别，但是在故障情况下预定的系统工况应保持。偏离的理由应给出。选择不是优先选用类别的理由，可能是由于采用不同技术，例如采用经过验证的液压或机电元器件(1类)，联合应用电气或电子系统(3类或4类)。选用较低类别(资料0-2图3中的小圆)时，可能需要如下附加措施：

——超标定或采用能导致故障排除的技术；

——采用动态监控。

例如，风险评价具有参数S1(见资料0-2图3)给出控制系统有关安全部件的类别为I类时，在有些应用场合设计者或C类标准制定者可通过使用其他安全防护措施选择B类。

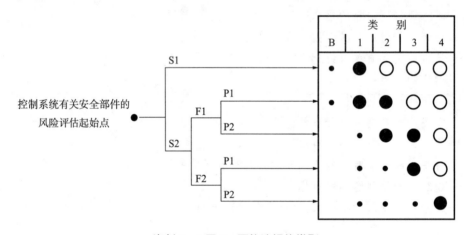

资料0-2图3　可能选择的类别

图中：

S 损伤的严重度；

S1 轻度(通常是可恢复的)损伤；

S2 严重(通常是不可恢复的)损伤,包括死亡；

F 暴露于危险的频次和/或时间；

F1 偶然到时常和/或暴露时间短；

F2 频繁到连续和/或暴露时间长；

P 避开危险的可能性；

P1 在特定条件下可能；

P2 几乎不可能；

B和1到4为控制系统有关安全部件的类别；

●参考点的优先选用类别(参见4.2)；

•需要附加措施的可能类别(见B1)；

○对有关风险的超标定措施。

B2　为风险评估选择参数S、F和P的指南

B2.1　损伤严重度S1和S2

在评估由控制系统有关安全部件的故障产生的风险中只考虑轻度损伤(通常是可恢复的)和严重损伤(通常不可恢复包括死亡)。

在确定S1和S2时应根据事故的通常后果和正常治愈过程做出决定,例如撞伤和(或)划伤而无并发症将划作S1,而断肢或死亡将划作S2。

B2.2　暴露于危险的频次和(或)时间F1和F2

在选择参数F1或参数F2时不能规定有效时间周期。但是,以下说明可能便于在故障情况下做出正确决定：

如果一个人频繁地或连续地暴露于危险,应选F2。对于连续暴露,例如使用提升装置,是同一个人还是不同的人暴露于危险是无关紧要的。

暴露于危险的周期应根据能查明的、与设备使用总时间周期有关的平均值评估,例如,如果为了送入和取出工件,在操作期间必须经常的到达机器各工具之间,那么应选F2。如果只是不时的接近,那么可选F1。

B2.3　避开危险的可能性P

当危险产生时,在它还未导致事故以前知道它是否能被认识和是否可能避开是很重要的。例如,一项重要的考虑是危险是否能通过其物理特征直接识别,或它是否只有通过技术手段,如指示器,才能判别。影响选择参数P的其他重要方面应包括,例如：

——操作有无监控；

——由专业人员或是非专业人员操作；

——具有产生危险的速度(例如快或慢)；

——回避危险的各种可能性,例如逃走或由第三方介入；

——与该过程有关的实际安全经验。

出现危险状态时如果有避开事故的实际机会或能明显地减小其影响,则只宜选P1。如果几乎无避开危险的机会应选P2。

在本着上述原则进行风险分析之后,应对存在的和潜在的风险采取必要的安全措施,以消除风险或降低风险等级。安全措施包括由设计阶段采取的安全措施和由用户采取补充的措施。设计是机械安全的源头,当设计阶段的措施不足以避免或充分限制各种危险和风险时,则应由用户采取补充的安全措施,以便最大限度减小遗留风险。

1.采取安全措施对策的原则：

(1)安全优先于经济：这是指当安全卫生技术措施与经济效益发生矛盾时,宜优先考虑安全的要求。

(2)设计优先于使用：这是指设计阶段的安全措施应优先于由用户采取的措施,因为设

计是机械安全的源头。避免风险的决策应在机械的概念设计或初步设计阶段确定,以避免将危险遗留在使用中,还可以减少因安全整改造成的浪费或中途改变设计方案的不便。

(3)设计缺陷不能以信息警告弥补:这是指不能以使用信息代替应由使用技术手段来解决的安全问题,使用信息只起提醒和警告的作用,不能在实质上避免风险。

(4)设计应采取的措施不能留给用户:这是指设计采用的措施无效或不完全有效的那些风险,可通过使用信息通知和警告使用者在使用阶段采用补救安全措施,但应该由设计阶段采用的安全措施,绝不能留给使用阶段去解决。

选择安全技术措施应遵从如下顺序

2.选择安全技术措施的顺序

(1)实现本质安全性:这是指采用直接安全技术措施,选择最佳设计方案,并严格按照标准制造、检验;合理地采用机械化、自动化和计算机技术,最大限度地消除危险或限制风险,实现机械本身应具有的本质安全性能。

(2)采用安全防护装置:若不能或不完全能由直接安全技术措施实现安全时,可采用间接安全技术措施即为机械设备设计出一种或多种安全防护装置,最大限度地预防、控制事故发生。要注意,当选用安全防护措施来避免某种风险时,要警惕可能产生另一种风险。

(3)使用信息:若直接安全技术措施和间接安全技术措施都不能完全控制风险,就需要采用指示性安全技术措施,通知和警告使用者有关某些遗留风险。

(4)附加预防措施。它包括紧急状态的应急措施,如急停措施、陷入危险时的躲避和援救措施,安装、运输、贮存和维修的安全措施等。

(5)安全管理措施:这是指建立健全安全管理组织,制定有针对性的安全规章制度,对机械设备实施有计划的监管,特别是对安全有重要影响的关键机械设备和零部件的检查和报废等,选择、配备个人防护用品。

(6)人员的培训和教育:绝大多数意外事故与人的行为过失有直接或间接的联系,所以,应加强对员工的安全教育,包括安全法规教育、风险知识教育、安全技能教育、特种工种人员的岗位培训和持证上岗,并要掌握必要的施救技能。

机械系统的复杂性决定了实现消除某一危险和减小某一风险往往需要采用多种措施,每一种措施都有各自的适用范围和局限性,要把所有可供选用的对策仔细分析,权衡比较,在全面周到地考虑各种约束条件的基础上寻找最好的对策,提供给设计者决策,最终达到保障机械系统安全的目的。

资料 0-3 关于 EN81 标准的介绍

一、欧洲标准概况

GB 7588—2003《电梯制造与安装安全规范》,来自于欧洲标准 EN81-1:1998。EN81 在欧洲只是欧盟技术委员会(CEN)编写的一部协调标准(非强制执行的),而作为电梯方面的技术法规,在欧洲执行的是 95/16/EC《电梯指令》。EN81 所要求的内容全部符合 95/16/EC《电梯指令》的要求以及其他欧盟技术法规的要求。

在欧洲,有三个机构能够代表欧盟委员会制定标准,即 CEN(欧洲标准委员会)、CEN-ELEC(欧洲电气工程标准委员会)、ETSI(欧洲通信标准委员会),这三个欧洲标准机构可以单独或与其他两个机构共同合作,制定各种必要的标准。在欧洲机器指令中,包含了上百个标准,为了更好地管理和汇编这些标准,欧洲标准机构将它们划分成三个不同的层次结构:A 类标准(基本标准)、B 类标准(类别标准)和 C 类标准(产品标准)。

A 类标准:规定的是所有机器都必须要符合的基本标准,是适用于一切类型机器基本概念和总的设计原则。

B 类标准:在 A 类标准之下,是参考 A 类标准而制定的、对各种类别的机器做出规定的 B 类标准。B 类标准并不是针对某一种具体的机器,而是对整个类别的机器的共性做出了规定,并适用于多数机器通常独立安全设备。另外,B 类标准又划分为 B1 标准和 B2 标准:

——B1 标准对涉及特定安全方面或安全保护相关的参数做出了规定,如安全间距、表面温度、噪声等;

——B2 标准规定的是针对安全保护装置的具体要求及影响安全的设备或部件类型,如双手按钮、安全门开关、安全地毯等。

C 类标准:在 B 类标准的基础之上,制定了大量的 C 类标准,每一个 C 类标准都对一种具体的机器装置做出了详细的规定(最小安全说明)。在缺少 C 类标准情况下机器设计者须使用 A 和 B 类标准制订技术构造文件。

以上三类标准关系示意图见 0.2.1 解析。

所有这些欧洲标准(EN 标准)的内容都被毫无修改地包含在各个国家的国家标准中(如德国的 DIN 标准和 VDE 规范等),这样可以使这些标准在各个国家都可以被贯彻实施。

这些在欧洲各个国家通用的标准可以指导制造商如何去使其产品获得 CE 标记,同时,如果制造商满足了这些标准的要求,就可以认为是满足了欧洲指令的要求。

二、EN81 标准的情况

1. EN81 标准系列所包括的内容

EN81 是 CEN 所制定的标准,是一个 C 类标准。EN81 并不是一个单一标准,而是一系列标准,GB 7588—2003《电梯制造与安装安全规范》所采用的是这个标准系列中的第一部分:EN81-1:1998。资料 0-3 表 1 所示,是 EN81 标准系列中已有和正在批准的标准的标准号和名称。

2. EN81 标准系列编号规则

根据 CEN 指南 81-10 的规定,标准编号采用如下规则:

(1)对于"协调标准"用"EN";

(2)对于"技术说明"用"CEN TS";

(3)对于"技术报告"用"CNE TR";

(4)对于"指南"用"CEN 指南";

(5)对于"标准草案"用"Pr"。

资料 0-3 表 1

标准号	标准名称
EN81-1:1998	乘客和服务电梯制造与安装安全规范　第1部分　电梯
EN81-1:1998/prA1	可编程电子系统(EN81-1　修正案1)
EN81-1:1998/A2	机器和滑轮空间(EN81-1　修正案2)
EN81-1/AC:2000	勘误表(EN81-1)
EN81-2:1998	乘客和服务电梯制造与安装安全规范　第2部分　液压梯
EN81-2:1998/prA1	可编程电子系统(EN81-2　修正案1)
EN81-2:1998/A2	机器和滑轮空间(EN81-2　修正案2)
EN81-2/AC:2000	勘误表(EN81-2)
EN81-3	乘客和服务电梯制造与安装安全规范　第3部分　电力和液压服务梯
prEN81-5	乘客和服务电梯制造与安装安全规范　第5部分　螺旋电梯
prEN81-6	乘客和服务电梯制造与安装安全规范　第6部分　带导线的链条电梯
prEN81-7	乘客和服务电梯制造与安装安全规范　第7部分　齿轮齿条电梯
PrCEN 指南 81-10	CEN 指南
prEN81-21	乘客和服务电梯制造与安装安全规范　第21部分　在于建筑物中的新电梯
prEN81-22	乘客和服务电梯制造与安装安全规范　第22部分　倾斜电梯
prEN81-28	乘客和服务电梯制造与安装安全规范　第28部分　乘客电梯和货客电梯上的远距离报警
CEN TS81-29	EN81-1 和 81-2 规范的解释
prEN81-31	乘客和服务电梯制造与安装安全规范　第31部分(人员可以进入的)电力和液压货梯
prEN81-32	乘客和服务电梯制造与安装安全规范　第32部分　座式、站立式和轮椅用沿斜面运行的动力楼梯升降机
prEN81-33	乘客和服务电梯制造与安装安全规范　第33部分　残疾人用动力楼梯升降机垂直升降平台
prEN81-43	乘客和服务电梯制造与安装安全规范　第43部分　起重机用特殊用途电梯
EN81-58	乘客和服务电梯制造与安装安全规范　第58部分　电梯层门耐火试验
EN81-70	乘客和服务电梯制造与安装安全规范　第70部分　残疾人可接近的电梯规范
prEN81-71	乘客和服务电梯制造与安装安全规范　第71部分　抗故意破坏者的电梯
EN81-72	乘客和服务电梯制造与安装安全规范　第72部分　火灾情况下可以使用的电梯的规范
prEN81-73	乘客和服务电梯制造与安装安全规范　第73部分　火灾情况下电梯的性能
EN81-80	乘客和服务电梯制造与安装安全规范　第80部分　在用乘客电梯和货客电梯的安全改进规范

3.EN81 系列标准的主要分组情况

标准的标题随分类被分为三个级别：

第一级："电梯制造与安装安全规范"是整个系列所有部分公用的；

第二级：描述形成 EN81 标准系列的主要分组（如下表）；

第三级：描述有关部分的特殊内容。

EN81 系列标准的主要分组，见资料 0-3 表 2。

资料 0-3 表 2

分 组	标 题	说 明
10～19	基础	标准系列和/或规程的通用部分
20～29	运送人员和货物的电梯	归属于电梯指令 95/16/EC 的电梯系列标准部分
30～39	仅用于运送货物的电梯	归属于机器指令 98/37/EC 的电梯系列标准部分
40～49	运送人员和货物的特种电梯	归属于机器指令 98/37/EC 的电梯系列标准部分
50～59	检查和试验	设计对电梯及其安全部件检查和试验的电梯系列标准部分
60～69	电梯文件（记录、证明）	电梯、安全部件和安全使用规程的技术文件
70～79	乘客和客货电梯的详细应用	归属于机器指令 98/37/EC 的电梯系列标准部分,在 20～29 组上增加了附加要求
80～89	在用电梯	规定在用电梯安全改进指导方针的电梯系列标准部分
90～99	暂时空白	

在每一组中最后编号（末位是 9），将总是包含与同一组所有标准有关的说明。

资料 0-4　关于石棉及其危害的介绍　　⇩ ⬛

一、石棉的介绍

石棉是天然纤维状的硅质矿物的泛称，是一种被广泛应用于建材防火板的硅酸盐类矿物纤维，也是唯一的天然矿物纤维，它具有良好的抗拉强度和良好的隔热性与防腐蚀性，不易燃烧，故被广泛应用。目前为止，没有一种理想的代用纤维可以从性能上或性价比上与温石棉竞争。

石棉的种类很多，最常见的三种是温石棉（白石棉）、铁石棉（褐石棉）及青石棉（蓝石棉），其中以温石棉含量最为丰富，用途最广。上述三种石棉根据其成分来讲，温石棉属蛇纹石石棉；而青石棉和铁石棉属于角闪石石棉。

二、石棉对人体的危害：

石棉本身并无毒害，它的最大危害来自于它的纤维，这是一种非常细小，肉眼几乎看不见的纤维，当这些细小的纤维释放以后可长时间浮游于空气中，被吸入人体内，被吸入的石棉纤维可多年积聚在人身体内，附着并沉积在肺部，造成肺部疾病。尤其是角闪石石棉。

暴露于石棉纤维可引致下列疾病：

1. 肺癌;

2. 间皮癌——胸膜或腹膜癌;

3. 石棉沉着病——因肺内组织纤维化而令肺部结疤(石棉肺)。

与石棉有关的疾病症状,往往会有很长的潜伏期,可能在暴露于石棉大约 10～40 年才出现(肺癌一般 15～20 年、间皮瘤 20～40 年)。石棉已被国际癌症研究中心肯定为致癌物。

三、我国和国际上对石棉产品的限制

在 2001 年 8 月 28 日,《经济日报》刊登了原国家经贸委第三批拟淘汰的产品目录征求意见稿,石棉产品名列其中。后国家经贸委有关部门在听取中国非金属矿工业协会专家的意见后,经研究决定将石棉产品从《淘汰落后生产能力工艺品和产品的目录》中剔除,并根据我国国情及世界发达国家石棉产品生产和使用情况,重新制定了我国石棉工业的·发展方针,即全面禁止生产蓝石棉,安全合理使用温石棉。

国际上对石棉产品也有严格的限制,为此国际劳工组织先后于 1986 年发布了《安全使用石棉建议书》(第 172 号)和 1989 年发布了《安全使用石棉公约》(第 162 号),对石棉产品及生产过程中的安全、环保等方面予以规定。

EN81-1 前言习题(判断题)

1. GB 7588—2003 从保护人员和货物的观点制定乘客电梯和载货电梯的安全规范,防止发生与使用人员、电梯维护或紧急操作相关的事故的危险。

2. 可能因下列事故造成危险:剪切;挤压;坠落;撞击;被困;火灾;电击。

3. 不可能由机械损伤、磨损、锈蚀引起材料失效。

4. 保护的人员有使用人员;维护和检查人员;电梯井道、机房和滑轮问(如有)外面的人员。

5. 保护的物体有轿厢中的装载物;电梯的零部件;安装电梯的建筑及相邻的建筑。

6. 当部件因质量、尺寸和(或)形状原因用手不能移动时,则这些部件应:设置可供提升装置吊运的附件;或设计可以与上述吊运附件相连接的件(如:采用螺纹孔方式);或具有容易被标准型的提升设备缚系吊运的外形。

7. 买主和供应商之间所作的协商内容为:电梯的预定用途;环境条件;土建工程问题;安装地点的其他方面的问题。

8. 零部件是:按照通常工程实践和计算规范设计,并考虑到大部分失效形式;可靠的机械和电气结构;由足够强度和良好质量的材料制成;无缺陷。

9. 有害材料如石棉等可以使用。

10. 零部件应有良好的维护和保持正常的工作状态,尽管有磨损,仍接近所要求的尺寸。

11. 选择和配置的零部件在预期的环境影响和特定的工作条件下,不应影响电梯的安全运行。

12. 承载支撑件的设计,应保证在 0～200% 额定载荷下电梯均能安全运行。

13. 本标准对于电气安全装置的要求是,若电气安全装置完全符合本标准的要求,则其失效的可能性不必考虑。

14. 当使用人员按预定方法使用电梯时,对因其自身疏忽和非故意的不小心而造成的问题应不予以保护。

15. 在某些情况下,使用人员可能做出某种鲁莽动作,GB 7588—2003 已经考虑同时发生的两种鲁莽动作的可能性和(或)违反电梯使用说明的情况。

16. 如果在维修期间,一个使用人员通常不易接近的安全装置被有意置为无效状态,此时电梯的安全运行无保障,则应遵照维修规程采取补充措施去保证使用人员的安全。

17. 所用的水平力:静力:300N;撞击所产生的力:1000N;这是一个人可能施加的作用力。

18. 轿厢从最低层站坠落,在撞击缓冲器之前,不允许安全钳有不动作的可能性。

19. 当轿厢速度在达到机械制动瞬间仍与主电源频率相关时,则此时的速度假定不超过 115% 额定速度或相应的分级速度。

20. 装有电梯的大楼管理机构,应能有效地响应应急召唤,而没有不恰当的延时。

21. 为了保证机房中设备的正常运行,如考虑设备散发的热量,机房中的环境温度应保持在(20~40)℃。

22. GB 7588—2003 适用于电力驱动的曳引式或强制式乘客电梯、病床电梯及载货电梯。

23. GB 7588—2003 适用于杂物电梯和液压电梯。

EN81－1 前言习题答案

1. √;2. √;3. ×;4. √;5. ×;6. √;7. √;8. ×;9. ×;10. ×;11. √;12. ×;13. √;14. ×;15. ×;16. √;17. √;18. ×;19. √;20. √;21. ×;22. √;23. ×。

范 围

本标准规定了乘客电梯、病床电梯及载货电梯制造与安装应遵守的安全准则，以防电梯运行时发生伤害乘客和损坏货物的事故。

本标准适用于电力驱动的曳引式或强制式乘客电梯、病床电梯及载货电梯。

本标准不适用于杂物电梯和液压电梯。

解析 本条阐述了本标准所适用的范围和目的。

本标准适用的范围是"电力驱动的曳引式或强制式乘客电梯、病床电梯及载货电梯"，这里的电梯首先应符合 GB/T 7024 对电梯的定义。其次应符合以下几个原则：

1. 电梯应是电力驱动的。如果电梯的驱动力来源不是电力（如蒸汽等），则不适用于本标准。

2. 驱动型式应为曳引式或强制式。其他型式，如齿轮齿条、螺杆驱动、液压驱动等方式不适用于本标准。

3. 用途仅为乘客电梯、病床电梯及载货电梯，其他用途的电梯，如杂物电梯，不适用于本标准。这里应注意，5.1.2 中所叙述的"观光电梯"，并不是一个独立的电梯种类，而是包括在乘客电梯中的。类似的情况还有 8.2.2 中所阐述的"非商用汽车电梯"是载货电梯中的一部分。

本标准的目的是保护人员和货物的安全，而不是要求电梯应具有何种非安全性的性能指标（如运行质量、使用经济性等）。

引用标准

下列标准所包含的条文,通过在本标准中引用而构成为本标准的条文。本标准出版时,所示版本均为有效。所有标准都会被修订,使用本标准的各方应探讨使用下列标准最新版本的可能性。

GB/T 700—1988 碳素结构钢

GB/T 2423.5—1995 电工电子产品环境试验 第 2 部分:试验方法 试验 Ea 和导则:冲击(idt IEC 68-2-27:1987)

GB/T 2423.6—1995 电工电子产品环境试验 第 2 部分:试验方法 试验 Eb 和导则:碰撞(idt IEC 68-2-29:1987)

GB/T 2423.10—1995 电工电子产品环境试验 第 2 部分:试验方法 试验 Fc 和导则:振动(正弦)(idt IEC 68-2-6:1982)

GB/T 2423.22—2002 电工电子产品环境试验 第 2 部分:试验方法 试验 N:温度变化(idt IEC 60068-2-14:1984)

GB/T 4207—1984 固体绝缘材料在潮湿条件下相比漏电起痕指数和耐漏电起痕指数的测定方法

GB/T 4723—1992 印制电路用覆铜箔酚醛纸层压板

GB/T 4724—1992 印制电路用覆铜箔环氧纸层压板

GB/T 4728 电气图用图形符号

GB 4943—2001 信息技术设备的安全(idtIEC 60950:1999)

GB 5013.4—1997 额定电压 450/750V 及以下橡皮绝缘电缆 第 4 部分:软线和软电缆(idt IEC 245-4:1994)

GB 5013.5—1997 额定电压 450/750V 及以下橡皮绝缘电缆 第 5 部分:电梯电缆(idt IEC 245-5:1994)

GB 5023.1—1997 额定电压 450/750V 及以下聚氯乙烯绝缘电缆 第 1 部分:一般要求(idt IEC 227-1:1993 Amendment No. 1 1995)

GB 5023.3—1997 额定电压 450/750 V 及以下聚氯乙烯绝缘电缆 第 3 部分:固定布线用无护套电缆(idt IEC 227-3:1993)

GB 5023.4—1997 额定电压 450/750V 及以下聚氯乙烯绝缘电缆 第 4 部分:固定布线用护套电缆(idt IEC 227-4:1992)

GB 5023.5—1997　额定电压 450/750V 及以下聚氯乙烯绝缘电缆　第 5 部分:软电缆(软线)(idt IEC 227－5:1979 Amendment No. 1 1987,Amendment No. 2 1994)

GB 5023.6—1997　额定电压 450/750V 及以下聚氯乙烯绝缘电缆　第 6 部分:电梯电缆和挠性连接用电缆(idt IEC 227－6:1985)

GB/T 7024—1997　电梯、自动扶梯、自动人行道术语

GB 8903—1988　电梯用钢丝绳(eqv ISO 4344:1983)

GB 12265.1—1997　机械安全　防止上肢触及危险区的安全距离(eqv EN294:1992)

GB 13028—1991　隔离变压器和安全隔离变压器　技术要求(eqv IEC 742:1983)

GB 14048.4—1993　低压开关设备和控制设备　低压机电式接触器和电动机启动器(eqv IEC 947－4－1:1990)

GB 14048.5—2001　低压开关设备和控制设备　第 5－1 部分:控制电路电器和开关元器件　机电式控制电路电器(eqv IEC 60947－5－1:1997)

GB 14821.1—1993　建筑物的电气装置　电击防护(eqv IEC 364－4－41:1992)

GB/T 15651—1995　半导体器件　分立器件和集成电路　第 5 部分:光电子器件(idt IEC 747－5:1992)

GB/T 16261—1996　印制板总规范(idt IEC/PQC 88:1990)

GB/T 16856—1997　机械安全　风险评价的原则

GB 16895.3—1997　建筑物电气装置　第 5 部分:电气设备的选择和安装　第 54 章:接地配置和保护导体(idt IEC 364－5－54:1980)

GB/T 16935.1—1997　低压系统内设备的绝缘配合　第一部分:原理、要求和试验(idt IEC 664－1:1992)

JG/T 5072.1—1996　电梯 T 型导轨

GA 109—1995　电梯层门耐火试验方法

EN 12015:1998　电磁兼容性　用于电梯、自动扶梯和自动人行道的产品系列标准辐射(Electromagnetic compatibility—Product family standard for lifts,escalators and passenger conveyors—Emission)

EN 12016:1998　电磁兼容性　用于电梯、自动扶梯和自动人行道的产品系列标准抗干扰性(Electromagnetic compatibility—Product family standard for lifts,escalators and passenger conveyors——Immunity)

HD 384.6.61S1　建筑物的电气安装　第 6 部分:验证　第 61 章:初校验

（Electrical installations of building—Part 6：Verification—Chapter 61：Initial verification）

■ **解析** 本章所提到的"引用标准"实际上是"规范性引用文件"的概念。其中包括以下几种类型的文件：

1. 我国国家标准；

2. 我国行业标准；

3. 欧洲标准化组织所制订的标准（如 EN 12015：1998 和 EN 12016：1998）；

4. 欧洲电工标准化委员会的协调文件（如 HD 384.6.61S1）。

本章所述标准，其条文在本标准中相应的地方被引用，因此被引用的条文应作为本标准的条文来看待，在使用本标准时也应予以遵守。

根据 GB/T 1.1《标准化工作导则 第 1 部分：标准的结构和编写规则》的规定："凡是注日期的引用文件，其随后所有的修改单（不包括勘误的内容）或修订版均不适用于本标准，然而，鼓励根据本标准达成协议的各方研究是否可使用这些文件的最新版本。凡是不注日的引用文件，其最新版本适用于本标准"。

GB/T 24478—2009 电梯曳引机*

■ **解析** 在制定 GB 7588—2003 时，作为电梯最重要的部件之一的曳引机，其标准为 GB/T 13435—1992。由于内容已落后于当时的技术发展，因此没有将该标准作为引用。之后，重新制定的曳引机标准为 GB/T 24478—2009《电梯曳引机》。本次修改单将此标准纳入了引用标准。

---

* 第 1 号修改单增加。

3. 定 义

本标准采用 GB/T 7024 中的术语及下列定义：

解析 以下术语和定义并不是 EN81-1:1998 中的全部,与 GB/T 7024 中的术语及定义相同或内容实质相同的条目没有被完全列出。如有需要可以参考 GB/T 7024《电梯、自动扶梯、自动人行道术语》。

3.1 曳引驱动电梯 traction drive lift
提升绳靠主机的驱动轮绳槽的摩擦力驱动的电梯。

解析 见 3.2。

3.2 强制驱动电梯(包括卷筒驱动) positive drive lift
用链或钢丝绳悬吊的非摩擦方式驱动的电梯。

解析 3.1 和 3.2 中曳引驱动电梯和强制驱动电梯从定义上的区分就是看采用何种方式驱动电梯——是靠钢丝绳与绳槽之间的摩擦力驱动还是靠链或钢丝绳与链轮或绳鼓之间的非摩擦方式驱动。

从技术特性上来看,需要追加曳引驱动和强制驱动的定义解释。曳引驱动的电梯在曳引力计算中如果对重重量为 0,且使用的钢丝绳重量不计,则无论如何也不可能提起轿厢。而强制驱动电梯无论是否有平衡重也不会影响其提供驱动电梯的力。

当然电梯的驱动方式远不只这两种,还有其他方式驱动如,液压、齿轮齿条、螺杆以及直线电机等驱动方法。但这些不属于本标准所述及的范畴。

3.3 非商用汽车电梯 non-commercial vehicle lift
其轿厢适用于运载私人汽车的电梯。

解析 所谓"非商用汽车"是相对于"商用汽车"而言的。国家标准 GB/T 3730.1《汽车和挂车类型的术语和定义》中对"商用车辆"的定义是这样的:"在设计和技术特性上用于运送人员和货物的汽车,并且可以牵引挂车。乘用车不包括在内"。其范围是客车、牵引车及货车。本条中的"非商用汽车"实际上是指 GB/T 3730.1《汽车和挂车类型的术语和定义》中的"乘用车"。所谓"私人汽车"不应理解为对汽车所有权的限定,无论电梯运载那种汽车(私人拥有的,还是其他机构拥有的),这些与汽车电梯的性能无关,这里指的是汽车的类型而不是所有权的概念。

3.4　滑轮间　pulley room

不装电梯驱动主机,仅装设滑轮或限速器和电气设备的房间。

■■■ **解析**　在 GB/T 7024 中,滑轮间的定义是"机房在井道的上方时,机房楼板与井道顶之间的房间。它有隔间的功能,也可安装滑轮、限速器和电气设备"。显然本标准中的定义更加准确。

参考下面的补充定义(补充定义第 13 条),这里可以明显的分辨出机房和滑轮间的最主要区别就是是否装设电梯驱动主机。

3.5　轿厢有效面积　available car area

地板以上 1m 高度处测量的轿厢面积,乘客或货物用的扶手可忽略不计。

■■■ **解析**　这里虽然规定了轿厢面积是在地板以上 1m 处测得的面积,但在 8.2.1 中有如下补充规定:"对于轿厢的凹进和凸出部分,不管高度是否小于 1m,也不管其是否有单独门保护,在计算轿厢最大有效面积时均必须算入"。

3.6　再平层　re-leveling

电梯停止后,允许在装载或卸载期间进行校正轿厢停止位置的一种动作,必要时可使轿厢连续运动(自动或点动)。

■■■ **解析**　轿厢平层后由于装载或卸载而引起轿厢地板、绳头组合的弹性部件压缩量变化,可能造成轿厢地坎相对层站地坎的位置发生变化。再平层就是为了减少或消除上述位置差而设置的一种功能。它能在装、卸载过程中自动(或手动)调整电梯的位置,使轿厢地坎与层站地坎的相对位置一直保持在一定的范围内。

3.7　钢丝绳的最小破断载荷　minimum breaking load of a rope

钢丝绳公称截面积(mm^2)和钢丝绳的公称抗拉强度(N/mm^2)与一定结构钢丝绳最小破断载荷换算系数的连乘积。

■■■ **解析**　GB 8903《电梯用钢丝绳》中规定了钢丝绳最小破断载荷(见 9.1.2 的解析)。同时,钢丝绳最小破断载荷也可以从钢丝绳生产厂家获取。

3.8　安全绳 safety rope

系在轿厢、对重(或平衡重)上的辅助钢丝绳,在悬挂装置失效情况下,可触发安全钳动作。

■■■ **解析**　安全绳只可用于对重安全钳(非上行超速保护)的触发。安全绳通常由机房(或滑轮间)导向轮导向的一根辅助绳,其一段固定在轿厢上,另一段固定在对重安全钳操纵机构上。当悬挂电梯的钢丝绳断裂时,由于轿厢安全钳将由限速器触发而将轿厢制停在导轨上,此时连接在轿厢和对重安全钳拉杆之间的安全绳也将由于轿厢的制停而停止,由于对重继续坠落,安全绳将提拉对重安全钳拉杆触发对重安全钳。在对重在坠落一段距离(此距离即是对重安全钳拉杆的行程)后,对重安全钳将对重制停在导轨上。

3.9 使用人员 user

利用电梯为其服务的人。

■■ **解析** "使用人员"既包括 3.10 中的"乘客",也包括 3.11 中的"批准的且受过训练的使用者"。

3.10 乘客 passenger

电梯轿厢运送的人员。

■■ **解析** "乘客"在 GB 7588 中指仅是利用电梯作为交通工具的人员。通常情况下认为乘客并不具有关于电梯方面的专业知识和技能。

3.11 批准的且受过训练的使用者 authorized and instructed user

经设备负责人批准并且受过电梯使用训练的人员。

在没有其他规定的情况下,如果电梯负责人已将电梯使用说明书交给批准的且受过训练的使用者并且满足下述两个条件之一时,允许他们使用电梯:

a)只有经批准且受过训练的使用者持有钥匙,插入装于轿厢内或轿厢外的锁内,电梯才能开动。

b)电梯装于禁止公众进入的地方,当不上锁时,由电梯负责人派一人或多人进行看管。

■■ **解析** "批准的且受过训练的使用者"是指那些受过专门训练的利用电梯为其服务的人员。这些人员并不一定需要电梯对其本身提供交通服务。比如电梯司机或运送货物进出电梯的人员,他们利用电梯只是作为完成工作的一种手段。a)中所述的人员实际就是司机或运送货物的人员;b)中所述的人员是看守电梯的人员。

3.12 电梯驱动主机 lift machine

包括电机在内的用于驱动和停止电梯的装置。

■■ **解析** "驱动主机"对于曳引式电梯来说就是曳引机;对于强制式电梯则是卷筒或链轮的驱动装置。但应注意,无论是哪种驱动主机,其不但包括直接驱动钢丝绳或链条的绳轮、卷筒或链轮,还包括减速机构(如果有的话)。此外还包括电动机和拥有停止电梯的制动器。

3.13 平衡重 balancing weight

为节能而设置的平衡全部或部分轿厢自重的质量。

■■ **解析** "对重"和"平衡重"的最主要区别在于:

a)对重的主要目的在于提供曳引力,而平衡重则是为节能。

b)对重不但平衡了全部轿厢自重,而且平衡了部分载重;而平衡重仅平衡了全部或部分轿厢自重。即对重有平衡系数的概念,而平衡重没有。

3.14 电气安全回路 electric safety chain

串联所有电气安全装置的回路。

解析 GB 7588 要求,在附录 A"电气安全装置表"中所列出的电气安全装置应串联在一条回路中,这条回路在被切断时能够防止电梯的启动或运行。此回路称为电气安全回路。

3.15 检修活板门 inspection trap

设置在井道上的作检修用的向外开启的门。

解析 EN81-1 中没有"检修活板门"定义,这里的定义是 GB 7588 增加的。检修活板门可以直接开在井道上,也可以开在机房与井道之间或机房与滑轮间之间。应特别注意的是,为避免凸入电梯运行区间,检修活板门不应向井道内开启。

3.16 井道安全门 emergency door to the well

当相邻两层地坎之间距离超过 11m 时,在其间井道壁上开设的通往井道供援救乘客用的门。

解析 井道安全门的作用就是保证井道的任何两个相邻地坎之间(含井道安全门地坎)的距离不大于 11m,以方便救援被困乘客时使用。

3.17 夹层玻璃 laminated glass

二层或更多层玻璃之间用塑胶膜组合成的玻璃。

解析 此处的定义与 GB 9962—1999《夹层玻璃》中的定义是一致的,其结构见图 3-1。

当夹层玻璃受冲击破裂时,由于塑胶膜具有吸收冲击能量的作用和极强的粘结力,所以玻璃碎片仍牢固地粘结在塑胶膜上,而且冲击物不易贯穿玻璃,破碎的玻璃表面仍保持完整连续,从而减少对人体的伤害。这就有效防止了碎片扎伤和穿透坠落事件的发生,确保了人身安全。

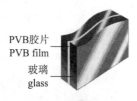

图 3-1 夹层玻璃结构示意

PVB胶片
PVB film
玻璃
glass

3.18 轿厢意外移动 unintended car movement*

在开锁区域内且开门状态下,轿厢无指令离开层站的移动,不包含装卸载

---

* 第 1 号修改单增加。

41

引起的移动。

■■ **解析** 本条说明了判定"轿厢意外移动"的条件,即轿厢在以下条件下移动属于意外移动:

(1)轿厢在开锁区;

(2)门(含层门和轿门)开着;

(3)无指令。

由于轿厢在装载、卸载情况下导致的轿厢侧总重量改变,进而造成钢丝绳伸长量、轿厢缓冲部件(如轿底橡胶等)压缩量变化,这种变化也会导致轿厢在层站区存在上下位移,但这种情况不属于轿厢意外移动。

资料 3-1 补充定义

为以后叙述方便,根据 GB/T 7024 再补充下列术语及定义:

1. 电梯 lift;elevator

服务于规定楼层的固定式升降设备。它具有一个轿厢,运行在至少两列垂直的或倾斜角小于 15°的刚性导轨之间。轿厢尺寸与结构型式便于乘客出入或装货物。

2. 乘客电梯 passenger lift

为运送乘客而设计的电梯。

3. 载货电梯 goods lift;freight lift

通常有人伴随,主要为运送货物而设计的电梯。

4. 客货电梯 passenger-goods lift

以运送乘客为主,但也可运送货物的电梯。(EN81:1998 称为"货客梯")

5. 病床电梯;医用电梯 bed lift

为运送病床(包括病人)及医疗设备而设计的电梯。

6. 观光电梯 panoramic lift;observation lift

井道和轿厢壁至少有同一侧透明,乘客可观看轿车厢外景物的电梯。

7. 汽车电梯 motor vehicle lift;automobile lift

用作运送车辆而设计的电梯。

8. 平层准确度 leveling accuracy

轿厢到站停靠后,轿厢地坎上平面与层门地坎上平面之间垂直方向的偏差值。

9. 电梯额定速度 rated speed of lift

电梯设计所规定的轿厢速度。

EN81:1998 对"额定速度"的定义:制造电梯所依据的轿厢速度,单位为 m/s。

10. 检修速度 inspection speed

电梯检修运行时的速度。

11. 额定载重量 rated load;rated capacity

电梯设计所规定的轿厢内最大载荷。

EN81:1998 对"额定载重量"的定义:制造电梯所依据的载重量。

12. 电梯提升高度　traveling height of lift;lifting height of lift
从底层端站楼面至顶层端站楼之间的垂直距离。

13. 机房　machine room
安装一台或多台曳引机其及附属设备的专用房间。
EN81:1998 对"机房"的定义:主机和(或)主机相关设备所在的房间。

14. 机房高度　machine room height
机房地面至机房顶板之间的最小垂直距离。

15. 层站　landing
各楼层用于出入轿厢的地点。

16. 层站入口　landing entrance
在井道壁上的开口部分,它构成从层站到轿厢之间的通道。

17. 底层端站　bottom terminal landing
最低的轿厢停靠站。

18. 顶层端站　top terminal landing
最高的轿厢停靠站。

19. 层间距离　floor to floor distance;interfloor distance
两个相邻停靠层站层门地坎之间距离。

20. 井道　well;shaft;hoistway
轿厢、对重(或平衡重)运行的空间,这个空间通常以底坑底、井道壁和顶板为界。

21. 单梯井道　single well
只供一台电梯运行的井道。

22. 多梯井道　multiple well;common well
可供两台或两台以上电梯运行的井道。

23. 井道壁　well enclosure; shaft well
用来隔开井道和其他场所的结构。

24. 井道宽度　well width;shaft width
平行于轿厢宽度方向井道壁内表面之间的水平距离。

25. 井道深度　well depth;shaft depth
垂直于井道宽度方向井道壁内表面之间的水平距离。

26. 底坑　pit
底层端站地板以下的井道部分。

27. 底坑深度　pit depth
由底层端站地板至井道底坑地板之间的垂直距离。

28. 顶层高度　headroom height;height above the highest level served;top height
由顶层端站地板至井道顶,板下最突出构件之间的垂直距离。

29. 顶层空间　headroom
轿厢最高服务层站与井道顶面之间的空间。

30. 井道内牛腿；加腋梁　haunched beam

位于各层站出入口下方井道内侧,供支撑层门地坎所用的建筑物突出部分。

31. 开锁区域　unlocking zone

轿厢停靠层站时在地坎上、下延伸的一段区域。当轿厢底在此区域内时门锁方能打开,使开门机动作,驱动轿门、层门开启。

EN81:1998 对"开锁区域"的定义:停层地面上、下延伸的一段区域,在此区域内轿厢能使该层的层门打开。

32. 平层　leveling

在平层区域内,使轿厢地坎与层门地坎达到同一平面的运动。

EN81:1998 对"平层"的定义:提高轿厢在层站停靠精度的一种操作。

33. 平层区　leveling zone

轿厢停靠站上方和(或)下方的一段有限区域。在此区域内可以用平层装置来使轿厢运行达到平层要求。

34. 开门宽度　door opening width

轿厢门和层门完全开启的净宽。

35. 轿厢入口　car entrance

在轿厢壁上的开口部分,它构成从轿厢到层站之间的正常通道。

36. 轿厢入口净尺寸　clear entrance to the car

轿厢到达停靠站,轿厢门完全开启后,所测得门口的宽度和高度。

37. 轿厢高度　car height

从轿厢内部测得地板至轿厢顶部之间的垂直距离(轿厢顶灯罩和可拆卸的吊顶在此距离之内)。

38. 电梯司机　lift attendant

经过专门训练、有合格操作证的授权操纵电梯的人员。

39. 乘客人数　number of passenger

电梯设计限定的最多乘客量(包括司机在内)。

40. 油压缓冲器工作行程　working stroke of oil buffer

油压缓冲器柱塞端面受压后所移动的垂直距离。

41. 弹簧缓冲器工作行程　working stroke of spring buffer

弹簧受压后变形的垂直距离。

42. 检修操作　inspection operation

在电梯检修时,控制检修装置使轿厢运行的操作。

43. 电梯曳引机绳曳引比　hoist ropes ratio of lift

悬吊轿厢的钢丝绳根数与曳引轮单侧的钢丝绳根数之比。

44. 轿底间隙　bottom clearances for car

当轿厢处于完全压缩缓冲器位置时,从底坑地面到安装在轿厢底下部最低构件的垂直距离(最低构件不包括导靴、滚轮、安全钳和护脚板)。

45. 轿顶间隙 top clearances for car

当对重装置处于完全压缩缓冲器位置时,从轿厢顶部最高部分至井道最低部分的垂直距离。

46. 对重装置顶部间隙 top clearances for counterweight

当轿厢处于完全压缩缓冲器的位置时,对重装置最高的部分至井道顶部最低部分的垂直距离。

47. 对接操作规程 docking operation

在特定条件下,为了方便装卸货物的货梯,轿门和层门均开启,使轿厢从底层站向上,在规定距离内以低速运行,与运载货物设备相接的操作。

48. 缓冲器 buffer

位于行程端部,用来吸收轿厢动能的一种弹性缓冲安全装置。

EN81:1998 对"缓冲器"的定义:在行程端部的一种弹性止停装置,包括采用液体或弹簧的制动装置(或其他类似装置)。

49. 油压缓冲器;耗能型缓冲器 hydraulic buffer;oil buffer

以油作为介质吸收轿厢或对重产生动能的缓冲器。

50. 弹簧缓冲器;蓄能型缓冲器具 spring buffer

以弹簧变形来吸收轿厢或对重产生动能的缓冲器。

51. 曳引绳补偿装置 compensating device for hoist ropes

用来平衡由于电梯提升高度过高、曳引绳过长造成运行过程中偏重现象的部件。

52. 补偿装置 compensating chain device

用金属链构成的补偿装置。

53. 补偿绳装置 compensating rope device

用钢丝绳几张紧轮构成的补偿装置。

54. 补偿绳防跳装置 anti-rebound of compensation rope device

当补偿绳张紧装置超出限定位置时,能使曳引机停止运转的电气安全装置。

55. 轿厢 car lift car

运载乘客和(或)其他负载的电梯部件。

56. 轿厢底;轿底 car platform;platform

在轿厢底部,支承载荷的组件。它包括地板、框架等构件。

57. 轿厢壁;轿壁 car enclosures;car walls

由金属板与轿厢底、轿厢顶和轿厢门围成的一个封闭空间。

58. 轿车厢顶;轿顶 car roof

在轿厢的上部,具有一定强度要求的顶盖。

59. 轿厢装饰顶 car ceiling

轿厢内顶部装饰部件。

60. 轿顶防护栏杆 car protection balustrade

设置在轿顶上部,对维修人员起防护作用的构件。

61. 轿厢架;轿架　car frame

固定和支撑桥厢的框架。

62. 开门机　door operator

使轿门和(或)层门开启或关闭的装置。

63. 检修门　access door

开设在井道壁上,通向底坑或滑轮间供检修人员使用的门。

64. 手动门　manually operated door

用人力开关的轿门或层门。

65. 自动门　power operated door

靠动力开关的轿门或层门。

66. 层门;厅门　landing door;shaft door;hall door

设置在层站入口的门。

67. 防火层门　防火门　fire-proof door

能防止或延缓炽热气体或火焰通过的一种层门。

68. 轿厢门　轿门　car door

设置在轿厢入口的门。

69. 安全触板　safety edges for door

在轿车门关闭过程中,当有乘客或障碍物触及时,轿门重新打开的机械门保护装置。

70. 铰链门;外敞门　hinged door

门的一侧为铰链联系,由井道向通道方向开启的层门。

71. 水平滑动门　horizontally sliding door

沿门导轨和地坎槽水平滑动开启的层门。

72. 中分门　center opening door

层门或轿门,由门口中间各自向左、右以相同速度开启的门。

73. 旁开门;双折门;双速门　two-speed sliding door;two-panel sliding door;two speed door

层门或轿门的两扇门,以两种不同速度向同一侧开启的门。

74. 左开门　left hand two speed sliding door

面对轿厢,向左方向开启的层门或轿门。

75. 右开门　right hand two speed sliding door

面对轿厢,向右方向开启的层门或轿门。

76. 垂直滑动门　vertically sliding door

沿门两侧垂直门导轨滑动开启的门。

77. 平层感应板　leveling inductor plate

可使平层装置动作的金属板。

78. 极限开关　final limit switch

当轿厢运行超越端站停止装置时,在轿厢或对重装置未接触缓冲器之前,强迫切断主电源和控制电源的非自动复位的安全装置。

79. 超载装置 overload device;overload indicator

当轿厢超过额定载重量时,能发出警告信号并使轿厢不能运行的安全装置。

80. 称量装置 weighing device

能检测轿厢内荷载值,并发出信号的装置。

81. 地坎 sill

轿厢或层门入口出入轿厢的带槽金属踏板。

82. 轿厢地坎 car sills;plate threshold elevator

轿厢入口处的地坎。

83. 层门地坎 landing sills;sill elevator entrance

层门入口处的地坎。

84. 轿顶检修装置 inspection device on top of the car

设置在轿顶上部,供检修人员检修时应用的装置。

85. 轿顶照明装置 car top light

设置在轿顶上部,供检修人员检修时照明的装置。

86. 底坑检修照明装置 light device of pit inspection

设置在井道底坑,供检修人员检修时照明的装置。

87. 轿厢内指层灯;轿厢位置指示 car position indicator

设置在轿厢内,显示其运行层站的装置。

88. 层门门套 landing door jamb

装饰层门门框的构件。

89. 层门指示灯 landing indicator;hall position indicator

设置在层门上方或一侧,显示轿厢运行层站和方向的装置。

90. 控制屏 control panel

有独立的支架,支架上有金属绝缘底板或横梁,各种电子器件和电器元器件安装在底板或横梁上的一种屏式电控设备。

91. 控制柜 control cabinet;controller

各种电子器件和电器元器件安装在一个有防护作用的柜形结构内的电控设备。

92. 操纵箱;操纵盘 operation panel;car operation panel

用于开关、按钮操纵轿厢运行的电气装置。

93. 警铃按钮 alarm button

94. 停止按钮;急停按钮 stop button;stop switch;stopping device

能断开控制电路使轿厢停止运行的按钮。

95. 曳引机 traction machine;machine driving;machine

包括电动机、制动器和曳引轮在内的靠曳引绳和曳引轮槽摩擦力驱动或停止电梯的装置。

96. 有齿轮曳引机 geared machine

电动机通过减速齿轮箱驱动曳引轮的曳引机。

97. 无齿轮曳引机　gearless machine

电动机直接驱动曳引轮的曳引机。

98. 曳引轮　driving sheave;traction sheave

曳引机上的驱动轮。

99. 曳引绳　hoist ropes

连接轿厢和对重装置,并靠与曳引轮槽的摩擦力驱动轿厢升降的专用钢丝绳。

100. 绳头组合　rope fastening

曳引绳与轿厢、对重装置或机房承重梁连接用的部件。

101. 端站停止装置　terminal stopping device

当轿厢将达到端站时,强迫其减速并停止的保护装置。

102. 平层装置　leveling device

在平层区域内,使轿厢达到平层准确度要求的装置。

103. 近门保护装置　proximity protection device

设置在轿厢出入口处,在门关闭过程中,当出入口有乘客或障碍物时,通过电子元器件或其他元器件发出信号,使门停止关闭,并重新打开的安全装置。

104. 紧急开锁装置　emergency unlocking device

为应急需要,在层门外借助层门上三角钥匙孔可将层门打开的装置。

105. 紧急电源装置;应急电源装置　emergency power device

电梯供电电源出现故障而断电时,供轿厢运行到邻近层站停靠的电源装置。

106. 吊架　sling

与悬挂装置连接,携轿厢、对重(或平衡重)的金属架,吊架也可与轿壁制成一体。

107. 召唤盒;呼梯按钮　calling board;hall buttons

设置在层站门一侧,召唤轿厢停靠在呼梯层站的装置。

108. 随行电缆　traveling cable;trailing cable

连接于运行的轿厢底部与井道固定点之间的电缆。

EN81:1998 对"随行电缆"的定义:轿厢和固定点之间的柔性电缆。

109. 绳头板　rope hitch plate

架设绳头组合的部件。

110. 导向轮　deflector sheave

为增大轿厢与对重之间的距离,使曳引绳经曳引轮再导向对重装置或轿厢一侧而设置的绳轮。

111. 复绕轮　secondary sheave;double wrap sheave;sheave traction secondary

为增大曳引绳对曳引轮的包角,将曳引绳绕出曳引轮后经绳轮再次绕入曳引轮,这种兼有导向作用的绳轮为复绕轮。

112. 反绳轮　diversion sheave

设置在轿厢架和对重框架上部的动滑轮。根据需要曳引绳绕过反绳轮可以构成不同的曳引比。

113. 导轨 guide rails；guide
供轿厢和对重运行的导向部件。
EN81：1998 对"导轨"的定义：为轿厢、对重（或平衡重）提供导向的刚性部件。

114. 空心导轨 hollow guide rail
由钢板经冷轧折弯成空腹 T 形的导轨。

115. 导轨支架 rail brackets；rail support
固定在井道壁或横梁上，支撑和固定导轨用的构件。

116. 导轨连接板（件） fishplate
紧固在相邻两根导轨的端部底面，起连接导轨作用的金属板（件）。

117. 导轨润滑装置 rail lubricate device
设置在轿厢架和对重框架上端两侧，为保持导轨与滑动导靴之间有良好润滑的自动注油装置。

118. 承重梁 machine supporting beams
敷设在机房楼板上面或下面，承受曳引机自重及其负载的钢梁。

119. 底坑护栏 pit protection grid
设置在底坑，位于轿厢和对重装置之间，对维修人员起防护作用的栅栏。

120. 速度检测装置 tachogenerator
检测轿厢运行速度，将其转变成电信号的装置。

121. 盘车手轮 handwheel；wheel；manual wheel
靠人力使曳引轮转动的专用手轮。

122. 制动器扳手 brake wrench
松开曳引机制动器的手动工具。

123. 选层器 floor selector
一种机械或电气驱动的装置。用于执行或控制下述全部或部分功能：确定运行方向、加速、减速、平层、停止、取消呼梯信号、门操作、位置显示和层门指示灯控制。

124. 钢带传动装置 tape driving device
通过钢带，将轿厢运行状态传递到选层器的装置。

125. 限速器 overspeed governor；governor
当电梯的运行速度超过额定速度一定值时，其动作能导致安全钳起作用的安全装置。
EN81：1998 对"限速器"的定义：电梯达到预定的速度时，使电梯停止，且必要时使安全钳动作的一种装置。

126. 限速器张紧轮 governor tension pulley
张紧限速器钢丝绳的绳轮装置。

127. 安全钳装置 safety gear
限速器动作时，使轿厢或对重停止运行保持静止状态，并能夹紧在导轨上的一种机械安全装置。
EN81：1998 对"安全钳"的定义：轿厢、对重（或平衡重）在运行超速或悬挂装置破断情况下,使其停止并保持静止在导轨上的一种机械装置。

128. 瞬时式安全钳装置　instantaneous safety gear

能瞬时使夹紧力达到最大值,并能完全夹紧在导轨上的安全钳。

129. 渐进式安全钳装置　progressive safety gear;gradual safety

采取特殊措施,使夹紧力逐渐达到最大值,最终能完全夹紧在导轨上的安全钳。

EN81:1998 对"渐进式安全钳装置"的定义:安全钳在导轨上的制动作用实现电梯的减速,由于采取了特殊措施,使作用在轿厢、对重(或平衡重)上的反作用力限制在允许范围内。

130. 门锁装置;联锁装置　door interlock;locks;door locking device

轿门与层门关闭后锁紧,同时接通控制回路,轿厢方可运行的机电联锁安全装置。

131. 层门安全开关　landing door safety switch

当层门未完全关闭时,使轿厢不能运行的安全装置。

132. 滑动导靴　sliding;guide shoe

设置在轿厢架和对重装置上,其靴衬在导轨上滑动,使轿厢和对重装置沿导轨运行的导向装置。

133. 靴衬　guide shoe busher;shoe guide

滑动导靴中的滑动摩擦零件。

134. 滚轮导靴　roller guide shoe

设置在轿厢架和对重装置上,其滚轮在导轨上滚动,使轿厢和对重装置沿导轨运行的导向装置。

135. 对重装置;对重　counterweight

由曳引绳经曳引轮与轿厢相连接,在运行过程中起平衡作用的装置。

EN81:1998 对"对重"的定义:为保持曳引力的质量。

136. 护脚板　toe guard

从层站地坎或轿厢地坎向下延伸、并具有平滑垂直部分的安全挡板。

137. 挡绳装置　ward off rope device

防止曳引绳越出绳轮槽的安全防护部件。

138. 轿厢安全窗　top car emergency exit;car emergency opening

在轿厢顶部向外开启的封闭窗,供安装、检修人员使用或发生事故时援救和撤离乘客的轿厢应急出口。窗上装有当窗扇打开即可断开控制电路的开关。

139. 轿厢安全门;应急门　car emergency exit;emergency door

同一井道内有多台电梯,在相邻轿厢壁上并向内开启的门,供乘客和司机在特殊情况下离开轿厢,而改乘相邻轿厢的安全出口。门上装有当门扇打开即可断开控制电路的开关。

140. 型式试验　typete sting

型式试验的概念在 GB 1.3—1987《标准化工作导则　产品标准编写规定》中 6.6.1。"检验分类"对型式试验的定义是:对产品质量进行全面考核,即对标准中规定的技术要求全部进行检验(必要时由双方协议,还可增加试验项目),称为型式检验。在 GB/T 2001—2002《标准化工作指南　第 1 部分:标准化和相关活动的通用词汇》中 2.14.5 对型式试验的定义是:"根据一个或多个代表生产产品的样品所进行的合格测试"。

GB 1.3—1987 6.6.1 中还规定,有下列情况之一时,一般应进行型式检验:

a)新产品或老产品转厂生产的试制定型鉴定;

b)在正式生产后,如结构、材料、工艺有较大改变,可能影响产品性能时;

c)正常生产时,定期或积累一定产量后,应周期性进行一次检验;

d)产品长期停产后,恢复生产时;

e)出厂检验结果与上次型式检验有较大差异时;

f)国家质量监督机构提出进行型式检验的要求时。

《电梯型式试验规则》中所要求的电梯型式试验规则适用产品目录见资料 3-1 表 1:

资料 3-1 表 1

设备类型	设备型式
乘客电梯	曳引式客梯
	强制式客梯
	无机房客梯
	消防员电梯
	观光电梯
	防爆客梯
	病床电梯
载货电梯	曳引式货梯
	强制式货梯
	无机房货梯
	汽车电梯
	防爆货梯
特殊类型电梯	型式特殊
进口各种电梯	各种型式
安全保护装置	限速器
	安全钳
	缓冲器
	电梯轿厢上行超速保护装置
	含有电子元器件的电梯安全电路
	电梯控制柜
	曳引机
主要部件	绳头组合
	电梯导轨
	电梯耐火层门
	电梯玻璃门
	电梯玻璃轿壁

单位和符号

4.1 单位

本标准采用国际单位制(SI)。

4.2 符号

符号在相应使用的公式中解释。

5. 电梯井道

解析 在 0.1.1 和第 1 章都阐明了,本标准的目的是为了保护人员和货物安全。电梯属于机器设备,依据欧洲标准(European Standard)EN 292-1 的定义,假如机器能依设计目的而正常地被连续操作、调整、维修、拆卸、及处理,且不致造成伤害或损及人体健康时,即可被称为"安全"。很明显,上述的"安全"概念也适用于电梯。作为提高机器安全的常用方法有很多,最有效的方法之一就是利用安全栅栏等相关的防护结构,来隔离人员肢体碰触机械或物品。

对于电梯来讲最主要的防护结构就是井道。从这个意义上讲,电梯井道不单纯是供电梯运行的建筑物的一部分空间,更重要的井道还为电梯运行安全和使用者人身安全提供安全屏障。它保证了电梯的正常运行不受干扰,同时保证了人员不受到电梯的伤害。

5.1 总则

5.1.1 本章各项要求适用于装有单台或多台电梯轿厢的井道。

解析 装有单台或多台电梯轿厢的井道其含义可参考第 3 章的补充定义。

5.1.2 电梯对重(或平衡重)应与轿厢在同一井道内(观光电梯可除外)。

解析 本条规定的目的是保护井道内工作人员。这是因为如果轿厢和对重(或平衡重)不在同一井道内而分别运行于两个不同的井道中,由于检修的需要,要求工作人员能够进入井道或通过类似活板门的开口接近需要维修的部件。如果同一台电梯的两个井道均有人员在工作,同时在检修中需要移动电梯,此时由于井道壁的阻隔,无法看到另一井道内的情况,可能造成另一井道中的工作人员发生人身伤害事故。因此电梯的轿厢和对重(或平衡重)应在同一井道内,同时 GB 7588 后面的条文也均是以此作为基础而制定的。

在 EN81-1 中没有"观光梯可除外"的规定,此部分是 GB 7588 增加的内容。主要是为了改善观光梯的观光效果。

5.2 井道的封闭

5.2.1 电梯应由下述部分与周围分开:

a)井道壁、底板和井道顶板;

b)足够的空间。

解析 所谓"井道的封闭"在这里指的是井道与周围空间的隔离,这种隔离可以是使用实体的防护设施(井道壁、底板和井道顶板)隔离,也可以通过足够的空间进行隔离。无论何种隔离,都应能有效防止来自井道外的因素干扰电梯的正常运行,同时能防止电梯对井道外人员的伤害。

5.2.1.1 全封闭的井道

建筑物中,要求井道有助于防止火焰蔓延,该井道应由无孔的墙、底板和顶板完全封闭起来。

只允许有下述开口:

a)层门开口;

b)通往井道的检修门、井道安全门以及检修活板门的开口;

c)火灾情况下,气体和烟雾的排气孔;

d)通风孔;

e)井道与机房或与滑轮间之间必要的功能性开口;

f)根据5.6,电梯之间隔板上的开孔。

解析 GB 50045《高层民用建筑设计防火规范》中6.3.3.6规定"消防电梯井、机房与相邻其他电梯井、机房之间,应采用耐火极限不低于2.00h的隔墙隔开,当在隔墙上开门时,应设甲级防火门"。

本条中a)~f)的开口是井道上的功能性开口,根据井道的具体情况不同,设置的开口也不同,除了a)层门开口和e)井道与机房或与滑轮间之间必要的功能性开口之外,其他开口并不是每个井道都必须设置的。如果需要井道有助于防止火焰蔓延,但又需要设置上述开口,应充分考虑到这些开口对防火的影响。

5.2.1.2 部分封闭的井道

在不要求井道在火灾情况下用于防止火焰蔓延的场合,如与瞭望台、竖井、塔式建筑物联结的观光电梯等,井道不需要全封闭,但要提供:

a)在人员可正常接近电梯处,围壁的高度应足以防止人员:

——遭受电梯运动部件危害;

——直接或用手持物体触及井道中电梯设备而干扰电梯的安全运行。

若符合图1和图2要求,则围壁高度足够,即:

　　1)在层门侧的高度不小于3.50m;

　　2)其余侧,当围壁与电梯运动部件的水平距离为最小允许值0.50m时,高度不应小于2.50m;若该水平距离大于0.50m时,高度可随着距离的增加而减少;当距离等于2.0m时,高度可减至最小值1.10m。

b)围壁应是无孔的;

c)围壁距地板、楼梯或平台边缘最大距离为0.15m(见图1);

d)应采取措施防止由于其他设备干扰电梯的运行[见图5.8b)和16.3.1c)];

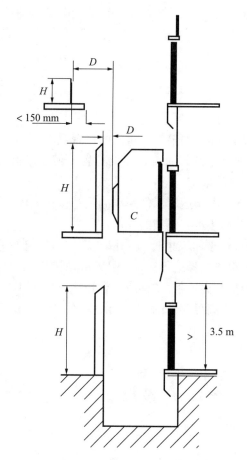

C—轿厢;H—围壁高度;D—与电梯运动部件的距离(见图2)

图1 部分封闭的井道示意图

e)对露天电梯,应采取特殊的防护措施(见0.3.3),例如,沿建筑物外墙安装的附壁梯。

注:只有在充分考虑环境或位置条件后,才允许电梯在部分封闭井道中安装。

解析 部分封闭的井道只允许用于不要求井道防止火焰蔓延的场合,如果是消防员用电梯则禁止使用部分封闭井道。

部分封闭井道与封闭井道一样,都要求能够防止人员随意进入电梯运行区间发生人身伤害事故,或发生人员妨害电梯正常运行事故。部分封闭井道必须提供必要的空间和障碍物将电梯运行区间与公众活动的场所隔离开,使人员无法接近正在运行的电梯。部分封闭的井道虽然没有被完全封闭,但由于有足够的距离,给试图从井道方向接近电梯的人员造成正常情况下无法逾越的空间间隔。因此,部分封闭的井道只要充分考虑环境和位置条件后,并按照本规范采取了相应的措施,可以认为是安全的。

应注意,本条强调的是"在人员可正常接近电梯处"应设置围壁,一些在正常情况下人员根本不可能到达的位置(如两层中间的位置),可以没有围壁。

为了保证部分封闭的井道仍然能够防止人员"遭受电梯运动部件危害"和"直接或用手持物体触及井道中电梯设备而干扰电梯的安全运行",本条规定了部分封闭井道其围壁在不同环境条件下的高度:

1. 在层门侧高度不小于 3.5m。

这里所说的"层门侧"不包括面对轿门的井道壁,而是指层面两旁的位置,面对轿门的方向上必须有井道壁。这是因为轿门通常没有门锁(见 8.9),在轿厢内能够手动开启轿门,当电梯发生故障停在两层中间时,如果面对轿门的位置没有井道壁,一旦乘客扒开轿门,便有坠落的危险,这是绝对不允许的。面对轿门的位置不但要求有井道壁,而且本标准对此位置上的井道壁还有着严格的限定,具体规定见 5.4.3。

2. 其余侧,围壁高度与距电梯运动部件距离的关系参见本标准图 2 所示曲线。

对于井道围壁的型式,本条也有详细的要求:

首先围壁应是无孔的,对于露天电梯应采取相应的措施进行必要的防护。其次,围壁应能够防止其他设备进入距离电梯运行区间的 1.5m 范围以内(这个范围在 5.8 中被认为是井道的范围)。此外,围壁距离地板、楼梯或平台边缘不应大于 0.15m(围壁高度、以及距离地板、楼梯或平台边缘的距离可参考图 1)。当距离不大于 1.5m 时,意味着人的整个躯体无法穿越并不可能停留。

5.2.2 检修门、井道安全门和检修活板门

解析 检修门的定义参见第 3 章补充定义第 63 条;井道安全门的定义参见本标准 3.16;检修活板门的定义参见本标准 3.15。

5.2.2.1 通往井道的检修门、井道安全门和检修活板门,除了因使用人员的安全或检修需要外,一般不应采用。

解析 本条明确阐明了,在井道上并不推荐开设检修门、井道安全门和检修活板门,只有这些门在必要时才应被设置,即在关系到使用人员安全或检修需要的情况下才应考虑设置。

5.2.2.1.1 检修门的高度不得小于 1.40m,宽度不得小于 0.60m。

井道安全门的高度不得小于 1.80m,宽度不得小于 0.35m。

检修活板门的高度不得大于 0.50m,宽度不得大于 0.50m。

解析 检修门一般作为通向底坑(5.7.3.2)或滑轮间(6.4.3)的通道门。其高度最低仅要求不小于 1.4m,这是由于一般底坑和滑轮间高度有限,因此门的高度不能规定得太大。但考虑到检修工作人员可能携带工具进出此门,因此门的宽度要求不小于 0.6m。

井道安全门的尺寸是保证单人略微低头,侧身即能够顺利通过。

检修门和井道安全门的尺寸要求是有所差异的,这是因为其应用对象不同:检修门是给检修人员也就是专业的受过训练的称职人员使用的,标准中认为他们预先已经知道检修

门的实际环境特点,并有足够的准备能够安全经过检修门。而井道安全门的使用对象是经专业人员解救的一般乘客,他们没有电梯方面的专业知识,也不了解电梯井道安全门的具体环境和特点,因此井道安全门的高度需要高一些。井道安全门与普通层门尺寸的要求也不同,层门的高度要求最小净高度为2m(7.3.1)。这是因为使用层门的乘客是没有专业人员指导和陪伴的,这与通过井道安全门被专业人员解救的乘客不同,因此层门的高度要比井道安全门更高。

5.2.2.1.2 当相邻两层门地坎间的距离大于11m时,其间应设置井道安全门,以确保相邻地坎间的距离不大于11m。在相邻的轿厢都采取8.12.3所述的轿厢安全门措施时,则不需执行本条款。

■■■ **解析** 井道安全门或轿厢安全门的作用是电梯发生故障且轿厢停在两个层站之间时,可通过它们救援被困在轿厢内的乘客。

电梯一旦发生故障停在两层之间,如果没有其他通道(如本标准8.12.3所述的轿厢安全门),只能通过层门或井道安全门进行救援。如相邻的两层门地坎之间的距离大于11m,而轿厢由于故障停止在两地坎之间,将造成轿顶与上面一层地坎的距离较远。此时,无论是采用盘车的方法,还是使用梯子从轿顶对乘客进行救援,都非常容易引发意外事故,不利于救援人员的操作及紧急情况的处理。因此,当相邻两地坎之间的距离超过11m时,要求设置井道安全门,以保证救援活动的安全。

如果是多台电梯共用井道,且相邻轿厢设置了"轿厢安全门"(见本标准8.12.3所述),在某一台电梯发生故障时,可以利用与其相邻的电梯,通过两轿厢上开设的轿厢安全门将被困乘客救援到能够正常运行的电梯上。因此,这种情况下不需要设置井道安全门。

井道安全门不仅用于在轿顶上使用梯子救援乘客,也用于采取盘车和紧急电动运行的方式,因此井道安全门和轿顶安全窗之间没有必然联系,本标准并没有规定当设置井道安全门时应设置轿顶安全窗。

综合下面几个条文的描述和井道安全门的预期功能,井道安全门的设置原则是这样的:

1)不应向井道内开启。(5.2.2.2)

因为如果安全门的开启方向是朝向井道内的,首先当电梯发生故障需要利用井道安全门进行救援作业时,轿厢一旦停在安全门附近,轿厢部件将阻挡安全门的开启,造成安全门无法使用。其次,如果安全门向井道内开启,操作人员开启安全门时,极易造成坠入井道的事故。

还有,向井道内开启的安全门,在其打开时可能会凸入电梯运行空间,与电梯运行部件发生碰撞,损坏设备或造成事故。

2)应装设用钥匙开启的锁。(5.2.2.2.1)

当安全门开启后应不用钥匙就能将其锁闭。即使在锁住的情况下,不用钥匙也应能从井道内部将其打开。只有经过批准的人员(检修、救援人员)才能在井道外用钥匙将安全门开启。

3)应装设电气安全装置,使安全门处于关闭时电梯才能运行。(5.2.2.2.2)

电气安全装置要满足后面14.1.2的要求,其位置必须是在安全门打开后才能够触及到的。当安全门处于开启或没有完全关闭的情况下,电梯将不能启动,运行中的电梯应立即停止运行。目的是防止人员在井道安全门附近与电梯运动部件发生挤压、剪切及坠落事故。

4)安全门设置的位置应有利于安全、便捷、快速、有效的救援乘客。

通往安全门的通道不应经过必须被特殊批准的区域。通道如有门,门不应锁闭,如果锁闭应保证援救人员随时可以得到钥匙。在井道外,安全门的附近不应有影响其开启的障碍物,且从安全门出来应很容易得踏到楼面或楼梯,使用梯子时,梯子的垂直方向高度不应大于4m,梯子的形式应是坚固的且不易翻转的,梯子应安装在坚实的地面上。考虑到援救人员可能与乘客同时使用梯子,其强度应保证当按照紧急救援规则进行援救时,梯子不会由于人员的共同使用而发生损坏。(需考虑是否可使用梯子)

5)如果设置一个安全门无法满足"相邻两地坎间的距离不大于11m"的要求,必须设置多个安全门,直到每两个相邻地坎间的距离都不大于11m才满足要求。

6)如有防火要求,应使用相应等级的防火门。

关于11m的由来:为什么本条要求"相邻地坎间距离不大于11m",11m这个数字是如何得来的? 这困扰了笔者很久。后经请教电梯行业前辈专家得知,这个尺寸是根据欧洲消防员使用云梯的尺寸计算得出的。

关于井道安全门的尺寸要求,参见上条解析。

5.2.2.2 检修门、井道安全门和检修活板门均不应向井道内开启。

解析 这些门均不应向井道内开启。因为:

1. 如果门的开启方向是朝向井道内,当电梯发生故障需要利用这些门进行作业时,一旦轿厢、对重或其他部件停在门的附近,将阻挡门的开启,造成无法使用。

2. 如果门的开启方向是朝向井道内,当操作人员开启这些门时,由于推开门时会导致人员身体重心向井道内移动,极易造成坠入井道的事故。

3. 如果门向井道内开启,这些门可能凸入电梯运行空间,与电梯运行部件发生碰撞,造成事故。

4. 如果检修门是朝向井道内开启的,如果遇到井道内出现紧急情况,检修人员不能方便快捷的撤离。

5.2.2.2.1 检修门、井道安全门和检修活板门均应装设用钥匙开启的锁。当上述门开启后,不用钥匙也能将其关闭和锁住。

检修门与井道安全门即使在锁住情况下,也应能不用钥匙从井道内部将门打开。

解析 检修门、井道安全门和检修活板门的开启,均应是经过批准的、称职的人员才能够进行,应防止不相关的人员随意开启这些门,给电梯和这些人员自身带来危险。因此要用锁将门锁闭,钥匙要交由称职的人员管理。但在检修或救援的情况下,当遇到意外事件而造成门开启后需要锁闭时钥匙不在现场(丢失或被别的称职的人员取走),也应能将这些门关闭并锁住,以免由于这些门的开启带来其他危险。

由于检修门和井道安全门是人员进出井道的通道,为防止井道内人员的被困,要求这两种门在井道内不用钥匙也可以打开,以方便人员的撤离。由于人员无法通过检修活板门进出井道,因此检修活板门没有此类要求。

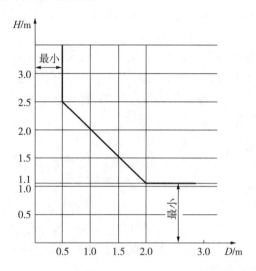

图 2 部分封闭的井道围壁高度与距电梯运动部件距离的关系图

5.2.2.2.2 只有检修门、井道安全门和检修活板门均处于关闭位置时,电梯才能运行。为此,应采用符合 14.1.2 规定的电气安全装置证实上述门的关闭状态。

对通往底坑的通道门(见 5.7.3.2),在不是通向危险区域情况下,可不必设置电气安全装置。这是指电梯正常运行中,轿厢、对重(或平衡重)的最低部分,包括导靴、护脚板等和底坑底之间的自由垂直距离至少为 2m 的情况。

电梯的随行电缆、补偿绳或链及其附件、限速器张紧轮和类似装置,认为不构成危险。

▌ **解析** 这些门在开启时,说明有人员正在进出井道或正处于工作状态。这时电梯运行很可能造成工作人员的人身伤害,必须予以避免。如果是在使用后忘记关闭上述门,则可能使无关人员进入井道,此时如果电梯处于运行状态很可能危及上述人员的人身安全,或使电梯的正常运行受到干扰。因此,无论是什么原因,只要是这些门没有被完全关闭,电梯处于停止状态是最安全的。基于上述考虑,标准中要求使用符合本标准 14.1.2 要求的电气安全装置验证门的关闭状态。在本标准中,所谓"电气安全装置"分为安全触点和安全电路两种型式。一般情况下,验证上述门的关闭都是采用一个安全触点型开关,这个开关是电气安全装置并被列入在附录 A 中,并应串联在电气安全回路中。

当电梯正常运行中,轿厢、对重(或平衡重)的最低部分,包括导靴、护脚板等和底坑底之间的自由垂直距离至少为 2m,可不必设置电气安全装置。这里要注意的是"电梯正常"运行时,而不是蹾底时,这两者有很大差异,尤为是高速电梯使用的缓冲器行程比较大时差距更大。

这里保护的是在底坑中工作的人员不被正常使用的电梯所伤害。EN81-1 中认为 2m 的净高度可以保证人员在站立的情况下不受伤害。根据 GB 10000—1988《中国成年人人体尺寸》99%以上的人身高在 1.83m 以下,因此可以认为 2m 以上的高度能够保证绝大多数成年人在直立的情况下不会被电梯所伤害。

由于随行电缆是柔软的,因此即使碰到底坑中的人员,也不会对人员造成伤害。尤其是在本标准后面关于底坑深度要求的条文中,这一点应特别注意。

补偿绳或补偿链以及限速器张紧装置,虽然其自身在运动,但作为一个整体其位置并未改变,也不会对人体造成危害。

5.2.2.3 检修门、井道安全门和检修活板门均应无孔,并应具有与层门一样的机械强度,且应符合相关建筑物防火规范的要求。

解析 本标准要求检修门、井道安全门和检修活板门的强度与 7.2.3 要求的层门的强度相同,即:"用 300N 的力垂直作用于该层门的任何一个面上的任何位置,且均匀地分布在 5cm² 的圆形或方形面积上时,应能:a)无永久变形;b)弹性变形不大于 15mm;c)试验期间和试验后,门的安全功能不受影响"。

由于检修门、井道安全门和检修活板门是开在井道上的,5.2.1.1 中要求如果需要防止火灾的蔓延井道壁应全封闭,而各国建筑法规中对于井道壁的耐火规定也有相应的具体要求(比如我国的 GB50045《高层民用建筑设计防火规范》要求供消防员使用的电梯,其井道耐火不低于 2h),因此开在井道壁上的这些门也应符合相应的防火要求。

5.2.3 井道的通风

井道应适当通风,井道不能用于非电梯用房的通风。

注:在没有相关的规范或标准情况下,建议井道顶部的通风口面积至少为井道截面积的 1%。

解析 当电梯在井道内运行时,由于轿厢的横截面积通常占了井道横截面积的一半甚至大部分,因此轿厢在井道内运行时将产生活塞效应。电梯运行速度较高时,活塞效应带来的影响是不可忽视的,一方面它会增加电梯运行时能量的消耗;另一方面也会增加电梯的运行噪声。井道适当通风,则可以减轻电梯运行时产生的活塞效应,最终缓解或避免上述情况的发生。井道通风孔最好设置在井道顶部,因为井道的结构型式类似于烟囱,这样设置可以获得较好的自然通风。同时,为了避免雨水或异物通过通风孔进入井道,通风孔的启闭最好是可控的。

单梯井道活塞效应明显,通常要设置通风孔,而多梯井道可以避免活塞效应,一般不必开设通风孔。

在本标准中"EN81-1 前言"中 0.2.5 要求买主和供货商之间要对环境条件进行协商

并达成一致。因此本条中所说的"电梯用房"其环境必定是适合电梯运行要求的,因此电梯用房(主要是机房)的通风允许通过井道来实现,但为了避免不可预知的情况给电梯的安全运行带来危害,井道不能为其他非电梯用房通风。

在 GB 7588—1995 中,曾对于井道通风孔的面积是作了强制规定的:"在井道顶部应设置通风孔,其面积不得小于井道水平断面面积的1‰",当井道顶与机房相通的一些功能性开孔(钢丝绳孔、井道电缆孔等)面积和不大于井道水平断面面积的1‰时,必须专门开设通风口。由于通风本身不涉及安全性能,因此本标准将这个要求变为推荐性的"建议"。

如果开有通风孔,通风孔可以直接通向室外,也可经机房或滑轮间通向室外。井道通风孔在开设时应注意保证以下几点:

1)不应妨碍电梯的正常运行或给电梯的安全运行带来隐患;

2)不应妨碍电梯安装、调试、检修、测试及改造时的安全;

3)通风孔不应妨碍电梯周围用房的正常功用;

4)应防止水和异物由通风孔进入井道而影响电梯安全;

5)通风孔的设置位置和形式不应影响到电梯外的人员安全和健康。

5.3 井道壁、底面和顶板

井道结构应符合国家建筑规范的要求,并应至少能承受下述载荷:主机施加的;轿厢偏载情况下安全钳动作瞬间经导轨施加的;缓冲器动作产生的;由防跳装置作用的,以及轿厢装卸载所产生的载荷等。

解析 前面曾经提到,井道是建筑物土建结构的一部分,井道结构设计是在建筑设计时应予以考虑的,因此在这里没有对井道结构做具体要求,而只要求"应符合国家建筑规范"。同时井道又是电梯运行安全的重要保证,因此井道不但要满足国家相关建筑规范的要求,同时也必须满足电梯的使用的要求。目前绝大多数电梯都将井道作为承载构件,因此井道必须能够承受电梯主机施加的载荷、轿厢偏载情况下安全钳动作时所施加的力以及轿厢装载和卸载时所产生的载荷。井道的底坑部分应能够承受缓冲器动作时施加的力、电梯补偿绳防跳装置动作时施加的力。

5.3.1 井道壁的强度

5.3.1.1 为保证电梯的安全运行,井道壁应具有下列的机械强度,即用一个 300N 的力,均匀分布在 $5cm^2$ 的圆形或方形面积上,垂直作用在井道壁的任一点上,应:

a)无永久变形;

b)弹性变形不大于 15mm。

解析 井道结构必须至少能承受上面提到的"主机施加的;轿厢偏载情况下安全钳动作瞬间经导轨施加的;缓冲器动作产生的;由防跳装置作用的,以及轿厢装卸载所产生的载荷等"。除此之外,井道壁的强度还必须符合:"用一个 300N 的力,均匀分布在 $5cm^2$ 的圆形或方形面积上,垂直作用在井道壁的任一点上,应:a)无永久变形;b)弹性变形不大于15mm"。300N 的力是人可以施加的水平方向的静态力(0.3.9)。5cm² 的圆形或方形面积大约是人手大拇指的面积。这里要求的井道壁强度是井道最低应具有的强度。

5.3.1.2 在人员可正常接近的玻璃门扇、玻璃面板或成形玻璃板,均应用夹层玻璃制成,其高度应符合 5.2.1.2 的要求。

解析 只有在人员可正常接近的玻璃门扇、面板或成形玻璃板,才必须由夹层玻璃制造。

对于"可正常接近",CEN/TC10 是这样解释的:

井道内侧不是"人员可正常接近"的位置。井道被认为只是授权人员才可接近。

如果采用玻璃制作井道壁时,根据本条和 5.2.1.2 井道壁"在层门侧的高度不小于3.50m"的规定,高度在 3.5m 以下的位置必须采用夹层玻璃;而高于 3.5m 的位置可以使用普通玻璃(浮法玻璃)制造。因为在这种情况下,人员不会受到电梯运动部件的伤害;人员也无法直接或用其他物体接触电梯,从而妨碍电梯的安全运行。

对此,CEN/TC10 是这样解释的:

依据 5.3 第一句话,除 5.2.1.2 所规定的区域外,由玻璃组成的井道围壁的设计必须符合国家建筑法规的要求。如果满足 5.3.1.1 的要求,则认为:因维护操作期间工具意外坠落而对玻璃组成的井道围壁造成损害的风险已被充分地降低到可接受的程度。

5.3.2 底坑底面的强度

5.3.2.1 底坑的底面应能支撑每根导轨的作用力(悬空导轨除外):由导轨自重再加安全钳动作瞬间的反作用力(N),[见附录 G(提示的附录)G2.3 和 G2.4]。

解析 在绝大多数情况下,电梯导轨是由底坑支撑的,因此底坑底面应坚实可靠、足以承受导轨施加的力。在考虑导轨对底坑底面所施加的力时,不但要计算导轨本身的重量,还应考虑到最极端的情况——安全钳动作将轿厢制停在导轨上时,由导轨传递到底坑底面的力。上述力的计算应参考附录 G 中 G2.3 和 G2.4 的规定。

但是,当导轨不是由底坑底表面支撑,而是挂在井道顶上或固定在井道其他位置时,可不必考虑本条的要求。但必须满足 5.3.3 的规定。

5.3.2.2 轿厢缓冲器支座下的底坑地面应能承受满载轿厢静载 4 倍的作用力。

$$4g_n(P+Q)$$

式中:

P——空轿厢和由轿厢支承的零部件的质量,如部分随行电缆、补偿绳或链(若有)等的质量和,kg;

Q——额定载重量,kg;

g_n——标准重力加速度,9.81m/s²。

　　解析　本条规定"轿厢缓冲器支座下的底坑地面应能承受满载轿厢静载4倍的作用力"意思是底坑地面应能承受满载轿厢所施加的静载荷4倍的作用力,且分布在所有轿厢缓冲器上。

　　应注意,本条规定的是底坑底表面必须满足的受力要求,如果电梯制造厂家有更加严格的要求,应以电梯制造厂家的要求为准。

5.3.2.3　对重缓冲器支座下(或平衡重运行区域)的底坑的底面应能承受对重(或平衡重)静载4倍的作用力。

$$4g_n(P+qQ)　　对对重$$
$$4g_nqP　　　　对平衡重$$

式中:

　　q——平衡系数。

　　解析　见5.3.2.2解析。

5.3.3　顶板强度

　　对无须承受6.3.1和(或)6.4.1规定载荷的顶板,在其悬挂导轨情况下,悬挂点应至少能承受G5.1规定的载荷和力。

　　解析　如果导轨不是采用由底坑底表面支撑的方式,而是采用悬挂在井道顶的方式,则其悬挂点即使在不承受其他力的情况下,也必须能够承受由于悬挂导轨而可能施加的力。

5.4　面对轿厢入口的层门与电梯井道壁的结构

5.4.1　面对轿厢入口的层门与井道壁或部分井道壁的要求,适用于井道的整个高度。有关轿厢与面对轿厢入口的电梯井道壁的间距要求,见第11章。

　　解析　由于轿厢门在一般情况下是没有锁闭装置的(见8.9),在轿厢内能够手动开启轿门,电梯发生故障时轿厢可能停在其运行区间的任何位置,当乘客扒开轿门就可能面对任何位置的层门或井道壁。因此本条规定"面对轿厢入口的层门与井道壁或部分井道壁的要求,适用于井道的整个高度"。

5.4.2　由层门和面对轿厢入口的井道壁或部分井道壁组成的组合体,应在轿厢整个入口宽度上形成一个无孔表面,门的动作间隙除外。

　　解析　由于轿厢门在一般情况下是没有锁闭装置的(见8.9),在轿厢内能够手动开启轿门从而触及到井道壁。为了防止发生危险,本条要求面对轿厢入口的井道壁和井道壁上的层门(其他门,如井道安全门应视为井道壁的一部分)联合构成一个无孔的表面。本条实际上否定了层门采用有孔型式的可能。

5.4.3 每个层门地坎下的电梯井道壁应符合下列要求：

a)应形成一个与层门地坎直接连接的垂直表面,它的高度不应小于1/2的开锁区域加上50mm,宽度不应小于门入口的净宽度两边各加25mm。

b)这个表面应是连续的,由光滑而坚硬的材料构成。如金属薄板,它能承受垂直作用于其上任何一点均匀分布在 5cm² 圆形或方形截面上的 300N 的力,应:

1)无永久变形;

2)弹性变形不大于 10mm。

c)该井道壁任何凸出物均不应超过 5mm。超过 2mm 的凸出物应倒角,倒角与水平的夹角至少为 75°。

d)此外,该井道壁应:

1)连接到下一个门的门楣;

2)采用坚硬光滑的斜面向下延伸,斜面与水平面的夹角至少为 60°,斜面在水平面上的投影不应小于 20mm。

解析　GB/T 7024 对"开锁区域"的定义是:指轿厢停靠层站时在地坎上、下延伸的一段区域。当轿厢底在此区域内时门锁方能打开,使开门机动作,驱动轿门、层门开启。但 EN81-1:1998 对"开锁区域"的定义:停层地面上、下延伸的一段区域,在此区域内轿厢能使该层的层门打开。我们觉得还是 EN81-1:1998 对"开锁区域"的定义更加准确。因为在 EN81-1:1998 强调的是在开锁区,通过轿厢能将层门开启。

本条中所谓"高度不应小于 1/2 的开锁区域加上 50mm",如果电梯开锁区较大,同时层间距较小,护脚板或牛腿高度无法做到要求的高度,则必须满足 d)的规定:"该井道壁应连接到下一个门的门楣,或采用坚硬光滑的斜面向下延伸,斜面与水平面的夹角至少为 60°,斜面在水平面上的投影不应小于 20mm"。因此只要连接到下一个门的门楣(此时门楣也应是无孔表面),则满足标准要求。

本条中所谓"采用坚硬光滑的斜面向下延伸,斜面与水平面的夹角至少为 60°,斜面在水平面上的投影不应小于 20mm",是否与 a)中所说"应形成一个与层门地坎直接连接的垂直表面"矛盾?层门地坎下面的井道壁究竟是何种形式才是符合标准要求的呢?图 5-1 中,模拟了 3 种情况,我们逐一进行分析。在这里首先要明确的是:地坎线下面的 1、2 两个面都应视作井道壁。

1)图 5-1a)中 1 面垂直于地坎线向下延伸,2 面为斜面且与水平线夹角不小于 60°,同时其投影不小于 20mm,因此是符合要求的。

2)图 5-1b)中 1 面与地坎线不垂直,2 面为垂直面,但它违反了 a)"应形成一个与层门地坎直接连接的垂直表面"的叙述,因此不符合要求。

3)图 5-1c)中 1 面垂直于地坎线向下延伸,2 面为垂直于 1 面的表面,但注意,2 面与水平线的夹角不满足"不小于 60°"的要求(现在是 0°),因此是不符合要求的。

这样规定,是由于在一些情况下为了提高电梯的运行效率,电梯会设计成带有"提前开门"功能(见 7.7.2.2),这时在开锁区范围内尽管轿厢还在运行,但轿门是可以将层门打开的。此时人员的脚很可能伸出轿厢地坎碰到井道前壁,如果采用图 5-2 的结构,脚可能被夹住(当然如果面 1 与垂直面的角度足够小,可以防止夹脚,但还是垂直最安全)。图 5-3 中 2 面垂直于 1 面,当在 2 面附近打开轿门(轿门在非开锁区也可以打开),如果脚伸到 2 面内,又恰好移动轿厢(盘车),可能夹脚。

之所以要规定一个投影尺寸,主要是防止护脚板不倒角而存在的剪切危险。

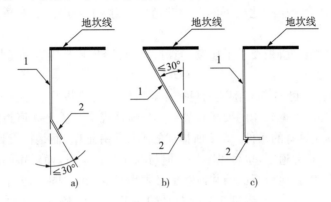

图 5-1 层门地坎下的电梯井道壁

综合 a)和 d)的描述,面对层门的"井道壁"应是下面形状:

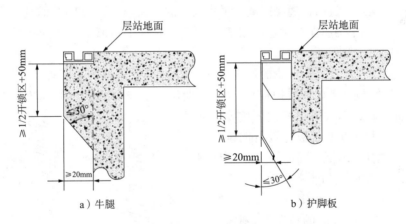

图 5-2 采用牛腿和护脚板

对于面对轿厢入口的井道壁,5.4 阐述了下面几个意思:

1.面对轿门的井道壁和层门都应是无孔的(5.4.2)。

注意:这里没有要求是平滑的,因为有层门的存在不可能是平滑的;也没有要求是连续的,由于门的缝隙和关门机的存在不可能是连续的。

2.上面的规定适用于整个井道高度(5.4.1)。

3.上面所述的无孔表面其宽度至少应等于整个开门宽度(5.4.2),如果是 5.4.3 述及的"层门地坎下的井道壁"则要求"宽度不应小于门入口的净宽度两边各加 25mm"。

4.在本条文中,5.4.3特别值得注意,虽然对层门地坎下的井道壁也是面对轿门的井道壁的一个组成部分,但对这部分井道壁(候梯厅护脚板或建筑物带的牛腿)的要求为:"它能承受垂直作用于其上任何一点均匀分布在$5cm^2$圆形或方形截面上的300N的力,应:1)无永久变形;2)弹性变形不大于10mm"。而对轿门和层门的要求为:"用300N的力垂直作用于该层门的任何一个面上的任何位置,且均匀地分布在$5cm^2$的圆形或方形面积上时,应能:a)无永久变形;b)弹性变形不大于15mm;c)试验期间和试验后,门的安全功能不受影响"。可以看出,对"每个层门地坎下的电梯井道壁"实际上要严于面对轿门的井道壁和层门的要求。

注意:层门地坎下护脚板要求了连续、光滑、坚硬、形状和其应有的范围。(a、b、c、d四条分别有阐述)

5.4和5.2的比较可知:5.4阐述的只是面对轿门方向的井道壁,无论是否是完全封闭的井道,这个位置必须根据5.4的要求设置。5.2则是规定了关于井道封闭情况的一些可能出现的型式及其应具有的条件。5.2所描述的不仅是井道壁,而是扩展到所谓的"井道围封"。井道围封可以是井道壁,也可以不是。但与5.4配合来看,面对轿门侧仍需宽度至少为开门宽度的井道壁,且地坎下面的井道壁也必须满足5.4.3要求。至于除去上述部分外的井道壁,可以没有(但必须有满足5.2中图5-1和图5-2规定的围封)

5.4和11.2的比较可知:11.2阐述的是井道内表面(护脚板或牛腿),而不是一般意义上的井道壁。同时之所以11.2并没有规定井道内表面的强度,是因为在这一条中规定了轿厢地坎、轿门框架或最近门口边缘距离井道内表面的距离,且从11.1可知,这个距离在电梯的整个使用寿命期中均应保持。这不仅表明在安装时这个距离要保证,同时使用时(当然包括用手去按时)也要保证。

当然,上面的说法仅是从理论的角度来讲,如果从实际工程的角度看,应该提供对于井道内表面处理的要求(例如加装护板)。这种不明确要求强度的在GB 7588其他条文中还有很多,比如6.3.2.5,关于机房内凹坑要盖住的要求,具体要求多大强度的盖板并没有明确要求。但由于使用功能的限制,盖板必须要有一定的强度。这一点在0.2.1中阐述的非常明确。

对于本条c)的要求,见图5-3所示:第一种情况,凸出部分不超过2mm的情况下,不需要进行倒角处理;第二种情况,超过2mm的凸出物应进行倒角处理,倒角与水平的夹角不小于75°。

5.5 位于轿厢与对重(或平衡重)下部空间的防护

如果轿厢与对重(或平衡重)之下确有人能够到达的空间,井道底坑的底面至少应按$5000N/m^2$载荷设计,且:

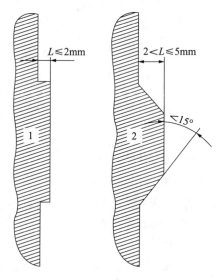

图5-3 井道内突出物及其倒角

a)将对重缓冲器安装于(或平衡重运行区域下面是)一直延伸到坚固地面上的实心桩墩;

b)对重(或平衡重)上装设安全钳。

注:电梯井道最好不设置在人们能到达的空间上面。

解析 这是EN81-1前言中0.1.2.2 c)"电梯井道、机房和滑轮间(如有)外面的人员"的具体化体现。

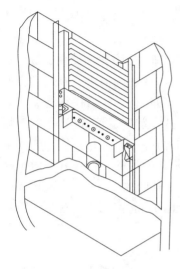

图5-4 对重下方有人员能够到达的空间

底坑下面有人员能够到达的空间是指地下室、地下车库、存储间等任何可以供人员进入的空间(如图5-4所示)。这种情况在大型建筑中电梯分区设置的情况下尤其常见,那些服务于高层的电梯下方通常都存在人员活动的空间。当有人员能够到达底坑底面以下,无论对重(或平衡重)是否装设安全钳,底坑底面至少应按照5000N/m²载荷设计、施工。对曳引式电梯本条款主要是考虑电梯发生故障时轿厢上行速度失控或曳引钢丝绳断裂时对重撞击缓冲器。对强制式电梯本条款主要考虑悬挂钢丝绳断裂时平衡重撞击底坑底面。如果对重缓冲器没有安装在一直延伸到坚固地面上的实心桩墩上,在对重(或平衡重)撞击缓冲区时则可能造成底坑地面塌陷,此时底坑下方若有人员滞留,必然造成人员伤亡。

如果使用隔墙、隔障等措施使此空间不存在,可不设置对重安全钳,也不需要将缓冲器装设在实心桩墩上。

支撑对重缓冲器的底坑底面应能承受对重撞击缓冲器所产生的力,以防止底坑底面塌陷,同时可以缓解轿厢上行速度失控而导致轿厢撞击井道顶的情况。

这里所说的"井道底坑的底面至少应按5000N/m²载荷设计"如果缓冲器和导轨下方的受力大于此值,必须将上述位置设计成符合实际受力要求的结构。同时底坑底面的设计载荷和破断载荷是两个不同的概念,如果按设计载荷每平方米5000N来设计的钢筋混凝土底面,其破断载荷可达数万牛。

其实此处只要底坑底面能够承受对重(甚至连同补偿)由最高处以可能达到的最大速度垂直下抛而产生的动量就应允许不设置对重安全钳或实心桩墩。但由于每种设计采用的结构、混凝土标号、配筋都不同,为加强可操作性,在此对这个问题只好"一刀切"。

通常情况下,在超高层建筑中,电梯多是分区服务的,不可能将服务于高楼层的电梯底坑下方按照a)的要求建造实心桩墩。这时就必须采用b)的方法,在对重或平衡重上设置安全钳,使之与轿厢一样即使在钢丝绳全部断裂时也不会撞击底坑。

注意,本条并没有要求轿厢缓冲器设置在实心桩墩上,这是因为轿厢必定设置有下行时起作用的安全钳(见9.8.1.1),因此可以忽略轿厢在自由坠落状态下撞击缓冲器的风险。

5.6　井道内的防护

5.6.1　对重(或平衡重)的运行区域应采用刚性隔障防护,该隔障从电梯底坑地面上不大于 0.30m 处向上延伸到至少 2.50m 的高度。

其宽度应至少等于对重(或平衡重)宽度两边各加 0.10m。

如果这种隔障是网孔型的,则应该遵循 GB 12265.1—1997 中 4.5.1 的规定。

特殊情况,为了满足底坑安装的电梯部件的位置要求,允许在该隔障上开尽量小的缺口。

■■ 解析　对重(或平衡重)的允许区域之所以要求采用隔障防护,是因为人员在底坑中工作时可能误入对重的运行空间。我们知道,轿厢体积较大,人员在底坑中作业时通常会非常小心轿厢的位置,但随着轿厢上行,对重会相应的向底坑方向运行。人员往往会忽略对重的状态而造成危险。本条要求隔障将对重或平衡重的运行区域与人员可以到达的区域隔离开,就是为了保护在底坑中的工作人员不受到来自对重的伤害。

标准中没有明确要求隔障的强度,但如果隔障有孔,必须是刚性的。目前有些对重隔障在设计上使用了带孔的网,而且还不是刚性的网进行制造,网孔的大小是 10mm×10mm,网丝 2mm 粗。当隔障安装后,强度非常低,很容易被推到对重的运行空间中。这是不满足标准要求的。

对于隔障是否必须采用刚性材料制造的问题曾有两种看法:

1. 要求使用刚性隔障。原因是非刚性隔障无法保证 GB 12265.1 的要求。因此隔障必须能承受施加 300N 的力和 GB 12265.1 中对于开口的要求。

2. 不必使用刚性隔障。原因是,非刚性隔障可以让使用者知道危险区域的所在,因此标准才没有明确规定机械强度。

对于以上两种观点我们不妨来分析一下,之所以采用隔障来防护对重(或平衡重),就是要通过安全距离来保护人员的安全。在 GB 12265.1《机械安全防止上肢触及危险区的安全距离》(EN249)中是这样定义"安全距离"的:"防护结构距离危险区的最小距离"。而 GB 12265.1 所设定的安全距离是基于一些假定上的。其中很重要的两条假设便是:

——防护结构和其中的开口形状和位置保持不变;

——人们可能迫使身体某一部分越过防护结构或通过开口企图触及危险区。

很明显,如果要在"人们迫使身体某一部分越过防护结构或通过开口企图触及危险区"的情况下,仍满足"防护结构和其中的开口形状和位置保持不变"的话,隔障必须是刚性的。显然第二种看法是不正确的。

本标准并没有提到机械强度的具体值。对于"刚性"的理解,我们认为应是这样的:所谓"刚性"是指在施加的力不超过设计预期值时,物体的尺寸和形状不发生变化,同时由尺寸和形状决定的预期功能不受影响。在本标准中,设计预期的力是多少呢? 第 0.3.9 规定:假定正常时,人能够施加的水平力,静态为 300N,动态为 1000N。

关于隔障的刚度问题,CEN/TC10 有如下解释单:

问　题
EN81-1/2 的 5.6.1 和 5.6.2 要求任何电梯应设置对重隔障,并且对于共用井道的电梯,在底坑中设置隔障和(或)沿整个井道高度上设隔障。 　　5.6.1 要求刚性隔障;在这一点上,5.6.2 没有任何要求。 　　对于这些隔障,应考虑采用什么样的机械强度? 是否我们应该说其机械强度等于 5.3.1.1 中所规定的井道壁的强度? 　　我们认为:5.6.1 中刚性屏障的目的是为了防止井道内对重运行路径下的人员无意的接近。因此,没有要求机械强度。 　　我们觉得:同样适用于在底坑中和(或)沿整个井道高度的隔障,为了防止从一个底坑进入相邻的底坑,被相邻电梯的运动部件撞击和(或)物体从井道一侧坠落到另外井道。因此,没有要求机械强度。 　　我们的解释是否正确?
解　释
在 5.6.1 和 5.6.2 中,没有规定机械强度。 　　在假设中的 0.3.9 a)给出了指导。 　　符合如下设计的隔障满足本标准的要求,即:在 10cm×10cm 面积上作用 300 N 的水平力,不应发生能够导致危险状况的变形。 　　不必考虑物体坠落。

　　5.6.1 中提到的两个尺寸,其中 0.3m 是正常情况下,人无法从下面穿越(爬过)的。根据《机械设计手册》,成人俯卧工作时高度最小值为 450mm,因此 0.3m 可以防止人以俯卧的姿势穿越。2.5m 是正常情况下人无法攀越的。

　　本条所指的“特殊情况”通常是指设置补偿绳(或链)的情况。标准中要求用于隔开对重或平衡重运行区域的刚性隔障应从距电梯底坑地面不大于 0.30m 高度处向上延伸到至少 2.50m 的高度。但是,在设置补偿绳(或链)的情况下,由于在底坑中这些部件需要转向,不大于 0.30m 的高度无法使这些部件顺畅通过。因此,在这种情况下可通过在隔障的下端另设“尽量小的缺口”的方法,来满足设置补偿绳(或链)转向的需要。但无论怎样,开口不应使隔障的功能丧失或受到损害。

　　应正确理解隔障“其宽度应至少等于对重(或平衡重)宽度两边各加 0.10m。”的要求。这里的隔障是为了防止人员进入对重下方而设置的防护,如果隔障将整个对重的运行通道完全(或在符合要求的高度范围内)包起来(如图 5-5 所示),隔障两边是否有 0.1m 的宽度余量已经没有意义了。

　　但是,如果当井道尺寸足够大,从轿厢与井道的间隙能够到达对重运行区间(如图 5-5a)),则只在轿厢和对重之间设置防护是不够的,需要将对重周围都设置防护,使人员无法到达对重运行区域(如图 5-5b))。

　　当然,有些时候对重防护网实际也并非绝对必要的,当电梯额定速度很高时,缓冲器高度相应也很高,如图 5-6 所示。图中缓冲器油缸高度为 3000mm 高,且轿厢最低部件不超过缓冲器撞板,当轿厢或对重(平衡重)完全压缩缓冲器时其最低部件据底坑底表面高度也大于 2500mm。这种情况下,对重防护网实际是不需要的。但由于标准中有要求,因此在这

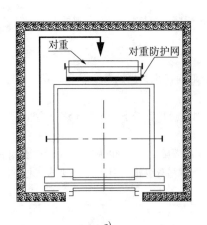

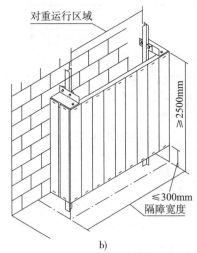

a)
当井道尺寸较大，人员可以从箭头
方向进入对重运行区域

b)
将对重运行区域完全隔离开

图 5-5 井道内的防护

种情况下也必须设置对重防护网。

根据 GB 2893—2001《安全色》的规定："表示提醒人们注意。凡是警告人们注意的器件、设备及环境都应以黄色表示"。因此对重防护网宜采用黄色。

资料 5-1 机械安全中安全距离的原则 ⇩⬛

利用安全距离防止人体触及危险部位或进入危险区,是减小或消除机械风险的一种方法。在规定安全距离时,必须考虑使用机器时可能出现的各种状态、有关人体的测量数据、技术和应用等因素。机械的安全距离包括两类距离要求:

1. 防止可及危险部位的最小安全距离。它是指作为机械组成部分的有形障碍物与危险区的最小距离,用来限制人体或人体的某部位的运动范围。当人体某部位可能越过障碍物或通过机械的开口去触及危险区时,安全距离足够长,限制其不可能触碰到机械的危险部位,从而避免了危险。

2. 避免受挤压或剪切危险的安全距离。当两移动件相向运动或移动件向着固定件运动时,人体或人体的某部位在其中可能受到挤压或剪切。这时,可以通过增大运动件间最小距离,使人的身体可以安全地进入或通过;也可以减小运动件间的最小距离,使人的身体部位伸不进去,从而避免了危险。

资料 5-2 GB 12265.1—1997《机械安全 防止上肢触及危险区的安全距离》的概要及 4.5.1 的规定 ⇩⬛

GB 12265.1—1997《机械安全 防止上肢触及危险区的安全距离》的概要

GB 12265.1—1997《机械安全 防止上肢触及危险区的安全距离》等效采用欧洲标准

EN294:1992(ISO/DIS 13852)《机械安全　防止上肢触及危险区的安全距离》。

1.机械安全与利于安全距离保证机械安全应考虑的因素

12265.1中,机械安全是指:机器在按使用说明书规定的预定使用条件下执行其功能和在运输、安装、调整、维修、拆卸和处理时不产生损伤或危害健康的能力。

利用安全距离防止上肢触及危险区是消除或减小机械风险的一种方法。

在规定安全距离时,必须考虑以下因素:

——使用机器时可能出现的各种状态;

——研究有关人体测量数据和使用者的种族差异;

——生物力学因素,诸如人体各部分的伸缩和关节转动的限制;

——技术和应用等情况。

2.GB 12265.1—1997的应用范围

本标准规定了防止3岁以上(含3岁)人的上肢触及危险区的安全距离。

安全距离仅适用于通过距离就能获得足够安全的场合。

注:这些安全距离对某些伤害不能提供有效防护,例如物质的辐射和发射,对此类伤害需增加或采取其他的防护措施。

以安全距离作防护的人应处于所规定的位置,而且不能采用其他手段(如垫高、持延伸物等)触及危险区。

本标准不适用于由某些电气标准覆盖的机械,在那些标准内规定了专用测试程序,如使用试验指南。

在某些应用场合必须偏离这些安全距离时,则与此应用有关的标准应指明如何达到足够的安全水平。

3.安全距离数值的假定

安全距离由下列假定得出:

——防护结构和其中的开口形状和位置保持不变;

——安全距离是从受限制身体或其有关部位的表面起测量的;

——人们可能迫使身体某一部位越过防护结构或通过开口企图触及危险区;

——基准面是水平面,在其上的人一般是取站立姿势,该面不一定是地面,如工作平台也可能是基准面;

——不能借助于棍棒或工具等延长上肢的自然可及。

4.GB 12265.1—1997《机械安全　防止上肢触及危险区的安全距离》4.5.1的规定:

GB 12265.1—1997中4.5.1是适用于14岁及14岁以上人的规则开口尺寸。

它通过列表的形式描述了安全距离Sr与开口尺寸e(表示方形开口的边长、圆形开口的直径和槽形开口的窄边长)的关系。

GB 12265.1—1997中4.5.1的适用列表:

资料 5 - 2 表 1　通过规则开口触及的安全距离(14 岁及 14 岁以上)　　　　　mm

身体部位	图示	开口	安全距离 Sr		
			槽形	方形	圆形
指尖		$e\leqslant4$	$\geqslant2$	$\geqslant2$	$\geqslant2$
		$4<e\leqslant6$	$\geqslant10$	$\geqslant5$	$\geqslant5$
指至指关节或手		$6<e\leqslant8$	$\geqslant20$	$\geqslant15$	$\geqslant5$
		$8<e\leqslant10$	$\geqslant80$	$\geqslant25$	$\geqslant20$
		$10<e\leqslant12$	$\geqslant100$	$\geqslant80$	$\geqslant80$
		$12<e\leqslant20$	$\geqslant120$	$\geqslant120$	$\geqslant120$
		$20<e\leqslant30$	$\geqslant850^{1)}$	$\geqslant120$	$\geqslant120$
臂至肩关节		$30<e\leqslant40$	$\geqslant850$	$\geqslant200$	$\geqslant120$
		$40<e\leqslant120$	$\geqslant850$	$\geqslant850$	$\geqslant850$

1)如果槽形开口长度≤65mm,大拇指将受到阻滞,安全距离可减小到200mm。

5.6.2　在装有多台电梯的井道中,不同电梯的运动部件之间应设置隔障。

如果这种隔障是网孔型的,则应该遵循 GB 12265.1—1997 中 4.5.1 的规定。

 解析　所谓"装有多台电梯的井道"参见第 3 章后面补充定义的第 22 条。

5.6.2.1　这种隔障应至少从轿厢、对重(或平衡重)行程的最低点延伸到最低层站楼面以上 2.50m 高度。

宽度应能防止人员从一个底坑通往另一个底坑。满足 5.2.2.2.2 情况除外。

解析　当多台电梯共用井道时,为了防止在底坑工作的人员在对一台电梯进行安装、维保等操作时进入另一台电梯的运行空间而发生危险,要求不同电梯的运动部件之间应设置隔障。为了防止从一台电梯的最底层层门进入底坑时触及到另一台电梯的运动部件,或无意中进入到另一台电梯的运行空间,要求隔障至少延伸到最低层站楼面以上 2.5m 的高度。对于隔障的宽度,标准中没有给出,只是讲"应能防止人员从一个底坑通往另一个底坑"。本条中的"最低点"是指轿厢、对重(或平衡重)行程的最低点,应理解为,轿厢或对重(平衡重)完全压在缓冲器上时其部件的最低点。

但在下面情况下,如果共用井道的电梯底坑地面不在同一水平面上,同时轿厢或对重

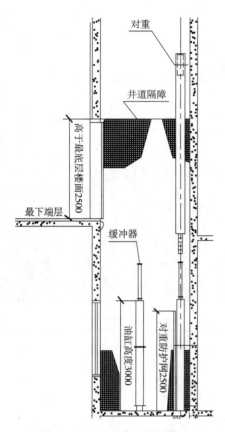

图 5-6　对重防护网及井道隔障

（平衡重）行程的最低点距底坑底面很高，如图 5-6 所示；当轿厢或对重（平衡重）完全压缩缓冲器时，其最低部件距底坑底面较高（如距离为 2500mm），如果从这个高度开始设置井道隔障，也无法防止人员从一个底坑进入另一底坑，因此无法避免工作人员从较高的底坑地面跌入较低的底坑而发生危险。这种情况下，井道隔障应从距较高的底坑底表面不超过 300mm 的高度开始设置，并延伸到该电梯最低层站楼面以上 2.5m 高度。

在充分满足 5.2.2.2.2 所要求的情况下，可以在井道隔障上开设进入另一台电梯底坑的门。

根据 GB 2893—2001《安全色》的规定："表示提醒人们注意。凡是警告人们注意的器件、设备及环境都应以黄色表示"。因此对井道内隔障宜采用黄色。

5.6.2.2　如果轿厢顶部边缘和相邻电梯的运动部件［轿厢、对重（或平衡重）］之间的水平距离小于 0.50m，这种隔障应该贯穿整个井道。

其宽度应至少等于该运动部件或运动部件的需要保护部分的宽度每边各加 0.10m。

解析　5.6.2.2 中提到的轿厢顶部边缘和相邻电梯的运动部件之间的距离，主要是保护轿顶工作人员的安全。在检修过程中被检修的电梯与相邻电梯之间可能会有相对运动，而且检修人员的肢体也可能在无意中突出到轿顶之外，这种情况下存在剪切和挤压的隐患。为保护检修人员的人身安全，与相邻电梯运行部件间距离小于 0.5m 时，需要设置贯穿整个井道的隔障。

GB 50045《高层民用建筑设计防火规范》6.3.3.6 规定"消防电梯井、机房与相邻其他电梯井、机房之间，应采用耐火极限不低于 2.00h 的隔墙隔开，当在隔墙上开门时，应设甲级防火门"。因此作为消防梯使用时，必须按照 GB 50045 的规定执行。这一点在本标准 0.2.2："本标准不仅表达了电梯指令的基本安全要求，而且另外叙述了电梯安装在建筑物或构筑物中的最低限度的规范要求。某些国家的建筑结构等法规也不可忽视。"中已经作出了规定。同时，本标准 5.2.1.1 也规定"建筑物中，要求井道有助于防止火焰蔓延，该井道应由无孔的墙、底板和顶板完全封闭起来"。因此在作消防梯时井道必须是封闭的。

根据 GB 10000—1988《中国成年人人体尺寸》99％以上的人最大肩宽在 486mm 以下，因此在相邻两电梯的运动部件之间的距离大于 0.50m 时，不设置隔障也不会造成在轿顶工作的人员由于不慎而被相邻电梯伤害的危险。

资料 5-3　三种隔障的对比　⇩▼

资料 5-3 表 1　三种隔障的对比表

隔障种类	标相关条款号	宽度要求	设置位置和高度	备　注
对重(或平衡重)运行区域隔障	5.6.1	至少等于对重(或平衡重)宽度两边各加 0.10m	电梯底坑地面上不大于 0.30m 处向上延伸到至少 2.50m 的高度	特殊情况,允许在该隔障上开尽量小的缺口
多梯井道底坑间的隔障	5.6.2.1	应能防止人员从一个底坑通往另一个底坑	至少从轿厢、对重(或平衡重)行程的最低点延伸到最低层站楼面以上 2.50m 高度	5.2.2.2.2 情况下可设置通往另一底坑的门
多梯井道中间的隔障	5.6.2.2	宽度应至少等于该运动部件或运动部件的需要保护部分的宽度每边各加 0.10m	至少从轿厢、对重(或平衡重)行程的最低点贯穿整个井道	当轿厢顶部边缘和相邻电梯的运动部件[轿厢、对重(或平衡重)]之间的水平距离小于 0.50m 的情况下需要设置

5.7　顶层空间和底坑

5.7.1　曳引驱动电梯的顶部间距

　　曳引驱动电梯的顶部间距应满足下列要求,见附录 K(标准的附录)图解。

5.7.1.1　当对重完全压在它的缓冲器上时,应同时满足下面四个条件:

　　a)轿厢导轨长度应能提供不小于 $0.1+0.035v^2$(m)的进一步的制导行程;

　　注:$0.035v^2$ 表示对应于 115% 额定速度 v 时的重力制停距离的一半。即 $\frac{1}{2} \times \frac{(1.15v)^2}{2g_n} = 0.0337v^2$,圆整为 $0.035v^2$。

　　b)符合 8.13.2 尺寸要求的轿顶最高面积的水平面[不包括 5.7.1.1c)所述的部件面积],与位于轿厢投影部分井道顶最低部件的水平面(包括梁和固定在井道顶下的零部件)之间的自由垂直距离不应小于 $1.0+0.035v^2$(m);

　　c)井道顶的最低部件与:

　　1)固定在轿厢顶上的设备的最高部件之间的自由垂直距离[不包括下面 2)所述及的部件],不应小于 $0.3+0.035v^2$(m)。

　　2)导靴或滚轮、曳引绳附件和垂直滑动门的横梁或部件的最高部分之间的自由垂直距离不应小于 $0.1+0.035v^2$(m)。

　　d)轿厢上方应有足够的空间,该空间的大小以能容纳一个不小于 0.50m×0.60m×0.80m 的长方体为准,任一平面朝下放置即可。对于用曳引绳直接系住的电梯,只要每根曳引绳中心线距长方体的一个垂直面(至少一个)的距离均不大于 0.15m,则悬挂曳引绳和它的附件可以包括在这个空间内。

解析　本条所要求的顶层空间,其目的是给在轿顶工作的人员和电梯设备本身提供安全保护。

5.7.1.1 所述的顶层空间前提是对重完全压在其缓冲器上(即缓冲器行程的 90%以上被压缩)。由曳引条件(见 9.3 及附录 M)可知,此时即使曳引机继续旋转也无法向上提升轿厢。这时,轿厢应处于垂直上抛状态,其上抛高度取决于上抛初速度和向下的加速度。上抛的初速度在标准中定为 $1.15v$。向下的加速度为 1 倍的重力加速度(认为导轨的摩擦力、空气阻力、钢丝绳在弯曲状态下的弹力等合计为 $0.5g$)。

顶层空间应同时满足:

1. 轿厢导轨提供的最小的进一步的制导行程: $0.1+0.035v^2$,(a)条所述情况;

2. 井道最低部件与导靴、滚轮、曳引绳附件和垂直滑动门横梁或部件自由垂直距离不小于: $0.1+0.035v^2$,c) 2)条所述情况;

3. 井道最低部件与固定在轿顶的最低部件间自由垂直距离不小于: $0.3+0.035v^2$,c) 1)条所述情况;

4. 轿顶站人平面与位于轿厢投影部分井道顶最低部件的水平面(包括梁和固定在井道顶下的零部件)之间自由垂直距离不小于: $1.0+0.035v^2$,b)条所述情况;

5. 轿顶上方有足够空间,可以容纳 $0.5\times0.6\times0.8$(m)的空间(该空间可看做一个"长方体",其任何一个面能朝下放置就可以了,而不是要求任意面都必须能够朝下放置)。同时,如果 1:1 绕绳比(用曳引绳直接系住的电梯)时,只要每根曳引绳在上述"长方体"中都靠边(与"长方体"的垂直面均不大于 0.15m),曳引绳可以包含在"长方体"中。

注:对于本条 c)的要求,当电梯采用 2:1 绕绳比时,绕绳轮和钢丝绳相对轿顶是运动的,因此不应看作是绳的固定附件,要求最小用垂直距离为 $0.3+0.035v^2$(5.7.1.1c)1)的要求,而不是 $0.1+0.035v^2$(5.7.1.1 c) 2)的要求。本条 c)的要求仅适用于 1:1 悬挂比的电梯。

对于 d)中所要求的"长方体",CEN/TC10 曾做过如下解释:

问　题
EN81-1/2 的 5.7.1.1 d)和 EN81-2 的 5.7.2.2 c)对顶层空间进行了规定: "轿厢上方应有足够的空间,该空间应能容纳一个不小于 0.50m×0.60m×0.80m 的长方体,该长方体可在该空间内任一平面朝下放置。" 是否所规定的长方体尺寸足以能容纳一个人?

解　释
在长方体内提供足够容纳一个人的空间不是本标准的意图。但是,加上 EN81-1/2 的 5.7.1.1 b)、c)和 EN81-1 的 5.7.2.2 a)、b),以及 EN81-1 的 5.7.3.3 b)、c)和 EN81-2 的 5.7.2.3 b)、c)、d)及 e),可利用的安全空间是足够的。这一点也通过可得到的意外事故记录得到了证明。

本条所说"固定在轿厢顶上的设备的最高部件",是指除导靴、绳头组合、垂直滑动门的

部件或门嵋之外的其他所有固定部件,包括固定式轿顶护栏。

5.7.1.2 当轿厢完全压在它的缓冲器上时,对重导轨长度应能提供不小于0.1+0.035v^2(m)的进一步的制导行程。

█▌ **解析** 由于无论在任何情况下,对重上都不允许有人员活动,因此本条要求很明显是为了保护设备安全的。

5.7.1.3 当电梯驱动主机的减速是按照12.8的规定被监控时,5.7.1.1和5.7.1.2中用于计算行程的0.035v^2的值可按下述情况减少:

　　a)电梯额定速度小于或等于4m/s时,可减少到1/2,且不应小于0.25m;

　　b)电梯额定速度大于4m/s时,可减少到1/3,且不应小于0.28m。

█▌ **解析** 本条中"当电梯驱动主机的减速是按照12.8的规定被监控时",实际上是为了协调高速电梯按照上面规定的顶层高度、导轨余量等过大的矛盾,采用的一种特殊办法。常见的装置是类似于限位开关的装置,当轿厢经过时,强迫将轿厢的速度降低。

此条文存在的问题:如果电梯的速度小于2.67m/s,驱动主机的减速按照12.8的要求被监控,那么0.035v^2这个值如果想要取的小些,但被a)中的"且不应小于0.25m"限制,反而比按照正常的算法来的更大。

5.7.1.4 对具有补偿绳并带补偿绳张紧轮及防跳装置(制动或锁闭装置)的电梯,计算间距时,0.035v^2这个值可用张紧轮可能的移动量(随使用的绕法而定)再加上轿厢行程的1/500来代替。考虑到钢丝绳的弹性,替代的最小值为0.20m。

█▌ **解析** 我们知道,0.035v^2的取得,是由重力制停距离得来的。由于带张紧装置的补偿绳存在,当对重压在缓冲器上时,轿厢向上的冲程不仅受重力的影响,还受补偿绳张力的约束,根据能量守恒:

$mv^2/2=mgh+fh$　　m为轿厢重量;h为行程;f为补偿绳张力。因此有:$h=mv^2/2(mg+f)$

由于上面的f是变量,且受诸多因素影响(如张紧轮可能移动量的大小),因此h需要根据防跳装置的具体结构计算。

本规范规定的张紧轮的可能移动量再加轿厢行程的1/500取代0.035v^2是较为实用的,是经验值。"可能的移动量"是指张紧轮在导向槽中最大可能的移动量。轿厢行程的1/500相当于钢丝绳的弹性伸长量,这也是实验数据。由于补偿绳多用在高速、行程大的电梯上,因此补偿绳的伸长量是不能够忽略的。

讨论 5−1　为保证轿顶空间而考虑到的问题　⇩▼

　　5.7.1.1的目的是为了保护轿顶的人员和电梯设备,为此在规定顶层高度时考虑到了

各种最不利的情况,并留有充分的安全余量。这体现在以下几个方面:

1.考虑到电梯处于不利的运行状态下

5.7.1.1的目的之一是为了保护轿顶人员的安全。但是,在电梯正常运行时轿顶不允许有人,只有电梯处于检修运行状态时轿顶才可能有人员活动。而在检修运行状态下的电梯是不可能超越极限开关的(第14.2.1.3规定:"检修运行控制……不应超过轿厢的正常的行程范围"),此时对重从理论上讲是不可能碰到缓冲器的(根据10.5.1:"极限开关应在轿厢或对重(如有)接触缓冲器之前起作用,并在缓冲器被压缩期间保持其动作状态"),更不可能"完全压在它的缓冲器上"。在这一点上,5.7.1.1考虑的是当电梯处于最不利的情况下也能保证轿顶人员的安全。

2.对重撞击缓冲器时电梯处于可能达到的最大速度

5.7.1.1有这样的表述:"$0.035v^2$ 表示对应于115%额定速度 v 时的重力制停距离的一半",这说明标准中认为当对重撞击缓冲器时,电梯的最大速度为额定速度的115%。根据0.3.12(当轿厢速度在达到机械制动瞬间仍与主电源频率相关时,则此时的速度假定不超过115%额定速度或相应的分级速度),115%的额定速度已经是电梯在没有失控情况下可能达到的最大速度。

3.安全余量

当对重撞击缓冲器后,轿厢处于垂直上抛状态,受到重力加速度影响在达到上抛最大高度(重力制停距离的一半)时,5.7.1.1和5.7.1.2所述及的几个位置分别还有0.1m、0.3m或1.0m的安全余量。

讨论5-2　关于自由垂直距离

在5.7.1.1a)～d)的5项(其中c)项包含两种情况)要求中,前4项是距离的内容,第5项是所谓"长方体"的要求。其中,仅有b)项中论述到了"水平面间的自由垂直距离"的概念。而b)项恰恰是论述站人平面的内容,其尺寸在8.13.2中有明确规定:面积不小于$0.12m^2$,短边不小于0.25m。同时也明确指出了是"站人用的净面积"。因此如果有人员在轿顶活动,应该是站立在这个平面上。

为了保护人员安全,不仅要保证在轿厢冲顶时此平面上方有足够安全的垂直空间,同时为了保护人员不遭受剪切伤害,必须在水平方向有安全空间。因此,只是在这一项中,论述了"水平面间的自由垂直距离"。其余a)、c)1)和c)2)项所论述的均是"最低部件间自由垂直距离"。因为这些地方是没有人员活动的,冲顶时不必考虑保护人员的安全,因此仅使用了"最低部件间自由垂直距离"的说法。这种要求是没有考虑对剪切的保护的。

这样看起来,所谓"自由垂直距离"的含义应该是"自某一点(或面)引一条铅垂线,该线与另一点(或平面)相交时,两点、或点与面、或面与面之间所夹的铅垂线段的长度",也就是"净垂直距离"的概念。

d)项要求在轿厢冲顶时应保证有一个"长方体"供人员紧急避难。由于已经规定了"长方体"的体积,因此没有必要在对所谓"垂直自由距离"再作限制。

5.7.2 强制驱动电梯的顶部间距

5.7.2.1 轿厢从顶层向上直到撞击上缓冲器时的行程不应小于0.50m,轿厢上行至缓冲器行程的极限位置时应一直处于有导向状态。

█ **解析** 强制驱动是用卷筒驱动钢丝绳或用链轮驱动悬吊链的非摩擦驱动方式。因此,强制驱动电梯在平衡重或轿厢压到缓冲器上后,另一端的轿厢或平衡重仍可以被提起。为防止轿厢冲顶发生危险,在井道顶部也需要缓冲器,同时要求轿厢在压缩井道顶部缓冲器时,在整个缓冲器的行程内(包括极限位置),轿厢都要处于被导轨导向的状态,而不能脱离导轨。

注意,这里没有$0.035v^2$的要求是因为有上缓冲器的存在不会使轿厢处于竖直上抛状态。

5.7.2.2 当轿厢完全压在上缓冲器上时,应同时满足下面三个条件:

a)符合8.13.2尺寸要求的轿顶最高面积的水平面[不包括5.7.2.2b)述及的部件面积],与位于轿厢投影部分的井道顶最低部件的水平面(包括梁和固定在井道顶下的零部件)之间的自由垂直距离不应小于1m;

b)井道顶的最低部件与:

1)固定在轿厢顶上的设备的最高部件之间的自由垂直距离[不包括下面2)]所述及的部件]不应小于0.30m;

2)导靴或滚轮、曳引绳附件和垂直滑动门的横梁或部件的最高部分之间的自由垂直距离不应于0.10m。

c)轿厢上方应有足够的空间,该空间的大小以能容纳一个不小于0.50m×0.60m×0.80m的长方体为准,任一平面朝下放置即可。对于用钢丝绳、链直接系住的电梯,只要每根钢丝绳或链的中心线距长方体的一个垂直面(至少一个)的距离均不大于0.15m,则悬挂钢丝绳或链及其附件可以包括在这个空间内。

█ **解析** 参考曳引驱动电梯。

5.7.2.3 当轿厢完全压在缓冲器上时,平衡重(如果有的话)导轨的长度应能提供不小于0.30m的进一步的制导行程。

█ **解析** 参考曳引驱动电梯。

这里只讲平衡重是因为本条是专门论述强制驱动电梯的,强制驱动电梯是没有对重只有平衡重的。

5.7.3 底坑

5.7.3.1 井道下部应设置底坑,除缓冲器座、导轨座以及排水装置外,底坑的底部应光滑平整,底坑不得作为积水坑使用。

在导轨、缓冲器、栅栏等安装竣工后,底坑不得漏水或渗水。

■ **解析** GB 50045《高层民用建筑设计防火规范》6.3.3.11 规定:"消防电梯的井底应设排水设施,排水井容量不应小于 $2.00m^3$,排水泵的排水量不应小于 $10L/s$"。这里要求的排水井与 5.7.3.1 所说的"不得作积水坑"并不矛盾。本条是要求电梯底坑不得作为积水坑。而 GB 50045 要求的排水井是在"消防电梯的井底",即可以理解为在底坑下方。为了兼顾排水和在底坑工作时的人员安全,底坑与下面的排水井之间的隔离应使用具有足够强度的铁箅子。

通常情况下,底坑漏水或渗水的主要原因有以下几点:

(1)施工质量问题外墙面的刚性防水局部渗漏。

(2)未做好穿墙套管处的防水及房间的防水层。

(3)设计不合理内墙面未做防水处理。

(4)安装电梯固定设备,钻孔产生漏水。

要避免底坑渗水或漏水,应着重注意以上四个方面。

5.7.3.2 除层门外,如果有通向底坑的门,该门应符合 5.2.2 的要求。

如果底坑深度大于 2.50m 且建筑物的布置允许,应设置进底坑的门。

如果没有其他通道,为了便于检修人员安全地进入底坑,应在底坑内设置一个从层门进入底坑的永久性装置,此装置不得凸入电梯运行的空间。

■ **解析** 5.7.3.2 不应被误解成:只有底坑深度大于 2.5m 时才允许设通向底坑的门。这条的正确理解是:如果底坑深度大于 2.5m 时在建筑物的布置允许的情况下应设置通向底坑的门。如果不大于 2.5m,可以不设门,但必须有"一个从层门进入底坑的永久性装置"(通常是爬梯)。"永久性装置"是指:"常设的,持续存在的",并没有要求是"固定的,不能被移走的"。可以采用折叠式或延伸式梯子,也可以采用隐藏式甚至是活动式的,只要需要进入底坑时能够容易的使用即可。但无论时哪种形式的设置都不能凸入到电梯部件的运行空间。

应注意:本条要求的是"从层门进入底坑的永久性装置",虽然通常采用爬梯的形式,但并没有限定必须是爬梯,也可以是其他形式。

本标准有意没有明确描述进入底坑的装置(梯子)。但应注意,本条要求了"……便于检修人员安全地进入底坑……",因此对于爬梯的形式必须加以考虑。影响检修人员安全地通过爬梯进入底坑,主要有以下几个方面:

1. 距层门地坎的高度太大;

2. 横档与井道壁之间的距离太小;

3. 在梯子前面,限速器绳或控制线造成妨碍;

4. 井道太小不能在合理的位置固定永久的梯子。

对于爬梯的形式,可以参考 GB/T 17889.1—1999《梯子 第 1 部分:术语、型式和功能尺寸》和 GB 17888.4—1999《机械安全进入机器和工业设备的固定设施 第 4 部分:固定式直梯》两个标准。

当底坑深度大于 2.5m 时,应优先选择设置底坑通道门。通往该门的通道应是容易接近的(不需要经过需特殊批准的区域、没有能够锁闭的门或门的钥匙随时可以获得),也应有适当照明。结合 5.2.2 的要求底坑通道门(应属于检修门的范畴)应满足下面的要求:

a)考虑到此门主要用于检修人员,因此门的净尺寸不得小于 0.6m×1.4m(宽×高);

b)不得向井道内开启,以防止门打开时与底坑内的缓冲器、张紧轮等部件干涉,同时在出现紧急情况时向井道内开启的门不利于底坑中工作人员的撤离。

c)应装设用钥匙才能开启的锁,应不用钥匙就能将门关闭并锁住,在底坑中不用钥匙就可以将门打开。

d)采用符合后面 14.1.2 要求的电气安全装置证实门处于锁闭状态,门关闭时电梯才能运行。如果电梯正常运行时,轿厢、对重(或平衡重)的最低部分(包括导靴、护脚板,但不包括随行电缆、补偿绳或链及其附件)和底坑地面之间的自由距离

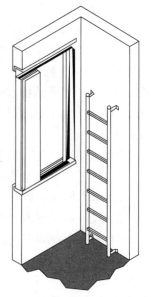

图 5-7　爬梯

大于等于 2m 时,可不设此电气安全装置。对于多梯井道,如果从一个门进入多台电梯底坑运行空间,则门打开时,所能到达的底坑运行空间的电梯应停止运行。

e)具有符合 7.2.3 的机械强度。而且是无孔的。

无论是通过底坑通道门进入底坑,还是通过爬梯或其他设备进入底坑,最重要的是要保证检修人员能够安全地接近底坑。

注:本标准中之所以没有类似"在底坑中应能打开关闭并锁住的层门"的要求是因为如下原因:第一,在井道中可能被困的地方已经要求设置报警装置。第二,可以使用爬梯触及层门开锁装置。

5.7.3.3　当轿厢完全压在缓冲器上时,应同时满足下面三个条件:

a)底坑中应有足够的空间,该空间的大小以能容纳一个不小于 0.50m× 0.60m×1.0m 的长方体为准,任一平面朝下放置即可。

b)底坑底和轿厢最低部件之间的自由垂直距离不小于 0.50m,下述之间的水平距离在 0.15m 之内时,这个距离可最小减少到 0.10m:

1)垂直滑动门的部件、护脚板和相邻的井道壁;

2)轿厢最低部件和导轨。

c)底坑中固定的最高部件,如补偿绳张紧装置位于最上位置时,其和轿厢的最低部件之间的自由垂直距离不应小于 0.30m,上述 b)1)和 b)2)除外。

 解析　对于本条 a)中的要求,CEN/TC10 有如下解释:

问 题
EN81-1/2 的 5.7.3.3 a)和 EN81-2 的 5.7.2.3 a)对底坑空间进行了规定： "在底坑应有足够的空间,该空间应能容纳一个不小于 0.50m×0.60m×1.0m 的长方体,该长方体可在该空间内任一平面朝下放置。" 问题 1：是否所规定的长方体尺寸足以能容纳一个人？ 问题 2：为什么底坑与顶层空间所规定的长方体尺寸不同？

解 释
问题 1：在长方体内提供足够容纳一个人的空间不是本标准的意图。但是,加上 EN81-1/2 的 5.7.1.1 b)、c)和 EN81-1 的 5.7.2.2 a)、b),以及 EN81-1 的 5.7.3.3 b)、c)和 EN81-2 的 5.7.2.3 b)、c)、d)及 e),可利用的安全空间是足够的。这一点也通过可得到的意外事故记录得到了证明。 问题 2：有效的可利用安全空间是本标准的要求相结合的结果。对于顶层空间,是 0.5m×0.6m×0.8m 长方体与站立区域以上最小 1m 的垂直距离的结合；对于底坑空间,是 0.5m×0.6m×1.0m 长方体与最小 0.5m 的垂直距离的结合。两者各自的结合导致足够的安全空间。

图 5-8 显示了当轿厢完全压在缓冲器上时,轿厢最低部件与底坑底表面之间的距离要求。当轿厢完全压在缓冲器上时,为了给正在底坑中工作的人员必要的空间保护,本标准要求此距离不得小于 500mm。只有本条 1)和 2)中的部件与导轨或井道壁之间的距离不大于 0.15m 时,这些部件距底坑底面的距离可以减少到 0.1m(至少)。

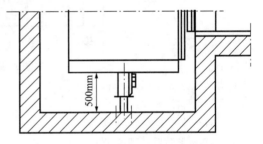

图 5-8 轿厢完全压在缓冲器上时,轿厢最低部件与底坑的距离

5.7.3.3 b)1)不应被误解成：只有采用垂直滑动门时,且当垂直滑动门的部件、护脚板和相邻的井道壁之间距离小于 150mm 时,最低部件到井道底的距离才可以为 0.1m。而是：垂直滑动门部件与其相邻井道壁之间距离不大于 0.15m 时,垂直滑动门部件到底坑底之间的距离可为 0.1m；护脚板与其相邻井道壁之间距离不大于 0.15m 时,护脚板到底坑底之间的距离可为 0.1m。

那么,b)条中所述的"水平距离在 0.15m 之内"是如何量取的呢？CEN/TC10 针对上述问题,有如下解释：

问 题
EN81-1/2 的 5.7.3.3 b)规定： "底坑底和轿厢最低部件之间的自由垂直距离不小于 0.50m,当下列水平距离在 0.15m 之内时,该距离可最小减小到 0.10m。 1)垂直滑动门的部件、护脚板与相邻的井道壁之间； 2)轿厢最低部件和导轨之间。" 上述 0.15m 的距离在哪里测量？

解　释

　　EN81-1 的 5.7.3.3 b)表述不是十分清楚,而且可能导致不同的解释。对于护脚板,在第 157 号解释中的理解是明确的。对于那些设置在导轨附近的轿厢部件(如:导靴、安全钳、夹紧装置),如果这些部件水平伸出超过一定的值(如:0.15m),则存在挤压危险。见本解释附图 A。

　　前版 EN81-1/2 没有包括这些部件水平伸出的限制。目前的情况是这些部件有时在水平方向有大于 0.15m 的伸出。然而,没有因这一事实而引起的严重的或致命的意外事故记录。基于此原因,专家组认为下列的规则是可接受的:

　　导靴、安全钳和夹紧装置必须被设置在本解释附图 B 所示的导轨周围的水平区域内,除护脚板或垂直滑动门的部件以外,所有其他轿厢部件应具有最小 0.50m 的垂直距离。

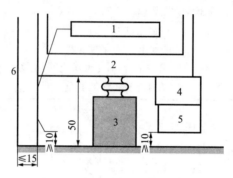

附图 A(单位 cm)

图中:

1 护脚板、垂直滑动门的部件;

2 轿厢悬吊部件(轿架);

3 缓冲器座及被完全压缩的缓冲器;

4 安全钳、夹紧装置、棘爪装置;

5 导靴;

6 井道壁。

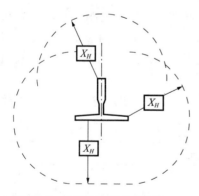

附图 B1:导轨周围的水平距离 X_H

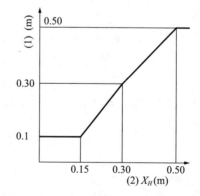

附图 B2:安全钳、导靴、棘爪装置的最小垂直距离

图中:

1 最小垂直距离(m);

2 水平距离 X_H(m)。

应注意,只有"1)垂直滑动门的部件、护脚板和相邻的井道壁;2)轿厢最低部件和导轨"之间的距离不大于0.15m时,轿厢完全压在缓冲器上是这些部件与底坑底面之间的距离才允许减小到0.1m。如图5-9所示,如果尺寸A超过150mm,则尺寸B应至少为0.5m。

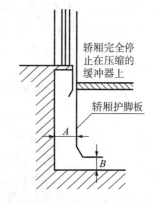

轿厢完全停止在压缩的缓冲器上

轿厢护脚板

图5-9 轿厢护脚板与井道壁、底坑底面的关系(示例)

5.7.3.4 底坑内应有:

a)停止装置,该装置应在打开门去底坑时和在底坑地面上容易接近,且应符合14.2.2和15.7的要求;

b)电源插座(见13.6.2);

c)井道灯的开关(见5.9),在开门去底坑时应易于接近。

解析 这里说的停止装置一般采用蘑菇形急停开关的形式,也可使用拨杆式或旋转式开关(如图5-10所示),只要它们满足14.2.2要求均可使用。

a)拨杆式开关

b)蘑菇头形开关

c)旋转式开关

图5-10 几种双稳态开关

停止装置在本条中要求应符合两个条件:

1.打开门(无论是层门还是进入底坑的通道门)时容易接近;

2.在底坑地面上容易接近。

当底坑深度较深时,为了满足上述要求,只有设置两个急停开关。实事上如果是通过层门进入底坑,那么一个急停开关在一般情况下难以同时满足上述两个要求。因为一般的底坑也有1.4m左右深,在底坑中容易接近的高度也就是距离下端层地面不超过500mm的地方且在井道内。但如果是在井道内的这个高度上,人员在进入底坑时肯定要弯着腰探身进入井道中才能触及这个开关,这样很容易不慎落入井道中,带来伤害。

停止装置的要求:

1)停止装置应由安全触点或安全电路构成。

2)停止装置应为双稳态,误动作不能使电梯恢复运行。

3)停止装置上或其近旁应标出"停止"字样,设置在不会出现误操作危险的地方。

停止开关是电气安全装置并被列入在附录 A 中,它应串联在电气安全回路中。

为了在底坑中工作方便,底坑中应设置有井道照明开关和电源插座(2P+PE 型)。通常上述部件会集中设置在一起,采用图 5-11 所示"底坑检修箱"的形式。

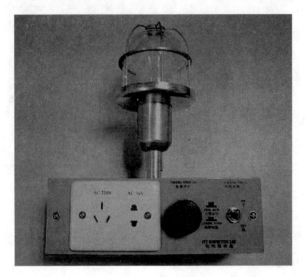

图 5-11 底坑检修箱

5.8 电梯井道的专用

电梯井道应为电梯专用,井道内不得装设与电梯无关的设备、电缆等。井道内允许装设采暖设备,但不能用蒸汽和高压水加热。采暖设备的控制与调节装置应装在井道外面。

电梯根据 5.2.1.2 设置的井道,在:

a)有围壁时,井道是指围壁内的区域;

b)无围壁时,井道是指距电梯运动部件 1.50m 水平距离内的区域(见 5.2.1.2)。

解析 不能用蒸汽或高压水加热,主要是防止在管道破裂后蒸汽或水的泄漏。采暖设备的控制和调节装置设在井道外是由于当需要调节采暖温度时,不需要授权的专业人员进入井道调节。

电梯井道应专门供电梯使用,其他与电梯不直接相关的设备、电缆等均不允许设置在井道内,包括消防喷淋设备和建筑物接地主干电缆,无论这些设备是否有适当的防护措施。

5.9 井道照明

井道应设置永久性的电气照明装置,即使在所有的门关闭时,在轿顶面以上和底坑地面以上 1m 处的照度均至少为 50lx。

照明应这样设置:距井道最高和最低点 0.50m 以内各装设一盏灯,再设中间灯。对于采用 5.2.1.2 部分封闭井道,如果井道附近有足够的电气照明,井道内可不设照明。

关于照度和井道照明问题,CEN/TC10 有如下两个解释单:

问　题
依照 EN81-1/2 第 5.9 条,在轿顶上方 1m 处照度应至少为 50lx。照明应由距井道最高点和最低点不超过 0.5m 处各设一盏灯以及中间灯组成。 　在实际中,利用永久设置在井道内的灯而在井道内任何位置上获得 50lx 的照度是困难的,因为照度不仅取决于灯还取决于井道内表面和所用的涂料。 　是否允许在轿顶上永久地安装一盏中间灯,以确保所需要的照度? 当然,该灯具有符合 13.4.1 电源和符合 13.6.3.2 的开关。
解　释
是的。 允许在轿顶上永久地安装附加的灯,但应满足: a)该灯是井道照明的一部分; b)符合顶层空间自由距离(见 5.7)有关规定。 然而,本标准意图是: a)定义应在哪个位置测量 50lx 照度,而不受轿厢在井道内位置的约束: ——轿顶。在轿顶垂直投影范围内且距轿顶以上 1m。 ——底坑。在任何人员可能站立、工作和/或在工作区域之间的移动范围内的底坑地面以上 1m。 b)允许人员以安全方式进入井道。假定当所有层门关闭时,在地坎、层门门头处 50 lx 的照度是足够的。 c)在井道内除 a)和 b)定义的区域以外,至少保持 20 lx。 上述内容将在本标准下次修订时考虑。

以及:

问　题
EN81-1 和 EN81-2 的 5.9 要求"井道应设置永久性的电气照明装置,即使在所有的门关闭时,在轿顶面以上和底坑地面以上 1m 处的照度均应至少为 50lx。" 我们认为该照度在下列部位需要: ——在轿顶投影范围内且距轿顶以上 1m。 ——在底坑站立面以上 1m。 我们的解释是否正确?
解　释
该照明照度在下列部位需要: ——轿顶上,在其垂直投影范围内且轿顶面以上 1m。 ——底坑内,在人员可能站立、作业和(或)在工作区域间移动的各处底坑地面以上 1m。

在以前,只规定灯的数量,具体照度并不给出。但当时 CEN/TC10 在作相关

解释时是这样描述的"除非各国自己规定较高值外,一般情况下,200lx 是适宜的"

■ **解析** 在《机械设计手册》中关于工作环境的要求中,50lx 的照度仅是对"通道"一类环境的照度要求。对于在轿顶和底坑中的作业要求,50lx 的照度并不是最理想的照度,因此这里最小要求 50lx,如果工作需要应提供更大的、满足要求的照度值。

在实际使用,通过永久设置在井道内的灯而在井道内任何位置上获得 50lx 的照度是比较困难的,因为照度不仅取决于灯还取决于井道内表面和所用的涂料等因素。为保证所需要的照度,可以在轿顶上永久地安装一盏灯(该灯具有符合 13.4.1 电源和符合 13.6.3.2 的开关)。但应注意,此灯应满足以下条件:

a)该灯是井道照明的一部分;

b)符合顶层空间自由距离(见 5.7)有关规定。

应注意,如果通过采用轿顶设置照明的方法来获得足够的井道内照度,此照明应视为井道照明的一部分,应由井道照明开关控制。这是因为如果电梯出现故障停在两层中间时,检修人员从井道到轿顶进行救援或维修时,打开层门后无法接触到轿顶的照明开关,此时就会因井道照明不足给维修和救援人员带来不便或不安全因素。

之所以规定了最低照度 50lx 后,还要规定在井道最高和最低点各装设一盏灯,是因为最高和最低处存在极限开关和其他一些重要设施(如底坑内的缓冲器、限速器张紧装置等),如果不在这两个位置上设置灯,则井道中的照明可能被轿厢遮挡,在检修设备时无法获得足够的照明。

对部分封闭的井道(当然也应含有透明井道壁情况)强调"电气照明"是因为,如果是自然照明,晚上就无法得到足够的照度。电气照明的含义应这样理解:当需要时,可以方便的获得的照明。这一点对于观光电梯的玻璃井道尤为重要,不能由于在白天井道内有足够的照度而省略井道内照明的设置。此外,之所以强调"即使所有的门关闭时"也是要在井道内光线最暗的情况下也能够保证所需要的照度。

为方便工作人员就近在机房或底坑中控制井道内的照明设备,避免为了控制井道照明而需要上、下楼而延误时间,因此要求在机房和底坑中(13.6.3.2)各设置一个控制开关,这一点对于多层站电梯尤为重要。开关的位置应是指在机房内靠近入口的适当高度和进入底坑后容易接近的地方,并且两开关应互联。

资料 5-4　关于照度　　　　　　　　　　　　　　　　　　　　　　⇩▶

照度的单位是 lx(勒克斯),是指单位面积上接受的光通量。

光通量是指光源在单位时间内,向周围空间辐射并引起视觉的能量,单位是 lm(流明)。光通量与光源的辐射强度有关,还与波长有关。人眼睛对 555nm 的黄、绿光最敏感。

1lm 就是 1 支蜡烛光照射在 12.56 平方尺面积(12.56 平方尺就是一个半径 1 英尺球体的表面积,也就是 4π)上所测得的光照度。而在 1 平方英尺的面积上如果能够测得 1lm 的光照度,我们也可以称之为 1 尺烛光(Foot-Candle)。而如果在 1 平方"公尺"面积上能够测得 1lm 的光照度,我们就称之为 1lx。简单地说,光度为 1 支烛光的点光源在相距 1m 处所产生的照度就是 1lx。很明显 50lx 就是 50 支烛光的点光源在相距 1m 处所产生的照度。

GB/T 13379—1992《视觉工效学原则 室内工作系统照明》中的规定：

照度范围值

各种不同区域作业和活动的照度范围值应符合资料 5-4 表 1 的规定。一般采用该表中每一照度范围的中间值。当采用高强气体放电灯作为一般照明时,在经常有人工作的场所,其照度值不宜低于 50lx。

资料 5-4 表 1 各种不同区域作业和活动的照度范围

照度范围 lx	区域、作业和活动的类型
3—5—10	室外交通区
10—15—20	室外工作区
15—20—30	室内交通区、一般观察、巡视
30—50—75	粗作业
100—150—200	一般作业
200—300—500	一定视觉要求的作业
300—500—750	中等视觉要求的作业
500—750—1000	相当费力的视觉要求的作业
750—1000—1500	很困难的视觉要求的作业
1000—1500—2000	特殊视觉要求的作业
>2000	非常精密的视觉作业

凡符合下列条件之一及以上时,工作面的照度值应采用照度范围的高值：

a. 一般作业到特殊视觉要求的作业,当眼睛至识别对象的距离大于 500mm 时；

b. 连续长时间紧张的视觉作业,对视觉器官有不良影响时；

c. 识别对象在活动的面上,且识别时间短促而辨认困难时；

d. 工作需要特别注意安全时；

e. 当反射比特别低或小对比时；

f. 当作业精度要求较高时,由于生产差错造成损失很大时。

凡符合下列条件之一及以上时,工作面上的照度值应采用照度范围值的低值：

a. 临时性完成工作时；

b. 当精度和速度无关重要时；

c. 当反射比或对比特别大时。

5.10 紧急解困

如果在井道中工作的人员存在被困危险,而又无法通过轿厢或井道逃脱,应在存在该危险处设置报警装置。

该报警装置应符合 14.2.3.2 和 14.2.3.3 的要求。

解析 这里只强调了"存在被困危险"同时又"无法通过轿厢或井道逃脱",具体情况和具体位置要根据实际情况来分析确定。只要存在被困危险就必须设置报警装置。报警装置设置的位置由存在被困危险的位置决定。而决定是否存在被困危险取决于现场的具体情况,必须在用户和供应商之间进行协商(见 EN81-1/20.2.5)。

同时这里限制了"无法通过轿厢或井道逃脱",表明通过轿厢和井道逃脱被认为是安全和可行的。如果要通过其他手段逃脱(如从井道下面的排水井逃脱)本标准不认为是安全的。因此可以这样认为:如果在井道中被困,需要通过攀爬钢丝绳到达某层门或出口,也是不安全的。同样,攀爬导轨也是不安全的。当然,通过爬梯是安全的,因为爬梯就是一个供人员安全出入底坑的固定的设施。

通常最需要设置紧急报警装置的位置是轿顶和底坑。通过分析不难发现,人员在轿顶进行作业时,一旦电梯现故障或发生断电,人员有可能无法通过层门逃脱,这就要求在轿顶上装设报警装置。人员在底坑内工作的情况也类似,如果设有通往底坑通道被困的风险较小,但如果只能通过层门进入底坑,一旦轿厢停在最底层层门处将层门挡住,则工作人员无法通过层门逃脱,此时也需要在底坑内设置报警装置。

第 5 章习题(判断题)

1.电梯对重(或平衡重)应与轿厢在不同井道内(观光电梯可除外)。

2.电梯应由井道壁、底板和井道顶板;或足够的空间与周围分开。

3.建筑物中,要求井道有助于防止火焰蔓延,该井道应由无孔的墙、底板和顶板完全封闭起来。

4.只允许有下述开口:层门开口;通往井道的检修门、井道安全门以及检修活板门的开口;火灾情况下,气体和烟雾的排气孔;通风孔。

5.在人员可正常接近电梯处,围壁的高度应足以防止人员:遭受电梯运动部件危害;直接或用手持物体触及井道中电梯设备而干扰电梯的安全运行。

6.围壁应是有孔的。

7.通往井道的检修门、井道安全门和检修活板门,除了因使用人员的安全或检修需要外,一般不应采用。

8.检修门的高度不得小于 1.40m,宽度不得小于 0.60m。

9.井道安全门的高度不得小于 1.80m,宽度不得小于 0.35m。

10.检修活板门的高度不得大于 0.50m,宽度不得大于 0.50m。

11.检修门、井道安全门和检修活板门均不应向井道外开启。

12.检修门、井道安全门和检修活板门均应装设用钥匙开启的锁。当上述门开启后,必须用钥匙才能将其关闭和锁住。

13.检修门与井道安全门即使在锁住情况下,必须用钥匙从井道内部将门打开。

14.检修门、井道安全门和检修活板门均应无孔,并应具有与层门一样的机械强度,且应符合相关建筑物防火规范的要求。

15.为保证电梯的安全运行,井道壁应具有下列的机械强度,即用一个 300N 的力,均匀分布在 5cm² 的圆形或方形面积上,垂直作用在井道壁的任一点上,应:无永久变形;弹性变形不大于 15mm。

16. 轿厢缓冲器支座下的底坑地面应能承受满载轿厢静载 4 倍的作用力。

$$4g_n(P+Q)$$

式中:

P——空轿厢和由轿厢支承的零部件的质量,如部分随行电缆、补偿绳或链(若有)等的质量和,kg;

Q——额定载重量,kg;

g_n——标准重力加速度,9.8m/s²。

17. 由层门和面对轿厢入口的井道壁或部分井道壁组成的组合体,应在轿厢整个入口宽度上形成一个有孔表面,门的动作间隙除外。

18. 每个层门地坎下的电梯井道壁应符合下列要求之一即可:

a)应形成一个与层门地坎直接连接的垂直表面,它的高度不应小于 1/2 的开锁区域加上 50mm,宽度不应小于门入口的净宽度两边各加 25mm。

b)这个表面应是连续的,由光滑而坚硬的材料构成。如金属薄板,它能承受垂直作用于其上任何一点均匀分布在 5cm² 圆形或方形截面上的 300N 的力,并无永久变形;弹性变形不大于 10mm。

c)该井道壁任何凸出物均不应超过 5mm。超过 2mm 的凸出物应倒角,倒角与水平的夹角至少为 75°。

d)此外,该井道壁应:连接到下一个门的门楣;或采用坚硬光滑的斜面向下延伸,斜面与水平面的夹角至少为 60°,斜面在水平面上的投影不应小于 20mm。

19. 如果轿厢与对重(或平衡重)之下确有人能够到达的空间,井道底坑的底面至少应按 5000N/m² 载荷设计,且:将对重缓冲器安装于(或平衡重运行区域下面是)一直延伸到坚固地面上的实心桩墩;或对重(或平衡重)上装设安全钳。

20. 对重(或平衡重)的运行区域应采用刚性隔障防护,该隔障从电梯底坑地面上不大于 0.30m 处向上延伸到至少 2.50m 的高度。其宽度应至少等于对重(或平衡重)宽度两边各加 0.50m。

如果这种隔障是网孔型的,则应该遵循 GB 12265.1—1997 中 4.5.1 的规定。特殊情况,为了满足底坑安装的电梯部件的位置要求,允许在该隔障上开尽量小的缺口。

21. 在装有多台电梯的井道中,不同电梯的运动部件之间应设置隔障。如果这种隔障是网孔型的,则应该遵循 GB 12265.1—1997 中 4.5.1 的规定。这种隔障应至少从轿厢、对重(或平衡重)行程的最低点延伸到最低层站楼面以上 2.50m 高度。宽度应能允许人员从一个底坑通往另一个底坑。

22. 如果轿厢顶部边缘和相邻电梯的运动部件[轿厢、对重(或平衡重)]之间的水平距离小于 0.50m,这种隔障应该贯穿整个井道。其宽度应至少等于该运动部件或运动部件的需要保护部分的宽度每边各加 0.10m。

23. 当对重完全压在它的缓冲器上时,应满足下面四个条件其中之一:

a)轿厢导轨长度应能提供不小于 $0.1+0.035v^2$(m)的进一步的制导行程;

b)符合8.13.2尺寸要求的轿顶最高面积的水平面[不包括5.7.1.1c)所述的部件面积],与位于轿厢投影部分井道顶最低部件的水平面(包括梁和固定在井道顶下的零部件)之间的自由垂直距离不应小于 $1.0+0.035v^2$(m);

c)井道顶的最低部件与:固定在轿厢顶上的设备的最高部件之间的自由垂直距离[不包括下面2)所述及的部件],不应小于 $0.3+0.035v^2$(m);与导靴或滚轮、曳引绳附件和垂直滑动门的横梁或部件的最高部分之间的自由垂直距离不应小于 $0.1+0.035v^2$(m)。

d)轿厢上方应有足够的空间,该空间的大小以能容纳一个不小于 $0.50m \times 0.60m \times 0.80m$ 的长方体为准,任一平面朝下放置即可。对于用曳引绳直接系住的电梯,只要每根曳引绳中心线距长方体的一个垂直面(至少一个)的距离均不大于0.15m,则悬挂曳引绳和它的附件可以包括在这个空间内。

24.当轿厢完全压在它的缓冲器上时,对重导轨长度应能提供不小于 $0.1+0.035v^2$(m)的进一步的制导行程。

25.轿厢从顶层向上直到撞击上缓冲器时的行程不应小于0.50m,轿厢上行至缓冲器行程的极限位置时应一直处于有导向状态。

26.当轿厢完全压在上缓冲器上时,应同时满足下面三个条件:

a)符合8.13.2尺寸要求的轿顶最高面积的水平面,与位于轿厢投影部分的井道顶最低部件的水平面(包括梁和固定在井道顶下的零部件)之间的自由垂直距离不应小于1m;

b)井道顶的最低部件与:

1)固定在轿厢顶上的设备的最高部件之间的自由垂直距离[不包括下面2)所述及的部件]不应小于0.30m;

2)导靴或滚轮、曳引绳附件和垂直滑动门的横梁或部件的最高部分之间的自由垂直距离不应小于0.10m。

c)轿厢上方应有足够的空间,该空间的大小以能容纳一个不小于 $0.50m \times 0.60m \times 0.80m$ 的长方体为准,任一平面朝下放置即可。对于用钢丝绳、链直接系住的电梯,只要每根钢丝绳或链的中心线距长方体的一个垂直面(至少一个)的距离均不大于0.15m,则悬挂钢丝绳或链及其附件可以包括在这个空间内。

27.当轿厢完全压在缓冲器上时,平衡重(如果有的话)导轨的长度应能提供不小于0.30m的进一步的制导行程。

28.在导轨、缓冲器、栅栏等安装竣工后,底坑允许漏水或渗水。

29.当轿厢完全压在缓冲器上时,应同时满足下面两个条件:

a)底坑中应有足够的空间,该空间的大小以能容纳一个不小于 $0.50m \times 0.60m \times 1.0m$ 的长方体为准,任一平面朝下放置即可。

b)底坑底和轿厢最低部件之间的自由垂直距离不小于0.50m,下述之间的水平距离在0.15m之内时,这个距离可最小减少到0.10m。

30.底坑内应有:停止装置,该装置应在打开门去底坑时和在底坑地面上容易接近;电源插座;井道灯的开关,在开门去底坑时应易于接近。

31. 井道应设置永久性的电气照明装置,即使在所有的门关闭时,在轿顶面以上和底坑地面以上 1m 处的照度均至少为 50lx。

32. 照明应这样设置:距井道最高和最低点 0.50m 以内各装设一盏灯,再设中间灯。对于采用 5.2.1.2 部分封闭井道,如果井道附近有足够的电气照明,井道内可不设照明。

33. 如果在井道中工作的人员存在被困危险,而又无法通过轿厢或井道逃脱,应在存在该危险处设置报警装置。

第 5 章习题答案

1. ×;2. √;3. √;4. ×;5. √;6. ×;7. √;8. √;9. √;10. √;11. ×;12. ×;13. ×;14. √;15. √;16. √;17. ×;18. ×;19. √;20. ×;21. ×;22. √;23. ×;24. √;25. ×;26. √;27. √;28. ×;29. ×;30. √;31. √;32. √;33. √。

机房和滑轮间

> **解析** 本章将被 EN81-1 的一个修改件——A2《机器设备与滑轮空间》所取代。由于欧洲(芬兰的通力公司)率先推出了无机房电梯,同时欧盟的电梯法规(Lift Directive)95/16/EC 也并不禁止无机房的电梯的存在。因此,EN81-1 所规定的"机房"的概念和 6.1.1 所规定的"电梯驱动主机及其附属设备和滑轮应设置在一个专用房间内"在技术上已经达到要求。因此 CEN/TC10 对其进行了修改,由于并不需要全面修订 EN81-1(加之新的 EN81-1 1998 刚刚施行等原因),因此以修改件(或叫修正案)的方式进行修改,就是所谓的 A2。A2 中以"机器设备空间"的概念替代了"机房"的概念。因此一般视 A2 为无机房电梯的规定,但实际上 A2 不仅适用于无机房电梯,同样适用于有机房电梯。

6.1 总则

6.1.1 电梯驱动主机及其附属设备和滑轮应设置在一个专用房间内,该房间应有实体的墙壁、房顶、门和(或)活板门,只有经过批准的人员(维修、检查和营救人员)才能接近。

机房或滑轮间不应用于电梯以外的其他用途,也不应设置非电梯用的线槽、电缆或装置。但这些房间可设置:

a)杂物电梯或自动扶梯的驱动主机;

b)该房间的空调或采暖设备,但不包括以蒸汽和高压水加热的采暖设备;

c)火灾探测器和灭火器。具有高的动作温度,适用于电气设备,有一定的稳定期且有防意外碰撞的合适的保护。

> **解析** 这里所说的"实体的墙壁、房顶、门和(或)活板门"并不限定墙的型式,也没有说墙一定要与房顶相连。只要满足"实体"即"不仅可触知的而且是有形的"即可。但无论采用何种型式,必须能做到"只有经过批准的人员(维修、检查和营救人员)才能接近"。所谓"经过批准的人员",是指那些在知识和实际经验方面经过适当的培训并获得资格,在必要的指导下能够安全地完成所需工作的人员。
>
> 机房不能设置其他非电梯用的线槽、电缆或装置,其原因首先是防止这些电缆或装置干扰电梯的正常运行;其次是避免其他与电梯不相关的部件影响机房的使用空间;最重要的是,机房中如果有与电梯无关的装置,那么这些装置在检修、更换时,机房内可能无法避免进入其他设备的检修人员(相对应电梯设备而言,这些人不能算作"经过批准"的或"称职"的人员)。但考虑到实际情况,杂物梯、扶梯与电梯情况类似,设备特点也存在许多共通之处,检修时对工作人员的要求也相似,因此可以放置上述设备的驱动主机。

与井道相似,机房也不可以使用以蒸汽和高压水加热的采暖设备,同样是放置泄漏时损坏设备并危及在机房内工作的人员的人身安全。灭火器的设置则强调了应"适用于电气设备",很明显水是不可以作为灭火物的。同时,由于上述空调或采暖设备设置在机房内,而机房只允许"经过批准的人员"接近,因此空调和采暖设备的维护必须从机房外进行;如果需要在机房内维护,只有由负责电梯维修的人员进行或他们到场时才可进行。

有时为了满足 0.3.15 和 6.3.5 规定,在机房中需要安装空调。应注意,空调的维护必须从机房外进行。如果要在机房内维修空调,只有由负责电梯维修的人员进行或这些人员到场时才进行。

6.1.2 导向滑轮可以安装在井道的顶层空间内,其条件是它们位于轿顶投影部分的外面,并且检查、测试和维修工作能够安全地从轿顶或从井道外进行。

而为对重(或平衡重)导向的单绕或复绕的导向滑轮可以安装在轿顶的上方,其条件是从轿顶上能完全安全地触及它们的轮轴。

■ **解析** 这里的"轿顶"(top of the car)实际指的是"轿厢的轮廓"(contour of the car)。

在欧洲针对本条要求也曾有过疑问,认为考虑到如果依据 9.7.1 防止滑轮对人体伤害,且以良好的工程实践为基础设计支撑,并提供了符合 5.7 要求的适当空间,则应允许导向滑轮位于轿顶投影之内。

而 CEN/TC10 有如下解释:

由于导向轮安装在井道顶层空间内,位于轿顶投影区域外或内的风险是相似的。因此,如果位于轿顶投影区域内的导向轮具有下列措施,则它是可以接受的:

a)符合 EN81-1 的 9.7 和 EN81-2 的 9.4 的防护装置;

b)在发生机械故障的情况下,应有防止导向轮坠落的保持装置。该装置应能够支撑滑轮重量和所悬挂的负荷;

c)检查、测试和维修工作能够从轿顶或从井道外安全地进行;

d)顶层空间应符合 EN81-1/2 的 5.7 规定。

也就是说,本条强调的是,轿厢投影上方存在导向轮,可能危及轿顶工作的人员的安全。但如果顶层足够高(满足本标准要求)并且滑轮上加防护罩则可以在轿顶投影范围内设置滑轮(如图 6-1 所示)。

这一点对机房下置的电梯布置方式至关重要。

这里规定的能够"安全地从轿顶或从井道外进行"或"从轿顶上能完全安全地触及它们的轮轴"都表明,只有从轿顶或井道外检修这些滑轮才是被允许的,其他方式如:搭架子、爬到滑轮所在的梁上检修,都被认为是不安全的而加以禁止。

同样道理,绳头(井道侧)也可以安装在井道内,条件是:要保证足够的高度;在轿厢(及安装在轿厢上的部件)的投影区域外面;绳头的检查、试验和维修操作也可从轿顶上进行。这种情况也被任务是足够安全的。

设置在井道内额导向滑轮如果不装设在井道顶部,而装设在井道中间甚至底坑中是否可以? 本标准没禁止这种做法。例如图 6-1 下侧置机房布置的例子中,两个滑轮就是设置

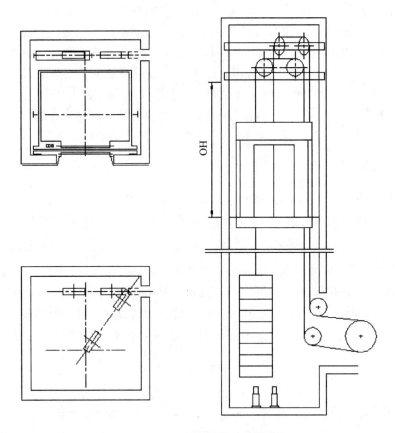

图 6-1　下侧置机房布置图

在井道中部靠近下端层附近的。

6.1.3　曳引轮可以安装在井道内,其条件是:

　　a)能够从机房进行检查、测试和维修工作;

　　b)机房与井道间的开口应尽可能的小。

　　解析　这里是对机房定义的展开,允许设计者有多种电梯结构的布置,否则 6.1.1 就将电梯结构布置方式限制在了一个很狭窄的范围内。当然本条所允许的曳引轮装在井道内的设计在实际应用中是非常少见的。因为曳引轮绝大多数情况下是与曳引机一体的(但用皮带传动的曳引机就不一定了)。

　　本条所要求的"机房与井道间的开口应尽可能的小"是为了保护在机房内工作的人员安全而规定的,由于结构不同,无法给定一个限制值来限定机房和电梯井道之间的开口尺寸。所谓"尽可能小"是一个原则,究竟小到什么程度,应由电梯设计人员向建筑物土建设计人员提供具体数据。这里要求的是机房开向井道的口尽可能小,而不是机房与井道建筑构件的接缝尽可能小。

　　应注意:5.2.3"井道的通风"中有如下描述"在没有相关的规范或标准情况下,建议井道顶部的通风口面积至少为井道截面积的 1%"。如果当曳引轮安装在井道中时,如果使用机房与井道间的开口通风,那么在满足"尽可能小"的前提下再去满足"面积至少为井道截面积的 1%",而不能为凑 1% 而增大开口。

6.2 通道

6.2.1 通往机房和滑轮间的通道应:

a)设永久性电气照明装置,以获得适当的照度;

b)任何情况均能完全安全、方便地使用,而不需经过私人房间。

解析 "设永久性电气照明装置,以获得适当的照度",即应在机房(或滑轮间)的入口处,以及到机房的通道内安装有固定照明。开关应设置在通道的入口处,如果有用通道较长(包括弯道、楼梯等)而需要安装几盏照明灯时,则通道入口处的开关应能同时开关这些照明。不应每个照明设置一个开关,因为如果这样,在机房工作人员需要紧急离开机房时,就会来不及打开每个照明设备。为安全起见,通道内最好设有应急照明设备以使机房人员在断电情况下也能安全撤离。此外,通道的照明最好采用在点亮时不经过延时的(如白炽灯)照明设备。例如在采用启辉器启动的荧光灯时,会闪烁一段时间;在使用高压钠灯或高压水银灯时需要预热,这些照明装置是不适宜的。

b)中规定的所谓"私人房间"在这里应理解为"其他人管理的,在使用或通过时需要批准或授权的房间"。而不应理解为产权关系,由于电梯是安装在建筑物中,机房也是在建筑物中,通向机房通道的"需要批准或授权"应视为:需要进入机房的人员已经进入了建筑物的大门。比如保密机构中的电梯机房,如果经过批准或授权进入了保密机构,在向机房接近的过程中不再需要其他的批准或授权,则应被视为符合要求的。

如果机房设置在其他房间内,则应设置到机房的专用通道。如果是其他房间的公用通道,则公用通道是不上锁的。或电梯管理人员应有开启公用通道门的钥匙,同时通道门不能被反锁。

为了使人员能够完全安全的通过,机房通道及门口最好不设置门槛。

6.2.2 应提供人员进入机房和滑轮间的安全通道。应优先考虑全部使用楼梯,如果不能用楼梯,可以使用符合下列条件的梯子:

a)通往机房和滑轮间的通道不应高出楼梯所到平面 4m;

b)梯子应牢固地固定在通道上而不能被移动;

c)梯子高度超过 1.50m 时,其与水平方向夹角应在 $65°\sim75°$,并不易滑动或翻转;

d)梯子的净宽度不应小于 0.35m,其踏板深度不应小于 25mm。对于垂直设置的梯子,踏板与梯子后面墙的距离不应小于 0.15m。踏板的设计载荷应为 1500N;

e)靠近梯子顶端,至少应设置一个容易握到的把手;

f)梯子周围 1.50m 的水平距离内,应能防止来自梯子上方坠落物的危险。

解析 因为采用梯子具有较大的坠落风险,并且需要消耗更多的体力,因此在设计时应尽量避免选用阶梯和直梯作为进入设施。最安全的进入机房的方法是使用楼梯,如果要使用梯子,梯子即使不是专用,也必须保持随时可用,同时需要满足诸多限制:

a)中所限定的"通道不应高出楼梯所到平面 4m"是由于单段楼梯或阶梯超过 4m 后人会有较明显的恐惧感。

b)中"牢固地固定"和"不能被移动"应看做是要求在正常情况下,有一定的固定强度,不能被从其设置地点移动到另外的地方。这里并没有要求是永久固定的,如果使用锁将梯子所在其设置地点上也是允许的。同时如果梯子是可以折叠的,只要强度足够、结构适宜也应被允许。

c)为安全起见,本条规定当使用垂直的高度大于 1.5m 的梯子时,其与水平方向应有适当的夹角(65°~75°)。根据本条对"梯子"的要求,对照 GB 17888.1《机械安全 进入机器和工业设备的固定设施 第 1 部分:进入两级平面之间的固定设施的选择》的定义,这里的"梯子"基本上属于 GB 17888.1 中的"阶梯"("阶梯"的倾角为 46°~74°),其水平构件应是踏板。

d)0.35m 的净宽度是工作人员能够通过的最小宽度。"踏板深度"是指梯子梯级的进深方向尺寸。踏板与后面的墙必须有一定距离是为了人员在使用梯子时,保证能够用脚的中部接触踏板以保证踏稳,如果不满足这个尺寸则脚与踏板的接触面过小,容易滑脱发生危险。这里应注意的是:踏板与梯子后面的墙之间所要求的不小于 0.15m 的距离中可以包含 25mm 的踏板深度。

e)人员在使用梯子时,在梯子下端,可以将上面的梯级作为把手,但到了顶端,上方已经不再有梯级,则必须设置把手,以使人员上下安全。

f)这里要求防止"来自梯子上方坠落物的危险"是指如果有物品坠落危险时才需要防止,如果梯子四周 1.5m 范围内上方没有其他建筑物或设备,则不需要防止。通常采用设置类似雨棚的结构来实现防护。

通过本条规定可以知道:通过梯子进入机房被认为是可以接受的,前提是梯子的使用应是电梯专有的,且对于授权人员的任何介入,其位置和投入使用可容易地被实现(如放置在非常接近入口的地方,且此位置不会被锁闭,或即使被锁闭锁的钥匙总是可以被维修人员或是被授权的人员随时取得或使用)。梯子还应是被固定在容易投入使用的位置,如果受到建筑物实际情况的限制(如梯子无法被永久固定在走廊上,以及在一些情况下出于美观的考虑等),梯子无法做到永久安装在固定位置上时,应至少用绳或链将梯子栓在通道上,即梯子可以被移动但不能被移走。

进入机房或滑轮间梯子的梯级可以是踏板式也可以是踏棍式。两者的区别在于:深度小于 80mm 的踩踏件称为踏棍,大于等于 80mm 的踩踏件才称为踏板。如果梯子与水平面的夹角小于 65°,一般来说应采用固定式阶梯,其宽度应不小于 600mm,且两边应设有护栏。铅垂设置的梯子,踏板(或踏棍)距墙壁不小于 0.15m,是考虑人员至少能用脚的中后部踩住踏板。如果是距离较小,只能用脚尖踩住踏板,将容易打滑,不安全。

相比进入底坑的装置而言,对于进入机房的梯子要求的比较详细,这是因为检修人员、紧急救援人员进入机房的几率远比进入底坑的几率高。

6.3 机房的结构和设备

6.3.1 强度和地面

6.3.1.1 机房结构应能承受预定的载荷和力。

机房要用经久耐用和不易产生灰尘的材料建造。

解析 机房地面,至少是部分地面(具体位置由电梯制造厂家指示)应能够承受曳引机重量和搬运设备的重量。

机房墙壁可能要用于搁放曳引机承载梁,承载梁所承受的正常载荷和力大致有以下几种:

1. 静载荷:曳引机及导向轮自重、载荷(125%载荷)、对重、钢丝绳、补偿及其张紧装置、随行电缆等重量。

2. 振动载荷:曳引机旋转不平衡引起的纵向动力、满载轿厢和对重由于运行阻力不均匀引起的垂直方向的振动力。

3. 冲击载荷:曳引机起制动时满载轿厢和对重惯性引起的冲击载荷。

4. 摩擦力:轿厢对重沿导轨的运动阻力。

另外还应考虑到异常载荷,如轿厢与对重突然失速时,载荷突然释放所产生的冲击力,即轿厢或对重由于卡阻,钢丝绳在曳引轮上完全打滑所产生的载荷。

6.3.1.2 机房地面应采用防滑材料,如抹平混凝土、波纹钢板等。

解析 结合本条与6.3.1.1来看,机房地面应防滑但又不允许采用容易产生灰尘的材料建造,很显然未经抹平的混凝土地面(毛地面)虽然防滑,但容易产生灰尘,因此是不适合的。由此可见,机房地面如果是混凝土材料的,应抹平。

6.3.2 尺寸

6.3.2.1 机房应有足够的尺寸,以允许人员安全和容易地对有关设备进行作业,尤其是对电气设备的作业。

特别是工作区域的净高不应小于2m,且:

a)在控制屏和控制柜前有一块净空面积,该面积:

1)深度,从屏、柜的外表面测量时不小于0.70m;

2)宽度,为0.50m或屏、柜的全宽,取两者中的大者。

b)为了对运动部件进行维修和检查,在必要的地点以及需要人工紧急操作的地方(见12.5.1),要有一块不小于0.50m×0.60m的水平净空面积;

解析 "工作区域的净高不应小于2m"中"工作区域"是指人员在对有关设备进行作业时所使用的区域。"对有关设备进行作业"通常包括:安装、改造、调试、检验测试、检修、维保以及紧急救援和故障处理等。

之所以要求工作区域应具有不小于 2m 的净高度,根据 GB 10000—1988《中国成年人人体尺寸》的统计,在 18～20 岁的成年男子中有 1‰的人平均身高高于 1.83m,在 26～35 岁的成年男子中有 1‰的人平均身高高于 1.815m,人在工作时,采取站立姿势的情况下,头部不应顶到房顶,因此标准中"工作区域的净高不应小于 2m"的规定是合适的。要求控制屏和控制柜前有深度不小于 0.7m 的一块净空面积,这里的 0.7m 是人采取蹲坐姿势时工作的最小尺寸。

a)中所说的面积,在此区域中工作时,最好能够方便、清晰的看到曳引机,并应能判断曳引机的动作。

b)在每一运动部件周围,特别是曳引机周围应通畅,均应留出没有障碍的地面净空面积。

应注意:原则上,在所有需要维保的运动部件附近均要求 b)中所述面积。但是,对于某一运动部件维保所需的面积,当然可以与其相邻部件的全部或部分地共用。

6.3.2.2 供活动的净高度不应小于 1.80m。

通往 6.3.2.1 所述的净空场地的通道宽度不应小于 0.50m,在没有运动部件的地方,此值可减少到 0.40m。

供活动的净高度从屋顶结构梁下面测量到下列两地面:

a)通道场地的地面;

b)工作场地的地面。

 解析 "供活动的净高度不应小于 1.80m"所说的"供活动的净高度"不是"工作区域"。这里要求的供活动的净高度和通道宽度的最小值,只是为了保证人员能够安全通行。

6.3.2.3 电梯驱动主机旋转部件的上方应有不小于 0.30m 的垂直净空距离。

解析 驱动主机旋转部件上方的不小于 0.30m 的垂直净空距离,是为了避免卷入危险的发生,也是考虑人类头部不被挤压的最小安全距离。

对于无保护的电梯驱动主机旋转部件上方应有不小于 0.30m 的垂直净空距离。但如果主机旋转部件被完全、安全的防护以避免对人员的伤害,则旋转部件上方的净空高度可以小于 0.30m。也就是说如果机房高度不足时,可以采用在驱动主机旋转部件上设置防护罩的方式降低此高度。

6.3.2.4 机房地面高度不一且相差大于 0.50m 时,应设置楼梯或台阶,并设置护栏。

6.3.2.5 机房地面有任何深度大于 0.50m,宽度小于 0.50m 的凹坑或任何槽坑时,均应盖住。

解析 6.3.2.4 和 6.3.2.5 应同时来看。"机房地面高度不一"指的是机房内作为工作面的高度不一。如果仅仅是机房内存在不同高度的平面,但人员只可能在其中一个平面上作业,这种情况不在本条规定之列。如果机房内存在两个以上不同平面的工作面,且相邻平台高度差大于 0.5m,这时不使用楼梯或台阶的辅助,人员想要在两个平面上行动是不方便的,同时也存在跌落受伤的危险。因此要求楼梯或台阶以及护栏。这一点与 GB 17888.3—1999《机械安全进入机器和工业设备的固定设施 第 3 部分:楼梯、阶梯和护栏》要求的"当可能坠落的高度超过 500mm 时,应安装护栏"的要求是一致的。

护栏的高度应不小于 0.9m(GB 50310—2002《电梯工程施工质量验收规范》4.2.4)。应注意,安全防护栏杆的结构应考虑到能够防止使用者以弯腰或下蹲姿势工作时也能够得到有效保护,应防止此姿势下人员从防护栏杆扶手下方滚落到另一台面上。如果机房的工作环境允许,建议护栏的高度和对人员的防护形式可参照 GB17888.3—1999《机械安全进入机器和工业设备的固定设施 第 3 部分:楼梯、阶梯和护栏》的相关要求进行设置,即护栏扶手的最小高度应为 1100mm;护栏至少应包括一根中间横杆或某种其他等效防护;扶手和横杆及横杆与踢脚板之间的自由空间不应超过 500mm;当用立杆代替横杆时,各立杆之间的水平间距最大为 180mm;最小高度为 100mm 的踢脚板应安置得离基面不大于 10mm。各支柱轴线间距离应限制在 1500mm 内。如果超过这一距离,应特别注意支柱的固定强度和固定的装置。在中断扶手的情况下,两段护栏间最大净间距不应超过 120mm。

护栏应有一定强度,在受到人员的意外碰撞时不被损坏。关于碰撞的力可以参考本标准 0.3.9 规定。

当机房地面如果有深度大于 0.5m 的凹坑时,为防止工作人员被绊倒或扭伤,要求盖住凹坑,且应被可靠固定,盖后最好和地面齐平。且覆盖的材料要具有一定强度。在此我们推荐盖住凹坑或槽坑的材料应能承受 75kg(一个成年人)的重量而无永久变形。

本标准中没有规定护栏的高度,也没有规定盖住凹坑的盖子的强度,但无论如何设置护栏和盖子,其最终目的是为了保护在机房的工作人员免受伤害。如果无法实现这个目的,无论采用何种手段均是不符合要求的。

可能有人会产生这样的疑问:这里只要求了在工作区或活动区,如果有深度大于 0.5m、宽度小于 0.5m 的凹坑或槽坑存在,则必须盖住。但如果凹坑的深度大于 0.5m 且宽度大于 0.5m 的时候,是否反倒不需要进行保护了呢?显然不是这样的,如果出现上述情况,则应将其按照 6.3.2.4"机房地面高度不一"来处理,即在周围加护栏并设置楼梯或台阶。

6.3.3 门和检修活板门

6.3.3.1 通道门的宽度不应小于 0.60m,高度不应小于 1.80m,且门不得向房内开启。

解析 通道门(开在机房墙壁上的通道门就是机房门)的打开方向不得向房内开启,是由于在有危险发生时,如果多人同时从通道向建筑物外逃生,当门向房内开启时,由于可能出现拥挤,最前面的人将无法在最短时间内打开门。这里所说的"房内"的概念其实是朝向通道的相反方向。当两台相邻的电梯机房布置为类似"套间"的型式时,两机房之间隔墙上的门的开启方向应是朝向靠近通道的机房方向(如图 6-2 所示)。

同时,向机房内开启的门可能会侵占 6.3.2.1 所要要求的"工作空间"。

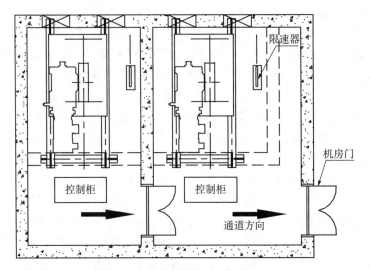

图 6-2 两台相邻的电梯机房开门方向

6.3.3.2 供人员进出的检修活板门,其净通道尺寸不应小于 0.80m×0.80m,且开门后能保持在开启位置。

所有检修活板门,当处于关闭位置时,均应能支撑两个人的体重,每个人按在门的任意 0.20m×0.2m 面积上作用 1000N 的力,门应无永久变形。

检修活板门除非与可收缩的梯子连接外,不得向下开启。如果门上装有铰链,应属于不能脱钩的型式。

当检修活板门开启时,应有防止人员坠落的措施(如设置护栏)。

英国在执行本条款时曾补充说明:仅作为进出设备而设置的活板门不要求开门后能保持在开启位置,因为该活板门仅在搬运设备和材料时才开启,但为了避免人员坠落须设置安全护栏,护栏高度最低不得低于 1.2m,为防止材料不致滚落入开启的活板门,在活板门的四周应设置高度不低于 50mm 的圈框或者封闭护栏。

解析 为了便于工作人员进出,本条规定了活板门净通道尺寸不应小于 0.80m× 0.80m,以及开门后能保持在开启位置上。同时,考虑到检修活板门关闭后可能被人踩踏,因此要求能支撑两个人的重量。如果活板门下面没有可收缩的梯子相连接,活板门在向下开启时对于使用者来说是很危险的,使用者可能会不慎跌入井道,因此如果活板门下面没有梯子相连接,不允许向下开启。为了防止门的意外脱落引发危险,当门上装有铰链的时候,铰链应采用不能脱钩的型式以避免使用者在开启活板门时由于不慎使活板门脱落。活板门在开启时,要采取防止人员坠落的措施,这里给出了例子:设置护栏。护栏不一定是固定在地面上的,摆放在地面上的护栏应被认为是可以的,但应能防止人员通过活板门坠入井道。

这里的"检修活板门"和5.2.2.1.1中井道的检修活板门不同,这里是"供人员进出的",而5.2.2.1.1中是不可供人员进出的。

3.15的关于"检修活板门"的定义:"设置在井道上的作检修用的向外开启的门"在这里很明显是不适用的,因为检修活板门可以开在机房和滑轮间之间,并不一定是在井道上。

6.3.3.3 门或检修活板门应装有带钥匙的锁,它可以从机房内不用钥匙打开。

只供运送器材的活板门,只能从机房内部锁住。

解析 为了防止无关人员随意进入机房,本条要求门或检修活板门应装有带钥匙的锁。

为保证已经进入机房内的人员在任何情况下能离开机房,要求从机房内不用钥匙也能将门或活板门打开。这里指的门是机房通道门。

如果是由机房进入滑轮间的门或检修活板门,为保证已经进入滑轮间的人员在任何情况下都能离开滑轮间,在要求从滑轮间不用钥匙也能将门或检修活板门打开。

对于那些只供运送器材的活板门,即人员不能从此类门进入机房,则此类活板门只应在机房内部锁住(人员不能通过,因此在另一侧能够锁住是没有实际意义的)。

注意:这里只是说与机房有关的门或检修活板门,开口不在机房里的检修活板门不在此范围内。

6.3.4 其他开口

楼板和机房地板上的开孔尺寸,在满足使用前提下应减到最小。

为了防止物体通过位于井道上方的开口,包括通过电缆用的开孔坠落的危险,必须采用圈框,此圈框应凸出楼板或完工地面至少50mm。

解析 机房地板,尤其是在井道正上方的地板,由于要穿过钢丝绳和电缆,必须开有一定尺寸的孔。在标准中,并没有规定孔的具体尺寸,为的是保证各种设计都可根据自己的实际情况掌握。孔的尺寸的原则是"满足使用前提下应减到最小"。一般如果是为了穿过钢丝绳,为了避免钢丝绳与机房楼板孔边缘发生摩擦,从而损坏钢丝绳,通常情况下钢丝绳与楼板孔边距离设置在20mm~40mm之间。为了避免机房的异物,尤其是机房内机器漏出的油通过机房地板开孔进入井道,要求通向井道的开孔四周设置高度不小于50mm的圈框。

6.3.5 通风

机房应有适当的通风,同时必须考虑到井道通过机房通风,从建筑物其他处抽出的陈腐空气不得直接排入机房内。应保护诸如电机、设备以及电缆等,使它们尽可能不受灰尘、有害气体和湿气的损害。

解析 要求机房通风,其目的主要有三个:其一是考虑井道通过机房通风;其二是保护电动机、电气元器件与电子装置、电缆及其他相关设备不受灰尘、潮湿和有害气体的损害;

其三是保证设备运行环境温度在 0.3.15 所规定的"5℃～40℃"并带走电动机、曳引机减速箱及电子部件在使用中产生的热量。考虑到从建筑物其他部分抽出的沉浮空气会对机房内电梯设备造成损害，因此本条规定不得将从建筑物其他处抽出的陈腐空气直接排入机房。根据建筑物的地理位置，机房通风可以采用自然或强制通风。使用自然通风时应注意当地的常年风向和周围环境是否有有害气体的存在。

6.3.6 照明和电源插座

机房应设有永久性的电气照明，地面上的照度不应小于 200lx。照明电源应符合 13.6.1 的要求。

在机房内靠近入口（或多个入口）处的适当高度应设有一个开关，控制机房照明。

机房内应至少设有一个符合 13.6.2 要求的电源插座。

解析　机房是电梯安装、检修以及出现故障进行紧急操作的场所，因此为保证以上工作的安全、顺利进行，要求在机房内设置固定的电气照明，且机房地板表面上的照度不应小于 200lx。200lx 的照度相当于需要进行阅读的仓储室或粗精度的装配车间应具有的照度。由于在机房内进行的作用有时需要查阅图纸或资料，也有进行装配作业的可能，因此 200lx 的要求是适宜的。关于照度可参照 5.9 相关说明。对照度的要求，CEN/TC10 有如下解释："在机房内人员可能站立、工作和/或在工作区域之间移动的各个地方，必须至少提供该照度"。

在机房内安装、检修及紧急救援操作时，可能要使用一些用电设备，因此要求机房内应至少设置一个能提供 220V、50Hz 的 2P＋PE 型交流电源插座。根据 GB 14824.1 以安全电压供电。机房内的插座电压应与电梯驱动主机的电源分开，可通过另外的电路或通过主开关供电侧相连获得照明电源。为了在紧急情况下能够及时的打开机房照明，在机房内靠近入口处适当位置应设置照明开关或类似装置。如果机房有多个入口，在每个入口处均应设置一个能够控制机房照明的开关，各开关之间宜采用连锁形式。

6.3.7 设备的搬运

在机房顶板或横梁的适当位置上，应装备一个或多个适用的具有安全工作载荷标示（见 15.4.5）的金属支架或吊钩，以便起吊重载设备（见 0.2.5 和 0.3.14）。

解析　"金属支架或吊钩"最常见的设备是机房吊钩。为能正确使用吊钩，而不至于超出吊钩的设计使用载荷，吊钩上应标明设计使用载荷。所谓"适当位置"、"适用的"是指吊钩的高度要考虑到吊具（如手葫芦和吊索）占有的空间高度和设备应吊起的高度。"金属支架或吊钩"也可以是其他形式的起重设备（如起重滑车等）。

曾有人提出这样的问题："在机房中，如果吊装重型设备（仅用于电梯）的吊钩不固定在机房房顶上而是固定在可移动的结构上，是否负荷本条要求？"。CEN/TC10 的回答是："符合要求。前提是：保证重型设备的安全吊装操作，该结构要保留在机房中，以及保证 6.3.2.1 所要求的面积。

6.4 滑轮间的结构和设备
解析 从标准上来看,机房和滑轮间都可以安装滑轮装置、电气设备。二者最根本的区别就是:是否安装电梯驱动主机。

6.4.1 强度和地面
6.4.1.1 滑轮间必须能承受正常所受的载荷。滑轮间应使用经久耐用和不易产生灰尘的材料建造。
6.4.1.2 滑轮间的地板应采用防滑材料,如抹平混凝土、波纹钢板等。
解析 见机房相关条目。

6.4.2 尺寸
6.4.2.1 滑轮间应有足够的尺寸,以便维修人员能安全和容易地接近所有设备。其尺寸可符合 6.3.2.1b)和 6.3.2.2 关于通道的规定。
解析 滑轮间的尺寸(这里指的是宽度尺寸)应与 6.3.2.2 关于通道宽度的要求一致,即净空场地的宽度不应小于 0.5m,在没有运动部件的地方此值可减小到 0.4m。
滑轮间的高度要求不小于 1.50m(下一条);而 6.3.2.2 要求是不小于 1.80m。

6.4.2.2 滑轮间房顶以下的高度不应小于 1.50m。
解析 根据 GB 10000—1988《中国成年人人体尺寸》,1.5m 为人坐在椅子上的高度。在这里可以看出,人员如果必须进入滑轮间,在滑轮间内也无法站立工作。由于滑轮间内有控制柜的情况在 6.4.2.2.2 中另有要求,因此在此可认为滑轮间内无重要的必须进行长时间检修的部件。

6.4.2.2.1 滑轮上方应有不小于 0.30m 的净空高度。
解析 见机房相关条目。

6.4.2.2.2 如滑轮间内有控制屏或控制柜,则也应符合 6.3.2.1 和 6.3.2.2 的规定。
解析 当在滑轮间中装有控制屏或控制柜时,检修人员经常需要对这些部件进行操作,因此为检修的方便,此时的滑轮间的工作空间要求与机房相同。

6.4.3 门和检修活板门
6.4.3.1 通道门的宽度不得小于 0.60m,高度不得小于 1.40m。这些门不得向房内开启。

 解析 参见 5.2.2 解析。

6.4.3.2 供人员进出的检修活板门其净通道不应小于 0.80m×0.80m,开门后能保持在开启位置。

所有检修活板门,当处于关闭位置时,均应能支撑两个人的体重,每个人按在门的任意 0.20m×0.20m 面积上作用 1000N 的力,门应无永久变形。

检修活板门除非与可伸缩的梯子连接外,不得向下开启。如果门上装有铰链,应属于不能脱钩的型式。

当检修活板门开启时,应有防止人员坠落的措施(如设置护栏)。

 解析 参见 6.3.3.2 解析。

6.4.3.3 门和检修活板门应装有带钥匙的锁,它可以从滑轮间内不用钥匙打开。

 解析 参见 6.3.3.3 解析。

6.4.4 其他开口

楼板和滑轮间地板上的开孔尺寸,在满足使用前提下应减到最小。

为了防止物体通过位于井道上方的开口,包括通过电缆用的开孔而坠落的危险,必须采用圈框,此圈框应凸出楼板或完工地面至少 50mm。

 解析 参见 6.3.4 解析。井道、机房所设置的各种门的情况见表 6-1。

表 6-1　井道、机房所设置的各种门的情况

名称	位置	尺寸	强度	开启方向	锁闭情况和开启方式	有无电气开关验证	备注
检修门	井道	高度不得小于1.40m，宽度不得小于0.60m	无孔，并应具有与层门一样的机械强度，且应符合相关建筑物防火规范的要求	不应向井道内开启	装设用钥匙开启的锁。当上述门开启后，不用钥匙亦能将其关闭和锁住。即使在锁住情况下，也应能不用钥匙从井道内部将门打开	需要电气验证开关，只有当门处于关闭位置时，电梯才能运行	需要电气验证开关，只有当门处于关闭位置时，电梯才能运行
检修活板门	井道	高度不得大于0.50m，宽度不得大于0.50m	无孔，并应具有与层门一样的机械强度，且应符合相关建筑物防火规范的要求	不应向井道内开启	装设用钥匙开启的锁。当上述门开启后，不用钥匙亦能将其关闭和锁住。即使在锁住情况下，也应能不用钥匙从井道内部将门打开	需要电气验证开关，只有当门处于关闭位置时，电梯才能运行	是设置在井道上的作检修用的向外开启的门
井道安全门	井道	高度不得小于1.80m，宽度不得小于0.35m	无孔，并应具有与层门一样的机械强度，且应符合相关建筑物防火规范的要求	不应向井道内开启	装设用钥匙开启的锁。当上述门开启后，不用钥匙亦能将其关闭和锁住。即使在锁住情况下，也应能不用钥匙从井道内部将门打开	需要电气验证开关，只有当门处于关闭位置时，电梯才能运行	当相邻两层地坎之间距离超过11m时，在其间井道壁上开设的通往井道供援救乘客用的门
通往底坑的通道门	底坑	高度不得小于1.40m，宽度不得小于0.60m	无孔，并应具有与层门一样的机械强度，且应符合相关建筑物防火规范的要求	不应向井道内开启	装设用钥匙开启的锁。当上述门开启后，不用钥匙亦能将其关闭和锁住。即使在锁住情况下，也应能不用钥匙从井道内部将门打开	不是通向危险区域情况下，可不必设置电气安全装置	如果底坑深度大于2.50m且建筑物的布置允许，应设置进底坑的门

105

续表 6-1

名称	位置	尺寸	强度	开启方向	锁闭情况和开启方式	有无电气开关验证	备注
通道门	去往机房或滑轮间的通道	宽度不应小于0.60m,高度不应小于1.80m		门不得向房内开启	应装有带钥匙的锁,它可以从机房内不用钥匙打开	无	
供人员进出的检修活板门	机房或滑轮间	不应小于0.80m×0.80m	当处于关闭位置时,均应能支撑两个人的体重,每个人按在门的任意0.20m×0.2m面积上作用1000N的力,门应无永久变形	除非与可收缩的梯子连接外,不得向下开启	应装有带钥匙的锁,它可以从机房内不用钥匙打开	无	开门后能保持在开启位置。当检修门开启时,应有防止人员坠落的措施(如设置护栏)
只供运送器材的活板门	机房或滑轮间		当处于关闭位置时,均应能支撑两个人的体重,每个人按在门的任意0.20m×0.2m面积上作用1000N的力,门应无永久变形		只能从机房内部锁住	无	

6.4.5 停止装置

在滑轮间内部邻近入口处应装设一个符合14.2.2和15.4.4要求的停止装置。

█ **解析** 相比对机房的要求,滑轮间增加了在内部临近入口的位置设置停止装置的要求。机房内临近入口处没有要求停止装置是因为机房内在靠近入口处要求装设主开关(13.4.2)因此不必要设置停止装置。在出现紧急情况时,可以断开主电源开关来停止电梯的运行。

停止装置的要求见5.7.3.4。

停止开关是电气安全装置并被列入在附录A中,它应串联在电气安全回路中。

6.4.6 温度

如果滑轮间内有霜冻和结露的危险,应采取预防措施以保护设备。

如果滑轮间设有电气设备,环境温度与机房的要求相同。

█ **解析** 由于滑轮间中不可能设置电梯驱动主机,限制滑轮间的温度不得过低是为保证电气设备正常工作。

6.4.7 照明和电源插座

滑轮间应设置永久性的电气照明,在滑轮间应有不小于100lx的照度,照明电源应符合13.6.1的要求。

在滑轮间内靠近入口的适当高度处应设置一个开关,以控制滑轮间的照明。

滑轮间内至少应设置一个符合13.6.2要求的电源插座。

如果在滑轮间有控制屏或控制柜,则6.3.6的规定同样适用。

█ **解析** 在照明和电源插座方面,滑轮间和机房有类似的要求,所不同的是在滑轮间内如果没有控制柜和控制屏,则照度可以降低至100lx(机房要求为200lx)。但如果将控制柜或控制屏安装在滑轮间内,则滑轮间在照度上的要求也是相同的。

此外,滑轮间不需要安装能够切断驱动主机电源的主开关,只需要一个能够控制滑轮间照明的开关即可。这是因为主机只可能安装在机房内,在滑轮间设置控制主机的主开关没有意义,并可能造成一些不可预见的风险。

第6章习题(判断题)

1.电梯驱动主机及其附属设备和滑轮应设置在一个专用房间内,该房间应有实体的墙壁、房顶、门和(或)活板门,只有经过批准的人员(维修、检查和营救人员)才能接近。

2.机房或滑轮间不应用于电梯以外的其他用途,也不应设置非电梯用的线槽、电缆或装置。

3.导向滑轮不可以安装在井道的顶层空间内,而为对重(或平衡重)导向的单绕或复绕的导向滑轮可以安装在轿顶的上方,其条件是从轿顶上能完全安全地触及它们的轮轴。

4. 曳引轮可以安装在井道内,其条件是:能够从机房进行检查、测试和维修工作;机房与井道间的开口应尽可能的小。

5. 通往机房和滑轮间的通道应:设永久性电气照明装置,以获得适当的照度;任何情况均能完全安全、方便地使用,而不需经过私人房间。

6. 应提供人员进入机房和滑轮间的安全通道。应优先考虑全部使用楼梯,如果不能用楼梯,可以使用符合下列条件的梯子:

a)通往机房和滑轮间的通道不应高出楼梯所到平面4m;

b)梯子应牢固地固定在通道上而不能被移动;

c)梯子高度超过1.50m时,其与水平方向夹角应在65°～75°之间,并不易滑动或翻转;

d)梯子的净宽度不应小于0.35m,其踏板深度不应小于25mm。对于垂直设置的梯子,踏板与梯子后面墙的距离不应小于0.15m。踏板的设计载荷应为1500N;

e)靠近梯子顶端,至少应设置一个容易握到的把手;

f)梯子周围1.50m的水平距离内,应能防止来自梯子上方坠落物的危险。

7. 机房结构应能承受预定的载荷和力。

8. 机房要用经久耐用和易产生灰尘的材料建造。

9. 机房地面应采用防滑材料,如抹平混凝土、波纹钢板等。

10. 机房应有足够的尺寸,以允许人员安全和容易地对有关设备进行作业,尤其是对电气设备的作业。

11. 供活动的净高度不应小于2.80m。

12. 电梯驱动主机旋转部件的上方应有不小于0.50m的垂直净空距离。

13. 机房地面高度不一且相差大于0.50m时,应设置楼梯或台阶,并设置护栏。

14. 机房地面有任何深度大于0.50m,宽度小于0.50m的凹坑或任何槽坑时,均应盖住。

15. 通道门的宽度不应小于0.80m,高度不应小于2.80m,且门不得向房内开启。

16. 供人员进出的检修活板门,其净通道尺寸不应小于0.80m×0.80m,且开门后能保持在开启位置。

17. 所有检修活板门,当处于关闭位置时,均应能支撑两个人的体重,每个人按在门的任意0.20m×0.2m面积上作用2000N的力,门应无永久变形。

18. 检修活板门除非与可收缩的梯子连接外,不得向上开启。如果门上装有铰链,应属于不能脱钩的型式。

19. 当检修活板门开启时,应有防止人员坠落的措施(如设置护栏)。

20. 门或检修活板门应装有带钥匙的锁,它可以从机房内不用钥匙打开。

21. 只供运送器材的活板门,只能从机房外部锁住。

22. 楼板和机房地板上的开孔尺寸,在满足使用前提下应增加到最大。

23. 为了防止物体通过位于井道上方的开口,包括通过电缆用的开孔坠落的危险,必须采用圈框,此圈框应凸出楼板或完工地面至少50mm。

24. 机房应有适当的通风,同时必须考虑到井道通过机房通风。从建筑物其他处抽出的陈腐空气不得直接排入机房内。应保护诸如电机、设备以及电缆等,使它们尽可能不受灰尘、有害气体和湿气的损害。

25. 机房应设有永久性的电气照明,地面上的照度不应小于200lx。

26. 在机房内靠近人口(或多个入口)处的适当高度应设有三个开关,控制机房照明。

27. 滑轮间必须能承受正常所受的载荷。滑轮间应使用经久耐用和不易产生灰尘的材料建造。

28. 滑轮间的地板应采用防滑材料,如抹平混凝土、波纹钢板等。

29. 滑轮间房顶以下的高度不应大于1.50m。

30. 滑轮上方应有不小于0.20m的净空高度。

31. 通道门的宽度不得小于0.60m,高度不得小于1.40m。这些门不得向房外开启。

32. 供人员进出的检修活板门其净通道不应小于0.80m×0.80m,开门后能保持在开启位置。

33. 所有检修活板门,当处于关闭位置时,均应能支撑两个人的体重,每个人按在门的任意0.20m×0.20m面积上作用1000N的力,门应无永久变形。

34. 检修活板门除非与可伸缩的梯子连接外,不得向上开启。如果门上装有铰链,应属于不能脱钩的型式。

35. 当检修活板门开启时,应有防止人员坠落的措施(如设置护栏)。

36. 门和检修活板门应装有带钥匙的锁,它可以从滑轮间内不用钥匙打开。

37. 楼板和滑轮间地板上的开孔尺寸,在满足使用前提下应减到最小。

38. 为了防止物体通过位于井道上方的开口,包括通过电缆用的开孔而坠落的危险,必须采用圈框,此圈框应凸出楼板或完工地面至少10mm。

39. 在滑轮间内部邻近入口处应装设一个符合要求的停止装置。

40. 如果滑轮间内有霜冻和结露的危险,应采取预防措施以保护设备。

41. 如果滑轮间设有电气设备,环境温度与机房的要求相同。

42. 在滑轮间内靠近入口的适当高度处应设置三个开关,以控制滑轮间的照明。

第6章习题答案

1.√;2.√;3.×;4.√;5.√;6.√;7.√;8.×;9.√;10.√;11.×;12.×;13.√;
14.√;15.×;16.√;17.×;18.×;19.√;20.√;21.×;22.×;23.√;24.√;25.√;
26.×;27.√;28.√;29.×;30.×;31.√;32.√;33.√;34.×;35.√;36.√;37.√;
38.×;39.√;40.×;41.√;42.×。

7 层 门

解析 电梯层门是乘客或使用者在使用电梯时首先接触到或看到的电梯部分。它不但是确保电梯和人员安全的部件,同时由于其与建筑物密不可分,因此应与建筑物相适应并有美观方面的功能。

根据不完全统计,电梯发生的人身伤亡事故约有 70% 是由于电梯层门的质量及使用不当而引起的,因此层门对于保护人员的安全和电梯的正常运行有着极其重要的作用。层门安全性能主要表现在以下几个方面:

1. 层门本身的强度;

2. 层门的锁闭及证实锁闭的电气安全装置;

3. 层门自闭装置;

4. 层门在关闭过程中对碰撞、剪切、挤压的保护。

ISO/TC178/WG4(国际标准化组织,178 技术委员会,第 4 工作组——178 技术委员会是负责电梯的、其第 4 工作组是负责层门的——作者注)在论述电梯层门时提及:"每个电梯安全标准(这里指的是每个国家的电梯安全标准)都承认电梯层门的开闭与锁紧是电梯使用者安全的首要条件。"

本章是对层门的要求,并不是对层站(候梯厅)的要求,因此有关候梯厅的一些其他设备,如按钮、指示器等部件,由于其选取形式、设置位置等与电梯的安全没有关系,因此在本章中并没有加以规定。但如果电梯需要具有特殊功用时,如无障碍操作、火灾时供消防员使用等,层站的设备应能够满足其设计使用功能。比如消防员用电梯的层站按钮和显示器应能工作在较高的温度环境下(在 0℃～65℃ 情况下能够工作 2 个小时);无障碍电梯需要盲文按钮、低位按钮(距地面应为 0.90m～1.10m)等。此外在电梯采用无障碍化设计时还应注意:由于轮椅具有一定尺寸,为保证乘坐轮椅的残障人士容易使用,候梯厅呼梯按钮不应设置在两面墙壁的拐角处。呼梯按钮距离最近的墙壁或两墙壁的拐角应不小于 500mm。

这些要求虽然在 GB 7588—2003 中并没有强制规定,但当电梯需要具有特定功能时,不但要充分满足 GB 7588—2003 中的一般性安全要求,同时必须考虑到电梯的特殊功能而加以合理的特殊设计。GB 7588—2003 不能代替其他的通用及专门标准。

第 7 章的主要内容大致分为以下部分:(1)门的尺寸及间隙;(2)门及门框的材料和强度;(3)层门的导向、悬挂和锁紧;(4)门区信号;(5)与门运动相关的保护;(6)层门的闭合;(7)闭合与锁紧的验证及检查;(8)关门待机。

7.1 总则

进入轿厢的井道开口处应装设无孔的层门,门关闭后,门扇之间及门扇与立柱、门楣和地坎之间的间隙应尽可能小。

对于乘客电梯,此运动间隙不得大于 6mm。对于载货电梯,此间隙不得大于 8mm。由于磨损,间隙值允许达到 10mm。如果有凹进部分,上述间隙从凹底处测量。

解析 本条明确表明了,带孔的电梯层门是不允许使用的。排除了装设使用如图 7-1 所示的栅栏门(又叫"棋格门",在第二次世界大战前许多电梯是采用这样的层门的)的可能。这样的层门时常夹伤乘客和司机的手臂,非常不安全。

"门关闭后,门扇之间及门扇与立柱、门楣和地坎之间的间隙"中所谓"门扇之间"系指相邻的每扇门相互之间(无论是中分、旁开、双扇、四扇等)的间隙。"门扇与立柱、门楣和地坎之间的间隙"是指门扇周围与这些部件相邻的间隙。

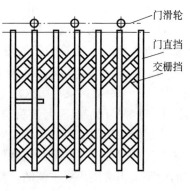

图7-1 栅栏门

如果本条所述的部件之间间隙偏大,不仅影响美观,而且容易造成夹手或异物坠入井道等危险。当然,在电梯安装时由于避免部件之间的刮擦,实际上不可能使这些尺寸过小。因此,对新安装的客梯,本条中所述的间隙最大不能超过 6mm;对新安装的货梯,本条中所述的间隙最大不能超过 8mm。在使用一段时间发生磨损后,无论是客梯还是货梯,上述间隙都不能超过 10mm。

由于 EN81-1 是安全标准,对于性能方面并不作强制性限定,如果本条所述的间隙过小,可能造成门扇和门框的刮擦,但由于不涉及人身安全,因此并不限定间隙的最小值。同样为了保护安全,规定了"如果有凹进部分,上述间隙从凹底处测量",为的就是避免夹、挤使用人员的手。

对应在门上设置凹下的手柄,CEN/TC 10 有如下解释:本条的目的是为了避免剪切事故。仅当两个门柱之间的距离满足无论门扇的位置如何,手柄保持在门柱之间的净距离范围内时,才允许设有凹进的手柄。

7.2 门及其框架的强度

7.2.1 门及其框架的结构应在经过一定时间使用后不产生变形,为此,宜采用金属制造。

解析 这里并没有强制规定门及其框架的制造一定要用金属的。用任何材料都可以,但应满足"门及其框架的结构应在经过一定时间使用后不产生变形"的要求,即在其设计使用寿命期内,不应因使用时间的长短、正常的气候环境变化而产生妨害其功能的尺寸或形状上的改变。例如,使用木材制造层门也可以被接受,但要保证木材在气候变化时不发生妨害作为层门应具有的特性和功能。有关层门的具体强度在 7.2.3 和 7.6.2 规定了。但经验上采用金属制造的层门及其框架可以很好的满足本章的要求,因此这里建议使用金属制造电梯的层门。

7.2.2 火灾情况下的性能

如建筑物需要电梯层门具有防火性能,该层门应按 GA 109 进行试验。

解析 本条的"防火性能"应视为耐火性能,耐火层门能在一定时间内阻燃、隔热,在一定时间内阻挡火焰或炽热气体通过。不同建筑物要求电梯层门的耐火等级是不同的,所谓耐火等级就是建筑构件的耐火极限,耐火层门的耐火等级是由建筑设计的防火要求决定的。GB 50045—95《高层民用建筑设计防火规范》将建筑构件的耐火等级分为 2 级;而 GBJ 16—87《建筑设计防火规范》把建筑物构件的耐火等级分为 4 级。在有防火要求的情况下,电梯层门应具有与建筑物构件相适应的耐火等级。

使用耐火层门的目的不仅是对电梯自身的保护,更主要的是为了防止火灾层的火焰或灼热空气通过井道蔓延至其他楼层。这里并不是说使用了耐火层门之后,电梯就可以在火灾的情况下正常使用或被消防员使用。恰恰相反,在 EN81 - 72《消防员用电梯》1.7 明确声明:"如果火灾最后侵入防火环境/前室,本标准停止使用"。各国在火灾时使用电梯进行人员疏散的问题上也是比较保守的,目前来看并不主张在发生火灾等灾害时使用电梯疏散撤离人员。但在美国 911 事件之后,由于在恐怖袭击时,电梯的确被作为疏散人员的交通工具并拯救了许多人的生命,在此之后超高层建筑在发生灾害时是否允许使用电梯进行人员疏散作为一个议题被提出讨论,但目前尚无确切的结论。

这里并没有强制规定究竟什么情况下电梯的层门需要具有防火性能,这不属于电梯制造厂商能够控制和决定的事情,而是根据各国建筑和消防要求而决定的。因此本条只是笼统的讲"如果……"。层门如果需要耐火,则应按照 GA 109《电梯层门耐火试验方法》进行实验。GA 109 是公安部制订的标准,其分类是"中华人民共和国公共安全行业标准",而 GB 7588 是"中华人民共和国国家标准"。其来源是根据 GB 7633《门和卷帘的耐火方法》和 GB 7588—1995 的附录 F2 制订的,这是目前国内电梯层门防火试验的唯一依据。

EN81 - 1:1998 将 1985 版上有关层门耐火的规定及附录 F2 从 EN81 - 1 上分离出来,修改成为 prEN81 - 58,作为一个独立标准。内容与 GA109 相差较大。

资料 7 - 1 GA109《电梯层门耐火试验方法》简述 ⇩⬇

GA109 规定了电梯层门耐火试验的试验设备、试验条件、试验要求、试验程序和耐火时间判定条件等项内容。适用于候梯一侧受火的电梯层门的耐火试验。GA109 试验的主要设备是耐火炉,炉内设有温度测试装置、压力测试装置、试件背火面辐射强度的测试装置。试验用层门应和实际使用的尺寸相同,但如果电梯层门的实际尺寸大于试验炉的尺寸,试件的尺寸应是与试验炉尽可能相适应的最大尺寸。但用材料、制作、装修应符合电梯层门在实际使用中的情况。层门试件应包括:一个或多个门扇,框架及主结构附件,门扇悬挂机构,关门机构,开锁装置或操纵件(门闸、门把手等)及在正常使用下的最大电器布线。

试验层门的安装应能反映出实际使用情况,因此应安装在实际使用的同类墙体上进行试验,可选用混凝土墙或砖墙,其厚度不小于200mm。试验时,层门安装在强度和湿度应和实际使用状态相接近的墙体上(砖墙应在试验前不小于两周的时间内砌筑完成;混凝土墙,则应在试验前四周的时间内浇筑完成,并对其进行养护和干燥处理)。

由于层门在正常使用中的安装方式决定了层门在试验过程中仅为候梯一侧受火即可。

1. 温度测试装置及温度的测量:

炉内应均匀分布丝径为0.75mm～1.50mm的5～8个热电偶,每个热电偶的测量点距试件受火面的距离为100mm,炉内各点温度与平均温度应不超过1min记录一次,平均温度应随时间自动显示在显示屏上。热电偶的热接点应伸出套管的端部25mm,炉内温度的测试精度应在±15℃以内。

测试时,炉内升温应采用明火加热,使电梯层门受到与实际火灾相似的火焰作用。内温度随时间而变化,并受下列函数关系控制:$T=345\lg(8t+1)+20$。

式中:

T 为升温到 t 时炉内的平均温度(℃);

t 为试验所经历时间(min)。函数的曲线如下图所示。

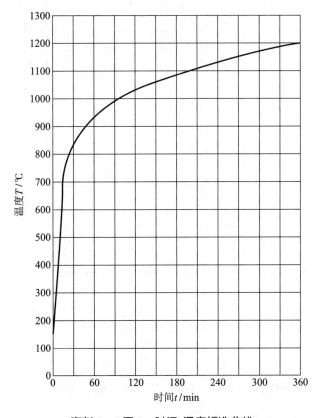

资料7-1图1　时间-温度标准曲线

炉内温度上升允许的平均偏差值由 $d=\left|\dfrac{A-A_s}{A_s}\right|\times100$ 式确定。

式中:

d 为平均偏差值;

A 为炉内平均温度对时间函数的积分值;

A_s 为时间-温度标准曲线对时间函数的积分值。平均偏差允许值应满足以下规定:在时间 t(min)的不同阶段有:(1)$0 \leqslant t \leqslant 10$ 时,15%;(2)$10 < t \leqslant 30$ 时,$[15-0.5(t-10)]$%;(3)$30 < t \leqslant 60$ 时,$[5-0.083(t-30)]$%;(4)$t > 60$ 时,2.5%。对时间函数的积分方法是:对(1)间隔时间不超过 1min;对(2)间隔时间不超过 2min,对(3)和(4),间隔时间不超过 5min,计算从时间为零开始。当试验进行到 10min 以后,任何一个测温点测得的炉内温度与相应时间的标准温度之差不得大于±100℃。

2.炉内压力测试装置及压力的测量:

应在三个测压点上进行测量,此三点的分布如资料 7-1 图 2 所示,测试装置应采用精度为±2Pa 以内的测压计和静压探测管。

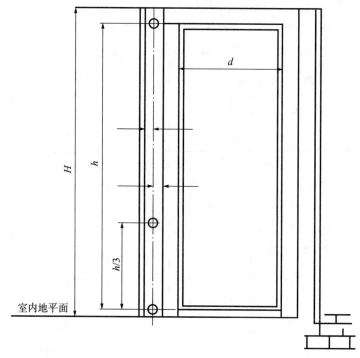

图中:d—门开口净宽;

h—门开口净高;

H—砖墙开口高度

资料 7-1 图 2 电梯层门的安装与测压点的布置

耐火炉内的压力条件应满足在炉内整个高度上存在一个线性压力。随着炉内温度的变化,炉内每一点的压力梯度会有轻微的变化,但每米高度上压力递增的平均值应保持为8Pa。并可以对试验炉中性压力面的位置进行调节。试验过程中,炉内压力值应保持为一额定平均值并应能够随时监测和控制。所谓"试验炉内中性压力面"应建立在试验试件室内地平面以上 500mm 高的位置上,如下所示。对于高度大于 3m 的层门,其顶点压力值不应大于 20Pa,并且中性压力面的位置应适当地调节。

测量试件背火面辐射强度的辐射装置:门扇布置 5 个测温点(门扇中心及四分之一门扇的中心各一点);门框 3 个测温点(二垂边的中高处和上槛的中心处各一点)。测温点布置在试件上后,铜片应用面积为 30mm×30mm、厚度为 2mm、容重为 1000kg/m³ 的烘干的方形石棉块覆盖。在布置时应注意:门扇测温点不应布置在加强筋和金属连接件上,或距试件边缘不足 100mm 的部位,门框测温点应距试件边缘 15mm。测温热电偶的热端应与直径为 12mm、厚度为 0.2mm 圆形铜片的圆心焊接。测量辐射强度应具有瞄准和接收系统,能进行数值的打印,并能绘制时间与辐射强度的关系曲线。辐射仪位置和视角的选择要保证可以测量电梯层门发出的全部辐射热通量。

注:对无隔热层的电梯层门不测试件背火面温度。

3. 缝隙测量仪和缝隙测量:

缝隙测量时应使用下图所示的缝隙测量仪。这两种类型的缝隙测量仪可以用来测量电梯层门的缝隙量,如资料 7-1 图 3 所示。缝隙测量仪由不锈钢组成,并配以绝缘手柄,测量仪的测量精度为 ±0.5mm。

单位:mm

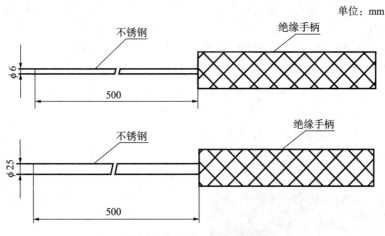

资料 7-1 图 3　缝隙测量仪

试验时,对试件表面所出现的开口和裂缝,应每隔一段时间,用本标准所规定的隙缝测量仪测量一次。时间间隔的长短由试件的损坏速度来决定。测量时,应依次使用两种缝隙测量仪。当出现下列情况时,应记录下时间及开口或裂缝的位置。其中直径为 6mm 的缝隙测量仪能从开口或裂缝处通过试件深入到炉内,且可沿着开口或裂缝移动 150mm 的距离;直径为 25mm 的缝隙测量仪能从开口或裂缝处通过试件深入到炉内。

4. 棉垫试验:

当门扇及其周围有火焰和气体可能的通道出现时,不论其是裂缝,孔洞或其他孔隙,都应在这些通道处每隔一段时间用棉垫来进行测定。棉垫不应与试件接触,但应将其中心靠近裂缝,孔洞或其他孔隙处,距离保持在 20mm~30mm,停留时间不少于 10s,不大于 30s。棉垫的尺寸约为 100mm 见方,20mm 厚。棉垫应由新的、未染色的、柔软的棉纤维制成,不应混有人造纤维,其重量为3～4g。棉垫应先放入100℃的烘箱中,干燥至少0.5h。棉垫应夹牢在由ϕ1mm的金属丝制成的面积为100mm×100mm的框架上,框架上安装一根长约750mm的金属把柄。在棉垫开始着火时,应记录其时间和燃烧的部位。

注:不得使用吸潮或被烧焦的棉垫;对无隔热层的电梯层门,不进行棉垫试验。

5.火焰观察:

试件背火面如有火焰出现并持续燃烧10s以上,应记录火焰出现的时间及火焰的位置。

6.其他观察事项:

在试验的过程中应记录试件的变形情况,有烟散发出来的情况也应记录下来。试验结束后,应对试件的金属表面施加一个300N的力,此力垂直于外露表面,并均匀地分布在一个5cm²的圆形或方形表面上,然后观察并测量电梯层门的损坏程度。

耐火时间判定条件:

如出现以下任何一种情况时,则表明试件已达到了耐火时间:

1)丧失完整性,包括:

(a)试件背火面出现火焰,并持续燃烧10s或10s以上。

(b)进行棉垫试验时,棉垫被点燃。

(c)对试件的缝隙量进行测量时,试件背火面开口或裂缝允许直径为6mm的缝隙测量仪从开口或裂缝处通过试件深入到炉内,且可沿着开口或裂缝移动150mm的距离或允许直径为25mm的缝隙测量仪从开口或裂缝处通过试件深入到炉内。

2)丧失隔热性,包括:

(a)距试件背火面1m处,辐射热通量值达到1.0W/cm²。

(b)试件背火面平均温度超过初始温度140℃以上。

(c)试件背火面最高温度超过初始温度180℃以上。

3)损坏:试验结束后,试件已不能保持机械锁紧状态且试件金属表面任意一点不能承受本标准7.6所规定的力。

资料7-1图4 正在进行耐火试验的电梯层门

试件如出现了以上规定的任一条判定条件时,试验即应终止,记录此时试验持续的时间并作为试验结论。

没有出现上述规定的判定条件,但已达到预定时间时,试验也可结束,试验结论为满足预定的耐火时间。

资料7-1图4为正在进行耐火试验的电梯厅门。

7.2.3 机械强度

■■ **解析** 本条所要求的检验并非是门锁装置型式试验的组成部分。

7.2.3.1*　层门在锁住位置时,所有层门及其门锁应有这样的机械强度:

a)用 300N 的静力垂直作用于门扇或门框的任何一个面上的任何位置,且均匀地分布在 5cm^2 的圆形或方形面积上时,应:

1)永久变形不大于 1mm;

2)弹性变形不大于 15mm;

试验后,门的安全功能不受影响。

b)用 1000N 的静力从层站方向垂直作用于门扇或门框上的任何位置,且均匀地分布在 100cm^2 的圆形或方形面积上时,应没有影响功能和安全的明显的永久变形[见 7.1(最大 10mm 的间隙)和 7.7.3.1]。

注:对于 a)和 b),为避免损坏层门的表面,用于提供测试力的测试装置的表面可使用软质材料。

解析　本条规定了层门和门框的机械强度。要注意的是,本条是针对层门门扇和门框在静力作用下的要求,不是冲击力的要求。冲击试验见 7.2.3.8。

为了尽可能贴近电梯在日常使用中层门可能受到的力,a)和 b)的测试均应在层门处于锁闭状态下进行。

a)条含义是:

门扇和门框应能承受 300N 的垂直作用于层门、门框任何一个面上的任何位置的静力。5cm^2 的面积是人员手指等部位施力时的面积;300N 是人以手指能够施加的最大力。这里要求的层门、门框强度应看作是最低要求。

由于门扇和门框在受力时会产生变形,为了保护人员的安全,必须限制上述部件的永久变形和弹性变形。本修改单颁布前,标准中规定的"无永久变形"是无法做到且难以评测的,因此本次修订为"永久变形不超过 1mm"。这是考虑到 1mm 的永久变形不会对门和门框的安全保护功能产生实质影响,同时给出了可实施、可测量的手段。

"弹性变形不大于 15mm"指的是允许的最大弹性变形。

本条还规定了"试验后,门的安全功能不受影响",这里只是强调了在力的作用测试之后,层门的安全功能不受影响,也就是层门对使用者的保护功能不能受影响。其他的,比如美观方面的性能是否受到影响并不作要求。

b)条含义是:

门扇和门框应能承受 1000N 的垂直作用于层门、门框任何一个面上的任何位置的静力。100cm^2 的面积是人员手掌等部位施力时的面积;1000N 是人以手掌能够施加的最大力。

在 1000N 的静力作用时,门扇和门框的永久变形不应影响到这些部件的安全和功能,即:

(1)门扇、门框的永久变形的值最大不得超过规定值(从凹底处测量),即门扇之间及门

＊ 第 1 号修改单修改。

扇与立柱、门楣和地坎之间的间隙不能大于 10mm。

注：由于是要测量永久变形，因此以上变形量应在卸载后进行测量，而非在 1000N 作用力施加时。

(2)层门门锁的啮合不小于 7mm。

(3)层门门锁无永久变形且不降低锁紧的效能。

在进行 a)、b)两项测试时，由于要在层门和门框上在一定的面积上施加相应的力（5cm² 300N、100cm² 1000N），如果使用坚硬测试装置施加作用力，则有可能损坏层门和门框的表面，对美观造成影响。因此，允许采用软质表面的测试装置进行相关试验。但应注意，软质表面在测试时的变形应予以考虑，以免误判。

7.2.3.2 在水平滑动门和折叠门主动门扇的开启方向，以 150N 的人力（不用工具）施加在一个最不利的点上时，7.1 规定的间隙可以大于 6mm，但不得大于下列值：

    a)对旁开门，30mm；

    b)对中分门，总和为 45mm。

 解析 应注意本条要求是："在水平滑动门和折叠门主动门扇的开启方向，……施加在一个最不利的点上"，这里要求的是主动门扇，即，测试时如果有多扇主动门，应每个门扇上均施加 150N 的力；不应向被动门扇上施加力。

主动门扇应这样分辨：

(a)自身带有开门机的层门

主动门是指所有的由开门机直接驱动的门扇。其他由钢丝绳、皮带或链条等带动的门扇则属于被动门扇。

(b)由轿门开门机带动的层门

主动门是指所有的由轿门开门机驱动层门的部件（如门刀、连杆等）直接带动的门扇。其他则为被动门。

(c)手动层门

主动门是指操作人员直接在其上施加手动力的门扇。

以上条件在测试双扇中分门时有时会被忽略，正确的做法应是使用 150N 的力作用在一个门扇（主动门）上，而不能用两个 150N 的力同时分别作用在两个门扇上。也就是测试时只扒一扇门而不同时扒两扇门。因为中分门的两个门扇是联动的，如果用两个 150N 的力同时分别作用在两个门扇上，则对整个门系统的总的力为 300N。

之所以规定要在主动门上施加力来检验各项间隙，是因为主动门扇是直接受力的门扇同时也是行程较大的门扇（至少行程不小于被动门扇的行程）。在主动门上施加力来验证间隙是比较严格的。

本条所指的"间隙"，在旁开门（侧开式伸缩门）情况下，间隙值为门扇与门框之间的间隙；中分门情况下，是分别向两边分开的门扇之间的间隙总和。

之所以旁开门和中分门的间隙要求有所差异，是由于中分门两个层门是联动的，在受力时两个层门分别向两侧运动,这样势必造成两扇门之间的间隙较折叠门来的大些(折叠门的两个门扇是朝一个方向运动的),考虑到使用的实际情况,因此对中分门来说间隙允许到45mm,而对折叠门只允许到30mm。

7.2.3.3* 层门/门框上的玻璃应使用夹层玻璃。

解析 本条规定了层门和门框如果使用玻璃,必须为夹层玻璃。

应注意:本修改单之前,本条原先规定的是"玻璃尺寸大于7.6.2所述的玻璃门,应使用夹层玻璃",即尺寸大于窥视窗的规定(7.6.2)时,应使用夹层玻璃。现在的要求更加严格。

夹层玻璃安全性高,其中间层的胶膜坚韧且附着力强,受冲击破损后不易被贯穿,碎片与胶膜粘合在一起不会脱落。与其他玻璃相比,夹层玻璃具有耐震、耐冲击的性能,从而大大提高使用中的安全性。

7.2.3.4 玻璃门的固定件,即使在玻璃下沉的情况下,也应保证玻璃不会滑出。

解析 玻璃门在本标准中允许使用,但必须通过附录J的实验且必须满足7.2.3.5和7.2.3.6的规定。在本条中要求固定玻璃门的固定件,应能有效防止玻璃与固定件脱开。也就是在设计使用周期内,且玻璃门没有被蓄意损坏的情况下,玻璃应是被固定的。

应注意,只要门上有玻璃,不论大小,其固定都应满足本条要求。

玻璃门可以看作"门上有玻璃"的一种特例。

7.2.3.5 玻璃门扇上应有永久性的标记:

   a)供应商名称或商标;

   b)玻璃的型式;

   c)厚度[如:(8+0.76+8)mm]。

解析 这里的永久标记应是不可擦除和撕毁的。要求玻璃上应标记供应商名称或商标,这是因为在上述情况下,玻璃被作为涉及电梯安全的部件使用,与其他涉及安全的部件一样要求标记厂商的名称或商标。此外玻璃的形式(是否钢化等)和厚度在电梯安装完毕后不易被检查,为保证在今后的检查、使用或维修保养中在需要的时候可以迅速有效的获取玻璃的参数,应将这些必要信息标记在玻璃上。应注意的是,这些标记在玻璃安装完成后应该是可以被看到的。

7.2.3.6 为避免拖曳孩子的手,对动力驱动的自动水平滑动玻璃门,若玻璃尺寸大于7.6.2的规定,应采取使危险减至最小的措施,例如:

   a)减少手和玻璃之间的摩擦系数;

   b)使玻璃不透明部分高度达1.10m;

---

* 第1号修改单修改。

c)感知手指的出现；

d)其他等效的方法。

■ **解析** 为了防止层门夹伤孩子的手，对于玻璃门本标准给出了一系列规定来"避免拖曳孩子的手"。"拖曳孩子的手"并不会出现危险，其危险在于被拖曳的孩子的手，尤其是手指可能被夹在门扇和门框的间隙中，这才是真正的危险。在这里应尤其注意，标准中要求的并不是"为避免孩子的手被夹在门扇和门框或其他与门扇相关的缝隙中"而是"避免拖曳孩子的手"，是将保护点提前，在可能导致出现危险事故时便加以控制。因此，在前面提供的所有方法中，除了能够真正做到"避免拖曳孩子的手"的方法外，在使用其他方法，如减小门扇和门套的间隙、使用织物保护间隙、控制门的速度以及力和开门时间等方法均不应单独被使用。为了保证安全，这些措施可以与（至少一个）能够避免拖曳孩子的手的措施联合使用。

本条要求的"不透明部分高度达 1.1m"是这样的：玻璃层门之所以会拖曳孩子的手，是因为孩子会趴到玻璃层门上。孩子趴到玻璃层门上的原因无非是由于对透明的玻璃层门（"透明"是玻璃的特性采用玻璃制造层门的目）的本身以及对井道内的情况好奇而造成的。1.1m 这个高度足以是一般"幼儿"的高度，如果在这个高度上层门不透明，孩子就不会在好奇心的驱使下趴到层门上，也就不会造成层门拖曳孩子的手。

应注意：当采用表面磨砂或贴膜的方式来达到"使玻璃不透明部分高度达 1.10m"的要求时，为避免损坏贴面和使磨砂的不透明效果失效（在磨砂表面喷水即可使磨砂玻璃变的透明），磨砂和贴膜的表面应在正常情况下人员无法接触的一面。

英国劳工部发起的"健康安全管理"网站对玻璃门有如下建议：

在已有的或新安装的玻璃电梯应单独的或组合采用下面示例的种或多种：

1)门扇在暴露的部分应完全平整。

2)门扇和门框间的间隙应尽可能的小，尽量小于 6mm。

3)在门框边缘的整个高度上使用毛织物，以遮挡门与门框间的缝隙。

4)门在其整个表面呈不透明、半透明或能够有效地避免儿童将其作为"窗户"使用（采用不透明或半透明的门的方法可以减少儿童的手"粘在"门表面的可能性）。

5)自动门的开门速度应减少到最小。

6)自动门的开门力应减少到最小。

7)自动门的开启应在轿厢到达层站并平层停止后进行。

8)使用声音信号或其他类似方法提示儿童站在远离门的位置。

下面图中给出的结构即是一种"感知手指的出现"的装置。在门开启的过程中，如果手指被玻璃门扇拖曳，在即将夹入门扇与门框之间时，将触动"防夹手装置"使门停止。

所谓"其他方法"，通常可采用以下方式：

1)采用金属框架和玻璃板时，玻璃板两面都应是光滑平整的。

2)与门扇框架相邻的金属板的折弯角度越小越好。

3)对于新安装的门，门扇间以及门扇到门框的间隙应尽可能小。

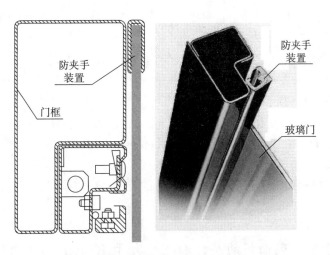

图7-2 采用玻璃门时应用的"防夹手装置"

4)门扇和门框的抗变形能力应与拖曳孩子的手的过程中施加水平力可能扩大的间隙直接相关。

5)门扇的导向系统在设计上应能有效的保证在电梯的使用期间可以调节间隙并保持间隙不变。

6)门框反面的折弯的长度应是这样的,当被拖曳的孩子的手进入这个区间时,孩子的手与移动的门扇的距离不会增加。

7)金属刃边应被修边。

很显然,单靠技术标准(由安装人员负责),这个问题无法得到解决。这也需要业主的配合。

7.2.3.7* 固定在门扇上的导向装置失效时,水平滑动层门应有将门扇保持在工作位置上的装置。具有这些装置的完整的层门组件应能承受符合7.2.3.8 a)要求的摆锤冲击试验,撞击点按表7和图7在正常导向装置最可能失效条件下确定。

注:保持装置可理解为阻止门扇脱离其导向的机械装置,可以是一个附加的部件也可以是门扇或悬挂装置的一部分。

解析 通常情况下,非金属材质的门吊轮、与地坎啮合的门滑块(门导靴)等非金属部件由于磨损、火灾等原因容易失效,而导向装置上面的一些连接件、加强件在锈蚀后也存在失效的可能。为了保证人员的安全,本条规定了如果固定在层门门扇上的导向装置失效(无论任何原因),则应有一个装置使层门在上述情况下保持在其工作位置上。

而且,在导向装置失效的情况下,门扇保持装置能够禁受7.2.3.8 a)要求的摆锤冲击试验,并在试验后保持门扇处于工作位置上。这里不要求层门在导向装置失效的情况下或在摆锤冲击试验后依然可以正常动作。"保持装置"应是机械部件,可以是原导向装置的一部

---

* 第1号修改单增加。

分也可以是一个单独的附加部件。它只要是在导向装置(一般是门导靴)失效时,能够将层门保持在原有位置上即可。

关于在进行摆锤冲击试验时是否要模拟导向装置失效的工况,在 TSG 7007—2016《电梯型式试验规则》W6.1.2 中有如下要求:"冲击试验应当在考虑门系统产生磨损、锈蚀后的最不利条件下进行;当磨损、锈蚀、火灾等原因可能导致正常导向装置失效时,则冲击试验应当在模拟正常导向装置失效后的状态下进行"。因此,在试验时应松掉门吊轮,并去掉门扇底部与地坎啮合的门滑块(门导靴)的非金属部分。以便使冲击时的能量完全作用在保持装置上,以验证保持装置的有效性。

在试验时,摆锤的撞击点要按照图 7 和表 7 的要求,选择最容易使正常导向装置失效的位置进行。

7.2.3.8* 对于带玻璃面板的层门和宽度大于 150mm 的层门侧门框,还应满足下列要求(见图 7):

注:门框侧边用来封闭井道的附加面板视为侧门框。

a)从层站侧,用软摆锤冲击装置按附录J,从面板或门框的宽度方向的中部以符合表 7 所规定的撞击点,撞击面板或门框时:

1)可以有永久变形;

2)层门装置不应丧失完整性,并保持在原有位置,且凸进井道后的间隙不应大于 0.12m;

3)在摆锤试验后,不要求层门能够运行;

4)对于玻璃部分,应无裂纹。

b)从层站侧,用硬摆锤冲击装置按附录J,从面板或玻璃面板的宽度方向的中部以符合表 7 所规定的撞击点,撞击大于 7.6.2 a)所述的玻璃面板时:

1)无裂纹;

2)除直径不大于 2mm 的剥落外,面板表面无其他损坏。

注:在多个玻璃面板的情况下,考虑最薄弱的面板。

表7 撞击点

摆锤冲击试验	软摆锤		硬摆锤	
跌落高度	800 mm	800 mm	500 mm	500 mm
撞击点高度	(1.0 ± 0.1) m	玻璃中点	(1.0 ± 0.1)m	玻璃中点
无玻璃面板的层门[图 7a]	×			
具有较小玻璃面板的层门[图 7b]	×	×		×

* 第 1 号修改单增加。

续表7

摆锤冲击试验	软摆锤		硬摆锤	
具有多个玻璃面板的层门[图7c]（在最不利的玻璃面板上测试）	×	×		×
具有较大玻璃面板或全玻璃的层门[图7d]	× （撞击在玻璃上）		× （撞击在玻璃上）	
具有位于1 m高度处开始或结束的玻璃面板的层门[图7e]	×	×		×
具有位于1 m高度处开始或结束的玻璃面板的层门[图7f]	× （撞击在玻璃上）		× （撞击在玻璃上）	
大于150 mm的侧门框[图7g]	×			
具有视窗的门(7.6.2)	×	×		
注：×表示考虑该项试验。				

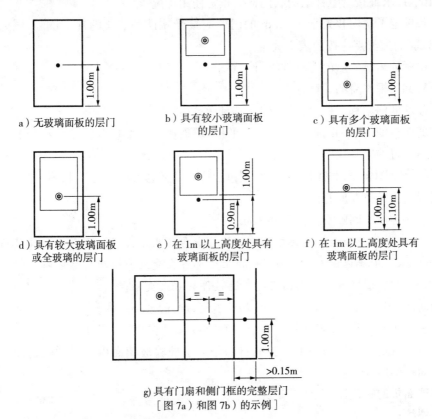

a）无玻璃面板的层门   b）具有较小玻璃面板的层门   c）具有多个玻璃面板的层门

d）具有较大玻璃面板或全玻璃的层门   e）在1m以上高度处具有玻璃面板的层门   f）在1m以上高度处具有玻璃面板的层门

g）具有门扇和侧门框的完整层门[图7a）和图7b）的示例]

注1：图7e）和图7f）两者选一；

注2：选择最薄弱的玻璃面板进行试验。如果无法确定最薄弱的面板，均进行试验；

注3：对于定义为1m的撞击点，误差为 ±0.10 m。

图中：

    ● 软摆锤冲击试验的撞击点

    ○ 硬摆锤冲击试验的撞击点

图7　门扇的摆锤冲击试验—撞击点

■■ **解析**　本条款规定了层门和宽度大于 150mm 的层门侧门框需要进行摆锤冲击试验。本修改单的要求与 GB 7588—2003 的原条款有所不同:无论是否带有玻璃面板,所有的层门和宽度大于 150mm 的层门侧门框均应接受摆锤冲击试验。

　　所谓"宽度大于 150mm 的层门侧门框"是指侧门框在平行于层门方向上,且用于封闭井道的情况下,其尺寸超过 150mm。由于 150mm 的宽度可能被人员倚靠,如果强度不足可能引发人身伤害或设备损坏事故。

　　冲击试验分为软、硬两种摆锤进行测试:
　　——软摆锤:适用于所有情况的层门和宽度大于 150mm 的侧门框;
　　——硬摆锤:具有超出视窗尺寸的玻璃面板或全玻璃的层门[图 7d)]、具有位于 1m 高度处开始或结束的玻璃面板的层门[图 7f)]。

　　应注意:无论是使用软摆锤还是硬摆锤,冲击试验都应是在层门方向而不是井道内方向进行测试,以求最接近电梯层门和门框的正常使用工况。

　　a)本条规定了层门和大于 150mm 的门框应接受软摆锤装置的冲击试验(试验方法见附录 J);试验的撞击点应按照表 7 确定。

　　对软摆锤冲击试验后的完整性进行了要求:
　　1)门扇和门框本身的完整性
　　①非玻璃的门扇和门框允许有永久变形;
　　②玻璃面板的门扇和门框不允许永久变形(玻璃在无裂纹时不会有永久变形)。
　　2)层门装置的完整性
　　①层门装置总体(不但含门扇和门框,还包含其导向、连接件等相关部件)不应丧失完整性;
　　②层门装置保持在原有位置;
　　③凸进井道后的间隙不应大于 0.12m。

　　注:考虑到金属门扇和门框在摆锤冲击试验中会产生永久变形。即使是玻璃门扇或门框,它们可能采用金属边框固定。为了保证上述部件在受到冲击后仍然能够保护人员的安全,必须限制门扇、门框本身及其固定件和连接件的永久变形。因此规定在试验后,其凸进井道后的间隙不应大于 0.12m。0.12m 是人不能通过的最小距离。

　　b)从表 7 可知,只有玻璃面板才需要进行硬摆锤冲击试验,因此本条可以看做是对玻璃面板的附加规定。硬摆锤冲击试验的目的是为了检验玻璃面板在受到硬物冲击时是否会有较大面积的破碎性剥落。

　　1)玻璃面板的完整性
　　①无裂纹;
　　②除直径不大于 2mm 的剥落外,面板表面无其他损坏。
　　注:如果层门、门框是由多个玻璃面板构成时,硬摆锤冲击试验考虑最薄弱的面板。
　　2)门装置的完整性

　　由于硬摆锤的重量比软摆锤轻很多(硬摆锤为 10kg,软摆锤为 45kg),其下落高度也小于软摆锤(硬摆锤为 500mm,软摆锤为 800mm),因此其对门扇、门框的冲击能量远小于软摆锤(硬摆锤为49J,软摆锤冲击能量为352.8J)。可见,如果经过软摆锤冲击试验能够保持门装置整体的完整性,则在硬摆锤试验对门和门框的整体完整性不会造成影响。

资料7-2(a) 层门和门框所需进行的测试的总结 ⇩▼

第1号修改单对于层门的测试比较详细和完备。为了便于理解和执行,制作流程图如下:

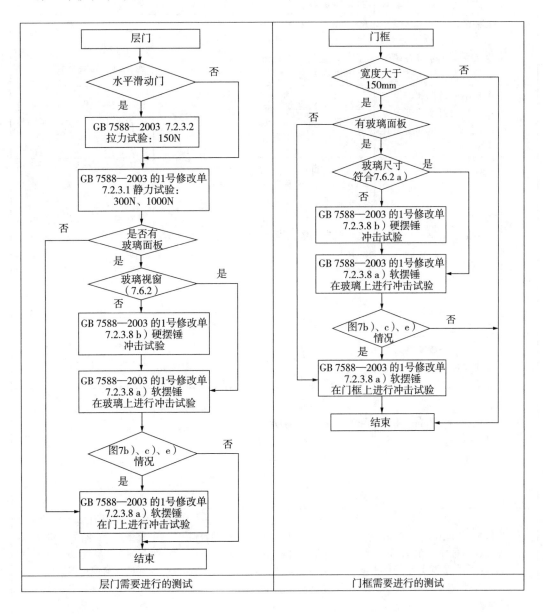

判定标准

序号	标准要求	判定标准	备注
1	层门在锁住位置和轿门在关闭位置时,所有层门、门框和轿门都应进行7.2.3.1所要求的静力试验	300N,作用在 5cm² 上 1000N,作用在 100cm² 上, 试验在门扇或门框的最不利点上进行 1)永久变形不大于1mm; 2)弹性变形不大于15mm	1000N 静力试验后的 7.1 所述间隙最大不能超过 10mm。 小于 150mm 的门框不需要进行试验
2	水平滑动门固定在门扇上的导向装置失效时,能承受第1号修改单要求的软摆锤冲击试验	800mm 的跌落高度 门组件不应丧失完整性 间隙不应大于 0.12m 玻璃门应无裂纹	凸进井道后的间隙不应大于 0.12m 旋转门不需要此测试
3	在水平滑动门和折叠门主动层门门扇的开启方向,在最不利的点上徒手施加150N的力	施加 150 N 的力在最不利点 1,对旁开门,≤30mm; 2,对中分门,≤45mm	150N 分别作用在中分门的每扇门板,然后测量其间隙
4	玻璃面板的轿门和层门	软摆锤冲击: 800mm 的跌落高度 门组件不应丧失完整性 间隙不应大于 0.12m 玻璃门应无裂纹(不大于7.6.2 a)的玻璃视窗) 硬摆锤测试: 500mm 的跌落高度 剥落直径不大于2mm	硬摆锤测试不需要在玻璃尺寸小于 7.6.2a)的玻璃视窗
5	门框大于150mm,需承受第1号修改单要求的软摆锤冲击试验	800mm 的跌落高度 门组件不应丧失完整性 间隙不应大于 0.12m 玻璃门应无裂纹	撞击点设定在玻璃中心位置,距地面高度1m,如图7
6	门框大于150mm并且有玻璃,需承受第1号修改单要求的软摆锤冲击试验	软摆锤冲击: 800mm 的跌落高度 门组件不应丧失完整性 间隙不应大于 0.12m 玻璃门应无裂纹(不大于7.6.2a的玻璃视窗)	表7和图7未规定门框的撞击位置,但7.2.3.8 b)规定"门扇或玻璃面板的宽度方向的中部" 此试验应按照含有玻璃面板的轿门和层门的方法去进行
7	门框大于150mm并且有玻璃尺寸大于7.6.2 a),需承受第1号修改单要求的硬摆锤冲击试验	硬摆锤测试: 500mm 的跌落高度 剥落直径不大于2mm	表7和图7未规定门框的撞击位置,但7.2.3.8 b)规定"门扇或玻璃面板的宽度方向的中部" 此试验应按照含有玻璃面板的轿门和层门的方法去进行

资料 7－2(b)　附录 J 试验简述　⇩⬛

附录 J 是针对 7.2.3.8 条(层门和大于 150mm 的门框);8.3.2.2 条和 8.6.7.2 条(玻璃轿门和玻璃轿壁)的要求,对软、硬摆锤冲击试验进行了具体的规定。

1. 摆锤的形式、重量和跌落高度

(1)软摆锤冲击试验

(a)摆锤重量

软摆锤重量为(45±0.5)kg,为一个皮革制成的冲击小袋,内装填直径为(3.5±1)mm 的铅球构成。

(b)跌落高度

——700mm,对于玻璃轿门和玻璃轿壁,此时软摆锤撞击的能力大约为 308.7J(相当于一个 75kg 体重的人,以 2.87m/s 的速度撞击);

——800mm,对于层门面板或门框,此时软摆锤撞击的能量大约为 352.8J(相当于一个 75kg 体重的人,以 3.07m/s 的速度撞击)

(2)硬摆锤冲击试验

(a)摆锤重量

硬摆锤重量为(10±0.01)kg,由符合 GB/T 700 的钢材 Q275 制成的壳体、符合 GB/T 700 的钢材 Q235A 制成的冲击环和内部装填的直径为(3.5±0.25)mm 的铅球构成。

(b)跌落高度

500mm,此时硬摆锤撞击的能力大约为 49J。

2. 试验装置(见 J3)

(1)悬挂装置

(a)试验时用直径为 3mm 的钢丝绳悬挂;

(b)在自由悬挂的硬摆锤的最外侧与被试面板之间的水平距离不超过 15mm;

(c)摆的长度,也就是钩的低端至冲击装置参考点(硬摆锤的撞击点)的长度,应至少为 1.5m。

(2)提拉和触发装置

(a)悬挂钢丝绳应勾挂住摆锤冲击装置而没有任何的扭转(防止在触发后摆锤冲击装置的旋转);

(b)应通过一个三角的勾挂装置,在触发位置使摆锤冲击装置的重心与提拉钢丝绳在一条直线上;

(c)在触发之前,悬挂钢丝绳与摆锤冲击装置的中心线在一条直线上;

(d)在释放的瞬间触发装置不应对摆锤冲击装置产生附加的冲击。

3. 撞击位置

(1)宽度方向

为面板的中点

(2)高度方向

(a)层门、大于 150mm 的门框

见 7.2.3.8,图 7

(b)带玻璃面板的轿门和轿壁

面板设计地平面上方(1.0±0.1)m 处

注:本修改单在高度方向的装置位置上比原条款有变化,原条款在"面板设计地平面上方(1.0±0.05)m 处"。修改的原因是±0.1m 的高度更容易调整,原公差实现起来较为困难。

4.试件要求

(1)被测试的样品(包括 7.2.3.8 述及的层门与门框;8.3.2.2 和 8.6.7.2 所述及的玻璃轿门和轿壁)应完成所需的制造加工并应是完整的、按照其工作时的状态安装的。

(2)门扇应包括导向装置。

(3)如果有玻璃面板,则应满足其设计的固定方式。

5.试验条件

(1)试验时的环境温度应为(23±2)℃,为了保证被测面板温度与环境温度相同,试验前,面板应在该温度下直接放置至少 4h;

(2)如果软、硬摆锤试验均需进行:

　(a)每个装置对每个撞击点仅进行一次试验;

　(b)两种试验应在同一面板上进行;

　(c)先做硬摆锤冲击试验。

这是因为硬摆锤冲击试验之后,允许玻璃面板有直径不大于 2mm 的剥落,此时玻璃强度降低,进而进行软摆锤冲击试验,而软摆锤冲击试验要求玻璃不得有裂纹,可见这样的试验顺序是更加严格的。从实际使用工况来看,存在玻璃面板先受到硬物冲击,进而再受到人员的撞击。软、硬摆锤冲击试验就是为了验证在这种情况下玻璃面板是否能够有足够的强度,防止人身伤害事故的发生。

6.试验结果的判定

(1)轿门和轿壁的试验结果能满足标准要求的条件为:

　(a)面板未整体损坏;

　(b)面板上没有裂纹;

　(c)面板上无孔;

　(d)面板未脱离导向部件;

　(e)导向部件无永久变形;

　(f)面板表面无其他损坏,对面板表面有直径不大于 2mm,但无裂纹痕迹的情况还应再做一次成功的软摆锤冲击试验。

(2)层门、层门侧门框试验完成后,应按标准要求检查以下内容:

　(a)失去完整性;

　(b)永久变形;

　(c)裂纹或破碎。

7.不需做冲击摆锤试验的情况

玻璃轿壁如果符合表J1,水平滑动的玻璃轿门如果符合表J2,则认为由于玻璃自身的物理条件:

——厚度;

——处理方式(钢化与否),以及

——夹层的厚度,等

保证了夹层玻璃有足够的强度,可以判定它们能满足试验要求,所以无需进行摆锤冲击试验。

要注意:本修改单中,仅有具有符合一定厚度的玻璃轿壁和玻璃水平滑动轿门可以豁免试验,而层门以及宽度超过150mm的门框,无论其是否使用了玻璃面板、无论玻璃面板尺寸大小,均须进行摆锤冲击试验,这一点与GB 7588—2003原条款是不同的。

对于上述的冲击摆锤试验,其原因就是"由于欧洲标准中没有关于玻璃摆锤冲击试验的内容",在中国国家标准GB 9962—1999《夹层玻璃》中对夹层玻璃有相应的冲击摆锤试验要求,本标准在技术内容上等效采用日本标准JIS R3205:1989《夹层玻璃》,并参考ANSI Z97.1:1984《建筑用安全玻璃材料 安全玻璃性能规范和试验方法》、ISO/DIS 12543-1～12543-6:1997《建筑玻璃 夹层玻璃和夹层安全玻璃》、AS/NZS2208:1996《建筑用安全玻璃材料》等标准。在这个试验要中有详细的摆锤尺寸、下落高度以及附录J中没有述及到的玻璃的固定方法和固定件结构。但此标准只有软摆锤试验,并不包含附录J中硬摆锤的相关试验内容。在制定GB 7588时,为了保持EN81的原版内容,因此冲击摆锤试验还是按照附录J的方法进行。这并不是因为我国没有相关的标准。

附录J中表1中的玻璃尺寸在用哪种固定方式能够通过摆锤试验(表2的注说明了固定方式,而表1没有),对此CEN/TC10的解释为:表J.1中的值适用于在金属框架中4边固定的玻璃面板。

关于附录J中表1中的玻璃面板的尺寸问题,CEN/TC10有如下解释单:

问 题
在表J.1中平面玻璃面板的尺寸由"内切圆的直径"来表示。是否该条只适用于正方形玻璃面板?或者是否也可适用于侧边符合"内切圆的直径"的矩形玻璃面板?
解 释
表J.1中的值也适用于矩形玻璃面板。 与数学定义不同,本标准中的"内切圆"是指在玻璃面板的轮廓内能放置的最大圆。

曾有人问起:J.2针对用于水平滑动门的平面式玻璃门扇。我们认为也可用于铰链门的平面式玻璃门扇。

对此CEN/TC10的解释为:不正确。在这点上铰链门与滑动门是不可比较的。

7.3 层门入口的高度和宽度
7.3.1 高度
层门入口的最小净高度为2m。

> **解析** 普通层门的尺寸要求与井道安全门不同,层门的高度要求最小净高度为 2m,而井道安全门最小高度为 1.8m。这是因为使用层门的乘客是没有专业人员指导和陪伴的,而通过井道安全门被专业人员解救的乘客则是处于专业人员的指导或陪伴之下的。因此层门的高度要比井道安全门更高。

7.3.2 宽度

层门净入口宽度比轿厢净入口宽度在任一侧的超出部分均不应大于 50mm。

> **解析** 本条规定的情况如图 7-3 所示:

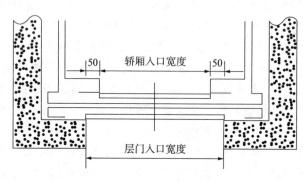

图 7-3 层门净宽度要求

可能有人会产生疑问:制定本条的原因是什么?要保护哪种危险?人员既可能通过层门的入口到达轿门的入口而后进入轿厢(进入电梯),也可能通过轿门入口到达层门入口再到达候梯厅(出离电梯),因此对于轿厢入口和层门入口差异而可能对人员产生伤害的风险是相同的。但在轿厢入口的规定上,并没有类似的条文规定"轿厢净入口宽度比层门净入口宽度在任一侧的超出部分均不应大于 50mm。"

本条规定应是出于下述原因:由于轿门的宽度可以和轿厢等宽,如果允许层门比轿门的宽度大很多,层门的门框与轿厢的外轮廓之间如果存在较大间隙,这个间隙可能会卡住人员而发生危险。

讨论 7-1 轿门是否可以比层门宽?

标准上并没有规定轿门不得比层门宽,同时请注意以下内容:8.4.1 论述了轿厢护脚板;5.4.3 论述了牛腿或层门护脚板。但这两个护脚板的宽度要求却不一样:8.4.1 要求轿厢护脚板"其宽度应等于相应层站入口的整个净宽度";5.4.3 要求每个层门地坎下的电梯井道壁(其实就是牛腿或层门护脚板)"不应小于门入口的净宽度两边各加 25mm"。如果轿门比层门宽,则不应超过层门护脚板的宽度。

7.4 地坎、导向装置和门悬挂机构

7.4.1 地坎

每个层站入口均应装设一个具有足够强度的地坎,以承受通过它进入轿厢的载荷。

注:在各层站地坎前面宜有稍许坡度,以防洗刷、洒水时,水流进井道。

解析 "地坎"的定义参考第3章补充定义81。地坎的强度与电梯的用途密切相关,尤其是载货电梯,必须考虑地坎可能受到的最大载荷。

7.4.2 导向装置

7.4.2.1 层门的设计应防止正常运行中脱轨、机械卡阻或行程终端时错位。

由于磨损、锈蚀或火灾原因可能造成导向装置失效时,应设有应急的导向装置使层门保持在原有位置上。

解析 本条要求了电梯层门应有良好的导向。导向装置应能防止层门在正常运行中出现脱轨,卡阻或行程终端时错位的情况。这样就要求导向装置在层门正常运行的整个过程中都应提供顺畅、有效的导向。门地坎和门靴是门的辅助导向组件,与门导轨和门滑轮配合,使门的上,下两端(对于垂直滑动门而言是左右两边)均受导向和限位。门在运动时,门靴沿着地坎槽滑动。有了门靴,门扇在正常外力作用下就不会倒向井道。

本条要求了如果磨损、锈蚀或火灾原因可能导致导向装置失效,则应设有应急的导向装置应使层门在上述情况下保持在原有位置上。但如果磨损、锈蚀或火灾不会造成正常导向失效,那么就不需要应急导向。通常,确定是否需要设置应急导向装置,应分析在上述情况是否能导致层门脱离其原有位置。如火灾通常会使非金属的导向材料失效,如果有金属衬片能使门保持在原有位置上,则不需额外设置应急导向装置。

"应急导向装置"可以是原导向装置的一部分。它只要是在导向装置(一般是门导靴)失效时,层门能够保持在原有位置上即可,不要求层门在导向装置失效的情况下依然可以正常动作。"应急导向装置"的要求并不仅是针对层门,同时也是对悬挂和支撑层门的部件,如层门门机、地坎等的要求。在出现磨损、锈蚀或火灾时,这些部件如果无法继续支持层门并使其保持在原有位置上也是不符合标准要求的。

7.4.2.2 水平滑动层门的顶部和底部都应设有导向装置。

解析 水平滑动层门的结构特点决定了,如果只在顶部或底部设置导向装置,在门受到垂直于门扇方向的水平力的作用时,如果力的作用点正好靠近没有导向的一侧,则水平滑动层门无法保持在正常位置上,见图7-4。

7.4.2.3 垂直滑动层门两边都应设有导向装置。

解析 与水平滑动层门类似,如果只在一侧设置导向装置,在门受到垂直于门扇方向的水平力的作用时,如果力的作用点正好靠近没有导向的一侧,则垂直滑动层门无法保持在正常位置上。

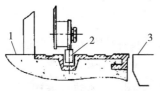

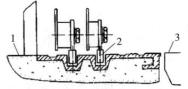

a) 中分式层门及其层门导向装置　　b) 双折式层门及其层门导向装置

1—地面；2—层门导向装置(门导靴)；3—轿底

图 7-4　层门导向装置

7.4.3　垂直滑动层门的悬挂机构

7.4.3.1　垂直滑动层门的门扇应固定在两个独立的悬挂部件上。

■ **解析**　这一条要求是为了保证如果其中的一个悬挂部件断裂，也不会造成门扇的整体或部分下落而发生危险。

CEN/TC10 的解释：如果仅有一个悬挂元器件，它在断裂时不会引起门的全部或部分的坠落，或部分的坠落在层站入口处不会产生超过 30mm 宽的间隙，或部分的坠落在轿厢入口处不会产生超过 60mm 宽的间隙，则视为满足本标准的要求。

7.4.3.2　悬挂用的绳、链、皮带，其设计安全系数不应小于 8。

7.4.3.3　悬挂绳滑轮的直径不应小于绳直径的 25 倍。

7.4.3.4　悬挂绳与链应加以防护，以免脱出滑轮槽或链轮。

■ **解析**　应注意的是，以上三条是针对垂直滑动门而制定的，对我们最常见的水平滑动门，并不作此要求。

7.5　与层门运动相关的保护

7.5.1　通则

层门及其周围的设计应尽可能减少由于人员、衣服或其他物件被夹住而造成损坏或伤害的危险。

为了避免运行期间发生剪切的危险，动力驱动的自动滑动门外表面不应有大于 3mm 的凹进或凸出部分，这些凹进或凸出部分的边缘应在开门运行方向上倒角。

这些要求不适用于附录 B(标准的附录)所规定的开锁三角钥匙入口处。

■ **解析**　层门及其周围的设计要求应尽可能减少由于人员、衣物被夹住而造成损坏或伤害危险，可以采取尽量减小门与其周围部件间隙的方法，也可以在这些间隙的位置设置保护，比如织物保护条(一般是毛毡条)等。大于 3mm 的凹进或凸出部分的边缘应在开门运行方向上倒角是为了在门关闭时，如果有夹入的危险发生时，倒角可以使将被夹入的物体更容易脱离间隙,从而减少人员、衣物被夹入门与其周围的间隙的可能性。这里只要求了在"开门运行方向上倒角",是由于在关门方向上不存在人员、异物被夹入的危险,因此没有必要进行倒角保护。

这些要求不适用于附录B(标准的附录)所规定的开锁三角钥匙入口处,是因为开锁三角钥匙的入口处的外表面较层门表面一般来说高于或等于3mm,而其内部又凹进层门一般大于3mm。这与上述规定显然不符,但由于凹进部分的直径固定为14mm,而且开口位置又一般位于层门的上方甚至顶门框上,因此不会发生剪切危险。

当层门需要设置凹进的手柄时,为了避免剪切事故,仅当两个门柱之间的距离满足无论门扇的位置如何,手柄保持在门柱之间的净距离范围内时,才允许设有凹进的手柄。

7.5.2 动力驱动门

动力驱动门应尽量减少门扇撞击人的有害后果。为此应满足下列条件。

解析 "动力操作的门"应理解为直接用机电装置驱动的门,即电动机、液力或气传动装置。

7.5.2.1 水平滑动门

解析 水平滑动门定义见第3章补充定义的71。

常见的水平滑动门的形式有以下几种:

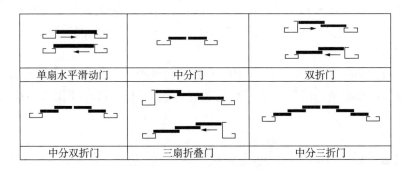

单扇水平滑动门	中分门	双折门
中分双折门	三扇折叠门	中分三折门

图 7-5 常见的水平滑动门型式

7.5.2.1.1 动力驱动的自动门

解析 "动力驱动的自动门"是适用于所有动力操作且水平滑动的,其关闭不需要适用人员任何强制性动作(例如不需要连续的揿压按钮)操作的门。

动力驱动的门和自动门的关系:自动门都是由动力驱动的。但动力驱动的不一定都是自动门,也可以是手动门。比如由动力驱动的但需要人员连续揿压按钮操作的门就是属于动力驱动的手动门。此时动力驱动本身只是作为手动操作门,使门按照使用者的需要而动作的工具。

7.5.2.1.1.1　阻止关门力不应大于150N,这个力的测量不得在关门行程开始的1/3之内进行。

解析　动力操纵的水平滑动门的关门速度曲线类似于正弦曲线,从1/3行程、1/2行程、2/3行程范围内,是其速度值较大的区域(在1/2行程附加速度增加到最大值),也是动能最大的区域。换而言之,在从1/3行程到2/3行程范围内是冲击最大的区,在此区域撞击或夹伤乘客的可能性最大。上述区域如图7-6所示。

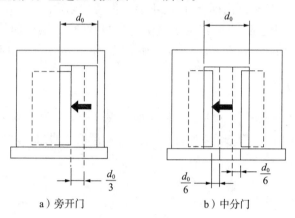

a)旁开门　　　　　　　　b)中分门

图7-6　测量阻止关门力的位置

如果7.5.2.1.1.3所要求的保护装置的动作力小于150N,不能认为该装置也保证了150N阻止关门力的要求。在测量时要求在7.5.2.1.1.3所要求的保护装置失效时仍能保证阻止关门力不大于150N,如果不能满足阻止关门力不应超过150N的要求,必要时要设置力的限制装置。

CEN/TC10的解释:当层门由于结构和(或)尺寸的原因,需要大于150N的力才能被驱动时,动力操作的水平滑动层门应有门控制装置,该装置只允许在使用人员持续控制情况下关闭门(7.5.2.1.2)。

7.5.2.1.1.2　层门及其刚性连接的机械零件的动能,在平均关门速度下的测量值或计算值不应大于10J。

滑动门的平均关门速度是按其总行程减去下面的数字计算:

a)对中分式门,在行程的每个末端减去25mm;

b)对旁开式门,在行程的每个末端减去50mm。

注:例如测量时可采用一种装置,该装置包括一个带刻度的活塞。它作用于一个弹簧常数为25N/mm的弹簧上,并装有一个容易滑动的圆环,以便测定撞击瞬间的运动极限点。通过所得极限点对应的刻度值,可容易计算出动能值。

解析　当人走过电梯门口电梯关门时,在系统拥有的能量为最大的某一特定位置上,人可能会受到门的强烈撞击,本标准考虑到限制最大瞬时动能。另外还应考虑到在门行程的一些特性的点上对瞬时动能予以限制,尤其是在门即将完全关闭的位置上。这是因为走过电梯门口中心附近的乘客可能受到的动能不是平均的而几乎是最大的门的碰撞,如图7-7所示。

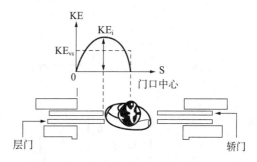

图 7-7 瞬间动能与门位置的关系

根据 1989 年 5 月国际标准化 ISO 技术委员会 178 工作组第 4 小组会议上提交的重要研究报告,WG4 决定 ISO 技术报告 ISO/TR 11071-1《世界电梯安全标准对比 第一部分:电梯(自动扶梯)》纳入如下推荐内容以指导标准的修订者:"6.3.4 当人走过电梯门口电梯关门时,在系统拥有的能量为最大的某一特定位置上人可能会受到门的强烈碰撞,安全标准应考虑限制最大瞬时动能"。

ISO 推荐这些内容的道理是身体较小的部分弹性较小,吸收动能的能力较小;而同样大小的动能的碰撞,身体较大、更富有弹性的部分更比较能承受得住。例如,对于肩和手同样的碰撞肩能承受并无伤害而手则不然。

本条所述的最大动能 10J 包括了层门和其刚性连接的机械零件,而不单单只是层门。同时要求测量或计算的条件是"在平均关门速度下的测量值或计算值",上面提到过,动力操纵的水平滑动门的关门速度曲线类似于正弦曲线,因此通过积分可以得出关门速度的最大值应是平均值的 1.57 倍,而最大速度时的动能则是平均大约 2.5 倍左右。

(计算如下:$v=A\sin t$,$t=\pi$,距离 $s=\int_0^n A\sin t\,\mathrm{d}t==A(-\cos\pi-\cos0)=2A$,平均速度 $v_{\text{平}}=s/t=2A/\pi$,最大速度 $v_{\text{最}}=1A$,$v_{\text{最}}/v_{\text{平}}=\pi/2\approx1.571$)

在上面计算距离时,注意应将实际的开门宽度(门运行的距离)与计算时门行程的有效取值范围区别开:中分滑动门的平均关门速度是按其开门宽度总行程在每个末端上减去 25mm 计算;旁开滑动门是按其总行程在每个末端上减去 50mm 计算。但在 GB 7588 中,到底是在什么时候计时?计时终点在什么位置上?对上述要求叙述的似乎不太清楚,经过参考美国标准 A17.1,发现其中有相同的要求,而且在叙述上更好令人理解:上述减去两个末端距离的门的行程,在 A17.1 称作"code zone"即"规范区",规范区的距离与门通过规范区所用的时间的比值即是"滑动门的平均关门速度"。对于 GB 7588 的要求,也就是中分门从每扇门开始运动 25mm 后开始计时,到距离门彻底关闭前 25mm 处停止计时。用这段距离与经过这段距离所用的时间的比就是"滑动门的平均关门速度"。如果是旁开门,将上面的 25mm 增加至 50mm(如图 7-8 所示)。

对于本条对门行程的有效取值范围的规定:旁开门情况下,$S=S_0-25\times2$;中分门情况下,$S=S_0-50\times2$。因此,平均关门速度应是图 7-9 中的 $\overline{v}_1$,而不是 $\overline{v}_2$。

计算关门平均速度还可以采用这样的方法:根据关门速度与时间的关系曲线,按照 $\overline{v}=\dfrac{1}{t}\int_0^t v(t)\,\mathrm{d}t$ 计算得出。同样,在计算时门行程的有效取值范围与前面的算法一样。

ISO/TC178/WG4(国际标准化组织,178 技术委员会第 4 工作组——178 技术委员会是负责电梯的技术委员会,第 4 工作组是 178 技术委员会中负责层门的)认为:10J 是对门

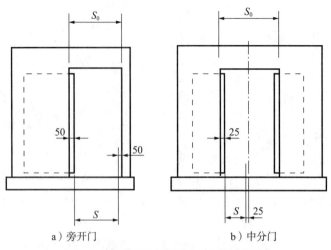

图中：S_0 为门运行的实际距离；S 为行程的取值

图 7-8　计算平均关门速度下动能时行程的取值

的平均速度而言。但瞬时的最大值可能达到 2.5 倍的规定值，并提出应在标准中规定最大的瞬时速度。

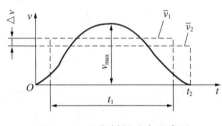

图 7-9　平均关门速度示意图

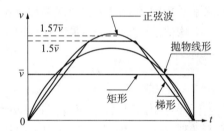

图 7-10　平均动能相同，但曲线不同的情况

同样，平均速度相同，而关门速度曲线不同时，门的最大动能也是不同的。目前市场上有许多各式各样的门机，这些门机系统的特定的速度分布情况是其所使用的传动装置、电动机和电气控制系统组成的整机的一种特性。带有矩形、抛物线形、梯形和正弦形指令的几种关门速度分布如图 7-10 所示。这几种速度分布的最大速度不同，但是平均速度都一样，所以就平均速度而言的动能是相同的。很显然，具有这 4 种速度分布的门瞬时动能最大时乘客受到的碰撞，带有正弦速度分布的（具有代表性的谐波传动的门系统就有此种分布）要高于最大速度较低的另外几个。

从本条规定可以知道，判别关门时的平均动能也可以通过测量获得，并不一定需要计算。对于测量的工具，本条的注释中给出了这样的一种装置：由带刻度的活塞和一个偏强系数为 25N/mm 的弹簧构成（如图 7-11 所示）。在测量时，读出撞击瞬间的刻度值，根据公式 $E = \dfrac{1}{2}kL^2$ 可以很容易的计算得出。式中，E 为平均动能（J）；k 为弹簧偏强系数

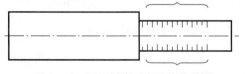

图 7-11　测量关门平均动能的装置

$(25N/mm)$；L 为活塞行程(m)。

应注意，在试验上述测量仪器时，与门接触的活塞头上应有缓冲垫（其厚度和硬度均不应影响测量的准确性），以减少活塞与门撞击的瞬时作用力，消除材料本身特性对试验结果的影响。

弹簧倔强系数的来源是这样的：根据欧洲对压缩系数的研究"……47 岁瘦男子和 45 岁胖女子的中前臂……"所确定的平均压缩系数为 25N/mm，欧洲选择此值作为本条弹簧常数的基础。

7.5.2.1.1.3 当乘客在层门关闭过程中，通过入口时被门扇撞击或将被撞击，一个保护装置应自动地使门重新开启。这种保护装置也可以是轿门的保护装置（见 8.7.2.1.1.3）。

此保护装置的作用可在每个主动门扇最后 50mm 的行程中被消除。

对于这样的一种系统，即在一个预定的时间后，它使保护装置失去作用以抵制关门时的持续阻碍，则门扇在保护装置失效下运动时，7.5.2.1.1.2 规定的动能不应大于 4J。

解析 这里要求的保护装置实际上是安全触板、光幕，也可以是这两种的衍生物或结合物。图 7-12 即是光幕和安全触板结合在一起的门保护装置。

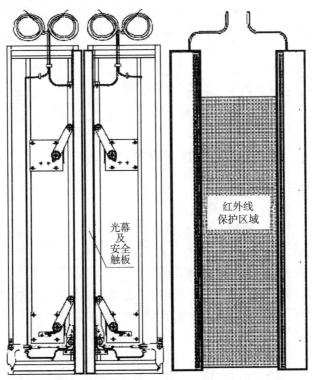

光幕及安全触板

红外线保护区域

图 7-12 光幕、安全触板一体型门保护

总的来讲,可以分为接触式和非接触式两种。接触式保护装置即为安全触板。非接触式保护可以是安全触板上增加光幕或光电开关;也可以是单独的光电式保护装置或超声波监控装置、电磁感应装置等(见图 7-13)。

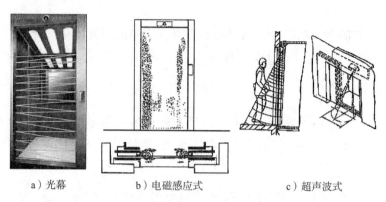

a)光幕　　　　　b)电磁感应式　　　　　c)超声波式

图 7-13　几种非接触式保护装置

出于成本的考虑,此类装置一般安装在轿门上(轿门上只需要一套,整个井道的每个层门都可以使用而不需要单独安装"保护装置")。由于本条规定的保护装置是保护"通过入口时被门扇撞击或将被撞击",当门扇行进到最后 50mm 的行程时,基本可排除"撞击"的风险,因此允许在每个主动门扇的最后 50mm 行程中被消除(见图 7-14)。此外,考虑到结构上的原因,重新开门装置,如安全触板,在两扇门在关闭前将缩回门扇中(否则将会影响关门),这种结构也要求"保护装置"的作用在每个主动门扇的最后 50mm 行程中被消除。

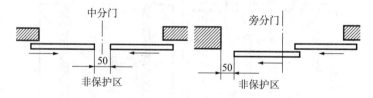

图 7-14　门区的保护范围

这里指的"主动门扇"其实就是折叠门的快门,只有快门才可能夹到人。对于双扇中分门来说,由于两个门是联动的,无所谓哪扇门是主动门。

这里没有说在乘客被门扇撞击时,保护装置使门重新开启,此时撞击乘客的动能是多少,"触发"保护装置的力应是多大。参考下面的"保护装置失效"情况下动能不应大于 4J,可以这样认为:带有保护装置的门扇在撞击乘客时,其动能不大于 4J。

当使门重新开启的保护装置在一段时间内一直处于动作状态,这时应被认为有异常情况发生。因为在正常情况下,乘客被门扇撞击后,由于保护装置会使门自动重新开启,而此时乘客也会离开门的关闭路径,不可能一直使该保护装置动作。因此,在保护装置动作时间达到一定长度时,应使保护装置失效。在此情况下,强迫门在动能不大于 4J 的情况下关闭。这就是通常意义上的"强迫关门"。一般来说,强迫关门的力较大(当然无论如何也不应大于 150N),但根据本条的要求,动能不得大于 4J,可以知道,这时门的速度应比较慢。

关于多扇门的情况下是否可只在一扇门上设置再开门装置的问题,CEN/TC10 有如下解释单:

问 题
在小开门宽度(如:1m)中分门的情况,当人员被碰撞时,两门扇中仅有一扇门边能触发再开门保护装置,这种情况是否可以接受? 事实上,在这种情况下,可假设人员从门开口中分线左右的位置进出门。我们的解释是否正确?
解 释
不可接受,当人员被任一前面的门扇碰撞(或将要被碰撞)时,无论净开门宽度是多少,保护装置应使门自动再开门。

在动力驱动的水平滑动自动门的情况,保护装置动作的最大力也必须遵守 7.5.2.1.1.1 所规定的 150N。

7.5.2.1.1.4 在轿门和层门联动的情况下,7.5.2.1.1.1 和 7.5.2.1.1.2 要求仍有效。

解析 即使层门和轿门联动,平均关门速度下的测量值或计算值不应大于 10J,此时计算动能要用层门和轿门的质量和进行计算。阻止关门的力仍要求不得大于 150N。

7.5.2.1.1.5 阻止折叠门开启的力不应大于 150N。这个力的测量应在门处于下列折叠位置时进行,即折叠门扇的相邻外缘间距或与等效件(如门框)距离为 100mm 时进行。

解析 折叠门一般为图 7-15 的方式:门扇在开门状态是折叠起来的,关门时重叠收回的门扇会相对伸展开。折叠门在开闭过程中门扇有滑动也有转动,折叠门扇的外缘在开启过程中会有沿门宽和垂直于门宽两个方向的位移,这将造成门扇之间在开启过程中相互折叠。此时,如果人员的肢体或物品此时恰好处于两门扇之间,很容易造成挤压。因此有必要限制折叠门开启时的力不大于 150N,以免在上述情况下伤害人员。实际上其原因与阻止水平滑动门关闭的力是相同的。

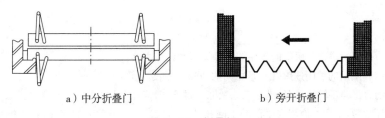

a)中分折叠门   b)旁开折叠门

图 7-15 折叠门

7.5.2.1.2 动力驱动的非自动门

在使用人员的连续控制和监视下,通过持续揿压按钮或类似方法(持续操作运行控制)关闭门时,当按 7.5.2.1.1.2 计算或测量的动能大于 10J 时,最快门扇的平均关闭速度不应大于 0.3m/s。

■■ **解析** "非自动门"指的就是需要在使用人员连续控制和监视下才可以正常工作的门。它并不特指手动、使用人力开启的门。虽然动力驱动的非自动门有开门机,但门不会自动关闭,只有操作人员持续按压关门按钮直到门完全关闭。这样的门由于在其工作过程中一直处于使用人员的监控下,因此它的动能可以大一些。但由于人的反应速度限制以及人能够承受的撞击的限制,门的速度应被限制在一定范围内。一般情况下动力驱动的非自动门是用于货梯的,此时门的尺寸和重量均较大,因此如果门扇平均关闭速度较高,则撞击人员时可能给被撞击的人带来伤害。我们可以估算,在动能是 10J 且门扇的关闭速度不大于 0.3m/s 时,门扇的质量大约是 200kg。

对动力驱动的非自动门,没有关门阻止力和防撞击的要求。

对动力驱动的非自动门,在手动操作门尚未完全关闭之前,如果操作人员松开了关门按钮,门是应该停止不动还是反向开启,这一点本标准并未明确规定。因此,这两种情况都是允许的。

关于层门和轿门的问题,CEN/TC10 有如下解释单:

问　　题
1)对于不由轿门驱动的大型的由动力驱动的水平滑动层门,当按照标准要求采用无孔的轿门时,使用者在轿厢内如何控制层门的关闭?
当从轿厢给出关闭指令时,轿门的关闭是否只能迟于层门的关闭? 当从层站给出关闭指令时,层门的关闭是否只能迟于轿门的关闭?
或是否依据 8.6.1 特殊情况,使用带网孔的门作为强制性选择?
似乎依据 0.4 总则可使用带网孔的手动操作水平滑动门。
2)此外,对于不与轿门同时关闭的大型的由动力驱动的水平滑动层门,是否必须装设符合 7.7.3.2 的装置,当该门开着且轿厢离开开锁区域时,该装置使层门关闭? 考虑这些门的质量大,该装置可能会产生较大的挤压危险。
我们觉得手动门不需要装有符合 7.7.3.2 的装置,如果门在使用者持续控制下进行关闭,则动力驱动的门也不应该要求该装置。对于这两种类型的门,该标准要求有使用说明(15.2.4d)指出在电梯使用完后应关闭门。
我们的解释是否正确?
解　　释
1a)请求中所描述的轿门和层门的按序关闭是无可非议的方案。
1b)假如轿门和层门的关闭速度几乎是相同的,同时关闭是允许的。
1c)假如在动力驱动轿门的情况,满足 7.5.2.2.d 要求,则符合 8.6.1 的门是可选择的。
1d)由于挤压危险,不允许使用水平滑动带网孔结构的门。由于该危险的存在,在本标准 1985 版中,这种类型门的使用已经限制在向上打开的垂直滑动门的类型上。
2)在 EN81‑1:1985 和 EN81‑2 中,明确地规定"仅在轿门驱动层门的情况下需要装设关闭装置"

7.5.2.2 垂直滑动门

这种型式的滑动门只能用于载货电梯。

如果能同时满足下列条件,才能使用动力关闭的门:

a)门的关闭是在使用人员持续控制和监视下进行的;

b)门扇的平均关闭速度不大于 0.3m/s;

c)轿门是 8.6.1 规定的结构;

d)层门开始关闭之前,轿门至少已关闭到 2/3。

解析 由于垂直滑动门不增加井道宽度和轿厢宽度,因此在要求开门宽度较大的货梯上被使用,除此之外垂直滑动门很少被用到。而且在本标准中仅允许用于载货电梯。垂直滑动门与水平滑动门不同,它在关闭时是由上面关闭下来的,它撞击人员的撞击位置是头顶,因此比水平方向的门对人的危险更大。在使用垂直滑动门时,必须满足本条所规定的 a)~d)的4 个条件,否则不允许使用动力关闭滑动门。常见的垂直滑动门示意图如图 7-16 所示:

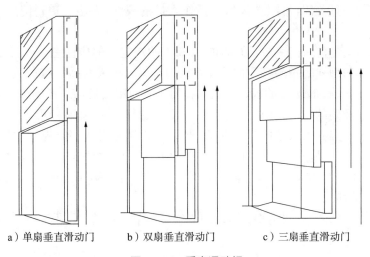

a)单扇垂直滑动门   b)双扇垂直滑动门   c)三扇垂直滑动门

图 7-16 垂直滑动门

a)垂直滑动门不允许用自动门,这样便排除了集选控制等自动操作的方式,以及仅由司机或使用者通过按一下按钮就可以自动开、关门的可能。而且要注意这里要求的是"使用人员持续控制和监视",所谓"持续控制"是指使用人员连续进行同一操作而使门关闭。比如通过按压按钮的方式操作,则必须持续按压按钮门才能够关闭,一旦停止按压,则门必须停止关闭甚至反向开启。如果在关门按钮附近设有开门按钮,当操作者预见到正在关闭的门可能造成危险时,松开关门按钮(松开后门依旧在关闭)然后立即按压开门按钮门反向开启,这样也不符合"持续控制"的要求,因为松开关门按钮和按压开门按钮是两个动作,不属于"持续"的概念。因此必须是指使用人员连续进行同一操作而使门关闭。同样,"持续监视"是指垂直滑动层门在关闭过程中,操作者能够连续不断的监察注视门的关闭状态。

b)同样由于人的反应速度限制以及人能够承受的撞击的限制,门的速度应被限制在0.3m/s 之内。

c)轿门是轿门应是无孔的或是网状的或带孔的板状形式(只有采用垂直滑动门才可以是带孔的)。网或板孔的尺寸,在水平方向不得大于10mm,垂直方向不得大于60mm。(只有采用这样的孔,才能使用垂直滑动门)

d)一般情况下,采用垂直滑动门的货梯在候梯厅侧不光有呼梯按钮,同时还有关门按钮。使用者将货物装到货梯中并选层之后,在候梯厅侧持续按下关门按钮使厅、轿门关闭。从7.1我们知道,层门是无孔的,只有轿门先于层门关闭,在候梯厅侧的使用人员才能连续的监视轿门在关闭过程中是否顺畅,是否有卡阻。如有卡阻或其他故障可以立即停止关门并及时处理。我们知道一般使用垂直滑动门的场合,门的宽度都比较大,门扇的重量相对水平滑动门来说也要大出很多(水平滑动门的门扇可以是多扇,但垂直滑动门在设计上很难实现多扇门同步动作、门扇固定牢靠且门扇间无缝。)因此在出现故障后排除也相对困难。轿门先于层门关闭为的就是让使用者及时发现将要出现的故障,避免故障的进一步扩大。

如果使用者需要陪伴货物而一同乘坐电梯,轿门先于层门关闭有利于保证轿内人员的安全。因为层门一旦关闭,将阻挡候梯厅操作人员的视线,无法知道轿门此时是否挤压了轿内的成员。

由于垂直滑动门的轿门一般是有孔的(8.6.1的规定),但应注意,8.6.1并没有规定在采用垂直滑动门的型式时轿门必须带孔。如果门是由轿内人员持续按压按钮控制的,而且此时轿门也是无孔的,本条a)的规定:"门的关闭是在使用人员持续控制和监视下进行的",正如我们上面述及到的,"持续监控"是指门在关闭过程中,操作者能够连续不断的监察注视门的关闭状态。因此如果轿门是无孔的,要求有其他方式能够监视到候梯厅的情况(比如在通过在层站上加设监视探头,在轿内安装显示装置的方法实现)。因此只要是能够满足本条a)要求的"持续监视"则不会影响此时监视候梯厅侧是否出现挤压人员的事故或是否发生机构上的故障。

应注意,本标准并没有限定垂直滑动门必须是向上开启的(见图7-16),可以设计成上下对开,甚至向下开启的。

7.5.2.3 其他型式的门

在采用其他型式的动力驱动门,如转门,当开门或关门有碰撞使用人员的危险时,应采用类似动力驱动滑动门规定的保护措施。

解析 本标准并不限制其他类型的动力驱动的门,也可以是铰链门(开关门运动是绕着门框上的铰链转动的)以及其他形式的门。但无论是哪种形式,只要是动力驱动的门都应采用与动力驱动的滑动门类似的保护措施。

7.6 局部照明和"轿厢在此"信号灯

7.6.1 局部照明

在层门附近,层站上的自然或人工照明在地面上的照度不应小于50lx,以便使用人员在打开层门进入轿厢时,即使轿厢照明发生故障,也能看清其前面的区域(见 0.2.5)。

解析 在 5.9 中我们曾说过,50lx 的照度仅相当于"通道"环境的照度要求。自层门进入轿厢时,由于厅、轿门地坎的存在以及层精度的影响,不可能是在任何时候都是完全平整的。当人员进入轿厢时,为了防止绊倒,要求层门附近应具有一定照度,即使轿内照明无法提供充足的亮度,人员也能够通过层门附近的照明看清其所处的环境,保证其安全。

7.6.2 "轿厢在此"指示

如果层门是手动开启的,使用人员在开门前,必须能知道轿厢是否在那里。为此应安装下列 a)或 b)之一:

　　a)符合下列全部条件的一个或几个透明视窗:

　　　　1)除用冲击摆试验外,均应满足 7.2.3.1 规定的机械强度;

　　　　2)最小厚度为 6mm;

　　　　3)每个层门装玻璃的面积不得小于 0.015m^2,每个视窗的面积不得小于 0.01m^2;

　　　　4)宽度不小于 60mm,且不大于 150mm。对于宽度大于 80mm 的视窗,其下沿距地面不得小于 1m。

　　b)一个发光的"轿厢在此"信号,它只能当轿厢即将停在或已经停在特定的楼层时燃亮。在轿厢停留在那里的时候,该信号应保持燃亮。

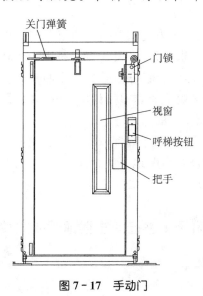

关门弹簧
门锁
视窗
呼梯按钮
把手

图 7-17 手动门

解析 如果层门是手动开启的,即类似于房间门的结构,这时层门是否能够打开,完全取决于操作门的人员。当轿厢不在本层时,如果操作门的人员将层门打开,可能会造成其坠入井道。而且这种情况势必造成正在运行中的电梯突然停止,给设备本身和电梯内的人员造成不利影响。手动门情况如图 7-17 所示。

为使操作层门的人员获取轿厢是否在本层的信息,应能让操作者直接看到(a)要求的透明视窗情况),或能够获取一个间接的指示信号(b)要求的发光信号)。

a)中要求的"透明视窗"与 7.2.3.3 的"玻璃门扇"是不同的。不同点在于:(1)玻璃门扇必须作按照附录 J 的要求进行的冲击摆锤试验;(2)"透明视窗"规定了最小材料厚度(6mm),但并没有要求玻璃的型式(夹层、嵌线等)而"玻璃门扇"规定了材料种类(夹层玻璃);(3)面积不同:"玻璃门扇"没有限定面积上、下限,而"透明视窗"有面积的上、下限规定;(4)"透明视窗"不要求在透明材料上标注出类似"型式"、"厚度"的信息;(5)"透明视窗"不需要防止拖曳孩子的手;(6)"透明视窗"对其固定件没有诸如"保证透明材料不会滑出"等方面的规定。之所以有这样多的区别,正是由于 a)中的

4 条规定所决定的"透明视窗"的特性所决定的：

1)"透明视窗"要求有足够强度。除了用附录 J 的方法试验的透明视窗外，强度方面必须符合层门的要求。（其实附录 J 的试验要求更加严格，比 7.2.3.1 规定的机械强度苛刻很多。通过附录 J 的试验肯定满足 7.2.3.1 规定）。由于透明材料的尺寸在下面会有限制，因此只要具有与层门相同的强度就应被认为是安全的。

2)在符合 1)中强度要求情况下抗冲击性和抗集中载荷的能力与材料厚度相关，同时由于不要求是夹层玻璃，因此要求透明材料必须有一定厚度，以保证在受到冲击的情况下能够保持完好，至少不会给人员带来危险。薄的玻璃（小于 5mm）不但容易碎裂，同时碎裂后的破片很容易造成人身伤害事故。

3)层门上单个"透明视窗"的尺寸不应太小（小于 $0.01m^2$），太小则看不清轿厢是否在本层。总面积也不应太小（注意不是每个视窗的面积），当小于 $0.015m^2$ 的情况下也不利于获得轿厢位置的信息。

4)宽度小于 60mm 时，由于宽度太小而看不清轿厢的位置，宽度超过 150mm 时不易保证强度。当面积为 $0.015m^2$ 时，宽度大于 80mm，则高度小于 187.5mm；当面积为 $0.01m^2$ 时，宽度大于 80mm，则高度小于 125mm。显然这样的高度在离地面很低的情况下，不方便被站立姿势的人观察。

由于"透明视窗"的宽度方向尺寸有限，即使孩子将手放在玻璃上，玻璃也拖曳不了孩子的手，但在层门门框即将咬入孩子的手时，由于推力作用，孩子的手很容易从玻璃上移至构成门扇的其他材料上，从而避免危险的发生。因此在"透明视窗"的情况下不需要防止由于孩子将手放在玻璃上造成拖曳而发生的伤害。

b)要求轿厢即将停在或已经停在特定的楼层时燃亮一个发光的"轿厢在此"信号。而且在轿厢停留在那里的时候，该信号应保持燃亮。信号要求必须是"发光"的，是因为当环境比较暗时，信号也能够被清晰的看到。而且这个信号必须能够可靠的只是轿厢是否在此，即只有轿厢即将停在或已停在特定的楼层这个信号才燃亮。这里所说的"……轿厢即将停在或已停在特定的楼层"是包括了轿厢平层和在平层状态的。

本条可能存在的疏漏：在 GB 7588—2003 中限制了层门的最小高度（2m）但并没有限制层门的最大高度。如果在层门很高的情况下，仅规定玻璃视窗距地面的距离是不够的，要保证玻璃视窗能够被使用人员正常使用，还应规定玻璃视窗安装的最高位置。

讨论 7－2　关于玻璃视窗在什么情况下要按照附录 J 进行冲击摆锤试验或按照表 J2 选用玻璃 ⇩▼

层门上设置玻璃是属于不需要根据附录 J 进行摆锤试验的"视窗"，还是必须进行试验的"玻璃门扇"是什么？附录 J 中没有相关要求。在 7.2.3.3 中有这样的叙述："玻璃尺寸大于 7.6.2 所述的玻璃门，应使用夹层玻璃，且按附录 J（标准的附录）表 J2 选用或能承受附录 J 所述的冲击摆试验"。这说明如果玻璃尺寸超过本条的要求，则应进行冲击摆锤试验或按照表 J2 选用玻璃。

但在本条,对玻璃尺寸上限有所限定的只有"4)宽度不小于60mm,且不大于150mm"。因此,我们可以认定,层门上如果设置玻璃,是否需要满足附录J的试验或J2对材料规格的限定,其判定依据是:如图7-18所示,玻璃在宽度方向上是否大于150mm。如果大于150mm则要求符合附录J,按照玻璃层门对待;如果不大于150mm(当然必须大于60mm)则不必根据附录J进行冲击摆锤试验或按照表J2选择玻璃材料。

但应注意,这里只和玻璃宽度有关,与高度没有关系。

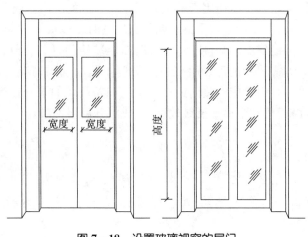

图7-18 设置玻璃视窗的层门

7.7 层门锁紧和闭合的检查

解析 层门锁紧和闭合通常是依靠门锁实现的。层门门锁有两大作用:对坠落危险的保护和对剪切的保护。对坠落危险的保护是依靠门锁的锁紧实现的;对剪切的保护是通过避免层门在开启状态下,电梯运行来实现的。而这两者必须结合为一体,构成一个完整的机机械-电气装置。

7.7.1 对坠落危险的保护

在正常运行时,应不能打开层门(或多扇层门中的任意一扇),除非轿厢在该层门的开锁区域内停止或停站。

开锁区域不应大于层站地平面上下0.2m。

在用机械方式驱动轿门和层门同时动作的情况下,开锁区域可增加到不大于层站地平面上下的0.35m。

解析 这里所说的"在正常运行时,应不能打开层门"是指正常情况下由电梯自身驱动或由使用者手动开启。但不包括7.7.3.2所述及的"紧急开锁"。在任何时候使用紧急开锁三角钥匙都应可以开启层门。

应注意的是,这里要求的"在正常运行时,应不能打开层门"既适用于动力驱动的自动门和非自动门,也适用于手动开启的层门。既然手动开启的层门需要一个"轿厢在此"的信号,那么为什么还要求"正常允许时,应不能打开层门"? 这是因为,"轿厢在此"的指示无论是"透明视窗"还是"发光信号",均是被动的。它们必须被使用者所主动使用时才能够保证安全。但这里的使用者不一定是被批准的、具有资格的人,因此无法保证这种"轿厢在此"的信号一定被使用者所利用。为进一步保证安全,可以使用类似这样的结构:层门设两套门锁,一套有使用者手动开启,此外还有一套门锁由轿厢上安装的碰铁一类结构控制,当轿厢在本层平层时轿厢上的碰铁压层门锁的凸轮,此时如使用者手动开启层门时,层门才能被打开。这样的结构可以防止由使用者的主观因素而造成的层门错误开启。

在 5.4.3 中已经讲过,开锁区域是指轿厢停靠层站时在地坎上、下延伸的一段区域。当轿厢底在此区域内时门锁方能打开,使开门机动作,驱动轿门、层门开启。开锁区范围不应太大。尤其是非机械方式驱动的厅、轿门且厅、轿门不是联动的情况下开锁区范围更不应太大。因为这时司机必须用手依次关闭或打开层门和轿门。如果开锁区范围很大,会造成司机在开启轿门时,由于轿厢距离平层线较远,造成门开启很困难。

7.7.2 对剪切的保护

7.7.2.1 除了 7.7.2.2 情况外,如果一个层门或多扇层门中的任何一扇门开着,在正常操作情况下,应不能启动电梯或保持电梯继续运行,然而,可以进行轿厢运行的预备操作。

■■■ **解析** 门区是电梯事故发生概率比较大的部位,本条的目的是防止轿厢开门运行时剪切人员或轿厢驶离开锁区域时人员坠入井道发生伤亡事故。层门或轿门正常打开是指以下两种情况:其一,轿厢在相应楼层的开锁区域内,进行平层和再平层;其二满足 7.7.2.2 a)的提前开门和再平层以及 7.7.2.2 b)要求的装卸货物操作。除以上两种正常打开的情况外,在正常操作情况下,如层门或轿门(在多扇门中任何一扇门)打开时,在正常操作情况下,应不能启动电梯或保持电梯继续运行。在这里强调的"在正常操作情况下"指在符合0.3.6 所述及的"当使用人员按预定的方法使用电梯时",即:本标准和电梯使用手册允许的情况下的操作,如果使用非常规手段,比如短接门锁甚至短接整个电气安全回路,则不可能做到"不能启动电梯或保持电梯继续运行"。

为了保证电梯的运行效率,在门开启的情况下进行轿厢运行的预备操作,比如轿内的选层登录、候梯厅侧的呼梯等。这些预备操作并不包含启动轿厢或使轿厢继续运行的动作,因此被认为即使是在门开启状态下实施也是安全的。

关于预备操作的问题,CEN/TC10 有如下解释单:

问 题
该安全标准的 7.7.2.2 a)和 14.2.1.2 允许在两种特殊情况下,轿厢开门运行。第一种情况是开锁区域内平层和再平层。 　　如果层门是开着的,7.7.2.1 和 14.1.2.4 禁止电梯启动。然而,依据 7.7.2.1,可以进行轿厢运行的预备操作。 　　"预备操作"指的是什么不是非常清楚。因此,我们希望得到下列问题的回答:

问　题
1.当控制系统已发出启动指令时,对于7.7.2.2 a)再平层运行,在安全回路接通前,在门关闭运行的任何位置,是否允许给制动器部分或全部通电? 2.如果答案为是,那么在门的哪个位置可以给制动器通电? 3.是否允许给驱动主机电机通电(在安全回路接通前): a)在启动方向上以不超过再平层速度限值(14.2.1.2 c))的速度开始运行轿厢?(如果安全电路未接通,轿厢达到开锁区域边界时应被停止) b)保持轿厢静止在层站? 4.如果3a)或(和)3b)答案为是,那么在门的哪个位置可以给驱动主机电机通电?
解　释
依据现行的本标准条文,回答如下: 1.在安全回路断开情况下,不允许给制动器供电。 2.— 3.在安全回路断开情况下,不允许给驱动主机电机供电。 4.—

应注意:这里所说的"正常操作"在EN81-1原文中使用的是"normal operation 中"既可以翻译为"正常操作"也可以翻译为"正常运行"。据此有人认为这里所说的一个层门或多扇门中的任何一扇门开着,在正常运行的情况下应不能启动电梯或保持电梯的继续运行——检修操作不属于电梯的正常运行,可以开门走梯。这是不对的,在14.2.1.3中明确要求了在检修运行下,电梯的运行仍然依靠电气安全装置。而验证层门关闭和验证层门锁紧的电气安全装置在门没有关闭的情况下是不会使电梯启动或保持运行状态的。

7.7.2.2　在下列区域内,允许开门运行:

a)在开锁区域内,在符合14.2.1.2的条件下,允许在相应的楼层高度处进行平层和再平层;

b)在满足8.4.3,8.14和14.2.1.5要求的条件下,允许在层站楼面以上延伸到高度不大于1.65m的区域内,进行轿厢的装卸货物操作,此外:

　　1)层门的上门框与轿厢地面之间的净高度在任何位置时均不得小于2m;

　　2)无论轿厢在此区域内的任何位置,必须有可能不经专门的操作使层门完全闭合。

解析　这里的a)规定的是在开锁区的开门运行,而b)则是可能在开锁区也可能在非开锁区的开门运行。

a)这里的"平层和再平层"包括自动再平层(蠕动)和手动再平层(点动)。

在一部分电梯上,为了缩短开门时间,增加电梯的有效交通流量,采取了轿厢一边平层、一边开启轿门、层门的方法(就是所谓"提前开门")的方法。此外,由于电梯在层站上停靠以后,由于上下乘客或装卸货物的原因,轿厢内的人员的总重量可能发生变化。当轿内载重量变化较大时,由于绳头弹簧、轿底橡胶等弹性部件的压缩量将发生变化,同时钢丝绳的伸长量也会改变,这些变化将导致轿厢地坎与层门地坎不再平齐。如果两者之间的高度差较大,将会造成乘客进出电梯时被绊倒,或是装卸货物的不便,这时电梯可以在门开启的情况下再次进行平层动作,使轿厢地坎和层门地坎再次平齐。但是在这两种情况下,门在开启的状态但却要求电梯能够运行(尽管速度很慢),为了保护人员不发生挤压的危险,在14.2.1.2中规定了许多条件以保证在这种"开门运行"的状态下电梯仍能保证使用者的安全。

14.2.1.2的要求其实很简单:由于门锁触点(层门和轿门)是串联在电气安全回路中的,平层(提前开门)和再平层时必须通过某种手段桥接或旁接轿门和相应的层门触点,必须保证这种桥接或旁接是安全的。同时保证平层和再平层的速度不超过某个最大值。

保证桥接或旁接安全性的要求:至少由一个装于门及桥接或旁接式电路中的开关,用这个开关防止轿厢在开锁区域外的所有运行。开关应符合安全触点或安全电路的要求。当这个开关的动作不与轿厢机械连接时,要能切断电梯驱动主机运转。同时只有已给出停站信号之后桥接或旁接电路才能使门电气安全装置不起作用。

b)"装卸货物操作"就是我们一般所说的对接操作,在14.2.1.5中对这种操作会有一系列要求。对接操作是为了在层站使用货车向轿厢内装卸货物时,由于货车的尺寸限制,轿厢必须高出层站地面一定高度使轿内与要装卸的货物位置基本平齐,装卸工作才容易进行,图7-19是对接操作的一种型式以及必须满足的尺寸要求。应注意,对接操作只允许在相应平层位置以上不大于1.65m的区域内运行,在平层位置以下是不允许的。可能会有这样的情况:当轿厢内叠放的货物高于层站地面一定高度时,只有将轿厢地面降低直至轿内叠放的货物与层站地面平齐,以便能方便地装卸货物,但是这种方式在标准中不被允许。

在对接操作时,轿厢地面如果需要高于层站地面,则高出的尺寸不超过1650mm。这个高度限制了使用者在装卸货物时只能站在层站地面上操作,如果高出的过多,则使用者可能站在货车上进行装卸作业,由于层门的高度有限,无法做到层门的上门框不会撞到使用者。同时也为了在控制对接操作的位置上能够看清运行的区域,因此做出上述规定。

此外,本条要求,在对接操作过程中,当轿厢到达其允许超出层站地面的最高位置时(最大不超过1650mm)轿厢地面与层门上门框之间的距离最小不低于2000mm。这是因为在这种操作下,轿内可能也会有操作人员装卸货物,这是为避免轿内人员与层门上门框发生碰撞危险。

为了尽量减少在对接操作中开着层门运行轿厢的情况,同时为了保证在任何情况下随时可以关闭层门,因此要求轿厢在允许对接操作区域内的任何位置,必须有可能不经专门的操作使层门完全闭合。

对接操作毕竟是要开着层门和轿门运行电梯的,而且对接操作的开门运行范围比平层和再平层都要大,持续的时间也要长,因此对于对接操作本标准有着非常严格的要求,总结起来关于对接操作在本标准中的要求一共有下面的内容:

1)轿厢只能在相应平层位置以上不大于1.65m的区域内运行;

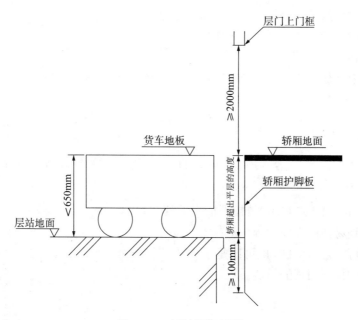

图 7 - 19　对接操作示例

2)层门的上门框与轿厢地面之间的净高度在任何位置时均不得小于2m;

3)无论轿厢在此区域内的任何位置,必须有可能不经专门的操作使层门完全闭合。

4)轿厢运行应受一个符合14.1.2要求的定方向的电气安全装置限制;

5)运行速度不应大于0.3m/s;

6)层门和轿门只能从对接侧被打开;

7)从对接操作的控制位置应能清楚地看到运行的区域;

8)只有在用钥匙操作的安全触点动作后,方可进行对接操作。此钥匙只有处在切断对接操作的位置时才能拔出。钥匙应只配备给专门负责人员,同时应提供使用钥匙防止危险的说明书;

9)当层门打开时,如果层门的门楣与轿顶之间存在空隙,应在轿厢入口的上部用一覆盖整个层门宽度的刚性垂直板向上延伸,将其挡住;

10)对于采用对接操作的电梯,其护脚板垂直部分的高度应是在轿厢处于最高装卸位置时,延伸到层门地坎线以下不小于0.10m;

11)钥匙操作的安全触点动作后:

(a)应使正常运行控制失效。

如果使其失效的开关装置不是与用钥匙操作的触点机构组成二体的安全触点,则应采取措施,防止14.1.1.1列出的其中一种故障出现在电路中时,轿厢的一切误运行。

(b)仅允许用持续揿压按钮使轿厢运行,运行方向应清楚地标明;

(c)钥匙开关本身或通过另一个符合14.1.2要求的电气开关可使下列装置失效:

——相应层门门锁的电气安全装置;

——验证相应层门关闭状况的电气安全装置;

——验证对接操作入口处轿门关闭状况的电气安全装置。

12)检修运行一旦实施,则对接操作应失效;

13)轿厢内应设有一停止装置。

这些要求中有很多是本章后的内容,对于这些条文的解说在后面的相关章节会详细叙述。

7.7.3 锁紧和紧急开锁

每个层门应设置符合7.7.1要求的门锁装置,这个装置应有防止故意滥用的保护。

解析 这里所谓的"滥用"是指不恰当的使用,比如无关人员能够轻易使门锁失效等。

门锁装置可以是自动的,也可以是手动的,图7-20所示是一种手动拉杆门锁的示例。

7.7.3.1 锁紧

轿厢运动前应将层门有效地锁紧在闭合位置上,但层门锁紧前,可以进行轿厢运行的预备操作,层门锁紧必须由一个符合14.1.2要求的电气安全装置来证实。

解析 为防止轿厢离开层站后,层门尚未锁紧甚至尚未完全关闭而导致人员坠入井道发生危险,本标准要求轿厢运行以前层门必须被有效锁紧在闭合位置上。这里强调的"有效锁紧"是满足以下各条关于门锁的型式、强度、结构等方面的要求,而且强调必须在层门闭合位置上锁紧。当门锁紧以前轿厢不应发生运动,但由于轿厢运行的预备操作,比如内选、关门等操作不会导致任何危险发生,同时可以提高电梯的运行效率,因此这些操作是被允许的。

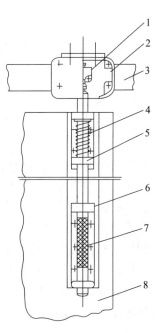

图7-20 拉杆门锁装置
1—电气连锁开关;2—锁壳;3—门导轨;
4—复位弹簧;5、6—拉杆固定架;
7—拉杆;8—门扇

CEN/TC10关于预备操作的问题的解释见7.7.2.1的解释。

为了使门锁在没有锁紧的情况下能够被检查出来,要求门锁上带有电气装置(一般为安全触点型电气开关),要求门锁在锁紧状态和未锁紧状态该电气装置处于不同状态,以便由电梯系统判断层门是否处于锁紧状态。这个电气安全装置要么是采用14.1.2规定的安全触点型式,要么是采用14.1.2规定的安全电路型式,总的来说就是:这个安全装置要么通要么断,没有中间状态,而且在任何情况下都能够被有效的强制断开;或者是能够有效、可靠的检查自身是否处于故障状态。

验证层门锁紧的开关是电气安全装置并被列入在附录A中,它应串联在电气安全回路中。

层门锁闭装置多采用所谓的"钩子锁",其机械锁紧装置和电气触点开关设计为一体,也被称为电连锁(层门锁闭装置及其电气连锁见图 7 - 21 和图 7 - 22)。机械锁紧装置的作用是防止层门自开启或被人从外面扒开,它是对坠落的保护;电气触点开关防止在开锁区域以外的地方开门走车,属于对剪切的保护。

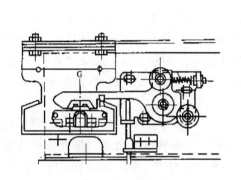

图 7 - 21 常见的层门锁闭装置(钩子锁)

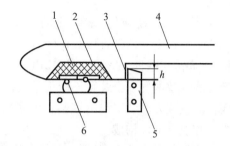

图中:1—电气连锁动触点;2—绝缘件;
　　　3—锁钩;4—锁臂;5—限位挡块;
　　　6—电气连锁静触点;h—啮合尺寸

图 7 - 22 机械—电气连锁及啮合示意图

7.7.3.1.1 轿厢应在锁紧元器件啮合不小于 7mm 时才能启动,见图 3。

图 3 锁紧元器件示例

■■ **解析**　为了防止层门锁钩在轿厢离开层站后由于一些非预见性原因而导致锁钩意外脱开,要求层门门锁在锁紧状态下锁紧元器件必须啮合不小于 7mm。只有在这种条件下,轿厢才能启动。结合上面一条来看,锁紧元器件之间只有达到了最小 7mm 的啮合尺寸(如图 3 所示)后,才能使电气安全装置动作以证实门锁已锁紧。结合 7.7.3.2 来看,当用门刀或三角钥匙开门锁时,锁紧元器件之间脱离啮合之前,电气安全装置应已经动作。即门关闭时,电气安全装置应后于机械啮合而闭合;而在门开启时,电气安全部件的动作应先于机械啮合而脱开。只有这样才能做到真正意义上的"证实锁紧"。

应注意的是,门锁锁钩的开口是朝上还是朝下本身没有关系,关键在于锁钩的中心在什么位置。即当所有的锁紧力保持元器件全部失效后,在重力的作用下是否依然能够保持锁紧。

7.7.3.1.2 证实门扇锁闭状态的电气安全装置的元器件,应由锁紧元器件强制操作而没有任何中间机构,应能防止误动作,必要时可以调节。

特殊情况:安装在潮湿或易爆环境中需要对上述危险作特殊保护的门锁装置,其连接只能是刚性的,机械锁和电气安全装置元器件之间的连接只能通过故意损坏门锁装置才能被断开。

解析 为了使锁紧元器件上的电气安全装置能够真正反映锁紧元器件是否有效锁紧,它必须是由锁紧元器件直接操作的,并与锁紧元器件连接牢固的。两者之间不能采用中间机构,例如采用联杆、凸轮等来操作电气安全装置是不允许的,因为这些中间机构如果出现损坏可能导致电气安全装置不能正常反映锁紧元器件的实际状态。这充分表明,用于验证门闭合的电气安全装置与门锁装置的机械部分是机械-电气连锁装置,而不应由各自独立的机械和电气部件构成。

为了保证电梯的正常运行,门锁装置应能防止电气安全装置发生误动作。防止电气安全装置的误动作可以由电气安全装置自身保证(如安全电路或安全触点型开关等),也可由门锁机构保证。误动作的概念很广,比如由于门锁触点生锈,当门锁锁紧后电气安全装置不能正常导通也属于误动作的范畴。因此防止电气安全装置误动作要从各方面进行保证。

在特殊环境下,如潮湿或易爆等环境中,如果存在机械锁紧元器件和电气安全装置之间被分开的可能时,应采用刚性连接(同样是不得有任何中间机构的直接连接)的方法将两者结合在一起。在这种预期的特殊环境下,两者不应有被分开的危险。

GB/T 15706.2—2007《机械安全 基本概念与设计通则 第 2 部分:技术原则》中对于应用零件间的强制机械作用原则是这样描述的:

"如果一个机械零件运动不可避免的使另一个零件通过直接接触或通过刚性连接件随其一起运动,则这些零件是以强制模式连接的。这种强制模式的一个例子就是电路开关设备的强制打开操作。(见 GB 14048.5—2001 和 GB/T 18831—2002,5.7)

注:若一个机械部件的运动造成允许另一个部件自由运动(例如:因为重力、弹力),则前者对后者不存在强制机械作用。

7.7.3.1.3 对铰链门,锁紧应尽可能接近门的垂直闭合边缘处。即使在门下垂时,也能保持正常。

解析 当采用铰链门的型式,为了保护门锁不被损坏,必须考虑到使用者在对门施加一个垂直于门表面的力的情况下,门锁装置所受到的力矩影响。人员在对铰链门施加力(垂直于门表面)时,由于铰链侧是无法移动的,因此人员施加力的作用位置一般来讲是应在门的垂直闭合边缘或其附近位置(即使靠近铰链侧施加力,这个力将由铰链本身承受),当门锁部件尽可能靠近门的垂直闭合边缘时,门锁受到力矩的影响减将被减小到最低限度。

即使当铰链受力变形造成门垂直闭合边下垂,锁紧装置也能够保证将门锁住,同时电气安全装置能够正确验证门锁是否处于锁闭状态。

7.7.3.1.4 锁紧元器件及其附件应是耐冲击的,应用金属制造或金属加固。

解析 这里要求锁紧元器件及其附件"应用金属制造或金属加固"以满足耐冲击的要求。在这里从材料方面来看,EN81在此指明应使用金属作为制造或加固锁紧元器件的材料,但不管使用哪种金属都应满足耐冲击的要求。

7.7.3.1.5 锁紧元器件的啮合应能满足在沿着开门方向作用300N力的情况下,不降低锁紧的效能。

解析 300N是一个人正常可以施加的静态的力,锁紧元器件的强度应足以避免在承受这个力(用手扒门)的情况下锁紧效能降低甚至意外打开。

7.7.3.1.6 在进行附录F(标准的附录)F1规定的试验期间,门锁应能承受一个沿开门方向,并作用在锁高度处的最小为下述规定值的力,而无永久变形:

  a)在滑动门的情况下为1 000N;

  b)在铰链门的情况下,在锁销上为3 000N。

解析 在按照附录F进行试验时的要求与7.7.3.1.5的差异在于:

a)力的作用位置的差异:7.7.3.1.5要求的力的作用位置是门的任意位置,只要方向是沿着开门方向即可,这样会产生一个力矩,使实际作用在门锁上的力比人员实际施加的力要大。在按照附录F进行试验时,力的作用位置是门锁高度,门锁的受力即是试验中施加的力。

b)承受的力不同:7.7.3.1.5要求的300N是一个人正常可以施加的静态的力,而本条要求的1000N或3000N是考虑到实际使用中在受力的情况下,力矩对锁紧元器件的影响。

c)判定标准的不同:7.7.3.1.5要求"不降低锁紧效能"这时锁紧元器件肯定没有被破坏,弹性变形也不足以影响其正常使用。而本条要求的"无永久变形",仅是不被破坏即可(弹性变形没有要求)。

7.7.3.1.7 应由重力、永久磁铁或弹簧来产生和保持锁紧动作。弹簧应在压缩下作用,应有导向,同时弹簧的结构应满足在开锁时弹簧不会被压并圈。

  即使永久磁铁(或弹簧)失效,重力亦不应导致开锁。

  如果锁紧元器件是通过永久磁铁的作用保持其锁紧位置,则一种简单的方法(如加热或冲击)不应使其失效。

解析 本条要求不但要能够产生锁紧动作,而且锁紧状态能够被保持。保持锁紧的力应是稳定的、能够防止意外开锁的。这里所述及的几种力,都是不易受到影响的力。如果采用电磁力、摩擦力或气、液压力等会由于环境的变化而受到影响而造成力的不稳定,不易保持锁紧动作的稳定、可靠。

但应注意,这里的弹簧要求是压缩弹簧,而且要求在正常开锁时弹簧不得被压实(并圈),这就保证了弹簧的寿命和提供压力的耐久性。要求弹簧有导向,则保证了力的方向的稳定。如果使用磁力来保持锁紧动作,要求使用永久磁铁,这可以使磁铁的性能尽可能少的受到环境因素的影响。

在正常情况下,只有重力是全天候存在且不会失效(消失)的,其他的在门锁上我们能够利用的力均有可能存在由于提供力的元器件失效(永久磁铁和弹簧的失效)而导致无法保持锁紧动作的可能,因此要求万一在产生和保持锁紧力的元器件失效的情况下,单凭重力不能造成开锁。

由于永久磁铁本身特性,当受高温(磁性材料有一个称为"居里点"的温度点,超过这个温度,永磁材料的磁性将完全退去)或冲击时可能造成永磁材料的磁性减弱甚至丧失。当永久磁铁作为产生和保持锁紧动作的力的元器件时,必须有相应的防护措施,以使得在加热或撞击等单一情况出现时不使磁性减弱或失效。

7.7.3.1.8 门锁装置应有防护,以避免可能妨碍正常功能的积尘危险。

■ **解析** 由于门锁的工作环境不可能是无尘的、洁净的,因此要求门锁装置能够耐受一定程度的恶劣环境而不会影响其正常功能。

7.7.3.1.9 工作部件应易于检查,例如采用一块透明板以便观察。

■ **解析** 由于门锁的重要性,以及门锁工作环境相对来说有较多灰尘,因此在日常维保中门锁一般应被经常检查,为方便检查门锁的工作部件,本条作了相应的要求。要注意的是,这里描述的"采用一块透明板"只是一个例子,要达到"以便观察"的效果。不应认为门锁上必须带有一块透明板。

7.7.3.1.10 当门锁触点放在盒中时,盒盖的螺钉应为不可脱落式的。在打开盒盖时,它们应仍留在盒或盖的孔中。

■ **解析** 上面也提到过门锁的工作环境的影响,当门锁安装完毕后,在以后的维修、检查中不可能每次都将门锁整体拆下来工作。人员一般也不容易在门锁安装位置都附近作业,尤其类似螺钉这样的细小部件很容易在人员拆开锁盒时落入井道,而且一旦落入井道很不容易找到。当锁盒螺钉丢失后,如果不及时补配则盒盖无法安装,将造成门锁触点暴露在外面。这将可能造成触点上被灰尘覆盖,导致触点接触不良而致使电梯故障。更重要的是,门锁触点是带电的,而且是串联在电气安全回路中的。由于电气安全回路串联了多个触点,为了保证电气安全回路向系统反馈信号的清晰(电压足够),一般情况下电气安全回路的电压通常较高(高于安全电压)。如果触点暴露在外面,很容易对维修保养人员造成电击伤害。为防止门锁触点盒上的螺钉丢失,这些螺钉应设计成不可脱落式的。

7.7.3.2 紧急开锁

每个层门均应能从外面借助于一个与附录 B 规定的开锁三角孔相配的钥匙将门开启。

这样的钥匙应只交给一个负责人员。钥匙应带有书面说明,详述必须采取的预防措施,以防止开锁后因未能有效的重新锁上而可能引起的事故。

在一次紧急开锁以后,门锁装置在层门闭合下,不应保持开锁位置。

在轿门驱动层门的情况下,当轿厢在开锁区域之外时,如层门无论因为何种原因而开启,则应有一种装置(重块或弹簧)能确保该层门自动关闭。

解析 本条要求每层层门必须从井道外使用一个三角钥匙将层门开启,在以下两种情况均应实现上述操作:其一轿厢不在平层区,开启层门;其二轿厢在平层区,层门与轿门联动,在开门机断电的情况下,开启层门和轿门。

三角钥匙应符合附录B要求,层门上的三角钥匙孔应与其相匹配。本条目的是为援救、安装、检修等提供操作条件。三角钥匙应附带有类似"注意使用此钥匙可能引起的危险,并在层门关闭后应注意确认已锁住"内容的提示牌。对于三角钥匙的管理是有效保证只有"经过批准的人员"才能紧急开锁。同时钥匙上应附带有相关说明可以在三角钥匙使用过程中提示使用人员应注意的事项。三角钥匙及其提示标牌(示例)见图7-23。

附录B中详细规定了三角钥匙的尺寸,而且必采用规定的型式。这是因为三角钥匙是作为应急操作时使用的,使用三角钥匙的人员必须是"经过批准的",但是"经过批准"的人员并不一定是本台电梯的安装、维修或保养人员,也不一定是本台电梯制造厂商或销售商的人员。这些人员还可能包括涉及处理公共安全事务的人员(如消防员)。因此要求三角钥匙应具有一定的特殊性以保证无关人员不能容易的获得开启层门的手段;还应具有一定的通用性以保证处理公共紧急事务或公共安全事务的人员可以获得(消防员只要带有一把三角钥匙就可以开启任意品牌和类型的电梯)。

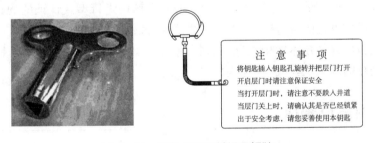

图 7-23 三角钥匙及其提示标牌

电梯大部分事故出在门系统上,其中由于层门不应打开而打开造成的事故最为严重。因此在轿门驱动层门的情况下,开启的层门如果在开启方向上没有外力作用,确保层门自动关闭的装置应能使层门自行关闭。常见的层门自闭装置见图7-24。本条是防止人员坠入井道发生伤亡事故。毋庸置疑,只有当层门自动关闭装置的力大于阻止关闭层门的阻力的情况下,层门才能被有效的自动关闭。而阻止关闭层门的力是由多方面原因造成的,层门自动关闭装置能够提供的力至少需要克服层门的摩擦阻力和碰撞层门门锁使层门锁闭的力。确保层门自动关闭的装置一般有重锤式、弹簧式(卷簧、拉簧或压簧)两种形式。当使用重锤式门自动关闭装置时,应设置重锤的行程限位装置,防止万一断绳后重锤落入井道内。

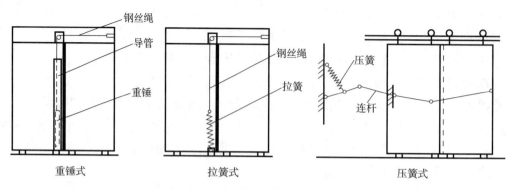

图 7 - 24　常见的层门自闭装置

7.7.3.3　门锁装置是安全部件,应按 F1 要求验证。

■ **解析**　在 EN81 中规定了六种安全部件,这六种安全部件都必须按照附录 F 的相关规定进行型式试验。这些安全部件是:限速器、安全钳、缓冲器、门锁、上行超速保护装置和含有电子元器件的安全电路。这些安全部件是直接关系人身安全的,是电梯最基本的也是最重要的安全部件。门锁之所以作为安全部件之一出现,一方面是由于在门区出现安全事故的几率最高;另一方面是由于门区出现安全事故时对人员造成的伤害也比较严重(可能发生剪切、挤压、坠落等危险)。

附录 F 规定了电梯上使用的各种应进行型式试验的部件及其型式试验方法。"型式试验"的概念在 GB 1.3—1987《标准化工作导则产品标准编写规定》中 6.6.1"检验分类"对型式试验有相关定义(参见补充定义 140)。

本标准规定的型式试验,是针对某种形式的安全部件进行型式认证的规程。它是对该种形式的安全部件进行的可行性、可用性认证试验,来检验样品是否符合标准规范,因此其试验都是在模拟该部件具体使用工况下,对其整个使用范围的认证,并不是针对每一台具体安全部件进行的调试试验或出厂检验。

资料 7 - 3　附录 F1 简述　　　

附录 F1 是为了验证门锁装置的结构和动作是否符合本标准的规定,特别是门锁装置的机械和电气部件的尺寸是否合适以及在最后,特别是磨损后,门锁装置是否丧失其效用。门锁部件应是所有参与层门锁紧和检查锁紧状态的部件,均为门锁装置的组成部分。

提供门锁的试验样品如果不能单独测试,则应将门锁装置安装在相应的门上,允许在不影响测试结果的条件下,门的尺寸可以与实际生产的门不同。

整个门锁的型式试验包括操作检验、机械试验和电气试验三大部分进行,如果门锁装置型式特殊,还要进行相关的特殊试验。

1. 操作检验:主要是验证门锁装置机械和电气元器件是否按安全作用正确地动作,是否符合标准的规定,首先要验证以下两点:

a)在电气安全装置作用以前,锁紧元器件的最小啮合长度为 7mm(见 7.7.3.1.1 示例);

b) 在门开启或未锁住的情况下,从人们正常可接近的位置,用单一的不属于正常操作程序的动作应不可能开动电梯(见 7.7.5.1)。

2. 机械试验:目的在于验证机械锁紧元器件和电气元器件的强度。主要分为耐久试验、动态试验和静态试验三部分。

a) 耐久试验:门锁应能在平滑、无冲击,频率为每分钟 60 次循环(±10%)的试验状态下完成 $1×10^6$(±1%)次完全循环操作(一个循环包括在两个方向上的具有全部可能行程的一次往复运动)。在此过程中,门锁的电气触点应工作在额定电压和两倍额定电流的电阻电路下。如果门锁装置装有检查锁销或锁紧元器件位置的机械检查装置,则此装置应进行 $1×10^5$(±1%)次循环耐久试验。耐久试验主要考核的是电气触点的耐磨性能。层门锁闭装置在电梯运行过程中频繁动作,电气触点在断开和闭合电路的过程中容易受电弧烧蚀,经过较长的时间后,触点就不能保证可靠接触。在电梯发生的故障中,大部分是由于门及其部件引起的,而门部件故障主要发生在门锁触点上。因此门锁负载操作的循环次数是门锁触点开关的重要指标。

ISO - TC178/WG4 认为:门锁系统的型式试验(为检查其坚固性)至少应为 100 万次完全循环操作。目前有的国家电梯标准中门锁触点的完全循环次数比欧洲标准低,如美国的 A17.1 中只要求 10 万次,加拿大的 CAN - B44 中也只要求 10 万次试验。但他们还要求在潮湿环境和无润滑环境下的循环试验次数。这说明,各国对电梯门锁触点的可靠性和耐久性都是有严格要求的。

由于门锁在进行试验时的频率是每分钟 60 次(±10%),而门扇的惯性、以及连接部件之间的摩擦使得在实际的门上进行这样的试验很难满足上述频率的要求。

因此,门锁的耐久试验通常需要设计专门的门锁试验台,门锁安装在试验台上后,其动作频率要求满足每分钟 60 次(±10%)的要求。一般的门锁试验台应设计两个计数器,一个是记录锁闭装置触点接触次数,另一个是记录机械动作次数。这两个计数器中较小的数字是试验后的循环次数。

但目前为了在试验过程中能够更真实的模拟实际工况,国内各试验机构正在开发新的试验设备,以便能够在实际层门上进行上述试验。

b) 静态试验:应沿门开启的方向,在尽可能接近在实际情况下使用人员试图开启层门所施加力的位置上,施加一个静态力。对于铰链门,此静态力应在 300s 的时间内,从 0N 逐渐增加到 3000N(不能有冲击)。对于滑动门,此静态力为 1 000N,持续不变的作用 300s 的时间。

c) 动态试验:处于锁紧位置的门锁装置应沿门的开启方向进行一次冲击试验。其冲击相当于一个 4kg 的刚性体从 0.5m 高度自由落体所产生的效果。由动量定理:$F×t=m×v$ 和能量守恒定理:$1/2mv^2=mgh$。

何以得到:$m\sqrt{2gh}=Ft$。代入已知项 $m=4kg$,$h=0.5m$;并根据 0.3.9 假定的"中间所产生的力:1000N"可以计算出,假想的刚体落下的撞击时间约为 0.01s。

在耐久试验、静态试验和动态试验后,不应有可能影响安全的磨损、变形或断裂。

3. 电气试验:本试验分为触点耐久试验、断路能力试验、漏电流电阻试验、电气间隙和爬电距离的检验以及安全触点及其可接近性要求的检验五部分。

a)触点耐久试验:已包括在上述的耐久试验中。

b)断路能力试验:此试验在耐久试验以后进行。目的是为了检查是否有足够能力断开一带电电路,以验证门锁触点在交流电路中或直流电路中发生各种过载或短路故障后是否仍具有一定的非正常动作能力。该能力表现为闭合能力(接通能力)和断开能力(分断能力)。这种通、断能力都是以规定的电压以及指定条件下电气触点所能闭合和断开的电流值来判断的。在试验过程中应同时监控和测量试验电压、试验电流、功率因数、时间等参数。

门锁的工作电流值和额定电压应由门锁装置的制造厂家指明。如果厂家没有指明电压和电流值,则认为电压和电流值应为:对交流电为 230V,2A;对直流电为 200V,2A。如果厂家没有指明是交流还是直流情况,则两种条件都要进行试验。对交流电路在正常速度和时间间隔为(5~10)s 的条件下,门锁装置应能断开和闭合一个电压等于 110% 额定电压的电路 50 次,触点应保持闭合至少 0.5s。此电路应包括串联的一个扼流圈和一个电阻,其功率因数为 0.7±0.05,试验电流等于 1.1 倍制造厂商指明的额定电流。对直流电路在正常速度和时间间隔为(5~10)s 的条件下,门锁装置应能断开和闭合一个电压等于 110% 额定电压的电路 20 次,触点应保持闭合至少 0.5s。此电路应包括串联的一个扼流圈和一个电阻,电路的电流应在 300ms 内达到试验电流稳定值的 95%。试验电流应等于制造厂商指明的额定电流的 110%。

断路能力试验应按照 GB 14048.4 和 GB 14048.5 的规定的程序进行。

c)漏电流电阻试验:这项试验应按照 GB/T 4207 规定的程序进行。各电极应连接在 175V、50Hz 的交流电源上。

d)电气间隙和爬电距离的检验:电气间隙和爬电距离应符合 14.1.2.2.3 的规定,即:"如果保护外壳的防护等级不高于 IP4X,则其电气间隙不应小于 3mm,爬电距离不应小于 4mm,触点断开后的距离不应小于 4mm。如果保护外壳的防护等级高于 IP4X,则其爬电距离可降至 3mm"。

e)安全触点及其可接近性要求的检验:这项检验是验证门锁的触点是否符合 14.1.2.2 的规定,即:"如果安全触点的保护外壳的防护等级不低于 IP4X,则安全触点应能承受 250V 的额定绝缘电压。如果其外壳防护等级低于 IP4X,则应能承受 500 V 的额定绝缘电压";且"安全触点应是在 GB 14048.5 中规定的下列类型:a)AC—15,用于交流电路的安全触点;b)DC—13,用于直流电路的安全触点。"这项检验应在考虑门锁装置的安装位置和布置后进行。

断路能力试验后如果未产生痕迹或电弧,也没有发生不利于安全的损坏现象,则试验为合格。

4.某些型式的门锁装置还必须进行特殊试验以验证门锁的可靠性。需要进行特殊试验的门锁型式主要有两种:有数扇门扇的水平或垂直滑动门的门锁装置和用于铰链门的舌块式门锁装置。

a)有数扇门扇的水平或垂直滑动门的门锁装置:门扇间直接机械连接的装置(7.7.6.1)或门扇间间接机械连接的装置(7.7.6.2),均应看作是门锁装置的组成部分。这些装置应按照上面所述及的操作检验、机械试验和电气试验并以合理方式进行试验。为与其结构相适应,在其耐久试验中,每分钟的循环次数应根据门扇间相互连接的实际情况确定,避免不适当的试验频率影响门扇间的连接结构。

本条把门扇间直接连接的铰接装置和间接连接的绳、链、带等附件均列入锁闭装置的范围。对这些连接装置也必须进行耐久性试验。由于这样的试验需用原尺寸的门结构。锁闭装置的往复啮合频率将受整体门惯性的限制,每分钟的循环次数将与门结构的尺寸相适应,一般总是低于每分钟 60 次的要求。

b)用于铰链门的舌块式门锁装置:如果这种门锁装置有一个用来检查门锁舌块可能变形的电气安全装置,并且在按照机械试验中所进行的静态试验的规定进行检验之后,如果对此门锁装置的强度产生怀疑,则需进一步逐渐地增加载荷,直至舌块发生永久变形且安全装置开始打开为止。门锁装置或层门的其他部件不得破坏或产生变形才能判定门的锁紧装置符合要求。当然,在静态试验之后,如果尺寸和结构都不会引起对门锁装置强度的怀疑,可以不对舌块进行耐久试验。

以上试验应注意:如果门锁装置需要满足特殊的要求(防水、防尘、防爆结构),申请人对此应有详细的说明,以便按照有关的标准补充检查。这是因为,电气门锁电路尽管是在低压情况下通断,但由于所有门锁开关必须串联于电气安全回路中,同时考虑到门锁触点在使用过程中的氧化、灰尘带来的接触电阻增大等因素,一般门锁回路的电压不会很低,否则很容易在使用过程中由于接触电阻上压降的原因造成电梯系统误判断。多数门锁回路的电压在 110V~220V 之间,这时门锁触点开关动作过程中仍将出现微弱的火花。因此常规的电气触点开关是禁止在具有危险性爆炸场合使用的。对于特殊场合,要根据有爆炸危险场所物质的危险程度、出现的频度、持续时间选用不同防爆级别的电气开关。例如隔爆型、增安型、本质安全型等。对于防爆电梯使用的电梯门锁装置,除了进行本章的试验外,还应出具防爆电气检验的证书。

资料 7 - 4　GB/T 4207《固体绝缘材料在潮湿条件下相比漏电起痕指数和耐漏电起痕指数的测定方法》试验介绍　⇩⬛

在电气产品受潮湿和杂质环境的影响下,不同极性带电部件之间或带电部件与接地金属之间可能会引起绝缘上的漏电,产生的电弧对电器造成击穿短路或由于放电使材料电蚀损,高压时甚至可能起燃导致火灾。引起漏电起痕的三个必不可少的条件就是:电场、水和污秽表面,漏电起痕试验就是模拟上述情况对绝缘材料进行的一种破坏性试验,用以测量和评定在规定电压下,绝缘体在电场和含杂质水的作用时的相对耐漏电起痕性。

这个试验规定了固体绝缘材料在潮湿条件下相比漏电起痕指数和耐漏电起痕指数的测定方法。

所谓"漏电起痕"是固体绝缘材料表面在电场和电解质的联合作用下逐渐形成导电通路的过程。"相比漏电起痕指数"是材料表面能经受住 50 滴电解液而没有形成漏电痕迹的最高电压值,以 V 表示。"耐漏电起痕指数"是材料表面能经受住 50 滴电解液而没有形成漏电痕迹的耐电压值,以 V 表示。使用 GB/T 4207 的试验方法可测量电压最高达到 600V 时固体绝缘材料在电场和含有杂质的水作用时的相对耐漏电起痕性。试验过程简单来说

是这样的:

1)选取表面清洁、没有杂质或异物的试样,试样尺寸不小于 15mm×15mm,厚度不小于 3mm。

2)将两个截面为 2mm×5mm 的矩形铂电极一段切成 30°角的斜面并适当打磨。将这对电极对称安放在于水平试样面相垂直的平面内,其夹角为 60°并保持电极对试样作用力为 1.0N±0.05N。

3)电极间距为 4.0mm±0.1mm,并在电极上连接电路,施加一个在 100V~600V(48Hz~60Hz)之间可调的电压。两电极之间的短路电流为 1.0A±0.1A。

4)以 0.1%浓度的氯化铵溶液为试验溶液。滴液装置能使试验溶液从高度 30mm~40mm 处滴下。滴液大小为 $23^{+3}_{0}mm^3$/滴(每毫升溶液的液滴应在 44~50 滴之间),滴液时间间隔 30s±5s,直到滴下 50 滴或试样发生破坏为止。

当试验回路中,短路电流等于或大于 0.5A 时,时间维持 2s 或试样燃烧标准试品不合格。

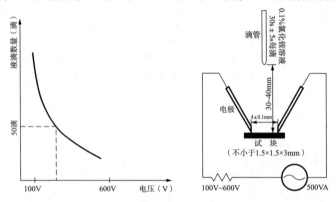

资料 7-4 图 1　漏电起痕指数和耐漏电起痕指数的测试仪器

按照 GB 14048.4 和 GB 14048.5 的规定进行的断路能力试验:

下表验证额定接通与分断能力时分断电流 I_c 和间隔时间之间的关系。

分断电流 I_c A	间隔时间 s
$I_c \leqslant 100$	10
$100 < I_c \leqslant 200$	20
$200 < I_c \leqslant 300$	30
$300 < I_c \leqslant 400$	40
$400 < I_c \leqslant 600$	60
$600 < I_c \leqslant 800$	80
$800 < I_c \leqslant 1\ 000$	100
$1\ 000 < I_c \leqslant 1\ 300$	140
$1\ 300 < I_c \leqslant 1\ 600$	180
$1\ 600 < I_c$	240

7.7.4 证实层门闭合的电气装置

7.7.4.1 每个层门应设有符合 14.1.2 要求的电气安全装置，以证实它的闭合位置，从而满足 7.7.2 所提出的要求。

解析 在这里要求每个层门都应带有一个具有安全触点或安全电路的电气安全装置，用于证实层门的闭合位置，以避免开门走车。

门锁使用的安全触点的要求主要上以下几点：a)可靠的断开；b)可靠的绝缘；c)可靠的爬电距离；d)可靠的触点分断距离。

验证层门闭合的开关是电气安全装置并被列入在附录 A 中，它应串联在电气安全回路中。

7.7.4.2 在与轿门联动的水平滑动层门的情况中，倘若证实层门锁紧状态的装置是依赖层门的有效关闭，则该装置同时可作为证实层门闭合的装置。

解析 当层门与轿门是联动的，且层门只有在关闭情况下才能被锁紧，验证层门锁紧的电气安全装置可以兼作证实层门闭合的装置。但应注意，验证层门闭合位置的电气安全装置和验证层门锁紧的电气安全装置实际上是两个概念，只是在条件允许的时候它们才可以作为一个部件。即，只有在"与轿门联动的水平滑动层门"时才允许这样做。

之所以要求"与轿门联动的"是因为验证厅、轿门关闭的开关在层门和轿门上应分别各有一套，只有层、轿门联动的情况，才能做到在正常运行的情况下层门和轿门同时开闭。这种情况下，如果证实层门闭合的电气安全装置与验证层门锁紧的电气安全装置为同一装置，则验证轿门闭合的电气安全装置可以对层门是否闭合起到补充验证作用。

7.7.4.3 在铰链式层门的情况下，此装置应装于门的闭合边缘处或装在验证层门闭合状态的机械装置上。

解析 当采用铰链门的型式，验证门闭合的电气安全装置安装在上述位置时，即使由于铰链受力变形造成门的边缘闭合不良，验证层门关闭的装置也能够保证正确的验证门是否闭合的状态。

7.7.5 用来验证层门锁紧状态和闭合状态装置的共同要求。

解析 以下要求是验证层门锁闭状态和验证层门闭合状态装置应共同具有的特性。

7.7.5.1 在门打开或未锁住的情况下，从人们正常可接近的位置，用单一的不属于正常操作程序的动作应不可能开动电梯。

解析 在门打开或没有可靠锁闭的情况下，在层站或轿内(这两个地方是人员正常可接近的位置)，用一个单一的动作，即便这个动作不属于正常操作，电梯也不能被开动。

本条的三个关键点是"人们正常可接近的位置""单一的"和"不属于正常操作程序的动作"。比较极端的情况是当电梯在对接操作时，轿厢地面高于层站地面的情况下，使用者站在轿厢中(正常可接近的位置)能够触及层门门锁。这时如果短接层门门锁,如果仅进行这一个动作的情况下(单一的不属于正常操作程序的动作),应不能开动电梯。当短接门锁后按下控制按钮当然可以开动电梯,但这时候已经不是"单一的"动作了。

这里所说的"人们"是任何人,不但包括使用者也包括安装、检修、紧急操作等人员。但必须注意,在本条中,这些人员所处的位置是"正常可接近的位置",因此只限于轿内和层站。井道内(含底坑)、机房内(含滑轮间)都是正常情况下人们不能正常接近的。

"单一的不属于正常操作程序的动作"应看做"单一的,即便是不属于正常操作程序的动作",而不是"一个单一的不属于正常操作程序的动作,外加一个或几个属于正常操作程序的动作"。

可能有人会有这样的疑惑:这里只说了"不属于正常操作程序的动作",对于"属于正常操作程序的动作"怎么办? 这一条是否可以这样表述:"在门打开或未锁住的情况下,从人们正常可接近的位置,用单一的(或几个)属于正常操作程序的动作应可能开动电梯"? 当然不能这样理解,因为当门没有关闭或没有锁紧时在人们正常可接近的位置,通过属于正常操作程序的动作,根据 7.7.2.1 和 7.7.3.1 的要求依然不能使轿厢运行。

7.7.5.2 验证锁紧元器件位置的装置必须动作可靠。

解析 验证锁紧元器件位置的电气安全装置应能可靠证实层门锁紧元器件啮合是否不小于 7mm。当啮合小于 7mm 时应阻止轿厢启动或使轿厢不能保持继续运动。"动作可靠"是指验证锁紧元器件位置装置的动作是强制的。

7.7.6 机械连接的多扇滑动门

7.7.6.1 如果滑动门是由数个直接机械连接的门扇组成,允许:

a)7.7.4.1 或 7.7.4.2 要求的装置装在一个门扇上;

b)若只锁紧一扇门,则应采用钩住重叠式门的其他闭合门扇的方法,使如此单一门扇的锁紧能防止其他门扇的打开。

解析 一层门的几个门扇间是通过连杆或齿轮等方式连接一起动作的,就是属于直接机械连接的滑动门。"直接机械连接"还可以通过结构来保证,比如:折叠式门的每个门扇的背面折边组成的迷宫结构,当门在关闭位置时,将快速门扇与慢速门扇钩住,可以认为符合本条中所指的"直接机械连接"。在门扇上一处或几处限定的位置处,采用简单的钩住装置也可以视为直接机械连接。

a)由机械连接的多扇滑动门,由于其门扇之间是采用机械机构直接的(如铰链、联杆等)牢固的、刚性的连接,一个门扇的开启或闭合的状态就可以反映整个层门的开启和闭合状态,同时这种设计也可以保证层门开启或闭合是可靠的,因此验证层门关闭的电气安全装置(这个电气安全装置也可能与验证层门锁紧状态的电气安全装置是一体的)可以只安装在一个门扇上。

b)当多扇滑动门采用机械连接方式时,如同上面讲到的其门扇间以机械结构连接(如图 7-25 中 X、Y 处所示),可以只锁紧一个门扇。但条件是在此情况下其他门扇不能被打开。与 a)中规定类似的是,在这里一个门扇的是否锁紧状态就可以反映整个层门是否锁紧。

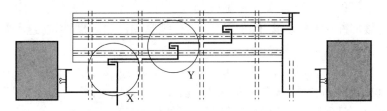

图7-25 钩住重叠式门的闭合门扇

关于门扇之间连接强度问题,CEN/TC10 有如下解释单:

问　题
a)通常,以下列型式中的一种进行门扇之间连接:
—直接地和永久性地(如:缩放式结构);
—在行程终端直接地(如:钩);
—间接地(如:绳索)。
即使在承受 7.2.3 所要求的 300N 的作用力的同时,是否它们还应能够承受 7.7.3.1.6 所提到的 1000N 的作用力?
这似乎是合乎逻辑的,因为这些连接是门锁的一部分。
b)相反地,是否这些连接的设计应该基于 8.7.2.1.1.1 所提到的 150N 的作用力和给定的安全系数,假如这样的话,采用哪一个安全系数?
然而,应该注意的是:此 150N 的力作用在与 a)所述方向相反的方向上,且根本不是对于在行程终端的钩的连接。
解　释
a)和 b):
依据 F1.3.1,门扇之间的连接被认为是门锁的组成部分。
因此,F.1.2.2.2 静态试验和 F.1.2.2.3 动态试验的要求也适用于这些连接。

7.7.6.2　如果滑动门是由数个间接机械连接(如用钢丝绳、皮带或链条)的门扇组成,允许只锁紧一扇门,其条件是,这个门扇的单一锁紧能防止其他门扇的打开,且这些门扇均未装设手柄。未被锁住的其他门扇的闭合位置应由一个符合 14.1.2 要求的电气安全装置来证实。

■■ **解析**　一般情况下,直接机械连接的要比间接机械连接更加可靠,间接机械连接失效的可能性要比直接连接大。

当组成滑动门的各门扇之间采用非直接连接,而在中间采用钢丝绳、皮带、链条等连接时,也可以仅锁住多扇门中的一扇,但前提是被锁住的门扇可以防止其他门扇的打开。同时应考虑门扇间非刚性连接部件断裂的可能性,因此要求对于未被直接锁住的门扇增加一个电气安全装置(一般是一个安全触点型开关)来验证此扇门是否处于关闭位置。这就是层门副锁开关。

这里强调的"这些门扇均未装设手柄",其中"这些门扇"指的是除锁紧的门扇外的其他门扇。如果其他门扇装设手柄,则意味着该门扇的开启或闭合不是(至少不完全是)依靠各门扇中间的连接部件(钢丝绳、皮带、链条等)与被锁紧的门扇联动的,在这种情况下仅锁住一扇门难以做到防止其他门扇打开。

应当注意的是,7.7.6 所述及到的无论是直接机械连接的门扇还是间接机械连接的门扇,其连接部位的强度应不低于本标准中对门锁要求的强度,即能通过根据 F1.2.2 要求进行的机械试验。而且 F1 中规定的层门锁紧装置的试验应将门锁安装在其实际的工作位置(层门上)进行,这样才能真正反映层门锁紧系统的可靠性。

验证非直接锁闭门扇闭合位置的开关是电气安全装置并被列入在附录 A 中,它应串联在电气安全回路中。

7.8 动力驱动的自动门的关闭

正常操作中,若电梯轿厢没有运行指令,则根据在用电梯客流量所确定的必要的一段时间后,动力驱动的自动层门应关闭。

 解析 在电梯暂时不运行时,电梯应关闭层门等候召唤,而不应长时间开门等候召唤。这是由于无论哪种层门事实上都是具有一定耐火性能的,当火灾发生时,关闭的层门在客观上都能减缓火灾通过井道向相邻层站蔓延,尤其是当根据 7.2.7 的要求设置了耐火层门时,这种作用更加明显。因此如果层门处于开启状态等候召唤(当然此时轿厢必然在开启层门的位置),由于层门和轿厢之间存在间隙,井道在火灾发生时是一个"抽气筒",很容易使火灾向其他层蔓延。

第 7 章习题(判断题)

1. 进入轿厢的井道开口处应装设无孔的层门,门关闭后,门扇之间及门扇与立柱、门楣和地坎之间的间隙应尽可能小。对于乘客电梯,此运动间隙不得大于 6mm。对于载货电梯,此间隙不得大于 8mm。由于磨损,间隙值允许达到 10mm。如果有凹进部分,上述间隙从凹底处测量。

2. 门及其框架的结构应在经过一定时间使用后允许产生一定变形,为此,宜采用金属制造。

3. 层门及其门锁在锁住位置时应有这样的机械强度:即用 300N 的力垂直作用于该层门的任何一个面上的任何位置,且均匀地分布在 5cm² 的圆形或方形面积上时,应能:无永久变形;弹性变形不大于 15mm;试验期间和试验后,门的安全功能不受影响。

4. 在水平滑动门和折叠门主动门扇的开启方向,以 150N 的人力(不用工具)施加在一个最不利的点上时,7.1 规定的间隙可以大于 6mm,但不得大于下列值:对旁开门,30mm;对中分门,总和为 45mm。

5. 玻璃门扇的固定方式应能承受本标准规定的作用力,而不损伤玻璃的固定。

6. 玻璃门的固定件,在玻璃下沉的情况下,允许玻璃轻微的滑出。

7. 玻璃门扇上应有永久性的标记:供应商名称或商标;玻璃的型式;厚度[如:(8+0.76+8)mm]。

8. 层门入口的最小净高度为 3m。

9. 层门净入口宽度比轿厢净入口宽度在任一侧的超出部分均不应小于 50mm。

10. 每个层站入口均应装设一个具有足够强度的地坎,以承受通过它进入轿厢的载荷。

11. 层门的设计应允许正常运行中脱轨、机械卡阻或行程终端时错位。

12. 由于磨损、锈蚀或火灾原因可能造成导向装置失效时,应设有应急的导向装置使层门保持在原有位置上。

13. 水平滑动层门的顶部和底部都应设有导向装置。

14. 垂直滑动层门一边设有导向装置。

15. 垂直滑动层门的门扇应固定在一个独立的悬挂部件上。

16. 悬挂用的绳、链、皮带,其设计安全系数不应小于 8。

17. 悬挂绳滑轮的直径不应小于绳直径的 25 倍。

18. 悬挂绳与链应加以防护,以免脱出滑轮槽或链轮。

19. 层门及其周围的设计可不考虑减少由于人员、衣服或其他物件被夹住而造成损坏或伤害的危险。

20. 为了避免运行期间发生剪切的危险,动力驱动的自动滑动门外表面不应有大于 5mm 的凹进或凸出部分,这些凹进或凸出部分的边缘应在开门运行方向上倒角。

21. 阻止关门力不应大于 250N,这个力的测量不得在关门行程开始的 1/3 之内进行。

22. 层门及其刚性连接的机械零件的动能,在平均关门速度下的测量值或计算值不应大于 10J。

23. 当乘客在层门关闭过程中通过入口时被门扇撞击或将被撞击,一个保护装置应自动地使门重新开启。这种保护装置也可以是轿门的保护装置。

24. 此保护装置的作用可在每个主动门扇最后 50mm 的行程中被消除。

25. 阻止折叠门开启的力不应大于 150N。这个力的测量应在门处于下列折叠位置时进行,即:折叠门扇的相邻外缘间距或与等效件(如门框)距离为 100mm 时进行。

26. 垂直滑动门可能用于载人和载货电梯。

27. 在层门附近,层站上的自然或人工照明在地面上的照度不应小于 30lx,以便使用人员在打开层门进入轿厢时,即使轿厢照明发生故障,也能看清其前面的区域(见 0.2.5)。

28. 如果层门是手动开启的,使用人员在开门前,必须能知道轿厢是否在那里。为此只能安装一个发光的"轿厢在此"信号,它只能当轿厢即将停在或已经停在特定的楼层时燃亮。在轿厢停留在那里的时候,该信号应保持燃亮。

29. 在正常运行时,应不能打开层门(或多扇层门中的任意一扇),除非轿厢在该层门的开锁区域内停止或停站。开锁区域不应大于层站地平面上下 0.2m。在用机械方式驱动轿门和层门同时动作的情况下,开锁区域可增加到不大于层站地平面上下的 0.35m。

30. 对铰链门,锁紧应尽可能接近门的垂直闭合边缘处。即使在门下垂时,也能保持正常。

31. 锁紧元器件及其附件应是耐冲击的,应用金属制造或金属加固。

32. 锁紧元器件的啮合应能满足在沿着开门方向作用 500N 力的情况下,不降低锁紧的效能。

33. 应由重力、永久磁铁或弹簧来产生和保持锁紧动作。弹簧应在压缩下作用,应有导向,同时弹簧的结构应满足在开锁时弹簧不会被压并圈。

34. 如果永久磁铁(或弹簧)失效,重力应允许导致开锁。

35. 如果锁紧元器件是通过永久磁铁的作用保持其锁紧位置,则一种简单的方法(如加热或冲击)不应使其失效。

36. 门锁装置应有防护,以避免可能妨碍正常功能的积尘危险。

37. 工作部件应禁止检查,例如采用一块透明板以便观察。

38. 当门锁触点放在盒中时,盒盖的螺钉应为可脱落式的。在打开盒盖时,它们允许在或不在盒或盖的孔中。

39. 在一次紧急开锁以后,门锁装置在层门闭合下,应保持开锁位置。

40. 在轿门驱动层门的情况下,当轿厢在开锁区域之外时,如层门无论因为何种原因而开启,则应有一种装置(重块或弹簧)能确保该层门自动关闭。

41. 在与轿门联动的水平滑动层门的情况中,倘若证实层门锁紧状态的装置是依赖层门的有效关闭,则该装置同时可作为证实层门闭合的装置。在铰链式层门的情况下,此装置应装于门的闭合边缘处或装在验证层门闭合状态的机械装置上。

42. 在门打开或未锁住的情况下,从人们正常可接近的位置,用单一的不属于正常操作程序的动作应可能开动电梯。

43. 用于验证锁紧元器件位置的装置必须动作可靠。

44. 如果滑动门是由数个间接机械连接(如用钢丝绳、皮带或链条)的门扇组成,允许只锁紧一扇门,其条件是,这个门扇的单一锁紧能防止其他门扇的打开,且这些门扇均未装设手柄。未被锁住的其他门扇的闭合位置应由一个符合 14.1.2 要求的电气安全装置来证实。

45. 正常操作中,若电梯轿厢没有运行指令,则根据在用电梯客流量所确定的必要的一段时间后,动力驱动的自动层门应开启。

第 7 章习题答案

1. √;2. ×;3. √;4. √;5. √;6. ×;7. √;8. ×;9. ×;10. √;11. ×;12. √;13、√;14. ×;15. ×;16. √;17. √;18. √;19. ×;20. ×;21. ×;22. √;23. √;24. √;25. √;26. ×;27. ×;28. ×;29. √;30. √;31. √;32. ×;33. √;34. ×;35. √;36. √;37. ×;38. ×;39. ×;40. √;41. √;42. ×;43. √;44. √;45. ×。

轿厢与对重（或平衡重）

> **解析**　本章是针对轿厢和对重或平衡重的相关要求,轿厢和对重是电梯垂直运动的主体部件。由于电梯的一切运行最终都要通过轿厢反映给乘客,因此本章对轿厢的规定占大部分篇幅。

与层门一样,轿厢是电梯系统中,人员在正常情况下能够接触的部件,同时轿厢作为电梯系统中运送乘客的主要部件,其坚固性、可靠性直接关系到乘客的安全,因此对轿厢的安全要求也是非常严格的。

前面多次强调过,GB 7588—2003 是安全标准而非性能标准,同时 GB 7588 给出的是通常用途的电梯的安全要求。因此在一些特殊场合下电梯不但要满足 GB 7588—2003 中规定的一般安全性要求,同时必须满足其应用场合和应用目的的特殊要求。比如当电梯需要进行无障碍化设计时,为了满足需要,轿厢内还应加装低位操作盘(残疾人操作盘)、语音报站、助听器式报警装置等。

JGJ 50—2001《城市道路和建筑物无障碍设计规范》中对于无障碍化设计的电梯轿厢有如下要求:

设施类别	设计要求
电梯门	开启净宽度大于或等于 0.80m
面积	1.轿厢深度大于或等于 1.40m 2.轿厢宽度大于或等于 1.10m
扶手	轿厢正面和侧面应设高 0.80m～0.85m 的扶手
选层按钮	轿厢侧面应设高 0.90m～1.10m 带盲文的选层按钮
镜子	轿厢正面高 0.90m 处至顶部应安装镜子
显示与音响	轿厢上、下运行及到达应有清晰显示和报层音响

8.1　轿厢高度

8.1.1　轿厢内部净高度不应小于2m。

> **解析**　轿厢内部净高度是指从轿厢内部测得地板至轿厢顶部的垂直距离(轿顶灯罩和可拆卸的吊顶在此距离之内)。

8.1.2　使用人员正常出入轿厢入口的净高度不应小于2m。

> **解析**　轿厢入口的净高度是指轿厢地坎上表面到轿门门楣下沿的距离。

8.2 轿厢的有效面积,额定载重量,乘客人数

8.2.1 乘客电梯和病床电梯

为了防止由于人员的超载,轿厢的有效面积应予以限制。为此额定载重量和最大有效面积之间的关系见表1。

对于轿厢的凹进和凸出部分,不管高度是否小于1m,也不管其是否有单独门保护,在计算轿厢最大有效面积时均必须算入。

当门关闭时,轿厢入口的任何有效面积也应计入。

为了允许轿厢设计的改变,对表1所列各额定载重量对应的轿厢最大有效面积允许增加不大于表列值5%的面积。

此外,轿厢的超载还应由符合14.2.5要求的装置来监控。

表 1

额定载重量/kg	轿厢最大有效面积/m²	额定载重量/kg	轿厢最大有效面积/m²
100[1]	0.37	900	2.20
180[2]	0.58	975	2.35
225	0.70	1000	2.40
300	0.90	1050	2.50
375	1.10	1125	2.65
400	1.17	1200	2.80
450	1.30	1250	2.90
525	1.45	1275	2.95
600	1.60	1350	3.10
630	1.66	1425	3.25
675	1.75	1500	3.40
750	1.90	1600	3.56
800	2.00	2000	4.20
825	2.05	2500[3]	5.00

1)一人电梯的最小值;

2)二人电梯的最小值;

3)额定载重量超过2500kg时,每增加100kg,面积增加0.16m²。对中间的载重量,其面积由线性插入法确定。

解析 这里明确了乘客电梯和病床电梯面积的计算方法是相同的,都是不允许超过表1中规定的(可以有不大于5%的超出)。在 GB 7588—1995 中,病床梯的轿厢面积是"参考"表1规定的,考虑到我国在用的额定载重量为 1000kg 甚至是 750kg 的病床梯,由于其面积严重超过表1规定,而且我国医院电梯大多为病、客两用,在门诊高峰时无法有效控制

进入轿厢人数。即使有超载报警装置,乘客也要等到超载报警后才可能退出电梯,但在退出电梯前轿厢可能由于超载严重而导致曳引力不足,出现溜车事故,造成严重的人身与设备安全事故。

这里要特别注意轿厢面积的计算方法:"当门关闭时,轿厢入口的任何有效面积也应计入",如图 8-1 所示,轿厢面积是两部分不同阴影面积之和。

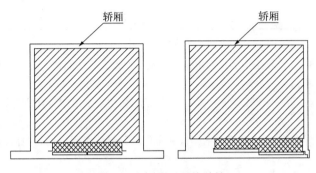

图 8-1 轿厢面积的计算

"对于轿厢的凹进和凸出部分,不管高度是否小于 1m,也不管其是否有单独门保护,在计算轿厢最大有效面积时均必须算入":这里是对"轿厢有效面积"定义的补充规定,在 3.5 条中定义的轿厢面积是这样的:"地板以上 1m 高度处测量的轿厢面积,乘客或货物用的扶手可忽略不计"。这里所提到的轿厢在 1m 以下的(或许有单独的门保护)的凹进和凸出部分,这样的设计可能被用于在公寓楼中安装的电梯:由于轿厢的尺寸受到限制而无法容纳担架,则在轿厢上设有一个向外凸出的空间,平时用门保护,当需要运送躺在担架上的人员时,将门打开后担架的一端可以伸到这个空间中去,这种情况在标准中计算面积时是必须计入轿厢有效面积的。

针对"当门关闭时,轿厢入口的任何有效面积也应计入"的要求和"为了允许轿厢设计的改变,对表 1 所列各额定载重量对应的轿厢最大有效面积允许增加不大于表列值 5% 的面积。"在制订标准时是这样考虑的:

1)由于整个地板面积不可能完全被乘客利用,因此轿厢存在超载的可能性很小;

2)在其他安全标准(ANSI A17.1——美国标准和日本工业标准)中,这块面积是不计入轿厢有效面积的;

3)由于历史的原因,目前国内电梯行业的现状是多数厂家是以日本工业标准的规定设计轿厢面积的,同时经过长时间的统计,并没有因此发生过任何不安全的事故;

4)由于设计上的原因,地板面积可能被(诸如:操纵面板,扶手,镜子等)缩减了;

因此,引用了美国的 A17.1(2000)的规定:"为了允许轿厢设计的改变,对表 1 所列各额定载重量对应的轿厢最大有效面积允许增加不大于表列值 5% 的面积"。

即使限定了轿厢的最大有效面积,轿厢还是要设置防止超载的装置来监控载重量是否超过额定载荷的 10%,并至少为 75kg(这时即为所谓的"超载")。

当超载时:

a)应防止电梯正常启动及再平层;

b)轿内应有音响和(或)发光信号通知使用人员;

c)动力驱动自动门应保持在完全打开位置;

d)手动门应保持在未锁状态;

e)根据 7.7.2.1 和 7.7.3.1 进行的预备操作应全部取消。

关于确定额定载重量及乘客人数的轿厢最大有效面积的问题,CEN/TC10 有如下解释单:

问 题
8.2.1 表 1 的注要求:在计算用于确定额定载重量及乘客人数的轿厢最大有效面积时,应考虑轿厢内凹进和延伸部分的面积。 在凹进和延伸部分的高度小于或等于 1.20m 的情况下(依据第 3 章"杂物梯"定义,该高度是人员不易接近条件的上限): 最大有效面积是轿厢总面积,还是不包括凹进和延伸部分而仅可用于站人的面积? 它能被用于确定乘客人数吗? 另一方面,在这些凹进和延伸部分的高度大于 1.20m 的情况下,但它们的地板平面与轿厢地板平面不相同(如:较高): 在计算用于确定额定载重量及乘客人数的轿厢最大有效面积时,是否应考虑轿厢内这些凹进和延伸部分的面积?

解 释
1. 在计算轿厢最大有效面积时,依据本标准 1977(78)版第 8.2.1 表 1 的注,应考虑凹进和延伸部分的面积,即使高度小于 1.0m,也无论是否由单独门所保护。电梯额定载重量应依据最大轿厢有效面积来确定。该要求的目的是为了避免因额外的人员可能以任何身体姿势将他们自己位于凹进或延伸部分中而造成电梯超载。由此可做出结论,对于轿厢最大有效面积的计算,不必要考虑不能容纳一个人的凹进或延伸部分的面积(如:电话壁龛或折叠座的壁龛)。 对于乘客人数的确定,应使额定载重量(kg)除以 75 且将计算结果向下圆整到最接近的整数。 如果对应最大轿厢有效面积的载荷超过额定载重量的 15%,该额定载重量是根据在正常使用期间人员占用的轿厢面积依据表 1 来确定,则占用的轿厢面积应被用于确定最多的允许乘客人数。 2. 在计算轿厢最大有效面积时,依据本标准 1985 版第 8.2.1 表 1 的注,应考虑凹进和延伸部分的面积,即使其高度小于 1.0m,也无论其是否由单独门所保护。电梯额定载重量应依据最大轿厢有效面积来确定。该要求的目的是为了避免因额外的人员可能以任何身体姿势将他们自己位于凹进或延伸部分中而造成电梯超载。由此可做出结论,对于轿厢最大有效面积的计算,不必考虑不能容纳一个人的凹进或延伸部分的面积(如:电话壁龛或折叠座的壁龛)。 对于乘客人数的确定,应只考虑在正常使用期间人员占用的轿厢部分的面积。即使凹进或延伸部分已经被包括在最大轿厢有效面积计算中,也不考虑凹进或延伸部分。

资料 8-1 轿厢有效面积的由来

这里谈到了电梯额定载重量(乘客重量)与轿厢容量(乘客人数)的关系问题。这个关系是由乘客脚底占据的面积决定的。我们电梯的交通输送能力取决于轿厢可以容纳的乘客数,而不是轿厢载重量。但是由于乘客的重量对电梯系统的安全性产生了影响,因此有必要限制轿内的乘客数量。

EN81 表 1 中的电梯载重量和轿厢面积是这样来的:大约在 20 世纪初,美国首先提出了这种关系。从实际角度出发,A17.1 委员会提出乘客的合理重量为 150lb(68kg)。由于每个乘客是双脚着地,那么落在每只脚上的重量应是 75lb。另外假定每只脚占据的面积为 1ft²(0.09m²)。大约到 1925 年,又有人提出:如果在较大的(12 人以上)轿厢中,可以通过使乘客站得更紧凑的方法在轿厢中容纳更多的乘客。他们也证实了这一点。那时,有些电梯司机让乘客挤在轿厢中,这时如果轿厢地板有较大的面积,单位载重量将由原来的 75lb/ft² 上升到 100lb/ft²。这种关系可以由一条曲线表达。后来这条曲线被英国人沿用下来并转化为表格型式。最后,这种关系又被 EN81-1/2 所采用而公制化。在此之后,到了 1942 年,美国人又对上述曲线进行了进一步的完善,并建立了它的多次多项表达式。

现在,人们的身材比 20 世纪初要高大一些。另外由于文化和社会习俗的影响,人们在等候范围内习惯保持一定的距离,这些实际因素共同导致了较大的轿厢无法达到其额定载重量的现实。

国际标准化/技术修正组织在(ISO/TR)11071-2 8.2.1 中指出:

由于历史原因,轿厢容量与载重量作为一个项目被纳入安全规范,将来对此可以编写一个仅包含载重量而不包含轿厢容量的安全规范。其中一个侧重于交通输送能力问题,另一个侧重于直接涉及安全因素的最大输送量问题。

目前,EN81-1/2 给出了一个额定载重量和最大允许轿厢面积的关系(EN81 表 1)。出于安全因素(也就是避免超载),我们应该保留额定载重量/轿厢底面积的关系,但实际应根据轿厢面积来指定载重量。

一个西方的成年男子所需要的面积为 0.21m²。欧洲标准认为乘客的平均重量为 75kg(美国标准曾认为是 68kg〔150lb〕。现在看起来,75kg 是比较合适的)。由此可以推导出乘客密度为 375kg/m²。即使人们的身材可能矮小些或高大些,占有的面积也可能相应的小一些或大一些,但人们之间的密度基本不变。也就是说,63kg 的人占有的面积为 0.17m²,80kg 的人占有的面积则是 0.22m²。

ISO 发布了一个关于世界各国乘客身材的国际标准的决议草案。下表是 ISO/FDIS 4109-1:1999(E)中提出的数据:

资料 8-1 表 1

额定载重 kg	轿厢面积 m²	额定容量 (75kg/人)	设计容量 (0.21m²/人)	在设计容量下的载重量 (75kg/人)
320	1.35	4	6.4	480
450	1.20	6	5.7	428
630	1.54	8	7.3	548
800	1.89	10	8.9	668
1000	2.24	13	10.7	803
1275	2.80	17	13.3	998

续表

额定载重 kg	轿厢面积 m²	额定容量 (75kg/人)	设计容量 (0.21m²/人)	在设计容量下的载重量 (75kg/人)
1600	3.36	21	16.0	1200
1800	3.76	24	17.9	1343
2000	4.00	26	19.1	1425
2500	4.86	33	23.1	1733

注：比较表中第一列和最后一列可以发现，除了 320kg 的电梯之外，不会发生超载现象。

8.2.2 载货电梯

为了防止不可排除的人员乘用可能发生的超载，轿厢面积应予以限制。通常，额定载重量和轿厢最大有效面积的关系也应按照表 1 的规定。

特殊情况，为了满足使用要求而难以同时符合表 1 规定的载货电梯，在其安全受到有效控制的条件下，轿厢面积可超出表 1 的规定。

这里"有效控制"的含义是指：

a)电梯设计计算应考虑轿厢实际载重量达到了轿厢面积按表 1 规定所对应的额定载重量的情况下，电梯各相关受力部件(如曳引钢丝绳及端接装置、曳引轮轴、曳引机轮齿、制动器、轿厢及轿架等)有足够的强度和刚度，钢丝绳与曳引轮之间不打滑，安全钳、缓冲器能满足使用要求；

b)轿厢的超载应由符合 14.2.5 要求的装置监控；

c)应在从层站装卸区域总可看见的位置上设置标志，表明该载货电梯的额定载重量(见 15.5.3)：

d)应专用于运送特定轻质货物，其体积可保证在装满轿厢情况下，该货物的总质量不会超过额定载重量；

e)电梯有专职司机操作，并严格限制人员进入。

以上 a)、b)、c)由电梯制造商负责；d)、e)由电梯用户负责。

同时，对于上述特殊情况所指的载货电梯的交付使用前的检验，还应分别按附录 D(标准的附录)D2h)作曳引检查；按 D2j)作安全钳检验以及按 D2l)作缓冲器的检验。

此外，载货电梯设计计算时不仅需考虑额定载重量，还要考虑可能进入轿厢的搬运装置的质量。

专供批准的且受过训练的使用者使用的非商用汽车电梯，额定载重量应按单位轿厢有效面积不小于 $200kg/m^2$ 计算。

解析 关于货梯的面积问题,GB 7588—2003 与 EN81-1:1998 的差异较大:EN81-1:1998 的规定是这样的"8.2.1 的要求同样适用。此外设计计算时不仅考虑额定载重量,还要考虑可能进入轿厢的搬运装置的重量。"考虑到货梯的用途并不是运送乘客,而是运送货物的,货物的密度并不是预先可知的。因此允许货梯的面积"参考"表 1 执行,允许在"特殊情况"下采取特殊对策:"为了满足使用要求而难以同时符合表 1 规定的载货电梯,在其安全受到有效控制的条件下,轿厢面积可超出表 1 的规定"。但其前提是必须在"有效控制"状态下。仔细分析一下"有效控制"的要求会发现,这个要求是极端苛刻的:所有轿厢的受力部件都要求能够满足轿厢实际面积所对应的表 1 中的载重量;按照对应的载重量进行曳引试验以及安全钳和缓冲器试验;轿厢超载报警装置按照轿厢所标称的载重量进行设定,同时还要求必须配备司机。经过分析不难发现,如果按照本条要求的"有效控制"设计超面积货梯,只有马达、变频器容量和对重重量可以按照标称的额定载重量设计,其他部件都必须同时满足标称额定载重量和实际轿厢面积按照表 1 推算的载重量的要求。这样作无疑是得不偿失的。同时有些参数很难同时满足这两个条件,比如安全钳的 $P+Q$ 值,很难同时覆盖这两个值。

"载货设计计算时不仅考虑额定载重量,还要考虑可能进入轿厢的搬运装置的重量",最常见的情况就是使用叉车向货梯轿厢内运送货物时,叉车的前端进入轿厢,并由轿厢支撑整个货物的重量附带叉车前端的重量。

8.2.3 乘客数量

乘客数量应由下述方法获得:

a)按公式$\dfrac{额定载重量}{75}$计算,计算结果向下圆整到最近的整数;或

b)取表 2 中较小的数值。

表 2

乘客人数/人	轿厢最小有效面积/m²	乘客人数/人	轿厢最小有效面积/m²
1	0.28	11	1.87
2	0.49	12	2.01
3	0.60	13	2.15
4	0.79	14	2.29
5	0.98	15	2.43
6	1.17	16	2.57
7	1.31	17	2.71
8	1.45	18	2.85
9	1.59	19	2.99
10	1.73	20	3.13
注:乘客人数超过 20 人时,每增加 1 人,增加 0.115m²。			

解析　为了保证确定的轿厢有效面积不至于在载有额定乘客数量时过分拥挤,规定了最小的有效面积。据统计,一个人站在地板上感到宽松舒适的面积约为 0.28m²;而当轿厢内乘客比较拥挤时平均每人的空间面积约 0.19m²;如果乘客互相拥挤贴身,此时平均每人的空间面积为 0.14m²;因此为了保证满载时能够容纳设计预期的乘客数量,轿厢的最小有效面积应有所规定。

但由于 EN81-1 不是性能标准。所以,除了避免超载以外不应试图指定乘客人数。这里获得乘客数量的方法是取 a)公式的计算结果和 b)表 2 中的较小值。应注意,表 2 是作为以轿厢面积为基础推算乘客数量的依据,而不是作为载重量和轿厢面积相对应关系的必须遵守的规定。比如:1000kg 载重量,按照 a)中公式计算是 13 人,从表 2 中查得,13 人的轿厢最小有效面积为 2.15m²。但这并不是说 1000kg 载重量的轿厢最小有效面积为 2.15m²。2.15m² 的面积只是对应 13 人。假设轿厢面积只有 1.87m²(11 人),但电梯的所有承载部件以及拖动系统容量完全可以满足 1000kg 载重量,此时电梯可以标称额定载重量为 1000kg,但乘客数量应标 11 人而不是 13 人。

资料 8-2　轿厢面积和乘客数量的关系　⇩⬇

EN81-1 应仅对轿厢能供多少乘客使用的性能指标提供指导。这种指导应给出轿厢地板面积与轿厢能够容纳的乘客人数的比例关系。这一点在进行电梯交通流量分析时非常重要,在进行流量分析时还应给出电梯安装所在地的地方文化,社会及自然条件的指导,这些都会成为电梯输送能力的制约因素。

有研究机构对表 2 中的乘客数量和轿厢面积之间的关系进行了研究,结果是这样的:据统计成年男子所需要的面积为 0.21m²。欧洲标准认为乘客的平均重量为 75kg(美国标准曾认为是 150lb,即 68kg。现在看起来,75kg 是比较合适的)。假如一个 68kg(150lb)的人所需面积是 0.19m²(2.0ft²),基于这个比例,75kg 的人所需的面积应是 0.21m²,研究发现 75kg 的人占有这么大面积的确是合适的。由此可以推导出乘客密度为 375kg/m²。的确有些地方假定乘客的重量重一些(比如俄罗斯,乘客重量为 80kg/人),还有一些地方假定乘客的重量轻一些(比如日本,乘客重量为 65kg/人),但人们的身材可能矮小些或高大些,占有的面积也可能相应的小一些或大一些,因此人们之间的密度基本不变。也就是说,63kg 的人占有的面积为 0.17m²,80kg 的人占有的面积则是 0.22m²。

在上面对轿厢面积的要求中只是将轿厢面积和最大载重量以及乘客数量进行了关联,但并没有述及到在电梯要求有特殊功用时,轿厢的最小尺寸要求以及最小载重量要求。在 JGJ 50—2001《城市道路和建筑物无障碍设计规范》中对轿厢的尺寸是这样规定的:轿厢深度大于或等于 1.40m;轿厢宽度大于或等于 1.10m。这样的轿厢面积对应的载重量至少应是 640kg。在 GB 50045—1995《高层民用建筑设计防火规范》中 6.3.3.5 规定"消防电梯的载重量不应小于 800kg"。当电梯需要具有消防员使用功能或无障碍化设计时,不但应遵守 GB 7588 的要求,还应遵守其他相关标准的要求。

8.3 轿壁、轿厢地板和轿顶

8.3.1 轿厢应由轿壁、轿厢地板和轿顶完全封闭,只允许有下列开口:

　　a)使用人员正常出入口;

　　b)轿厢安全窗和轿厢安全门;

　　c)通风孔。

■■■ **解析**　由于要求轿厢应是"完全封闭"的,因此排除了采用部分封闭的轿厢的可能。这里讲到的"只允许有下列开口"是指有目的、有针对性的预留的开口,并不是说轿厢壁板之间、轿门和门框之间、天花板和轿厢壁板之间不可以存在缝隙,事实上这样也是做不到的。

　　这里提到的"轿厢安全窗"在 GB/T 7024—1997《电梯、自动扶梯、自动人行道术语》中的定义是:"在轿厢顶部向外开启的封闭窗,供安装、检修人员使用或发生事故时援救和撤离乘客的轿厢应急出口。安全窗上应装有当窗扇打开时即可断开控制电路的开关"。轿厢安全窗和轿厢安全门并不是必须要设置的。建议在开设有井道安全门时,最好设置轿厢安全窗以方便救援。

　　考虑到轿厢内乘客较多的情况下,一旦遇到停电故障而造成轿厢风扇停止时,可能造成轿内人员窒息,因此要开设通风孔。通风孔的具体要求在 8.16 中有规定。

8.3.2　轿壁、轿厢地板和轿顶应具有足够的机械强度,包括轿厢架、导靴、轿壁、轿厢地板和轿顶的总成也须有足够的机械强度,以承受在电梯正常运行、安全钳动作或轿厢撞击缓冲器的作用力。

■■■ **解析**　轿顶如果需要作为工作平台供人员使用,其机械强度还应满足人员在上面站立和工作时所施加的力。对此,在 8.13.1 中有这样的规定"在轿顶的任何位置上,应能支撑两个人的体重,每个人按 0.20m×0.20m 面积上作用 1000N 的力,应无永久变形"。本条和8.13.1 共同构成了对轿顶强度的最低要求,轿顶并非只要满足这些要求就完全可以了,轿顶强度的具体情况应根据允许在轿顶同时工作的人员的数量决定。

8.3.2.1　轿壁应具有这样的机械强度:即用 300N 的力,均匀地分布在 5cm² 的圆形或方形面积上,沿轿厢内向轿厢外方向垂直作用于轿壁的任何位置上,轿壁应:

　　a)无永久变形;

　　b)弹性变形不大 15mm。

■■■ **解析**　这里的规定与井道壁及层门类似。但值得注意的是,在前面只有井道壁(5.3.1.1)、每个层门地坎下的井道壁(5.4.3)、层门(7.2.3.1)有类似的要求。但都没有像本条一样明确指定了受力方向(沿轿厢内向轿厢外方向垂直作用于轿壁的任何位置上)。这是因为,对于轿厢壁(包括 8.6.7.1 规定的轿门),人员是不可能从轿厢外向轿厢内施加力的。但由于轿门通常是没有锁紧装置的,因此人员完全可能扒开轿门推层门,因此层门在两个方向上都要能经受这样的力。井道的情况也一样。

当然这里要求的强度都是最小值,轿壁的实际强度应由设计需要决定。

8.3.2.2 玻璃轿壁应使用夹层玻璃,应按表 J1 选用或能承受附录 J 所述的冲击摆试验。

在试验后,轿壁的安全性能应不受影响。

距轿厢地板 1.10m 高度以下若使用玻璃轿壁,则应在高度 0.90m~1.10m 之间设置一个扶手,这个扶手应牢固固定,与玻璃无关。

解析 (7.6.2 没有要求必须做冲击摆实验)如果在轿厢壁板上使用了玻璃,玻璃尺寸应符合附录 J 中 J7 规定,否则都要按照附录 J 的要求进行冲击摆锤试验。

当距离轿厢地板 1.1m 高度以下若使用玻璃轿壁,为防止玻璃破碎后人员坠入井道,同时使乘客心理上具有安全感,要求在"高度 0.90m~1.10m 之间设置一个扶手"。而且要求扶手不得固定在玻璃上或与轿壁的玻璃部分相关连,以防止在玻璃破碎后护栏失效(见图 8 - 2)。既然玻璃要么根据附录 J 的要求进行了试验,要么是安装附录 J 表 1 选择了足够安全的玻璃,为什么还要求设置扶手,以防止玻璃破碎时人员发生坠入井道的危险呢? 其实,附录 J 至少验证了玻璃是耐冲击的,但并不能防止玻璃在轿厢使用过程中由于固定点或固定支架的变形而产生内应力,如果玻璃的内应力较大,此时正好再受到外力的冲击,很容易破碎。同时玻璃如果受到尖锐的锥形物体冲击时,也非常容易破碎。

a)玻璃轿壁及其扶手　　　　b)常见的扶手形式

图 8 - 2　采用玻璃轿壁时扶手的设置

"在试验后,轿壁的安全性能应不受影响"的规定,不但要求了玻璃轿壁在试验后必须满足试验要求,同时在受到 8.3.2.1 规定的力的作用下,轿壁不会发生永久变形且弹性变形不大于 15mm。

所谓"扶手应牢固固定",是对其强度提出了潜在的要求:护栏在受到预期的力的作用下不得导致危险的发生。这个预期的力在水平方向上至少应是 0.3.9 中所述及到的:静力、300N 或撞击所产生的力、1000N。但应明确的是,0.3.9 中对这样的力的描述是"这是一个人可能施加的作用力",如果考虑到轿厢内人员较多的情况下,由于拥挤对扶手施加的力,则应远大于此。垂直作用在扶手上的力,应由可能同时按压护栏上的人员数量决定。

此处要求设置的扶手与 JGJ 50—2001《城市道路和建筑物无障碍设计规范》中要求的"轿厢正面和侧面应设高 0.80m~0.85m 的扶手"不是一个作用。这里的扶手是为了安全考虑,而 JGJ 50—2001 是为方便残疾人使用为目的的。

玻璃轿壁的摆锤试验简述参考 7.2.3.3。

CEN/TC10 对附录 J7 的解释:对于免于摆锤冲击试验的玻璃轿壁和门板:因为附录 J 是标准的附录,因此没有必要再去参考国家法规。

对于免于摆锤冲击试验的玻璃轿壁形状:尽管数学定义术语"内切圆直径"指的是能放入玻璃模型里面的最大圆,表 J1 所规定的尺寸也适用于长方形玻璃板。

对于免于摆锤冲击试验的玻璃轿壁的固定:虽然没有特别规定,但表 J1 给出的值,适用于四边固定于金属框架上的玻璃板。

对于免于摆锤冲击试验的玻璃层门:表 J2 的规定只能用于水平滑动门,不能用于手动门。

8.3.2.3 玻璃轿壁的固定件,即使在玻璃下沉的情况下,也应保证玻璃不会滑出。

▦ **解析** 参见 7.2.3.4 的解析。

8.3.2.4 玻璃轿壁上应有永久性的标记:

a)供应商名称或商标;

b)玻璃的型式;

c)厚度[如:(8+0.76+8)mm]。

▦ **解析** 参见 7.2.3.5 的解析。

8.3.2.5 轿顶应满足 8.13 的要求。

▦ **解析** 8.13 中要求了轿顶必须满足的最小强度、轿顶护栏设置要求、轿顶滑轮(如果有)的防护以及如果轿顶采用玻璃制造,玻璃应采用夹层玻璃。

8.3.3 轿壁、轿厢地板和顶板不得使用易燃或由于可能产生有害或大量气体和烟雾而造成危险的材料制成。

■■■ **解析** 轿厢是唯一在电梯运行全过程均与使用人员相关且能被使用者在正常情况下触及到的电梯部件,是直接与乘客相关的部件。轿厢壁板以及地板、顶板的构成材料不应使用易燃的材料制造。这里要求的材料应是具有较高的物质热稳定性的材料,在受热时物质的原有成分不易发生变化。所谓物质热稳定性是指"在规定的环境下,物质受热(氧化)分解而引起的放热或着火的敏感程度"(GB/T 13464—1992《物质热稳定性的热分析试验方法》中定义)。

在受热时,构成轿厢壁板以及地板、顶板的材料不应产生有害的或大量的气体和烟雾。这里所说的"有害的"气体是指对人的健康和安全产生不利影响的气体。"大量"是指对足以影响人体健康和人身安全的量。

资料 8-3　关于"易燃"概念的介绍　　⇩■

所谓是否"易燃",主要是考察材料的燃烧特性,不同的材料其燃烧性能是不同的。参考 GB 8624—1997《建筑材料燃烧性能分级方法》,燃烧性能的级别和名称见下表:

资料 8-3 表 1　燃烧性能的级别和名称

级别	名称
A	不燃材料
B_1	难燃材料
B_2	可燃材料
B_3	易燃材料

表中:不燃类材料(A级)可分为 A 级匀质材料和 A 级复合(夹芯)材料两种,达到下述各项要求的材料,其燃烧性能定为 A 级。

A 级匀质材料的要求是:按 GB/T 5464 进行测试,其燃烧性能应达到:

a)炉内平均温升不超过 50℃;

b)试样平均持续燃烧时间不超过 20s;

c)试样平均质量损失率不超过 50%。

A 级复合(夹芯)材料的要求是:

a)按 GB/T 8625 进行测试,每组试件的平均剩余长度≥35 cm(其中任一试件的剩余长度>20cm),且每次测试的平均烟气温度峰值≤125℃,试件背面无任何燃烧现象;

b)按 GB/T 8627 进行测试,其烟密度等级(SDR)≤15;

c)按 GB/T 14402 和 GB/T 14403 进行测试,其材料热值≤4.2MJ/kg,且试件单位面积的热释放量≤16.8MJ/m^2;

d)材料燃烧烟气毒性的全不致死浓度 LC_0≥25mg/L。

可燃类材料(B级)分为 B_1、B_2 和 B_3 级三种材料,到下述各项要求的材料,其燃烧性能定为 B 级。

B_1 级材料的要求:

a)按 GB/T 8626 进行测试,其燃烧性能应达到 GB/T 8626 所规定的指标,且不允许有燃烧滴落物引燃滤纸的现象;

b)按 GB/T 8625 进行测试,每组试件的平均剩余长度≥15 cm(其中任一试件的剩余长度>0cm),且每次测试的平均烟气温度峰值≤200℃;

c)按 GB/T 8627 进行测试,其烟密度等级(SDR)≤75。

B_2 级材料的要求:

按 GB/T 8626 进行测试,其燃烧性能应达到 GB/T 8626 所规定的指标,且不允许有燃烧滴落物引燃滤纸的现象。

B_3 级材料的要求:

不属于 B_1 和 B_2 级的可燃类建筑材料,其燃烧性能定为 B_3 级。

关于材料燃烧或热解发烟量方面,据统计,在火灾情况下,对人的生命安全威胁最大的并不是火焰本身,而是燃烧产物中生成的气体和烟雾,火灾中死亡人数大约80%是由于吸入火灾中燃烧产生的有毒烟气而致死的。燃烧中产生的气体一般是指一氧化碳、二氧化碳、丙烯醛、氯化氢、二氧化硫等。这些气体都有很强或较强的毒性,对人的危害极大。构成轿厢的材料受热甚至燃烧时,不应产生过多的有害气体。尤其是在轿厢壁板外侧涂刷隔音涂料或在轿厢壁板内增加填充材料以降低轿厢内噪声时,这些涂料和填充物的热稳定性和受热时是否会释放大量的有害气体和烟雾,必须予以充分考虑。发烟量是以所谓"烟密度"为主要参数来标定的。

烟密度是试样在规定的试验条件下发烟量的量度,它是用透过烟的光强度衰减量来描述的。主要试验是根据材料在加热试验时产生的烟雾造成空气透光强度的衰减来进行的。A级复合材料(不燃材料)的烟密度等级(SDR)≤15;B_1 和 B_2 级材料的烟密度等级(SDR)≤75。

关于材料(主要是建筑材料)的耐火性能和发烟的国家标准,对于电梯方面有参考意义的,有以下一些(见资料8-3表2):

资料8-3表2

标准号	标准名称	采用国际标准情况
GB/T 5464—1999	建筑材料不燃性试验方法	同采用国际标准 ISO 1182:1990《燃烧试验 建筑材料 不燃性试验》
GB/T 8625—1988	建筑材料难燃性试验方法	
GB/T 8627—1999	建筑材料燃烧或分解的烟密度试验方法	在技术内容上参考美国 ASTM D2843—1999 和德国标准 DIN 4102—1981 第1部分。实施本标准的试验装置与 ASTM D2843—1993 的技术要求等效
GB/T 16173—1996	建筑材料燃烧或热解发烟量的测定方法(双室法)	非等效采用 ISO/DIS 5924《燃烧试验 对火反应 建筑制品的发烟量(双室法)》(1991 年版)
GB 14402—1993	建筑材料燃烧热值试验方法	参照采用 ISO 1716:1973《建筑材料热值的测定》

续表

标准号	标准名称	采用国际标准情况
GB/T 14403—1993	建筑材料燃烧释放热量试验方法	
GB 8624—1997	建筑材料燃烧性能分级方法	技术内容上非等效采用德国标准 DIN 4102—81 第 1 部分
GB/T 16172—1996	建筑材料热释放速率试验方法	ISO 5660—1:1993《火灾试验 对火反应 建筑制品的热释放速率》
GB/T 14523—1993	建筑材料着火性试验方法	等效采用国际标准 ISO 5657:1986《燃烧试验 对火反应 建筑制品着火性》
GB/T 9978—1999	建筑构件耐火试验方法	非等效采用 ISO/FDIS 834 - 1:1997
GB/T 13464—1992	物质热稳定性的热分析试验方法	

8.4 护脚板

 解析 轿厢护脚板是涉及安全的非常重要的部件。护脚板的作用有两个：

第一个作用是防止人员在轿厢提前开门或再平层(参见 7.7.2.2 中内容)时挤压、剪切靠近层门附近的人员的脚。

第二个作用是在救援释放轿内乘客时，如果轿厢护脚板下沿未超出层门地坎，在没有其他附加安全措施的情况下，护脚板的高度可以挡住轿厢地坎以下部分的层门开口，可以防止救援人员和从轿内爬出(跳出)的人员坠入井道发生人身伤害事故。

本节中只要求了护脚板的尺寸、形式，但没有要求护脚板的刚度和强度。由于护脚板还起到防止人员坠入井道的作用，因此必须具有一定的强度和刚度，在此建议可以参照轿壁、轿门的刚度设计。

此外，本标准没有要求护脚板必须是固定式的。有些底坑非常浅的电梯，曾有过护脚板设计为活动式的结构。当在底层平层时，护脚板收缩或旋转一个角度，避免与底坑干涉；在其他层时，护脚板恢复正常。这种结构在欧洲是被认可的。

8.4.1 每一轿厢地坎上均须装设护脚板，其宽度应等于相应层站入口的整个净宽度。护脚板的垂直部分以下应成斜面向下延伸，斜面与水平面的夹角应大于 60°，该斜面在水平面上的投影深度不得小于 20mm。

解析 关于护脚板的宽度请注意是"相应层站入口的整个净宽度"而不是轿门的净宽度，尤其是在层门宽度大于轿门宽度的时候(7.3.2)，这一点尤其重要。

注意：如果存在某层的层门入口宽度大于其他层，轿厢护脚板的宽度应至少等于宽度尺寸最大的层站入口的宽度(见本条讨论)。

护脚板的垂直部分以下的要求，在 5.4.3 中已经论述过了。

讨论 8−1 轿厢护脚板宽度 ⇩▼

这里所谓"其宽度应等于相应层站入口的整个净宽度"实际上应是"其宽度至少应等于相应层站入口的整个净宽度"。而没有必要将轿厢护脚板的宽度严格的限制在与层站入口相等的尺寸上。同时,如果限定护脚板宽度只能等于层站入口的整个净宽度,则当建筑物中存在层门开门宽度尺寸不同的情况时轿厢护脚板将无法设计。

8.4.1论述了轿厢护脚板;5.4.3论述了牛腿或层门护脚板。但这两个护脚板的宽度要求却不一样:8.4.1要求"其宽度应等于相应层站入口的整个净宽度";5.4.3要求"不应小于门入口的净宽度两边各加25mm"。这样的要求也很奇怪。

8.4.2 护脚板垂直部分的高度不应小于0.75m。

■ **解析** 轿厢护脚板垂直部分应具有足够的高度,一方面在7.7.2.2所允许的轿厢提前开门(再平层无论如何也不会达到0.75m时),尽可能保护候梯厅侧人员的脚不被轿厢地坎和层门地坎剪切;另一方面,当电梯在层站附近(当轿厢地板面高于层站地面时)发生故障而无法运行时,轿内人员扒开轿门并开启层门自救,由轿内跳出时,护脚板可以起到遮挡作用以防止人员坠入井道(如图8−3所示)。

应注意:当发生故障时,轿厢地板面距离层站地面(图8−3中的 H 值)较高时,建议乘客不要采用扒开层、轿门的办法自救脱困,一来是轿厢护脚板的尺寸如果取下限值,其垂直部分高度只有0.75m。当 H 较高,尤其是 H 值超过1.05m时,此时护脚板下沿与层站地面的高度差可能超过300mm,这时人员可能不慎滚入井道发生危险。

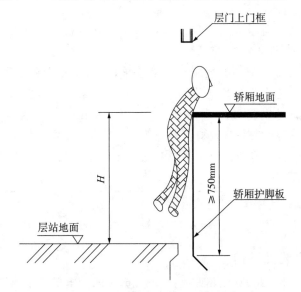

图8−3 轿厢护脚板对人员的保护

8.4.3 对于采用对接操作的电梯(见14.2.1.5),其护脚板垂直部分的高度应是在轿厢处于最高装卸位置时,延伸到层门地坎线以下不小于0.10m。

解析 当电梯采用对接操作的方式装卸货物时,由于轿厢地坎可能高于层站地坎(轿厢地板面低于层站地板面的情况标准中不允许),最高时轿厢地坎可能高出层站地面1.65m(同7.7.2.2的要求),在这个时候如果轿厢地坎下的护脚板很短,可能造成人员从护脚板和层站地面间的空隙坠入井道。因此在对接操作时,要求轿厢护脚板垂直部分的高度应延伸到层门地坎线下面不小于0.1m的位置。

资料8-4 轿厢护脚板和层门护脚板(如果采用这种形式时)的比较 ⇩▼

一、轿厢护脚板和层门护脚板的相同之处:

1. 轿厢护脚板和层门护脚板都是由垂直部分和垂直部分以下的斜面构成;

2. 斜面于水平面的夹角都要求应大于60°,斜面在水平面上的投影深度都不得小于20mm。

二、轿厢护脚板和层门护脚板的区别:

1. 描述不同:轿厢明确要求设置护脚板;而层门护脚板是以"每个层门地坎下的电梯井道壁"(5.4.3)的形式要求的。因此轿厢必须装设护脚板,而层门下方井道壁既可以是护脚板也可以是牛腿,只要满足相应的要求即可。

2. 高度不同:轿厢护脚板垂直部分的高度不应小于0.75m,垂直部分以下应成斜面向下延伸,斜面与水平面的夹角应大于60°,该斜面在水平面上的投影深度不得小于20mm;层门护脚板要求形成一个与层门地坎直接连接的垂直表面,它的高度不应小于1/2的开锁区域加上50mm。此外层门护脚板还应满足连接到下一个门的门楣;或采用坚硬光滑的斜面向下延伸,斜面与水平面的夹角至少为60°,斜面在水平面上的投影不应小于20mm的要求。

3. 宽度不同:轿厢护脚板宽度应等于相应层站入口的整个净宽度;层门护脚板宽度不应小于门入口的净宽度两边各加25mm。

4. 强度要求不同:轿厢护脚板的强度没有要求;层门护脚板要求用光滑而坚硬的材料构成(如金属薄板),它能承受垂直作用于其上任何一点均匀分布在5cm² 圆形或方形截面上的300N的力,应:无永久变形,且弹性变形不大于10mm。

5. 材料和形式不同:轿厢护脚板对材料和形式没有要求;层门护脚板要求是连续的,用光滑而坚硬的材料构成,任何凸出物均不应超过5mm,超过2mm的凸出物应倒角,倒角与水平的夹角至少为75°。

8.5 轿厢入口

轿厢的入口应装设轿门。

解析 从GB 7588—2003(EN81-1:1998)起,无轿门电梯将不再被允许制造。

8.6 轿门

8.6.1 轿门应是无孔的。载货电梯除外,载货电梯可以采用向上开启的垂直滑动门,这种门可以是网状的或带孔的板状形式。网或板孔的尺寸,在水平方向不得大于10mm,垂直方向不得大于60mm。

解析 乘客电梯为了保证运行时乘客安全,要求轿门是无孔的。

采用垂直滑动门的货梯如果是在轿厢内用持续操作的方式关闭层门和轿门,此时需要监视候梯厅侧是否出现挤压人员的事故或是否发生机构上的故障,因此轿门上是可以开孔的。如果在这种情况下轿门是无孔的,则根据7.5.2.2 a)的要求:(垂直滑动门)"门的关闭是在使用人员持续控制和监视下进行的"和7.5.2.2 d)要求的"层门开始关闭之前,轿门至少已关闭到2/3",必须提供其他手段,使得轿门至少在关闭2/3的情况下,关闭层门时依然能够在轿厢内监视层门的关闭情况,(比如在通过在层站上加设监视探头,在轿内安装显示装置的方法实现)。

8.6.2 除必要的间隙外,轿门关闭后应将轿厢的入口完全封闭。

解析 本条要求否定了轿门不能完全封闭轿厢入口的情况。与上一条一同限制了轿门在关闭后(除货梯的垂直滑动门外)必须完全将轿厢的入口遮挡起来。除了轿门开启时运动的必要间隙外,轿门必须严密的将轿厢入口封闭。

8.6.3 门关闭后,门扇之间及门扇与立柱、门楣和地坎之间的间隙应尽可能小。对于乘客电梯,此运动间隙不得大于6mm。对于载货电梯,此间隙不得大于8mm。由于磨损,间隙值允许达到10mm。如果有凹进部分,上述间隙从凹底处测量。根据8.6.1制作的垂直滑动门除外。

解析 见7.1。这里"根据8.6.1制作的垂直滑动门除外"是由于根据8.6.1制作的垂直滑动门通常是有孔的,在有孔的条件下是难以满足这个要求的。对比7.1可以明显看出,对于层门不允许有"除外"的现象。原因就是7.1所说的"进入轿厢的井道开口处应装设无孔的层门"。

8.6.4 对于铰链门,为防止其摆动到轿厢外面,应设撞击限位挡块。

解析 很明显,这一条限定了轿门为铰链门时,其开启方向应是向轿内开启,同时还要有防止其向轿厢外摆动的限位装置。

铰链式轿门不得向轿外开启是因为即便是在轿厢停靠某层并已经平层以后,轿厢和层站的相对位置依然可能发生变化(如自动再平层)。如果铰链式轿门向外开启,在轿厢和层站相对位置发生变化时轿门可能被卡住而无法关闭造成轿门损坏。同时,人员的脚可能被夹在轿门和层站地面之间造成人身伤害。

8.6.5 如果层门有视窗[见7.6.2a)],则轿门也应设视窗。若轿门是自动门且当轿厢停在层站平层位置时,轿门保持在开启位置,则轿门可不设视窗。

设置的视窗应满足7.6.2a)的要求,当轿厢停在层站平层位置时,层门和轿门的视窗位置应对齐。

■ 解析 这里要求了如果层门是手动开启的,且当轿门不是自动门或不能保证到达层站后轿门一直保持开启状态,则轿厢上也应设置视窗。其目的是使轿内人员获取轿厢是否到达平层位置的信息,并以此判断是否可以开启轿门。当然如果轿厢门是自动的、且在到达层站后保持轿门处于开启状态则此时没有必要再单独设置视窗。

由于轿厢和层门上的视窗为的是实现同样的功能,即:使层站侧的使用人员获知轿厢是否在本层、而轿厢内的乘客获知电梯是否停在层站平层位置,因此无论是轿厢还是层门上的视窗,对其尺寸和设置位置的要求应是相同的(见7.6.2)。当轿厢在层站平层停靠后,层门和轿门的视窗应对齐。如果不是这样,则真正有效的视窗面积和视窗尺寸将被缩减,而难以满足使用要求。

8.6.6 地坎、导向装置和门悬挂机构

轿门的地坎、导向装置和门悬挂机构应遵循7.4有关的规定。

■ 解析 见7.2.3.1。

8.6.7 机械强度

8.6.7.1 轿门处于关闭位置时,应具有这样的机械强度:即用300N的力,沿轿厢内向轿厢外方向垂直作用在门的任何位置,且均匀地分布在$5cm^2$的圆形或方形的面积上时,轿门应能:

    a)无永久变形;

    b)弹性变形不大于15mm;

    c)试验期间和试验后,门的安全功能不受影响。

■ 解析 见7.1。

但7.1对于层门的强度要求在受力方向上只要求"垂直作用",没有要求方向。关于受力方向的解释参见8.3.2.1。

8.6.7.2 玻璃门扇的固定方式应能承受本标准规定的作用力,而不损伤玻璃的固定件。

玻璃尺寸大于7.6.2所述的玻璃门,应使用夹层玻璃,应按表J2选用或能承受附录J所述的冲击摆试验。试验后门的安全功能应不受影响。

■ 解析 见7.2.3.3。

8.6.7.3 玻璃门的固定件,应确保即使玻璃下沉时,也不会滑脱固定件。

■ 解析 见7.2.3.4。

8.6.7.4 玻璃门扇上应有下列标记：

    a)供应商名称或商标；

    b)玻璃的型式；

    c)厚度[如：(8+0.76+8)mm]；

解析 见7.2.3.5。

8.6.7.5 为避免拖曳孩子的手,对动力驱动的自动水平滑动玻璃门,若玻璃尺寸大于7.6.2的规定,应采取使危险减至最小的措施,例如：

    a)减少手和玻璃之间的摩擦系数；

    b)使玻璃不透明部分高度达1.10m；

    c)感知手指的出现；或

    d)其他等效方法。

解析 见7.2.3.6。

8.7 轿门运动过程中的保护

8.7.1 通则

轿门及其四周设计应尽可能减少由于人员、衣服或其他物件被夹住而造成损坏或伤害的危险。

为了避免运行期间发生剪切的危险,动力驱动的自动滑动门轿厢侧的门表面不应有大于3mm的凹进或凸出部分,这些凹进或凸出部分的边缘应在开门运行方向上倒角。对8.6.1中所述的有孔门,不要求满足本条款。

解析 见7.5.1。由于货梯采用垂直滑动门时,轿门允许是有孔的,对于货梯在满足8.6.1的要求的条件下而使用有孔的垂直滑动轿门则不需要遵守"表面不应有大于3mm的凹进或凸出部分,这些凹进或凸出部分的边缘应在开门运行方向上倒角"的规定。

8.7.2 动力驱动门

动力驱动门应尽量减少门扇撞击人的有害后果。为此应满足下列要求。

在轿门和层门联动情况下,对联动门机构,下列要求也应符合。

解析 与7.5.2.1.1.4相同,这里明确指明,当层门和轿门联动的情况下,也应满足后面条款的要求:最主要的就是"阻止关门力不应大于150N"和"轿门及其刚性连接的机械零件的动能,在平均关门速度下测量或计算时不应大于10J"的要求。

8.7.2.1 水平滑动门

8.7.2.1.1 动力驱动的自动门

8.7.2.1.1.1 阻止关门力不应大于150N,这个力的测量不得在关门行程开始的 1/3 之内进行。

解析 见 7.5.2.1.1.1。

8.7.2.1.1.2 轿门及其刚性连接的机械零件的动能,在平均关门速度下测量或计算时不应大于 10J。

滑动门的平均关门速度是按其总行程减去下面的数字计算:

a)对中分式门,在行程的每个末端减去 25mm;

b)对旁开式门,在行程的每个末端减去 50mm。

注:同 7.5.2.1.1.2 注。

解析 见 7.5.2.1.1.2。

8.7.2.1.1.3 当乘客在轿门关闭过程中,通过入口时被门扇撞击或将被撞击,一个保护装置应自动地使门重新开启。此保护装置的作用可在每个主动门扇最后 50mm 的行程中被消除。

对于这样的一个系统,即在一个预定的时间后,它使保护装置失去作用以抵制关门时的持续阻碍,则门扇在保护装置失效下运动时,8.7.2.1.1.2 规定的动能不应大于 4J。

解析 在层门、轿门联动的情况下,通常防止碰撞人员的保护装置安装在轿门上。见7.5.2.1.1.3。

对于轿门仅在层门关闭后才关闭的自动折叠轿门,即使在折叠轿门关闭动作之前关闭层门,符合本条的保护装置也是必要的。

8.7.2.1.1.4 阻止折叠门开启的力不应大于 150N。这个力的测量应在门处于下列折叠位置时进行,即:折叠门扇的相邻外缘间距或与等效件(如门框)距离为 100mm 时进行。

解析 见 7.5.2.1.1.5。

8.7.2.1.1.5 如果折叠门进入一个凹口内,则折叠门的任何外缘和凹口交叠的距离不应小于 15mm。

解析 为防止使用者的手指夹在折叠门和凹口之间,要求折叠门外边缘的任何位置如果与凹口发生交叠,则交叠的距离不应小于 15mm。

8.7.2.1.2 动力驱动的非自动门

由使用人员连续控制和监视下,通过持续揿压按钮或类似方法(持续操作运行控制)关闭门时,当按 7.5.2.1.1.2 计算或测量的动能大于 10J 时,最快门扇的平均关闭速度不应大于 0.3m/s。

■ **解析** 见 7.5.2.1.2。

8.7.2.2 垂直滑动门

这种型式的滑动门只能用于载货电梯。

如果能同时满足下列条件,才能使用动力关闭的门:

a)门的关闭是在使用人员持续控制和监视下进行的;

b)门扇的平均关闭速度不大于 0.3m/s;

c)轿门是 8.6.1 规定的结构;

d)在层门开始关闭之前,轿门至少已关闭到 2/3。

■ **解析** 见 7.5.2.2。

8.8 关门过程中的反开

对于动力驱动的自动门,在轿厢控制盘上应设有一装置,能使处于关闭中的门反开。

■ **解析** 一般情况下,采用动力驱动的自动门时,层门是被动的,其开闭是由轿门带动的。因此在轿厢控制盘上应有一个装置,在需要时使用人员通过这个装置使正在关闭中的轿门(包括轿门带动的层门)反向运动而开启。这个装置实际就是轿厢操作盘上的开门按钮。

应注意,开门按钮是标准中要求的,为的是在必要情况下使用人员能够通过它开门,即便是门正在关闭时也可以使门反开,以免门扇撞击到人,这是出于对人员保护的目的而设置的。即使 8.7.2.1.1.3 中规定的"对于这样的一个系统,即在一个预定的时间后,它使保护装置失去作用以抵制关门时的持续阻碍"情况下,开门按钮也应能够使轿门反开。

轿厢操作盘上的关门按钮不是标准上要求的,可以没有。它只是提高了电梯的运行效率,与安全无关。

8.9 验证轿门闭合的电气装置

8.9.1 除了 7.7.2.2 情况外,如果一个轿门(或多扇轿门中的任何一扇门)开着,在正常操作情况下,应不能启动电梯或保持电梯继续运行,然而,可以进行轿厢运行的预备操作。

■ **解析** 见 7.7.2.1。对于提前开门、自动再平层和对接操作的情况下,通过旁接一部分电气安全装置,允许在轿门开启的情况下保持电梯"运行"。当然前提是必须符合一系列严格的要求。

8.9.2 每个轿门应设有符合 14.1.2 要求的电气安全装置,以证实轿门的闭合位置,从而满足8.9.1所提出的要求。

■■■ **解析** 见7.7.4.1。

验证轿门闭合的开关是电气安全装置并被列入在附录A中,它应串联在电气安全回路中。

8.9.3 如果轿门需要上锁[见11.2.1c)],该门锁装置的设计和操作应采用与层门门锁装置相类似的结构(见7.7.3.1和7.7.3.3)。

■■■ **解析** 与层门不同,轿门可以不被锁闭。这是因为如果层门没有门锁,一旦层门被意外开启,层站侧的人员有跌入井道而发生人身伤害事故的危险。而针对轿门和面对轿门的井道内表面(面对轿门的井道壁,见5.4要求)间的距离则在11.2.1中有相应的要求:"电梯井道内表面与轿厢地坎、轿厢门框架或滑动门的最近门口边缘的水平距离不应大于0.15m"。同时给出了两种特例:"a)可增加到0.20m,其高度不大于0.50m;b)对于采用垂直滑动门的载货电梯,在整个行程内此间距可增加到0.20m;"。因此在上述要求的保证下,轿门即使没有门锁,在轿厢运行过程中,如果轿门意外开启,人员也不可能从轿门和面对轿门的井道壁之间的间隙坠入井道。同时在这种情况下,轿厢将在8.9.2所要求设置的证实轿门关闭的电气安全装置的作用下,正在运行的轿厢将立即停止运行,这时人员不会被面对轿门的井道壁擦伤。因此即使轿门不设置门锁也不会造成人员的伤害。

11.2.1 c)所叙述的是当轿门和面对轿门的井道壁之间的距离不满足11.2.1 a)和11.2.1 b)的要求时,必须装设轿门锁。如果轿门装设门锁,其结构应是与7.7.3.1要求的层门门锁相类似的结构。也要求具有类似的锁紧、啮合、形式以及受力的要求。同时轿厢门锁也是安全部件,如7.7.3.3要求层门门锁应按照附录F1进行型式试验一样,轿门锁也应按照附录F1进行型式试验。

与层门门锁不同,轿门如果带有门锁,是不要求带有紧急开锁装置的。这是由于层门上的紧急开锁装置是给营救轿内被困乘客的专业人员使用的。我们可以设想,如果在轿厢内设置能够开启轿门锁的紧急开锁装置,当乘客被困轿厢中,由于乘客不是专业人员,不可能随身携带三角钥匙或其他紧急开锁工具,因此即使有紧急开锁装置也无法打开轿门。而且,在电梯发生故障而导致乘客被困时,允许乘客自行脱困也是不安全的。

对于轿门在救援过程中的开启是在8.11规定的。

如果轿门设置锁紧装置,验证轿门锁紧的开关是电气安全装置并被列入在附录A中,它应串联在电气安全回路中。

8.10 机械连接的多扇滑动门

8.10.1 如果滑动门是由数个直接机械连接的门扇组成,允许

　　a)把8.9.2的装置安装在:

　　　1)一个门扇上(对重叠式门为快门扇);或

　　　2)如果门的驱动元器件与门扇之间是由直接机械连接的,则在门的驱动元器件上,且

　　b)在 11.2.1c)规定的条件和情况下,只锁住一个门扇,则应采用钩住重叠式门的其他闭合门扇的方法,使如此单一门扇的锁紧能防止其他门扇的打开。

■■ **解析** 如果数扇滑动门之间是由机械直接连接的,8.9.2 中要求的验证门关闭的电气安全装置(开关)可以安装在门扇上、门的驱动元器件上(条件是驱动元器件和门扇是直接机械连接的);如果有轿门锁,也可以安装在轿门锁上(条件是如果只锁住一个门扇,能够防止其他门扇的打开)。这里允许安装验证轿门关闭的开关的位置实际上和层门的要求是一样的,与本条要求的情况类似,在 7.7.4.2 中有"在与轿厢联动的水平滑动层门的情况中,倘若证实层门锁紧状态的装置是依赖层门的有效关闭,则该装置同时可作为证实层门闭合的装置"的要求,实际上 7.7.6.1 和 7.7.4.2 两条规定加在一起构成了与本条类似的对于层门的要求。

8.10.2 如果滑动门是由数个间接机械连接(如钢丝绳、皮带或链条)的门扇组成,允许将 8.9.2 的装置安装在一个门扇上,条件是:

　　a)该门扇不是被驱动的门扇;且

　　b)被驱动门扇与门的驱动元器件是直接机械连接的。

■■ **解析** 这里要求的是,当轿门不是由直接机械连接的门扇组成时,被驱动的门扇(主动门扇)是与驱动元器件直接机械连接的,验证轿门闭合的电气开关可以只安装在从动门上。经过简单的分析不难得知,此时轿门不能关闭只可能发生在从动门上。因为主动门与驱动装置是直接机械连接的,不可能无法关闭。仅可能是连接主动门与从动门之间的间接机械连接装置(如钢丝绳、皮带或链条等)出现断裂、伸长等故障而导致从动门无法正常闭合。因此这个验证轿门是否闭合的电气开关只需要安装在从动门上即可。强调一下:这里的一个前提是"被驱动门扇与门的驱动元器件是直接机械连接的",最简单的例子是驱动轿门的门机是安装在轿门上的,随轿门一起运动的。下图所示结构也属于"被驱动门扇与门的驱动元器件直接机械连接"。

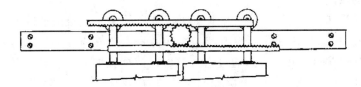

图 8-4　驱动装置与门扇直接连接的一种情况

　　如果门机是安装在轿厢门上方的梁、框架或其他位置,通过钢丝绳、皮带或链条等非直接连接的方法驱动主动门,则由于主动门上的这些间接连接部件也可能发生上述故障而导致主动门不能正常关闭,因此只将验证轿门关闭的电气开关安装在一个门扇上(无论其是主动门还是从动门)时,都不能有效验证轿门是否有效关闭。

8.11* 轿门的开启

8.11.1 如果由于任何原因电梯停在开锁区域(见7.7.1),应能在下列位置用不超过 300 N 的力,手动打开轿门和层门:

　　a)轿厢所在层站,用三角钥匙开锁或通过轿门使层门开锁后;

　　b)轿厢内。

解析 当电梯由于故障或人为的鲁莽动作而造成电梯停止时,为了能及时将人员援救出来,层/轿门应作为最首选的救援出口使用。

应符合下面四个条件:

1. 位置必须是在开锁区内

如果发生故障时轿厢停在层站开锁区内,为实现上述目的,应允许营救人员在层站处通过层门紧急开锁装置手动开启轿门。同时为使轿厢内人员在这种情况下有自救的可能,当轿门和层门联动时,被困人员(或通过其他方式进入轿厢的救援人员)应能在轿厢中用手开启轿门及与之联动的层门。

所谓"开锁区域"指的是轿厢停靠层站时在地坎上、下延伸的一段区域。当轿厢在此区域内时门锁方能打开,使开门机动作,驱动轿门、层门开启。

为了保证安全,开锁区不能过大,在 7.7.1 中对"开锁区域"有如下限制:

——开锁区域不应大于层站地平面上下 0.2m;

——在用机械方式驱动轿门和层门同时动作的情况下,开锁区域可增加到不大于层站地平面上下的 0.35m。

之所以规定了应在开锁区内能够开启轿门和层门,是因为如果轿厢停止的位置不是在层门开锁区,通过轿门救援被困人员是比较困难的,甚至是不可能的。从另一个角度来说,如果轿厢停在开锁区域以外,无论层门是否与轿门联动,即使能在轿厢内用手开启(或部分开启)轿门也无法开启层门,无法达到救援被困人员的目的。

2. 开启力的限制

本条规定的"开门所需的力不得大于 300N"是为了保证在救援被困人员时,能够容易地开启层/轿门。根据 0.3.9 我们知道,300N 的力是人能够施加的静态力,因此可以得出如下结论:轿门应有适合的受力点,通过它人员可以持续施加力直至轿门开启。同时,如果层门和轿门联动时,开启轿门和与其联动的层门的力的和应不大于 300N。

3. 手动打开

这里所说的"手动打开"实际上是指"在不使用工具的情况下,利用人力达到目的"。这里面至少包含两个层面的含义:

　　a)力的要求:是在不使用工具的条件下,正常的人能够施加的力,即 300N;

　　b)着力点的要求:应有适合的着力点,在门完全开启前,通过它可以对轿厢门施加相对持续和稳定的力。

尤其是当轿厢形状比较特殊时,要特别注意着力点的提供。如图 8-5 所示为轿厢圆柱

---

　　* 第1号修改单整体修改。

形(轿门为圆柱的一部分)时,如果轿门缝隙很小则应特别注意用手开启轿门时应提供必要的着力点。

4.手动打开的方式和方法

由于层门具有锁紧装置(7.7.3要求),因此如果层门锁闭,即使轿厢在本层站,依然无法仅凭手动开启层/轿门。因此对手动开启层/轿门的方式和方法做了特别的规定。

a)轿内

如果轿厢在层站开锁区内,从轿内应不用任何工具和辅助手段开启层/轿门;

b)轿厢所在层站

——用三角钥匙

三角钥匙的规定见7.7.3.2"紧急开锁装置",即三角钥匙也符合"手动打开"的要求。这是因为三角钥匙是"经过批准的人员"的常备工具,不需通过特殊途径获得。

——通过轿门使层门开锁

可以在轿内或轿顶等能够触及轿门的位置,通过开启轿门,带动开启层门门锁(轿厢此时在开锁区内),最终达到开启层/轿门的目的。

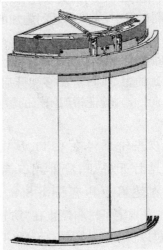

图8-5　圆弧形轿门以及采用圆弧形轿门的轿厢

8.11.2　为了限制轿厢内人员开启轿门,应提供措施使:

a)轿厢运行时,开启轿门的力应大于50N;和

b)轿厢在7.7.1中定义的区域之外时,在开门限制装置处施加1 000N的力,轿门开启不能超过50mm。

解析　为了防止轿内人员轻易开启轿门,对保持轿门关闭的力应做最低限制(这里"开启轿门的力"实际是指"保持轿门关闭的力"):

1.轿厢运行时,开启轿门的力应大于50N

在电梯运行时,由于轿厢运行所产生的气流和振动可能对轿门的开门机或传动装置产生影响而导致在运行过程中轿厢门误开启,使电梯急停。因此要求运行情况下,无论其是否在开锁区(运行会经过开锁区)保持关门的力均应大于 50N。

同时应注意的是,本条要求的保持轿门关闭的力是在电梯运行时要求的,如果电梯停止层站,则没有必要要求 50N 的轿门关闭保持力,只需要遵守"用不超过 300N 的力,手动打开轿门和层门"即可。

2. 轿厢在开锁区以外,在开门限制装置处施加 1000N 的力,轿门开启不能超过 50mm

轿厢应设有"开门限制装置",当轿厢不在开锁区时"开门限制装置"可以保证在承受 1000N 力的情况下,轿门开启不能超过 50mm。目的是防止电梯困人情况下,人员盲目自救,导致伤害事故的发生。

要注意,"在开门限制装置处施加 1000N 的力,轿门开启不能超过 50mm"的要求,无论是轿厢运行还是停止,只要不在开锁区内,这个条件都必须满足。

轿门开启不能超过 50mm 应按照如下方法测量:

——中分门:轿门扇之间的缝隙

——旁开门:轿门扇与门框(侧立柱)之间的缝隙

对于本条 a)和 b)之间的关系,应做如下理解:

(1)在轿厢运行中,如果向轿门施加的力(轿门的任何位置)不超过 50N,则轿门不会被开启,电梯也不会停止;

(2)在轿厢处于开锁区之外时(无论是运行还是停止),在开门限制装置处(不是任意处)施加 1000N 的力,轿门是能够被开启的,只是开启间隙不超过 50mm。如果轿门开启(即使不超过 50mm),验证轿门闭合的触点应断开,电梯停止并不能被启动。

8.11.3 至少当轿厢停在 9.11.5 规定的距离内时,打开对应的层门后,能够不用工具从层站打开轿门,除非用三角形钥匙或永久性设置在现场的工具。

本要求也适用于具有符合 8.9.3 的轿门锁的轿门。

 解析 本条规定了轿厢停止在"防止轿厢意外移动"装置的制停区域内,在开启层门后,应能够通过以下手段从层站打开轿门:

——不用工具

——用三角钥匙

——永久性设置在现场的工具

这里没有要求开启层门时,能够带动轿门开启,而仅是要求在"打开对应的层门后"能够开启轿门,原因是如果此时轿厢不在开锁区,无法实现层门带动轿门开启。

而且要注意,本条要求的是从层站打开轿门,而不是在轿内开启轿门。当然,如果轿厢位置恰好在开锁区以内,从轿内也是可以开启轿门的。但无论如何,应能够从层站开启轿门。

"防止轿厢意外移动"装置的制停区域的范围见 9.11.5。

之所以要求在这个区域内能够在打开层门后方便地开启轿门,是因为一旦发生轿厢意外移动,防止轿厢意外移动装置(UCMP)动作后,轿厢停止。根据 UCMP 制停轿厢的要求:

——与检测到轿厢意外移动的层站的距离不大于 1.20m;

——轿厢地坎与层门门楣之间或层门地坎与轿厢门楣之间的垂直距离不小于 1.00m;

——层门地坎与轿厢护脚板最低部分之间的垂直距离不大于 0.20m。

而根据开锁区域的规定:

——开锁区域不应大于层站地平面上下 0.2m。

——在用机械方式驱动轿门和层门同时动作的情况下,开锁区域可增加到不大于层站地平面上下的 0.35m。

可见,当 UCMP 动作后,轿厢停止在层站附近,但可能已经超过了开锁区域。在这个区域通过层/轿门救援被困乘客也是安全的。因此要求在 UCMP 制停轿厢的距离内,能够容易地通过层门开启轿门。

不用附加工具开启轿门是最佳选择,这样做是最容易最方便的。作为"经过批准的人员"的常备工具,三角钥匙不需通过特殊途径获得,因此使用三角钥匙开启轿门也是允许的。此外,如果要使用其它工具开启轿门,那么这个工具应是永久设置在现场的。应该注意,由于轿厢可能在任何一个层站发生意外移动,从而被 UCMP 制停,因此如果需要使用工具开启轿门,且这个工具不是三角钥匙,则在任何层站的层门附近都应永久设置该工具,并且该工具可以直接获得。

由于 11.2.1 条的原因,当轿厢设置了轿门锁(见 8.9.3)时,也应满足本条的要求。

8.11.4 对于符合 11.2.1 c)的电梯,应仅当轿厢位于开锁区域内时才能从轿厢内打开轿门。

解析 对于 11.2.1c)所述的电梯,由于轿厢门和面对轿厢门的井道壁之间间隙较大,如果在开锁区域之外开启轿门,可能造成轿内人员坠入井道而发生人身伤害的危险,因此要求对于 11.2.1c)所述的电梯要求必须设置轿门锁,在这种情况下要求只有轿厢位于开锁区域内时才能从轿厢内打开轿门。

资料 8-5(a) 层门和轿门的比较 ⇩ ↓

相同方面:

1. 设置要求:

层门和轿门都必须设置。标准中要求"进入轿厢的井道开口处应装设无孔的层门"、"轿厢的入口应装设轿门"。

2. 强度的部分方面:

层门和轿门的强度都是用 300N 的力,垂直作用在均匀的 5cm² 的圆形或方形的面积上(门的任何位置),应能:a)无永久变形;b)弹性变形不大于 15mm;c)试验期间和试验后门的安全功能不受影响。

3. 玻璃门的情况:

都需要作摆锤冲击试验,或按照 J2 选择玻璃类型。其他有关玻璃标记、为防止拖曳孩子的手而采用的必要措施及玻璃的固定方式等层门和轿门也都是一样的。

4.关门力的限制要求:

层门和轿门在采取动力驱动的水平滑动自动门的形式时,阻止关门力不应大于150N,测量的时机也相同:不得在关门行程开始的1/3之内进行。

5.关门动能的限制要求:

层门和轿门在关门时的关门动能都是:门及其刚性连接的机械零件的动能,在平均关门速度下测量或计算时不应大于10J。计算条件也是相同的:a)对中分式门,在行程的每个末端减去25mm;b)对旁开式门,在行程的每个末端减去50mm。

6.撞击人员时的保护装置的技术要求:

其技术要求是相同的"当乘客在轿门关闭过程中,通过入口时被门扇撞击或将被撞击,一个保护装置应自动地使门重新开启。此保护装置的作用可在每个主动门扇最后50mm的行程中被消除"。

7.验证门闭合的电气装置的技术要求:

每个门应设有符合14.1.2要求的电气安全装置,以证实轿门的闭合位置,从而满足8.9.1所提出的要求。如果一个门(或多扇门中的任何一扇门)开着,在正常操作情况下,应不能启动电梯或保持电梯继续运行,然而,可以进行轿厢运行的预备操作(平层、再平层和对接操作除外)。

不同方面:

1.是否有孔:

层门要求"进入轿厢的井道开口处应装设无孔的层门";

轿门要求"轿门应是无孔的。载货电梯除外",采用垂直滑动门的载货电梯"门可以是网状的或带孔的板状形式"。

2.宽度方面:

层门要求"层门净入口宽度比轿厢净入口宽度在任一侧的超出部分均不应大于50mm";

轿门没有类似的要求。

3.关门过程中的反开:

层门没有相关的要求;

轿门要求"对于动力驱动的自动门,在轿厢控制盘上应设有一装置,能使处于关闭中的门反开"。

4.锁紧要求:

层门要求必须锁紧"每个层门应设置符合7.7.1要求的门锁装置,这个装置应有防止故意滥用的保护";

轿门要求只有在电梯井道内表面与轿厢地坎、轿厢门框架或滑动门的最近门口边缘的水平距离大于0.15m时才要求设置轿门锁,如果设置轿门锁,"门锁装置的设计和操作应采用与层门门锁装置相类似的结构"。

5.紧急开锁:

层门要求"每个层门均应能从外面借助于一个与附录B规定的开锁三角孔相配的钥匙

将门开启";

轿门不要求紧急开锁。

6．开启的力：

层门锁闭后，"应能满足在沿着开门方向作用 300N 力的情况下，不降低锁紧的效能"，以及"在水平滑动门和折叠门主动门扇的开启方向，以 150N 的人力(不用工具)施加在一个最不利的点上时，7.1 规定的间隙可以大于 6mm，但不得大于下列值：a)对旁开门，30mm；b)对中分门，总和为 45mm"；

轿门关闭后"开门所需的力不得大于 300N"，同时"额定速度大于 1m/s 的电梯在其运行时，开启轿门的力应大于 50N"。

7．自动关闭：

层门要求"在轿门驱动层门的情况下，当轿厢在开锁区域之外时，如层门无论因为何种原因而开启，则应有一种装置(重块或弹簧)能确保该层门自动关闭"；

轿门没有类似的要求。

8．防火情况：

层门规定"如建筑物需要电梯层门具有防火性能，该层门应按 GA 109 进行试验"；

轿门没有此要求。

9．撞击人员时的保护装置的设置：

可以只设在轿门上。

资料 8 - 5(b)　轿门开门限制装置与轿门锁的区别　⇩ ⬛

GB 7588—2003 中 8.9.3 所述的轿门锁，与本修改单要求的轿门开门限制装置应视作两种不同的保护措施，其相互之间没有替代性。下表是轿门开门限制装置与轿门锁的对比。

序号	项目	轿门开门限制装置	轿门锁
1	涉及条款	8.11.2	8.9.3、11.2.1c)
2	保护目的	防止开锁区域外从轿厢内扒开轿门	防止从轿厢内扒开轿门发生坠入风险
3	设置条件	必须安装	井道内表面与轿厢地坎、轿厢门框架或滑动门的最近门口边缘的水平距离超过 0.15m 或超过 11.2.1 a)、11.2.1 b)的规定
4	强度要求	(a)轿厢运行时，开启轿门的力应大于 50N； (b)在该装置上施加 1000N 的力，轿门的开启不能超过 50mm	(a)沿着开门方向作用 300N 力的情况下，不降低锁紧的效能； (b)在锁高度处沿开门方向上承受 1000N(滑动门)或 3000N(铰链门的锁销上)，无永久变形

续表

序号	项目	轿门开门限制装置	轿门锁
5	机械结构	无要求	(a)锁紧元件啮合不小于7mm时才能启动；(b)锁紧元件及其附件应是耐冲击的，应用金属制造或金属加固；(c)应由重力、永久磁铁或弹簧来产生和保持锁紧动作
6	电气安全装置	无要求	应设置证实门扇锁闭状态的电气安全装置
7	安全部件	不属于安全部件,不需进行型式试验	属于安全部件,必须进行型式试验
8	作用范围	整个井道：(a)开锁区以外承受1000N的力,轿门的开启不能超过50mm；(b)轿厢运行时,开启轿门的力大于50N	轿厢处于开锁区以外
9	轿内打开	(a)开锁区域内:能够开启 ①开启轿门的力不超过300N；②不用工具 (b)开锁区以外,UCMP制停区域内:不能开启 开锁区以外承受1000N的力,轿门的开启不能超过50mm (c)开锁区域以外,UCMP制停区域以外:不能开启 开锁区以外承受1000N的力,轿门的开启不能超过50mm	(a)开锁区域内:能够开启 开启轿门的力不超过300N (b)开锁区以外,UCMP制停区域内:不能开启 (c)开锁区域以外,UCMP制停区域以外:不能开启
10	层站打开	(a)开锁区域内：①能够开启,且开启轿门的力不超过300N ②用三角钥匙开锁或通过轿门使层门开锁后 (b)开锁区以外,UCMP制停区域内:能够开启 ①不用工具 ②用三角形钥匙 ③永久性设置在现场的工具 (c)开锁区域以外,UCMP制停区域以外:无要求	(a)开锁区域内：能够开启,且开启轿门的力不超过300N (b)开锁区以外,UCMP制停区域内:能够开启 ①不用工具 ②用三角形钥匙 ③永久性设置在现场的工具 (c)开锁区域以外,UCMP制停区域以外:无要求

8.12 轿厢安全窗和轿厢安全门

8.12.1 援救轿厢内乘客应从轿外进行,尤其应遵守 12.5 紧急操作的规定。

解析 本条要求了援救轿厢内被困乘客应按照 12.5 规定的紧急操作方法实现。12.5 主要要求了在电梯驱动主机上应提供一个装置,通过这个装置能够将停止的装有额定载荷的轿厢以手动或电动方式移动到就近的层站。很明显,实现本条要求最常见的方法就是盘车。从本条可以知道,在救援被困乘客时,应优先使用盘车或类似的方法。

8.12.2 如果轿顶有援救和撤离乘客的轿厢安全窗,其尺寸不应小于 0.35m× 0.50m。

解析 GB 7588—2003 中没有规定必须要在轿顶设置轿厢安全窗,但如果设置轿厢安全窗,则其必须满足本条的尺寸要求,以及 8.12.4.1 规定的结构。应注意,即使设置有轿厢安全窗,由于轿壁通常是光滑的、没有蹬踏点的,因此轿内的被困乘客是无法通过轿厢安全窗进行自救的。其实,轿厢安全窗是为轿厢外的营救人员救助轿内被困乘客而设置的。其要求的最小尺寸:0.35m×0.50m 应视为轿厢安全窗开口的净尺寸。这个尺寸是人员能够通过的最小尺寸。

在 5.2.2.1.2 已经论述过,井道安全门和轿顶安全窗之间没有必然联系,并没有规定当设置井道安全门时必须设置轿顶安全窗。但为了方便救援,在这里建议在设有井道安全门时,应设置轿厢安全窗。

使用轿厢安全窗救援乘客应注意的事项:

a)利于轿厢安全窗救援的范围有限:只有当轿顶距离某一层门较近时才可能利于轿厢安全窗进行救援。从 5.2.2.1.2 的规定我们可以知道,允许的相邻两层门(或井道安全门)地坎之间的最大距离为 11m,发生故障时如果轿顶的位置距离其上方的层门(或井道安全门)地坎的距离比较高,救援人员难以到达故障轿厢的轿顶。即使通过梯子、绳索等工具到达轿顶,设法使被困乘客安全的到达上面的层门也很困难,毕竟乘客只是普通公众,并不是受过专门训练的人员。

b)救援人员难以通过轿顶安全窗到达轿顶:由于轿顶设备较多且受到轿厢天花板形式的限制,轿厢安全窗的尺寸通常受到很大限制,在本标准中规定最小为 0.35m×0.50m。即使如此,在救援的过程中,被困人员要通过梯子、绳索等工具在救援人员的指导下通过轿厢安全窗也不是件容易的事。

c)救援过程中乘客的心理压力较大:如果轿内被困乘客经过轿厢安全窗到达轿顶后,还要通过绳索、梯子等工具才能到达最临近的层门或井道安全门,在这个过程中难免给被救援人员带来较大的心理压力。

d)对紧急救援预案和救援人员的要求较高:在使用轿厢安全窗进行紧急救援时,不但要限定轿顶到最临近的上一层层门或井道安全门地坎之间的距离,同时还要制订完善的方案,以防止被救援乘客通过轿厢安全窗到达轿顶后,以及从轿顶到达临近层门或井道安全门的过程中发生人身伤害危险。

8.12.3 在有相邻轿厢的情况下,如果轿厢之间的水平距离不大于 0.75m(见 5.2.2.1.2),可使用安全门。安全门的高度不应小于 1.80m,宽度不应小于 0.35m。

解析 在 5.2.2.1.2 所述及的"当相邻两层门地坎间的距离大于 11m 的情况"时,在 5.2.2.1.2 中要求设置井道安全门,使得井道安全门地坎到相邻两层门地坎间距离不大于 11m。但也可以用另外一种方式替代井道安全门:这就是,如果井道装有多台电梯,且相邻两轿厢的水平距离不大于 0.75m 时,可以采用在这两个轿厢的相邻壁板上设置轿厢安全门。当某一个轿厢发生故障而造成人员被困时,可以通过将另一轿厢行驶到与故障轿厢相平齐的位置,打开两轿厢的安全门,将故障轿厢中被困的乘客通过安全门营救到另一轿厢中然后行驶到预定层站,使人员脱困。但轿厢安全门的设置是有诸多限制条件的,有些限制还是隐含的,比如在 5.6.2.2 中要求了"如果轿厢顶部边缘和相邻电梯的运动部件[轿厢、对重(或平衡重)]之间的水平距离小于 0.50m,这种隔障应该贯穿整个井道"。显然,当相邻两电梯间的隔障贯穿整个井道时,即使设置了轿厢安全门,由于隔障的阻挡,安全门也无法提供救援被困乘客的出入口,因此在轿厢顶部边缘和相邻电梯的运动部件之间的距离小于 0.5m 时,是无法采用轿厢安全门的方式救援乘客的。当轿厢之间的水平距离大于 0.75m 时,由于距离较大,在救援过程中乘客从通过一个安全门进入另一个安全门的过程中,坠入井道的风险较高,因此相邻轿厢距离超过 0.75m 时不允许使用轿厢安全门的方法进行救援。也就是说设置轿厢安全门的条件是:(1)两轿厢共用井道;(2)两轿厢的水平距离不大于 0.75m 且不小于 0.5m(仅 250mm 的范围)。当然,还要求轿厢结构允许设置安全门。可见,本标准对轿厢安全门设置的条件限制是非常严格的。

值得注意的是,当轿厢之间的水平距离大于 0.75m 时,可以通过安装在轿底上的地坎来减小此距离,在两轿厢安全门地坎之间距离不大于 0.75m 时,即可设置轿厢安全门。

与我们对 5.2.2.1.2 所规定的井道安全门的分析类似:在共用井道的两台电梯其中一台发生故障时,如需使用另一台电梯,通过轿厢安全门对被困的乘客进行救援,其前提是另一台电梯能够正常运行。即电梯故障应是单台电梯的个体故障,因为如果发生停电故障,则所有电梯都停止运行,即便两台相邻电梯设置了轿厢安全门也无法相互救援,标准上显然没有把所有电梯都出现问题的情况考虑进去。同时 8.12.1 中要求:"援救轿厢内乘客应从轿外进行,尤其应遵守 12.5 紧急操作的规定",12.5 内容就是盘车或紧急电动运行。可见,应尽量用盘车或紧急电动运行的方法通过层门或井道安全门来救援乘客。

这里规定的轿厢安全门的最小尺寸是人员以略低头且侧身的姿势能够通过的尺寸。

使用轿厢安全门救援乘客应注意的事项:

a)轿厢安全门设置范围有限:只能是在两轿厢距离 0.5m~0.75m 的范围内允许设置轿厢安全门。

b)利于轿厢安全门救援的范围有限:我们知道,在多台电梯共用井道的条件下,无论相邻两台电梯运动部件的水平距离是否大于 0.5m,根据 5.6.2 的要求在轿厢、对重(或平衡重)行程的最低点延伸到最底层楼面以上 2.5m 的高度上应设置隔障(见 5.6.2.1)。在上述范围内由于轿厢之间存在隔障,因此无法利用轿厢安全门援救被困乘客。

c)救援过程中乘客的心理压力较大:乘客要在距最底层楼面至少2.5m的高度上(参见b),通过一个轿厢的安全门,再进入另一台电梯。尤其是电梯故障发生在靠近井道顶端的时候,人员从故障电梯的轿厢安全门中出来,在进入营救电梯的轿厢安全门之前,其恐惧心理是可想而知的。

d)对紧急救援预案和救援人员的要求较高:在使用轿厢安全门进行紧急救援时,要求严格保证乘客在出离故障电梯轿厢但尚未进入救援电梯轿厢的过程中不会发生乘客坠入井道或被井道内机械部件伤害等安全事故。这就要求有完备的紧急救援预案,同时紧急救援人员要严格的按照紧急救援预案进行救援操作。

8.12.4 如果装设轿厢安全窗或轿厢安全门,则它们应符合8.3.2和8.3.3的规定,并遵守下列条件。

解析 上面几条只是规定了允许设置轿厢安全窗和安全门的原则,并不是其全部安全要求。本条具体规定了在设置轿厢安全窗及轿厢安全门时,相关设施应具有安全保护措施。

8.12.4.1 轿厢安全窗或轿厢安全门,应设有手动上锁装置。

解析 首先无论轿厢安全窗还是轿厢安全门应该设置锁闭装置,以免被随意开启。

另外,轿厢安全窗或轿厢安全门的锁闭应是手动锁闭。这时因为在8.12.4.1.1和8.12.4.1.2中规定了无论是轿厢安全窗还是轿厢安全门都是在井道侧不用钥匙即可开启,而在轿内只能用三角钥匙开启。因此为防止在救援乘客过程中安全门或安全窗意外关闭并锁住,而轿内营救人员又没有随身携带三角钥匙造成援救工作的耽搁,因此规定安全门或安全窗应设置手动上锁装置。

8.12.4.1.1 轿厢安全窗应能不用钥匙从轿厢外开启,并应能用附录B规定的三角形钥匙从轿厢内开启。

轿厢安全窗不应向轿内开启。

轿厢安全窗的开启位置,不应超出电梯轿厢的边缘。

解析 如果从轿厢外开启安全窗则只能是救援人员在轿顶上操作(见图8-6),由于轿顶上不是一般人员在电梯正常使用情况下能够到达的位置(被困乘客从轿厢内通过安全窗被营救到轿顶的情况不属于电梯的正常使用状态)。在这个位置上开启轿厢安全窗肯定是由被批准的且具有相应资格的人员进行,这些人员的行为应是被信赖的。基于上述原因,同时为方便救援人员开启安全窗尽可能缩短救援时间,轿厢安全窗在轿厢外面应允许不用钥匙开启。

前面一条已经要求,轿厢安全窗应上锁,以免被随意开启。轿顶上开启安全窗的是专业人员,但轿内就不同了。轿厢内是一般使用者在电梯运行的正常情况下都可以接触的,因此在轿厢内开启安全窗必须要使用钥匙,否则无法防止安全窗被随意打开的情况发生。

图 8-6　通过轿厢安全窗救援被困乘客

为加强紧急救援人员所使用钥匙的通用性,要求使用附录 B 所规定的三角钥匙。

从安全窗的开启要求体现了设置安全窗的目的:轿内被困乘客应等候救援人员打开安全窗,并由轿顶把乘客拉上去。轿内乘客不是专业人员,不应且也不允许通过安全窗进行自救。

轿厢安全窗的开启方向只能向轿厢外开启,这是轿厢安全窗设置的位置决定的。轿厢安全窗设置在轿顶,如果从轿厢外部开启安全窗,势必是救援人员在轿顶进行操作。如果轿厢安全窗向轿内开启,一方面在开启的过程中,安全窗本身可能砸到轿内乘客的头顶造成伤害;另一方面由于向轿内开启的安全窗要求救援人员向轿内探身,缓慢放下安全窗(否则可能砸伤轿内乘客),可能会造成救援人员在开启过程中不慎跌入轿厢。如果救援人员在轿内开启安全窗时,由于安全窗位置在轿顶,向外开启的安全窗不会造成轿内的操作人员坠入井道(这一点和下面的轿厢安全门不同)。

由于轿厢安全窗是朝向轿厢外开启的,开启后如果其边缘超出轿厢的外边缘,可能会碰到井道内其他部件(如随行电缆等),造成不必要的损坏。

注意:本条所要求的"应能用附录 B 规定的三角形钥匙从轿厢内开启"应理解为:不应用其他非三角钥匙的方法开启。显然,如果用三角钥匙可以开启同时还提供了一套不用钥匙或工具即可开启的方法或设备(比如按钮或拨杆等),仍然无法避免无关人员随意开启安全窗。

8.12.4.1.2　轿厢安全门应能不用钥匙从轿厢外开启,并应能用附录 B 规定的三角钥匙从轿厢内开启。

轿厢安全门不应向轿厢外开启。

轿厢安全门不应设置在对重(或平衡重)运行的路径上,或设置在妨碍乘客从一个轿厢通往另一个轿厢的固定障碍物(分隔轿厢的横梁除外)的前面。

解析　关于"轿厢安全门应能不用钥匙从轿厢外开启,并应能用附录 B 规定的三角钥匙从轿厢内开启"的原因与上面轿厢安全窗的原因相同。

与轿厢安全窗不同，轿厢安全门不得向轿厢外开启。这也是由轿厢安全门设置的位置和特点决定的。在轿厢中开启轿厢安全门时，如果安全门向外开启，人员可能由于开启时需要探身到轿厢外而不慎坠入井道。但如果安全门向轿厢内开启，轿厢外的救援人员只能向轿内探身，不可能坠入井道发生危险。与设置在轿顶的轿厢安全窗不同，轿厢安全门的位置是在轿壁上，即使向内开启也不会砸到轿内乘客造成伤害。同时，由于安全门的尺寸较大，如果向轿外开启，无论如何都会凸出轿厢的外边缘，这样就可能碰到井道内部件。由于轿厢安全门不得向轿厢外开启，因此轿厢安全门在开启后无法作为故障电梯到救援电梯轿厢之间的"跳板"使用。

轿厢安全门设置的目的就是作为救援被困乘客的通道，如果安全门设置在对重（或平衡重）运行的路径上，当电梯发生故障时，如果对重或平衡重的位置正好与轿厢平齐，则安全门可能被对重或平衡重阻挡，造成人员无法通过安全门到另一轿厢。同样道理，如果相邻的轿厢之间存在妨碍乘客通过的固定的障碍物时，安全门不应设置在可能被这些固定障碍物阻挡的位置。这里所说的"固定障碍物"指的是永久存在的且不易被移走的障碍物，比如轿厢框的立柱等。类似随行电缆一类悬垂的设备由于能够很容易的被移开，不应被视作"固定障碍物"。由于存在张紧装置，限速器钢丝绳在水平方向上难以移动位置，因此应视为"固定障碍物"。

界定"固定障碍物"也有一个例外，当井道内装有多台电梯时，为了安装导轨支架，要在每个轿厢之间设置横梁。只要是多台电梯共用井道时这种分隔轿厢的横梁就是不可避免的，也只有在共用井道的情况下设置轿厢安全门才是有意义的，为调和这一对矛盾同时考虑到实际情况下分隔轿厢的横梁的尺寸一般不会很大，因此将井道中的这种横梁作为可以接受的障碍物。

图 8-7　通过轿厢安全门救援被困乘客

8.12.4.2 在8.12.4.1中要求的锁紧应通过一个符合14.1.2规定的电气安全装置来验证。

如果锁紧失效,该装置应使电梯停止。只有在重新锁紧后,电梯才有可能恢复运行。

■ **解析** 如同层门锁紧需要电气安全装置验证一样,轿厢安全窗和安全门的锁紧也需要一个带有安全触点的电气开关进行验证。其目的是为了防止在救援乘客的操作中轿厢突然意外启动,对乘客和救援人员带来危险。同时也防止轿厢安全窗和安全门在使用后,没有被锁紧的情况下电梯就投入正常运行,在运行中由于安全门或安全窗的意外开启给乘客带来人身伤害的危险。因此如果安全门和安全窗的锁紧失效,电气开关应能够使电梯停止,只有验证锁紧后电梯才能继续运行。

这个开关是电气安全装置并被列入附录A中,它应串联在电气安全回路中。

8.13 轿顶

除了8.3要求外,轿顶应满足下列要求。

■ **解析** 8.3对轿顶只是一个粗略的要求,具体要求在本条中体现。

8.13.1 在轿顶的任何位置上,应能支撑两个人的体重,每个人按 0.20m × 0.20m 面积上作用 1000N 的力,应无永久变形。

■ **解析** 轿顶应考虑到轿顶作为工作区,同时在轿顶工作的人员不止一个,且可能携带一些必要的设备和工具,因此轿顶要设计成承载结构。轿顶强度应具有在任何位置都可承受两个人的体重。这里的计算方法与8.1中计算轿厢内乘客体重和每个乘客所占用的面积不同,并不是给出在轿顶上每个工作人员的体重如何计算,而是要求了在确定面积上每个人给轿顶施加的力。因为在8.1中给出的确定乘客体重的目的是为了在确定轿厢面积防止超载以及曳引力计算使用,并不是作为保证轿厢地板的强度的预定条件。而且,乘客在轿厢中无论怎样,对整个电梯系统的负载不会超过其体重。但对于本条来说是为了保证人员在轿顶工作时轿顶能够提供安全可靠的支撑,考虑到工作人员的一些操作(如搬起重物等)对轿顶施加的力将大于其体重,同时工作人员可能会携带必要的工具在轿顶上工作,因此在每个人的作用面积上要求轿顶能够承受1000N的力。对于每个人占用的单位面积,轿顶的要求也要高于轿内的要求,在轿内即使是超过 20 人时,每个乘客所占的面积也是 0.115m² (乘客人数 20 人以下时每个人占用的面积均比 0.115m² 大),但本条计算每个人占用的面积为 0.04m²。与上面讲到的原因相似,这里给定的面积是为了在校验 1000N 的力的作用下是否有永久变形,与轿厢面积是为了限制乘客数量的目的是不同的。这里考虑到工作人员在轿顶工作时在必要的情况下可能采取一些特殊的姿势从而减少了脚着地的面积。

应注意,这里要求在任何位置上应能支撑两个人的体重,是轿顶应满足的最小强度要求。不能认为这个要求在任意情况下都是足够的,如果轿顶面积较大,而且又没有必要的限制防止同时在轿顶工作的人员的数量超过 2 人,轿顶强度必须按照实际情况设计。当轿顶面积较大时,限制同时在轿顶工作的人员的最简单方法就是使用警示标志做出提示。

8.13.2 轿顶应有一块不小于 0.12m² 的站人用的净面积,其短边不应小于 0.25m。

解析 为了给在轿顶的工作人员提供必要的空间,同时由于人员身体尺寸的限制,这个面积应具有合理的边长以允许人员工作。

8.13.3 离轿顶外侧边缘有水平方向超过 0.30m 的自由距离时,轿顶应装设护栏。

自由距离应测量至井道壁,井道壁上有宽度或高度小于 0.30m 的凹坑时,允许在凹坑处有稍大一点的距离。

护栏应满足下列要求。

解析 2003 版的 GB 7588 第一次将护栏作为轿顶必须的防护设施在标准中明确的进行了规定。在以往版本中护栏都没有作为必须设置的保护设置来要求。但在实践中发现,曾发生过因没有装设护栏而使检修人员跌入井道的事故,因此根据 0.3.6"当使用人员按预定方法使用电梯时,对因其自身疏忽和非故意的不小心而造成的问题应予以保护"的原则,应对在轿顶工作的人员由于疏忽或不小心而可能发生的事故予以保护,因此在一定环境条件下护栏是必不可少的。由于设置护栏的目的是防止轿顶工作人员不慎坠入井道,如果不存在这种危险时允许不设置护栏。本标准认为不存在轿顶工作人员不慎坠入井道的危险的条件是井道距离轿厢外侧边缘在水平方向上的自由距离不大于 0.3m。在本标准 5.2.1.2 关于部分封闭的井道中有这样的规定"围壁距地板、楼梯或平台边缘最大距离为 0.15m"。在前面我们曾经提到 0.15m 意味着人的整个躯体无法穿越。而且在 8.13.3.5 和 11.2.1 中都有类的某些尺寸不大于 0.15m 的规定。为什么在本条当中认为 0.3m 时人员就不会发生坠落危险呢? 原因是我们在这里要保护的是轿顶工作人员由于疏忽而导致的危险,通常在轿顶工作的人员坠入井道都是因为其工作过程中人体重心不慎超出轿厢边缘而发生的。当轿厢边缘到井道壁之间的距离不大于 0.3m 时,即使重心超出轿厢边缘也可以通过攀扶井道壁来防止坠入井道的危险。而其他条中保护的情况则有所不同,无论是 5.2.1.2、8.13.3.5 或 11.2.1 它们要保护的都是任意情况下,人员无论是故意还是非故意都不可能通过 0.15m 的距离。当然从实际情况考虑,井道在建造时不可能是没有误差或凹凸情况的,因此如果井道上有尺寸不大的凹坑(宽度或高度小于 0.3m,这里并没有要求宽度和高度均小于 0.3m)时,距离可以稍大一点。具体大多少,应以不发生坠落危险为原则,根据具体情况而定。

这里建议,当离轿顶外侧边缘有水平方向不超过 300mm 的自由距离时,在不设置轿顶护栏的情况下,应根据 GB 17888.3—1999《机械安全 进入机器和工业设备的固定设施 第 3部分:楼梯、阶梯和护栏》的要求设置护脚板,以防止轿顶工作面上的工具落入井道对其他人员和电梯设备造成伤害。

8.13.3.1　护栏应由扶手、0.10m 高的护脚板和位于护栏高度一半处的中间栏杆组成。

■■■ **解析**　这里对护栏的描述与 GB 17888.3—1999《机械安全　进入机器和工业设备的固定设施　第 3 部分:楼梯、阶梯和护栏》中的要求非常类似。其扶手是防止人员在站立状态下发生坠落危险,同时也作为用手抓住并支撑身体的部件;位于高度一半处的中间栏杆可以防止人员在蹲座、屈膝、跪爬等姿势工作时发生坠落;护脚板防止人员的脚尖凸出护栏,在轿厢运动时被相对运动部件剪切。此外护脚板也可以防止放在轿顶工作面上的小工具滚入井道中造成其他人员的伤害和设备损坏。

值得注意的是,当护栏总高度较高(尤其是超过 1.1m 时)如果只在护栏高度一半处设置中间栏杆,依旧不能防止人员在蹲座、屈膝、跪爬等姿势工作时发生坠落危险。在这里建议如果护栏的总高度超过 1.1m,可参考 GB 17888.3—1999《机械安全　进入机器和工业设备的固定设施　第 3 部分:楼梯、阶梯和护栏》中的要求:扶手与中间栏杆、中间栏杆到护脚板以及中间栏杆之间的距离最大不超过 0.5m。

关于护脚板是否必须与人员脚踩的工作面无缝隙的连接,我们认为并不是这样。只要能够避免人的脚尖凸出轿厢边缘而发生剪切,以及工具不会坠入井道引起伤害即可,不一定强调护脚板必须与工作面无缝隙的连接,同时护脚板也不必强调必须是无孔的。只要能够满足 GB 12265.2—2000《机械安全　防止下肢触及危险区的安全距离》中的要求即可。

如果护脚板与工作台面之间有间隙,为防止小工具滚入井道,可在轿厢边缘设计卷边结构。

关于护栏的强度:可以参考 GB 17888.3—1999《机械安全　进入机器和工业设备的固定设施　第 3 部分:楼梯、阶梯和护栏》相关的要求进行设计:"护栏应支撑得沿扶手最不利处施加大于或等于 F_{min} 的横向载荷而没有永久变形,并且最大挠度不超过 30mm。

$F_{min}=300N/m \times L$"。其中:L 是相邻两支柱轴线间最大距离(m)。

关于护栏的扶手以及中间栏杆是否可以是不连续的,标准中并没有要求护栏的扶手以及中间栏杆必须是连续的,有时出于设计上的原因,扶手或中间栏杆可能与轿顶的一些部件干涉,需要将其设置成间断的形式,这是可以的。但必须保证人员在轿顶工作时,不会由于护栏的扶手以及中间栏杆不连续而造成坠入井道事故的发生。这时也可以参照 GB 17888.3—1999《机械安全　进入机器和工业设备的固定设施　第 3 部分:楼梯、阶梯和护栏》相关的要求进行设计:在中断扶手的情况下,两段护栏间最大净间距不应超过 120mm。

下面是一个典型的护栏的示例,它符合 GB 17888.3—1999《机械安全　进入机器和工业设备的固定设施　第 3 部分:楼梯、阶梯和护栏》的相关要求。

资料 8-6 GB 12265.2—2000《机械安全 防止下肢触及危险区的安全距离》的介绍 ⇩ ▼

机械安全是指:机器在按使用说明书规定的预定使用条件下执行其功能和在运输、安装、调整、维修、拆卸和处理时不产生损伤或危害健康的能力。利用安全距离防止下肢触及危险区是消除或减小机械风险的一种方法。《机械安全

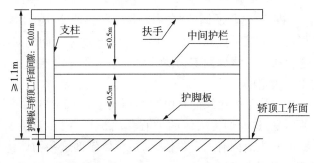

资料 8-6 图 1 护栏示例

防止下肢触及危险区的安全距离》标准规定了防止 14 岁(含 14 岁)以上的人下肢触及危险区的安全距离和阻止其自由进入的距离。这些安全距离仅适用于通过距离就能获得足够安全,而且经风险评价认为,上肢不可能触及危险区的场合。

下表为 GB 12265.2—2000 对于开口及安全距离的要求:

资料 8-6 表 1 通过规则开口触及的安全距离   单位为毫米

下肢部位	图　示	开　口	安全距离 Sr	
			槽　形	方形成圆形
脚趾尖		$e \leqslant 5$	0	0
脚　趾		$5 < e \leqslant 15$	$\geqslant 10$	0
		$15 < e \leqslant 35$	$\geqslant 80^{1)}$	$\geqslant 25$
脚		$35 < e \leqslant 60$	$\geqslant 180$	$\geqslant 80$
		$60 < e \leqslant 80$	$\geqslant 650$	$\geqslant 180$
膝以下腿部		$80 < e \leqslant 95$	$\geqslant 1100$	$\geqslant 650^{2)}$
胯以下腿部		$95 < e \leqslant 180$	$\geqslant 1100$	$\geqslant 1100^{3)}$
		$180 < e < 240$	不允许	$\geqslant 1100^{3)}$

1)如果槽形开口长度≤75mm,该距离可减至≥50mm。

2)其值表示从脚尖至膝部。

3)其值表示从脚尖至胯部。

8.13.3.2 考虑到护栏扶手外缘水平的自由距离,扶手高度为:

a)当自由距离不大于 0.85m 时,不应小于 0.70m;

b)当自由距离大于 0.85m 时,不应小于 1.10m。

解析 这里所谓的"自由距离"应是:垂直于护栏扶手外边缘的轮廓线,沿水平面方向,护栏扶手上某一点到与其最接近的固定物体之间的最小距离。要注意:这里护栏的最小高度是由扶手外缘到固定物体的水平净空距离决定的,不是由轿顶外缘到固定物体的水平净空距离决定的。

护栏扶手外边缘的自由距离不大于 0.85m 时,护栏扶手的高度最低可以设计成 0.7m。其原因是,这时即使人体的中心移出护栏,但在人员所处的位置上,距离护栏扶手不超过 0.85m 的距离内有固定物体,人员可以借助这些物体将自己的中心重新移回到护栏的扶手以内。当距离超过 0.85m 时,由于距离固定物体较远,人员在紧急状态下可能无法借助其作为支撑,因此护栏扶手的高度要求不小于 1.1m,以保证人员身体的重心被挡在护栏内。根据《机械设计手册》,人员在上身与手臂一起移动时,有 95% 的人的手可以触及到 1.3m~1.4m 的距离,因此在人员重心移出护栏时(与"上身和手臂一起移动"的状态最相似),0.85m 是人员能够用手触及且提供支撑的范围。

但要注意,这里在计算自由距离时,必须护栏扶手到另一固定物体之间的距离,类似随行电缆一类的物体不应计算在内。这样的物体在人员可能发生坠落时无法对人员提供支撑。

在这里护栏扶手在各个方向上的高度可以不同:自由距离不大于 0.85m 的位置,护栏扶手高度最小可以是 0.7m;自由距离大于 0.85m 的位置,护栏扶手高度最小可以是 1.1m。(在此,应认为进入轿顶的人员都应该是"经过批准的人员"。)

CEN/TC10 对此的解释是:在 0.85m 距离内的墙将能防止从 0.7m 高的护栏坠落,因为人员能够触及墙面(前提是在 0.85m 之内)并用自己的手支撑自身。

8.13.3.3 扶手外缘和井道中的任何部件对重(或平衡重)、开关、导轨、支架等之间的水平距离不应小于 0.10m。

解析 为防止在轿厢运动时,人员抓握扶手(即,人体某部分可能会超出护栏扶手外缘)而造成的与其他相对运动部件之间的剪切事故,规定扶手外边缘与井道内的任何部件之间的水平距离不小于 0.1m。要注意的是,这里所强调的井道内任何部件是指井道内的任何固定部件,既包括运动部件也包括非运动部件,但类似随行电缆一类柔软的且在水平方向上自由度很大的部件不应作为固定部件考虑。

水平距离,是指在水平面上的最小距离。

本标准 11.3 规定:"轿厢及其关联部件与对重(或平衡重)及其关联部件之间的距离不应小于 50mm",这里所说的轿厢关联部件应该不包括轿顶护栏扶手,扶手到对重的距离仍必须不小于 0.1m。

8.13.3.4 护栏的入口,应使人员安全和容易地通过,以进入轿顶。

解析 为了方便人员进入轿顶工作区,护栏不应设置成没有入口的。通常人员进入轿顶都是利用层门,因此在这种情况下层门侧的护栏应留有适当入口以使人员安全、方便的进入或离开轿顶。

在多数情况下,由于层门侧轿顶外沿距离井道前壁的距离不超过 0.30m,所以一般情况下靠近层门侧的轿顶不需要设置护栏。但对于层门侧轿顶外缘距井道前壁大于 0.30m 的情况,靠近井道前壁的轿顶侧也应装设护栏,而且要设置护栏入口门。

8.13.3.5 护栏应装设在距轿顶边缘最大为 0.15m 之内。

解析 由于护栏允许的最小高度为 0.7m(在某些情况下为 1.1m),不能防止人员跨越护栏。为防止人员在轿顶工作时越过护栏到达护栏以外区域活动,因此规定护栏边缘距离轿顶边缘的最大距离不超过 0.15m,前面我们讲过,这个距离是人员无法穿越并且不能停留的距离。

讨论 8-2 如果增加警示标志是否可以改变或部分改变护栏的设置位置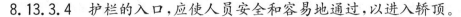

如果在护栏的适当位置增加了"禁止跨越护栏"一类的永久性警示符号或须知(与8.13.4 类似),是否还需要保证"护栏应装设在距轿顶边缘最大为 0.15 m 之内"? 因为在这种情况下,如果跨越护栏并坠入井道发生危险,首先违反了 0.3.6 假设的"当人员按预定方法使用电梯时",而且这个行动是一个 0.3.7 中述及的"鲁莽动作",如果发生坠入井道的事故则是由于人员的"自身疏忽和非故意的不小心"。似乎已经超出了 0.3.6 和 0.3.7 的保护范围不在本标准假定保护条件之列。

但我们仔细读一下 0.3.7 会发现实际情况却不是这样的:0.3.7 规定"在某些情况下,使用人员可能做出某种鲁莽动作,本标准没有考虑同时发生的两种鲁莽动作的可能性和(或)违反电梯使用说明的情况"。我们不难发现"跨越护栏"和"坠入井道"只是一种"鲁莽动作"和一个"自身疏忽和非故意的不小心"的组合,并不符合 0.3.7 所说"本标准没有考虑同时发生的两种鲁莽动作的可能性"。同时,类似"禁止跨越护栏"一类的永久性警示符号或须知也不属于电梯的使用说明,当然也谈不到"违反电梯使用说明的情况"。因此对于这种行为的保护是必要的。

8.13.4 在有护栏时,应有关于俯伏或斜靠护栏危险的警示符号或须知,固定在护栏的适当位置。

解析 即使如 8.13.3.3 所要求的,使扶手外边缘到井道中的任何部件之间的水平距离不小于 0.10m,但斜靠或趴在护栏上时,0.1m 的距离仍不能避免在轿厢运动过程中人员的肢体被井道内固定部件所伤害,因此护栏扶手的适当位置应有关于俯伏或斜靠护栏危险的警示符号或须知,用于提示这些动作的危险性。应注意,由于 GB 2894—1996《安全标志》

中并没有类似内容的标准,因此所使用的警示符号应是易懂的。同时警示符号或须知应是永久性的且不易损毁的。

8.13.5　轿顶所用的玻璃应是夹层玻璃。

解析　由于轿顶不属于人员正常情况下能够触及的位置,因此这里没有要求如果采用玻璃材料制造轿顶时,应按照附录J的要求进行摆锤冲击试验。

8.13.6　固定在轿顶上的滑轮和(或)链轮应按9.7要求设置防护装置。

解析　由于轿顶可能被用作工作平台,如果轿顶上设置有滑轮或链轮(用链悬挂的强制驱动的电梯,当其悬挂比大于1∶1时轿顶可能设置链轮),为避免轿厢在运动时由于轮的旋转以及轮与绳或链之间的相对运动,而对在轿顶工作人员造成卷入或咬入的伤害,应按照9.7的要求设置防护装置。防护装置应能避免:

　　a)人身伤害;

　　b)钢丝绳或链条因松弛而脱离绳槽或链轮;

　　c)异物进入绳与绳槽或链与链轮之间。

8.14　轿厢上护板

当层门打开时,如果层门的门楣与轿顶之间存在空隙,应在轿厢入口的上部用一覆盖整个层门宽度的刚性垂直板向上延伸,将其挡住。对对接操作的电梯(见14.2.1.5)特别有这种可能。

解析　当层门打开时,如果其门楣与停在本层的轿顶之间存在空隙(注意:是停在本层,而不是任意层),为避免在轿厢的再平层或对接操作的情况下,由于存在这个空隙,人员不慎被层门门楣和轿顶所挤压,因此应在轿厢入口上部的轿顶上设置一块宽度能够覆盖整个层门的挡板以防止上述危险。挡板应是垂直向上的,其高度能够挡住层门门楣与轿顶之间的空隙,其宽度能够覆盖整个层门的开门宽度,其强度应这样确定:在施加的力不超过设计预期值时,挡板的尺寸和形状是固定的,同时由尺寸和形状决定的预期功能不受影响(即所谓"刚性的")。

上面所说的情况应当轿厢在层站的平层位置时,其轿顶高度比层门门楣高度低(否则就不可能出现"层门的门楣与轿顶之间存在空隙"),这种情况一般出现在具有对接操作的货梯上。因为7.7.2.2关于对接操作有这样的要求:"层门的上门框与轿厢地面之间的净高度在任何位置时均不得小于2m",同时还有"允许在层站楼面以上延伸到高度不大于1.65m的区域内,进行轿厢的装卸货物操作"。显然在轿厢地坎高于层门地坎的情况下,层门的门楣与厢地面之间的净高度不小于2m,可见在轿厢处于平层位置时,轿顶可能要比层门的门楣低,因此作为一种提示,本条最后一段告诉我们"对对接操作的电梯(见14.2.1.5)特别有这种可能。"

8.15 轿顶上的装置

轿顶上应安装下列装置:

　　a)符合14.2.1.3要求的控制装置(检修操作);

　　b)符合14.2.2和15.3要求的停止装置;

　　c)符合13.6.2要求的电源插座。

解析　由于轿顶可作为检修平台使用,因此应在轿顶相应的位置设置检修控制装置以及停止装置,以方便检修和维护作业。由于在轿顶工作时可能会使用简单的电动工具,轿顶上还应设置电源插座。

1.控制装置的要求:

1)控制装置应由检修运行开关操作;

2)检修运行开关的位置应是可接近的;

3)检修运行开关是安全触点型开关;

4)检修运行开关应是双稳态的,并应设有误操作的防护;

5)应以安全触点或安全电路的型式防止轿厢的一切误运行;

6)轿厢运行应依靠持续揿压按钮,此按钮应有防止误操作的保护,并在检修按钮上或其近旁应清楚地标明运行方向;

7)控制装置也可以与防止误操作的特殊开关结合,从轿顶上控制门机构;

8)检修运行开关上或其近旁应标出"正常"及"检修"字样。

以上均是对检修操作控制装置硬件方面的要求,对于检修运行控制,将在14.2.1.3中有详尽的叙述。

2.停止装置的要求:

1)停止装置应由安全触点或安全电路构成。

2)停止装置应为双稳态,误动作不能使电梯恢复运行。

3)停止装置上或其近旁应标出"停止"字样,设置在不会出现误操作危险的地方。

3.电源插座应满足如下条件:

1)其电源应取自另外的电路或通过与主开关供电侧相连的电路;

2)插座的型式是:

　　a)2P+PE型250V,直接供电,或

　　b)用安全隔离变压器或具有独立绕组的变流器与供电干线隔离开的电路中,导体之间或任何一个导体与地之间有效值不超过50V的交流电压,以安全电压供电。

插座的使用并不意味着其电源线须具有相应插座额定电流的截面积,只要导线有适当的过电流保护,其截面积可以小一些。

停止装置是电气安全装置并被列入在附录A中,它应串联在电气安全回路中。

8.16 通风

8.16.1 无孔门轿厢应在其上部及下部设通风孔。

解析 为了在轿厢门关闭之后,轿内人员不会窒息,要求轿厢能够通风。轿门如果是有孔的(8.6.1 所规定的垂直滑动门),可以利用轿门通风。除此之外,轿厢应设有通风孔。考虑到空气的对流,通风口在轿厢上部和下部都应开设。

关于通风口和风扇的关系:风扇是强制通风设备比通风口的自然通风效率要高,但考虑到停电等情况发生时,风扇通风也会失效,电梯一旦发生故障关人,在救援不及时的情况下轿内空气质量将严重劣化,因此即使轿厢设有风扇,也必须设置通风孔。当然,在计算通风孔面积时,可以将安装风扇的有效开口计算在内。

图 8-8 设置在轿厢下部的通风孔

8.16.2 位于轿厢上部及下部通风孔的有效面积均不应小于轿厢有效面积的 1%。

轿门四周的间隙在计算通风孔面积时可以考虑进去,但不得大于所要求的有效面积的 50%。

 解析 轿厢上部和下部均应设置通风孔,这两个位置的通风孔的面积均不应小于轿厢有效面积的 1%。

从实际角度出发,轿厢门与门楣之间必然存在间隙,这些间隙也可作为通风孔使用。但间隙的尺寸不可能被非常有效的控制,同时也取决于不同的轿厢设计。为保证无论在任何情况下都有足够的通风孔面积,在将轿门四周缝隙计入通风孔面积时,不得大于所要求的面积的 50%。

8.16.3 通风孔应这样设置:用一根直径为 10mm 的坚硬直棒,不可能从轿厢内经通风孔穿过轿壁。

 解析 本条主要是为防止人员在轿厢内从通风孔将手指伸出轿厢发生危险,因此要求直径为 10mm 的坚硬直棒应不能够经通风孔穿过轿壁。

8.17 照明

8.17.1 轿厢应设置永久性的电气照明装置,控制装置上的照度宜不小于 50lx,轿厢地板上的照度宜不小于 50lx。

 解析 为了给使用者提供一个安全、便利的操作环境,轿厢内要求设置永久照明。所谓永久照明是照明光源是固定的,且在需要时随时可用的。照明能够提供的照度是在轿厢地板的任何位置上和轿内控制盘上的照度最好不小于50lx。这里并没有强调必须要提供这样的照度,只是给出建议值,以供参考使用。

8.17.2　如果照明是白炽灯,至少要有两只并联的灯泡。

解析　一般照明光源分为三大类:热辐射光源、气体放电光源和LED光源。热辐射光源主要有白炽灯和卤钨灯;气体放电光源主要有荧光灯、高压金属气体放电灯、金属卤化物灯和氙灯;LED光源就是发光二极管。轿厢最常见的照明设备是白炽灯和荧光灯,其他的如高压金属气体放电灯、氙灯等几乎不会用于轿厢照明。轿厢照明如果采用白炽灯,至少要两只以上灯泡并联使用,此要求是出于如下原因:

a)白炽灯的寿命低于荧光灯的寿命

白炽灯的平均寿命是1000h,荧光灯的平均寿命是2000h～3000h。

b)白炽灯和荧光灯的失效情形不同

由于白炽灯所使用的钨丝,其冷态电阻远小于其热态电阻,即在启动瞬间灯丝的电阻远远小于正常使用时的电阻。研究表明,启动瞬间流过的电流通常是正常时电流值的8倍,此时最容易造成灯丝熔断。因此,白炽灯的损坏一般发生在其点燃瞬间,而且由于灯丝自身的物理特点,白炽灯失效的表现形式是立即熄灭。

而荧光灯则不同,荧光灯的失效原因主要是因为在使用过程中电极溅散和内部水银气体泄漏,通常荧光灯在失效时不会瞬间熄灭,能够为维修保养人员留出充足的更换时间。

但本条与安全似乎并没有直接关系。而且在GB 7000.2《应急照明灯具安全要求》中6.5明确规定"用钨丝提供照明的应急灯具通常只需使用一个灯泡"。

8.17.3　使用中的电梯,轿厢应有连续照明。对动力驱动的自动门,当轿厢停在层站上,按7.8门自动关闭时,则可关断照明。

解析　在正常使用中的电梯,轿厢内的照明必须是持续有效的,不可设计成到站平层时灯亮,运行过程中灯灭的形式。但当电梯轿厢在一段时间内没有接到运行指令,根据7.8的规定,应关闭层门待机。这时候,由于能够确定没有人员使用电梯,因此轿厢照明可以关断。

CEN/TC10认为:紧急照明灯也可被将其装设在半透明的报警按钮中。在满足照明和使乘客保持镇静的同时,它可直接地向乘客显示报警按钮的位置。

8.17.4　应有自动再充电的紧急照明电源,在正常照明电源中断的情况下,它能至少供1W灯泡用电1h。在正常照明电源一旦发生故障的情况下,应自动接通紧急照明电源。

解析　电梯的正常照明电源是不受电梯主开关的控制的,即使切断主开关,轿厢照明依然有效。但必须考虑到正常照明电源可能失效的情况,因此应设置紧急照明电源。允许用建筑内的应急照明电源作为本条所述的应急照明电源。

轿内应急照明的目的是确保如果正常照明被切断,应急照明应自动点亮。虽然在GB 7588 中没有紧急照明的照度要求,但这里明确指明了"灯泡",即白炽灯。一般白炽灯泡的光效约为 7lm/W～20lm/W,多数国产白炽灯的光效在 12.5lm/W。我们知道,1lx＝1lm/m²,这样在设计时可以估算出所选用的紧急照明在燃亮时能够提供的照度。一般的经验:在报警按钮区域(和说明指示区域,如果有的话)至少应提供 1lx 的照度。

资料 8－7　GB 7000.2《应急照明灯具安全要求》中对紧急照明及其电源的规定　⇩↓

紧急照明及其电源的设置应符合 GB 7000.2《应急照明灯具安全要求》的规定。GB 7000.2《应急照明灯具安全要求》所述的应急灯具种类,轿厢应急照明应属于"自容式应急灯具",即:一种持续式或非持续式应急照明灯具,其所有部件,例如电池、光源、控制部件以及有可能提供试验和检查的装置,都包容在灯具中或靠近灯具(1m 内)。对于应急灯具应结合 GB 7000.2《应急照明灯具安全要求》和本条的要求,应注意满足以下要求:

a)不应使用荧光灯,本条中明确要求了使用"灯泡"。尤其不应使用内装启动器的荧光灯管提供紧急照明。

b)用钨丝灯提供紧急照明的灯具通常只需要使用一个灯泡;

c)应装有由正常供电给电池充电的装置(自动再充电);

d)所装的电池应至少正常工作 4 年;

e)应保护电池避免在各种故障情况下过度放电;

f)电池与紧急照明灯泡之间除转换装置外应没有开关;

g)一个或多个紧急照明光源的故障应不中断电池的充电,也不会引起过载损害电池的工作;

h)紧急照明工作时应不受正常电源线路的短路、接地及中断的影响;

i)紧急照明电源如果由三个单体以上串接的铅酸电池和(或)镉电池构成,应有防止个别电池的极性相反和防止有害的完全放电的措施,这种保护应由所装的电子系统完成。这一保护系统将防止由光源或逆变器造成的电池的进一步放电,即使由于自然再生引起电池电压升高也如此,直到恢复正常供电电源。

8.17.5　如果 8.17.4 所述的电源同时也供给 14.2.3 要求的紧急报警装置,其电源应有相应的额定容量。

　解析　允许紧急照明电源同时用于紧急报警装置的供电,但前提是其容量足够,即:不但能至少供 1W 灯泡用电 1h,同时还能够供紧急报警装置在整个救援过程中一直处于有效状态。

8.18　对重和平衡重

平衡重的使用按 12.2.1 规定。

解析 在强制驱动时使用平衡重。强制驱动是指使用卷筒和钢丝绳或使用链轮和链条作为轿厢的驱动。在使用强制驱动时为节能而设置的平衡全部或部分轿厢自重的质量就是平衡重。

对重和平衡重的区别见 3.13 的解析。

8.18.1 如对重(或平衡重)由对重块组成,应防止它们移位,应采取下列措施:

　　a)对重块固定在一个框架内;或

　　b)对于金属对重块,且电梯额定速度不大于 1m/s,则至少要用两根拉杆将对重块固定住。

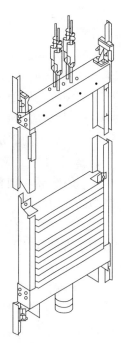

解析 本条规定中,应以 a)要求为原则,即对重块在一般情况下应规定在框架内(框架是用金属制成的)。但在一些要求不严格的情况下,即电梯额定速度不大于 1m/s 且使用的是金属对重块的情况下,对重块可以不固定在框架内,而采用拉杆方式固定。

在本条规定中,并没有限定对重块必须使用金属制造,其他非金属的对重块也是被允许的。但是要注意,如果采用非金属制造的对重块,应将对重块固定在框架内,以免在电梯运行过程中由于冲击、振动和受力不均等原因造成对重块破裂。即使对重块破裂,也可以防止其碎块分散坠入井道(见图 8-9)。

当电梯的速度不大于 1m/s 时,由于运行时产生的冲击和振动较小,且在采用金属对重块时,则可以不必考虑对重块破裂的可能性,因此允许不采用框架,而采用拉杆固定对重块即可。但应注意,为防止拉杆失效,在使用拉杆固定对重块时,拉杆的数量至少是两根。

图 8-9　安装在框架中的对重块

8.18.2 装在对重(或平衡重)上的滑轮和(或)链轮应按 9.7 要求设置防护装置。

解析 装在对重(或平衡重)上的滑轮和(或)链轮应设置防护装置,以避免:

　　a)钢丝绳或链条因松驰而脱离绳槽或链轮;

　　b)异物进入绳与绳槽或链与链轮之间。

第 8 章习题(判断题)

　　1.轿厢内部净高度不应小于 1m。

　　2.使用人员正常出入轿厢入口的净高度不应小于 2m。

　　3.载货电梯设计计算时不仅需考虑额定载重量,还要考虑可能进入轿厢的搬运装置的质量。

　　4.专供批准的且受过训练的使用者使用的非商用汽车电梯,额定载重量应按单位轿厢有效面积不小于 100kg/m² 计算。

5. 轿厢应由轿壁、轿厢地板和轿顶完全封闭，只允许有下列开口：

a)使用人员正常出入口；

b)轿厢安全窗和轿厢安全门；

c)通风孔。

6. 轿壁、轿厢地板和轿顶应具有足够的机械强度，包括轿厢架、导靴、轿壁、轿厢地板和轿顶的总成也须有足够的机械强度，以承受在电梯正常运行、安全钳动作或轿厢撞击缓冲器的作用力。

7. 轿壁应具有这样的机械强度：即用 300N 的力，均匀地分布在 $5cm^2$ 的圆形或方形面积上，沿轿厢内向轿厢外方向垂直作用于轿壁的任何位置上，轿壁应产生永久变形。

8. 距轿厢地板 1.10m 高度以下若使用玻璃轿壁，则应在高度 0.90m～1.10m 设置一个扶手，这个扶手应牢固固定，与玻璃无关。

9. 玻璃轿壁的固定件，即使在玻璃下沉的情况下，也应保证玻璃不会滑出。

10. 玻璃轿壁上应有临时性的标记。

11. 轿壁、轿厢地板和顶板不得使用易燃或由于可能产生有害或大量气体和烟雾而造成危险的材料制成。

12. 每一轿厢地坎上均须装设护脚板，其宽度应等于相应层站入口的整个净宽度。护脚板的垂直部分以下应成斜面向下延伸，斜面与水平面的夹角应大于 60°，该斜面在水平面上的投影深度不得小于 20mm。

13. 护脚板垂直部分的高度不应小于 0.25m。

14. 对于采用对接操作的电梯，其护脚板垂直部分的高度应是在轿厢处于最高装卸位置时，延伸到层门地坎线以下不小于 0.20m。

15. 轿门应是无孔的。载货电梯除外，载货电梯可以采用向下开启的垂直滑动门，这种门可以是网状的或带孔的板状形式。网或板孔的尺寸，在水平方向不得大于 10mm，垂直方向不得大于 60mm。

16. 除必要的间隙外，轿门关闭后应将轿厢的入口完全封闭。

17. 门关闭后，门扇之间及门扇与立柱、门楣和地坎之间的间隙应尽可能小。对于乘客电梯，此运动间隙不得大于 6mm。对于载货电梯，此间隙不得大于 8mm。由于磨损，间隙值允许达到 10mm。如果有凹进部分，上述间隙从凹底处测量。根据 8.6.1 制作的垂直滑动门除外。

18. 对于铰链门，为防止其摆动到轿厢外面，应设撞击限位挡块。

19. 如果层门有视窗，则轿门也应设视窗。若轿门是自动门且当轿厢停在层站平层位置时，轿门保持在关闭位置，则轿门可不设视窗。

20. 轿门处于关闭位置时，应具有这样的机械强度：即用 300N 的力，沿轿厢内向轿厢外方向垂直作用在门的任何位置，且均匀地分布在 $5cm^2$ 的圆形或方形的面积上时，轿门应能：

a)无永久变形；

b)弹性变形不大于 15mm；

c)试验期间和试验后,门的安全功能不受影响。

21.玻璃门扇的固定方式应能承受本标准规定的作用力,而不损伤玻璃的固定件。

22.轿门及其四周设计应尽可能增加由于人员、衣服或其他物件被夹住而造成损坏或伤害的危险。

23.动力驱动门应尽量增加门扇撞击人的有害后果。

24.动力驱动的自动门阻止关门力不应小于150N,这个力的测量不得在关门行程开始的1/3之内进行。

25.轿门及其刚性连接的机械零件的动能,在平均关门速度下测量或计算时不应大于10J。

26.滑动门的平均关门速度是按其总行程减去下面的数字计算:

a)对中分式门,在行程的每个末端减去25mm;

b)对旁开式门,在行程的每个末端减去50mm。

27.当乘客在轿门关闭过程中,通过入口时被门扇撞击或将被撞击,一个保护装置应自动地使门重新开启。此保护装置的作用可在每个主动门扇最后50mm的行程中被消除。

28.阻止折叠门开启的力不应大于150N。这个力的测量应在门处于下列折叠位置时进行,即:折叠门扇的相邻外缘间距或与等效件(如门框)距离为100mm时进行。

29.如果折叠门进入一个凹口内,则折叠门的任何外缘和凹口交叠的距离不应大于15mm。

30.垂直滑动门只能用于载人电梯。

31.如果能同时满足下列条件,才能使用动力关闭的门:

a)门的关闭是在使用人员持续控制和监视下进行的;

b)门扇的平均关闭速度不大于0.3m/s;

c)轿门是8.6.1规定的结构;

d)在层门开始关闭之前,轿门至少已关闭到2/3。

32.对于动力驱动的自动门,在轿厢控制盘上不应设有装置,能使处于关闭中的门反开。

33.如果轿门需要上锁,该门锁装置的设计和操作应采用与层门门锁装置相反的结构。

34.如果滑动门是由数个直接机械连接的门扇组成,允许把8.9.2的装置安装在:一个门扇上(对重叠式门为快门扇);或如果门的驱动元器件与门扇之间是由直接机械连接的,则在门的驱动元器件上,且在11.2.1c)规定的条件和情况下,只锁住一个门扇,则应采用钩住重叠式门的其他闭合门扇的方法,使如此单一门扇的锁紧能防止其他门扇的打开。

35.如果滑动门是由数个间接机械连接(如钢丝绳、皮带或链条)的门扇组成,允许将8.9.2的装置安装在一个门扇上,条件是:该门扇不是被驱动的门扇;且被驱动门扇与门的驱动元器件是直接机械连接的。

36.如果电梯由于任何原因停在靠近层站的地方,为允许乘客离开轿厢,在轿厢停止并切断开门机(如有)电源的情况下,应不可能:从层站处用手开启或部分开启轿门;如层门与轿门联动,从轿厢内用手开启或部分开启轿门以及与其相连接的层门。

37. 额定速度大于2m/s的电梯在其运行时,开启轿门的力应大于50N。

38. 如果轿顶有援救和撤离乘客的轿厢安全窗,其尺寸不应小于0.35m×0.80m。

39. 在有相邻轿厢的情况下,如果轿厢之间的水平距离不大于0.75m(见5.2.2.1.2),可使用安全门。安全门的高度不应大于1.80m,宽度不应大于0.35m。

40. 轿厢安全窗或轿厢安全门,不应设有手动上锁装置。

41. 轿厢安全窗应能不用钥匙从轿厢外开启,并应能用规定的三角形钥匙从轿厢内开启。

42. 轿厢安全窗不应向轿内开启。

43. 轿厢安全窗的开启位置,应略微超出电梯轿厢的边缘。

44. 轿厢安全门应能不用钥匙从轿厢外开启,并应不能用规定的三角钥匙从轿厢内开启。

45. 轿厢安全门不应向轿厢外开启。

46. 轿厢安全门不应设置在对重(或平衡重)运行的路径上,或设置在妨碍乘客从一个轿厢通往另一个轿厢的固定障碍物(分隔轿厢的横梁除外)的前面。

47. 如果锁紧失效,该装置应使电梯停止。在重新锁紧后,电梯应不可能恢复运行。

48. 在轿顶的任何位置上,应能支撑两个人的体重,每个人按0.20m×0.20m面积上作用1000N的力,应无永久变形。

49. 轿顶应有一块不小于0.12m²的站人用的净面积,其短边不应小于1.25m。

50. 离轿顶外侧边缘有水平方向超过0.50m的自由距离时,轿顶应装设护栏。

51. 自由距离应测量至井道壁,井道壁上有宽度或高度小于0.30m的凹坑时,允许在凹坑处有稍大一点的距离。

52. 护栏应由扶手、0.10m高的护脚板和位于护栏高度一半处的中间栏杆组成。

53. 考虑到护栏扶手外缘水平的自由距离,扶手高度为:

a)当自由距离不大于0.85m时,不应小于0.70m;

b)当自由距离大于0.85m时,不应小于1.10m。

54. 扶手外缘和井道中的任何部件[对重(或平衡重)、开关、导轨、支架等]之间的水平距离不应小于0.20m。

55. 护栏的入口,应使人员不能随便通过,以进入轿顶。

56. 护栏应装设在距轿顶边缘最大为0.25m之内。

57. 在有护栏时,应有关于俯伏或斜靠护栏危险的警示符号或须知,固定在护栏的适当位置。

58. 轿顶所用的玻璃应是夹层玻璃。

59. 当层门打开时,如果层门的门楣与轿顶之间存在空隙,应在轿厢入口的下部用一覆盖整个层门宽度的刚性垂直板向上延伸,将其挡住。

60. 无孔门轿厢应禁止在其上部及下部设通风孔。

61. 位于轿厢上部及下部通风孔的有效面积均不应小于轿厢有效面积的1%。

62. 轿门四周的间隙在计算通风孔面积时可以考虑进去,但不得大于所要求的有效面积的 50%。

63. 通风孔应这样设置:用一根直径为 20mm 的坚硬直棒,不可能从轿厢内经通风孔穿过轿壁。

64. 轿厢应设置永久性的电气照明装置,控制装置上的照度宜不小于 20lx,轿厢地板上的照度宜不小于 20lx。

65. 如果照明是白炽灯,至少要有两只串联的灯泡。

66. 使用中的电梯,轿厢应有连续照明。对动力驱动的自动门,当轿厢停在层站上,按 7.8 门自动关闭时,则可关断照明。

67. 应有自动再充电的紧急照明电源,在正常照明电源中断的情况下,它能至少供 1W 灯泡用电 1h。在正常照明电源一旦发生故障的情况下,应自动接通紧急照明电源。

68. 如对重(或平衡重)由对重块组成,应防止它们移位,应采取下列措施:对重块固定在一个框架内;或对于金属对重块,且电梯额定速度不大于 1m/s,则至少要用两根拉杆将对重块固定住。

第 8 章习题答案

1. ×;2. √;3. √;4、×;5. √;6. √;7、×;8. √;9. √;10、×;11. √;12. √;13. ×;
14. ×;15. ×;16. √;17. √;18. √;19. ×;20. √;21. √;22. ×;23. √;24. √;25. √;
26. √;27. √;28. √;29. ×;30. ×;31. √;32. ×;33. ×;34. √;35. √;36. ×;37. ×;
38. ×;39. ×;40. ×;41. √;42. √;43. ×;44. ×;45. √;46. √;47. ×;48. √;49. ×;
50. ×;51. √;52. √;53. √;54. ×;55. ×;56. ×;57. √;58. √;59. ×;60. ×;61. √;
62. √;63. ×;64. ×;65. ×;66. √;67. √;68. √。

悬挂装置、补偿装置和超速保护装置

9.1 悬挂装置

▊▊ **解析** 电梯的悬挂装置一般是由钢丝绳(或链)以及端接装置、张力调节装置构成。悬挂装置是电梯的主要部件,悬挂装置的可靠程度不但关系到电梯的安全,同时也将直接影响电梯的整机性能。

在电梯上,以钢丝绳作为悬挂装置的情况最为常见。钢丝绳在作为轿厢悬挂的主要部件不仅涉及到安全,同时对于电梯系统的振动和噪声也有很大影响。因此在本章当中,主要是以钢丝绳作为电梯悬挂装置进行讨论的。

在本章当中,不但论述了悬挂装置,同时还对补偿装置和超速保护装置(包括上行、下行及其速度监控装置)进行了规定。之所以将这些部件放在同一章论述,原因就是无论是补偿装置还是超速保护装置,乃至于超速保护装置的监控部件,其作用要么是改善悬挂系统特性(曳引能力),要么是在悬挂系统失效时对乘客及设备进行保护。

9.1.1 轿厢和对重(或平衡重)应用钢丝绳或平行链节的钢质链条或滚子链条悬挂。

▊▊ **解析** 这里限制了轿厢和对重之间悬挂装置的选择,只能选取钢丝绳或链条。其中链条的型式只能是平行链节的钢质链条或滚子链条。而不得使用环形链节的吊装链。

使用链条作为悬挂装置主体的情况只能用于链轮驱动,因此属于强制驱动。使用钢丝绳作为悬挂装置主体的情况则可以是曳引驱动,或采用卷筒的强制驱动。曳引驱动就是我们最常见的,钢丝绳通过曳引轮、导向滑轮以及动滑轮(采用复绕法时)与轿厢和对重相连接,依靠曳引轮绳槽的摩擦力驱动轿厢和对重。

当采用钢丝绳配合卷筒,以强制驱动方式驱动电梯时,卷筒驱动常用两组悬挂的钢丝绳,每组钢丝绳一端固定在卷筒上,另一端与轿厢或平衡重相连,一组钢丝绳按顺时针方向绕在卷筒上,而另一组钢丝绳按逆时针方向绕在卷筒上。因此,当一组钢丝绳绕出卷筒时.另一组钢丝绳绕入卷筒。

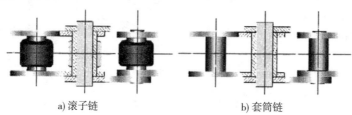

a) 滚子链   b) 套筒链

图 9-1　传动链类型

资料 9-1　电梯钢丝绳简介

钢丝绳一般由许多高强度钢丝编绕而成,钢丝以热轧高碳线材为主要原材料。钢丝绳的制造首先由多层单根钢丝绕在一起捻成股,然后再以绳芯为中心,由一定数量股捻绕成螺旋状的绳。钢丝绳具有较高的抗拉强度、疲劳强度和冲击韧性。典型的钢丝绳结构如下图所示:

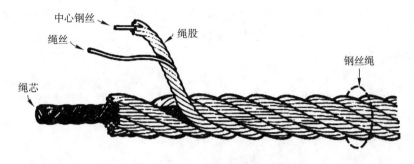

资料 9-1图1　钢丝绳结构示意图

电梯钢丝绳绳芯材料一般分麻芯、尼龙芯或金属芯三种。钢丝绳芯主要起到在钢丝绳工作过程中支撑绳股,使钢丝绳在使用过程中保证其应有的形状和圆度。同时绳芯内部被充填适当的润滑油(一般占整个绳芯重量的 10%~20%)以减少摩擦并防止钢丝绳被腐蚀生锈。因此尽管绳芯在钢丝绳的使用中并不作为主要受力部分,但绳芯的作用却不容忽视,在使用过程中,如果绳芯受到损伤甚至被破坏,各绳股之间的相互挤压、摩擦会大大增加,从而钢丝绳的寿命将急剧缩短。

捻制电梯用钢丝绳的钢丝通常指的是用符合 GB 699《优质碳素结构钢技术条件》规定的优质碳素结构钢热轧而成的高碳线材(盘条)为主要原料,经过冷态拉拔加工而成的线形产品,具有较高的抗拉强度、疲劳强度和冲击韧性。符合 GB 8903《电梯用钢丝绳》标准的绳丝要符合 GB 8904《电梯钢丝绳用钢丝》标准的要求。

钢丝绳的结构设计与其他金属制品和机械产品相比有很强的特殊性,同时钢丝绳作为电梯悬挂系统的主体部件,其性能对电梯悬挂系统安全性的影响是不言而喻的。与其他电梯部件相比,电梯钢丝绳的特殊性主要表现为钢丝绳的生产工艺直接影响钢丝绳的性能,仅从钢丝绳的理论结构计算进行的产品设计往往很难直接用于生产。同时,由于钢丝绳结构设计的实际数学模型涉及的因素很多,如钢丝绳的结构、规格、材质性能、润滑状况、捻距、捻角、车速、变形器结构、拉丝模结构以及设备状况等一系列因素的影响,因而很难全面、准确地建立实际的数学模型,加大了钢丝绳设计的难度,这也决定了钢丝绳的结构设计与工艺设计是密不可分的。

钢丝绳结构用下列项目表示:股数、股中钢丝数、股的结构形式、绳芯种类和钢丝绳的捻法。

一般来说,钢丝直径越粗,耐腐蚀性能和耐磨损性能越强,钢丝直径越细,柔软性能越好。

电梯钢丝绳按绳股的结构分有三种：

a)西鲁式(Seale)：电梯钢丝绳中最常用的股结构为(9＋9＋1)。外层钢丝较粗,耐磨损能力强。西鲁式亦称外粗式。

b)瓦林吞式(Warrington)：结构为(6/6＋6＋1)与西鲁式相比,绕过绳轮的弯曲疲劳寿命比西鲁式高20％以上。这是因为其外层钢丝粗细相间,挠性较好。瓦林吞式股中的钢丝较细。电梯绳除考虑磨损外,还应该考虑弯曲疲劳寿命。瓦林吞式亦称粗细型。

c)填充式(Filler)：在两层钢丝之间的间隙处填充有较细的钢丝。弯曲和耐磨性能都比较好的结构。特别是对于6股钢丝绳有较好的柔软性。因其填充钢丝直径较小,一般绳径应小于10mm。填充式密集式。

以上几种钢丝绳不同层钢丝间呈线状接触。其中西鲁式应用较广。这三种钢丝绳股内相邻层钢丝之间呈线状接触形式,股由不同直径的钢丝一次捻制而成,钢丝之间接触的位置压力较小。

按照钢丝绳绳芯型式可分为：

a)纤维芯(天然或合成),标记为：FC。

b)天然纤维芯,标记为：NF。

c)合成纤维芯,标记为：SF。

d)金属丝绳芯,标记为：IWR(或 IWRC)。

e)金属丝股芯,标记为：IWS。

按照钢丝绳捻制方法可分为：

a)右交互捻钢丝绳：绳右捻,股左捻,用"ZS"表示。

b)左交互捻钢丝绳：绳左捻,股右捻,用"SZ"表示。

c)右同向捻钢丝绳：绳右捻,股右捻,用"ZZ"表示。

d)左同向捻钢丝绳：绳左捻,股左捻,用"SS"表示。

e)右混合捻钢丝绳：绳右捻,部分股左捻,部分股右捻。

f)左混合捻钢丝绳：绳左捻,部分股右捻,部分股左捻。

注1："S"代表左捻；"Z"代表右捻。如资料9-1图2所示：

a) 右捻　　　　　　　　　　b) 左捻

资料9-1图2　钢丝绳捻向示意图

注2：JISG3525 中有类似的分类,GB 8903 中要求钢丝绳的捻法为右交互捻。但

GB 8903 中并不禁止使用其他捻制方式的钢丝绳。

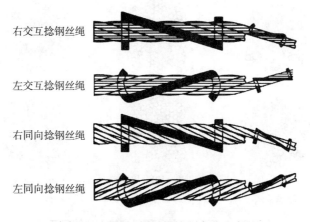

资料 9-1 图 3　钢丝绳捻制方法示意图

　　交互捻制的钢丝绳和同向捻制的钢丝绳其钢丝组成结构是有差别的,资料 9-1 图 4 所示就是这两只结构的钢丝绳绳丝的放大示意图。

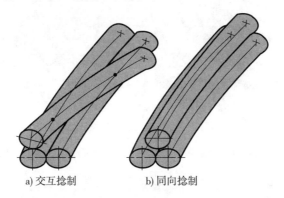

资料 9-1 图 4　交互捻制和同向捻制钢丝绳绳丝组成结构示意图

　　左捻和右捻的钢丝绳,除考虑到特殊要求外,没有什么区别,但大部分钢丝绳都做成右捻形式。

　　交互捻制的钢丝绳由于钢丝之间呈交叉捻制,因此有较好的抗散股和抗扭结特性,同等条件下的伸长量也比同向捻制的小。而同向捻制的钢丝绳由于钢丝之间平行分布因此更加柔软,抗疲劳性和耐磨性更好。

　　资料 9-1 图 5 所示的钢丝绳结构图分别为西鲁式、瓦林吞式和填充式。绳芯为天然纤维(一般为剑麻)芯和钢芯。

　　钢丝绳有根据其型式的固定命名方式,以"8×19S+FC"为例:"8"代表组成钢丝绳的绳股数量;"19"代表组成绳股的钢丝数量;"S"代表西鲁式(Seale 的字头);"FC"代表纤维绳芯、"IWR"代表金属丝绳芯。

　　金属丝绳芯破断拉力大,具有较好的弯曲性能,结构伸长和弹性伸长小。

　　此外,还有一种异型绳股的钢丝绳。这种钢丝绳的股通过滚压或模具挤压等处理方法

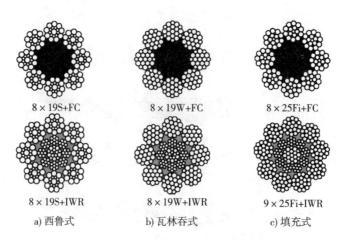

8×19S+FC | 8×19W+FC | 8×25Fi+FC

8×19S+IWR | 8×19W+IWR | 9×25Fi+IWR

a) 西鲁式　　　b) 瓦林吞式　　　c) 填充式

资料9-1图5　三种不同结构的钢丝绳示意图

后成为紧密股。下图所示为普通绳股钢丝绳和异型绳股钢丝绳绳股的区别：

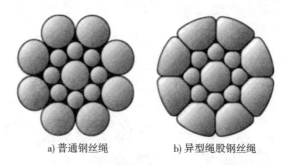

a) 普通钢丝绳　　　b) 异型绳股钢丝绳

资料9-1图6　普通绳股钢丝绳和异型绳股钢丝绳绳股的区别

从资料9-1图6中可以明显看出，通过滚压或模具挤压等处理后，股的直径将减小，而表面光洁度很高，金属截面积增加。因此，采用紧密股的钢丝绳可以使用较粗的钢丝。相同直径下，采用紧密股的钢丝绳充填系数较高，破断拉力大为提高，受到拉力后自然伸长较小。由于这种钢丝绳每股的表面积增加，钢丝绳与绳槽之间的压力减小，因而异型绳股的钢丝绳具有较高的抗磨损性和较长的绳槽使用寿命。但异型绳股的钢丝绳制造工艺复杂，成本较高，故一般场合下用在电梯上较少。

异型绳股的钢丝绳结构如下图所示。

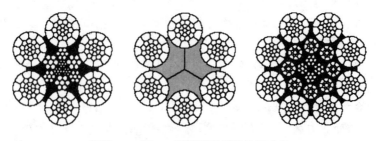

资料9-1图7　异型钢丝绳结构示意图

影响钢丝绳性能的最主要因素是构成钢丝绳的绳股和绳丝的数量，它决定了钢丝绳抗拉、寿命等最主要的参数。资料9-1图8中的钢丝绳结构图分别为"6×19S"和"8×19S"的形式。

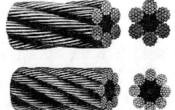

6×19　结构：每根钢丝绳由6个绳股构成，每股由19根绳丝构成

8×19　结构：每根钢丝绳由8个绳股构成，每股由19根绳丝构成

资料9-1图8　不同绳股数量和绳丝数量的钢丝绳示意图

6×19结构的钢丝绳比8×19结构截面积大，结构伸长和弹性伸长小，与绳轮的接触点较少，因而压力较大；8×19结构比6×19结构更圆，与绳轮接触点较多，压力较小，弯曲性能较好，结构伸长和弹性伸长较大。

综上所述，钢丝绳具有强度高、自重轻、柔韧性好、耐冲击，安全可靠等特性。在正常情况下使用的电梯，钢丝绳不会发生突然破断（电梯的载重量在轿厢一章中已被严格限制了。同时，钢丝绳的安全系数在下面的9.2.2中也有明确的要求。因此钢丝绳由于承受的载荷超过其极限破断力而被破坏的可能性可以被排除），但可能会因为磨损、疲劳等因素而破坏。钢丝绳的破坏是有前兆的，总是从断丝开始，极少发生整条绳的突然断裂。因此在日常对电梯的维护保养中，应对钢丝绳的使用状况进行仔细的检查和确认，这样才能充分保证钢丝绳的安全、可靠。

9.1.2　钢丝绳应符合下列要求：

a）钢丝绳的公称直径不小于8mm；

b）钢丝的抗拉强度：

1）对于单强度钢丝绳，宜为1570MPa或1770MPa。

2）对于双强度钢丝绳，外层钢丝宜为1370MPa，内层钢丝宜为1770MPa。

c）钢丝绳的其他特性（延伸率、圆度、柔性、试验等）应符合GB 8903的规定。

■■ **解析**　钢丝绳只是在特性上如：延伸率、圆度、柔性、试验等参数应符合GB 8903《电梯用钢丝绳》的规定。并不是所有参数和钢丝绳型式都要符合GB 8903规定。由于GB 8903是等效采用ISO 4344，这个标准与日本的JISG 3525《钢丝绳》的内容有很大差异。在我国电梯行业内，日本企业合资、独资的厂家众多，其使用的钢丝绳也以符合JISG 3525为多，而且ISO 4344在国际上也并不是必须遵守的。此外，电梯在选用的钢丝绳是否合理并不完全由钢丝绳本身决定，也取决于与钢丝绳配合使用的曳引轮的参数（硬度、材质、槽型等），因此电梯选用的钢丝绳没有必要完全遵守GB 8903，同时即使所选用的钢丝绳完全符合

GB 8903的要求,也无法保证钢丝绳对于整个曳引(或强制)系统来说是合理的。

资料 9-2　GB 8903—1988 对钢丝绳的要求　⇩▼

由于 GB 7588—2003 制订时,GB 8903 为 1988 版,在此选择 GB 8903—1988 作为资料给读者进行介绍。要说明的是,GB 8903—2005 有了很大改动,请读者自行参考。

钢丝绳的捻法为右交互捻;椭圆度应不大于公称直径的3%。

结构和直径应满足资料 9-2 表 1。

资料 9-2 表 1　结构和直径

钢丝绳结构	公称直径/mm
6×19S+NF	6,8,10,11,13,16,19,22
8×19S+NF	8,10,11,13,16,19,22

制绳用钢丝抗拉强度级别配置应满足资料 9-2 表 2。

资料 9-2 表 2　制绳用钢丝抗拉强度级别配置

钢丝强度级别的配制		抗拉强度级别/(N/mm^2)
单一强度级别		1570 或 1770
双强度级别	外层丝	1370
	内层丝	1770

钢丝绳的最小破断载荷应符合资料 9-2 表 3 规定。

资料 9-2 表 3　钢丝绳的最小破断载荷

a)6×19S+NF 技术数据

公称直径 mm	近似重量		钢丝绳最小破断载荷/kN	
	纤维芯钢丝绳		单强度:1570N/mm^2 双强度:1370/1770N/mm^2 均按 1500N/mm^2 单强度计算	单强度: 1770N/mm^2
	天然纤维 kg/100m	人造纤维 kg/100m		
6	13.0	12.7	17.8	21.0
8	23.1	22.5	31.7	37.4
10	36.1	35.8	49.5	58.4
11	43.7	42.6	59.9	70.7
13	61.0	59.5	83.7	98.7
16	92.4	90.1	127	150
19	130	127	179	211
22	175	170	240	283

注:钢丝绳最小破断载荷=钢丝破断载荷总和×0.86。

b)8×19S+NF 技术数据

公称直径 mm	近似重量		钢丝绳最小破断载荷/kN	
	纤维芯钢丝绳		单强度:1570N/mm² 和双强度:1370/1770N/mm² 均按 1500N/mm² 单强度计算	单强度: 1770N/mm²
	天然纤维 kg/100m	人造纤维 kg/100m		
8	22.2	21.7	28.1	33.2
10	34.7	33.9	44.0	51.9
11	42.0	41.0	53.2	62.8
13	58.6	57.3	74.3	87.6
16	88.8	86.8	113	133
19	125	122	159	187
22	168	164	213	251

注:钢丝绳最小破断载荷=钢丝破断载荷总和×0.84。

资料 9-3 JISG 3525—1998 对钢丝绳的要求

JISG 3525—1998 钢绳种类的区分如下:

(1)按结构区分:根据钢绳的型号、结构标记和断面分为 34 种。

(2)按捻法区分:钢绳分为交互 Z(右)捻、交互 S(左)捻。同向 Z(右)捻和同向 S(左)捻。

(3)按有无镀层区分:钢绳分为光面钢绳和镀锌钢绳。

(4)按破断负荷区分:按组成钢绳的钢丝(填充丝和三角心除外)公称抗拉强度分为 E、G、A、B 种。

(5)按钢绳油脂区分:钢绳分为涂布红钢绳油脂和涂布黑钢绳油脂。

JISG 3525—1998 中与电梯相关的钢绳种类参数:

公称直径 mm	6×S(19)、6×W(19)、6×Fi(25)、6×WS(26)			参考单位质量 （kg/m）
	破断载荷 kN			
	E 种	A 种	B 种	
4	—	—	9.29	0.062
5	—	—	14.5	0.096
6	16.1	19.6	20.9	0.139
6.3	17.7	21.6	23.0	0.153
8	28.6	34.9	37.2	0.247
9	36.2	44.1	47.0	0.312
10	44.7	54.5	58.1	0.386
11.2	56.1	68.3	72.8	0.484

续表

公称直径 mm	6×S(19)、6×W(19)、6×Fi(25)、6×WS(26)			参考单位质量 （kg/m）
	破断载荷 kN			
	E 种	A 种	B 种	
12	64.4	78.5	83.7	0.556
12.5	69.9	85.1	90.7	0.603
14	87.7	107	114	0.756
16	115	139	149	0.988
18	145	176	188	1.25
20	179	218	232	1.54
22.4	224	273	291	1.94
25	280	340	363	2.41

公称直径 mm	8×S(19)、8×W(19)、8×Fi(25)、			参考单位质量 （kg/m）
	破断载荷 kN			
	E 种	A 种	B 种	
8	26.0	30.8	32.8	0.220
10	40.6	48.1	51.3	0.343
11.2	51.0	60.3	64.3	0.430
12	58.5	69.2	73.8	0.494
12.5	63.5	75.1	80.1	0.536
14	79.6	94.3	100	0.672
16	104	123	131	0.878
18	132	156	166	1.11
20	162	192	205	1.37
22.4	204	241	257	1.72
25	254	301	320	2.14

9.1.3 钢丝绳或链条最少应有两根,每根钢丝绳或链条应是独立的。

解析 为保证安全,悬挂轿厢的钢丝绳或链条不允许只使用一根,必须是两根或两根以上,以减少由于钢丝绳断裂造成的轿厢坠落的可能。也就是说,即便单根钢丝绳在悬挂轿厢时,其安全系数足够大,也不允许只使用一根钢丝绳来悬挂轿厢。这主要是考虑到批量生产的钢丝绳之间的个体差异,万一存在制造缺陷,造成其破断载荷达不到设计值,单根使用时将给电梯的安全运行造成重大隐患。因此,无论单根钢丝绳的安全系数能够达到多少,也不允许用单根钢丝绳悬挂轿厢。

考虑到9.2.2所规定的安全系数,两根或三根钢丝绳是难以满足要求的。目前每台电梯钢丝绳的数量通常是根据电梯的载重量、速度以及钢丝绳的直径、曳引轮直径、绳槽型式等因素来确定，一般情况下是在4～7根之间。

当悬挂系统的钢丝绳或链条真的选取两根时，将有一系列的特殊规定：

9.2.2规定，对于用两根钢丝绳的曳引驱动电梯为16，而用三根及三根以上钢丝绳的曳引驱动电梯为12。

9.5.3规定，如果轿厢悬挂在两根钢丝绳或链条上，则应设有一个符合14.1.2规定的电气安全装置，在一根钢丝绳或链条发生异常相对伸长时电梯应停止运行。

因此，实际上如果电梯的悬挂系统只使用两根钢丝绳或链，则对钢丝绳或链的要求将大大增加。

9.1.4 若采用复绕法，应考虑钢丝绳或链条的根数而不是其下垂根数。

■■ **解析** 这里所说的"复绕法"即为轿厢、对重（或平衡重）带有动滑轮的情况，此时钢丝绳通过曳引轮和导向轮（也可以没有导向轮）后由轿厢或对重（或平衡重）的动滑轮绕回，如果需要也还可以与机房中或井道中的定滑轮在回绕，最后固定在机房内或井道中的固定点上（有些情况也固定在轿厢及对重或平衡重上，如绕绳比为3∶1的情况）。在这种情况下悬挂绳或链下垂的根数是实际根数的若干倍（视悬挂比不同而异）。

图9-2 a)是悬挂比为2∶1的情况，其悬挂绳下垂根数是实际根数的2倍。在计算悬挂绳或链根数时，无论采用哪种绕法，也无论每根钢丝绳或链下垂数量有几段，其本质上还只是一根，只是弯成若干折而已，因此只能计算实际根数而不能计算其下垂数。

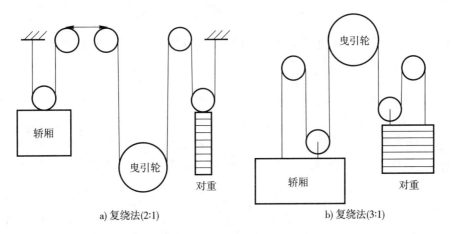

a) 复绕法(2:1)　　　　b) 复绕法(3:1)

图9-2 复绕形式的类型

要注意的是，钢丝绳所采用的"复绕法"与为增大钢丝绳与曳引轮的包角为目的的"双绕"和"长绕"概念不同（"双绕"和"长绕"将在9.3中介绍）。钢丝绳在采用复绕法时，将引入"钢丝绳倍率"（见附录M）的概念。钢丝绳下垂根数与实际根数的比值就是"钢丝绳倍率"，钢丝绳倍率为1的自然数倍。

不要误解，钢丝绳倍率不一定为2的自然数倍，如图9-2 b)中所示即为3∶1的绕绳比。

9.2 曳引轮、滑轮和卷筒的绳径比,钢丝绳或链条的端接装置

9.2.1 不论钢丝绳的股数多少,曳引轮、滑轮或卷筒的节圆直径与悬挂绳的公称直径之比不应小于40。

■ 解析 在所有的钢丝绳寿命试验中都能够得出这样的结论:作为钢丝绳寿命的指标钢丝绳能够承受的折弯次数与折弯的曲率半径密切相关。

曳引轮直径影响了钢丝绳在通过绳轮时的折弯程度和绳丝、绳股之间相对位置的自我调节。在钢丝绳直径一定的情况下,曳引轮直径越小则通过绳轮时钢丝绳的折弯程度越剧烈,绳丝、绳股越难以适应折弯的条件,这时会造成钢丝绳中部分绳丝的弯曲应力过大。

因此,钢丝绳的疲劳失效很大程度上是取决于绳轮和钢丝绳直径的比。而且应注意,GB 7588 中所要求的钢丝绳与曳引轮(包括其他滑轮)的直径比,其中曳引轮和滑轮的直径是指节圆直径,即钢丝绳在通过绳槽时,钢丝绳中心到曳引轮、滑轮轴心的距离的 2 倍。在测量曳引轮或滑轮直径时,决不能从轮槽的外边缘测量。但测量钢丝绳时要如下图所示:

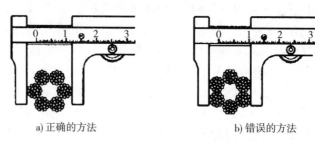

a) 正确的方法 　　b) 错误的方法

图 9-3　钢丝绳直径的测量方法

资料 9-4　关于钢丝绳直径与绳轮直径之比对钢丝绳寿命的影响　⇩▼

说明:以下计算仅供理解钢丝绳直径与绳轮直径之比会对钢丝绳寿命产生何种影响之用。

当绷紧的钢丝绳经过弯曲的表面(如绳轮、绳鼓或滑轮等)时会产生疲劳,究其原因是,钢丝绳不但在绳轮上产生了折弯,同时在折弯与载荷的共同作用下,在钢丝绳轴线方向产生弯曲附加应力,对于单根绳丝(注意,是绳丝,而不是钢丝绳本身)遵循下面公式:

$$M = \frac{EI}{R} \text{;以及 } M = \frac{\sigma I}{c}$$

式中:

　　M——折弯矩;

　　E——弹性模量;

　　I——钢丝绳转动惯量;

　　R——弯折半径(mm);

　　σ——钢丝绳最大弯曲应力;

　　c——绳丝中心到钢丝绳麻芯中心距离(mm);

　　由上面两个等式可以得到:

$$\sigma = \frac{Ec}{R}$$

将其中的 r 以曳引轮半径 $D/2$ 替代；c 以钢丝绳半径 $d/2$ 替代，则有：$\sigma = \frac{Ed}{D}$，其中 d 为钢丝绳直径，D 为曳引轮直径。

由于折弯造成的附加应力由下式表示：

$$P_{bending} = \sigma A_m$$

其中 A_m 为钢丝绳截面积，$A_m = \frac{d^2 f}{645}$；f 为钢丝的紧密程度系数，一般由钢丝绳制造商提供，如果没有相关数据也可参考下表：

资料 9-4 表 1　钢丝绳紧密程度系数参考表

结构	钢丝的紧密程度系数	
	天然纤维芯	钢芯
6×19S	0.404	0.470
6×19W	0.416	0.482
6×19Fi	0.412	0.478
8×19S	0.359	0.472
8×19W	0.366	0.497

由于折弯造成的附加应力可由下式获得：

$$P_{bending} = \left[\frac{(1.97 \times 10^6) d^3}{N^2 R} \right];$$

式中：

　　d——钢丝绳直径，mm；

　　N——组成钢丝绳的钢丝的根数（如，6×19 的钢丝绳，$N=114$）；

　　R——折弯半径，mm。

资料 9-4 图 1 是一个关于钢丝绳直径与绳轮直径之比对钢丝绳寿命影响的示意图。

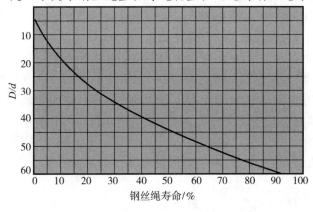

资料 9-4 图 1　钢丝绳直径与绳轮直径之比对钢丝绳寿命影响示意图

通常弯曲应力只是出现在折弯的位置。无论任何半径的折弯，钢丝绳的弯曲应力最大的情况是发生在折弯接触长度等于钢丝绳捻距时，因为在这种情况下每一根钢丝都受到最大的应力。单纯增大接触长度而不增加折弯半径是不能减小弯曲应力的。钢丝绳上的最大弯曲应力发生在系统中折弯半径最小的轮上，它与轮的数量无关。

9.1.2 中规定"钢丝绳的公称直径不小于8mm"，因此可以知道，曳引轮、滑轮或卷筒的节圆直径最小不得小于320mm。

9.2.2 悬挂绳的安全系数应按附录 N（标准的附录）计算。在任何情况下，其安全系数不应小于下列值：

a）对于用三根或三根以上钢丝绳的曳引驱动电梯为 12；

b）对于用两根钢丝绳的曳引驱动电梯为 16；

c）对于卷筒驱动电梯为 12。

安全系数是指装有额定载荷的轿厢停靠在最低层站时，一根钢丝绳的最小破断负荷（N）与这根钢丝绳所受的最大力（N）之间的比值。

 解析 EN81 中，本条的叙述有些含糊，容易引起使用者不必要的误会。联系上下文，本条的意思应是这样的：安全系数（是指装有额定载荷的轿厢停靠在最低层站时，一根钢丝绳的最小破断负荷（N）与这根钢丝绳所受的最大力（N）之间的比值）在任何情况下不得小于根据附录 N（标准的附录）计算所得的最小安全系数要求；同时还必须满足：a）对于用三根或三根以上钢丝绳的曳引驱动电梯为 12；b）对于用两根钢丝绳的曳引驱动电梯为 16；c）对于卷筒驱动电梯为 12。

由于本条的叙述中对"按照附录 N 计算的安全系数"和"按照破断载荷与最大受力比计算的安全系数"没有表述清楚，按照字面的意思，很容易造成读者的理解与标准要求的原义正好相反。对于两者的理解应是这样的：

（1）按照附录 N 计算出的安全系数：

应视作对于被计算的，特定的悬挂系统中钢丝绳必须满足的最小安全系数，这个系数越大则对悬挂系统钢丝绳的要求越严格。

（2）按照破断载荷与最大受力比计算的安全系数：

是钢丝绳在受力最大的情况下，单根钢丝绳的最小破断载荷与这根钢丝绳的最大可能的受力之比。在本条中，限定的工况为"装有额定载荷的轿厢停靠在最低层站时"，这是因为电梯无论是否有补偿装置，由于钢丝绳自身重量的影响，轿厢侧最靠近曳引轮处的所受的力最大，因此应以此处受力进行计算。计算时不但要考虑到钢丝绳的根数、轿厢重量、额定载重量和钢丝绳自身的重量，同时还应考虑到复绕倍率、悬挂在轿厢上的随行电缆和补偿装置的重量、绳头组合重量以及如果采用带有张紧装置的补偿装置时，还应考虑到张紧装置的影响。

注："最小破断负荷"的确定见 3.7 解析。

应注意，“安全系数”不能简单的看做是“安全倍数”，比如6根钢丝绳的安全系数是12，但不能认为1根钢丝绳的安全系数为2。这是因为所谓“安全系数”在这里是一个材料力学范畴的概念，材料力学解决问题的特点是以实验为基础采用假设的方法。结构件都是可变形固体，为了能学简单的用公式表达，材料力学将这些材料的共性提取出来，建立模型，并假设其为连续的（内部无空隙，结构致密）、均匀的（任何一部分的力学性质都完全相同）、各向同性（物体在各个方向上的力学性质相同）。因此建立的模型本身就带有一定的近似性。但实际情况中，由于上述假设不可能完全满足、对材料的受力情况估计的也不可能完全准确、力学模型建立的不可能完全准确等，这些因素的累加可能导致不安全的情况发生，为避免危险同时考虑到给构件留有必要的强度储备，因此才留有余量予以补偿，这就是安全系数。因此将安全系数简单的当做“安全倍数”是错误的。

资料9-5　附录N简介

附录N作为GB 7588—2003的标准的附录，意味着它作为强制内容而必须被执行。GB 7588—2003的附录N较GB 7588—1995新增加了许多内容。在GB 7588—1995中，计算安全系数仅仅是按照“装有额定载荷的轿厢停靠在最低层站时，一根钢丝绳的最小破断载荷(N)与这根钢丝绳所受的最大力(N)之间的比值”来计算的。相比起来GB 7588—2003附录N中考虑到折弯对钢丝绳寿命的影响，引入了“等效滑轮数量”的概念，将钢丝绳的折弯次数、严重程度以及曳引轮绳槽槽口形状的影响和是否有反向折弯等相关情况体现在计算中，并经计算综合加以判断。显然GB 7588—2003在钢丝绳安全系数的计算方面更加合理，更加符合实际情况。

具体来讲，在附录N中被认为与钢丝绳安全系数有关系的因素有以下几个：

1. $N_{equiv(t)}$：曳引轮的等效数量，绳槽的种类（U形或V形）以及是否有反向折弯也有影响。

$N_{equiv(t)}$的数值从GB 7588—2003中表N.1查得，对于不带切口的U形槽，$N_{equiv(t)}=1$。

该表可以确定所使用的槽口形状对钢丝绳寿命的劣化相当于多少个U形槽所产生的效果（即多少个等效曳引轮数量）？

CEN/TC10的解释：对于未硬化不带切口的V形槽，难以预测磨损将会有多快和多深。因此，在新的V形槽与用旧的半圆切口槽之间，取较不利的值，也就是，应取表N.1中两个值的较大者。

表中无论是V形槽的角度值γ还是下部切口角度值β都不是连续的，对于中间值如何对应？

CEN/TC10的解释是：在该表中，采用线性插入法求中间值可认为是足够精确的。

当然，如果设计者需要追求更精确的值，可以采用拉格朗日插入值法或牛顿插入值法来获得γ或β未在表中给出的情况下，曳引轮等效数量的取值。

下面简单介绍一下拉格朗日插入法和牛顿插入法。这两种插入方法其插值是在离散数据之间补充一些数据，使这组离散数据能够符合某个连续函数。插值是计算数学中最基本和最常用的手段，是函数逼近理论中的重要方法。利用它可通过函数在有限个点处的取值状况,估算该函数在别处的值,即通过有限的数据,以得出完整的数学描述。牛顿插入值法是牛顿和格雷果黎建立的等距结点上的一般插值公式;拉格朗日插入值法给出了更一般的非等距结点上的插值公式。

a)拉格朗日插值公式:

由表中给出 $n+1$ 个值(可以不等间距)

x_0	x_1	x_2	⋯⋯	x_{n-1}
y_0	y_1	y_2	⋯⋯	y_{n-1}

按照拉格朗日插值公式得出的逼近函数为:

$$y(x)=\frac{(x-x_0)(x-x_1)\cdots\cdots(x-x_n)}{(x_0-x_1)(x_0-x_2)\cdots\cdots(x_0-x_n)}y_0+\frac{(x-x_0)(x-x_2)\cdots\cdots(x-x_n)}{(x_1-x_0)(x_1-x_2)\cdots\cdots(x_1-x_n)}y_1$$
$$+\cdots\cdots+\frac{(x-x_0)(x-x_1)\cdots\cdots(x-x_{n-1})}{(x_n-x_0)(x_n-x_1)\cdots\cdots(x_n-x_{n-1})}y_n$$

b)牛顿插值公式:

与拉格朗日插值公式类似,牛顿插值公式得出的逼近函数为:

$$y(x)=y_0+(x-x_0)\Delta_1(x_1)+(x-x_0)(x-x_1)\Delta_2(x_2)+\cdots\cdots+[(x-x_0)(x-x_1)\cdots\cdots$$
$(x-x_{n-1})]\Delta_n(x_n)$ 其中均差为

$$\Delta_1(x_1)=\frac{(y_1-y_0)}{(x_1-x_0)}\qquad\qquad\text{一阶均差}$$

$$\Delta_1(x_1)=\frac{\Delta_1(x_2)-\Delta_1(x_1)}{(x_2-x_0)}\qquad\qquad\text{二阶均差}$$

⋯⋯

$$\Delta_n(x_n)=\frac{\Delta_{n-1}(x_n)-\Delta_{n-1}(x_{n-1})}{(x_n-x_0)}\qquad\qquad n\text{ 阶均差}$$

均差列表计算如下:

x_0	y_0	
x_1	y_1	$\Delta_1(x_1)$
x_2	y_2	$\Delta_1(x_1)\Delta_2(x_2)$
x_3	y_3	$\Delta_1(x_1)\Delta_2(x_2)\Delta_3(x_3)$
⋯⋯	⋯⋯	⋯⋯
x_n	y_n	$\Delta_1(x_1)\Delta_2(x_2)\cdots\cdots\Delta_n(x_n)$

通过拉格朗日插入法或牛顿插入法,可以得到一个逼近函数,将需要的值代入即可计算对应的值。

应注意,有时为了获得更大的曳引力需要增加包角,可能会采用双绕法,即钢丝绳在曳引轮上缠绕 2 圈,这时在计算曳引轮等效数量时应加倍。

2. N_{ps}:引起简单折弯的滑轮数量;

"简单折弯"的定义是这样的:"钢丝绳运行于一个半径比钢丝绳名义半径大 5%~6% 的半圆槽"。可见,通常情况下的折弯均为简单折弯。简单折弯如资料9-5图1所示:

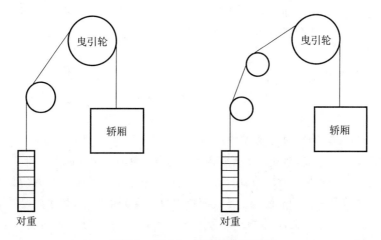

资料 9-5 图 1　简单折弯示意图

3. N_{pr}:引起反向折弯的滑轮数量;

为了获得更大的曳引力,除采用双绕法外,还可以通过增加一个导向轮"压"在钢丝绳上,来增加钢丝绳在曳引轮上的包角,这时就发生了反向折弯。反向折弯可以导致相对严重的折弯程度,因此反向折弯比简单折弯对钢丝绳的影响要更大。对于"反向折弯"的描述是这样的:"反向折弯仅在下述情况时考虑,即钢丝绳与两个连续的静滑轮的接触点之间的距离不超过绳直径的 200 倍"。要注意,这里所说的是"反向折弯仅在下述情况时考虑",而不是"下述情况就是反向折弯",这两者有本质区别。同时,反向折弯也不仅在两个连续的静滑轮间才可能出现,如资料9-5图2所示,即使钢丝绳穿过两个动滑轮也可能出现反向折弯的情况:

在计算反向折弯时,应先判定钢丝绳是否为反向折弯,反向折弯的重要特征之一(不是全部)就是发生了所谓的"S"弯,资料9-5图3就是一个典型的反向折弯:

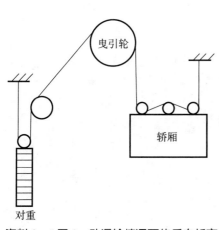

资料 9-5 图 2　动滑轮情况下的反向折弯

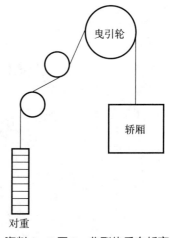

资料 9-5 图 3　典型的反向折弯

因此,作者认为,判定反向折弯的最简单的办法就是:在轿厢运行过程中,相邻两滑轮的轮轴之间的相对位置没有变化的情况下,钢丝绳是处于两个绳轮轮轴连线的同侧还是异侧。当钢丝绳处于轮轴连线同侧时即没有发生反向折弯,而反之则发生了反向折弯。

即使钢丝绳发生了反向折弯,在计算钢丝绳安全系数时这个反向折弯是否要计算也是要视具体情况而定的:"接触点之间的距离不超过绳直径的 200 倍"时,反向折弯才被计算。

计算导向轮等效数量($N_{equiv(p)}$ 为导向轮等效数量)的公式见下式

$$N_{equiv(p)} = K_p(N_{ps} + 4N_{pr})$$

式中:N_{ps}——引起简单折弯的滑轮数量;

　　　N_{pr}——引起反向折弯的滑轮数量。

从上面的公式中不难看出,反向折弯对钢丝绳安全系数的影响要远大于简单折弯的影响,其关系相当于一次反向折弯等于四次简单折弯!可见电梯悬挂系统中反向折弯的数量对钢丝绳最终的安全系数影响将是非常巨大的。在不改变曳引轮条件的情况下,如果我们要降低悬挂系统对钢丝绳最小安全系数的要求,最有效的手段就是尽量减少悬挂系统中反向折弯的次数。

简单折弯和反向折弯的次数,共同构成了悬挂系统对钢丝绳的总体弯折次数。这是引起钢丝绳劣化的重要原因之一。

4. D_t:曳引轮的直径;

5. D_p:除曳引轮外的所有滑轮的平均直径;

曳引轮以及滑轮直径对钢丝绳的寿命及安全系数有非常大的影响,9.2.1 要求了"不论钢丝绳的股数多少,曳引轮、滑轮或卷筒的节圆直径与悬挂绳的公称直径之比不应小于 40"。那么曳引轮和滑轮直径对钢丝绳安全系数的关系是怎样的呢?还是请看这个公式:

$$N_{equiv(p)} = K_p(N_{ps} + 4N_{pr}):$$

式中:K_p——跟曳引轮和滑轮直径有关的系数,有:$K_p = \left(\dfrac{D_t}{D_p}\right)^4$

这其中,如果曳引轮直径和导向的平均直径差值越大,最终 K_p 的值将越大,从而造成导向轮等效数量 $N_{equiv(p)}$ 的增大(导向轮等效数量 $N_{equiv(p)}$ 对钢丝绳最小安全系数的影响后面会有论述)。

6. d_r:钢丝绳的直径。

前面已经提到,钢丝绳寿命和安全系数很大程度上取决于曳引轮和钢丝绳的直径比。

在附录 N 中,悬挂系统钢丝绳针对其应用的具体情况必须满足的最小安全系数是按照以下公式计算得出的:

$$S_f = 10^{\left[2.6834 - \frac{\log\left(\frac{695.85 \times 10^6 N_{equiv}}{(D_t/d_t)^{8.567}}\right)}{\log(77.09(D_t/d_t)^{-2.894})}\right]}$$

式中:

　S_f——钢丝绳必须满足的最小安全系数。从上面公式我们不难分析得出,钢丝绳最小安全系数 S_f 是 N_{equiv}(等效的滑轮数量)和 $\dfrac{D_t}{d_r}$(曳引轮直径与钢丝绳直径之比)的函数。

其中等效滑轮数量 N_{equiv} 是这样确定的:

$$N_{equiv} = N_{equiv(t)} + N_{equiv(p)}$$

式中：

$N_{equiv(t)}$——曳引轮的等效数量，查 GB 7588—2003 中表 N.1 可以获得；

$N_{equiv(p)}$——导向轮等效数量，由 $N_{equiv(p)} = K_p(N_{ps} + 4N_{pr})$ 以及 $K_p = \left(\dfrac{D_t}{D_p}\right)^4$ 确定。

可见，无论是曳引轮的等效数量还是导向轮的等效数量，在增加时都会引起滑轮等效数量 N_{equiv} 的增大。从而增大 S_f 的值。而较大的 S_f 值，需要选择根数更多同时直径更细的钢丝绳。这将造成成本增加，是我们所不希望看到的。

资料 9-6　降低曳引系统对钢丝绳最小安全系数 S_f 的要求的方法　⇩⬇

综合本章资料 9-5 的论述，实际上，影响最小安全系数 S_f 的最主要的四个方面是：曳引轮槽型、折弯的次数、反向折弯情况、曳引轮与钢丝绳的直径比。其中曳引轮槽型对钢丝绳的影响主要体现在磨损方面；曳引轮与钢丝绳的直径比对钢丝绳的影响主要体现在疲劳方面。而折弯次数、反向折弯对钢丝绳既有磨损方面的影响又有疲劳方面的影响。想要降低 S_f 就要从这四个方面入手。

1. 曳引轮槽型

常见的曳引轮槽型一般有半圆形、带下切口的半圆形、V 形和带下切口的 V 形四种。半圆槽的截面为圆弧形，此圆弧的半径在新制成要较钢丝绳直径大 5% 左右。这样，在绳槽少许磨损后，钢丝绳几乎有半个圆周接触在槽面上，能够得到最大的接触面积。

带切口的半圆槽是在半圆槽的基础上，在槽底部增加下切口。它支撑钢丝绳的接触面的圆弧直径和钢丝绳的直径一致。常用到的下切口角度在 90°～105° 之间。

V 形槽在理论上其槽壁与钢丝绳的接触是点接触。但实际上钢丝绳本身也是一个弹性体，尤其是当绳槽稍有磨损后，其接触面也就变成了弧面。V 形槽的夹角一般在 35°～42° 之间。

带切口的 V 形槽目的是不使槽下面的空隙对钢丝绳接触中心角在使用中连续减小，因此在绳槽底部开槽。

曳引轮槽型对钢丝绳的影响主要体现在表面磨损方面。从附录 N 表 1 中可以看到，当

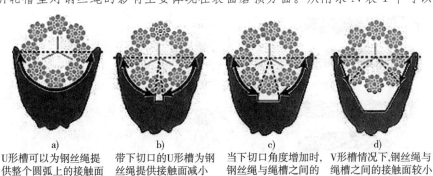

a)	b)	c)	d)
U形槽可以为钢丝绳提供整个圆弧上的接触面	带下切口的U形槽为钢丝绳提供接触面减小	当下切口角度增加时，钢丝绳与绳槽之间的比压随绳与槽之间的接触面减小而增加	V形槽情况下，钢丝绳与绳槽之间的接触面较小

资料 9-6 图 1　槽型对钢丝绳接触面的影响

采用 V 形槽时,取决于槽口角度,槽口角度越大,曳引轮等效数量 $N_{equiv(t)}$ 越小,即对钢丝绳的不利影响也越小;当采用带下切口的 U 形或 V 形槽时,取决于下切口角度,下切口角度越大,曳引轮等效数量 $N_{equiv(t)}$ 越大,即对钢丝绳的不利影响也越大。资料 9-6 图 1 中显示了槽型对钢丝绳接触面的影响:

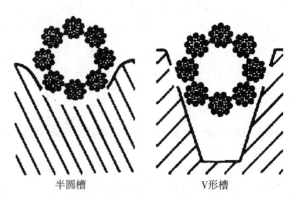

对于圆形槽,钢丝绳向轮槽施加的最大压力在绳槽底部;而在带下切口的圆形槽中,钢丝绳与绳槽之间的最大压力是在接触线的地方。在其他情况相同时,槽型不同,钢丝绳与绳槽之间的压力也不同,下面资料 9-6 图 2 表明了半圆槽及 V 形槽与钢丝绳之间的压力。

可见,半圆槽与钢丝绳之间的压力最小,V 形槽与钢丝绳的接触压力要大于半圆槽。如果钢丝绳与绳槽间的压力过大,将导致曳引轮绳槽和钢丝绳磨损的加剧。

半圆槽　　　　　　　　V形槽

资料 9-6 图 2　半圆槽及 V 形槽对钢丝绳的压力

当钢丝绳与绳轮槽口间的接触面减小时,在承受同样的拉力的情况下,钢丝绳和绳轮槽口之间的压强将增加,近而加剧钢丝绳和曳引轮之间的摩擦,导致钢丝绳冠丝的损坏(冠丝、谷丝的位置示意见资料 9-6 图 3)。在附录 N 表 1 中显示,V 形槽角度不得小于 35°而带下切口的 U 形或 V 形槽下切口的角度不得大于 105°,这些都是为限制钢丝绳与绳槽的最小接触面积。

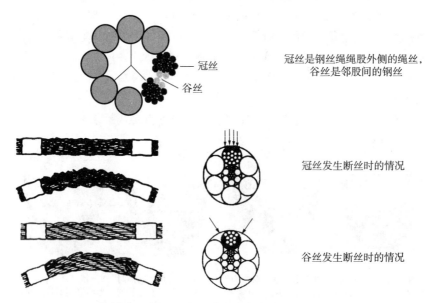

冠丝是钢丝绳绳股外侧的绳丝,
谷丝是邻股间的钢丝

冠丝发生断丝时的情况

谷丝发生断丝时的情况

资料 9-6 图 3　冠丝、谷丝及其断丝时的示意图

如果钢丝绳在绳槽上有良好的接触,钢丝绳的外部压力和内部压力都将降低,这时钢丝绳的寿命将得到延长。资料9-6图4表示了钢丝绳在不同槽型的轮上运行的寿命曲线。能够清楚的看到,半圆槽具有较长的寿命,而互捻的钢丝绳能够较好的适应V形槽和带下切口的半圆槽。

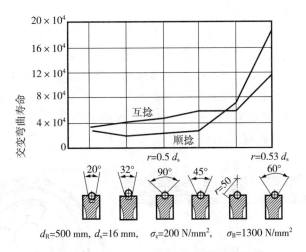

资料9-6图4 槽型对钢丝绳寿命的影响

在其他条件不变的情况下,如果想降低 S_f 的值,选择钢丝绳与绳槽接触面最大的绳槽型式(U形)可以有效降低曳引轮等效数量 $N_{equiv(t)}$,从而达到降低 S_f 的目的。但增大钢丝绳与绳槽接触面,曳引系统的曳引能力也随之降低(曳引力计算我们将在9.3中论述)。因此如果为了降低 S_f 而选择 $N_{equiv(t)}$ 较小的槽型时,必须要校核曳引力是否符合要求。

此外,曳引轮绳槽的型式对钢丝绳的疲劳也有一定的影响,钢丝绳与绳轮槽口之间的压强过大则会影响电梯运行过程中绳丝之间必要的相对移动,导致钢丝绳更加容易疲劳失效。

2. 折弯的次数

折弯次数及折弯严重程度对钢丝绳的影响体现在疲劳方面和内部磨损方面。

多次折弯引起的疲劳损伤,其原理是钢丝绳重复通过滑轮绕上绕下,频繁弯曲,容易使钢丝产生疲劳,韧性下降。在变应力的作用下,细钢丝表面首先由于各种滑移形成初始裂纹,然后裂纹尖端在切应力的作用下反复塑性变形,使裂纹扩展直至断裂。

由疲劳引起的断丝一般断口平齐,或呈现"台阶"状,如下图所示:

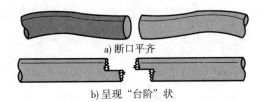

a) 断口平齐

b) 呈现"台阶"状

资料9-6图5 由于疲劳引起的断丝,其断口形状

疲劳断丝多半出现在表层钢丝上，它们很有规律，通常出现在弯曲程度最厉害的一侧外层钢丝，即冠丝上。

内部磨损产生的原因是，当钢丝绳绕在绳轮上时，绳股之间必然会发生相对位移，如资料9-6图6所示。这会导致绳丝上表面（远离曳引轮的表面）绳丝的移动距离要大于下表面（靠近曳引轮表面）的位移距离。在使用过程中，钢丝绳经过滑轮时所承受的全部负荷压在钢丝绳的一侧，上面也提到了，各根细钢丝的曲率半径不可能完全相同。同时，由于钢丝绳的弯曲，钢丝绳内部各根细钢丝就会相互产生作用力并且产生滑移，这时股与股之间接触应力增大，使谷丝（相邻股间的钢丝）产生局部压痕深凹。当反复循环拉伸弯曲时，在深凹处则产生应力集中而被折断，构成了内部磨损。

钢丝绳的弯曲程度、运动速度，对钢丝绳的内部磨损均有影响，此外，钢丝绳经常受到扭曲和振动也是产生疲劳的原因。

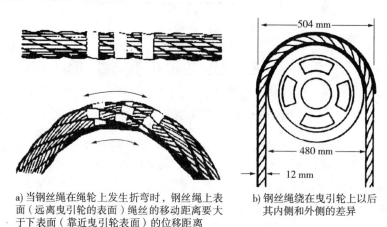

a) 当钢丝绳在绳轮上发生折弯时，钢丝绳上表面（远离曳引轮的表面）绳丝的移动距离要大于下表面（靠近曳引轮表面）的位移距离

b) 钢丝绳绕在曳引轮上以后其内侧和外侧的差异

资料9-6图6　钢丝绳弯曲时对绳丝的影响

3. 反向折弯

反向折弯是使钢丝绳疲劳的另一个重要原因。在资料9-6图7中，当钢丝绳经过绳轮A时，钢丝绳外侧（远离绳轮侧）绕绳轮的移动距离要长一些，当钢丝绳经过绳轮的弯曲位置后绳丝和绳股将自我调整恢复原状态。然后钢丝绳绕过绳轮B，在相反方向产生了折弯。如果A轮和B轮之间的距离很小，这时通过A绳轮时的钢丝绳外侧依旧处于伸出的状态，但进入B绳轮，需要马上调整变为内侧（靠近绳轮侧），这样将给绳丝带来很大的压力。研究表明，在反向折弯时，钢丝绳的寿命只是普通折弯时的一半。

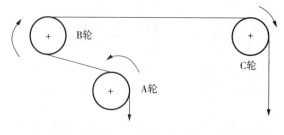

资料9-6图7　反向折弯

试验表明,钢丝绳的弯曲疲劳寿命与 D/d 比值(即卷筒直径 D 与钢丝绳直径 d 的比值)、安全系数和钢丝绳结构均有密切的关系。由疲劳引起的断丝既可能发生在冠丝上,也可能发生在谷丝上。冠丝疲劳断丝常见于钢丝绳与曳引轮绳槽间磨损的情况。通常情况下,通过冠丝的疲劳断丝情况来判断磨损量。在冠丝发生断丝的情况下,很少有不出现磨损的,这种情况在反向折弯和使用绳槽衬垫的情况下(目前使用绳槽衬垫的曳引机非常少见)很容易发生。谷丝发生断丝一般是由于内部钢丝发生疲劳而产生的。根据经验,一般钢丝绳的每个绳股发生两处以上的谷丝断丝则意味着整根钢丝绳内部钢丝发生了疲劳。

4.曳引轮直径与钢丝绳直径比

曳引轮直径与钢丝绳直径之比意味着钢丝绳在通过绳轮时发生折弯的严重程度。其影响见9.2.1解析。

资料9-7 提高钢丝绳寿命的方法 ⇩◼

钢丝绳的寿命在 GB 7588 中并没有明确的规定,因为 GB 7588 是安全标准,对于部件寿命一类的属于性能方面的参数并不作过多的限制。但如果能够设法延长钢丝绳的使用寿命,在使用期内钢丝绳能够稳定、安全的提供服务,不但能进一步保证电梯运行的安全,同时也是降低钢丝绳的维护和使用成本必须考虑的。提高钢丝绳的寿命,除了要考虑到上面讲到的,曳引轮槽型、折弯的次数、反向折弯情况、曳引轮与钢丝绳的直径比四个方面外,还应考虑:根据电梯悬挂系统的特点合理选择钢丝绳的种类;绳轮硬度及材料与钢丝绳种类的配合;环境因素及保养等。

1.根据电梯悬挂系统的特点合理选择钢丝绳的种类

一般来说,钢丝直径越粗,耐腐蚀性能和耐磨损性能越强,钢丝直径越细,柔软性能越好。

钢丝绳耐磨损性能、抗疲劳性能与所采用钢丝大小关系如资料9-7图1所示:

资料9-7图1 钢丝绳性能与直径、绳股数量的关系

因此,电梯钢丝绳通常采用西鲁式,即外层绳丝较粗的形式,由于外层钢丝较粗,其耐磨性较好。

钢丝的寿命随其拉伸强度的提高而降低。即拉伸强度越高的钢丝,其寿命越短。因此在选用钢丝绳时,我们必须面临着强度和寿命两个方面的取舍。经研究表明,在其他情况相同时,拉伸强度在 $1300N/mm^2 \sim 1800N/mm^2$ 的钢丝能够很好的平衡强度和寿命两者的关系。电梯用钢丝的拉伸强度一般取在 $1370N/mm^2 \sim 1770N/mm^2$。

由于电梯是以悬挂形式适应钢丝绳,所以一般选用交互捻制的钢丝绳,这样的钢丝绳绳丝间与绳股间的扭转趋势相反,可以在一定范围内起到相互抵消的作用,不容易扭转或打结。

此外,由于异型绳股的钢丝绳表面积较大,表面光洁度较高,选用异型绳股的钢丝绳其与绳槽之间的压力较小,因此可以减轻钢丝绳与曳引轮绳槽以及各绳股之间的磨损。

普通钢丝绳和异型钢丝绳其绳股之间的接触如资料9-7图2所示:

普通钢丝绳绳股之间的接触　　异型绳股钢丝绳绳股之间的接触

资料9-7图2　不同种类的钢丝绳其绳股之间的接触

很明显,异型绳股钢丝绳绳股之间的接触面积较大,具有较好的抗磨损性能。

2.绳轮硬度及材料与钢丝绳种类的配合

曳引轮的材质和硬度也将影响钢丝绳的磨损情况,通常来说,曳引轮绳槽的硬度较钢丝绳软一些,为的是在电梯运行一段时间,绳槽经过适量的磨损后,能够与钢丝绳更好的配合。对于曳引轮的硬度在 GB 7588 中没有规定,参考 GB/T 13435—1992《电梯曳引机》中 5.3.14 的规定:"曳引轮绳槽面采用耐磨性能不低于 QT600-2 的球墨铸铁材质,曳引轮槽面材质需均匀,同一轮上的硬度差不大于 HB15"。但"耐磨性能"的概念过于模糊,无法确切参考。通过查询相关手册,我们可以获得 QT600-2 的球墨铸铁材质在 HB192～HB269,这个硬度范围也过于宽,参考意义不大。一般来说,较软的曳引轮绳槽将更容易磨损,在绳槽磨损后,钢丝绳将不断"陷入"绳槽中,这又造成了曳引轮实际节圆直径的减小。而较硬的曳引轮磨损量会较小,但它通过自身磨损而适应钢丝绳的能力也较差。通常,电梯钢丝绳的硬度宜为曳引轮硬度的165%,如果使用高强度钢丝绳硬度宜为曳引轮硬度的200%。很明显,由于硬度的差异,曳引轮在其寿命期内将不断磨损。

钢丝绳的硬度测定一般采用显微硬度法测试(显微硬度法是为了测定极小范围内物质的硬度,或者研究扩散层组织、偏析相,硬化层深度以及极薄件等而采用的一种硬度测试和度量的方法。其原理与维氏硬度法类似),而曳引轮的硬度测试通常采用布氏硬度法,要对比钢丝绳和曳引轮的硬度,必须将这两者不同的硬度单位换算成同样的硬度单位才可以。

在材质上,由于钢丝绳的压力与钢丝和绳槽材质的弹性模量相关,如果曳引轮的绳槽采用较软的材料,则钢丝绳将具有较长的寿命。当然曳引轮的硬度应合适且均匀,应保绳槽的金相组织及硬度与钢丝绳相适应,并使这些参数在足够的深度上保持相同,且沿曳引轮圆周方向保持均匀。

根据经验在使用 JISG 3525 所规定的"E"种钢丝绳时,一般搭配灰铸铁的曳引轮使用;而采用"A"种钢丝绳时,则搭配球墨铸铁曳引轮。这样的配合可以使钢丝绳和曳引轮的寿命都达到最佳效果。

3. 环境因素及安装、保养:

在设计选用钢丝绳时,不但要考虑到钢丝绳所使用的环境,同时也要有正确的钢丝绳安装、维保和检查措施。只有这样钢丝绳在其寿命期内才能为电梯系统提供安全的服务。

环境因素和维护保养对钢丝绳使用寿命的影响主要表现在:钢丝绳受潮、运行振动的影响、绳芯中含油不足、钢丝绳打结、张力不均和安装前没有完全释放应力几个方面。

(1)钢丝绳受潮:

钢丝绳由于长期暴露在井道中,如果运行环境比较潮湿(尤其是中国南方的"黄梅天"),潮气很容易对钢丝绳造成损害。一般认为潮湿对钢丝绳的损害主要是容易使钢丝绳腐蚀生锈。但这只是一方面,其实潮湿对钢丝绳的损害情况远比单纯的生锈严重得多。

我们知道,电梯用钢丝绳的绳芯多数情况下是采用剑麻捻制而成的,在受潮的情况下水很容易进入绳芯中。水与正常情况下绳芯中所含的润滑油对钢丝绳的作用大不相同,润滑油能够在绳股和绳丝表面形成油膜,填充绳丝之间的间隙,降低绳股绳丝间的相互摩擦。然而,水一旦进入绳芯,则很快被绳芯吸收并造成绳芯的降解、损坏(天然纤维绳芯的情况下)。

同时,当绳芯吸收潮气后会不同程度的膨胀,胀大的绳芯会将绳股向外推,造成钢丝绳在直径方向上的增加和在长度方向上的减少(这好像"抻面",当绳股越向内靠近钢丝绳中心,钢丝绳直径越细,长度越长;绳股越远离钢丝绳中心,钢丝绳直径越粗,而长度越短)。这将造成钢丝绳与绳槽之间的磨损加剧。当绳芯的膨胀不均匀时,将导致轿厢振动和噪声的增加,乘坐舒适感变差。

潮气对钢丝绳最直接的损害就是导致绳丝表面生锈,锈蚀使承载钢丝绳的横断面减小,进而使钢丝绳磨损加剧。因此生锈同样会显著降低钢丝绳的使用寿命。

对钢丝绳进行必要的加油处理能够有效阻止潮气进入绳芯,并保护钢丝绳表面。但应注意不要过度加油,因为太多的油会导致钢丝绳和绳槽间的摩擦系数降低,影响曳引力。

(2)试验证明,动态拉力对钢丝绳的影响远远大于静态拉力的影响。这是因为,一般情况下,构成钢丝绳的钢丝仅能承受 $2\sigma 2A = 60M/mm^2$ 的振动拉伸强度。钢丝绳在电梯运行过程中受到振动的影响,造成钢丝绳所受的拉伸载荷交替变化也是影响钢丝绳寿命的重要因素。当钢丝绳中的拉伸载荷变化为 20% 时,钢丝绳寿命变化将达到 30%~200%!

(3)绳芯中含油不足:

充分润滑的钢丝绳弯曲时,股之间及钢丝之间易于相对滑动,摩擦阻力较小,磨损少,疲劳寿命相对较长。绳芯中所含润滑油不足,将导致绳芯变"干",造成绳芯的直径收缩。钢丝绳各绳股在张力的作用下挤在一起,造成绳股之间和各绳丝之间的摩擦增加,形成内部磨损,降低钢丝绳的寿命。在这种情况发生时,其表现很像生锈。钢丝绳表面也会出现一些红色的"锈"。但这种"红锈"的形成机理与前面所讲的由潮气导致的绳丝表面的锈蚀不同,潮气导致的锈蚀是一种原电池反应;而这种"红锈"是由于各绳丝之间相互摩擦的增加,绳丝表面被磨下一层铁粉,在空气的氧化作用下形成 Fe_2O_3 粉末。

(4)钢丝绳打结(死弯):

钢丝绳打结就其本质而言是一种极端严重的折弯,它将造成钢丝绳强度和寿命的降低,增加电梯运行时的噪声和振动。钢丝绳发生打结的情况见资料 9-7 图 3:

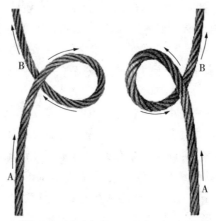

a) 将发生右手方向打结 b) 将发生左手方向打结

c) 钢丝绳已发生右手方向打结

资料 9-7 图 3 钢丝绳的扭转和打结

图 a)的情况将发生右手方向打结,而图 b)将发生左手方向打结。打结的方向对于特定的钢丝绳的影响是不同的。比如对于绳股右旋的钢丝绳来说,右手方向的打结将打结部位的绳股捻得更紧,而左手方向的打结会使打结部位的绳股松开。对于绳股左旋的钢丝绳,上述情况正好相反。我们可以得到这样的结论:当打结方向与绳股捻向相同时,在发生打结处绳股将被捻得更紧;当打结方向与绳股捻向相反时,在发生打结处绳股将被松开。

因此,在发生过打结的部位绳股要么会散开,要么由于绳股捻得更紧而发生断丝的情况。同时,在钢丝绳的运行过程中,发生过打结的部位比正常部位磨损的情况也更加严重。钢丝绳的某个部位发生了打结,如果试图将打结的部位展开并弄平,即使对钢丝绳施加很大的拉力,打结造成的绳股异常的情况仍无法完全消除。不但如此,当打结方向与绳股捻向相同时,由于绳股将被捻得更紧,则绳股将挤压绳芯,造成绳芯被破坏。因此,打结的情况对于钢丝绳来说是致命的,要绝对避免。

(5)张力不均:

张力不均的情况主要发生在安装调试阶段,轿厢和对重的重量没有平均分配到每根钢丝绳上。张力不均在日后电梯正常运行过程中是一个故障隐患,随着电梯运行次数的不断增加,会使各钢丝绳与绳轮之间的磨损不均,造成钢丝绳寿命的降低和曳引轮的损坏。如果是曳引驱动的电梯,各钢丝绳之间张力不均的情况还会降低曳引力,严重时可能造成打滑引起安全事故。这种情况也会增加电梯运行过程中的噪声和振动,降低乘坐舒适感。此外,如果各钢丝绳之间的张力相差较大,轿厢(连同载荷)及对重的重量集中施加在个别钢丝绳上,这时可能造成钢丝绳安全系数不足。

因此,在安装和日常维护保养中,应注意检查各钢丝绳之间的张力是否均匀。检查钢丝绳张力时,可以使用下图所示的张力测试仪。图 a)所示使用连接杆的挂钩拉一根钢丝绳,使之偏离原位置一定的距离(如 150mm),读出测力计读数。然后按此方法测量其他钢丝绳,然后可以比较它们的张力差。图 b)是一种比较好的测量仪器。它是由测力扳手、水平仪和钢丝绳夹具构成。使用时如图夹住钢丝绳,扳动手柄直至水平仪显示处于水平状态,这时独创测力计指针的读数即可。

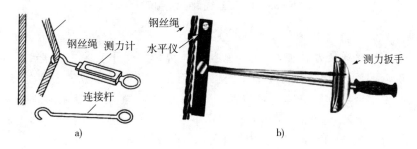

资料 9-7 图 4　钢丝绳张力测试仪

应调整各曳引绳的张紧力,使其相互的差值在 5% 范围内。

(6)安装前没有完全释放钢丝绳应力:

由于钢丝绳在生产过程中是使用盘条拉制成钢丝,再由钢丝编成绳股,进而用绳股捻制成钢丝绳。因此在拉制及捻制过程中,钢丝本身以及各绳股之间存在应力,俗称"劲"。在安装钢丝绳以前,应充分释放钢丝绳内部的应力,也就是我们常说的"破劲"。如果钢丝绳安装时未能很好的"破劲",在电梯运行过程中可能造成钢丝绳在绳槽中打滑甚至打滚。不但造成电梯的振动、噪声增大,更严重的是它将加剧钢丝绳的磨损,降低钢丝绳寿命。

资料 9-8　衡量钢丝绳损坏的指标　⇩⬇

衡量钢丝绳是否损坏以及损坏程度是否导致报废的三个重要指标为磨损、锈蚀、断丝。

1. 磨损的原因及其分析:

钢丝绳在电梯运行过程中时与其他物体(如曳引轮等)接触并有相对运动,产生摩擦。在机械的、物理的和化学的作用下,钢丝绳的表面也将不断被磨损。磨损是钢丝绳最常见的损伤方式。

磨损主要体现在直径的变化上。直径是钢丝绳极其重要的参数。磨损和绳的直径变细是直接相联系的,一般可通过对钢丝绳直径的测量来鉴定其磨损程度。通过对直径测量,可以反映该出直径的变化速度、钢丝绳是否承受到过较大的冲击载荷、捻制时股绳张力是否均匀一致、绳芯对股绳是否保持了足够的支撑能力。

检查钢丝绳直径可以用下面的仪器，它可以非常方便的鉴定钢丝绳的直径是否在可接受的范围内。

a) 当钢丝绳不能进入标有其公称直径的开口时，钢丝绳的直径变化被认为尚在可接受的范围内

b) 当钢丝绳能够进入标有其公称直径的开口时，钢丝绳的直径变化已超出了可接受的范围，应准备更换钢丝绳

资料 9-8 图 1　钢丝绳直径检查的一种方法

钢丝绳直径变细分为正常变细和磨损变细两种。新绳悬挂后，在开始使用期间，直径变细主要是由于钢丝绳受力拉伸，其捻制结构在拉力的作用下直径方向变细而长度变长。但这属于正确情况，不但破断拉力不会受到损失，而且钢丝绳紧密程度会增加，这对使用没有影响。这种由于钢丝绳延伸而出现的直径变细，速度很快，当直径变细到公称直径附近时会稳定下来。以后随着使用时间的增加和调节变化将发生钢丝绳直径磨损变细。

钢丝绳直径磨损变细的原因：有的是由于长期的机械磨损，包括钢丝绳表面和绳股之间、各绳丝之间的机械磨损，有时是由于绳芯收缩变细。钢丝绳在使用过程中产生磨损现象不可避免。通过对钢丝绳磨损检查，可以反映出钢丝绳与匹配轮槽的接触状况，在无法随时进行性能试验的情况下，根据钢丝磨损程度的大小推测钢丝绳实际承载能力。磨损变细通常是整根钢丝绳均匀变细，如果钢丝绳不是整根均匀变细，而是在局部突然缩细，可能是突然受到较大的冲击力或遇到火焰喷射，造成绳芯震断或烧毁引起的。此外，上述情况还可能是由于钢丝局部锈蚀和断丝造成钢丝绳金属断面减少导致的。一般情况下，机械磨损造成钢丝绳直径变细的情况比较多见。

钢丝绳的机械磨损一般可分为外部均匀磨损、单面磨损、变形磨损和内部磨损。

（1）外部均匀磨损：

又称全周磨损，一般为纯机械磨损。钢丝绳在使用过程中，由于与滑轮、卷筒、曳引轮和其他绳轮的接触摩擦而造成的钢丝绳磨损。

（2）单面磨损：

这种磨损主要是钢丝绳通过绳槽不光滑的滑轮或滑轮不转动而造成的磨损。

钢丝绳的外部磨损使承受载荷的钢丝截面积减小，钢丝绳的破断载荷也相应降低。右图是通过试验得到的钢丝绳直径减小率与破断载荷降低率的关系曲线。由曲线可以看出，单周磨损较全周磨损更恶劣，所以应尽可能使单周磨损的钢丝改为全周均匀磨损。在钢丝绳的全长范围内，应尽可能地做到均匀磨损。

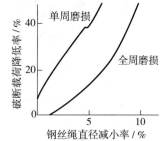

资料 9-8 图 2　钢丝绳直径减小与破断载荷降低的关系

（3）变形磨损

又称局部磨损，它是由于钢丝绳和滑轮经常发生慢性位移（蠕动），钢丝绳在滑轮上剧烈振动、冲击所造成的。这种变形磨损使钢丝绳局部受到挤压而变形，钢丝宽度扩展，钢丝断面并未显著减少，但局部挤压处钢丝材质硬化，极易发生断丝。

（4）内部磨损

在使用过程中，钢丝绳经过卷筒或滑轮时所承受的全部负荷压在钢丝绳的一侧，各根细钢丝的曲率半径不可能完全相同。同时，由于钢丝绳的弯曲，钢丝绳内部各根细钢丝就会相互产生作用力并且产生滑移，这时绳股与绳股之间接触应力增大，使相邻股间的钢丝产生局部压痕深凹。当反复循环拉伸弯曲时，在深凹处则产生应力集中而被折断，构成了内部磨损。通常细钢丝表面的压力与钢丝绳的压力成正比，在张力相同情况下，由于受压面积不同，单位面积承受的压力也不同。

此外，钢丝绳的弯曲程度、运动速度对钢丝绳的内部磨损均有影响。

下图为几种磨损时钢丝的典型断面形状：

a) 外部均匀磨损　　　　b) 变形磨损　　　　c) 内部磨损

资料 9-8 图 3　几种磨损情况下，钢丝的典型断面形状

2. 锈蚀的原因及其预防：

钢丝绳在使用过程中，由于长期受到潮湿空气、游离态的酸碱、较高的温差都会发生腐蚀作用。因腐蚀而受损的钢丝绳表面存在氧亲和性的差异，使表面的某一局部金属成为阳极，另一邻近的局部金属成为阴极，形成了大量的微小原电池。在微小原电池的作用下，表面便形成很多圆形腐蚀坑，并逐步加深。这些坑就成了应力集中点、疲劳裂纹的源泉。与此同时，腐蚀使钢丝绳的截面积减小、弹性和承受冲击的能力降低。

钢丝绳锈蚀后，它的机械性能将随之降低，不仅金属截面积减小而影响拉力，而且会导致绳芯（指天然纤维绳芯）腐烂，股与股之间钢丝磨损加剧，钢丝直径变细，绳股之间松动，钢丝韧性明显下降，使用时呈脆性，甚至钢丝绳发生脆性断裂。在实践中锈蚀对钢丝绳机械性能的影响远超过磨损的影响。

大量的实践证明，锈蚀对钢丝绳使用寿命的影响是非常明显的，使有些优良结构的钢丝绳不能体现出其结构的优越性。因此，防止钢丝绳锈蚀是保证钢丝绳能够安全、稳定工作的必要保证。防止钢丝绳锈蚀损伤的方法是经常进行必要的润滑。润滑不但能够降低钢丝绳的内部磨损，润滑油本身也能够将钢丝绳与外界不良环境隔离开来，对于经常处于运动状态的钢丝绳经常润滑是必不可少的。润滑油主要存在于麻芯中，新钢丝绳麻芯一般含有 12%～15% 的油脂，而报废的钢丝绳在损耗最大的部位仅含 2.4% 的油脂，但在同一根钢丝绳的绳端，即没有经过滑轮的位置也仍含有 12.7%～14.5% 的油脂。试验表明，涂油钢丝绳在试验后期发生的断丝的情况约比不涂油的降低一半。一根钢丝绳最初的含油量只能维持寿命的40%,其后则靠保养时加油,如不加油则断丝急剧增加。

3. 断丝的原因及其对性能的影响:

钢丝绳在投入使用后,在长期带负荷的使用中,其外层钢丝由于磨损和疲劳,肯定会逐步出现断丝现象,尤其是到了使用后期,断丝发展速度会迅速上升。由于钢丝绳在使用过程中不可能一旦出现断丝现象即停止继续运行(虽然对于新钢丝绳而言,这种现象是不允许的),因此,通过断丝检查,尤其是对一个捻距内断丝情况检查,不仅可以推测钢丝绳继续承载的能力,而且根据出现断丝根数发展速度,间接预测钢丝绳使用疲劳寿命。

(1)断丝种类:

正常使用的钢丝绳其断丝现象一般分为以下几种:

磨损断丝:这种断丝在钢丝绳磨损极其严重时才会出现,由于钢丝绳同曳引轮及各滑轮之间反复摩擦打滑而造成。断开两侧呈斜茬,断口扁平。

锈蚀断丝:锈蚀严重的钢丝绳,在使用后期会出现锈蚀断丝。这是因为使用条件恶劣,受化学腐蚀或温湿度严重影响而产生的。断口形状不整齐,呈针尖状。

疲劳断丝:钢丝绳通过滑轮或卷筒时,在允许应力作用下承受一点反复弯曲次数后,使钢丝绳由于金属疲劳而产生的断丝。断口形状平齐,像刀切的样子,只有一小部分是最后被拉断的。疲劳断丝出现在绳股的弯曲程度较大的一侧外层钢丝上(冠丝上)。

(2)断丝对性能的影响:

钢丝绳出现断丝后,将使钢丝绳内钢丝的截面减少,其拉力降低,降低多少与其断丝多少和分散情况相关。断丝分散在全长上,而不是集中在一个捻距内时,对整个钢丝绳破断拉力的影响较小。断丝集中在一股上,拉力降低要比分散在各股中有成倍的变化。根据上海市劳动保护研究所用6×24品种钢丝绳进行断丝情况与钢丝绳破断拉力试验,有如下结果:

断丝及其位置对破断拉力的影响		
断丝根数 (占总根数)	断丝位置	破断拉力降低率 %
14 (约10%)	集中在一股、一个小面上	20
	分散在三个捻距内	2
	分散在各股、在钢丝绳同一个断面上	9.3
30 (约20%)	集中在一股、一个小面上	42.2
	分散在三个捻距内	3.7
	分散在各股、在钢丝绳同一个断面上	21.6
42 (约30%)	集中在一股、一个小面上	43.1
	分散在三个捻距内	6
	分散在各股、在钢丝绳同一个断面上	27.5

9.2.3 钢丝绳与其端接装置的结合处按9.2.3.1的规定,至少应能承受钢丝

绳最小破断负荷的 80％。

　　解析　钢丝绳端接装置的作用有两个,一是与钢丝绳的结合;二是与轿厢、对重(或平衡重)悬挂部位的连接。通常端接装置与钢丝绳结合在安装现场制作完成。钢丝绳与端接装置结合处容易成为整个悬挂系统中最薄弱的位置,如果端接部位的强度过低,钢丝绳的安全系数选取的再高,对于整个悬挂系统来说都是没有任何意义的。因此本条规定了钢丝绳与其端接装置结合处的强度至少能够承受钢丝绳最小破断载货的 80％。钢丝绳在选取时要求满足 12(或 16)倍的安全系数,且不得低于按照附录 N 计算的最小安全系数,那么为什么在这里要求钢丝绳与其端接装置结合处的强度不小于钢丝绳破断载荷的 80％即可呢?这是因为钢丝绳在电梯运行过程中不断与曳引轮(或绳鼓)以及其他滑轮摩擦,不可避免的会有磨损和疲劳,在钢丝绳的整个寿命期内钢丝绳的实际破断载荷以及安全系数在不断降低。但钢丝绳与其端接装置的结合部位不受电梯运行时间的影响,在整个寿命期内其安全系数可以认为是稳定不变的,因此允许结合处的强度可以略小于新钢丝绳的最小破断载荷。

9.2.3.1　钢丝绳末端应固定在轿厢、对重(或平衡重)或系结钢丝绳固定部件的悬挂部位上。固定时,须采用金属或树脂填充的绳套、自锁紧楔形绳套、至少带有三个合适绳夹的鸡心环套、手工捻接绳环、环圈(或套筒)压紧式绳环、或具有同等安全的任何其他装置。

　　解析　各种钢丝绳端接装置见图 9-4:

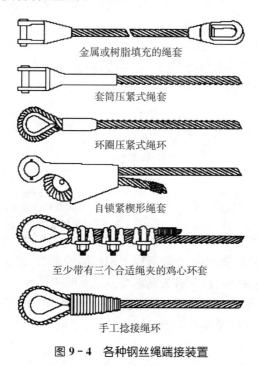

金属或树脂填充的绳套

套筒压紧式绳套

环圈压紧式绳环

自锁紧楔形绳套

至少带有三个合适绳夹的鸡心环套

手工捻接绳环

图 9-4　各种钢丝绳端接装置

各种端接装置的要求如下：

一、金属或树脂填充的绳套

结合部分由锻造或铸造的锥套和浇注材料组成。浇注材料一般为巴氏合金或树脂，浇注前将钢丝绳端部的绳股解开，编成"花篮"后套入锥套中。浇注后"花篮"与凝固材料牢固结合，不能从锥套中脱出。

二、自锁紧楔形绳套

结合部分由楔套、楔块、开口销和浇注材料组成。在钢丝绳拉力的作用下，依靠楔块斜面与楔套内孔斜面自动将钢丝绳锁紧，如图9-6所示。

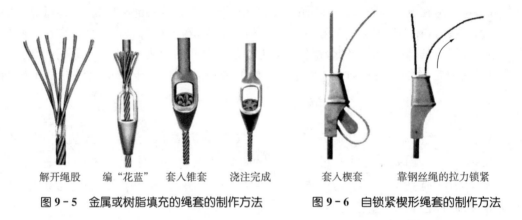

| 解开绳股 | 编"花蓝" | 套入锥套 | 浇注完成 | 套入楔套 | 靠钢丝绳的拉力锁紧 |

图9-5　金属或树脂填充的绳套的制作方法　　图9-6　自锁紧楔形绳套的制作方法

注意：在使用自锁紧楔形绳套时，对于穿过楔套的钢丝绳的回弯部分不需要再使用钢丝绳夹夹紧（防止回弯段钢丝绳摆动除外）。

三、至少带有三个合适绳夹的鸡心环套

结合部分是有一个鸡心环套和至少三个合适的绳夹构成。鸡心环套应符合 GB 5974.1—2006《钢丝绳用普通套环》的规定。

1. 环套的技术要求

1）套环的材料应符合表9-1的规定。

表9-1

机械性能	推荐材料
抗拉强度：360N/mm²～520N/mm² 伸长率：不小于20%	GB 700—2006《碳素结构钢》中规定的 Q235 A级 GB 699—1999《优质碳素结构钢》中规定的 15 和 35

2）套环成形后应光滑平整，不得有任何损害钢丝绳的裂纹、瑕疵、锐边和表面粗糙不平等缺陷。套环的尖端应自由贴合，并将尖端部位截短至凹槽深的一半。

3）套环表面（除供需双方另有协定外）应进行热浸镀锌，镀锌层的重量不低于120g/m²。热浸镀锌后表面应光滑平整，不得有漏镀、锌粒、气泡、裂纹等缺陷。镀锌层在正常应用时，应有足够的附着强度。

4）套环的最大承载能力应不低于钢丝绳最小破断拉力的32%。

环套的形状和尺寸如图 9-7：

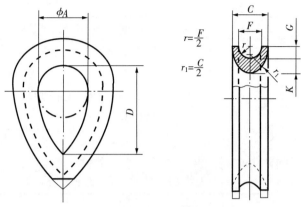

图 9-7　钢丝绳用普通套环

5)电梯钢丝绳常用到的环套尺寸如表 9-2：

表 9-2

套环公称尺寸 钢丝绳公称 直径 d mm	尺寸 mm										
	C				A		D		G min	K	
	F max	F min	基本 尺寸	极限 偏差	基本 尺寸	极限 偏差	基本 尺寸	极限 偏差		基本 尺寸	极限 偏差
6	6.9	6.5	10.5	0 −1.0	15	+1.5 0	27	+2.7 0	3.3	4.2	
8	9.2	8.6	14.0		20		36		4.4	5.6	
10	11.5	10.8	17.5	0 −1.4	25	+2.0 0	45	+3.6 0	5.5	7.0	0 −0.2
12	13.8	12.9	21.0		30		54		6.6	8.4	
14	16.1	15.1	24.5		35		63		7.7	9.8	
16	18.4	17.2	28.0	0 −2.8	40	+4.6 0	72	+7.2 0	8.8	11.2	0 −0.4

2.所使用的绳夹的要求及使用方法

1)绳夹的技术要求

①材料:夹座和 U 形螺栓的材料应符合表 9-3 的规定:

表 9-3

零件名称		材　料
夹座	锻　造	GB 700－2006《碳素结构钢》规定的 Q235 A 级
	铸　造	GB 979－67《碳素钢铸件　分类及技术条件》规定的 ZG 35 Ⅱ
		GB 978－67《可锻铸铁件　分类及技术条件》规定的 KT 35－10
		GB 1348－78《球墨铸铁件》规定的 QT 42－10
U 形螺栓		GB 700 规定的 Q235 A 级
注： 1 允许采用性能不低于表中的材料代用。 2 当绳夹用于起重机上时,夹座材料推荐采用 A3 钢或 ZG 35 Ⅱ铸钢制造。		

②夹座

a)夹座表面应光滑平整,尖棱和冒口应除去,夹座不得有降低强度和显著有损外观的缺陷(如气孔、裂纹、疏松、夹砂、铸疤、起磷、错箱等)。

b)夹座的绳槽表面应与钢丝绳的表面和捻向基本吻合(见注)。铸件或掇件的四个翅子应位于同一水平面上。夹座如系锻制成形,应进行正火处理,加热温度为 860℃~890℃,随后在空气中自然冷却。

c)未给出的尺寸偏差不得大于基本尺寸的$^5_0$%。

注:常用绳槽表面以配合捻向为右旋 6 圆股钢丝绳为宜,如要求与其他结构的钢丝绳配合使用,订货时提出诸如钢丝绳股数、股型、捻向等特殊要求。

③U 形螺栓

a)U 形螺栓应精制,杆部表面不允许有过烧裂纹、凹痕、斑疤、条痕、氧化皮和浮锈。

b)螺纹表面不许有碰伤、毛刺、双牙尖、划痕、裂缝和扣不完整。

c)U 形螺栓可用热弯或冷弯成形,但冷弯时须进行正火处理,加热温度 860℃~890℃,随后在空气中自然冷却。

d)螺纹的基本尺寸应符合 GB 196－81《普通螺纹　基本尺寸》的规定,牙型为粗牙。螺纹公差应符合 GB 197－81《普通螺纹　公差与配合》的规定,公差等级为 6H/6g。

e)未给出的尺寸偏差不大于其基本尺寸的$^5_0$%,螺纹长度偏差为＋2 扣。

④六角螺母:螺母应符合 GB 52－76《六角螺母》的规定。

⑤镀锌

a)夹座、U 形螺栓和六角螺母(除供需双方另有协定外)应进行热浸镀锌(公称尺寸 6 和 8 的 U 形螺栓和螺母允许采用电镀锌)。镀锌层的重量、单个试样不低于 450g/m²,平均不低于 500g/m²。

b)热浸镀锌后的零件表面应光滑平整,不得有影响使用和有损外观的漏镀、锌粒、气泡、裂缝、脱皮等缺陷。

⑥装配

螺母与夹座接触应良好无间隙存在。

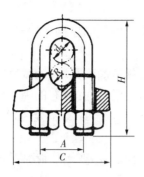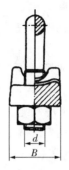

图 9 - 8 钢丝绳夹

2)电梯钢丝绳常用到的绳夹尺寸(见表 9 - 4)

表 9 - 4   mm

绳夹公称尺寸（钢丝绳公称直径 d_r）	尺寸					螺母 GB 52 d	单组重量 kg
	A	B	C	R	H		
6	13.0	14	27	3.5	31	M6	0.034
8	17.0	19	36	4.5	41	M8	0.073
10	21.0	23	44	5.5	51	M10	0.140
12	25.0	28	53	6.5	62	M12	0.243
14	29.0	32	61	7.5	72	M14	0.372
16	31.0	32	63	8.5	77	M14	0.402

3)钢丝绳夹使用方法:

①钢丝绳夹的布置

钢丝绳夹应按下图所示把夹座扣在钢丝绳的工作段上,U 形螺栓扣在钢丝绳的尾段上,钢丝绳夹不得在钢丝绳上交替布置。

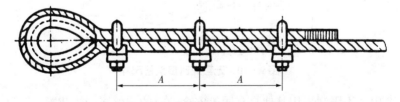

图 9 - 9   钢丝绳夹的正确布置方法

②钢丝绳夹的数量

对每一连接处所需钢丝绳夹的最少数量不得少于 3 个。

③钢丝绳夹间的距离

钢丝绳夹间的距离 A 等于 6~7 倍钢丝绳直径。

④绳夹固定处的强度

钢丝绳夹固定处的强度取决于绳夹在钢丝绳上的正确布置,以及绳夹固定和夹紧的谨慎和熟练程度。

不恰当的紧固螺母或钢丝绳夹数量不足就可能使绳端在承载时,一开始就产生滑动。

如果绳夹严格按推荐数量,正确布置和夹紧,并且所有的绳夹将夹座置于钢丝绳的较长部分,而 U 形螺栓置于钢丝绳的较短部分或尾段,那么,固定处的强度至少为钢丝绳自身强度的 80%。

绳夹在实际使用中,受载一、二次以后应作检查,在多数情况下,螺母需要进一步拧紧。

⑤钢丝绳夹的紧固

紧固绳夹时须考虑每个绳夹的合理受力,离套环最远处的绳夹不得首先单独紧固。离套环最近处的绳夹(第一个绳夹)应尽可能地紧靠套环,但仍须保证绳夹的正确拧紧,不得损坏钢丝绳的外层钢丝。

四、手工捻接绳环

结合部位由一个鸡心环套及捆扎钢丝绳组成。钢丝绳端部包络鸡心环套后末端与工作段捻接,捻接完成后须用捆扎钢丝绳扎紧。捆扎长度不小于钢丝绳直径的 20~25 倍,同时不应小于 300mm。

五、环圈(或套筒)压紧式绳环

结合部由一个鸡心环套和金属套管组成,金属套管材料一般为铝合金,也可以用低碳钢。制作时必须在压力机上一次缓慢成型,接头的结构、制作要求、特性应符合 GB/T 6946—1993《钢丝绳铝合金压制接头》。

采用套环时,包络套环的钢丝绳不得有松股现象,应贴合紧密、平整。当无套环时,接头到绳套内边的距离 L 必须大于或等于 3 倍的吊钩宽度(B)或 15 倍钢丝绳直径(d),见图 9-10。

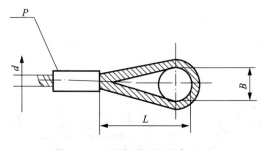

图 9-10　无套环时接头各尺寸

GB 7588 中并不限制采用其他具有同等安全性能的钢丝绳端接装置。

六、图 9-11 是两种绳头正确/错误布置方式的对比

七、电梯绳头组合试验方法

由于绳头组合是电梯的主要部件,尽管 GB 7588 附录 F 中并没有要求对绳头组合进行型式试验,但如需要对绳头组合进行强度验证,可按下面的方法进行试验:

按照电梯在实际使用状态下绳头组合的型式制造一个试验样品,在万能试验机或其他

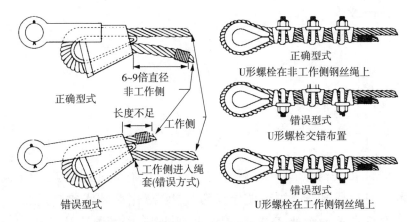

图9-11 两种绳头正确/错误布置方式的对比

类似的装置进行试验。

9.2.3.2 钢丝绳在卷筒上的固定,应采用带楔块的压紧装置,或至少用两个绳夹或具有同等安全的其他装置,将其固定在卷筒上。

解析 强制驱动的电梯如果采用卷筒/钢丝绳式,则钢丝绳端部在卷筒上必须安全可靠的固定。固定的方式与钢丝绳端接装置的固定方式类似。钢丝绳端部与卷筒固定的目的主要是防止在意外情况下,钢丝绳脱离卷筒造成危险。在卷筒上固定钢丝绳端部的方法有以下几种:a)压板固定;b)楔块固定,c)卷筒端部压板固定。

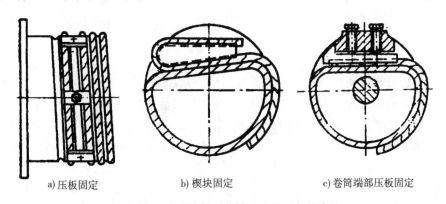

a) 压板固定 　　b) 楔块固定 　　c) 卷筒端部压板固定

图9-12 常见的钢丝绳固定在卷筒上的方法

9.2.4 悬挂链的安全系数不应小于10。

悬挂链安全系数的定义与9.2.2中所述钢丝绳的安全系数的定义相似。

解析 钢丝绳的安全系数参照9.2.2解析。

9.2.5 每根链条的端部应用合适的端接装置固定在轿厢、对重(或平衡重)或系结链条固定部件的悬挂装置上,链条和端接装置的接合处至少应能承受链条最小破断负荷的 80%。

 解析 见 9.2.3 解析。

9.3 钢丝绳曳引

钢丝绳曳引应满足以下三个条件：

a)轿厢装载至 125%8.2.1 或 8.2.2 规定额定载荷的情况下应保持平层状态不打滑；

b)必须保证在任何紧急制动的状态下,不管轿厢内是空载还是满载,其减速度的值不能超过缓冲器(包括减行程的缓冲器)作用时减速度的值。

c)当对重压在缓冲器上而曳引机按电梯上行方向旋转时,应不可能提升空载轿厢。

设计依据可参见附录 M(提示的附录)。

解析 在 GB 7588 中,对曳引力的总体要求在本条中提出,即:

1.在 125%额定载荷的静止状态下不能打滑;

我们知道,曳引驱动是采用曳引轮作为驱动部件。钢丝绳悬挂在曳引轮上,一端悬吊轿厢,另一端悬吊对重装置,由钢丝绳和曳引轮之间的摩擦产生曳引力驱动轿厢作上下运行。因此曳引力是涉及到曳引式电梯运行安全的关键。如果曳引力不足,可能会造成电梯在运行过程中打滑,这是极其危险的。电梯一旦打滑,除了安全钳或上行超速保护外其他部件均无法使轿厢停下来。打滑不但可能引发人身伤亡事故,对钢丝绳和曳引轮也会造成严重的损伤。因此在电梯正常运行时,即便轿厢超载曳引绳在绳槽中也不能打滑,否则是极不安全的。

2.紧急制动的平均减速度不得超过 1g:

电梯出现紧急制动的原因是多方面的,可能是故障状态(诸如停电),也可能是电梯进行安全保护(如电梯运行时扒开轿门)。电梯在运行过程中不可能保证永远不发生紧急制动的情况,但紧急制动时无论轿内的载重如何,为保证轿内人员的安全,其制动减速度均不能超过缓冲器动作时的加速度,即 1g。这条要求既然作为"钢丝绳曳引"的要求之一被提出,可以这样认为:无论曳引机制动器的制动力矩如何,也无论它能够施加多大的制动减速度,但曳引系统都要能够将这个减速度"降低"到不大于 1g。那么 1g 以上的加速度是否可能出现呢?经过分析不难发现,在制动器制停正在运行的电梯系统时,由于驱动电梯的钢丝绳是柔性系统,无法传递向下的力,因此对于上行的电梯部件(无论是轿厢还是对重),其减速度都是由重力提供而不是由钢丝绳提供的。也就是说,在制停正在运行的电梯时,在无论制动器能提供多大的制动力矩,向上运行的电梯部件其制停减速度理论最大值也只可能是 1g,不可能再大了。只有向下运行的部件,当抱闸制动力矩设置的过大的情况下,电梯紧急制停时其制停减速度才可能达到或大于 1g。需要"降低"的制动减速度在这种情况下才可能出现。显然,在制停运行中的电梯时,如果其下行一侧紧急制停减速度达到甚至超过了 1g,上行一侧处于竖直上抛,这与 3 条要满足的要求类似。

因此我们认为,紧急制停减速度不大于 $1g$ 的规定,无论是在设计曳引系统还是计算曳引力时都没有很强的指导意义。其实它被 3 的要求已经涵盖了。

3. 对重压在缓冲器上时(滞留工况)曳引系统应不能提起空轿厢:

这里所说的"当对重压在缓冲器上",是指对重完全压在它的缓冲器上。

对重压在缓冲器上时,轿厢必然在顶层平层位置以上,已经处于故障位置,此时必须保证即使曳引机仍然向电梯上行方向转动,曳引系统能够防止将轿厢提起来,如果在这个时候轿厢仍能被曳引系统继续提升,则势必造成轿厢撞击井道顶板的严重事故。

这里之所以强调是"空载轿厢"我们会在后面论述。

综上所述,要满足以上的几个要求关键的问题就是能够保证曳引力在我们所需要的范围内。

资料 9-9　欧拉公式的推导　　⇩ ⬇

为了验证、判定曳引系统是否满足 9.3 的三个要求,本标准给出了设计和验证曳引系统是否适当的依据,这就是附录 M。在讨论附录 M 前,我们先来推导附录 M 中应用的一个著名公式——欧拉公式。

欧拉公式的推导:

由于钢丝绳和曳引轮绳槽之间实际有摩擦力存在,因此即使在绕过绳轮两侧的钢丝绳所受拉力不相同时,钢丝绳在绳槽中也可能不发生滑动。曳引式电梯就是利用钢丝绳与绳轮之间的摩擦来驱动电梯运行。

钢丝绳两边拉力之差称为有效拉力,有效拉力就是曳引驱动中钢丝绳与曳引轮绳槽之间所能传递的有效圆周力(最大有效曳引力)。它不是作用在某一固定点的集中力,而是钢丝绳和曳引轮绳槽接触面上所产生的摩擦力的总和。在一定条件下,钢丝绳和曳引轮绳槽接触面上所能产生的摩擦力有一极限值,即最大摩擦力(最大有效曳引力),当最大摩擦力不小于曳引轮两边钢丝绳拉力差时,曳引驱动才能正常传递动力。如所需传递的圆周阻力超过这一极限值时,钢丝绳将在曳引轮上打滑造成曳引失效。

欧拉公式描述的就是钢丝绳在曳引轮绳槽中能够产生的最大有效曳引力是钢丝绳与轮槽之间摩擦系数和钢丝绳绕过曳引轮包角的函数。如下图所示,钢丝绳在绳轮上的包角为 α,绳轮两边钢丝绳的拉力分别为 T_1 和 T_2,且假设 $T_1 > T_2$。

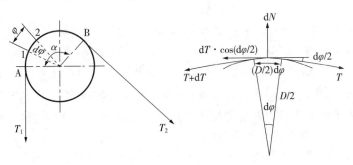

资料 9-9 图 1　曳引绳张力及受力分析图

在曳引轮上取包角中的一个微段，如果在点 2 处的张力为 T，则点 1 处的张力为 $T+dT$。由于 $T_1 > T_2$，因此钢丝绳有向逆时针方向滑动的趋势，而摩擦力方向在绳槽上是顺时针的，且随 $d\alpha$ 越来越靠近 B 点而减小。微段上张力 T 和 $T+dT$ 在切线方向上的投影分别是 $T\cos\dfrac{d\varphi}{2}$ 和 $(T+dT)\cos\dfrac{d\varphi}{2}$，其合力的差为：$R=dT\cdot\cos\dfrac{d\varphi}{2}$。

微段在法向上的投影是 $T\sin\dfrac{d\varphi}{2}$ 和 $(T+dT)\sin\dfrac{d\varphi}{2}$，这两个力的作用方向一致，其合力为代数和，即：$dN=2T\sin\dfrac{d\varphi}{2}+dT\sin\dfrac{d\varphi}{2}$。

微段上的摩擦力为顺时针方向，大小为：$F=f\cdot dN=f(2T\sin\dfrac{d\varphi}{2}+dT\sin\dfrac{d\varphi}{2})$，其中 f 为曳引轮绳槽与钢丝绳之间的当量摩擦系数。

如果需要保证微段钢丝绳在绳槽中不打滑，则微段上的摩擦力应抵消钢丝绳在微段两端的张力差。即：$R=F$，代入上面的计算结果，有：

$$f\cdot(2T\sin\frac{d\varphi}{2}+dT\sin\frac{d\varphi}{2})=dT\cdot\cos\frac{d\varphi}{2}$$

这里 $dT\sin\dfrac{d\varphi}{2}$ 为二阶无穷小量，可以略去。同时有：$\lim\limits_{\varphi\to0}\sin\dfrac{d\varphi}{2}=\dfrac{d\varphi}{2}$，$\lim\limits_{\varphi\to0}\cos\dfrac{d\varphi}{2}=1$。因此上面的计算结果可改为：

$$f\cdot T\cdot d\varphi=dT，即：\frac{dT}{T}=fd\varphi$$

经积分：$\displaystyle\int_{T_2}^{T_1}\frac{1}{T}dT=f\cdot\int_0^{\alpha}d\varphi$，有：$\dfrac{T_1}{T_2}=e^{f\alpha}$。

资料 9−10　附录 M 简介　　　⇩⬇

9.3 给出了钢丝绳曳引应满足的三个条件。究竟如何判定每一个曳引系统是否满足这三个条件呢？GB 7588 为此专门设置了一个附录章节给使用者提供一套判定曳引系统是否满足 9.3 三个要求的方法，这就是附录 M。

在曳引系统中，保持钢丝绳和绳轮轮槽之间具有适当的摩擦力是至关重要的，这是整个曳引系统设计的核心。附录 M 就是帮助使用者在设计和验证曳引系统是否有适当的摩擦力的方法。在附录 M 的引言中说明了附录 M 的宗旨："曳引力应在下列情况的任何时候都能得到保证：a) 正常运行；b) 在底层装载；c) 紧急制停的减速度。另外必须考虑到当轿厢在井道中不管由于何种原因而滞留时应不允许钢丝绳在绳轮上滑移。"这几点就是 GB 7588 认为的"曳引系统具有适当的摩擦力"的标准。

判断曳引系统的摩擦力是否适当的根本依据就是前面我们已经推导过的欧拉公式，在不同的工况下要求 $\dfrac{T_1}{T_2}$ 与 $e^{f\alpha}$ 有不同的关系。但附录 M 也不是万能的、放之四海皆准的，这里给出的计算方法只是在一定条件下适用。附录 M 是提示性的附录(在 EN81 原文中为"资料性的附录"),它的作用是向使用标准的人提供能够充分满足标准要求的、可行的途径的示范和可供参考的资料。附录 M 在引言中也说明了这一点:"下面的计算是一个指南,用于对传统应用的钢丝绳配钢或铸铁绳轮且驱动主机位于井道上部的电梯进行曳引力计算"。这说明附录 M 适用的是钢丝绳——曳引轮(钢或铸铁制造)的传动型式,同时曳引机在井道上部。这就是附录 M 的适用条件。GB 7588—2003 的附录 M 只有 M1 和 M2 两部分,而所有的计算方法、取值原则和条件限定都是在 M2 中规定出的。M1 做出这样的描述,说明 M2 中给出的所有内容都是"指南"性的。同时也应符合"钢丝绳配钢或铸铁绳轮"和"驱动主机位于井道上部"的要求。比如采用富士达的 Talon 曳引系统、迅达的 Aramid 曳引绳以及各种驱动主机不位于井道上部的情况等这些"非传统形式"的曳引模型,附录 M 的计算方法、取值原则和条件限定都不能直接使用。至少要根据实际情况,做出必要的修正后才能够使用。这也充分说明了附录 M 的提示性和非强制性。因此,对于 GB 7588—2003 附录 M 中提供的曳引力计算原则与实例应这样看待:

1)通过附录 M 向使用者提供一种计算曳引力的方法,但不作为强制方法。是否使用取决于使用者的意愿。如果使用,可以保证所设计的电梯在曳引力上是安全的。

2)制订标准时,是通过预留一定安全余量的方式保证使用者如果按照附录 M 所提供的参数、方法进行计算,所得出的结果是安全的。这一点可以从摩擦系数 μ 在三种工况下不同的取值很明显的体现出(装载工况 $\mu=0.1$,而滞留工况 $\mu=0.2$,大家都知道,静摩擦是大于动摩擦的。装载工况由于不打滑,很明显是静摩擦,而滞留工况必须打滑,则是动摩擦。但 μ 的取值正好相反,动摩擦系数居然是静摩擦系数的 2 倍!)

尽管附录 M 有一些限制条件,但在其他情况下,完全可以按照附录 M 的原则,在计算方法上进行一些必要的修改就可以适应。因此,我们认为,附录 M 所提供的判定方法对电梯曳引系统的设计、验证是非常有价值的。

同时,附录 M 也考虑到了一些作为一般技术人员难以判定的因素,如绳的结构、润滑的种类及其程度、绳及绳轮的材料及制造误差等,对于这些参数对计算结果的影响,附录 M 中已经包含了安全裕量。因此在计算时,即使对上述因素不能(也无须)详加考虑,结果仍是安全的。

总体来讲,附录 M 的核心内容是:在不同的工况下要求 $\dfrac{T_1}{T_2}$ 与 $e^{f\alpha}$ 的关系;T_1 和 T_2 的计算要点,以及在计算 $e^{f\alpha}$ 时,当量摩擦系数的取得。下面我们来分别论述:

一、不同工况下所要求 $\dfrac{T_1}{T_2}$ 与 $e^{f\alpha}$ 的关系

M2 曳引力计算中给出如下公式:

$\dfrac{T_1}{T_2} \leqslant e^{f\alpha}$——用于轿厢装载和紧急制停工况;

$\dfrac{T_1}{T_2} \geqslant e^{f\alpha}$——用于轿厢滞留工况(对重压在缓冲器上,曳引机向上方向旋转)。

在 GB 7588 中认为,在装载和紧急制停工况,曳引系统应不打滑(但急剧停止工况电梯是否真的能够不打滑,我们在后面会有论述);而滞留工况(对重压在缓冲器上,曳引机向上

方向旋转)曳引系统必须打滑。

(1)轿厢装载工况:是指按照轿厢装有125%额定载荷并考虑轿厢在井道的不同位置时的最不利情况。同时如果这种情况没有包含8.2.2中述及到的货梯超面积的情况,则超面积的货梯必须按照实际面积对应的载重量进行曳引力计算。这里计算的$\frac{T_1}{T_2}$是静态比值。在轿厢装载工况,由于轿厢钢丝绳、补偿装置和随行电缆对T_1和T_2的影响将随轿厢具体位置的不同而发生变化,必须经过计算才能确定。轿厢装载工况"不同位置的最不利情况"通常情况下,发生在轿厢在最顶层或最底层的时候。

(2)紧急制动工况:应按照轿厢空载或装有额定载荷时在井道的不同位置的最不利情况进行计算。而且每一个运动部件都应正确考虑其减速度和钢丝绳的倍率。这里计算的$\frac{T_1}{T_2}$是动态比值。既然是"紧急制动"工况,必然存在紧急制动减速度,这个减速度的取值是很关键的,在附录M中是这样规定减速度的:"任何情况下,减速度不应小于下面数值:a)对于正常情况,为0.5m/s^2;b)对于使用了减行程缓冲器的情况,为0.8m/s^2"。紧急制动工况的"最不利位置"一般是轿厢装有额定载荷在底层制动或空轿厢在顶层制动。

(3)轿厢滞留工况:应按照轿厢空载或装有额定载荷并考虑轿厢在井道的不同位置时的最不利情况进行计算。由于轿厢滞留工况包括了轿厢空载和满载情况,同时还要考虑轿厢在最不利的位置,显然这种工况完全包括9.3 c)叙述的"当对重压在缓冲器上"的工况。这时如果能够满足$\frac{T_1}{T_2} \geqslant e^{f\alpha}$,则9.3 c)规定的"曳引机按电梯上行方向旋转时,应不可能提升空载轿厢"要求肯定能够被满足。既然轿厢滞留工况要保证空载或轿厢或对重在井道内任何位置卡阻时,曳引系统不能再驱动电梯。通常最不利的情况是空轿厢在最顶层时。

这里没有讲到M1引言中要求的"正常运行"的情况。很明显,正常运行工况应符合$\frac{T_1}{T_2} \leqslant e^{f\alpha}$。

二、T_1和T_2的计算要点

虽然从表面看,附录M中计算T_1和T_2的示例给出的公式有着"骇人听闻"的长度,但经过仔细分析不难发现,实际上对T_1和T_2计算影响最大的几个因素并不复杂:轿厢重量和额定载重量的关系;平衡系数;曳引轮及滑轮的情况;加减速度值;钢丝绳的尺寸、种类和数量。在M3实例中给出一个模型,如下图:

以及计算T_1和T_2给出了如下公式:

$$T_1 = \frac{(P+Q+M_{\text{CRcar}}+M_{\text{Trav}})(g_n \pm a)}{r} + \frac{M_{\text{Comp}}}{2r}g_n + M_{\text{SRcar}}(g_n \pm ra) + \left(\frac{2m_{\text{PTD}}}{r}a\right)^{\text{I}}$$

$$\pm (m_{\text{DP}}ra)^{\text{II}} \pm \left[M_{\text{SRcar}}a\left(\frac{r^2-2r}{2}\right) \pm \sum_{i=1}^{r-1}(m_{\text{pcar}}i_{\text{pcar}}a)\right]^{\text{III}} \pm \frac{FR_{\text{car}}}{r};$$

$$T_2 = \frac{M_{\text{cwt}}(g_n \pm a)}{r} + \frac{M_{\text{Comp}}}{2r}g_n + M_{\text{SRcwt}}(g_n \pm ra) + \frac{M_{\text{CRcwt}}}{r}(g_n \pm a) +$$

$$\left(\frac{2m_{\text{PRD}}}{r}a\right)^{\text{IV}} \pm (m_{\text{DP}}ra)^{\text{II}} \pm \left[M_{\text{SRcwt}}a\left(\frac{r^2-2r}{2}\right) \pm \sum_{i=1}^{r-1}(m_{\text{Pcwt}}i_{\text{Pcwt}}a)\right]^{\text{V}} \pm \frac{FR_{\text{car}}}{r}。$$

在上述公式中,各种符号代表的变量含义,以及这些变量如何选取,选取的具体值在附

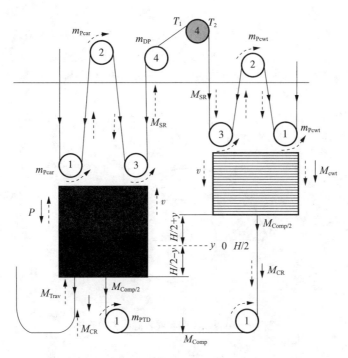

资料 9-10 图 1 曳引式电梯钢丝绳受力分析图

录 M3 都有明确的指示和定义。从上面的公式可以看出，附录 M 对各种影响 T_1 和 T_2 的因素考虑的都比较详细。而且所有变量的取值方法也都有详细的说明。

值得注意的是 i_{Pcar} 和 i_{Pcwt} 在附录 M 中定义为"i_{Pcar}——轿厢侧滑轮的数量（不包括导向轮）"和"i_{Pcwt}——对重侧滑轮的数量（不包括导向轮）"。这很容易误导使用者，这两个值的含义实际上应是"滑轮的速度系数"，即对应于模型示意图滑轮中标出的数字。它表示了由于绕绳比的不同，处于悬挂系统不同位置的各滑轮的转速是不同的。同时在起、制动时，它们的惯量对曳引系统的影响也是不一样的。在计算 T_1 和 T_2 的公式中是考虑到了这一点的，这就是公式中 $\sum_{i=1}^{r-1}(m_{Pcar}i_{Pcar}a)$ 和 $\sum_{i=1}^{r-1}(m_{Pcwt}i_{Pcwt}a)$ 的意义。因此在这里不要误认为是滑轮的数量，否则求和符号就没有意义了。

三、钢丝绳与绳槽之间的压力

谈到摩擦，它的两个要素就是摩擦系数和正压力。为方便当量摩擦系数的推导，在这里我们先介绍钢丝绳在绳槽中的正压力——比压。

比压在 GB 76588—1995 中作为与钢丝绳寿命、钢丝绳安全系数相关的量，被要求必须满足规定。前面我们曾经说过，钢丝绳即使在良好的维护保养的状态下也会失效，其原因主要是磨损和疲劳。钢丝绳在绳槽中的正压力会导致钢丝绳的磨损，但更多的情况下，钢丝绳的失效是由于疲劳导致的。而且事实证明，钢丝绳在工作过程中的磨损远小于绳轮的磨损，因此疲劳导致钢丝绳失效的可能更大些。在 GB 7588—2003 中，将比压的要求取消了，用更加科学的"钢丝绳最小安全系数"的概念（前面我们已经有所论述）来判定钢丝绳在特定的工况下是否安全。

但我们认为,比压虽不是导致钢丝绳失效的主要原因,但它是在合理的设计和正常使用情况下导致曳引轮绳槽磨损的主要原因。对于设计人员来说还是有参考价值的。

在计算不同绳槽断面的比压时,可以采用 Hymans 和 Hellborn 早期的假设,即钢丝绳在绳槽中的比压符合正弦规律,实践证明这种假设是有效的。

1. 对半圆槽和带切口的半圆槽的比压分布:

钢丝绳与曳引轮之间的单位压力如下图所示:

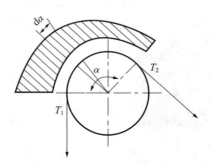

资料 9-10 图 2　钢丝绳表面压力分布图

上图表示了钢丝绳下部与曳引轮绳槽接触的部分其压力分布情况。

由于压力矢量的纵向总与钢丝绳单位长度上所受到绳槽的支撑力大小相等、方向相反,因此压力矢量实际是施加在与绳槽接触的一个较小的区域内。这就是带切口的槽型所产生的绳槽压力高于半圆槽的原因。最大钢丝绳压力出现在切口边缘处。

实践证明,钢丝绳在工作过程中的磨损远小于绳轮的磨损,并且当曳引轮绳槽磨损后,钢丝绳与绳槽的接触点都将向下移一个相同的距离。由于绳槽磨损是垂直向下的,因此对于垂直向下的压力,绳槽支撑圆的外轮廓是不变的。资料 9-10 图 3 显示了曳引轮绳槽磨损后钢丝绳"沉降"情况:

资料 9-10 图 3　绳槽磨损后钢丝绳的位置变化情况

这一现象说明,绳槽沿曳引轮直径方向上相同长度的接触弧磨损。绳槽的磨损是由摩擦引起的。如果摩擦系数为常数,则比压沿径向分量在接触弧的任一点处也一定是常数。即:

$$\frac{P}{\cos\theta}=C=常数$$

由于径向平面内压力矢量在垂直方向上的总和一定与每一微段钢丝绳上的径向力是

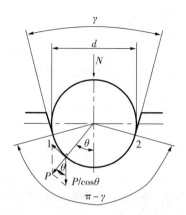

资料 9-10 图 4　半圆槽沿钢丝绳径向微段压力图

平衡的(如资料 9-10 图 4 所示)。因此在中心角 $\mathrm{d}\theta$ 和钢丝绳轴线方向单位长度 $\mathrm{d}\alpha$ 上所确定的支撑微弧度上作用的力 $\mathrm{d}N$ 由下面公式获得:

$$\mathrm{d}N = \int_{-\left(\frac{\pi-\gamma}{2}\right)}^{\frac{\pi-\gamma}{2}} \frac{d}{2}\mathrm{d}\theta \cdot \frac{D}{2}\mathrm{d}\alpha \cdot P\cos\theta = \frac{Dd}{4}\mathrm{d}\alpha \int_{-\left(\frac{\pi-\gamma}{2}\right)}^{\frac{\pi-\gamma}{2}} P\cos\theta\,\mathrm{d}\theta$$

将 $\dfrac{P}{\cos\theta} = \mathrm{C}$ 代入,则: $\mathrm{d}N = \dfrac{Dd}{4}\mathrm{d}\alpha \displaystyle\int_{-\left(\frac{\pi-\gamma}{2}\right)}^{\frac{\pi-\gamma}{2}} \mathrm{C}\cos^2\theta\,\mathrm{d}\theta = \mathrm{C}\dfrac{(\pi-\gamma+\sin\gamma)Dd}{8}\mathrm{d}\alpha$

上式中, D 为曳引轮直径, d 为钢丝绳直径, $\mathrm{d}\alpha$ 为钢丝绳包角上的微段。

上式可以写成: $\dfrac{\mathrm{d}N}{\mathrm{d}\alpha} = \mathrm{C}\dfrac{(\pi-\gamma+\sin\gamma)Dd}{8}$;其中 $\dfrac{\mathrm{d}N}{\mathrm{d}\alpha}$ 的物理意义为钢丝绳作用于曳引轮上的一个微弧段上的径向力。

在推导欧拉公式的时候,有这样的公式: $\mathrm{d}N = 2T\sin\dfrac{\mathrm{d}\alpha}{2} + \mathrm{d}T\sin\dfrac{\mathrm{d}\alpha}{2}$ 和 $\displaystyle\lim_{\varphi\to 0}\sin\dfrac{\mathrm{d}\alpha}{2} = \dfrac{\mathrm{d}\alpha}{2}$

有 $\mathrm{d}N = T\mathrm{d}\alpha + \mathrm{d}T\dfrac{\mathrm{d}\alpha}{2}$,其中 $\mathrm{d}T\dfrac{\mathrm{d}\alpha}{2}$ 很小,可以忽略,则有, $\mathrm{d}N = T\mathrm{d}\alpha$

$\dfrac{\mathrm{d}N}{\mathrm{d}\alpha} = T = \mathrm{C}\dfrac{(\pi-\gamma+\sin\gamma)Dd}{8}$,将 $\mathrm{C} = \dfrac{P}{\cos\theta}$ 代入有, $P = \dfrac{8T\cos\theta}{(\pi-\gamma+\sin\gamma)Dd}$

这里 T 为单根钢丝绳微段上的张力,如果将 T 取电梯运行过程中可能出现的最大值的情况:轿厢载有额定载重量停靠在最低层站时轿厢侧钢丝绳的张力 $T_{\max}$,同时由于悬挂轿厢的是多根钢丝绳,我们将钢丝绳数量设为 n ,由于 $T_{\max}$ 平均分布在每根钢丝绳上的,因此上式应改为:

$$P = \frac{8T_{\max}\cos\theta}{(\pi-\gamma+\sin\gamma)nDd}$$

当 $\theta = 0$ 时, P 有最大值: $P = \dfrac{8T_{\max}}{(\pi-\gamma+\sin\gamma)nDd}$

对于带切口的半圆槽,推导过程与半圆槽类似,带切口的半圆槽沿钢丝绳径向微段压力图如下:

有: $\mathrm{d}N = 2\displaystyle\int_{\frac{\beta}{2}}^{\frac{\pi-\gamma}{2}} \frac{d}{2}\mathrm{d}\theta \cdot \frac{D}{2}\mathrm{d}\alpha \cdot P\cos\theta = \mathrm{C}\dfrac{(\pi-\gamma-\beta+\sin\gamma-\sin\beta)Dd}{8}\mathrm{d}\alpha$

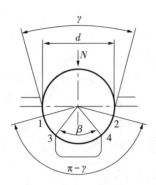

资料 9 - 10 图 5 带切口的半圆槽沿钢丝绳径向微段压力图

用同样的方法,有: $P = \dfrac{8T_{max}\cos\theta}{(\pi - \gamma - \beta + \sin\gamma - \sin\beta)nDd}$

当 $\theta = \beta/2$ 时,P 有最大值:$P = \dfrac{8T_{max}\cos\dfrac{\beta}{2}}{(\pi - \gamma - \beta + \sin\gamma - \sin\beta)nDd}$

综上所述,对于半圆槽,最大钢丝绳压力出现在绳槽底部,而带下切口的半圆槽的情况下,钢丝绳与绳槽之间的最大压力是在槽底部被切去部分的切断线上,如下图所示:

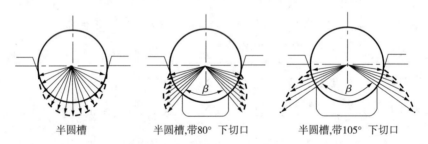

半圆槽   半圆槽,带80° 下切口   半圆槽,带105° 下切口

资料 9 - 10 图 6 钢丝绳在不同角度切口的半圆槽中,其表面压力的分布情况

2. 对于 V 形槽和带切口的 V 形槽

夹角为 γ 的 V 形槽,理论上如资料 9 - 10 图 7 所示,钢丝绳与绳槽壁为线接触,有:

$$dN = 2P\sin\frac{\gamma}{2} \cdot d\alpha\frac{D}{2}$$

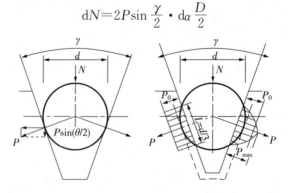

资料 9 - 10 图 7 钢丝绳在 V 形槽中,其表面压力分析图

与半圆槽相似,有 $dN = Td\alpha$;且将 T 取为轿厢载有额定载重量停靠在最低层站时轿厢侧钢丝绳的张力 T_{max}、钢丝绳数量为 n(T_{max} 平均分布在每根钢丝绳上),因此上式应改为:

$$P = \frac{T}{nD\sin\dfrac{\gamma}{2}}$$

但实际上钢丝绳具有一定的弹性,在压力作用下能够有一定范围的变形,因此其与绳槽壁的接触为面接触。一般认为其接触宽度为钢丝绳直径的 $1/3$,即 $L = 1/3d$,且沿此上长度的压力分布为正弦波形,在此宽度上的单位平均压力为 P_0,有:$P_0 = 3P/d$。

将此代入式 $P = \dfrac{T}{nD\sin\dfrac{\gamma}{2}}$ 有:$P_0 = \dfrac{3T}{nDd\sin\dfrac{\gamma}{2}}$

因此,在钢丝绳与轮槽壁接触的区段内,压力的分布可视为正弦波形。因此最大压力 P_{max} 与单位长度平均压力 P_0 之比可写成:$\dfrac{P_{max}}{P_0} = \dfrac{\pi}{2}$。由此可知,$P_{max} = \dfrac{\pi}{2}\dfrac{3T}{nDd\sin\dfrac{\gamma}{2}} = \dfrac{4.7T}{nDd\sin\dfrac{\gamma}{2}}$

由此可见,钢丝绳与绳槽接触的宽度越大,则压力越小。因此,我们可以得出这样的结论:钢丝绳与 V 形绳槽之间的压力与钢丝绳的材料和弹性相关,弹性大的钢丝绳由于其与绳槽的接触面大,因此压力较小。对于 V 形绳槽,使用外粗式钢丝绳(西鲁式或填充式)比较适宜。

对于带切口的 V 形槽,由于绳槽的磨损,钢丝绳将在绳槽的底部磨出一个半圆口来,带切口的 V 形槽最终会成为半圆槽。因此对于钢丝绳与绳槽之间的压力,我们采用绳槽磨损后的情况,即绳槽变为半圆槽的情况:$P = \dfrac{8T_{max}\cos\dfrac{\beta}{2}}{(\pi - \gamma - \beta + \sin\gamma - \sin\beta)nDd}$

四、当量摩擦系数的取得

首先明确所谓"当量摩擦系数"的概念。

为明确"当量摩擦系数"的概念,我们首先应弄清什么是"当量"。"当量"实际上是描述事物的一种近似方法。由于客观事物有简单和复杂之分,为了便于事物之间进行比较,有效的作法是把描述事物状态的量从复杂向简单折算,在折算过程中,应该有一个不变或近似不变的准则,以使折算后的结果具有可比性。这样一种折算也就是所谓"当量"。

在摩擦原理中也有类似的概念。如下图所示:

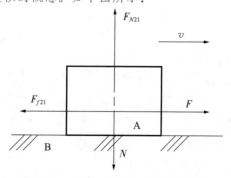

资料 9-10 图 8　摩擦力受力示意图

移动副中摩擦力的计算 为了简化移动副中摩擦力的计算,不论移动副的两运动副元素的几何形状如何,均可将两构件不同几何形状的接触当量成沿单一平面的接触的移动副,而将其摩擦力的计算式表达为如下统一的计算公式:

$$F_{f21}=\mu F_{N21}=fN$$

式中 μ 为摩擦系数。

由上式可见,摩擦力的大小既取决于摩擦系数 μ,又取决于法向反力 F_{N21}。考虑到运动副两元素的不同几何形状,也为了便于表示,我们引入当量摩擦系数的概念。

运动副常见几种接触形式有以下几种:

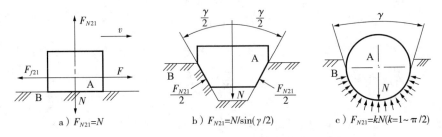

资料 9-10 图 9　运动副表面常见的接触形式

这里要注意两个重要的概念:

(1)移动副两接触面间正压力的大小与接触面的几何形状有关:

当沿单一平面接触时(图 a)),则 $F_{N21}=N$;

当沿一槽形角为 γ 的槽面接触时(图 b)),则 $F_{N21}=N/\sin\left(\dfrac{\gamma}{2}\right)$;

当沿一半圆柱面接触时(图 c)),则 $F_{N21}=kN$。

其中:若两接触面为点、线接触时,$k=1$;

若两接触面沿整个半圆周均匀接触时,$k=\pi/2$;

其余情况下是介于上述两者之间。

(2)在计算运动副中的摩擦力时,不管运动副两元素的几何形状如何,均可按式 $F_{f21}=\mu F_{N21}=fN$ 计算,只需引入相应的当量摩擦系数即可。这时

当为单一平面接触时,$f=\mu$;

当为槽面接触时,$f=\mu\dfrac{N}{\sin\dfrac{\gamma}{2}}$;

当为半圆柱面接触时,$f=k\mu$。

从上面的例子可以看出,所谓"当量摩擦系数"是指两对运动的物体在实际非平面接触状态的摩擦力计算,与虚拟的平面接触状态的摩擦力计算相等时,虚拟的平面接触状态的摩擦系数。即,当量摩擦系数的引入,是为了将各种形式的接触面看作平面形式来计算,从而简化计算过程。附录 M 中钢丝绳和绳槽当量摩擦系数的取得也是根据这些原则。

U 形槽、V 形槽的情况见资料 9-10 图 10:

(1)对于半圆槽和带切口半圆槽的情况:

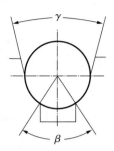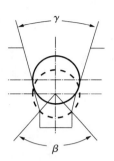

资料 9 - 10 图 10　U 形槽和 V 形槽示意图

其当量摩擦系数为：$f = \mu \dfrac{4\left(\cos\dfrac{\gamma}{2} - \sin\dfrac{\beta}{2}\right)}{\pi - \beta - \gamma - \sin\beta + \sin\gamma}$，其推导过程如下：

对于"半圆槽沿钢丝绳径向微段压力图"中相应的钢丝绳微段上摩擦阻力 $\mathrm{d}F$ 是该微段上钢丝绳与绳槽之间的正压力 $\mathrm{d}N$ 与两者之间摩擦系数 μ 的乘积，即：$\mathrm{d}F = \mu\mathrm{d}N$。

$$F = 2\mu\int_{\frac{\beta}{2}}^{\frac{\pi-\gamma}{2}} \mathrm{d}N;$$

由于有：$\mathrm{d}N = P\dfrac{d}{2}\mathrm{d}\theta = \dfrac{4T\cos\theta}{(\pi - \gamma + \sin\gamma)nD}\mathrm{d}\theta$

则有 $F = 2\mu\displaystyle\int_{\frac{\beta}{2}}^{\frac{\pi-\gamma}{2}} \dfrac{4T\cos\theta}{(\pi - \gamma + \sin\gamma - \sin\beta)nD}\mathrm{d}\theta = \dfrac{8\mu T\left(\cos\dfrac{\gamma}{2} - \sin\dfrac{\beta}{2}\right)}{(\pi - \gamma + \sin\gamma - \sin\beta)nD}$

单位长度上的正压力 $N' = \dfrac{\mathrm{d}N}{n\dfrac{D}{2}\mathrm{d}\alpha}$，在推导欧拉公式时我们知道，$\mathrm{d}N = T\mathrm{d}\alpha$，则上式可写为：$N' = \dfrac{2T}{nD}$

钢丝绳与绳槽在接触范围内单位长度上的摩擦力与正压力之间的关系：$F = fN'$，其中 f 为当量摩擦系数。整理后有：

$$f = \frac{F}{N'} = \frac{\dfrac{8\mu T\left(\cos\dfrac{\gamma}{2} - \sin\dfrac{\beta}{2}\right)}{(\pi - \gamma + \sin\gamma - \sin\dfrac{\beta}{2})nD}}{\dfrac{2T}{nD}} = \frac{4\mu\left(\cos\dfrac{\gamma}{2} - \sin\dfrac{\beta}{2}\right)}{(\pi - \gamma + \sin\gamma - \sin\beta)}$$

这就是带切口的半圆槽中，钢丝绳和绳槽之间的"当量摩擦系数"。对于半圆槽，取 $\beta = 0$，有：

$$f = \mu\frac{4\left(\cos\dfrac{\gamma}{2} - \sin\dfrac{\beta}{2}\right)}{\pi - \beta - \gamma - \sin\beta + \sin\gamma}$$

式中：

　　β——下部切口角度值；

γ——槽的角度值；

μ——摩擦系数。

β 的数值最大不应超过 $106°(1.83$ 弧度$)$，相当于槽下部 80% 被切除。

γ 的数值由制造者根据槽的设计提供。任何情况下，其值不应小于 $25°(0.43$ 弧度$)$。

（2）对于 V 形槽的情况：

对于硬化的槽，当量摩擦系数：$f=\mu\dfrac{1}{\sin\dfrac{\gamma}{2}}$；对于未硬化的槽，当量摩擦系数：$f=$

$\mu\dfrac{4\left(1-\sin\dfrac{\beta}{2}\right)}{\pi-\beta-\sin\beta}$

下部切口角 β 的数值最大不应超过 $106°(1.83$ 弧度$)$，相当于槽下部 80% 被切除。对电梯而言，任何情况下，γ 值不应小于 $35°$。钢丝绳与 V 形槽和带切口的 V 形槽的当量摩擦系数推导如下：

硬化的 V 形槽由于槽口硬度较高，在电梯运行过程中不易被钢丝绳磨损而改变形状，因此在计算当量摩擦系数时假定绳槽一直能够保持 V 形，由物体沿槽形角为 γ 的槽面接触时，其间的当量摩擦系数：$f=\mu\dfrac{1}{\sin\dfrac{\gamma}{2}}$ 这就是钢丝绳运行于 V 形槽中的当量摩擦系数。

对于未硬化的 V 形槽，轮槽很快会被磨损，钢丝绳将在绳槽的底部磨出一个半圆口来，因此选用未硬化的 V 形槽时，必须带下切口。当绳槽磨损直至切口最终被磨去之后，这时的 $\gamma=0$，即槽型变成了半圆槽。将 $\gamma=0$ 代入半圆槽或带切口的半圆槽当量摩擦系数的公式：$f=$

$\mu\dfrac{4\left(\cos\dfrac{\gamma}{2}-\sin\dfrac{\beta}{2}\right)}{\pi-\beta-\gamma-\sin\beta+\sin\gamma}$ 即可得出未硬化的 V 形槽的当量摩擦系数：$f=\mu\dfrac{4\left(1-\sin\dfrac{\beta}{2}\right)}{\pi-\beta-\sin\beta}$

在依据附录 M 所给出方法进行曳引力计算时，应注意在 GB 7588—2003 中，附录 M 是"提示的附录"而非"标准的附录"，也就是说附录 M 是推荐执行而不是强制执行的。附录 M 的引言中也说明了这一点："下面的计算是一个指南……"。因此，原则上讲如果能够提供更有效的计算方法，也可以不按照附录 M 的计算方法和取值原则进行曳引力计算。但从实际角度考虑，作为一般设计人员，很难找到比附录 M 更加简洁、安全性更高且理论和实践上都更为完善的公式。当然我们也可以继续使用 GB 7588—1995 中的简洁的曳引力计算公式（这个公式是由意大利标准制定的，由原欧洲标准经过几个系数和参数的修改最终被收入 EN81：1985，后被我国转化为 GB 7588—1995）。EN81：1985 被修订为 EN81：1998后，曳引力计算被现在的计算方法所取代。我们有理由认为现行标准中的计算方法更加科学、可靠，否则标准不会随意进行改动。

讨论 9-1　在实际工程中，紧急制动工况是否允许钢丝绳在曳引轮上滑移 ⇩ ⬇

从 M1 引言中我们知道，"曳引力应在下列情况的任何时候都能得到保证：

a) 正常运行;

b) 在底层装载;

c) 紧急制停的减速度。

为此,要求在 a) 和 b) 的情况下有,$\frac{T_1}{T_2} \leqslant e^{f\alpha}$;而在 c) 的情况下必须有 $\frac{T_1}{T_2} \geqslant e^{f\alpha}$。从上面我们推导欧拉公式的过程可以得到这样的结论:当 $\frac{T_1}{T_2} < e^{f\alpha}$ 时,钢丝绳与绳槽之间的摩擦能够抵消曳引轮两边的张力差,从而阻止钢丝绳在绳槽中打滑。但是,在计算曳引力时,即使计算结果符合欧拉公式所要求的 $\frac{T_1}{T_2} < e^{f\alpha}$,在电梯运行过程中,钢丝绳在绳槽中能够严格保证没有任何相对位移吗?我们认为,从理论上和技术上都是无法做到在电梯运行过程中钢丝绳在绳槽中没有任何位移。

1. 从理论上分析:

由于钢丝绳实际是弹性体,在拉力作用下会产生弹性伸长,弹性伸长量随拉力的增减而增减。在钢丝绳曳引传动在工作过程中,由于曳引轮两边钢丝绳所受的拉力不等(如同带传动的"松边"和"紧边"),因而所产生的弹性变形也不同。

当钢丝绳在 A 点绕上曳引轮时,钢丝绳的速度 v 和曳引轮的圆周速度 v_1 是相等的。但在自 A 点转到 B 点的过程中,所受拉力由 T_1 逐渐降到 T_2,弹性伸长量也要相应减小。这样钢丝绳在曳引轮上是一面随曳引轮前进,一面向后收缩,因此钢丝绳的速度低于曳引轮

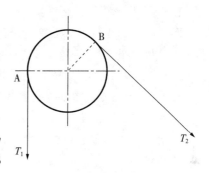

讨论 9-1 图 1　钢丝绳与曳引轮接触示意图

的圆周速度,造成两者之间发生相对蠕动(蠕动方向朝着张力大的一侧)。这种由于钢丝绳的弹性变形而引起的钢丝绳与曳引轮绳槽之间的滑动,称为弹性滑动。弹性滑动是曳引传动中无法避免的一种正常的物理现象,也是钢丝绳在曳引轮绳槽中正常工作时固有的特性,是不可避免的。由于弹性滑动的存在,使得钢丝绳与曳引轮绳槽间产生摩擦和磨损。

2. 从技术上分析:

在电梯运行过程中,钢丝绳与曳引轮绳槽之间的蠕动是钢丝绳和曳引轮绳槽不断磨损的主要原因之一。总的说来,曳引轮绳槽的磨损是由于曳引绳在绳槽中的相对滑移所造成的,滑移量越大,磨损也越严重;而曳引绳相对绳槽的滑动又取决于曳引轮两侧曳引绳的张紧力比,随着曳引绳在绳槽中张紧力比的增大,滑移量也增大。

如果曳引轮各绳槽的节径尺寸相同,钢丝绳在曳引轮各绳槽中的线速度也应一致。但由于制造过程中曳引轮的加工精度的原因,不可能做到所有绳槽的节径尺寸完全均匀,可能某些绳槽节径尺寸较小,运行于这些节径尺寸较小的绳槽中的钢丝绳的线速度要低于其他绳槽中的钢丝绳的线速度。在运行过程中,这将造成速度低的钢丝绳在绳槽中滑移。

不仅加工精度能够导致曳引轮各绳槽节径的差异,同样钢丝绳张力差以及曳引轮各绳槽硬度的差异也会最终导致各绳槽磨损量的不同,最终造成节径的差异。

因此,在技术上由于加工精度、材质均匀程度以及安装精度的限制,也无法做到在运行过程中钢丝绳与曳引轮绳槽之间完全没有相对蠕动。

讨论 9 – 2　如何提高曳引能力　　　⇩⬇

在设计电梯曳引系统时,最关键的问题是如何使设计出的曳引系统能够满足9.3的要求。在一般的曳引系统中要满足滞留工况是容易的,关键是如何满足装载工况和紧急制停工况。通过对这两种工况下需要满足欧拉公式:$\dfrac{T_1}{T_2} \leqslant e^{f\alpha}$进行分析可知,影响曳引力计算的因素有三个:$T_1$ 和 T_2 的比值、当量摩擦系数 f 和包角 α。因此,对这三个条件做出相应的调整,就可以获得满意的曳引力。

1. 减小 T_1 和 T_2 的比值:

T_1 和 T_2 的比值意味着曳引轮两侧的拉力差更小,需要绳槽提供的摩擦力也更小。减小 T_1 和 T_2 的比值主要有以下方法:

(1)增加轿厢自重:以轿厢在底层装载为例,由于轿厢侧拉力 $T_1 = P + 1.25Q$,其中 P 为轿厢自重;Q 为额定载重。对重侧拉力 $T_2 = P + \psi Q$,其中 ψ 为平衡系数。显然增大轿厢自重 P 可以减小 T_1 和 T_2 的比值。

但增加轿厢自重会造成材料的消耗较高,增加了电梯的成本。

(2)合理的选择补偿装置:

对于提升高度较大的电梯,钢丝绳自重对曳引力的影响是不容忽视的。随着电梯的运行,钢丝绳的自重不断以不同的比例分布在轿厢和对重侧,时刻影响着 T_1 和 T_2 的比值。为了消除钢丝绳自重对曳引力产生的不利影响,可以选择适当补偿装置(关于补偿装置的详细说明将在9.6论述)平衡钢丝绳的重量,使得电梯无论在什么位置,钢丝绳的重量都不会对 T_1 和 T_2 的比值造成影响。

2. 增大包角:

由于判定曳引力是否足够的依据是 T_1 和 T_2 的比值与 $e^{f\alpha}$ 的关系,因此增大包角 α 对曳引力的影响也很明显。增大的途径也很多,一般来说,增大包角可以采用以下三个途径:

(1)增加曳引轮直径:如讨论 9 – 2 图 1 a)所示,当曳引轮直径减小到虚线所示的尺寸时,在其他条件不变的情况下包角将有原来的 α_1 减小到 α_2。但是,增加曳引轮直径会带来一些负面影响:

a)增大曳引轮直径将直接导致制造曳引轮的材料增加,加工难度增大。

b)增大曳引轮直径时,会增大载荷在曳引轮上产生的扭矩,进而需要增加电机的输出扭矩。

c)曳引轮直径的增加需要制动器能够提供更大的扭矩。

d)增大曳引轮直径将导致系统惯量的增加,从而使电梯的起制动时间增加,降低了电梯的运行效率。

(2)使用压绳轮:在曳引轮和导向轮之间设置压绳轮,强制改变钢丝绳包角。通过这种方法也可以获得较大的包角。如讨论 9 – 2 图 1 b)所示,使用压绳轮后的包角 α_2 要大于原

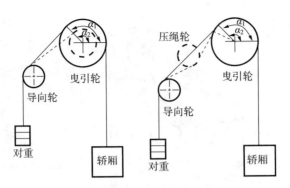

a) 曳引轮直径对包角的影响　　　　b) 使用压绳轮对包角的影响

讨论 9-2　图 1

来的包角 α_1。

但使用压绳轮将导致前面我们讲过的反向折弯,这将在很大程度上影响钢丝绳的寿命。因此,不建议使用这种方法来增大包角。

(3)增加曳引轮与导向轮之间的高度差或减小曳引轮到导向轮之间的水平距离:如讨论 9-2 图 2 a)所示,当曳引轮与导向轮的垂直位置"改变"至虚线所示位置时,在其他条件不变的情况下包角将由原来的 α_1 增加到 α_2。而在讨论 9-2 图 2b)所示,如果曳引轮移与导向轮之间的水平距离改变到虚线所示位置时,包角将有原来的 α_1 减小到 α_2。

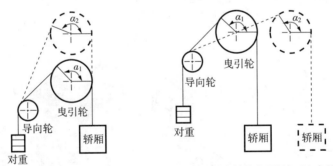

a) 曳引轮和导向轮的垂直距离对包角的影响　　b) 曳引轮和导向轮的水平距离对包角的影响

讨论 9-2　图 2

但是,增加曳引轮与导向轮之间的高度差会受到机房高度的限制,同时给曳引机机座的设计带来困难;而减小曳引轮到导向轮之间的水平距离将受到电梯结构和布置方法的限制。

(4)钢丝绳在曳引轮上采用复绕或长绕方式:

上面的几种办法对于增加包角的作用都不是很显著,增加包角最有效的办法是钢丝绳在曳引轮上采用复绕或长绕形式。复绕形式的绕绳方法是经导向轮二次绕入曳引轮,其简图如下:

由于复绕形式中各段钢丝绳的最大张力差为: $\dfrac{T_1}{T_3}=e^{f\alpha_1}$ 和 $\dfrac{T_3}{T_2}=e^{f\alpha_2}$。合并后得出

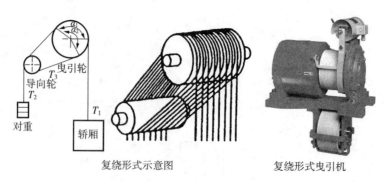

复绕形式示意图　　　　　　复绕形式曳引机

讨论 9 - 2 图 3　复绕形式

$$\frac{T_1}{T_2} = e^{f(\alpha_1 + \alpha_2)}。$$

当采用复绕式时,曳引轮和导向轮上的绳槽数量为钢丝绳数量的两倍。同时由于钢丝绳复绕在曳引轮和导向轮上,钢丝绳施加在曳引轮轴和轴承上的力是单绕型式的 2 倍。

使用长绕形式,也能够有效的增大包角。长绕形式是使钢丝绳从两个方向绕入曳引轮和导向轮。采用这种绕绳方式,钢丝绳在曳引轮上的包角能够接近 270°。由于悬挂轿厢侧的钢丝绳和悬挂对重侧的钢丝绳呈交叉状,为了避免在交叉处两者相互干涉,必须使钢丝绳之间有足够的间隙,因此曳引轮平面与铅垂面稍成倾斜,导向轮在水平方向与曳引轮保持一定的距离,并绕自身铅垂轴线旋转一个角度,使两轮中心线平行于偏斜后的钢丝绳。

但使用长绕形式时,钢丝绳与绳槽之间的接触与一般形式不同,钢丝绳不但在绳轮径向发生交变弯曲,在轴向也有一定程度的交变弯曲。同时,由于曳引轮平面的偏转造成钢丝绳与绳槽间的磨损加剧。

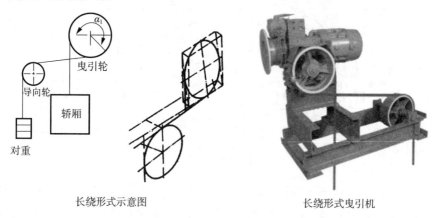

长绕形式示意图　　　　　　长绕形式曳引机

讨论 9 - 2 图 4　长绕形式

3. 合理的选择适当的曳引轮绳槽形状,以获得更大的当量摩擦系数:

选择当量摩擦系数也是获得足够曳引力的重要方法。当量摩擦系数的计算可以根据所选择的曳引轮绳槽形状并依据附录 M 中 M2 所提供的方法进行计算。但选择绳槽计算曳引力之后,不要忘记按照附录 N 的规定计算钢丝绳安全系数。

讨论9-3 各种工况下 μ 的取值 ⇩ ⬇

钢丝绳与绳槽之间的摩擦系数 μ 与两者的材料关系极其密切,它要通过大量试验才能获得。但在附录M中对于传统钢丝绳配合钢或铸铁绳轮,由于留有安全裕量,因此绳的结构;润滑的种类及其程度;绳及绳轮的材料以及制造误差因素无须详加考虑,结果仍是安全的。

各种工况在附录M中摩擦系数 μ 和计算后需要满足的条件见下表:

工况	摩擦系数	T_1/T_2 需要满足的条件
装载工况	$\mu = 0.1$	$\leqslant e^{f\alpha}$
轿厢滞留工况	$\mu = 0.2$	$\geqslant e^{f\alpha}$
紧急制停工况	$\mu = 0.1/(1+v/10)$ 且不小于 0.05	$\leqslant e^{f\alpha}$

1. 装载工况: $\mu = 0.1$。上面已经说过了,由于 T_1/T_2 为静态比值,此时电梯应是静止的。钢丝绳与绳槽都没有运动,只要满足欧拉公式 $T_1/T_2 \leqslant e^{f\alpha}$,就一定可以做到钢丝绳和绳槽之间没有相对滑移。这时,取摩擦系数是一个固定值是完全合理的,而且此时的摩擦系数应取静摩擦系数。经过查阅《机械设计手册》可以知道,钢-钢之间的静摩擦系数 $\mu_{st} = 0.15$,而动摩擦系数 $\mu_1 = 0.1$。据《电梯制造与安装安全规范应用手册》(机械工业出版社)中介绍:广州电梯工业公司于广州中山大学通过试验,取得钢丝绳与绳槽的摩擦系数的平均值约为 $\mu = 0.13$;原欧洲电梯标准技术委员会主席A·林达认为:对于钢丝绳与铸铁, $\mu = 0.125$。因此在装载工况下,附录M给定的静摩擦系数 $\mu = 0.1$,是一种留有余量的设计。

2. 滞留工况: $\mu = 0.2$。同样在这种情况下 T_1/T_2 为静态比值,此时只要满足 $T_1/T_2 \geqslant e^{f\alpha}$,电梯也应是静止的。与装载工况所不同的是,钢丝绳与绳槽之间此时是处于打滑状态。很显然,此时的摩擦系数必然应取动摩擦系数。同时我们知道,动摩擦系数与摩擦表面之间的相对速度有关,随着速度提高,摩擦系数相应有所降低。但在附录M中,给定的摩擦系数 $\mu = 0.2$,且并不随着电梯速度的增加而降低。上面我们提到,钢-钢之间的静摩擦系数 $\mu_{st} = 0.15$,在此选定的动摩擦系数却是 $\mu = 0.2$,非常明显这也是一种留有余量的设计。目的就是以选取较大的摩擦系数的方法保证,只要符合 $T_1/T_2 \geqslant e^{f\alpha}$,就一定能够在轿厢滞留状态下确保钢丝绳在绳槽中打滑。

3. 紧急制动工况: $\mu = 0.1/(1+v/10)$。与上面说到的两种工况不同,紧急制动工况下 T_1/T_2 为动态比值,而且此时也必须满足 $T_1/T_2 \leqslant e^{f\alpha}$。既然满足欧拉公式 $T_1/T_2 \leqslant e^{f\alpha}$,钢丝绳与绳槽之间与装载工况相同,也应是没有打滑的,那么为什么在这种工况下摩擦系数却与装载工况有很大区别呢? 在此,有一个细节值得一提,在查阅一些相关的机械设计资料时,我们没有发现以曳引方式驱动时,随着速度的增高,绳索或带(此类部件与钢丝绳最为接近)与驱动轮之间的摩擦系数会随之减小的论述。可见这也是留有余量的思想的体现。

为什么在紧急制停工况下摩擦系数是与速度相关的函数呢? 我们知道在 GB 7588—2003 中并没有对紧急制停减速度如何计算和取值作严格的限定,在附录M中,只是要求:

"减速度值在任何情况下不能小于 0.5m/s²；在使用减行程缓冲器时，不小于 0.8m/s²"。实际情况下，在通过抱闸的设定力矩反算紧急制停减速度时，所得出的结果都应是平均减速度，而不是最大或最小的减速度值。我们知道，抱闸在施加的制动力矩的时候，制动力矩并不是均匀的。在制动片接触到制动轮直到整个电梯系统停止，这期间由于制动片与制动轮之间的摩擦等因素影响，制动力矩是变化的，制动力也是变化的，因此制动减速度也是变化的。因此，我们所说的紧急制停减速度的概念与安全钳动作情况和轿厢撞击缓冲器的情况相似，都是一个平均减速度的概念。而且，由于抱闸在调整时不可避免的存在个体差异，也没有办法能够精确的得出适用于每台电梯的紧急制停减速度的最大或最小值。

从本质上说，钢丝绳在绳槽中是否存在打滑取决于曳引轮两边的钢丝绳张力是否满足欧拉公式，即是否满足 $T_1/T_2 \leqslant e^{f\alpha}$。然而，$T_1$ 和 T_2 的比值却与轿厢的加减速度有很大的关系。在计算紧急制停工况的 T_1 和 T_2 比值时，由于我们选取的减速度是紧急制停的平均减速度，毫无疑问，这个减速度值是小于紧急制停最大减速度的。在这种状态下即使是在符合欧拉公式 $T_1/T_2 \leqslant e^{f\alpha}$，由于选取的减速度值并不是紧急制停过程中产生的最大减速度值，所以仍然没有办法确认钢丝绳在绳槽中是否会打滑。因此，在紧急制停工况下，不妨认为钢丝绳可能会在绳槽中有一定的滑移，在此基础上我们可以认为钢丝绳和绳槽之间的摩擦系数已经不是静摩擦系数了，根据现代摩擦理论，摩擦系数与摩擦表面之间的相对速度有关，从而取 $\mu = 0.1/(1+v/10)$。此时，如果仍然能够满足 $T_1/T_2 \leqslant e^{f\alpha}$，这样就可以认为紧急制停工况下钢丝绳与绳槽之间基本没有打滑，或即使存在打滑也是比较小的滑移，不会对安全造成威胁。

通过上面的分析，不难发现这样一些情况：其一，GB 7588—2003 附录 M 中参数的给定都是"留有余量"的；其二，之所以在紧急制停工况既要求选取的摩擦系数与速度相关 $\mu = 0.1/(1+v/10)$，而且同时要求曳引轮两边的钢丝绳张力符合欧拉公式 $T_1/T_2 \leqslant e^{f\alpha}$，其实是由于紧急制停使得最大减速度无法精确预计。

4. 正常运行工况：值得注意的是在 GB 7588—2003 的附录 M 中，并没有非常明确的指定在电梯正常运行状况下，μ 的取值应该遵循哪种规则，是按照装载工况取值还是按照紧急制停工况取值。附录 M 给出的曲线图说明的是"最小的摩擦系数"，也就是说，在使用公式 $\mu = 0.1/(1+v/10)$ 时，在 μ 减小到曲线的最低点（即 0.05）时，无论速度 v 如何增加，μ 保持曲线最小值不变。从曲线图本身，也没有说明是否应用于正常运行工作状态。从标准中对装载、紧急制停和滞留状态的描述我们可以得知装载和滞留工况 T_1/T_2 为静态比值，而紧急制停工况为动态比值，前面我们已经说过，在运行过程中钢丝绳在绳槽中也会有相应的蠕动。这似乎可以推想，由于正常运行时 T_1/T_2 的比值是动态的，那么这时的摩擦系数 μ 也应跟随紧急制停工况取值，即：$\mu = 0.1/(1+v/10)$。但实际情况并不是这样，因为钢丝绳在绳槽中的蠕动由于其相对速度很低，蠕动量也很小，不足以对摩擦系数产生重大影响。参照机械设计中带传动的设计，由于带传动也存在传动带在由紧边过渡到松边时也会由于弹性的原因在轮上滑移，但在设计中并没有考虑滑移给摩擦系数带来的影响。

就此我们不难确定正常运行时应取上面三个工况中哪个工况的摩擦系数。很明显，我们可以排除滞留工况。实际上，问题的关键就在于在计算 T_1 和 T_2 比值时，所选择的加减速度值是否在整个工况下恒定(或是整个工况下的最不利条件)。由于正常运行工况的起制动都是受到控制的,并且代入的加减速度都是在起制动过程中的最大加减速度(并不是紧急制停时减速度)。值得一提的是,GB 7588—2003 中取消了 GB 7588—1995 中所规定的加减速度系数 C_1 的限制,因为电梯的加减速度完全属于性能参数,只要是正常选取,与电梯安全性无关。因此可以更自由的选定电梯的加减速度。并且只要保证在这种情况下曳引轮两边的钢丝绳张力符合欧拉公式,就可以确定钢丝绳在绳槽中不会打滑。因此可以在电梯正常运行状况下,钢丝绳与绳槽之间的摩擦系数完全可以选取固定值,即取静摩擦系数 $\mu = 0.1$。

讨论 9-4 紧急制停工况下钢丝绳滑移及加速度取值的分析 ⇩ ⬇

紧急制停工况钢丝绳与绳槽之间是否发生滑移,与紧急制停减速度是息息相关的。GB 7588—2003 中要求在装载工况下均要求钢丝绳在曳引轮上不能打滑,而在滞留工况(对重压在缓冲器上时)要求必须打滑。那么在紧急制停工况下,是否允许钢丝绳在曳引轮上打滑?在讨论 9-2 中已经论述了,在紧急制停工况下,由于加速度是变化的,因此难以避免钢丝绳在绳槽中的滑移。下面我们从 GB 7588—2003 标准本身来分析紧急制停工况的一些具体情况。

在 GB 7588—2003 中,真正严格要求曳引力的是 9.3(上面已经说过,附录 M 并不是强制执行的)。但从 9.3 来看,只是要求了静态情况下不能打滑,并没有明确要求在紧急制停工况下保证钢丝绳在曳引轮上也不打滑。同时减速度值不能超过缓冲器作用时的减速度值。在整个 GB 7588—2003 中,另一条也提到了紧急制停减速度,这就是 12.4.2.1。12.4.2.1 中作了这样的规定:"当轿厢载有 125% 额定载荷并以额定速度向下运行时,操作制动器应能使曳引机停止转动。上述情况下,轿厢的减速度不应超过安全钳动作或轿厢撞击缓冲器所产生的减速度"。

在上面已经说明过,无论是安全钳动作还是轿厢撞击缓冲器的减速度,与紧急制停减速度一样,都是平均减速度的概念。在 GB 7588—2003 中,安全钳(渐进式)动作时的平均减速度限定在 $0.2g \sim 1g$ 范围内,而对于缓冲器只是要求了平均减速度不大于 $1g$。很明显,12.4.2.1 中所要求的轿厢的减速度只要不超过 $1g$ 就可以了,并没有要求必须要大于某个下限值。同时,12.4.2.1 的规定对于平均减速度不大于 $1g$ 的规定,在进行紧急制停工况的曳引力计算时也没有什么指导意义。因为,在制动器制停正在运行的电梯系统时,由于驱动电梯的钢丝绳是柔性系统,无法传递向下的力,因此对于上行的电梯部件(无论是轿厢还是对重),其减速度都是由重力提供而不是由钢丝绳提供的。也就是说,在制停正在运行的电梯时,在无论制动器能提供多大的制动力矩,向上运行的电梯部件其制停减速度最大也只可能是 $1g$,不可能再大了。只有向下运行的部件,当制动器制动力矩设置的过大的情况下,电梯紧急制停时其制停减速度才可能达到或大于 $1g$。非常明显,在制停运行中的电梯时,如果其下行一侧紧急制停减速度达到甚至超过了 $1g$,上行一侧处于竖直上抛,钢丝绳与曳引轮之间必然会存在滑动,这与滞留工况是一样的。事实上,只要紧急制停减速度接近 1g，就很难避免打滑的产生，这是曳引驱动自身传动结构的限制，也正是由于这种特性的限制曳引式驱动系统不适合用于起制动加减速度较大的场合。

然而，在附录 M 中，要求紧急制停工况下应满足欧拉公式：$T_1/T_2 \leqslant e^{f\alpha}$ 并且要求在"紧急制停的减速度"条件下曳引力能得到保证。同时从选取摩擦系数 μ 的方法来看，当紧急制停工况，$\mu=0.1/(1+0.1v)$。这说明 μ 的大小和速度是有关系的。正如我们上面分析的那样，如果不允许有打滑现象，μ 的取值为何要和速度有关？μ 的取值应与装载工况一样，取一个固定值才对。究其原因，我们认为摩擦系数 μ 之所以与速度相关，在于我们在计算 T_1 和 T_2 比值时，所选择的加减速度值是平均值，而不是最大值。因此，即使 T_1 和 T_2 比值满足欧拉公式，由于存在最大减速度值的不确定性，也无法保证钢丝绳与绳槽之间没有打滑。之所以要选择 $\mu=0.1/(1+0.1v)$，正如上面已经论述过的，这显然是留有余量的设计。

在 GB 7588—2003 的标准条文中，并不强制要求在紧急制动工况计算曳引力时，钢丝绳与曳引轮间不得打滑。也就是说，在标准中并不认为，在急制停情况下，钢丝绳与曳引轮之间有少量滑移是不可接受的危险，否则在 9.3 中就应该明确要求。而且，从实际应用的角度也不难理解，紧急制停工况属于电梯的非正常工况，虽然偶尔可能出现紧急制停工况，但毕竟这种状态并不会经常出现，因此即使有少量打滑也不会产生不安全的情况。

我们在按照附录 M 进行曳引力计算时通常会有这样的体会：紧急制停工况下要严格保证满足 $T_1/T_2 \leqslant e^{f\alpha}$ 是很困难的，在此两个参数在其中起了关键作用：一个是摩擦系数；另一个是紧急制停减速度。摩擦系数是标准中明确规定的，按照给定的公式取值即可。但紧急制停时的减速度（平均减速度）如果选取的较大，也无法保证满足欧拉公式。

加速度应如何取值呢？在附录 M 中所述的三种工况以及正常运行的条件下，其加速度值是不同的：装载工况和滞留工况的加速度为 0；正常运行工况下，由于电梯的起制动一般为变加速，因此加速度值为电梯设定加速度的最大值。紧急制停工况如何取值呢？这首先要确定那些因素导致的电梯紧急制停需要在曳引力计算时加以考虑。

我们知道，当安全钳制停轿厢或对重时，由于制动力是直接作用于轿厢或对重上，其制停减速度不是由钢丝绳与绳槽之间的摩擦力产生，不是我们要讨论的紧急制停工况。另外直接作用在钢丝绳上的上行超速保护装置其制停减速度也不是由钢丝绳与绳槽之间的摩擦力产生，同样不是我们要讨论的工况。可见，需要在曳引力计算中考虑的紧急制停只有两种：1. 在正常运行时由于制动器动作产生的紧急制停；2. 直接作用在曳引轮或最靠近曳引轮的轮轴上的上行超速保护装置动作时产生的紧急制停。在进行曳引力计算时应选取这两者中较大的紧急制停减速度进行计算。根据 GB 7588—2003 中相关的规定，制动器应能停止 125% 额定载重量并以额定速度向下运行的轿厢；而上行超速保护能够将超速轿厢停止或将轿厢速度降低至对重缓冲器的设计范围。可见，在通常情况下，应是制动器施加的减速度更大些。下面以制动器制停电梯为例分析进行紧急制停工况的分析。

在制动器动作时，电梯系统的紧急制停减速度主要来自于制动器的摩擦力。但制动器只能使曳引轮停止转动，由于曳引轮绳槽与钢丝绳并不是刚性连接，制动器提供的减速度不可能直接制停轿厢。最终制停轿厢的是钢丝绳和绳槽的摩擦力，因此体现在轿厢上的减速度则是制动器制动与钢丝绳滑移的综合结果。而且两者之间是一个高度非线性耦合的问题。举例来说,如果制动器的制动力很大,不一定制停距离就短,因为钢丝绳会容易滑移;反过来如果制动器制动力不太大,制停距离也不一定很长,因为钢丝绳滑移的距离可能较短。在制动器对系统施加的减速度和钢丝绳滑移的双重作用下,要精确给出轿厢的最终减速度是非常困难的。但是,在附录 M 中,要求:"在任何情况下,减速度不应小于以下数值:a)对正常情况,为 0.5m/s^2;b)对应使用了减行程缓冲器的情况,为 0.8m/s^2。"我们认为,在计算紧急制停工况的曳引力时,所选取的制动加速度最低不低于上述要求即可。建议紧急制停减速度值取电梯正常运行时的起制动加减速度值。由于附录 M 中并没有强调计算时所取的紧急制停减速度值必须是实际设置的值同时在摩擦系数的选取上已经考虑了余量,因此我们认为紧急制停减速度值这样选取是完全可以的。

讨论 9-5 M2.1.1 与附录 D2 h"曳引检查"的关系 ⇩ ⬇

根据 9.3a)的规定"轿厢载有 125% 8.2.1 或 8.2.2 规定的规定载荷的情况下保持平层状态且不打滑"。而在附录 D 中 D2 项 h"曳引检查"中有这样的要求:"在相应于电梯最严重制动情况下,停车数次,进行曳引检查。每次试验,轿厢应完全停止,试验应这样进行:行程上部范围内,上行,轿厢空载;行程下部范围内,下行,轿厢载有 125% 额定载重量"。

这两条似乎是矛盾的:在计算时,只需要轿厢在底层装有 125% 载荷情况下能够在静态条件下不打滑即可,而试验时却要求轿厢在同样的工况下能够完全停止。这似乎有些奇怪。

曳引检查本身是必要的,这时因为在附录 M 中计算紧急制停工况的曳引力时,并没有严格限定紧急制停减速度取多少,只是说:"每一个运动部件都应正确考虑其减速度和钢丝绳的倍率。任何情况下,减速度不应小于下面数值:a)对于正常情况,为 0.5m/s^2;b)对于使用了减行程缓冲器的情况,为 0.8m/s^2"。这里并没有明确说明"减速度"是什么"减速度",是曳引机制动器施加的减速度还是紧急制停工况电梯系统的实际减速度。在上面我们已经论述了,制动器提供的减速度与钢丝绳在曳引轮绳槽中滑移的共同作用结果是电梯系统的紧急制停加速度。在进行紧急制停工况的曳引力计算时,代入的减速度是 0.5m/s^2(正常情况)或 0.8m/s^2(使用了减行程缓冲器的情况),在此条件下如果曳引力计算能够满足欧拉公式即可。而实际情况下制动器施加的制动减速度平均值要比这个值大很多,这时钢丝绳必然存在滑移,钢丝绳在滑移时是否还能最终制停轿厢,则必须予以验证,这就是进行曳引检查的必要。

但曳引检查是否要在轿厢载有 125% 的额定载重量下进行,则需要讨论。

讨论 9-6 9.2c)项与 5.7.1 的关系 ⇩ ⬇

在 5.7.1.1(5.7.1.2 类似,在这里我们以 5.7.1.1 为例说明)中,本标准要求了当对重完全压在它的缓冲器上时,应同时满足的四个条件:

(1)轿厢导轨长度应能提供不小于 $0.1+0.035v^2$(m)的进一步的制导行程;

(2)轿顶最高的,用于站人的水平面与轿厢投影部分以内的井道顶最低部件的水平面之间的自由垂直距离不应小于 $1.0+0.035v^2$(m)；

（3）井道顶的最低部件与固定在轿厢顶上的设备的最高部件（不包括导靴或滚轮、曳引绳附件和垂直滑动门的横梁或部件的最高部分）之间的自由垂直距不应小于 $0.3+0.035v^2$(m)；导靴或滚轮、曳引绳附件和垂直滑动门的横梁或部件的最高部分与井道顶的最低部件之间的自由垂直距离不应小于 $0.1+0.035v^2$(m)；

（4）轿厢上方应有能容纳一个不小于 $0.50m×0.60m×0.80m$ 的长方体的空间（任一平面朝下放置即可）。这些条件中除了 d)之外，每个条件都对应一个与速度相关的函数，这个函数中都有 $0.035v^2$ 这一项。在 5.7.1 的注释中对此有这样的解释："$0.035v^2$ 表示对应于 115%额定速度 v 时的重力制停距离的一半。即 $\frac{1}{2}×\frac{(1.15v)^2}{2g_n}=0.0337v^2$，圆整为 $0.035v^2$"。

上面要求的顶层尺寸之所以能够保证电梯冲顶时人员和设备的安全，其前提是"重力制停距离的一半"。很清楚，当轿厢对重压到缓冲器上时，如果不考虑其他阻力，轿厢处于竖直上抛，即轿厢不再受向上的力的作用。因此，如果 5.7.1 规定的顶层高度能够保证轿厢（或对重）在冲顶时人员和设备的安全，则要求曳引条件必须满足当对重完全压在它的缓冲器上以后，无论曳引轮如何转动，钢丝绳也不能够将空轿厢持续提升，这是 5.7.1 能够保证人员安全的前提条件。只有符合了 9.3c)的要求，5.7.1 的保护才是有意义的，否则如果在对重完全压在它的缓冲器上以后，钢丝绳与曳引轮绳槽之间的摩擦力仍能够将轿厢提起，则 $0.035v^2$（115%额定速度时重力制停距离的一半）的距离内，无法保证轿厢能够停止下来。

9.4 强制驱动电梯钢丝绳的卷绕

9.4.1 在 12.2.1b)条件下使用的卷筒，应加工出螺旋槽，该槽应与所用钢丝绳相适应。

解析 12.2.1b)规定，电梯的驱动方式只能是曳引式或强制式。其中强制式只能采用卷筒和钢丝绳式或链轮和链条（平行链节的钢质链条或滚子链条）的型式。

当选用卷筒和钢丝绳型式时，9.4.3 规定："卷筒上只能绕一层钢丝绳"，在单层缠绕卷筒的筒体表面切有弧形断面的螺旋槽，为的是增大钢丝绳与筒体的接触面积，并使钢丝绳在卷筒上的缠绕位置固定，以避免相邻钢丝绳互相摩擦而影响寿命。

钢丝绳旋向的确定应遵循：右旋绳槽的卷筒推荐使用左旋钢丝绳；反之，左旋绳槽的卷筒宜使用右旋钢丝绳。对于单层缠绕的不旋转钢丝绳，必须严格遵守上述原则，否则易引起钢丝绳结构的永久变形。

9.4.2 当轿厢停在完全压缩的缓冲器上时，卷筒的绳槽中应至少保留一圈半的钢丝绳。

解析 9.2.3.2 要求钢丝绳必须自卷筒上固定，钢丝绳固定在卷筒上的一段的受力与钢丝绳在卷筒上所绕的圈数的弧度成指数关系（可参考欧拉公式）。为防止在电梯运行过程中，当钢丝绳在卷筒上所缠绕的圈数最少时，载荷对钢丝绳的固定段所施加的力过大而破坏钢丝绳的固定端,要求即使在意外情况下(轿厢完全压在缓冲器上),钢丝绳在卷筒上的圈数也不能少于一圈半。

我们分析一下不难得出这样的结论:"一圈半"相当于 3π 的弧度,当轿厢完全压在缓冲器上应视为滞留工况,钢丝绳与卷筒的摩擦系数是 0.2,前面我们已经论述了,这个摩擦系数是留有余量的,在此我们取装载工况的摩擦系数为 0.1,当量摩擦系数为:$f=0.4/\pi$(钢丝绳处于半圆槽中,因此 $\beta=0,\gamma=0$)。则 $e^{f\alpha}=e^{(0.4/\pi)\times 3\pi}\approx 3.3$。根据欧拉公式 $\dfrac{T_1}{T_2}\leqslant e^{f\alpha}$ 则不会打滑的原则,当载荷给钢丝绳的拉力大于固定端能够承受的力的 3.3 倍以上时,固定端才会被破坏。显然,这个安全余量是较大的。

9.4.3 卷筒上只能绕一层钢丝绳。

解析 如果钢丝绳在卷筒上多层卷绕,在实际工作时容易排列凌乱,相互交叉挤压,造成钢丝绳寿命降低。因此在电梯上应用卷筒时,卷筒上只能绕一层钢丝绳。

9.4.4 钢丝绳相对于绳槽的偏角(放绳角)不应大于 4°。

解析 9.4.1 规定,在使用卷筒时,卷筒上"应加工出螺旋槽",当放绳角过大时,容易造成钢丝绳脱槽。

本条规定了钢丝绳相对于卷筒绳槽的偏角(放绳角)最大值。但没有规定钢丝绳相对于曳引轮槽的偏角最大值。同时,对于电梯设备,在某种程度上,悬挂绳之间存在着相对运动,本标准没有规定钢丝绳之间的最小间距。

CEN/TC10 认为:制造商应针对特定的电梯来确定钢丝绳相对于曳引轮的偏角和钢丝绳之间的间距。

9.5 各钢丝绳或链条之间的载荷分布
9.5.1 至少在悬挂钢丝绳或链条的一端应设有一个调节装置用来平衡各绳或链的张力。

解析 当曳引系统中各钢丝绳的张力差较大时,将造成张力较大的钢丝绳磨损严重,同时由于在钢丝绳安全系数计算时假定各钢丝绳之间受力是均匀的,如果各钢丝绳之间张力差较大,实际工况下的钢丝绳状态与设计计算时之间存在较大差异,则实际工况下的钢丝绳安全系数也会与计算值有较大差异,这将给电梯的安全运行带来隐患。

因此,至少应在悬挂钢丝绳或链条的一端设置一个调节和平衡各绳(链)张力的装置。这个调节装置在一定范围内应能自动平衡各钢丝绳的张力差,同时张力调节装置除了能够起到平衡各钢丝绳张力的作用,还具有降低电梯系统振动的功能。

最常见的形式有杠杆式、压缩弹簧和聚氨酯式。

杠杆式的结构如下图所示。当某根钢丝绳伸长量较长造成各钢丝绳之间的张力不均时,杠杆将在一定范围内发生少许扭转从而使各绳头组合仍处于平衡位置,此时每根钢丝绳的张力重新恢复相同。

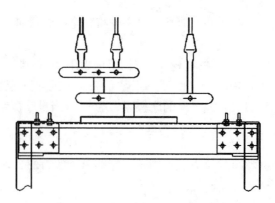

图 9-13　杠杆式钢丝绳调节装置

这种结构的优点是比较灵敏,同时如果设计得当,其使用的范围也较大。但它存在的一些缺点也影响了这种结构的使用。其缺点主要有:水平方向和高度方向的尺寸比较大,由于杠杆力臂的限制钢丝绳之间的距离也比较大。当采用这种结构时,在绳头距离曳引轮较近时,容易造成钢丝绳脱槽。为防止脱槽的发生,需要在顶部增加定绳槽距的装置,使其结构越发复杂,同时也需要较大的顶层高度。另外,这种结构只能在悬挂装置的一端使用,不能在两端同时使用,这是因为曳引轮直径、绳槽加工误差以及钢丝绳与绳槽之间的摩擦系数不同,杠杆也会发生扭转而失去作用。因此这种结构目前已经很少被采用。

下面这两种张力调节装置是目前使用比较广的,分别是压缩弹簧式和聚氨酯式,结构如下图所示。

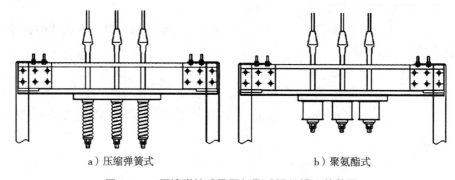

a)压缩弹簧式　　　　　　　　　　b)聚氨酯式

图 9-14　压缩弹簧式及聚氨酯式钢丝绳调节装置

压缩弹簧式成本较低,制造容易,是目前使用最广的张力调节结构。如果将压缩弹簧换成聚氨酯,则可以减小整个绳头组合的尺寸,使得结构更加紧凑。一般都采用内部发泡的聚氨酯材料来替代弹簧。但使用聚氨酯作为弹性部件必须要解决其耐油、耐老化的问题。同时由于聚氨酯材料的弹性系数为非线性的,因此用在张力调节装置上面时要求其具有近似线性的弹性系数。

应注意,张力调节装置应便于现场调整。

9.5.1.1　与链轮啮合的链条,在它们和轿厢及平衡重相连的端部,也应设有这

样的平衡装置。

■■■ **解析** 同上。

9.5.1.2 多个换向链轮同轴时,各链轮均应能单独旋转。

■■■ **解析** 当使用链轮和链条驱动时,由于各链条之间由于链节的制造误差,其总长度和链节数并不完全一致。如果各同轴的链轮之间不能相对转动,则在运行过程中可能造成链条和链轮的损伤,也会加剧各链之间受力的不一致。

9.5.2 如果用弹簧来平衡张力,则弹簧应在压缩状态下工作。

■■■ **解析** 如果弹簧处于拉伸状态,容易在一段时间之后由于受力而伸长,最终导致弹簧弹性降低影响其平衡各钢丝绳张力的效果。

9.5.3 如果轿厢悬挂在两根钢丝绳或链条上,则应设有一个符合14.1.2规定的电气安全装置,在一根钢丝绳或链条发生异常相对伸长时电梯应停止运行。

■■■ **解析** 根据9.1.3规定,悬挂轿厢的钢丝绳(或链条)至少应使用两根。同时每根钢丝绳(或链条)应是独立的,不允许使用单根钢丝绳(或链条)。但是当采用两根钢丝绳(或链条)时,如果其中一根发生异常相对伸长,则整个轿厢、对重(或平衡重)的重量全部集中在一根钢丝绳(或链条)上了,这是9.1.3不允许的。同时,这种情况会造成另一根钢丝绳的张力增大,磨损增加,容易造成断绳。尽管使用两根钢丝绳悬挂轿厢时,其安全系数必须大于16,但如果当一根钢丝绳发生异常伸长时,其总体安全系数下降的比例会很高,以至大大低于标准要求。因此,为避免上述危险的发生必须设置一个符合14.1.2的电气安全装置(通常是一个能够强制断开的电气开关),保证只有在两根绳(或链)工作正常时才允许电梯运行。显然当悬挂绳(或链)多于两根时,不可能出现只有一根没有伸长其余的全部伸长的情况,因此不需要此装置。

这种开关一般称为松绳保护开关,其典型结构见下图:当其中一根钢丝绳发生异常伸长时钢丝绳张力减小,绳头弹簧伸长,带动碰铁时开关动作。

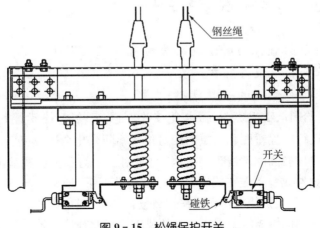

图9-15 松绳保护开关

除去上面的纯粹电气保护外,还有类似以下的装置(见图 9 - 16):在绳头附近设置只有当钢丝绳发生异常时才动作的专门的安全钳,其中一根钢丝绳发生异常伸长时,钢丝绳张力减小,绳头弹簧伸长,推动安全钳拉杆使安全钳动作,并带动电气开关使驱动主机停止,并将轿厢制停在导轨上。

当然,这种结构中,只有电气开关是标准中明确要求的,其他只是辅助性的。

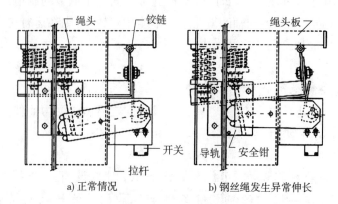

a) 正常情况　　　　　　　　b) 钢丝绳发生异常伸长

图 9 - 16　防护钢丝绳异常伸长的其他辅助性装置

9.5.4　调节钢丝绳或链条长度的装置在调节后,不应自行松动。

■■ **解析**　钢丝绳或链的长度调节装置是用于当钢丝绳或链条伸长时用于调节各绳之间的张力,重新使之平衡。一般是采用螺母调节,当调节后,应能够锁紧防止自行松动,以免调节失效。

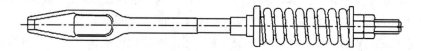

图 9 - 17　绳头及其防松装置

9.6　补偿绳

9.6.1　补偿绳使用时必须符合下列条件:

　　a)使用张紧轮;

　　b)张紧轮的节圆直径与补偿绳的公称直径之比不小于30;

　　c)张紧轮根据9.7设置防护装置;

　　d)用重力保持补偿绳的张紧状态;

　　e)用一个符合14.1.2规定的电气安全装置来检查补偿绳的最小张紧位置。

■■ **解析**　电梯运行过程轿厢和对重的相对位置不断变化会造成曳引轮两侧钢丝绳自重差异,尤其是提升高度较高的情况下,钢丝绳自重对曳引力和曳引机输出转矩的影响将会很大。为了消除这种影响,一般在提升高度较高的情况下(通常大于 30m 时)加装补偿装置。设置补偿装置实际就是使电梯无论在什么位置,钢丝绳自身的重量都不会对曳引力产生影响,也不会对马达的转矩输出提出更高的要求。因此补偿装置单位长度的重量应和钢丝绳单位长度的总重量呈一定的关系：

使用补偿链和补偿缆的情况：$n_c G_c = i n_r G_r - \dfrac{G_t}{4}$

使用补偿绳的情况：$n_c = (i n_r - 1) \cdot \dfrac{G_r}{G_c}$

式中：

G_c——补偿链的单根单位重量；

n_c——补偿链根数；

n_r——钢丝绳根数；

1——曳引比；

G_r——每根钢丝绳单位重量；

G_t——随行电缆重量。

补偿装置可以是补偿链也可以是补偿缆或补偿绳。

补偿链一般用于额定速度较低的电梯系统，其本身依靠自身重力张紧，为了消除在电梯运行过程中链节之间碰撞、摩擦产生噪声，通常情况下在链节之间穿绕麻绳或在链表面包裹聚乙烯护套。麻绳一般是采用龙舌兰麻、蕉麻、剑麻这几种材料，由于麻绳在受潮后会收缩变形影响链节之间的活动，同时还会造成补偿链的长度有较大变化，目前已较少使用。

a）穿绕麻绳的补偿链　　　　　b）包裹护套的补偿链

图 9-18　补偿链

速度较高的电梯在运行时产生的振动、气流都较强，会导致补偿链摇摆，一旦钩刮到井道其他部件上，可能造成危险。因此速度较高的电梯一般使用补偿绳。补偿绳也是一种钢丝绳，由于捻制的原因，钢丝绳在自然下垂时无法依靠自身重量张紧，因此使用补偿绳时为了防止补偿绳晃动引起危险，必须同时使用张紧轮。在使用张紧轮时，由于张紧轮必须具有较大的重量以使得补偿绳能够保持张紧。因此考虑到补偿绳在张紧力的作用下也会导致疲劳失效，与9.2.1相似，本条给定了张紧轮的最小直径与补偿绳的公称直径之比不小于30。同时，由于张紧轮设置在底坑中，随电梯运行张紧轮也随之转动，此时如果底坑内有检修人员，张紧轮可能伤害到检修人员。因此，应按9.7的要求设置防护装置。此外，为避免张紧失效，补偿绳必须采用重力张紧，也就是说应依靠张紧轮的重力来张紧，而不能通过在张紧轮上施加其他的力（如弹簧、磁力）等提供张紧力。与曳引钢丝绳一样，补偿绳也会在张紧力的作用下伸长，为避免补偿绳由于过度伸长导致张紧轮碰到底坑地面导致的张紧失效，必须使用一个符合14.1.2规定的电气开关来检查张紧轮的最下端位置。在补偿绳伸长导致张紧轮下沉时,一旦超出预定位置,此开关动作,电梯运行停止。

张紧轮位置开关在安装时应特别注意,开关和其碰铁之间的间隙必须合适。间隙过大,张紧装置在到达上限位置以前碰不到开关;间隙过小,由于补偿绳的热胀冷缩容易造成误动作。开关的安装参见图9-19"补偿绳和张紧装置"图。

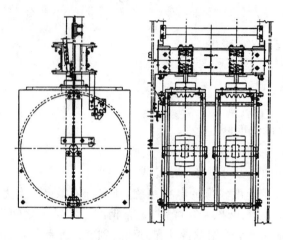

图 9-19　补偿绳张紧轮

为了有效张紧补偿绳,张紧轮必须具有一定重量,张紧轮重量的选择是这样的:

$$G_p = n_c G$$

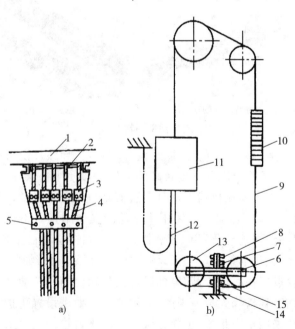

1—轿厢底梁;2—挂绳架;3—钢丝绳夹;4、9—钢丝绳;5—定位夹板;6—张紧轮架;7—上限位开关;
8—限位挡块;10—对重;11—轿厢;12—随行电缆;13—补偿绳轮;14—导轨;15—下限位开关

图 9-20　补偿绳和张紧装置

式中：

G_p——张紧轮重量；

n_c——补偿绳根数；

G——每根补偿绳所需要的张紧力。

G 是与补偿绳的悬挂长度相关的，通常 G 的选择采用下面的经验公式：

当提升高度 $H\leqslant162.5m$ 时 $G=650(N)$；当提升高度 $H>162.5m$ 时 $G=4H(N)$。

补偿缆是介于补偿绳和补偿链之间的一种补偿装置，其结构如图9-21所示。补偿缆中间为金属环链，外侧包裹聚乙烯或橡胶护套，整个补偿缆的截面为圆形。有些补偿链为了增加密度，在护套和金属链之间还填加了聚乙烯与金属颗粒的混合物。

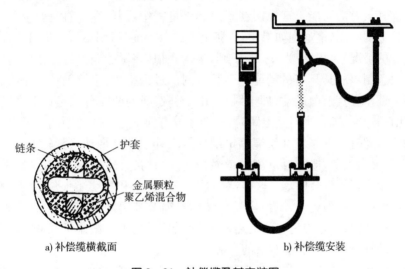

a) 补偿缆横截面   b) 补偿缆安装

图9-21 补偿缆及其安装图

9.6.2 若电梯额定速度大于3.5m/s，除满足9.6.1的规定外，还应增设一个防跳装置。

防跳装置动作时，一个符合14.1.2规定的电气安全装置应使电梯驱动主机停止运转。

解析 当电梯速度较高时，如果在运行过程中出现紧急制动，可能出现张紧轮上下跳动的现象，这会造成电梯系统的剧烈振动，引发安全事故，因此当电梯额定速度超过3.5m/s时，应设置防跳装置。

防跳装置的功能和设置目的可以从下面的推导得出：

图9-22中，当轿厢以加速度 a 紧急停止时，曳引轮两侧的动能关系有下式：

轿厢侧动能：

$$E_c=(P/2g_n)v^2+PH=(P/2g_n)v^2+Pv^2/2a_c$$
$$=Pv/2g_n(1+/a_c)$$

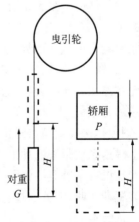

图9-22 轿厢紧急制停时，曳引轮两侧的情况

对重侧动能：

$$E_{\mathrm{w}} = (G/2g_{\mathrm{n}})v^2 - GH = (G/2g_{\mathrm{n}})v^2 - Gv^2/2a_{\mathrm{w}} = Gv/2g_{\mathrm{n}}(1 - /a_{\mathrm{w}})$$

式中：

P——轿厢重量；

G——对重重量；

v——电梯紧急制动时的速度；

a_{c} 和 a_{w}——轿厢和对重的加速度；

g_{n}——重量加速度

对于对重侧，如果 $a_{\mathrm{w}} < g_{\mathrm{n}}$ 则 E_{w} 为负值，即在紧急制停过程中，对重被提升后的势能大于紧急制停前其具有的动能。这说明在紧急制停过程中，钢丝绳一直是张紧的，对重处于受到钢丝绳拉力的状态（钢丝绳如果松弛，对重无法获得能量，则不可能出现在制停后势能大于原有动能的情况）。相反，当 $a_{\mathrm{w}} > g_{\mathrm{n}}$ 则 E_{w} 为正值，在紧急制停过程中，对重被提升后的势能小于紧急制停前其具有的动能。则紧急制停过程中，对重侧钢丝绳是松弛的，对重是靠自身的惯性作竖直上抛运动（即上跳）。由于补偿绳的两端分别是连接在轿厢和对重下部的，因此在 $a_{\mathrm{w}} > g_{\mathrm{n}}$ 时，当对重上跳时，轿厢还没有向下走足够的距离（否则对重侧钢丝绳就不会松弛），此时对重侧动补偿绳固定端会拉动补偿绳并带动张紧轮上跳。当对重上跳到最高点后，又会回落，造成对重侧补偿绳松弛，此时张紧轮处于竖直上抛（上跳）状态，上跳到最高点后张紧轮也会回落。这样，对重的上跳、回落和补偿绳张紧轮的上跳、回落造成了电梯系统的屡次强烈震动，不但容易损坏钢丝绳及其端接部件，也给轿内乘客造成恐惧感。因此，补偿绳张紧轮应设置防跳装置，通过防跳装置不但限制了张紧轮的上跳，同时通过张紧轮拉动补偿绳也限制了对重的上跳。

在设计补偿绳张紧轮防跳装置时应注意，设置防跳装置的目的是防止对重和张紧轮的上跳和回落给系统带来震动，因此防跳装置不应是简单的刚性限位，如果是刚性限位装置，在张紧轮与之发生撞击时依旧会给系统带来震动。防跳装置应使用一系列能够起到缓冲作用的部件减少张紧轮给系统带来的冲击。参考前面的图 9-20"补偿绳张紧装置"图和下面的图 9-23"补偿绳张紧轮防跳装置"图可以发现，下面这种防跳结构在用于张紧轮上时，当张紧轮有上跳的趋势，在一定范围内先压缩弹簧；当超过了设定位置张紧轮依然没有停止时，碰铁将推动渐进式安全钳楔块（使用渐进式安全钳也是为了减少对系统的冲击）将张紧轮制停在其导向装置（通常是张紧轮导轨）上，并使其不超过限定位置；如果拉动张紧轮上跳的力很大，上跳速度也较快，即使在安全钳动作后，到了限定位置张紧轮还没有停下来，则依靠橡胶垫撞击限位装置强制使张紧轮停下来。这样就尽可能避免由于对重和张紧轮上跳给系统带来的冲击。

在设置了补偿绳张紧轮防跳装置后，还应设置一个电气安全开关（防跳开关），使得防跳装置动作时，能够通过它使电梯驱动主机停止转动。

依照本条，对于额定速度 >3.5m/s 的电梯，应采用被张紧的且带有防跳装置的补偿绳。这意味对于速度 ≤3.5m/s 的电梯，可采用没有张紧装置的补偿装置，如：链。但对于速度 >2.5m/s 的电梯，存在下述风险：在安全钳动作的情况下，由于对重跳跃，绳可能发生

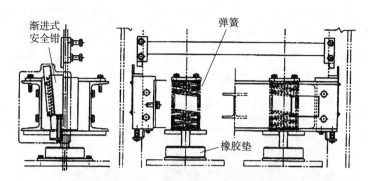

图 9-23 补偿绳张紧轮防跳装置

大量的松弛,而钩在井道内安装的部件上,引起严重损害,甚至造成悬挂钢丝绳断裂。对此,CEN/TC10认为:目前规定额定速度3.5m/s是需要安装具有张紧轮的补偿绳和防跳装置的底线,下次修订标准时将考虑把速度值降低到2.5m/s。

9.7 曳引轮、滑轮和链轮的防护

9.7.1 曳引轮、滑轮和链轮应根据表3设置防护装置,以避免:

　　a)人身伤害;

　　b)钢丝绳或链条因松弛而脱离绳槽或链轮;

　　c)异物进入绳与绳槽或链与链轮之间。

表3

曳引轮、滑轮及链轮的位置			根据9.7.1的危险		
			a	b	c
轿厢上	轿顶上		×	×	×
	轿底下			×	×
对重或平衡重上				×	×
机房内			×[2]	×	×[1]
滑轮间内				×	
井道内	顶层空间	轿厢上方	×	×	
		轿厢侧向		×	
	底坑与顶层空间之间			×	×[1]
	底坑		×	×	×
限速器及其张紧轮				×	×[1]

注:×表示必须考虑此项危险。

1)表明只在钢丝绳或链条进入曳引轮、滑轮或链轮的方向为水平或与水平线的上夹角不超过90°时,应防护此项危险;

2)最低限度应作防咬入防护。

■ **解析**　GB 7588 中对可能产生危险并且人员能够接近的旋转部件提出了比较全面的保护要求。以往电梯伤人事故中,曾发生过钢丝绳和曳引轮压断手指的事故。因此,为保护人员的安全和设备的正常运行,9.7 对各种轮的防护提出了要求(对其他旋转部件的防护在 12.11 中有要求)。曳引轮上设置的防护,通常如图 9-24 所示。

图 9-24　常见的曳引轮防护形式

　　通过上表,很容易判断曳引轮、滑轮或链轮在不同位置时需要设置的最低保护要求。同时,上表中要求的各项保护也是根据实际工况下,不同位置的滑轮可能具有的不同风险制订的。注意:这里的滑轮、链轮不仅是针对电梯系统驱动或导向轮而言的,同时也应包括补偿绳张紧装置等的轮,因为这些轮也存在本条所述的几种危险。

　　轿顶:由于轿顶上可能有人员工作,因此轿顶滑轮的防护要求不但能够防止钢丝绳或链条因松驰而脱离绳槽或链轮(b 种情况)和异物进入绳与绳槽或链与链轮之间(c 种情况),同时要求必须能够防止发生人身伤害事故(a 种情况);

　　轿底:轿底不可能有人员因此只需要保护 b 和 c 的情况即可;

　　对重或平衡重上:对重和平衡重上也不可能有人员工作,因此只需要保护 b 和 c 的情况即可;

　　机房内:需要保护 b 中所述情况。同时视实际情况的不同,对 a 情况至少要设置防咬入保护。防咬入保护并不一定是将曳引轮或滑轮完全包起来,只要能够防止人员在工作过程中,肢体或衣物等不慎咬入曳引轮和钢丝绳之间即可。如下结构就是为防止手指被曳引轮和钢丝绳咬入而设置的:

　　滑轮间:9.7 对滑轮间内滑轮的要求似乎不足,因为在整个 6.4 中对滑轮间的要求都是以人员能够在滑轮间中正常工作为目的的,如 6.4.2.1"滑轮间应有足够的尺寸,以便维修人员能安全和容易地接近所有设备。其尺寸可符合 6.3.2.1b)和 6.3.2.2 关于通道的规定。";6.4.5"在滑轮间内部邻近入口处应装设一个符合 14.2.2 和 15.4.4 要求的停止装置"等,都清楚的表明了滑轮间是允许人员在其中工作的。但本条中并没有要求对人身伤害的保护,即便是防咬入保护也没有要求。从标准上来看,机房和滑轮间都可以安装滑轮装置、电气设备。二者最根本的区别就是:是否安装电梯驱动主机,因此对滑轮间与机房内的滑轮的防护要求应是相同的。

井道内顶层空间轿厢上方:如果按照 6.1.2 的规定"为对重(或平衡重)导向的单绕或复绕的导向滑轮可以安装在轿顶的上方,其条件是从轿顶上能完全安全地触及它们的轮轴",在顶层空间且在轿厢上方的滑轮只可能是"为对重(或平衡重)导向的单绕或复绕的导向滑轮"。但我们在 6.1.2 解释时已经说明,在符合一系列条件的情况下,为轿厢导向的滑轮也可以安装在这个位置。因为轿顶可能有人员工作,因此无论是为轿厢还是对重(或平衡重)导向的滑轮,只要安装在这个空间内,必须安装防护装置以保护轿顶工作人员不受伤害。同时要防止钢丝绳或链条因松驰而脱离绳槽或链槽。由于不存在异物进入绳与绳槽或链与链轮之间的风险,因此不要求对 c)中所述情况进行保护。

井道内顶层空间轿厢侧向:轿顶的工作人员无法接触到在这个位置安装的滑轮或链轮,同时也不存在异物进入绳与绳槽或链与链轮之间的可能,因此只需要对 b)的情况进行保护即可。

井道内顶层与底坑之间:设置在这个位置上的滑轮或链轮,人员无法接近,因此不需要进行 a)情况的保护。但存在"钢丝绳或链条因松驰而脱离绳槽或链轮"和"异物进入绳与绳槽或链与链轮之间"的危险。

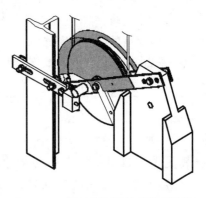

底坑:由于底坑内允许有工作人员,同时底坑在井道的最下部,容易有异物落入,因此底坑内如果设置有滑轮或链轮,a)、b)、c)三种情况都需要进行保护。

限速器及其张紧轮:这些轮存在脱槽、绳与绳槽之间进入异物的危险,因此需要对 b)和 c)进行保护。但仅作这样的保护似乎并不充分,它们也存在伤害工作人员手指的危险。建议对限速器及其张紧轮设置如图 9-25 所示的护罩以防止上述危险的发生。

图 9-25　限速器张紧轮的防护装置

讨论 9-7　表 3 中注 1 的含义　　　　　　　　⇩⬛

表 3 中注 1)讲到"钢丝绳或链条进入曳引轮、滑轮或链轮的方向为水平或与水平线的上夹角不超过 90°"。什么情况是"钢丝绳或链条进入曳引轮、滑轮或链轮的方向与水平线的上夹角不超过 90°"?

分析表 3 中含有注 1)的条目我们会发现,标有注 1)的情况都在 c)情况下,即"异物进入绳与绳槽或链与链轮之间"出现的。因此我们认为注 1 就是为保护 c)情况而设定的。在讨论 9-7 图 1a)~d)的四幅图中,很明显 a)最可能发生"异物进入绳与绳槽或链与链轮之间"的危险;b)的这种危险减小了很多;而 c)和 d)的情况几乎不可能发生这种危险。因此我们认为,a)的情况是需要防止异物进入绳与绳槽或链与链轮之间的。

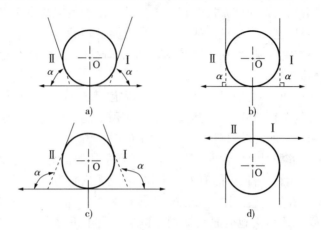

讨论9-7图1　钢丝绳与曳引轮夹角的几种情况

那么也就是当以上四幅图中,角 α 小于 90°时需要设置防护,即属于注1所述情况。

如果是这样,注1)所说的"钢丝绳或链条进入曳引轮、滑轮或链轮的方向为水平或与水平线的上夹角不超过90°"似乎应这样表述:"取钢丝绳或链条在绳轮、滑轮或链轮的包角圆弧中心点,作绳轮、滑轮或链轮的切线,并作与轮轴中心的连线。以这两条相互垂直的直线为坐标轴,如钢丝绳或链条进入曳引轮、滑轮或链轮的位置在坐标的Ⅰ、Ⅱ象限,且在钢丝绳或链条进入曳引轮、滑轮或链轮的方向上作延长线与坐标轴相交。延长线与坐标轴在远离绳轮的方向夹角如小于90°,则应防护此危险。"

9.7.2　所采用的防护装置应能见到旋转部件且不妨碍检查与维护工作。若防护装置是网孔状,则其孔洞尺寸应符合 GB 12265.1—1997 表4 的要求。

防护装置只能在下列情况下才能被拆除:

a)更换钢丝绳或链条;

b)更换绳轮或链轮;

c)重新加工绳槽。

解析　对于 GB 12265.1—1997 表4 内容见 5.6.1 的引用。

为了使 9.7.1 所要求的防护真正能够起到保护人员的安全的作用,在一般的检查和维护中这些防护不应被要求拆除,同时这些防护也不应妨碍检查和维护工作。而且为了操作中的安全,应保持上述防护在检查和维护时持续有效。

根据本条要求,如果将曳引机或曳引轮整个罩住,并没有留必要的检修开口的防护罩是不符合要求的。因为,上述护罩在日常维保检查钢丝绳和绳槽的磨损情况时,也要被打开。显然这种情况不符合本条要求。

如果采用将曳引机或整个曳引轮完全罩住的设计方案,可采取如图9-26所示方法,在防护罩上留出必要的观察孔,以满足本条"应能见到旋转部件且不妨碍检查与维护工作"的要求。但应注意,为防止人员肢体(主要是手指)从孔中探入造成伤害,孔洞的尺寸应符合 GB 12265.1—1997 表 4 的要求,其具体要求请参见资料 5‐2。

图 9‐26　曳引机防护罩及其开孔

资料 9‐11　GB 8196—87《机械设备防护罩安全要求》概述　⇩⬇

GB 8196—87《机械设备防护罩安全要求》适用于工业生产中、为保护操作者人身安全而安装在机械设备上的各种防护罩。为防护罩的设计、制造、安装提供主要技术依据。

一、相关名词术语

1. 危险区域(hazardous location)

人体进入后,可能引起致伤危险的空间区域。

2. 防护罩的安全距离(safety distance of guard)

防护罩外缘与危险区域之间的直线距离。

二、技术要求

1. 防护罩结构和布局应设计合理,使人体不能直接进入危险区域。

2. 防护罩应有足够的强度、刚度,一般应采用金属材料制造,在满足强度和刚度的条件下,也可用其他材料制造。

3. 防护罩应尽量采用封闭结构,当现场需要采用网状结构时,其安全距离和网眼的开口宽度应符合下列要求:

(1)为防止指尖误通过而造成伤害时,其开口宽度:直径及边长或椭圆形孔的短轴尺寸应小于 6.5mm,安全距离应不小于 35mm。

(2)为防止手指误通过而造成伤害时,其开口宽度:直径及边长或椭圆形孔的短轴尺寸应小于 12.5mm,安全距离应不小于 92mm[见图 1a]。

（3）为防止手掌（不含第一掌指关节）误通过而造成伤害时，其开口宽度：直径及边长或椭圆形孔的短轴尺寸应小于20mm，安全距离应不小于135mm[见图1b)]。

（4）为防止上肢误通过而造成伤害时，其开口宽度：直径及边长或椭圆形孔的短轴尺寸应小于47mm，安全距离应不小于460mm[见图1c)]。

（5）为防止足尖误通过而造成伤害时，防护罩底部与地面（或站立台面）的间隙应小于76mm，安全距离应不小于150mm[见图1d)]。

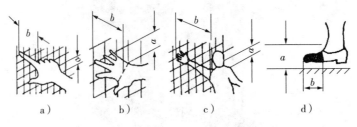

a——网眼尺寸；b——安全距离

资料 9-11 图 1　网眼尺寸与安全距离

4. 一般情况下，应采用固定式防护罩，经常进行调节和维护的运动部件，应优先采用联锁式防护罩，条件不允许时，可采用开启式或可调式防护罩。

5. 防护罩表面应光滑无毛刺和尖锐棱角，不应成为新的危险源。

6. 防护罩不应影响视线和正常操作，应便于设备的检查和维修。

7. 当防护罩需涂漆时，应按 GB 6527.2—1986《安全色使用导则》执行。

9.8　安全钳

9.8.1　通则

9.8.1.1 轿厢应装有能在下行时动作的安全钳，在达到限速器动作速度时，甚至在悬挂装置断裂的情况下，安全钳应能夹紧导轨使装有额定载重量的轿厢制停并保持静止状态。

根据9.10，上行动作的安全钳也可以使用。

注：安全钳最好安装在轿厢的下部。

解析　轿厢安全钳装置是当轿厢超速下行（包括钢丝绳全部断裂的极端情况）时，为防止对轿厢内的乘客造成伤害，能够将电梯轿厢紧急制停夹持在导轨上的安全保护装置。其动作是靠限速器的机械动作带动一系列相关的联动装置，最终使安全钳楔块接触、摩擦并使电梯制停。

如图9-27所示，安全钳动作的过程是这样的：限速器钢丝绳两端的绳头与安全钳杠杆系统的拉杆连

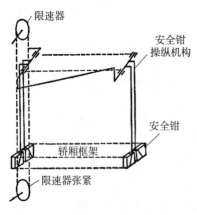

图 9-27　限速器-安全钳联动示意图

限速器

安全钳操纵机构

安全钳

轿厢框架

限速器张紧

接,在电梯正常运行过程中,运动的轿厢通过拉杆带动限速器钢丝绳运动,安全钳摩擦元器件处于释放状态,并于导轨表面保持一定的间隙。当轿厢超速达到限定值时,限速器通过自身的动作使限速器钢丝绳制停。此时由于轿厢继续下行,已经停止的限速器钢丝绳带动与其相连接的拉杆,通过拉杆的作用使安全钳制动元器件与导轨表面接触将轿厢制停。

由以上介绍我们知道,安全钳是当轿厢在下行方向超速时,保护电梯内人员安全的重要部件。但如果在 9.10 中所要求的上行超速保护装置也设计成与安全钳类似的结构也是允许的。这时可以采用在轿厢上设置双向都可以动作的安全钳来实现。

但这时候,其动作的含义是有所区别的:当电梯下行超速(包括钢丝绳全部断裂的极端情况)而导致的危险由"安全钳"来保护;而由于上行超速导致的危险是由类似安全钳结构的"轿厢上行超速保护"装置来保护。尽管此时的"轿厢上行超速保护"装置和"安全钳"可能是设计结构相似、甚至相同,或干脆就是同一个部件上的两组零件,但由于它们所防护的危险不同(上行和下行是不同的,轿厢发生上行超速时钢丝绳必然没有断裂,但下行超速却可能是由于钢丝绳断裂引起的)对于它们的要求也是不同的。图 9-28 中的两个图都是安全钳结构的上行超速保护装置。它们与下行的安全钳分别采用了"分体式"和"一体式"。

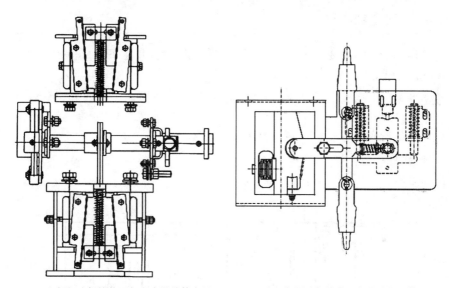

a) 上行超速保护装置与安全钳分体布置   b) 上行超速保护装置与安全钳一体

图 9-28　安全钳结构的上行超速保护装置

这里所说的"安全钳最好安装在轿厢的下部"是指安全钳装置用于夹紧导轨并制停轿厢的部分最好安装在轿厢下部。一般情况下,安全钳的布置最好是在轿厢框架中,立柱部件的下部底梁两侧(见图 9-29)。这主要是考虑到轿厢内乘客的重量是作用于轿底和底梁上,安全钳设置在轿厢下部尤其是图中位置时整个轿厢框架的受力较好,对整个安全钳提拉系统的稳定性也有利。但标准上也不禁止将安全钳设置在轿厢的其他位置,也可以将安全钳设置在轿厢顶梁两端或立柱的中间部分。只要能够解决受力问题和动作的稳定性问题,任何设计都是可以的。

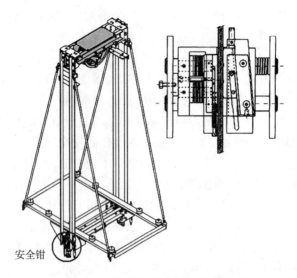

安全钳

图 9－29　限速器-安全钳联动示意图

资料 9－12　安全钳概述　　　⇩⬛

在这里,我们论述的"安全钳"就是 9.8.1.1 中所说的"能在下行时动作的安全钳"。

安全钳的型式:

欧洲标准 EN81 把安全钳分为三大类:瞬时式、渐进式和具有缓冲作用的瞬时式。对应上面的顺序,美国标准 A17.1 将安全钳划分的 A 型、B 型和 C 型。这种分类是以安全钳制停轿厢的过程中向如何向导轨施加作用力来划分的。

一、瞬时式安全钳:

瞬时式安全钳如下图所示:

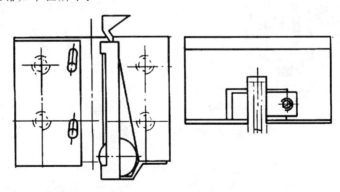

资料 9－12 图 1　瞬时式安全钳

瞬时式安全钳一般采用刚性钳体和硬度较高、摩擦系数较大的偏心块、楔块或滚柱构成,为了增大摩擦力,通常在偏心块、楔块或滚柱这些制动元器件上滚花并硬化。由于这种安全钳的承载结构是刚性的,因此在制停期间对导轨会产生一个非常大的压力,制动距离很短。因此这种安全钳也称为刚性、急停型安全钳。

1. 瞬时式安全钳特点：

(1)结构简单：瞬时式安全钳由钳体直接支承制动元器件，中间没有其他部件(相对于渐进式安全钳的弹性元器件而言)。因此结构简单，体积小，成本低。

(2)制动距离短：由于对轿厢的制动力是通过其钳体和导轨的变形甚至破坏来获得的，因此在制动过程中制动力增加很快，制动距离很短一般在 30mm 以内，甚至一些安全钳的制动距离只有几个毫米。

(3)制动减速度大：瞬时式安全钳在制停轿厢过程中，由于夹紧力(即对导轨的正压力)是立即增大的并直到轿厢完全停住为止，因此制动过程中制动元器件会卡入导轨，从而造成制停减速度非常大。在这种情况下轿厢的最大制停减速度为 $5g \sim 10g$。

(4)制停时间短：根据试验结果，滚柱式瞬时安全钳的制停时间在 0.1s 左右，双楔块式的瞬时制动力最大值持续的时间只有 0.01s 左右。

(5)应用范围小：由于瞬时式安全钳制动减速度过大，只能用于速度较低的电梯，否则可能由于制停时的减速度过大而危及轿内乘客的安全(人体能承受的瞬时减速度一般在 $25m/s^2$ 以下)。

(6)不确定因素较多：无论哪一种瞬时式安全钳，由于其结构、材料、工艺等因素的不确定性，安全钳制停能力的实验数据与理论值有时相差很多。因此，瞬时式安全钳的制停能力要通过实验确定。

2. 瞬时式安全钳的设计：

(1)制动力的确定：

瞬时式安全钳制停距离取决于轿厢系统总重量$(P+Q)$、轿厢速度、制动元器件结构和制动元器件与导轨表面的摩擦系数等多种因素，制停距离很小。因此制停减速度和所需要的制动力较大。在计算安全钳制动力时，最大制动力 F 可以这样确定：

$$F_{max} = (P+Q)(\frac{a_{max}}{g}+1) = 11(P+Q)$$

式中：

P——轿厢重量，N；

Q——额定载重量，N。

(2)制动距离的确定：

由于瞬时式安全钳的制动是在瞬间完成，制动距离很短，制停的瞬时减速度较大，而且不太容易定量，所以标准中没有这方面的规定。

(3)正压力的确定：

安全钳的制动力就是制动元器件夹紧导轨的正压力与二者之间摩擦系数的乘积：

$$N_{max} = \frac{F_{max}}{n\mu} \cdot \lambda$$

式中：

N_{max}——每个接触表面的最大正压力，N；

n——制动元器件表面的数量；

μ——制动元器件与导轨之间的摩擦系数；

λ——制动元器件受力不均匀系数，一般取 λ＝1.2。

（4）制动时，制动面的比压：

制动元器件与导轨的比压是二者接触表面单位面积上所受的压力（请注意，与正压力不同，这里是单位面积上的压力，即压强）。它是确定制动元器件尺寸的主要参数。比压必须小于制动元器件的许用值，否则会在安全钳动作时严重损伤导轨或制动元器件。

楔块式瞬时安全钳的比压计算：

$$p=\frac{N_{\max}}{A}\leqslant[p]$$

式中：

p——接触面比压，N/cm^2；

A——制动元器件表面有效接触面积（cm^2），当制动元器件表面为条形齿时，$A=nbK$。n 为齿数、b 为齿宽度（cm）、取 $K=0.75$（K 的含义与上面所述一致，为制动元器件受力不均匀系数）；

$[p]$——许用比压。

滚柱式瞬时安全钳的比压计算：

$$\sigma_k=0.418\sqrt{\frac{N_{\max}}{b}\frac{E}{R}}\leqslant[\sigma_k]$$

式中：

σ_k——接触表面的正压力，N/cm^2；

b——接触宽度，cm；

r——接触点的曲率半径，cm；

E——弹性模量；

$[\sigma_k]$——接触表面的正压力（N/cm^2），一般要求；$[\sigma_k]=2\sigma_b$，σ_b——接触副中强度较低的材料（通常是导轨）的极限强度（N/cm^2）。

偏心轮式（表面带齿）瞬时安全钳的比压计算：

计算方法与楔块式瞬时安全钳的情况类似，$p=\frac{N_{\max}}{nb\lambda}\leqslant[p]$

其中，取 $\lambda=1$；$n=1$。

需要注意，在比压计算时，如果接触副中有齿型构造，齿的尺寸及抗弯强度需要校核。

（5）自锁条件：

所有瞬时式安全钳及绝大部分渐进式安全钳的制动功能均采用制动元器件的自锁原理来实现。因此自锁条件在安全钳设计中是至关重要的。自锁的要求就是在没有外力 P 的作用下（如资料 9-12 图 2 所示），甚至外力 P 以相反的方向作用在制动元器件上，依靠制动元器件与导轨之间的摩擦力能使系统的力保持平衡。

楔块式瞬时安全钳：如上图 a）所示，当没有外力 P 的作用系统仍能保持平衡，则有：

$$f_1-f_2\cos\alpha\geqslant0$$

设制动元器件（楔块）与导轨之间的摩擦系数为 μ_1，制动元器件与钳体之间的摩擦系数为 μ_2，楔块的斜面与铅垂方向的角度为 α，楔块与导轨间的正压力为 N_1，楔块与钳体之间的

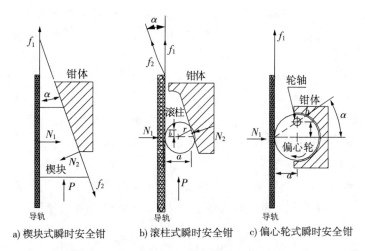

a) 楔块式瞬时安全钳　　b) 滚柱式瞬时安全钳　　c) 偏心轮式瞬时安全钳

资料9-12 图2　瞬时式安全钳制动受力分析图

正压力为 N_2，则通过力的分解，上式可写成：

$$\mu_1 N_2 \cos\alpha - N_2 \sin\alpha - \mu_2 N_2 \cos\alpha - \mu_1 \mu_2 N_2 \sin\alpha \geq 0$$

整理后得：$\tan\alpha \leq \dfrac{\mu_1 - \mu_2}{1 + \mu_1 \mu_2}$

由上式可见，如果 $\mu_1 = \mu_2$，则 $\alpha = 0$，很明显不可能自锁。因此，在这种结构的安全钳中，必须使 $\mu_1 > \mu_2$，其差值越大，自锁条件越容易保证，α 角也可以取的大些。一般情况下，当楔块表面做成齿纹或齿条形并经过热处理，以增大其摩擦系数时，α 角取 $5° \sim 6°$ 即可保证可靠自锁。

滚柱式瞬时安全钳：如上图 b) 所示，其自锁条件是滚柱的顺时针方向的力矩大于逆时针方向的力矩，依旧设动元器件（滚柱）与导轨之间的摩擦系数为 μ_1，制动元器件与钳体之间的摩擦系数为 μ_2，滚柱半径为 r，滚柱与钳体接触点与导轨之间的水平距离为 a，滚柱与钳体接触点与滚柱圆心之间的垂直距离为 b。

有：$f_1 a \geq N_1 b$

又有 $f_1 = N_1 \mu_1$，代入得：$\mu_1 \geq \dfrac{b}{a}$

$$a = r + \sqrt{r^2 - b^2}; \quad b = r\sin\alpha$$

代入，得：$\mu_1 \geq \dfrac{r\sin\alpha}{r + \sqrt{r^2 - r^2\sin^2\alpha}}$

即，$\tan\alpha \leq \dfrac{2\mu_1}{1 - \mu_1^2}$

偏心轮式瞬时安全钳：如上图 c) 所示，其自锁条件同滚柱式安全钳一样，偏心轮的顺时针方向的力矩大于逆时针方向的力矩：$f_1 a \geq N_1 b$

同理：$\mu_1 \geq \dfrac{b}{a}$

无论制动元器件是哪种结构的瞬时式安全钳，其关键问题之一是制动元器件与导轨之

间的摩擦系数 μ_1。增加 μ_1 不但有利于保证自锁条件,还有另一个重要原因是当安全钳动作后,轿厢需要复位时,向上提拉轿厢,如果 μ_1 不够大,制动元器件将随轿厢一起向上移动,造成安全钳无法释放。

摩擦系数 μ_1 的减小将导致安全钳制动距离增大,随着对导轨厚度方向上的精度要求也随之增加。如果导轨加工精度不高,在厚度上的差异较大,在安全钳动作时容易引起单边过载,这会给导轨和安全钳,甚至轿厢带来破坏性影响。为了消除导轨厚度上的少量不均而引起的不良影响,对于速度较高的电梯都采用了下面的渐进式安全钳。

(6)制停过程中能量的分配:

在设计安全钳时,我们必须确定安全钳在制停轿厢过程中转化了多少轿厢的能量(包括动能和势能),假设每只安全钳吸收的能量为 K,则一对安全钳制停轿厢所吸收的能量应能满足:

$$2K=(P+Q)gh$$

h 是从限速器动作到轿厢完全制停所运行的距离(m),有 $h=\dfrac{v^2}{2g}+0.1+0.03$。

v 为安全钳动作时轿厢的速度,在这里,$1.15v_{额}\leqslant v\leqslant 1.25v_{额}+0.25/v_{额}$(即限速器的动作速度),在计算平均制动力 F 时,v 应取其可能达到的最大值:$1.25v_{额}+0.25/v_{额}$,以保证安全钳的可靠动作;

0.1 相当于限速器自身的响应时间,即限速器在到达其动作速度开始,直到使钢丝绳完全停止并将安全钳触发这个过程所运行的距离;

0.03 相当于当安全钳被触发后,制动元器件与导轨接触期间运行的距离。即消除制动元器件于导轨之间间隙这个过程中运行的距离。

分析 $h=\dfrac{v^2}{2g}+0.1+0.03$ 这个等式,由于瞬时式安全钳制动时基本没有滑移,因此式中 $0.1+0.03$ 与轿厢总体重量的乘积为轿厢的势能部分。而 $\dfrac{v^2}{2g}$ 与轿厢重量的乘积为轿厢的动能部分。应注意的是,这里的 $\dfrac{v^2}{2g}$ 并不是真的有以平均减速度为 g 的制动过程,只是为了方便计算这样取值。

由于瞬时式安全钳在制停轿厢的过程中是在极短的时间和距离内完成制动过程的,将对安全钳本身产生瞬间的巨大冲击。特别是在自由落体情况下制动时,钳体材料的变形在一瞬间完成,很容易产生大的塑性变形或裂纹。因此,假设如果所有的能量均被钳体所吸收,在设计时钳体必须具有一定的安全系数以避免在实际使用中发生上述情况。此外,由于两只安全钳动作不可能严格同步,两只安全钳上的作用力并不是平均分配的,因此也需要一定的安全系数以保证钳体具有足够的强度。在进行钳体设计时,也应该特别注意这一点,特别是对楔块式安全钳。安全系数一般这样选取:靠钳体弹性变形吸收轿厢下落的能量时,安全系数取 2;靠钳体塑性变形或断裂吸收轿厢下落的能量时,安全系数取 3.5。

以上分析和计算均是基于安全钳制停过程中,所有能量均被钳体所吸收。但在实际情况下,由于制动元器件与导轨摩擦过程中有能量的消耗,因此不可能所有能量全部转移到钳体上。目前,在国内的一些参考资料中可以查到不同型式的瞬时式安全钳在制停过程中各部件所承受的能量的分配关系如资料9-12表1所示:

资料 9-12 表 1   %

制动元件型式	试验方法	轿厢能量		制停过程中能量的分配					
		动能	势能	钢丝绳	钳体	挤压导轨	制动元器件与导轨的摩擦	制动元器件与钳体的摩擦	轿厢变形
楔块式	非自由坠落	70	30	29	52	6	6	6	1
	自由坠落	64	36		78	7	7	7	1
滚柱式	非自由坠落	45	55	37	18	40	3.5		1.5
	自由坠落	38	62		17	77	4.5		1.5

二、渐进式安全钳

渐进式安全钳与瞬时式安全钳相比,在制动元器件和钳体之间设置了弹性元器件,有些安全钳甚至将钳体本身就作为弹性元器件使用。在制动过程中靠弹性元器件的作用,制动力是有控制的逐渐增大或恒定的。其制动距离与被制停的质量及安全钳开始动作时的速度有关。

渐进式安全钳又分为变制动力安全钳和恒制动力安全钳。变制动力安全钳型式如下图:

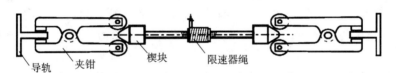

资料 9-12 图 3   变制动力安全钳

变制动力安全钳在动作时,由于限速器钢丝绳已经被夹住,随之轿厢的向下运行,绕在绳鼓上的限速器钢丝绳旋转左右两根丝杆使楔块逐渐推动夹钳,最终使电梯制停在导轨上。在这个过程中,制动力是不断增大的。但这种安全钳制动减速度不均匀,制停距离较长,并且结构复杂,现在极少被使用。

恒制动力的安全钳在设计时,安全钳的制动元器件的行程已经被限制在一定范围内,因此在安全钳动作过程中,弹性元器件可能发生的最大变形量也被限定了,制动元器件对导轨施加的压力也就被限定为接近一个定值,在常规速度情况下,其摩擦制动力也就基本接近一定值。正因为如此,恒制动力的安全钳在制停轿厢的过程中,其对轿厢的减速度是控制在设计范围之内的,不会发生减速度过大伤害到轿内乘客的现象。

渐进式安全钳如资料9-12图4所示:

渐进式安全钳比瞬时式安全钳在制停距离上要长很多,但减速度处于受控状态,因此渐进式安全钳可以用于速度更高的电梯。

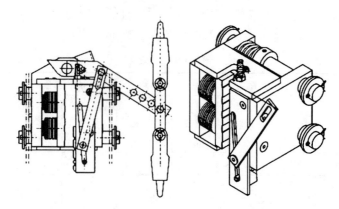

资料 9-12 图 4　渐进式安全钳

1. 渐进式安全钳特点：

(1)制动力可控：由于在摩擦元器件与钳体之间采用了弹性元器件(钳体本身也可作为弹性元器件)，而弹性元器件的特性和能够提供的最大力是确定的，也是能够控制的。因此可以通过调整弹性元器件来获得所需要的制动力。

(2)制动减速度可调节：渐进式安全钳在制停轿厢过程中，由于夹紧力(即对导轨的正压力)是逐渐增大的最大不会超过弹性元器件能够提供的力。因此制动过程中减速度是受到控制的，并可以通过对弹性元器件的设定获得所需要的制动减速度。在 GB 7588 中要求，渐进式安全钳的制停减速度应在 $0.2g \sim 1.0g$ 之间。

(3)应用范围广：由于渐进式安全钳制动减速度是可以控制的，因此这种形式的安全钳可以用于任何速度的电梯上。当一个轿厢设置多组安全钳的情况下，只能使用渐进式安全钳。

(4)适用范围宽：由于渐进式安全钳的制动力是可以控制的，其制动减速度也能够限定在设计范围内，因此渐进式安全钳可以用于任何速度下。

2. 渐进式安全钳的设计：

由于变制动力渐进式安全钳很少被使用，因此我们介绍以恒制动力渐进式安全钳为主。下面提到的渐进式安全钳如没有特别指明，全部为恒制动力渐进式安全钳。

(1)制动力的确定：

渐进式安全钳的弹性元器件是按平均制动力计算和调整的，其试验也是为测试其平均减速度是否符合要求，因此其平均制动力可以表示为：

$$F = \frac{(P+Q)v^2}{2H} + (P+Q)g$$

式中：

P——轿厢重量，N；

Q——额定载重量，N；

H——限速器动作后到轿厢制停在导轨上滑移的距离；

v——安全钳动作时轿厢的速度，在这里，$1.15v_{额} \leqslant v \leqslant 1.25v_{额} + 0.25/v_{额}$（即，限速器

的动作速度),在计算平均制动力 F 时,v 应取其可能达到的最大值:$1.25v_{额}+0.25/v_{额}$,以保证安全钳的可靠动作。

(2)制动距离的确定:

标准规定在制停自由下落并载有额定载荷的轿厢时,制动过程中的平均制动减速度应在 $0.2g\sim1.0g$ 之间。

(3)弹性元器件力的计算:

弹性元器件的作用力 N 也是由平均制动力 F 来确定:

$$N=\frac{F}{n\mu_1}$$

式中:

n——摩擦面数量;

μ_1——制动元器件与导轨之间的摩擦系数。

应注意,弹性元器件在设计时应使其所受的应力在安全钳动作之前不超过其材料弹性极限的 50%,在安全钳动作时不超过其材料弹性极限 85%。

(4)制动时,制动面的比压:

渐进式安全钳在制停轿厢的过程中将在导轨上滑移,如果此时接触面的压力过大,超过材料的许用范围,会造成制动元器件的损坏从而影响制动效果。在计算制动元器件与导轨之间的作用力时,应按其可能达到的最大平均制动力制动力(即安全钳的动作速度在 $1.25v_{额}+0.25/v_{额}$ 的情况)进行计算:

$$p=\frac{N_{max}}{A}\leqslant[p]$$

式中:

p——接触面比压,N/cm^2;

A——制动元器件表面有效接触面积(cm^2),当制动元器件表面为条形齿时,$A=nbK$。n 为齿数、b 为齿宽度(cm)、取 $K=0.75$(K 的含义与上面所述一致,为制动元器件受力不均匀系数);

$[p]$——许用比压,一般取 $[p]=1500N/cm^2\sim2000N/cm^2$;

N_{max}——制动元器件每个接触面的最大正压力,有:$N_{max}=\frac{F}{n\mu_1}\cdot K$,其中,$n$ 为摩擦面数量;μ_1 为制动元器件与导轨之间的摩擦系数;K 为夹紧零件受力不均匀系数,一般取 $K=1.1\sim1.2$。

(5)制动元器件与导轨之间的摩擦系数 μ_1 的确定:

由于渐进式安全钳的制动原理是通过摩擦块与导轨间作用将轿厢下落的动能吸收、转化,从而使轿厢减速直至停止,因此在制动过程中,制动元器件与导轨之间的摩擦系数是至关重要的。渐进式安全钳在制动滑移的过程中,不同于一般的平面摩擦运动,在此过程中制动元器件与导轨在相互作用的过程中存在很大的比压和接触应力。当电梯额定速度较高时,由于渐进式安全钳的制停减速度是被限制在一定范围内的,因此必然导致速度越高,滑移距离越长,制动元器件与导轨之间摩擦和相互挤压的时间也越长,由于摩擦而产生的热量在接触表面上累积的也越多。接触表面的温度升高而导致制动元器件表面材料特性的改变将直接影响制动元器件与导轨接触表面的摩擦系数。此外,速度本身对摩擦系数也有影响,精确测量表明,摩擦力与滑动速度有关,一般认为,$\mu = F/N^k$,其中 F 为摩擦力,N 为正压力,k 取 $2/3 \sim 1$。

与瞬时式安全钳一样,渐进式安全钳也必须采用自锁原理。只不过渐进式安全钳制动元器件作用在导轨上的正压力是靠弹性元器件提供的。其原理和计算与瞬时式安全钳相同。

一般来说,自锁靠摩擦系数和自锁角的大小保证,制动元器件表面滚花或加工成齿形结构,能够有效地增大与导轨之间的摩擦系数。自锁角越小自锁条件越容易保证,但自锁角过小也会直接导致释放困难,这是一对要协调好的矛盾。

部分楔块式渐进安全钳楔块表面做成平面,因此必须减小楔块与钳体之间的摩擦系数 μ_2(见瞬时式安全钳制动受力分析图),使其小于与导轨之间的摩擦系数 μ_1。因此在楔块和钳体之间一般采用滚柱轴承。在这种结构下,楔块的自锁角 $\alpha = 5°$ 左右即可保证可靠的自锁。

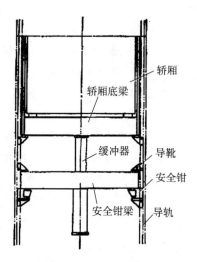

资料 9 - 12 图 5　具有缓冲
作用的瞬时式安全钳

除了以上两种安全钳外,其实还有另一种安全钳:

三、具有缓冲作用的瞬时式安全钳

这种安全钳的结构如资料 9 - 12 图 5 所示。

这种安全钳实际就是瞬时式安全钳与缓冲器联合使用的一种结构。在制停轿厢的过程中,瞬时式安全钳在极短的时间内将带有缓冲器的安全钳梁制停在导轨上。但此时轿厢会继续向下运行并压缩缓冲器,最终在缓冲器的作用下将轿厢制停。这种安全钳由于在轿厢上安装了缓冲器,对于轿厢蹾底也有保护作用,因此在底坑中可以不必再设置缓冲器装置。但这种安全钳由于使用范围有限,结构复杂,目前极少被使用,在我国根本没有,所以国标 GB 7588—2003 中删去了这部分内容。

四、安全钳制动元器件的种类

安全钳的制动元器件一般有楔块、滚柱和偏心轮几种型式:

(1)制动元器件为楔块式的安全钳

制动元器件为楔块式的安全钳其钳体一般为铸钢制成,作为制动元器件的楔块可以是单边的也可以是双边的。在制动时,一旦楔块与导轨接触,由于楔块斜面的作用,导轨会被夹紧,同时楔块也在斜面的作用下自锁。

(2)制动元器件为滚柱式的安全钳

制动元器件为滚柱式的安全钳其制动元器件采用淬硬并在表面滚花的钢制滚柱制成。滚柱可于钳体楔形槽中向上滚动。当安全钳动作时,通过滚柱沿钳体上的楔形槽向上移动接触导轨。在钳体楔形槽或弹性元器件的作用下滚柱表面挤压导轨产生摩擦,最终制停轿厢。

(3)制动元器件为偏心轮式的安全钳

制动元器件为偏心轮式的安全钳由一个或两个经硬化的钢制偏心轮作为制动元器件,

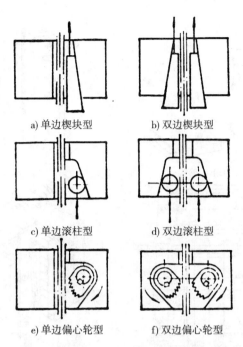

a) 单边楔块型　　　　b) 双边楔块型

c) 单边滚柱型　　　　d) 双边滚柱型

e) 单边偏心轮型　　　f) 双边偏心轮型

资料 9 - 12 图 6　安全钳制动元器件的种类

为了增大摩擦力,偏心轮表面有时会做出齿。当安全钳动作时,通过拉杆提拉偏心轮使之绕轴转动,并使带齿的表面挤压导轨产生摩擦力制停轿厢。

五、渐进式安全钳弹性元器件的种类

渐进式安全钳弹性元器件的型式一般有 U 形板簧式、内置板簧式、螺旋弹簧式、碟簧式和钳体弹簧式五种,各种形式的安全钳可参考资料 9 - 12 图 7 所示:

9.8.1.2　在 5.5b)所述情况下,对重(或平衡重)也应设置仅能在其下行时动作的安全钳。在达到限速器动作速度时(或者悬挂装置发生 9.8.3.1 所述特殊情况下的断裂时),安全钳应能通过夹紧导轨而使对重(或平衡重)制停并保持静止状态。

解析　当"轿厢与对重(或平衡重)之下确有人能够到达的空间"时,为了防止悬挂装置断裂后,对重(或平衡重)坠入底坑后击穿底坑底表面落入下面的空间,造成人身伤害事故,因此需要在对重上设置安全钳以避免此类事故的发生。对重安全钳的触发和动作条件与轿厢安全钳类似。

应注意,针对 5.5b)所述的情况设置的对重安全钳从保护目的上与设置在对重上的安全钳结构的上行超速保护是有一定区别的,这在后面我们会有论述。它们保护的危险和设置的目的是不同的。对重安全钳是为了保护底坑下方空间内的人员安全而设置的;设置在对重上的上行超速保护装置(尽管可能与对重安全钳从结构上来看是完全一样的)是为了保护轿厢上行超速时轿内人员安全的。

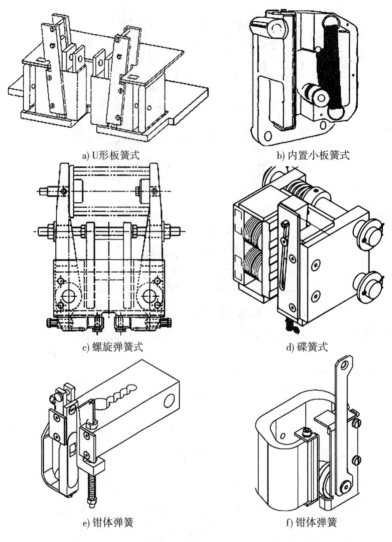

a) U形板簧式　　　　　　　　　　b) 内置小板簧式

c) 螺旋弹簧式　　　　　　　　　　d) 碟簧式

e) 钳体弹簧　　　　　　　　　　f) 钳体弹簧

资料 9 – 12 图 7　渐进式安全钳弹性元器件的种类

9.8.1.3 安全钳是安全部件,应根据 F3 的要求进行验证。

■■ **解析**　安全钳是轿厢下行超速,甚至自由坠落时对乘客、电梯设备的"终极保护",因此安全钳的可靠性是非常重要的。附录 F3 的型式试验就是为验证安全钳的设计、制造是否可靠。

资料 9 – 13　安全钳型式试验　　　　　　　　　⇩⬇

一、瞬时式安全钳试验

1.试验方法以及试验中应注意的问题:

瞬时式安全钳在轿厢制停过程中其摩擦元器件将迅速夹紧导轨表面,从而使电梯停止。一般此时安全钳钳体由于制动元器件卡入导轨,钳体与制动元器件之间作相对运动而使钳体变形。这种变形可能是在弹性范围内,也可能已进入塑性变形状态。测试的目的是确定安全钳所能吸收的能量。因此瞬时式安全钳不作自由下落试验,而是应采用一台运动速度无突变的大吨位压力机或类似设备进行静态方式的试验。测试内容应包括:

(1)与力成函数关系的运行距离;

(2)与力成函数关系或与位移成函数关系的安全钳钳体的变形。

试验时首先将一段与被测试安全钳相配合的导轨与被测试的安全钳组合安装在固定于压力试验机上的专用支架中。测力传感器放在导轨上,位移计与导轨固定,变形测定仪固定在钳体上,参考标记应该画在钳体上,以便能够测量钳体的变形。

使导轨从安全钳上通过,然后测定压力计在匀速加压过程中,导轨与钳体相对运行距离与压力之间的关系曲线,以及钳体变形与力或运行距离之间的关系曲线,并同时记录两个函数关系。资料9-13图1是瞬时式安全钳测试示意图:

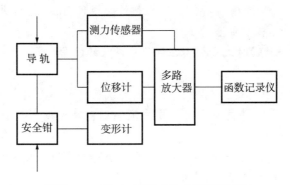

资料9-13图1 瞬时式安全钳测试框图

试验后应将钳体和夹紧件的硬度与申请人提供的原始值进行比较。特殊情况下,可以进行其他必要的分析。之后应作钳体和导轨变形检查,若钳体无断裂情况发生,则应检查变形和其他情况(例如:夹紧件的裂纹,变形或磨损、摩擦表面的外观)。此外如果有必要,应拍摄安全钳、夹紧件和导轨的照片,以便作为变形或裂纹的依据。

下面资料9-13图2是一对滚柱式安全钳的试验装置简图。

(3)申请人应准备的资料和样品:

资料方面,申请人应指明安全钳使用范围,即:

a)最小和最大质量;

b)最大额定速度和最大动作速度。

c)还必须提供导轨所使用的材料、型号及其表面状态(拉制、铣削、磨削)的详细资料。

d)给出结构、动作、所用材料、部件尺寸和配合公差的装配详图。

样品方面:

a)应向试验单位提供两个安全钳(含楔块或夹紧件)和两段

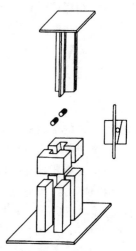

资料9-13图2 安全钳试验装置简图

导轨。

b)试验的布置和安装细则由试验单位根据使用的设备确定。

如果安全钳可以用于不同型号的导轨，那么在导轨厚度、安全钳所需夹紧宽度及导轨表面情况(拉制、铣削、磨削等)相同的条件下，就无须进行新的试验。

2.试验数据的记录和表示：

通过静压试验应绘制两张表：

(1)第一张图表绘出与力成函数关系的运行距离(距离-力图表)；

(2)第二张图表绘出钳体的变形，它必须与第一张图表相对应(变形-力图表)。

其中，安全钳的能力由"距离-力"图表上的面积积分值确定。图表中，所考虑的面积应是：

a)无永久变形情况，积分的总面积，吸收能量为 K；

b)如果发生永久变形或断裂，则为：达到弹性极限值时的面积，吸收能量为 K_1；或是，与最大力相对应的面积，吸收能量为 K_2。

注：K, K_1, K_2 为一只瞬时式安全钳在试验中吸收的能量。

3.试验结果及其判定：

瞬时式安全钳试验最终要达到的目的是确定试验样品的允许质量。容许质量标志着安全钳的制停能力，由于瞬时式安全钳不要求限制制停减速度，因此容许质量是瞬时式全钳的主要技术参数。

安全钳允许质量的判定是根据在试验中所吸收的能量以及安全钳在发生钢丝绳全部断裂的情况下假想的"自由坠落距离"来确定的。即：

$$2K=(P+Q)_1 g_n h$$

式中：

K——单只安全钳所吸收的能量，J；

$(P+Q)_1$——允许质量，kg；

h——假想的"自由坠落距离"，m。

假想的"自由坠落距离"应按如下公式计算：

$$h=\frac{v_1^2}{2g_2}+0.10+0.03$$

式中：h 为自由落体距离(m)；v_1 为 9.9.1 规定的限速器最大动作速度(m/s)；0.10：相当于响应时间内的运行距离(m)；0.03：相当于夹紧件与导轨接触期间的运行距离(m)。

安全钳能够吸收的总能量为：

一个安全钳钳体吸收的能量 K 是通过图表计算确定的。

(1)试验后，瞬时式安全钳如果未超过弹性极限，钳体无永久变形，计算 K 时所考虑的面积应是"距离-力"图表上总的面积积分值。安全系数取2。此时，一套瞬时式安全钳的允许质量 $(P+Q)_1$ 为：

$$(P+Q)_1=\frac{K}{g_n \times h}$$

(2)如果超过弹性极限，则 K 应按如下两种方法计算，以便选择有利于申请人的一种计算结果。

a)考虑的面积应是"距离-力"图表上达到弹性极限值时的面积积分值。取安全系数为2。此时,一套瞬时式安全钳的允许质量$(P+Q)_1$为:

$$(P+Q)_1 = \frac{K_1}{g_n \times h}$$

其中K_1是由一个钳体测定的力-位移曲线所包络的钳体弹性极限值时的能量。

b)考虑的面积应是"距离-力"图表上与最大力相应的面积积分值。取安全系数为3.5。此时,一套瞬时式安全钳的允许质量$(P+Q)_1$为:

$$(P+Q)_1 = \frac{2K_2}{3.5 \times g_n \times h}$$

其中K_2是由一个钳体测定的力-位移曲线所对于的最大力的面积。

a)和b)的方法均可采用,选用原则是:选择两者中对申请单位有利的一个计算结果。这就要求,在整个试验过程中,除了观察钳体变形情况外,还应记录钳体变形曲线,作为对最后试验结果进行能量计算时进行综合考虑的依据。

判定钳体是否超过弹性极限的方法是,当从钳体中推出导轨后,钳体基本恢复原形,变形测定仪的读数归回初始值。或者用千分尺直接测量钳口是否存在变形。

当试验中安全钳吸收的能量超过钳体的弹性极限时,钳体、制动元器件以及导轨都有较大变形,可能导致瞬时式安全钳释放困难,此时释放安全钳仍需要借助压力试验机。要特别注意的是,试验后如果安全钳和导轨由于变形太大而导致安全钳释放困难,应当酌情减少允许质量。但如何减少容许质量标准中没有明确,而且在试验中判断也很困难,无法给出定量的减少。在实际操作过程中;可考虑降级使用,即把额定载荷或额定速度降低一个主参数档次使用。

当根据积分能量判断不能适用于申请者提出的总质量和相应的限速器动作速度时,可以根据实际的积分能量先画出总允许质量与限速器动作速度的关系曲线,如资料9-13图3所示,按曲线上的对应值将安全钳降级使用(降低总允许质量或额定速度)。

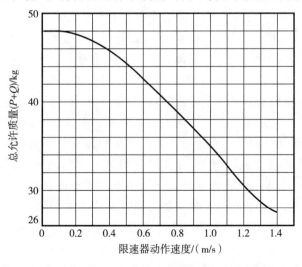

资料9-13图3　总允许质量与限速器动作速度的关系曲线

由于瞬时式安全钳对于制停减速度不作限定,因此在安全钳动作时吸收的能量确定后(可由型式试验验证),其总容许质量只与限速器动作速度有关,是限速器动作速度的函数。因此,通过型式试验确定的允许质量后,瞬时式安全钳的容许质量是向下覆盖的。在选用安全钳时,在限速器动作速度 V_1 值相同的情况下,只要实际的轿厢$(P+Q)$值不大于型式试验得出的总允许质量$(P+Q)_1$就可以了。

二、渐进式安全钳试验

1. 试验方法以及试验中应注意的问题:

渐进式安全钳在轿厢制停过程中其制动元器件与导轨表面的正压力是保持在设计范围之内的,其制停减速度是由弹性元器件提供的,钳体和制动元器件在制停过程中不会出现塑性变形。因此,渐进式安全钳在试验时应按照轿厢自由坠落情况进行制停试验。测试的目的是确定安全钳在所设计的最大使用质量和速度下其平均制动减速度能够限定在 $0.2g{\sim}1.0g$ 之间。测试内容应包括直接或间接测量并记录以下值:

(1)自由下落的高度;

(2)制动元器件在导轨上的制动距离;

(3)触发机构钢丝绳的滑动距离;

(4)弹性元器件的总行程;

(5)还需要测量或者根据减速度计算下列值:

a)平均制动力;

b)最大瞬时制动力;

c)最小瞬时制动力。

试验时应使用试验塔架、减速度测试仪和辅助件进行渐进式安全钳的自由下落试验。试验塔架上有移动试验重块的驱动装置及脱落试验重块的机构,这样可以模拟电梯自由坠落时的最恶劣工况。测试时,一次仪表采用加速度计、测速计、位移计等传感器,测试系统应能完整地记录试验质量的减速度、速度、制停距离等参数,这些参数都应与时间成函数关系。资料 9-13 图 4 为一种常用的渐进式安全钳型式试验用塔架:

每一次的试验应当在一段未使用过的导轨上进行。试验中应该模拟渐进式安全钳实际工作的导轨表面状态:干燥或者/和润滑。试验之前须对自由跌落的高度进行计算,使其和安全钳所使用的限速器的最大动作速度相对应。安全钳的触发一般不直接用限速器驱动。主要原因是限速器的动作速度不易控制,特别是非连续捕捉的限速器每次动作速度值的离散性很大。所以一般采用一根一端固定的钢丝绳。在试验时,须对自由下落的高度进行计算,使其和安全钳相应的限速器的最大动作速度相适应。安全钳的啮合应借助于动作速度可精确调节的装置去完成。例如,可使用一根装有套筒的绳,其松弛量应仔细计算。此套筒能在一根固定、平滑的绳上摩擦滑动。摩擦力应等于该安全钳相应的限速器施加于操纵绳的作用力。在试验时通过计算确定将轿厢提升的高度,并将钢丝绳留出与轿厢提升高度相等的一段松弛长度,在使轿厢自由坠落并设定距离后,速度达到所要求的值时,钢丝绳触发安全钳动作。

试验后,应将安全钳钳体和夹紧件的硬度与申请人提供的原始值相比较。在特殊情况

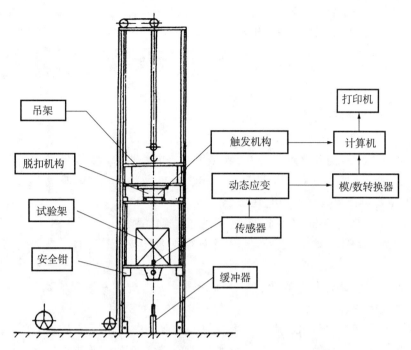

资料 9 - 13 图 4　常用的渐进式安全钳型式试验用塔架

下,可以进行其他分析。还应检查变形和变化的情况(例如:夹紧件的裂纹、变形或磨损、摩擦表面的外观)。此外如果有必要,应拍摄安全钳、夹紧件和导轨的照片,以便作为变形或裂纹的依据。

(6)申请人应准备的资料和样品:

资料方面,申请人应指明安全钳使用范围,即:

a)最小和最大质量。

b)最大额定速度和最大动作速度。

c)还必须提供导轨所使用的材料、型号及其表面状态(拉制、铣削、磨削)的详细资料。

d)给出结构、动作、所用材料、部件尺寸和配合公差的装配详图。

e)弹性元器件载荷图。

样品方面:

a)申请人应将一套完整的安全钳总成,按照试验单位规定的尺寸安装在横梁上,全部试验所需数量的制动板的布置方式也应按试验单位规定。同时,应附有全部试验所需要的数套制动板。对所用的导轨,除型号外,还需要提供试验单位规定的长度。

b)申请人应说明试验所需要的质量(kg)和限速器的动作速度(m/s),如果要求认证不同质量安全钳的情况,申请人必须将这些质量注明,此外,还须说明调整是分级进行还是连续进行。

注:申请人应通过将制动力(N)除以 16 的方法选取悬挂质量(kg),以求得 $0.6g_n$ 平均减速度。

2.几种渐进式安全钳的试验要求：

(1)对于单一质量的渐进式安全钳：

a)应该对申请单位申请的总质量($P+Q$)进行四次试验,每次试验前应该使摩擦元器件达到正常温度。

b)在试验期间可以使用数套摩擦元器件,但每套摩擦元器件应当能够承受：

①三次试验,当额定速度不大于4m/s时；

②二次试验,当额定速度大于4m/s时。

c)应该对自由降落的高度进行计算,使其和申请单位指明的渐进式安全钳装置相应的限速器的最大动作速度相适应。

($P+Q$)是指申请单位预期的允许质量。

(2)对于不同质量的渐进式安全钳(分级调整或连续调整)：

a)不同质量的渐进式安全钳指通过分级调整或者连续调整可以改变渐进式安全钳允许质量；

b)必须对申请的最大允许质量和最小允许质量分别进行一系列的试验。申请人应该提供一个公式或者图表,以显示与某一参数成函数关系的制动力的变化,试验机构应该通过试验方式核实申请单位给出公式或者图表的有效性。应该进行最大允许质量、最小允许质量和允许质量范围的中间值三个系列的试验,每一个系列的试验应该符合要求。

c)如为分级调整,应为每次调整计算允许质量；如为连续调整应为申请的最大值和最小值计算允许质量,并符合中间值调整所采用的公式。

(3)对于适用不同限速器动作速度的渐进式安全钳：

试验机构应该通过自由降落试验核实渐进式安全钳装置相应的限速器的最小动作速度时的制动能力。

3.试验结果及其判定：

(1)渐进式安全钳最大允许质量的计算：

渐进式安全钳最大允许质量的确定方法与瞬时式安全钳不同,这里是将制动力(N)除以16的方法选取悬挂质量(kg),以求得$0.6g_n$平均减速度。在这里为什么要除以16呢？渐进式安全钳在制停过程中要求的平均减速度应在$0.2g\sim1.0g$之间。对于具有质量为($P+Q$)的轿厢在自由下落直至被制停的过程中必然满足：$F=(P+Q)(a+g_n)$。其中,F为安全钳制动力(N)；a为制停减速度(m/s^2)；g_n为重力加速度。

试验表明,如果在一根机加工导轨表面的同一区域上进行连续多次试验,摩擦系数将大大减小。这是由于在安全钳的连续制动动作期间,导轨表面的状态发生变化。一般认为,对于一台电梯来说,安全钳的偶然动作通常都可能发生在未被使用的表面上。有必要考虑,如发生意外而不是上述情况,那么在达到未使用过的导轨表面之前,会出现较小的制动力,此时,滑动距离将会大于正常值。这就是任何调整均不允许安全钳动作开始阶段减速度太小的另一原因。

考虑到对于在实际环境中使用的一台具体的电梯来讲,从安全角度出发,为了保证本标准中要求的a在$0.2g\sim1.0g$之间,在进行型式试验时要求制停减速度为$0.6g$,即取$0.2g\sim1.0g$

的平均值。将 $a=0.6g$ 代入,有 $F=(P+Q)1.6g_n$。将 g_n 近似取 10m/s^2,整理后得 $P+Q=\dfrac{F}{16}$。

此外,考虑到导轨及安全钳制动元器件的公差以及导轨表面状态可能不是很理想,其润滑及清洁程度可能超出设计时考虑的范围等因素,型式试验所针对的按 $0.6g$ 的平均减速度计算得到的总容许质量,在实际使用中的轿厢总质量可与之相差 ±7.5%。进一步保证,即使导轨和制动元器件有一定公差时,安全钳制停减速度也在 $0.2g\sim1.0g$。

四次试验测得的平均制动力的平均值 F 除以 16,得出的结果就是该安全钳的总允许质量。

(2)试验期间,如果得到的数据和申请人期望的值相差 20% 以上,可以认为试验失败,由申请单位调整后重新进行试验。

注:如果制动力明显地大于申请人需要的制动力,则试验用的质量就会明显地小于通过设计计算确定的质量。因此,此时的试验不能证明,安全钳能消耗按计算得出的质量所要求的能量。

这里的"注"应这样理解:如果安全钳原设计的制动力为 40kN,则试验用的总质量可取 2500kg。但如果实际验证的安全钳所产生的平均制动力为 60kN,按照 $P+Q=\dfrac{F}{16}$ 的计算,其允许质量为 3750kg。这样按照原设计的允许质量进行试验就明显小于实际制动力所计算出的质量。也就是说,按原设计制动力所申请的试验质量作试验时,有可能出现制停距离过短,制停减速度过大。此时必须经调整后再进行试验。

(3)对于给定试验质量的每一次试验,其制动力的偏差应当不超过由试验质量乘以 16 而得到的制动力的 ±25%。否则说明制动稳定性差,应重新进行。这是因为,渐进式安全钳在制停过程中,能量几乎都消耗在制动元器件与导轨表面的摩擦过程中,而且是导轨表面正压力、摩擦系数以及轿厢速度的函数。在渐进式安全钳设计以及总允许质量的推导中,理论上将制动力假定为常数,但在实际状况下制动力不可能是常数,在试验中,弹性元器件的变形是有导轨工作面的厚度和制动元器件的尺寸所决定的。即使导轨工作面有很小的偏差,也可能会导致实际制动力与设计制动力的较大差异。因此给出了试验值与理论值之间的允许偏差范围:±25%。

三、安全钳型式试验的几点说明

1. 用于某一给定的电梯时,对于瞬时式安全钳,安装者给出的质量不应大于安全钳的允许质量和所考虑的调整值;对于渐进式安全钳,给出的质量可以与 F3.3.3 规定的允许质量相差 ±7.5%。一般认为在这个条件下,不论导轨厚度的公差、表面状况等的情况如何,电梯仍能符合"在装有额定载重量的轿厢自由下落的情况下,渐进式安全钳制动时的平均减速度应为 $0.2g_n\sim1.0g_n$"的规定。

2. 为了检查焊接件的有效性,应参考相应的标准。

3. 在最不利的情况下(各项制造公差的累积),应检查夹紧件是否有足够的移动距离。

4. 应适当地使摩擦件保持不动,以确保在动作瞬间它们各在其位。

5. 对于渐进式安全钳,应检查弹簧各组件是否有足够的行程。

四、安全钳型式试验与使用中的常见问题及注意事项

1. 安全钳的摩擦块硬度与试验用导轨表面硬度是否匹配

由于安全钳的制动原理是通过摩擦块与导轨间作用将轿厢下落的动能吸收、转化,从而使轿厢减速直至停止。因此,摩擦块与导轨表面的硬度对安全钳的动作特性有十分重大的影响。举例来说,如果摩擦块与导轨表面硬度均过大,且两者表面硬度之差很小,这样必然造成摩擦块与导轨表面的摩擦系数较小,那么在安全钳动作后由于摩擦力不足势必造成制动加速度较小,制动距离过长。这时就需要测定导轨与安全钳摩擦块的表面硬度是否符合设计要求。一方面,由于某些导轨生产质量控制的不是很好,其表面硬度会有较大的偏差。此时应及时更换合乎要求的导轨;另一方面,也不能忽视安全钳摩擦块本身在材质或热处理方面可能存在一定的缺陷,造成其表面硬度与设计要求有所偏差。在试验和现场实际安装时,可以使用手持式硬度计对导轨及摩擦块表面硬度进行方便地测量。特别应注意的是,测量时应选取多个不同位置上的点多次进行,以便对表面硬度进行全面的了解。

另外,某些安全钳的摩擦块是经过表面硬化处理的,其表面硬化层的深度对测试结果也有一定的影响。由于我们进行安全钳试验时一般是在至少经过 3 次连续试验后才更换摩擦块,若硬化层较浅,可能由于磨损造成摩擦块表面硬度改变,对试验结果造成影响。

2.导轨与摩擦块表面是否洁净

导轨出厂时由于防护的需要往往在导轨表面涂一层防锈油。这种油并不是普通的防锈机油,而是一种类似清漆的保护膜。这层保护膜具有较高韧性,很强的附着力及足够的厚度。保护膜的存在造成安全钳动作时,摩擦块并未与导轨直接接触,而是与其表面的保护膜在摩擦,显然难以提供足够的摩擦力。试验表明,导轨表面存在保护膜会对渐进式安全钳动作结果产生重大影响。因此在现场使用或作型式试验前应尽可能地清除导轨上的保护膜。清除保护膜主要可以采用砂纸打磨及有机溶剂清洗的方法实现。

此外,摩擦块表面是否洁净也是一个不容忽视的问题。摩擦块表面有异物、生锈和多次试验后产生的铁屑积存等,都会影响试验结果,必须加以清除。

3.导轨润滑情况的影响

由于在进行安全钳设计时,各种参数的选定是在一特定的环境下进行的,所以对安全钳的使用条件也就有所要求,比如采用滑动导靴的中低速电梯,为了减小运行过程中导靴与导轨的摩擦阻力、降低靴衬的磨损,对导轨都加以润滑。而很多采用滚轮导靴的高速电梯导轨是不上润滑油的,在安全钳动作时导轨与摩擦块之间是"干摩擦"。因此正确选择安全钳的使用和试验工况是非常重要的。

我国现行标准中对导轨润滑剂的种类或性能均没有任何要求。但是不同的润滑油对安全钳的制动性能是有一定影响的。一般来说在安全钳制动时,由于瞬时式安全钳的制动元器件是卡入导轨的,因此润滑油对瞬时式安全钳制动性能的影响不大。但由于渐进式安全钳的制动元器件与导轨之间摩擦面相对较大,因此对渐进式来说则应在一定程度上考虑导轨润滑油的影响。

在选择导轨润滑油时,应注意其极压性能。极压性能越好,在受压滑动时就越容易形成油膜,导致摩擦系数下降、制动距离增加,甚至可能导致制停失败。一般来讲,导轨只要采用普通机械油(GB 443—1989《L－AN 全损耗系统用油》)来润滑即可,并不需要采用极压性能好的其他高级润滑剂。尤其要注意不能将曳引机齿轮油当做导轨润滑油使用。

4. 温度和环境的影响

温度对试验结果的影响也是不容忽视的。比如,很多安全钳为了减小制动元器件与钳体之间的摩擦系数,从而更容易实现自锁条件,在二者之间安装滑动部件(如平板轴承),而且这些滑动部件大都是涂有机油的。遇到天气很冷时,机油的黏度会变大,甚至可能冻住。此时进行型式试验,可能造成安全钳动作一次后滑动部件未能复位,在下一次试验中造成其损坏,并影响试验结果。此外,由于制动元器件与导轨摩擦时会产生大量的热,制动元器件与导轨表面温度会在瞬间上升到很高,而这时因气温较低,会使之快速冷却,对两者表面硬度产生一定影响。所以尽量不要在气温很低的环境下作安全钳的型式试验。

另外,风沙较大和雨天也不利于试验的进行。大量尘土和雨水会附着在制动元器件与导轨表面,试验时由于"附着物"的影响,也会使试验结果不能正确反映安全钳的特性。

5. 安装的影响

电梯是一种特殊的产品,其最终的产品质量不仅取决于生产质量,而且取决于安装质量,安装对于电梯来说非常重要。同样安装质量对于安全钳试验也是如此,一定要严格按照设计图纸规定的参数进行安装、设定。比如摩擦块与导轨接触面积是否符合图纸要求;两边摩擦块与导轨的间隙是否合适,均匀;安全钳的提拉机构是否灵敏,提拉是否同步等。这些细节问题往往会对安全钳动作结果产生重大的影响。

五、单一总质量、多种速度的渐进式安全钳制停减速度是否会随速度而变化

适用于单一总质量(即 $P+Q$ 值)、多种速度的安全钳,在作型式试验时,是不允许在速度上进行完全覆盖的。必须要验证最大、最小和中间速度时的安全钳制停减速度。但现在许多安全钳能够同时适用于单一总质量下的多种额定速度(这几种速度的差别一般不大),而且此类安全钳用于不同的额定速度时,其参数往往不用调节。其设计依据是:$g_n-a_平=F/(P+Q)$(其中 F 为制动摩擦力,$a_平$ 为轿厢制动平均加速度)。式中 g_n 是重力加速度为常量,对于单一总质量的安全钳试验而言 $P+Q$ 也是一个定值,由此可以看出,轿厢制动加速度 a 仅与制动摩擦力 F 相关。那么只要控制好制动摩擦力 F,无须调整任何参数,即可将 $a_平$(制动平均加速度)控制在规定的范围内。而制动摩擦力 F 是由弹性元器件对摩擦块施加的正压力以及摩擦块与导轨之间的摩擦系数决定的。现代摩擦理论认为滑动摩擦系数与物体之间的相对速度有关,在速度变化时,滑动摩擦系数也会产生一定的变化。另外,由于速度不同,安全钳制动时导轨与摩擦块之间由于摩擦产生的热量就会不同,对导轨与摩擦块表面硬度的影响也就不同,这也会造成摩擦系数的变化。基于以上两方面的原因,此种安全钳在做同一总质量下、不同速度的型式试验时导轨与摩擦块间的摩擦系数会有一定的变化,但因此类安全钳适用的几种速度的差别一般不大,故滑动摩擦系数的变化也不大,所以只要通过计算(结合弹性元器件的弹性曲线)和反复试验就可找到适合的设定值,以达到"不需调整就可适用于单一总质量下、多种速度"的效果。

9.8.2 各类安全钳的使用条件

9.8.2.1 若电梯额定速度大于 0.63m/s,轿厢应采用渐进式安全钳。若电梯额

定速度小于或等于 0.63m/s,轿厢可采用瞬时式安全钳。

解析 上面已经说过,由于瞬时式安全钳在制动过程中制动距离短,制动减速度大,对轿厢和轿内乘客产生的冲击也大,因此瞬时式安全钳只能用于低速电梯。为了保证安全钳制动过程中轿内人员的安全,在电梯额定速度大于 0.63m/s 的情况下只能采用渐进式安全钳。

9.8.2.2 若轿厢装有数套安全钳,则它们应全部是渐进式的。

解析 对于速度较低,但载重量较大的电梯,如果采用一对安全钳无法满足制动要求时,轿厢可采用数套安全钳。在动作时,这几套安全钳同时动作,产生的合力制停轿厢。这种情况多见于轿厢载重量和面积较大的货梯上,这种货梯可能采用 4 列或更多列导轨,并且一般在每列导轨上都设置安全钳。

这种情况下,即使轿厢额定速度不超过 0.63m/s,但由于采用了多套安全钳,每套安全钳的拉杆安装、间隙调整等不可能完全一致,在技术上也难以保证这几套安全钳严格的保证在同一时刻同时动作,数套安全钳在动作时必然会存在时间上的差异。上面我们已经说过,瞬时式安全钳制动时间极短,减速度很大,因此,如果几套安全钳不同步,就会造成实际上只有几只制动而另几只没有来得及制动,先制动的安全钳和其所作用的导轨就可能要承受全部的能量,这对于安全钳本身、导轨和轿厢结构来说都是非常危险的,很容易引起这些部件的损坏。而渐进式安全钳制动距离长,制动过程也长,而且每个安全钳的制动力都被限定,因而它对同步性来说不象瞬时式那样敏感,也不会造成那样严重的后果。所以,如果同时使用数套安全钳时,这些安全钳全部应为渐进式。以便利用渐进式安全钳在动作过程中的弹性元器件的缓冲作用来缓解这种不利后果。

9.8.2.3 若额定速度大于 1m/s,对重(或平衡重)安全钳应是渐进式的,其他情况下,可以是瞬时式的。

解析 由于对重或平衡重上不可能有人员,因此如果对重或平衡重上设置安全钳其限制条件要比轿厢宽松一些。允许在额定速度不大于 1m/s 的情况下使用瞬时式安全钳。

前面曾经论述,之所以不允在额定速度较高的情况下在轿厢侧使用瞬时式安全钳是由于瞬时式安全钳制动减速度大,容易危害轿内人员的安全。但是既然对重(或平衡重)上不可能有人员停留,那么为什么还要规定"若额定速度大于 1m/s,对重(或平衡重)安全钳应是渐进式的"。很简单,如果电梯的额定速度很高,对重侧使用了瞬时式安全钳,在对重安全钳动作时,对重的制停距离非常短,但轿厢在其惯性作用下竖直上抛,然后坠落,引发巨大振荡。这与 9.6.2 中要求的补偿绳张紧轮需要设置防跳装置的意思一样。

9.8.3 动作方法

9.8.3.1 轿厢和对重(或平衡重)安全钳的动作应由各自的限速器来控制。

若额定速度小于或等于 1m/s,对重(或平衡重)安全钳可借助悬挂机构的断裂或借助一根安全绳来动作。

■ **解析**　这里要求轿厢和对重(或平衡重)的安全钳触发,应分别由各自的限速器来控制,是由于轿厢、对重或平衡重安全钳各自保护的危险本身的特点所决定的。轿厢、对重或平衡重的安全钳保护的最主要危险是当钢丝绳全部断裂后,轿厢和对重(或平衡重)在自由落体的情况下能够被各自的安全钳制停在导轨上。如果轿厢和对重(或平衡重)的安全钳使用同一个限速器进行控制,一旦曳引钢丝绳断裂,轿厢和对重同时失去钢丝绳的拉力,由于在钢丝绳断裂前轿厢和对重的运行(如果在运行的话)方向必然是不同的,因此轿厢和对重中必然有一方处于短时的竖直上抛,另一方处于竖直下抛。这将造成其中一组安全钳先被提拉,同时限速器钢丝绳也被首先动作的安全钳的拉杆所张紧。因此,当另一组安全钳由上抛状态转为自由落体,其拉杆在给限速器钢丝绳作用力的时候,由于在此之前已动作的安全钳的提拉机构已经将限速器钢丝绳张紧,在限速器上钢丝绳已经没有能够滑动的余地,此时的拉力将以瞬间冲击的型式作用在限速器钢丝绳上。这可能造成整个限速器-安全钳提拉系统的损坏。为避免这种危险的发生,要求轿厢和对重或平衡重的安全钳应由其各自的限速器来控制。

"安全绳"是这样的装置:它是由机房(滑轮间)导向轮导向的一根辅助绳,平时并不承受载荷。其一端固定在轿厢上,另一端固定在对重安全钳拉杆上。当悬挂钢丝绳断裂后,轿厢和对重分别下坠,虽然对重安全钳并没有自己的限速器,但其动作可以靠下坠的轿厢与安全绳把安全钳提起来。安全绳的要求和规格与限速器钢丝绳相同。

考虑到当电梯额定速度较高时,如果靠轿厢坠落牵动安全绳而触发对重安全钳,给安全绳带来的冲击力会很大,可能造成安全绳的破坏;同时靠安全绳或悬挂机构失效来触发的安全钳,动作速度没有那么精确,所以标准规定只允许额定速度不超过 1m/s 的对重或平衡重安全钳采用安全绳触发。借助于悬挂机构失效来触发安全钳的结构目前已经非常少见了。

在欧洲执行 EN81 的过程中,曾有人向 CEN/TC10 进行过询问:

问　题
除该标准中已经提出的情况之外,是否轿厢安全钳还可借助于单根钢丝绳的断裂或松弛来触发?鉴于该标准 9.9.11.1 和 9.8.3.1 的规定,我们认为若额定速度小于或等于 1m/s 是允许的。 　我们想询问上述想法是否正确,对额定速度超过 1.0m/s 的电梯来说,是否也是可能的?
解　释
1)本标准没有规定触发安全钳的附加方法。只要按照 9.8.3.1 规定的触发不受影响,这些方法可以使用。 　应进行检查,以证明对限速器触发安全钳装置没有影响。 2)考虑到 9.9.11.1 的要求,解释委员会认为:使用附加方法触发安全钳装置应限制在额定速度小于等于 1.0m/s 的电梯范围内。

　注意:虽然解释单没有直接否定轿厢安全钳使用安全绳触发的型式,但是如果按照本条要求,实际上是排除了使用安全绳触发轿厢安全钳的型式。

此外,在速度小于或等于1m/s情形下,对重(或平衡重)安全钳可通过悬挂装置的断裂或通过安全绳来动作,而本标准对这些装置的机能没有给出具体要求。CEN/TC10对此解释为:这一点将在本标准下次修订时考虑。

9.8.3.2 不得用电气、液压或气动操纵的装置来操纵安全钳。

解析 考虑到电气、液压或气动装置在动作时受到外界的限制较多,如电源情况、环境温度状况(主要会对气动和液压装置产生影响)等,而安全钳作为电梯坠落时的"终极保护"是不能出现任何问题的,否则将发生人身伤亡的重大事故。因此要将外界对整个安全钳系统,包括操纵系统的影响减小到最低限度。

9.8.4 减速度

在装有额定载重量的轿厢自由下落的情况下,渐进式安全钳制动时的平均减速度应为$0.2g_n \sim 1.0g_n$。

解析 由于瞬时式安全钳制动减速度不能严格控制,因此其适用范围有严格限制。渐进式安全钳在制停轿厢的过程中也要防止制动减速度过大或过小的情况发生。

在实际使用中,轿厢中的载荷并不是在任何情况下都不变的,由空载到满载的情况都可能出现。在任何情况下发生轿厢坠落事故时,安全钳制动的平均减速度值都不能太大,否则可能危及轿内乘客的人身安全。但也不应过小,以免在环境条件(如导轨表面的润滑情况等)发生变化时,制动力不足。在此将渐进式安全钳制动装有额定载荷的轿厢时,所提供的平均减速度限定在$0.2g_n \sim 1.0g_n$范围内。

由于渐进式安全钳的制动力是一定的,因此制停减速度的大小取决于额定载荷于轿厢自重之比。空载和满载情况下减速度的差值可按下式粗略计算:

$$a_{空} = \frac{Q}{P} \cdot (g + a_{额}) + a_{额}$$

式中:

$a_{空}$——空载轿厢自由下落时安全钳制动时的平均减速度;

$a_{额}$——装有额定载荷的轿厢自由下落时安全钳制动时的平均减速度;

Q——额定载荷;

P——轿厢质量。按照上式可以推算空载轿厢的制动减速度是多少。

虽然在这里并没有要求对重或平衡重的安全钳在动作时的平均减速度应在$0.2g_n \sim 1.0g_n$范围内,但在9.8.1.3中要求"安全钳是安全部件,应根据F3的要求进行验证"。而根据附录F3的试验方法,任何安全钳都必须满足这个加速度范围。

9.8.5 释放
9.8.5.1 安全钳动作后的释放需经称职人员进行。

解析 安全钳动作是发生在轿厢下行超速甚至是坠落的情况下,这些故障本身能够导致重大人身伤害。因此如果安全钳动作,必须要查明原因消除隐患,决不能随意恢复电梯的运行。

9.8.5.2 只有将轿厢或对重(或平衡重)提起,才能使轿厢或对重(或平衡重)上的安全钳释放并自动复位。

■ **解析** 由于安全钳动作时可能悬挂轿厢、对重(或平衡重)的钢丝绳已经断裂,因此如果不是在将轿厢、对重(或平衡重)提升的情况下释放安全钳,将导致灾难性的后果。为了避免这种情况的发生,本标准规定了只有在将轿厢、对重(或平衡重)提起的情况下才能释放动作了的安全钳。也就是说,安全钳动作后,除上述措施外,无论是减小限速器绳的拉力还是向下设法移动轿厢,都不能使安全钳解除自锁。同样也不应提供一直能够使安全钳在不提起轿厢、对重(或平衡重)而释放的装置。当然,上面说的这一切都是在安全钳完好的前提下而言的。

同时,考虑到实际情况下使安全钳复位可能存在的困难,允许动作后的安全钳在轿厢、对重(或平衡重)被提起的情况下自动复位。

从本条要求可以看出,安全钳在释放后应是自动复位的。

9.8.6 结构要求

9.8.6.1 禁止将安全钳的夹爪或钳体充当导靴使用。

■ **解析** 这里所谓的"夹爪"就是安全钳的制动元器件。

安全钳作为防止轿厢(对重或平衡重)坠落的最终保护部件,必须避免在电梯的正常使用过程中损坏安全钳。如果将安全钳的钳体或制动元器件兼作导靴使用,在电梯使用中安全钳部件难免受到磨损,从而导致安全钳在动作时不能发挥其应有的作用。因此安全钳只能专门用于防止坠落的安全保护,而不能兼作其他用途。

9.8.6.2 (略)。

■ **解析** 本条在EN81中原本是对"具有缓冲作用的瞬时式安全钳"的要求,由于我国没有使用过此类安全钳,故在制订本标准时略去此条要求。

9.8.6.3 如果安全钳是可调节的,则其调整后应加封记。

■ **解析** 本款的目的是为了防止其他人员调整安全钳、改变其额定速度、总容许质量,导致安全钳失去应有作用,造成人员伤亡事故。

安全钳是电梯安全部件,如是可调节的,其额定速度和总容许质量应根据电梯主参数在出厂前完成调整。由于安全钳的调整将涉及到其动作特性,为防止无关人员随意调整,以及在安全钳状态检查中能够及时获得其调整和设定是否处于正常状态,电梯生产厂家应在安全钳调节完成并测试合格后加上封记。

封记可采用铅封或漆封,也可以定位销锁定,只要是能够防止无关人员随意调整安全钳,或能够容易的检查出安全钳是否处于正常调整状态即可。

9.8.7 轿厢地板的倾斜

轿厢空载或者载荷均匀分布的情况下,安全钳动作后轿厢地板的倾斜度不应大于其正常位置的5%。

 解析 倾斜度的测量是指安全钳动作前后轿厢地板的相对倾斜,而不是相对水平位置的绝对倾斜。这里明确规定非偏载因素引起的轿厢地板倾斜度,主要是要求安全钳制动的同步和均匀性。

安全钳在制动时,都会对轿厢产生一定程度上的冲击,尤其是瞬时式安全钳产生的冲击更加严重。在冲击过程中,如果轿厢倾斜过大,可能会导致安全钳和导靴脱出导轨。为避免这种危险,本条要求安全钳在动作后,由于非偏载因素引起的轿厢倾斜度要限制在5%以内。这里要求的“空载或者载荷均匀分布的情况下”就是消除了偏载的因素。条文提到的“正常位置”而不是“水平位置”是消除了轿厢在安装时地板的偏斜。本条要求验证的仅是由于安全钳动作而造成的轿厢地板倾斜。

那么,为什么安全钳动作会导致轿厢地板倾斜呢?实际是轿厢安全钳动作时的不同步造成的。根据伦敦运输协会的试验表明,同一轿厢上的两个安全钳,尽管使用了同步联动杆系统提拉两个安全钳,但联动系统的误差、间隙不均、各铰接部件的摩擦阻力不完全相同以及安全钳与导轨的间隙的偏差仍会使两安全钳的动作有差异。使得轿厢两侧的两个安全钳并不是在同一时刻卡住导轨的,而且其完全同步动作的概率非常小。在这种情况下,在安全钳制动时,轿厢会向动作较晚的安全钳一侧偏斜。这种偏斜将对导轨和轿架施加较大的水平方向的力。如果偏斜过于严重将影响导轨的垂直度,也可能造成轿架变形。

因此,本条主要限定了轿厢的两安全钳在动作时的同步性。当然,其他因素,如轿厢(含轿架)自重的分布情况,或者说是悬挂中心是否为自重的重心,对此也有影响。

9.8.8 电气检查

当轿厢安全钳作用时,装在轿厢上面的一个符合14.1.2电气装置应在安全钳动作以前或同时使电梯驱动主机停转。

 解析 本条要求总结起来,有如下方面:

(1)要有一个电气安全装置(符合14.1.2的安全开关)使主机停转。不但要求切断电机的电源,而且曳引机的制动器也要同时动作。也就是主机不能仅仅是自由停车,而且要被强迫停止。

(2)这个开关要验证的是安全钳是否动作,以及安全钳是否已经被复位。为保证正确检验安全钳的真实状态,因此开关要装在轿厢上,不能用限速器上的开关或其他开关替代。

(3)开关的动作是当轿厢安全钳动作前或动作时及时反映安全钳的情况。

(4)这个开关并没有要求必须是手动复位的。也就是说,可以在提起轿厢使安全钳复位后,开关也被复位(当然在安全钳完全复位前,必须防止开关复位)。不一定要专门去复位这个开关。下面的解释单也只是说:非自动复位开关有助于满足安全钳动作后需要胜任人员的参与,而不是强制要求。

(5)为正确反映安全钳状态,这个开关在安全钳没有被复位时,不应被恢复正常状态。在这个意义上,其实在释放安全钳后能够自动复位的开关更加符合要求。

(6)这个开关仅在轿厢安全钳上有所要求,对重或平衡重安全钳没有要求类似的装置。

在欧洲执行 EN81 的过程中,曾有如下询问和解释:

问　题
如果依据针对 9.8.8 的第 52A 号解释,采用"自动复位"型安全触点是允许的,并且轿厢安全钳已被释放,而且同时动力电源已被断开(如:通过动作主开关),则所要求的参与是否也是必须的?

解　释
是必须的。 依据第 52A 解释,为了观察安全钳,需要胜任人员的参与。用于安全钳电气检查的"非自动复位"型安全触点的安装可有助于满足此要求。 依据第 52A 解释,胜任人员参与其他处理工作是可能的。 接通主开关不足以使电梯恢复正常运行。

注:按照 1985 版的 EN81-1/2 的解释 52/52A(这个解释不适用于 1998 版的 EN81-1/2),安全钳上的电气开关可以是双稳态的,在安全钳动作后进行释放时,需要称职的人员手动释放;也可以是由设置在机房中的使电梯恢复正常运行的复位装置组成的自动复位开关。

讨论 9-8　轿厢安全钳与对重(或平衡重)安全钳的比较　⇩⬇

一、相同之处

1. 动作条件相同:

无论轿厢安全钳还是对重(或平衡重)安全钳,都要求是只能其下行时动作。

2. 动作后效果相同:

应能通过夹紧导轨而使轿厢、对重(或平衡重)制停并保持静止状态。

3. 都是安全部件,试验方法相同:

尽管在标准正文中没有要求渐进式对重(或平衡重)安全钳的减速度,但在附录 F 中的型式试验过程中并没有区分轿厢安全钳和对重(或平衡重)安全钳在试验方法上有所不同。

4. 操纵方式要求相同:

无论轿厢安全钳还是对重(或平衡重)安全钳,都不得用电气、液压或气动操纵的装置来操纵。

5. 释放方法相同:

只有将轿厢或对重(或平衡重)提起,才能使轿厢或对重(或平衡重)上的安全钳释放并自动复位。安全钳动作后的释放需经称职人员进行。

6. 结构要求相同:

无论轿厢安全钳还是对重(或平衡重)安全钳,都禁止将安全钳的夹爪或钳体充当导靴使用。同时,如果安全钳是可调节的,则其调整后应加封记。

二、不同之处

1. 额定速度不同时选择的安全钳的形式不同：

电梯额定速度大于 0.63m/s,轿厢应采用渐进式安全钳,否则可以采用瞬时式安全钳。

若额定速度大于 1m/s,对重(或平衡重)安全钳应是渐进式的,其他情况下,可以是瞬时式的。

2. 控制方法不同：

在大多数情况下,轿厢、对重(或平衡重)安全钳的控制方法是相同的,即轿厢和对重(或平衡重)安全钳的动作应由各自的限速器来控制。但若额定速度小于或等于 1m/s,对重(或平衡重)安全钳可借助悬挂机构的断裂或借助一根安全绳来动作。

3. 动作速度不同：对重(或平衡重)安全钳的限速器动作速度应大于轿厢安全钳的限速器动作速度,但不得超过 10%。

4. 在电气验证方面要求不同：

当轿厢安全钳作用时,装在轿厢上面的一个符合 14.1.2 电气装置应在安全钳动作以前或同时使电梯驱动主机停转。但对于对重(或平衡重)安全钳没有这个要求。

9.9 限速器
资料 9-14 限速器概述

一、限速器的作用以及动作时序

限速器是电梯的重要安全部件之一,是检测电梯系统(包括轿厢、对重或平衡重)运行是否超速的装置。前面已经论述过的安全钳其动作就是依靠限速器进行触发的。如资料 9-8 图 1 所示,安全钳与限速器必须联合使用才能够在电梯超速时起到安全保护作用。与安全钳一样,限速器在电梯正常使用过程中并不起作用,当电梯运行速度超过其额定速度并可能出现危险时,限速器首先操纵一个专门的电气开关(这个开关是符合 14.1.2 规定的安全开关),切断电梯驱动主机电源并使制动器动作。在此同时或稍后(视电梯的额定速度而定),如果电梯依然没有停止,它将操纵安全钳,将轿厢(对重或平衡重)制停在导轨上。见资料 9-13 图 1 限速器动作时序图。

上面所说的电梯超速运行实际上是一种非常不安全的运行状态。引起电梯超速可能有各种原因,最极端情况下出现的轿厢(对重或平衡重)坠落实际上也是一种超速。常见的电梯超速可能是由于钢丝绳在曳引轮上打滑、驱动主机制动器失灵、甚至驱动主机的主轴或减速箱齿轮发生断裂等机械问题造成的,也可能是由于电气控制系统本身出现逻辑错误而造成"飞车"。但无论是什么原因引起的电梯超速运行(甚至坠落),限速器都应动作并触发安全钳。由此可见,限速器是保障电梯安全的极为重要的部件,没有性能可靠的限速器,安全钳也就无法发挥作用。

二、限速器的大致构成及安装位置

一整套限速器装置包括:限速器、限速器钢丝绳及其端接装置、张紧装置三部分。限速器一般安装在机房中(特殊情况下也运行安装在井道中),限速器钢丝绳绕过限速器轮与安装在底坑附近导轨上的张紧装置在整个井道高度上构成一个封闭的环路。其两端通过端接装置(一般是绳头)安装在安全钳提拉机构的拉杆上。限速器系统的构成及安装位置见资料9－14图2所示。张紧轮及所附带的重砣使限速器钢丝绳保持张紧,并在限速器轮的绳槽与钢丝绳之间形成足够的摩擦力。当轿厢运行时,限速器钢丝绳能够同步的随轿厢上下运动并带动限速器绳轮转动。限速器就是靠绳轮转动来监测轿厢运行是否超速。

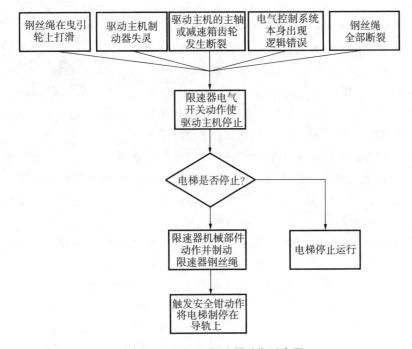

资料9－14图1　限速器动作时序图

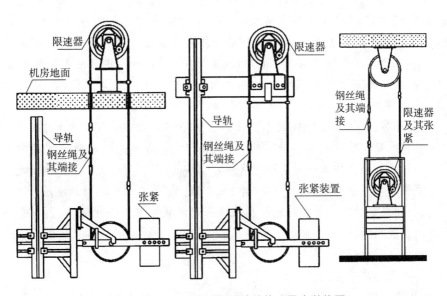

资料9－14图2　限速器系统的构成及安装位置

三、限速器的种类及动作原理

1.按照限速器动作原理可分为:惯性式和离心式两种,其中离心式目前使用较广。

(1)惯性限速器

惯性限速器也称凸轮式限速器,其结构如资料9-14图3所示:

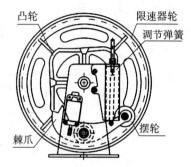

资料9-14图3 凸轮式限速器

电梯运行时,通过限速器钢丝绳带动限速器轮转动,与其同轴的带有棘轮的凸轮也会以同样的角速度转动。凸轮在转动时会拨打带有棘爪的摆轮,摆轮摆动的幅度取决于凸轮的角速度,即取决于限速器轮的转动速度。当电梯运行于正常速度下时,摆轮的摆动幅度较小,棘轮的棘齿与摆轮一端的棘爪不会接触啮合。当电梯超速达到或超过额定速度的115%时,凸轮的角速度加大,导致摆轮的摆动幅度增加而触发电气开关,切断驱动主机电源并使其停止。如果速度继续增加,凸轮的角速度也将继续加大,轮的摆动幅度随之增加,最终由于惯性的作用棘爪与凸轮上安装的棘轮啮合,使限速器轮停止。随着电梯的继续运行,靠限速器钢丝绳和限速器绳轮槽口之间的摩擦力带动安全钳提拉系统动作。

凸轮式限速器结构简单,体积可以做的较小,价格相对低廉。但由于其动作是靠凸轮拨动摆轮实现的,凸轮不可能连续拨动摆轮,也就是说这种限速器不是在绳轮圆周的任一点都能触发安全钳动作,只有凸轮顶点的位置可能制停限速器钢丝绳。一旦限速器在动作速度的临界状态时刚好错过了凸轮顶点,那么在自由落体情况下限速器到达下一个凸轮顶点(可动作点)时,速度可能已经增加了许多,安全钳所需吸收的能量可能已是设计动作速度时的几倍,这是十分危险的。举例来说,如图9-32中所示四星凸轮限速器,在限速器达到动作速度瞬间,比较理想的状态是,限速器摆轮另一侧的棘爪正好进入棘轮的某一个齿中,此时的速度就是设计速度。但如果棘爪正好滞后于应该进入的棘轮的齿中,此时电梯只能继续加速运动到棘爪下一次摆动到最靠近棘轮的位置才能真正动作。四星凸轮棘爪的分度为90°,假定原动作速度为1.15m/s,绳轮节径为240mm,在自由跌落的情况下,滞后一个棘爪的动作速度实际为1.92m/s,动能增加3.7倍。这时安全钳必须吸收非常大的额外动能,这是非常危险的。而且,限速器绳轮直径越大、凸轮极数越少,在这种情况下轿厢超速的情况越恶劣。同时,凸轮极数也直接影响着限速器动作速度的稳定性,凸轮极数越少,在棘轮和棘爪应该啮合时越容易"错过"啮合的时机,导致限速器动作速度的离散性越大。因此,凸轮式限速器的凸轮极数不应太少,一般应大于四星,同时在凸轮极数确定的情况下,绳轮直径应尽可能的小,以减少棘轮和棘爪"错过"啮合的时机时的危险。

正因为凸轮式限速器不是在绳轮圆周的任一点都能触发安全钳动作,因此这种限速器属于"非连续捕捉式限速器"。由于上面的原因,非连续捕捉式限速器只能用于速度较低的电梯上,否则容易发生安全问题。

(2)离心式限速器

伦敦运输协会的试验证明:非连续捕捉式限速器用于瞬时式安全钳是具有巨大潜在危

险的组合。由于这种限速器捕捉机构的缺陷,可能造成最终安全钳吸收能量为设计允许值的30倍。因此,为确保响应时间足够短,限速器能够在电梯超速时连续捕捉危险速度。即无论绳轮计算直径上的线速度何时达到预先设定的动作速度,触发机构都能立即使限速器动作,从而克服了非连续捕捉式限速器动作的间断性,使电梯的安全系统更具可靠性。

连续捕捉式限速器一般采用离心原理,因此又称为离心式限速器。离心式限速器是靠限速器轮转动与甩块的离心力触发限速器的夹绳装置。按照离心部件中心轴的型式可以分为卧轴式限速器和立轴式限速器。

a)卧轴式限速器

卧轴式限速器又称为甩块式限速器,其结构如资料9-14图4所示:

电梯运行时,钢丝绳带动限速器绳轮转动,与限速器绳轮同轴的甩块在离心力的作用下克服弹簧的拉力向外张开,其张开程度与电梯运行速度的大小成正比。在电梯正常运行时,甩块摆动的角度不足以使触发机构动作而制动限速器钢丝绳。当电梯超速达到或超过额定速度的115%时,甩块摆动幅度加大而触发电气开关,切断驱动主机电源并使其停止。如果速度继续增加,甩块摆动幅度继续增加,最终使夹绳重块落下制动限速器钢丝绳。在限速器钢丝绳被制动且触发安全钳后,由于轿厢(对重或平衡重)最终被安全钳制停之前,在导轨上必然要有一个滑移的距离,为了能够在滑移距离内继续随电梯运动,避免突然以很大的力制停钢丝绳而造成钢丝绳的损坏,特别在夹绳重块后面设置了

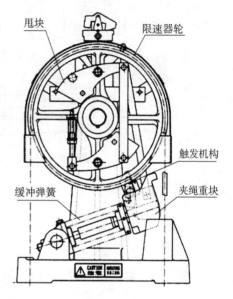

资料9-14图4 卧轴式限速器及其结构示意图

缓冲弹簧,在制动钢丝绳过程中对钢丝绳的夹紧力是逐渐增加的。

b)立轴式限速器

立轴式限速器又称为甩球式限速器,其结构如资料9-14图5所示:

电梯停止时,在重力的作用下,甩球处于位置1。电梯运行时,钢丝绳带动限速器绳轮转动,限速器绳轮轴通过伞齿轮啮合带动甩球绕立轴转动。甩球产生的离心力通过六角形联杆系统传递给限速器触发装置。随着限速器转速的提高,甩球的离心力不断增加,在克服调节弹簧及自身重力的基础上,其位置不断抬高并达到位置2。当电梯超速达到或超过额定速度的115%时,触发电气开关,切断驱动主机电源并使其停止。如果速度继续增加,甩球的离心力进一步增大,最终触发限速器的机械动作装置使夹绳重块落下制动限速器钢丝绳。同样,为避免破坏钢丝绳,夹绳重块后面设置了缓冲弹簧。

由于甩球式限速器在电梯运行过程中甩球会在离心力的作用下以立轴为圆心,在一定半径的圆面积上旋转,这要求在安装后,应在其周围设置护栏或防护网,以免人员过分靠近限速器而被甩球击伤。

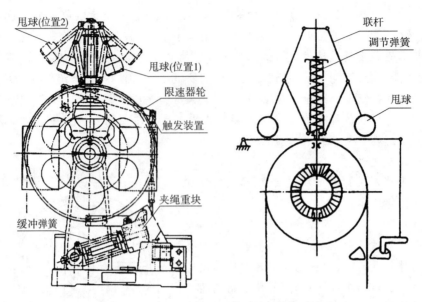

资料 9-14 图 5　立轴式限速器及其结构示意图

四、限速器的各项性能

见 9.9 部分的要求。

五、限速器的设计和计算

这里我们主要以离心式限速器的设计和计算为例,给出限速器设计计算的演示。离心式限速器设计计算的一般内容为根据结构特点来确定甩块和甩球以及计算调节弹簧的参数。

a) 卧轴式限速器设计计算

如资料 9-14 图 6 所示,限速器轮在旋转时甩块所产生的离心力 P_c 为:

$$P_c = mr\omega^2 = \frac{G}{g}r\left(\frac{\pi n}{30}\right)^2 \approx Gr\left(\frac{n}{30}\right)^2$$

式中:

m——甩块质量,kg;

G——甩块重量,N;

r——甩块重心 O_3 到旋转中心 O_1 的半径,m;

ω——角速度;

n——每分钟转数,r/min。

两甩块在限速器轮上对称布置并用联杆连接在一起,在转动过程中给限速器轮施加的作用力相互抵消,如果不计甩块转轴处的摩擦力,则离心力 P_c 与弹簧力 P_s 之间在平衡状态下有:

$P_c a = P_s b$,将 P_c 代入并整理得:

$$P_s = \frac{P_c a}{b} = \frac{a}{b}Gr\left(\frac{n}{30}\right)^2$$

其中,b 为弹簧中心到甩块转轴中心 O_2 的距离(m);a 为甩块重心 O_3 到其转轴中心 O_2 的距离(m)

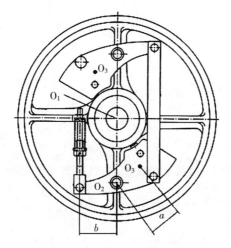

资料 9-14 图 6　离心式(卧轴)限速器计算原理图

随着限速器轮转速的变化,甩块向外张开的角度也越来越大,因此在转动过程中甩块重心 O_3 到旋转中心 O_1 的半径 r 不是一个定值,而是变化的。当电梯超速达到限速器动作速度时,甩块向外摆动并使触发装置动作,此刻甩块重心 O_3 到旋转中心 O_1 的半径 r 为:

$$r = r_0 + \Delta r$$

式中:

r_0——电梯停止状态下其重心 O_3 到旋转中心 O_1 的半径;

Δr——电梯速度达到限速器动作速度时,甩块重心到旋转中心 O_1 的旋转半径的增量。

Δr 取决于结构设计中甩块距离触发装置的距离。因此有:

$$P_s = \frac{a}{b} G(r_0 + \Delta r) \left(\frac{n}{30}\right)^2$$

P_s 是当达到限速器动作速度是所需的弹簧拉力。假定在限速器静止时弹簧的预设定力为 P_s',甩块从电梯停止时最靠近限速器轮轴的位置到限速器动作时甩块张开到最大位置,弹簧变形长度为 L,因此可以得到弹簧的弹性系数 K 为:

$$K = \frac{P_s - P_s'}{L}$$

根据弹簧反力 P_s 和弹性系数 K 可以确定弹簧的各尺寸参数,也可以通过调整限速器的设计结构重新获得弹簧的参数。

b)立轴式限速器设计计算

如资料 9-14 图 7 所示,在结构设计中初步首先设定甩球的重力和联杆系统的尺寸,根据限速器的动作速度来确定弹簧的设计参数。

限速器轮在旋转时甩球所产生的离心力 P_c 为:

$$P_c = m(r+a)\omega^2 = \frac{G}{g}(l_0 \sin\alpha + a)\left(\frac{\pi n}{30}\right)^2 \approx G(l_0 \sin\alpha + a)\left(\frac{n}{30}\right)^2$$

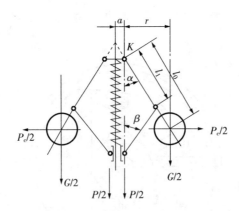

资料 9 - 14 图 7　离心式(立轴)限速器计算原理图

式中:

  m——甩球质量,kg;

  G——甩球重力,N;

  r、a、l_0——资料 9 - 14 图 7 中尺寸,m;

  α——图示中联杆夹角;

  ω——限速器立轴的转动角速度;

  n——限速器立轴每分钟的转数。

  有
$$n=in_0=\frac{60vi}{\pi D}$$

式中:

  n_0——限速器绳轮每分钟的转数;

  i——伞齿轮的传动比;

  v——电梯运行速度,m/s;

  D——限速器绳轮节圆直径,m。

  对于联杆支点 K 的力矩平衡条件有:
$$Gr+Pl_1\sin\alpha-P_cl_0\cos\alpha=0$$

式中:

  P——作用于弹簧下端滑套上的力,它由三个力组成,可表示为:
$$P=P_s+P_1+P_2$$

式中:

  P_s——弹簧作用力;

  P_1——克服联杆系统自重以及带动触发装置(包括碰铁及夹绳重块)的力,一般取 $P_1=(0.03\sim0.04)G$;

  P_2——滑套和联杆系统的摩擦阻力,一般取 $P_2=(0.02\sim0.03)G$。

  因此可得:
$$P=P_s+(0.05\sim0.07)G$$

根据如资料 9-14 图 7 有，$r=10\sin\alpha$；并将 P_c、n 和 P 代入对于联杆支点 K 的力矩平衡条件中，有：

$$P_s=\frac{Gl_0}{l_1}\left(\frac{l_0\sin\alpha+\theta}{\tan\alpha}\times\frac{n^2}{30^2}-1\right)-(0.05\sim0.07)G$$

这里甩球的重量 G、联杆系统的尺寸 10、11 和 a 以及角度 α 在结构设计中已经确定；n 为限速器立轴的转速。当 n 值对应于限速器动作速度时，可由 $n=\dfrac{60vi}{\pi D}$ 确定电梯运行速度 v 为限速器动作速度，此时 P_s 即是限速器动作时所需的弹簧作用力。

弹簧的弹性系数 K 可由下式确定：

$$K=\frac{P_{ST}-P_{SC}}{f}$$

式中：

P_{ST}——限速器动作时所需的弹簧力，N；

P_{SC}——限速器静止时弹簧力的预设定力，N；

f——操作触发机构所需要的滑套的行程，mm。

这样，根据 P_{ST} 和 K 就可以确定弹簧的其他尺寸和参数。

由以上推导可以得出这样的结论：影响甩球式限速器设计的主要结构参数为甩球的重量 G；决定立轴转速 n 的伞齿轮速比 i；以及联杆夹角 α。对于用于较高速度电梯的限速器应采用较小的甩球重量 G 和较低的伞齿轮速比 i。联杆夹角 α 在理论上取的越小越好，但受到结构的限制，通常在限速器动作时，α 角的值在 30°～40°之间。此外弹簧尺寸设计中要考虑较低的弹性系数，也就是在限速器静止时使弹簧受一点的预设定力 P_{SC}。这样可以提高限速器动作的灵敏度。

综合甩块式限速器和甩球式限速器的设计可以看出，由于其结构的特点离心式限速器能够在限速器轮整个转动圆周上的任一点动作限速器，因此其适用范围很广，可以用于任何速度的电梯。对于不同的电梯速度，必须选择适当的结构和参数才能获得合理的弹簧参数，也只有这样才能保证设计出的限速器动作更加可靠。

六、钢丝绳制停机构的设计和计算

限速器在动作时将由相应的机构保证限速器钢丝绳制停，只有这样才可能通过限速器钢丝绳提拉安全钳从而将超速的电梯制停在导轨上。限速器制停钢丝绳的型式大致分为以下两种：绳槽摩擦型和夹块摩擦型。

1. 绳槽摩擦型

这种制停限速器钢丝绳的型式是靠限速器绳轮的轮槽与钢丝绳之间的摩擦力来实现制停钢丝绳的，这与前面介绍的曳引钢丝绳与曳引轮绳槽之间的作用非常类似。为了能够有效的使安全钳动作，在限速器钢丝绳在触发安全钳提拉装置时限速器绳轮两侧的钢丝绳张力之比必须满足以下条件：

$$\frac{T_1}{T_2}\leqslant e^{fa}$$

这里，T_1 为限速器绳轮两边较大的张力值，T_2 是另一侧的张力值。详细推导和说明请参加附录 M 的解析。

2. 夹块摩擦型

与绳槽摩擦型相同,夹块摩擦型也是靠摩擦力来制停限速器钢丝绳的。所不同的是,在限速器动作时,夹块摩擦型是由特殊设计的夹绳装置与限速器钢丝绳产生摩擦来制停钢丝绳的。它的原理与安全钳的原理相类似,都是根据自锁原理设计的。所谓自锁,就是当限速器夹块动作以后,限速器钢丝绳被向下的力牵引而继续运动时,夹块会在与限速器钢丝绳摩擦的作用下将钢丝绳挤压的越来越紧,直至钢丝绳被完全制停。

与安全钳制动元器件的型式相类似,夹块的型式也有楔块式、滚柱式和偏心轮式。同样与安全钳的瞬时式和渐进式的分类原理相似,根据夹块是否带有弹性元器件,也可分为刚性夹绳和弹性夹绳两种。

具体的推导与说明可参见安全钳。

以上两种型式,都是靠摩擦限速器钢丝绳来使其制停的,应尽量有效的利用摩擦力使限速器钢丝绳制停并最终触发安全钳,限速器应能提供提起安全钳联杆系统并使安全钳动作所需的力的两倍,并至少是 300N(二者取较大值)。一般靠绳槽摩擦时,以增加当量摩擦系数。限速器轮槽设计为 V 形,槽口应硬化,如无硬化时必须采用下切口,槽口与钢丝绳的摩擦系数最大可以选 0.2。靠夹块摩擦时,夹块挤压钢丝绳的压力要予以控制,其夹持钢丝绳后轿厢在继续下行时,钢丝绳所受的拉力不超过钢丝绳安全系数的 1/8,以尽量确保限速器动作后钢丝绳不会有明显的损坏或变形。

七、限速器响应时间的计算与选定

限速器动作的响应时间应尽可能短。所谓响应时间是指限速器到达动作速度后,动作并触发安全钳,以使安全钳制动元器件与导轨接触的响应时间。这个时间所对应的电梯发生自由落体的坠落距离为 0.10m(相当于响应时间内的运行距离)。假设限速器动作时电梯的运行速度为 $1.25v + \dfrac{0.25}{v}$,其中 v 为电梯的额定速度。$v_T = v_0 + \Delta v$,这里 v_T 为安全钳制动元器件接触导轨表面时电梯的速度,Δv 为坠落 0.1m 的速度增加量有:$\Delta v = \sqrt{2gh}$。根据,$v_t^2 - v_0^2 = 2gt$(其中 t 为响应时间)可知,响应时间应符合:$t \leqslant 0.1 + 0.178v + \dfrac{0.036}{v}$。

八、限速器附属装置的选择与设计

限速器附属装置包括限速器钢丝绳和张紧装置。限速器钢丝绳将轿厢的运动速度传递到限速器上,并在限速器动作时触发安全钳装置。限速器钢丝绳必须有足够的耐磨性,并应有良好的柔软性。为了保证限速器钢丝绳的寿命,限速器绳轮节径与钢丝绳直径之比不得小于 30。同时限速器钢丝绳必须有足够的强度,因此要求其最小直径不得小于 6mm;而且,限速器钢丝绳的最小破断载荷与限速器动作时产生的限速器绳的张力之比不得小于 8 倍。

张紧装置使限速器钢丝绳张紧,以保证钢丝绳在轮槽中不会打滑。在靠绳槽摩擦制停钢丝绳的限速器上,张紧装置的作用是非常重要的,它向限速器绳轮两侧的钢丝绳提供了足够的张力,在限速器动作时能够保证 $\dfrac{T_1}{T_2} \leqslant e^{f\alpha}$。

九、限速器-安全钳提拉机构的选择与设计

典型的限速器-安全钳提拉机构如资料9-14图8所示。限速器-安全钳提拉机构应保证在限速器动作时安全钳能被有效触发；在正常运行过程中不会导致安全钳误动作。同时要有必要的装置,在安全钳动作后需要释放时能够比较方便的进行操作。

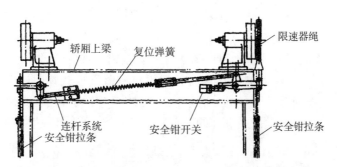

轿厢上梁　复位弹簧　限速器绳

连杆系统
安全钳拉条　安全钳开关　安全钳拉条

资料9-14图8　限速器-安全钳提拉机构示意图

资料9-14图8所示系统中,当电梯在启动过程中加速下行时,经限速器钢丝绳由于惯性的原因对联杆系统有一个向上的提拉力,但由于经过预压缩的复位弹簧的存在,这个力将被弹簧力所平衡,防止了电梯启动时安全钳的误动作。当安全钳制动后需要释放时,此时复位弹簧处于压缩状态,在提起轿厢后,弹簧力向两边"推动"连杆系统,帮助安全钳制动元器件脱离与导轨的接触。

9.9.1 操纵轿厢安全钳的限速器的动作应发生在速度至少等于额定速度的115%。但应小于下列各值:

a)对于除了不可脱落滚柱式以外的瞬时式安全钳为0.8m/s;

b)对于不可脱落滚柱式瞬时式安全钳为1m/s;

c)对于额定速度小于或等于1m/s的渐进式安全钳为1.5m/s;

d)对于额定速度大于1m/s的渐进式安全钳为$1.25v+\dfrac{0.25}{v}$m/s)。

注:对于额定速度大于1m/s的电梯,建议选用接近d)规定的动作速度值。

解析　这里要求了"操纵轿厢安全钳的限速器"动作速度,不针对操纵对重安全钳的限速器。

"操纵轿厢安全钳的限速器的动作应发生在速度至少等于额定速度的115%",是由于在本标准12.6中有这样的规定:"当电源为额定频率,电动机施以额定电压时,电梯轿厢在半载,向下运行至行程中段(除去加速和减速段)时的速度,不得大于额定速度的105%",也就是说轿厢正常运行时可能达到的最大速度为额定速度的105%。考虑到防止安全钳的误动作,因此限速器动作速度较电梯正常运行时可能达到的最大速度略有提高。

轿厢如果采用瞬时式安全钳,电梯的最高额定速度为0.63m/s,而瞬时式安全钳根据其制动元器件的不同通常又分为不可脱落滚柱式、楔块式和偏心轮式。在这里,之所以限速器的动作速度的上限值与安全钳结构型式相关是因为不同型式的安全钳在其动作过程中吸收能量的能力以及动作后复位的难易程度是不一样的,所以对其动作的要求有不同的限制。

不可脱落滚柱式瞬时安全钳动作时,因钳体、滚柱或导轨的变形而使制动过程相对较长,制动的剧烈程度(冲击)相对双楔块式要小一些,对轿内乘客或货物的冲击要相对弱一些,释放相对来说也容易些,因此与其配套使用的限速器的动作速度可以略高些,允许限速器动作速度为 1m/s,这个速度相当于 1.59 倍的电梯额定速度。其他型式的瞬时安全钳(楔块式、偏心轮式)动作后释放比起不可脱落滚柱式安全钳更加困难,因此对这些型式的瞬时式安全钳所配合使用的限速器的动作速度相比不可脱落滚柱式瞬时安全钳来说就要更加严格些,允许动作速度降低至 0.8m/s,这只相当于 1.27 倍的电梯额定速度。

对于渐进式安全钳,如果按照电梯的额定速度大于 1m/s 时限速器动作速度上限的计算公式:$1.25v+\dfrac{0.25}{v}$ m/s,额定速度越大,其结果越接近 $1.25v$。但对于额定速度小于 1m/s 时的渐进式安全钳,如果仍按照这个上限值选取,则速度越低的电梯其限速器动作速度的上限值超过电梯额定速度的值越大,这也是危险的。因此对于速度小于 1m/s 的电梯限速器动作速度最大不超过 1.5m/s。

各种型式的安全钳其适用限速器的动作速度:

	不可脱落滚柱式瞬时式安全钳,额定速度小于或等于 0.63m/s	除不可脱落滚柱式以外的其他型式的瞬时式安全钳,额定速度小于或等于 0.63m/s	渐进式安全钳	
电梯额定速度	$v \leqslant 0.63$m/s	$v \leqslant 0.63$m/s	$v \leqslant 1$m/s	$v > 1$m/s
限速器动作下限值	$\geqslant 1.15v$	$\geqslant 1.15v$	$\geqslant 1.15v$	$\geqslant 1.15v$
限速器动作上限值	1m/s	0.8m/s	1.5m/s	$1.25v+0.25/v$
限速器动作速度上限与额定速度之比	1.59	1.27	1.5	$1.25v+0.25/v$

对于额定速度超过 1m/s 的电梯,根据本标准规定,应选用渐进式安全钳,限速器动作速度上限应为 $1.25v+0.25/v$(v 为额定速度)。随着电梯额定速度的提高,上式中 $0.25/v$ 这一项对计算结果的影响越来越小,因此其动作速度上限值越来越接近额定速度的 1.25 倍。而渐进式安全钳制停电梯是靠制动元器件将电梯的动能通过与导轨的摩擦转化为热能消耗掉,在其制停距离中是一个耗能的过程。同时,渐进式安全钳要求的是平均制动减速度在一定范围内,在轿厢 $P+Q$ 确定的情况下,如果其平均制停减速度是一定的,平均制动力必然也是一定的,安全钳动作时轿厢速度在一定范围内变化时只是影响了制动元器件在导轨上的滑移距离而已。因此,渐进式安全钳的制动性能对一定范围内的限速器动作速度的变化并不很敏感。在这种情况下,限速器选用接近上限值的动作速度,可以给电气安全装置的动作及系统对电气安全装置(见 9.9.11.1)动作所做出的反应留出足够的时间来。如果电气安全装置的动作能够使轿厢速度降低直至停止(这是主要依靠驱动主机的制动

器),就可以避免安全钳的动作。毕竟安全钳动作时对轿厢的冲击较大,其释放也比较困难,如果在能保证安全的前提下应尽可能避免安全钳动作。

9.9.2 对于额定载重量大,额定速度低的电梯,应专门为此设计限速器。

注:建议尽可能选用接近 9.9.1 所示下限值的动作速度。

解析 一般情况下,"额定载重量大,额定速度低的电梯"均采用瞬时式安全钳,为了防止限速器动作时间滞后而造成轿厢动能超过瞬时式安全钳吸收能量的能力,因此对于这类电梯应专门设计限速器,以保证限速器动作的滞后不会导致危险情况的发生。

选用较低的动作速度能有效地减少安全钳所需吸收的能量,为了尽可能消除限速器的滞后性对安全钳的不利影响,限速器动作速度建议尽可能选用接近 9.9.1 所示下限值的动作速度,从而降低危险的程度。

我们知道,由于不同限速器结构可能导致的限速器动作滞后性是不同的,本条实际上要求设计者必须认真评估这种滞后性是否会给电梯系统带来不安全的隐患。举例来说,上面我们提到过的非连续捕捉式限速器,这种限速器的所有特性都符合本标准的要求(如果不符合本标准,根本就不能够生产),但由于这种限速器不是在绳轮圆周的任一点都能动作,一旦限速器在动作速度的临界状态时刚好过了一个可动作点,那么在自由落体情况下,限速器到达下一个可动作点时,速度可能已经大幅度增加,在使用瞬时式安全钳的情况下,这可能超过安全钳的制动能力。因此这种限速器也并不是在任何情况下都可以使用。

在这里应该明确,即使完全符合标准的部件组装成的电梯系统并不一定仍能符合标准的要求,还必须考虑到各部件之间的配合使用问题。

所谓"专门为此设计限速器"可以理解为应使用连续捕捉式限速器,也可以设计一套结构,在电梯发生超速的最极端情况下(坠落情况),能够有效地避免限速器动作滞后可能带来的危险。类似的结构可以采用这样设计:由于限速器绳轮是由一根封闭的钢丝绳带动,触发安全钳是靠一侧钢丝绳实现的,可以限速器钢丝绳提拉安全钳的对侧悬吊重块,以增大钢丝绳的惯性。当电梯悬挂钢丝绳断裂时,利用限速器绳轮、限速器钢丝绳及其附件重块、张紧轮等的惯性,形成触发安全钳的力,并使安全钳有效动作。这时,安全钳的动作与限速器达到与动作速度无关,因此也就避免了限速器动作滞后可能带来的危险。

9.9.3 对重(或平衡重)安全钳的限速器动作速度应大于 9.9.1 规定的轿厢安全钳的限速器动作速度,但不得超过 10%。

解析 本条规定要求轿厢限速器的开关先动作,如果悬挂轿厢、对重(或平衡重)的钢丝绳没有断裂的情况下,对重下行超速时,轿厢必然是向上运行并超速的,由于轿厢限速器上的电气开关是双向都起作用的,这种情况下,此开关就应先动作了,开关动作后会切断驱动主机的电源并使制动器制动。如果能够降低对重的速度或使对重停止,就避免对重安全钳的机械制动作用。毕竟释放对重安全钳较为困难。如果轿厢安全钳和对重安全钳同时制动,则释放起来极其困难。当然如果钢丝绳断裂,无论怎样制动驱动主机,轿厢和对重(或平衡重)依然会加速下落,这时只能靠限速器触发安全钳使其制停在导轨上了。

当电梯的额定速度不大于1m/s时,根据9.8.2.3的规定,对重(或平衡重)安全钳可以采用瞬时式安全钳。为了不使限速器的动作速度过高而导致轿厢动能超过安全钳制动能力,要求对重(或平衡重)的限速器动作速度不应超过轿厢安全钳的限速器动作速度的10%。

9.9.4 限速器动作时,限速器绳的张力不得小于以下两个值的较大值:
a)安全钳起作用所需力的两倍;或
b)300N。
对于只靠摩擦力来产生张力的限速器,其槽口应:
a)经过附加的硬化处理;或
b)有一个符合 M2.2.1 要求的切口槽。

解析 注意,这里所说的是"限速器动作时,限速器绳的张力",即限速器钢丝绳能够触发安全钳而提供的力。并不是为了保证限速器能与轿厢同步运行无相对速度差而必须使限速器钢丝绳保持适当张紧的力。

由于限速器动作时通过绳轮与钢丝绳之间的摩擦阻力或通过夹紧装置使限速器钢丝绳制停的,这里所要求的"限速器动作时,限速器绳的张力",对于靠绳轮与钢丝绳之间的摩擦阻力制停钢丝绳的限速器来说就是限速器钢丝绳在绳轮上的摩擦力;对于通过夹紧装置制动钢丝绳的限速器来说就是夹紧装置对钢丝绳的摩擦阻力。

为了能够有效的触发安全钳,这里规定了限速器动作时钢丝绳张力的下限值:$T \geqslant 300N$ 且 T 大于等于 2 倍的安全钳触发所需的力。这里虽然并没有规定上限值,但并非对上限值没有规定,根据9.9.6.2"限速器绳的最小破断载荷与限速器动作时产生的限速器绳的张力有关,其安全系数不应小于8",可以获得张力的上限值。限速器绳的安全系数也应是根据这个力计算出来的。

需要说明的是本标准中,限速器(绳)的"张力"是指限速器动作时在限速器绳中产生的提拉安全钳系统的力;限速器(绳)的"张紧力"是指由限速器张紧装置施加到绳上的拉力,也是曳引式限速器动作时能拉起安全钳的保证,该力在电梯(限速器)静止状态或者电梯正常运行状态下是始终存在的。

为了保证对于只靠摩擦力来产生张力的限速器在使用一段时间后在动作的时候依然能够提供足够的张力,要求槽口经过硬化处理或附带下切口,避免由于磨损而造成当量摩擦系数的降低。

9.9.5 限速器上应标明与安全钳动作相应的旋转方向。
解析 许多限速器,尤其是靠摩擦力来产生张力的限速器,一般都是对称结构,限速器上也没有明显的夹绳装置,此时为避免安装错误以及试验操作时明确方向,应在限速器上标明与安全钳动作相应的旋转方向。

9.9.6 限速器绳
解析 本标准中对于悬挂电梯系统的主钢丝绳要求了很多,但对于限速器钢丝绳只要求最小直径(不小于 6mm)、绳轮节径与限速器钢丝绳的直径比(不小于 30 倍)、安全系数(不小于 8)等要求。其实,限速器钢丝绳还有许多值得注意的地方。

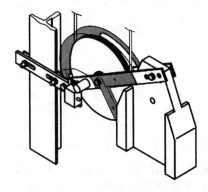

图 9 - 30　限速器张紧装置示意图

1. 钢丝绳捻制型式的选择:

由于在绝大多数情况下限速器钢丝绳长度为整个井道高度的 2 倍,在使用时限速器钢丝绳形成封闭的绳环,靠下部的张紧装置保持张紧,而张紧装置及其导向一般采用重块与杠杆、铰链配合并使用导轨夹夹持在导轨上的型式,如图 9 - 30 限速器张紧装置示意图。在选择限速器钢丝绳时,应根据张紧的实际情况,尽可能选择那些扭转内力小,甚至无扭转内力的钢丝绳,否则当井道总高较高时,限速器钢丝绳由于悬垂长度较大,扭转力也较大,而造成张紧轮有扭转的趋势,使铰链轴的位置受到额外的力,影响钢丝绳的张紧效果。在选取限速器钢丝绳时,最好选用不易扭转、抗松股性能较好的交互捻制型式的钢丝绳,尽量不要选择顺捻的钢丝绳。尽管顺捻型钢丝绳有较好的抗疲劳性能,但由于其绳丝和绳股的捻制方向相同,其应力的方向性也更加明显,容易造成扭转、松股等现象。

2. 限速器钢丝绳应比较柔软:

限速器绳的柔软性很重要,它不仅影响绳和轮槽的使用寿命,还对张紧状态及张紧质量有一定影响。如果钢丝绳较为僵硬,将加剧绳槽的磨损,保持正常张紧状态所需的张紧质量也要加大。

3. 应充分考虑环境对限速器钢丝绳的影响:

钢丝绳芯材料一般有硬质纤维(蕉麻、剑麻等)和软质纤维(黄麻等)两种,当环境湿度较高时,纤维绳芯容易受潮。虽然钢丝绳绳芯含有润滑脂,但还是会随空气湿度变化而吸湿膨胀或干燥收缩,导致钢丝绳直径及长度变化。主钢丝绳由于悬挂载荷(轿厢及对重重量)较大,所以受湿度影响较小,而限速器钢丝绳承受的载重则相对较小,受湿度的影响则较明显。当限速器钢丝绳受潮后,其直径更加容易变大,而长度变短。甚至由于绳芯在各个部位膨胀程度不同,造成钢丝绳直径不均匀,形成"竹节",在电梯运行过程中引起限速器钢丝绳在绳槽中的震动。此外,在潮湿天气下安装调节好的限速器钢丝绳当周围空气湿度下降时,绳径便会渐渐减小,绳长相应增加,以致碰到断绳开关。在南方湿度最大的月份,这种收缩率可以达到 0.2% 左右,而将洗净的麻芯钢丝绳无负载状态下浸在水中 100h,其收缩率甚至达到了 1.0%。

为了尽可能减小潮湿环境对限速器钢丝绳造成的不良影响,可采用一些受湿度影响较小的新型电梯用钢丝绳,例如采用绳芯是合成纤维材料的钢丝绳。合成纤维芯钢丝绳由于绳芯不吸水,即使是无负载状态下浸在水中,收缩率也只有 0.05%,这样其长度受潮湿天气的影响是微乎极微的。

9.9.6.1　限速器应由限速器钢丝绳驱动。

■■ **解析**　这里排除了限速器采用链、齿轮等方式驱动的型式。可能主要出于考虑以下原因：齿轮、链等驱动方式与钢丝绳与绳轮的配合型式不同，它们之间无法产生必要的相对滑动，在限速器动作时可能造成部件的破坏。

在欧洲，曾有如下解释请求：是否允许采用链条驱动限速器？

CEN/TC10的解释是：不允许。9.9.6.1明确地要求采用柔性钢丝绳。

9.9.6.2 限速器绳的最小破断载荷与限速器动作时产生的限速器绳的张力有关，其安全系数不应小于8。对于摩擦型限速器，则宜考虑摩擦系数 $\mu_{max}=0.2$ 时的情况。

■ **解析** 由于限速器动作后限速器钢丝绳被制停，但轿厢只有再继续下行一段距离后才能够被安全钳最终制停。尤其是渐进式安全钳，其制动距离比较长，在制停过程中限速器绳也必须跟随轿厢运行而在限速器上滑移一段距离。如果在滑移过程中所受到的摩擦力太大，就可能会造成钢丝绳拉断或表面损伤。如果由于某种原因制动距离大于正常范围时，更加容易造成安全钳提拉系统或者限速器及其附件的损坏。本条与9.9.4共同限制了钢丝绳张力的最大和最小值。

对于摩擦型限速器，在计算动作时限速器钢丝绳张力时的关键是选取合适的摩擦系数。为了保证在限速器动作时钢丝绳有足够的安全系数，这里建议采用摩擦系数 $\mu=0.2$ 的情况。这个摩擦系数值是钢丝绳和绳槽之间可能达到的最大值再取一定的安全余量而给出的。

在选用限速器钢丝绳时必须有一定安全裕量，本标准规定限速器钢丝绳的安全系数不小于8。在此应特别注意，为满足上述的安全裕量，限速器在动作时对限速器钢丝绳的制停不能过猛。对于带有夹绳机构的限速器，夹绳机构缓冲弹簧的设定是保证钢丝绳安全系数的关键；对于依靠钢丝绳与绳轮槽口之间的摩擦来提拉安全钳的限速器，限速器张紧装置的重量是影响限速器钢丝绳安全系数的关键。

9.9.6.3 限速器绳的公称直径不应小于6mm。

■ **解析** 为保证限速器钢丝绳强度的稳定性，其直径不应过细，以免个别绳丝在断裂时对其总强度影响过大。

9.9.6.4 限速器绳轮的节圆直径与绳的公称直径之比不应小于30。

■ **解析** 与悬挂轿厢、对重（或平衡重）的钢丝绳类似，限速器钢丝绳运行与绳轮上时也存在疲劳失效的问题，因此要控制限速器绳轮的节圆直径与绳的公称直径的比值足够大。

由于限速器钢丝绳两端所受到的拉力远小于悬挂轿厢、对重（或平衡重）的钢丝绳的拉力，因此拉力在钢丝绳绳轮上弯曲时的附加应力也远小于悬挂轿、对重（或平衡重）的钢丝绳。因此，绳轮的节圆直径与绳的公称直径之比不小于30即可。

9.9.6.5 限速器绳应用张紧轮张紧，张紧轮（或其配重）应有导向装置。

解析　为保证限速器动作时能够可靠触发安全钳,钢丝绳应处于张紧状态。张紧轮及其附属装置参见图 9-30 限速器张紧装置示意图。

对于靠绳槽与钢丝绳之间摩擦来制停钢丝绳的限速器,没有良好而适当的张紧力,限速器就不能提供所需的提拉力,这一点与曳引驱动电梯的曳引力计算非常类似。只有钢丝绳两边的拉力相对于其差值来说足够大的情况下,这种限速器才能在动作时产生足够的触发安全钳的力。而钢丝绳两边的拉力就来自于限速器绳的张紧。对于这种限速器来说,钢丝绳的张紧是至关重要的,它决定着限速器动作是否有效。这种限速器的张紧力必须根据安全钳所需的提拉力来确定。

对于带有夹绳装置的限速器,适当的张紧力能够保证限速器绳轮能够与轿厢同步运行,没有相对速度差,因此保证适当的张紧力也是必要的。

此外张紧装置的作用还在于,如果选用纤维绳芯的限速器钢丝绳时,必须保持一定的张紧重量,以防止绳芯在空气湿度变化时,由于其直径的变化而导致钢丝绳长度变化过大。

如果张紧轮或其配重自由悬垂于井道中,很容易受到风或电梯运行气流的影响而摆动,极易与电梯其他部件碰撞。为避免这种情况,要求张紧轮或其配重要有导向装置,以使其位置被限定在允许的范围内。

当限速器触发安全钳装置的操作力取决于张紧轮的作用时,允许将限速器安装在井道下部。如果限速器安装在下部,通过试验或计算能够验证这种结构的限速器安全钳系统可正确地动作,则由限速器自身重量来实现张紧是可行的。

对于限速器张紧,曾有如下询问:对 9.9.6.5(EN81-1)和 9.10.2.5.2(EN81-2)的下述理解是否正确? 即:可用带导向的压缩弹簧代替重力进行绳的张紧。

CEN/TC10 的解释:没有绝对要求仅用重力作为张紧方法。然而,本标准是以使用重力为基础而制定的,因此,如果采用其他的方法,为了确保限速器安全钳系统正确的动作,可能需要附加的措施。

9.9.6.6　在安全钳作用期间,即使制动距离大于正常值,限速器绳及其附件也应保持完整无损。

解析　在限速器动作并触发安全钳后,安全钳尤其是渐进式安全钳在制停轿厢、对重(或平衡重)的过程中要在导轨上有一段滑移距离。这段距离在安全钳设计时有所考虑,并对设计限速器有一定的影响。但是如果受到环境的影响,尤其是导轨和安全钳制动元器件表面状态的影响,安全钳在动作时的滑移距离可能大于设计的预期值,即使发生这种情况,限速器绳及其附件也应完好无损。这个要求一方面是规定了限速器钢丝绳及其附件应有足够的强度,在受到较大的拉力时不会损坏。另一方面也限定了钢丝绳在限速器动作后不应被完全卡死,应能够在一定程度上随轿厢的滑移而滑移,以免造成钢丝绳被拉断或表面损伤。

9.9.6.7　限速器绳应易于从安全钳上取下。

解析　本条规定实际上是要求了限速器钢丝绳与安全钳提拉机构的连接要简单。一般情况下,限速器钢丝绳端接部分也应采用绳头,绳头的型式与悬挂电梯系统的主钢丝绳类似,一般采用楔块式和绳夹/鸡心环套式。这个绳头不但要求具有足够的强度,同时还应在必要时轻易的与安全钳提拉机构分离。绳头的强度在本标准中并没有明确规定,因此建议不小于钢丝绳的破断载荷。

9.9.7 响应时间

限速器动作前的响应时间应足够短,不允许在安全钳动作前达到危险的速度(见 F3.2.4.1)。

■■ **解析** 首先需要说明的是,根据本条最后的说明"(见 F3.2.4.1)";同时由于 F3.2.4.1 是针对瞬时式安全钳的吸收能量的计算可见,本条特别针对的是使用瞬时式安全钳的电梯系统。原因也很简单:瞬时式安全钳对速度的增加更加敏感。

限速器从达到动作速度,到其动作并通过钢丝绳、连杆装置触发安全钳这段时间应予以限制,通俗地讲就是:限速器到达动作速度后到制动钢丝绳的这段响应时间要尽可能的短,不允许在安全钳动作前,电梯系统到达危险速度。这个要求是非常必要也是非常重要的。对于非连续捕捉的限速器来说,限速器绳轮的节径和每个圆周上捕捉点的数量的关系是至关重要的。限速器绳轮节径越大、每个圆周上的捕捉点数量越少,限速器动作的离散性就越大,越难以满足本条要求。对于连续捕捉的限速器,当采用夹块制停钢丝绳的结构时,夹块对钢丝绳的夹紧力必须适当选取;当采用绳槽摩擦制停钢丝绳时,槽口的当量摩擦系数和钢丝绳的张紧力是设计中要着重考虑的。

也就是说,限速器的响应时间实际是由两个方面构成的:限速器对于超速是否能够及时捕捉;捕捉后是否能够及时制停钢丝绳。针对本条要求,这两点都必须予以充分考虑。

关于响应时间的问题,CEN/TC10 有如下解释单:

问 题
9.9.7 响应时间
限速器动作前的响应时间应足够短,不允许在安全钳动作前达到危险速度。
我们有下列问题:
1.什么是"足够短"和"危险速度"?
2.在一个安全操作过程中,在哪个时刻之间测量响应时间?
3.是否此条文实际上理解为"在限速器动作后,安全钳的响应时间应……"?
4.对于下列额定速度,当观测安全钳试验时,测量时间和速度是什么值?

额定速度(m/s)	响应时间(s)	"危险的速度"值(m/s)
0.63		
1.00		
2.00		
3.00		
5.00		
10.00		
请指出在哪里或如何获得这些数值。		

解　释

1. 如果在操纵安全钳所需的力刚建立的瞬时,所达到速度不超过已认定的安全钳最大速度,则响应时间为足够短。

因此,"危险的速度"被定义为:超过已整定的安全钳最大速度的速度。

2. 响应时间是一段时间,从达到限速器理论动作速度的时刻起到达到所需要的操作力的时刻;见EN81-1的9.9.4和EN81-2的9.10.1。

3. 不是。

响应时间与限速器有关系,而不是安全钳。

4. 目前,本标准没有要求在限速器和安全钳之间要有直接的兼容性。在本标准以后的修订中,将复审此观点。

9.9.8　可接近性

9.9.8.1　限速器应是可接近的,以便于检查和维修。

■■ **解析**　限速器在安装完成后必须按照附录D交付使用前的检验(标准的附录)检查限速器以及进行限速器-安全钳联动试验。而且在定期检验、重大改装或事故后的检验时参照附录E(提示的附录)也应进行限速器检查。因此限速器必须是可以接近的,以便于检查和维修。

9.9.8.2　若限速器装在井道内,则应能从井道外面接近它。

■■ **解析**　特殊情况下,限速器可以安装在井道内,但是其检查和维修应能够从井道外进行。这就要求在井道上开设检修门(检修门必须符合本标准相关规定)。

9.9.8.3　当下列条件都满足时,无须符合9.9.8.2的要求:

a)能够从井道外用远程控制(除无线方式外)的方式来实现9.9.9所述的限速器动作,这种方式应不会造成限速器的意外动作,且未经授权的人不能接近远程控制的操纵装置;

b)能够从轿顶或从底坑接近限速器进行检查和维护;

c)限速器动作后,提升轿厢、对重(或平衡重)能使限速器自动复位。

如果从井道外用远程控制的方式使限速器的电气部分复位,应不会影响限速器的正常功能。

■■ **解析**　本条是当限速器安装在井道中时,替代9.9.8.2要求的另一种形式。也就是说,9.9.8.3的要求与9.9.8.2的要求具有同等安全性。在满足9.9.8.3的基础上无须同时满足9.9.8.2的要求。符合9.9.8.3的限速器安装形式见图9-31a)。

本条所要求的几个条件实际上完全是基于检查和维修的需要:

1. 在进行限速器-安全钳联动试验时,能够用一种有线遥控的方式进行。这个遥控装置应只能被具有相应资格的人员获得且不会导致限速器误动作。

应注意,这里所说的"远程控制"不能使用无线方式,以免受到干扰而发生误动作。

通常这种结构是由能够在井道外使用的有线控制的电磁铁实现的,限速器则多采用前面介绍过的惯性限速器。它比一般情况下的惯性限速器在棘爪和摆轮之间的连臂上增加了一根摆杆[见图9-31 b)]。在试验时操作电磁铁,由电磁铁推动摆杆使棘爪与棘轮啮合,实现限速器动作。

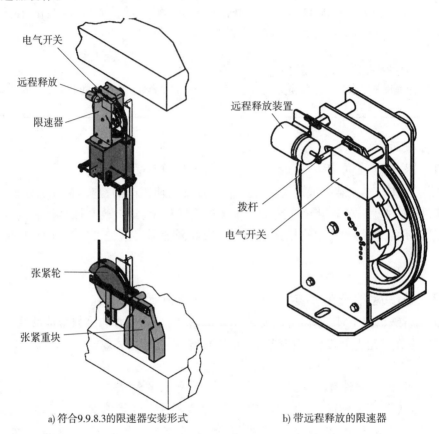

a) 符合9.9.8.3的限速器安装形式   b) 带远程释放的限速器

图 9 - 31　安装在井道内的限速器

2. 在日常维修保养中,如需要对限速器进行必要的检查和维护,应能够从轿顶上接近限速器并进行相关的操作。这是由于限速器如果安装在井道内,且检查和维修不能从井道外进行,则必须提供一种在日常维修保养中能够供人员接近限速器的方法。同时接近限速器的方法必须是安全的。综合考虑,在轿顶上进行相关的工作是符合上述要求的。

3. 限速器动作后的释放,应在提起轿厢、对重(或平衡重)释放安全钳的过程中同时将限速器复位。避免由于限速器安装在井道中而带来的人员手动复位操作的困难。在通过有线遥控的方式远程释放电气开关时,不能使限速器的正常功能受到影响。也就是说,远程释放电气开关时,不应对限速器的机械状态有所影响。

9.9.9　限速器动作的可能性

在检查或测试期间,应有可能在一个低于9.9.1规定的速度下通过某种安全的方式使限速器动作来使安全钳动作。

■ **解析** 对于限速器动作的检查和测试其目的是为了验证限速器-安全钳系统是可靠的,而对于安全钳本身由于其动作时所能吸收的能量已经过了型式试验(见F3)的验证,交付使用前试验的目的是检查其是否被正确的安装、调整;同时检查整个组装件,包括轿厢、安全钳、导轨及其和建筑物的连接件的坚固性。限速器和安全钳本身的性能没有必要在这里进行验证。而且,考虑到安全钳在额定速度下动作可能会给导轨带来较大的损伤(尤其是瞬时式安全钳,在额定速度下动作将对导轨及钳体造成一定的破坏),因此在标准GB 7588附录D D2 j项中讲到:"瞬时式安全钳,轿厢装有额定载重量,而且安全钳的动作在检修速度下进行";"渐进式安全钳,轿厢装有125%额定载重量,而且安全钳的动作可在额定速度或检修速度下进行"。这就要求在检修速度或更低速度时应有办法使限速器动作来提起安全钳。

通常情况下,依靠夹绳装置制停钢丝绳的限速器,在检查和测试时可以直接动作夹绳装置。靠绳轮槽口摩擦制停钢丝绳的限速器,通常采用直接制停限速器绳轮或另外增加试验用绳槽的方法(见图9-32)。带试验绳槽的限速器,其绳轮上有两个节径不等的绳槽,直径较大的绳槽是电梯正常运行时使用的;而直径较小的绳槽作为试验用槽。当把限速器绳放在试验绳槽中时,在相同角速度的情况下试验绳槽与正常使用的绳槽的线速度存在差异。在电梯额定速度运行或检修速度运行时,限速器轮的转速就已达到实际动作速度并提拉安全钳。

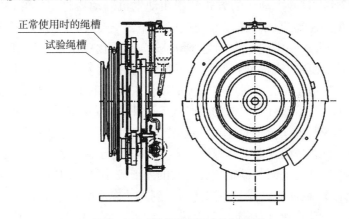

正常使用时的绳槽
试验绳槽

图9-32 带试验用绳槽的限速器

但应注意:在进行限速器-安全钳联动试验时,不能采用手动触发安全钳的方式来替代限速器进行试验。

9.9.10 可调部件在调整后应加封记。

■ **解析** 本条是为了防止其他人员调整限速器、改变动作速度,造成安全钳误动作或达到动作速度不动作,造成人员伤亡事故。

由于限速器是电梯安全部件,其动作速度应根据电梯额定速度在生产厂出厂前完成调整。测试后,加上封记,安装施工时不允许再进行调整。这里指的"封记"可采用铅封或漆封,其条件是在对限速器动作速度整定并加以封记后,对影响动作速度的任何调整,都将明显的损毁原封记。这里所要求的封记不仅应加在调整速度的部位,其他任何可引起限速器开关动作速度,制动绳的动作速度以及夹绳力变化的可变动部位都应加封。

9.9.11 电气检查

9.9.11.1 在轿厢上行或下行的速度达到限速器动作速度之前,限速器或其他装置上的一个符合14.1.2规定的电气安全装置使电梯驱动主机停止运转。

但是,对于额定速度不大于1m/s的电梯,此电气安全装置最迟可在限速器达到其动作速度时起作用。

 解析 这里要求的电气安全装置在一般情况下就是一个可以肯定断开的电气开关。这个开关在这里是专门用于限速器上面的,不能与其他开关(如安全钳开关)混用。

这里所谓"在轿厢上行或下行的速度达到限速器动作速度之前",其实触发轿厢安全钳动作的限速器只要求在轿厢下行超速时动作。当然,如果限速器还负担着触发上行超速保护装置的任务的话,这样的限速器肯定是在轿厢上行或下行都能够动作。虽然限速器没有要求是在轿厢上行或下行都能够动作,但其电气开关应在上行和下行超速时都能够起作用。

电气开关的动作速度应小于限速器的机械动作速度,这是因为在限速器机械动作之前,如果能够通过使电气开关动作的方式利用驱动主机制动器将超速的轿厢停止(或降低速度),则可以避免限速器机械动作以及安全钳动作。毕竟,安全钳动作会给导轨,安全钳钳体,甚至轿厢本身带来一定的损害,而且释放安全钳是比较困难的事情。如果抱闸不能控制超速的电梯,限速器的机械动作装置将发挥作用,提起安全钳,将轿厢夹持在导轨上,实现安全保护。在这里是希望通过电气开关的动作来避免限速器动作并触发安全钳。

当使用除了不可脱落滚柱式以外的瞬时式安全钳时,限速器动作速度为0.8m/s;当使用不可脱落滚柱式瞬时式安全钳时,限速器动作速度为1m/s;当使用额定速度小于或等于1m/s的渐进式安全钳时,限速器动作速度为1.5m/s。对于额定速度不大于1m/s的电梯,考虑到限速器动作速度的上限与额定速度之间的差值较小,电气开关可能来不及在限速器机械动作前发生动作,因此允许最迟在限速器达到其动作速度时起作用。

对于电气开关的动作速度,标准中只是说"达到限速器动作速度之前"但提前多少没有明确。一般设计中,电气开关动作的速度下限应保证不小于 $1.15v$。

参考美国标准 A17.1 规定:额定速度为0.76m/s～2.54m/s的电梯,限速器电气开关在电梯下行速度不超过限速器动作速度的90%时动作;对于额定速度大于2.54m/s的电梯,则为不超过限速器动作速度的95%。以上要求可以在一般设计中作为参考使用。

9.9.11.2 如果安全钳(见9.8.5.2)释放后,限速器未能自动复位,则在限速器未复位时,一个符合14.1.2规定的电气安全装置应防止电梯的启动,但是,在14.2.1.4c)5)规定的情况下,此装置应不起作用。

 解析 当安全钳被释放后,限速器仍处于动作状态(限速器可以在释放安全钳时自动复位),限速器上应有一电气开关防止电梯启动。这个开关就是9.9.11.1所要求的开关。

　　但为了在电梯发生故障时，及时救援轿厢内的乘客，在 14.2.1.4"紧急电动运行控制"的情况下，这个电气开关不起作用。

　　关于本条所述电气安全装置问题，CEN/TC10 有如下解释单：

问　　题
9.9.11.2 规定当限速器在动作状态时，一电气安全装置应防止电梯的启动。 我们的理解是： 如果当限速器在动作状态时，9.9.11.1 中的电气安全装置可手动复位使电梯启动，那么只要限速器在动作状态，需要 9.9.11.2 的其他装置防止电梯的启动。 问题 1 a)我们的上述理解是否正确？或 b)9.9.11.1 中的装置是足够的吗？ 问题 2 如果上述 b)是正确的，当限速器在动作状态时，手动复位 9.9.11.1 的装置并启动电梯是可能的。如何协调它与"当限速器在动作状态时，该装置应防止电梯的启动"的要求之间的不一致？
解　　释
问题 1 a)：正确。 问题 1 b)：只有安全钳释放后限速器自身自动恢复的情况下，9.9.11.1 中的电气安全装置才是足够的。或 只要限速器在动作状态下，9.9.11.1 的装置就不能被复位的情况下，9.9.11.1 中的电气安全装置才是足够的。

9.9.11.3　限速器绳断裂或过分伸长，应通过一个符合 14.1.2 规定的电气安全装置的作用，使电动机停止运转。

　　解析　由于限速器钢丝绳的断裂或过分伸长（松弛）都会使限速器不起作用或发生误动作，为防止上述故障影响到限速器的功能，应有一个电气开关监控以上两种故障状态。由于这两种故障都会引起限速器张紧装置位置的变化，因此通常情况下这个电气开关安装在限速器钢丝绳的张紧轮上，通过监视限速器张紧轮的位置来确定是否发生了限速器绳断裂或过分伸长的故障。在发生上述两种故障时，这个开关被触发，使驱动主机的电动机停止转动，以避免更严重的危险发生。

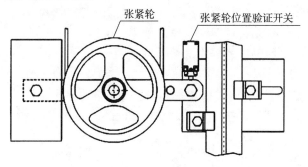

图 9-33　限速器张紧轮位置验证开关

9.9.12 限速器是安全部件,应根据 F4 的要求进行验证。

解析 作为在下行超速时触发安全钳的部件,限速器在电梯系统中也作为安全部件出现,并要求对其进行型式试验。

限速器的主要参数是动作速度和钢丝绳提拉力。其中动作速度又分为机械动作速度和电气动作速度。限速器的型式试验就是为验证这些主要参数的。此外在型式试验中还应验证限速器钢丝绳、限速器绳轮轮槽以及复位开关。

资料 9-15　限速器型式试验介绍 ⇩⬛

下面我们简要介绍附录 F4 中所规定的限速器型式试验的内容和过程:

一、需要明确的参数

限速器在进行型式试验时,需要明确以下参数:

1. 限速器型号规格;

2. 限速器结构、动作、所用材料、部件尺寸和配合公差装配图;

3. 使用该限速器的电梯的最大和最小额定速度;

4. 限速器动作时所产生的限速器绳张紧力的预期值;

5. 由该限速器操纵的安全钳装置的类型;

6. 摩擦曳引式限速器绳轮的槽型和摩擦力的设计计算说明或热处理硬度参数;

7. 限速器配套装置:钢丝绳和连接方式、安全钳提拉机构和张紧装置的结构,张紧装置最小重量;

8. 限速器用钢丝绳结构、直径和最小破断负荷,钢丝绳承载安全系数的设计计算说明。

此外,如果需要,还要参考使用说明书,产品合格证和限速器钢丝绳检验报告,以及特殊环境使用要求的说明资料等。

二、试验中动作速度的选择

1. 机械动作速度

根据限速器所配合使用的安全钳的不同,按照 9.9.1 规定:

操纵轿厢安全钳的限速器的动作速度应不小于轿厢运行额定速度的 115%,但应该小于下列各值:

(1)对于除了不可脱落滚柱以外的瞬时式安全钳装置为 0.8m/s;

(2)对于不可脱落滚柱式瞬时安全钳装置为 1.0m/s;

(3)对于带缓冲作用的瞬时式安全钳或额定速度不大于 1.0m/s 的渐进式安全钳装置为 1.5m/s;

(4)对于额定速度大于 1.0m/s 的渐进式安全钳装置为

$$1.25v + 0.25/v, \text{m/s}.$$

式中:

v——额定速度,m/s。

如果对重带有安全钳,其动作速度应大于轿厢限速器的动作速度,但不得大于轿厢限速器的动作速度值的 10%。

限速器机械动作速度一般在限速器动作速度测试仪上进行。应该至少进行 20 次的机械动作速度试验,并且 20 次的机械动作速度值应该在规定的极限范围内。

注意:大多数试验应按速度范围的极限值进行。试验时,应以尽可能低的加速度达到限速器动作速度,以便消除惯性的影响。这是因为,不同结构的限速器因其转动惯量不同,在不同的加速度条件下表现出的动作速度值也会有差别。采用平缓而均匀的加速方式时,惯性的影响基本可以忽略,表现出动作速度更接近于限速器的设计速度。但这种试验方法由于加速缓慢也会掩盖住非连续捕捉式限速器的缺陷。当限速器达到动作的临界状态时,两个可动作点之间的速度变化很小,不能真实反映电梯出现自由坠落事故时的速度增加情况。

2.电气动作速度

限速器上的电气安全装置的动作速度应小于限速器机械动作速度。对于额定速度不大于 1.0m/s 的电梯,电气安全装置动作速度应不大于限速器动作速度。电气安全装置应该符合本标准 14.1.2 的要求。其安装结构应稳定,不易失效。

限速器电气动作速度试验在测试机械动作时同时进行,也应至少进行 20 次检测。其中应该至少进行 5 次反向电气动作速度测试。每一次试验的电气动作速度均应该符合要求。

三、提拉力

根据 9.9.4 规定,限速器动作时,限速器绳的张紧力(限速器的提拉力)不得小于以下两个值的较大值:申请人的提拉力预期值;或 300N。

应注意:在制造厂无特殊要求,试验报告也无其他明确要求的情况下,包角应为 180°。对于通过将绳夹紧面起作用的限速器的情况.应检查绳是否产生永久变形。

使用限速器钢丝绳张紧力测试装置(一般为测力计)进行至少 3 次提拉力试验。每一次得到的试验值均应不小于要求值。对于夹块摩擦型限速器,动作试验后钢丝绳不得产生永久变形。

四、限速器钢丝绳与绳槽

限速器应该由与之相配的钢丝绳驱动,钢丝绳的公称直径应该不小于 6mm。限速器绳轮的节圆直径与绳的公称直径之比不应小于 30。

使用上面提拉力试验中测得的最大提拉力,配合限速器钢丝绳的破断载荷来验证钢丝绳的安全系数是否符合"应不小于 8"的要求。

根据 9.9.4 的要求,对于只靠限速器绳和绳轮的摩擦力来产生张紧力(提拉力)的曳引式限速器,限速器的设计制造要求:轮槽应该经过附加的表面硬化处理;或轮槽底部应该有一个符合附录 M2.2.1 要求的切口槽。

五、复位开关的检查

如果安全钳装置释放后,限速器未能够自动复位,则应有一个电气开关来阻止电梯的启动,在限速器处于动作状态期间应一直有效。

该电气开关应该符合本标准 14.1.2 的要求,其安装结构应稳定,不易失效。

9.10 轿厢上行超速保护装置

曳引驱动电梯上应装设符合下列条件的轿厢上行超速保护装置。

███ **解析**　轿厢上行超速保护装置是防止轿厢冲顶的安全保护装置。

注意这里仅要求了曳引驱动电梯应设置上行超速保护装置,强制驱动电梯并不需要设置。这是因为,强制驱动电梯的平衡重只平衡轿厢或部分轿厢的重量,因此无论强制驱动电梯是否带有平衡重,即使轿厢空载时,也决不会比平衡重侧(如果有平衡重的话)轻。在驱动主机制动器失效时也不可能出现钢丝绳或链条带动绳鼓或链轮向上滑移的现象。

而对于曳引驱动电梯,则必须设置上行超速保护装置,原因在于曳引驱动电梯必然存在对重(对重是提供曳引力的关键部件之一),而对重的重量是整个轿厢重量及部分载重量之和,因此是大于空载轿厢的。在制动器或传动机构失效时,可能会造成轿厢冲顶。

造成冲顶的原因大致有以下几种:

(1)电磁制动器衔铁卡阻,造成制动器失效或制动力不足;

(2)曳引轮与制动器中间环节出现故障。多见于有齿曳引机的齿轮、轴、键、销等发生折断,造成曳引轮与制动器脱开;

(3)钢丝绳在曳引轮绳槽中打滑。

由于人体头部的脆弱性,轿厢上行方向超速导致冲顶将给轿内人员带来重大伤害,因此曳引式电梯必须设置上行超速保护。

9.10.1　该装置包括速度监控和减速元器件,应能检测出上行轿厢的速度失控,其下限是电梯额定速度的115%,上限是9.9.3规定的速度,并应能使轿厢制停,或至少使其速度降低至对重缓冲器的设计范围。

███ **解析**　上行超速保护装置包括一套相同或类似于限速器的装置,以监测和判断轿厢是否上行超速;同时还包括一套执行机构,在获得轿厢上行超速的信息时能够将轿厢制停或减速至安全速度范围以内。注意,这里并不是要求必须能够制停轿厢。

从目前的情况来看,速度监控元器件一般采用限速器来实现。根据所选用的减速元器件的形式和设置位置的不同,可以采用两个限速器分别控制安全钳(用于下行超速保护)和上行超速保护装置,也可以使用在轿厢上行和下行都能够动作的限速器。

本条规定了轿厢上行超速保护装置的动作速度,即:大于等于1.15倍的额定速度且小于等于1.1倍的轿厢安全钳的动作速度。

9.10.2　该装置应能在没有那些在电梯正常运行时控制速度、减速或停车的部件参与下,达到9.10.1的要求,除非这些部件存在内部的冗余度。

该装置在动作时,可以由与轿厢连接的机械装置协助完成,无论此机械装置是否有其他用途。

███ **解析**　轿厢上行超速保护装置应是独立的。在制停轿厢,或对轿厢减速时,应完全依靠自身的制动能力完成。不应依赖于速度控制系统(如强迫减速开关)、减速或停止装置(如驱动主机制动器)。但如果这些部件存在冗余,则可以利用这些部件帮助轿厢上行超速保护装置停止或减速轿厢。

由于在本标准中对驱动主机的制动器已经有了"所有参与向制动轮或盘施加制动力的制动器机械部件应分两组装设。如果一组部件不起作用,应仍有足够的制动力使载有额定载荷以额定速度下行的轿厢减速下行"的要求,因此驱动主机的制动器是符合"存在内部的冗余度"的要求的。这就是有些曳引机(主要是无齿轮曳引机)使用制动器作为轿厢上行超速保护装置的依据。

从本条可以看出,既然允许在速度控制系统、减速或停止装置存在冗余的情况下,利用这些部件帮助轿厢上行超速保护装置停止或减速轿厢,可见标准中是不考虑这些部件完全失效的情况。比如不考虑驱动主机制动器完全失效的情况(两组均失效)。

协助轿厢上行超速保护装置动作的部件可以是与轿厢连接的机械装置,而且此装置不必是专门为轿厢上行超速保护装置而设置的。比如,当轿厢上行超速保护装置采用在轿厢上设置能够在上下两个方向均能起作用的安全钳的形式时,触发下行动作的安全钳与触发上行动作的安全钳可以是同一套拉杆系统。

9.10.3 该装置在使空轿厢制停时,其减速度不得大于 $1g_n$。

■ **解析** 除去直接作用在轿厢上的轿厢上行超速保护装置在动作时可能使轿厢的制停减速度为 $1g$,其余形式的轿厢上行超速保护装置均不可能造成轿厢的制动减速度大于 $1g$。

要求制动减速度不超过 $1g$ 是考虑如果减速度过大,乘客将由于失重而在轿厢中被"抛"起来,可能造成头部撞击而引发安全事故。

要求的条件是"空轿厢制停时",是因为在这个时候轿厢系统的质量最小。当一个确定的制动力施加给轿厢时,轿厢系统质量最小的情况可导致最大减速度的出现。标准中这样规定,就是为了在最不利的情况下也能获得不至于伤害到乘客人身安全的减速度。

轿厢上行超速保护装置的最大加速度不能超过 $1g$,因此瞬时式安全钳不能用于此处。

关于减速度的问题,CEN/TC10 有如下解释单:

问 题
对于额定速度小于等于 0.63m/s 的电梯,与下行的减速度(因为安全钳动作)相比,该条规定了更严格的上行减速度要求。
上行方向:最大 $1g_n$。
下行方向:对于瞬时式安全钳,对减速度最大值没有任何要求。
我们认为这是个错误,因为从重力和发生频次来讲,下行方向减速产生的风险比上行方向的更高。
如果这不是个错误,则须承认:在上行方向上安装渐进式安全钳,而在下行方向上安装瞬时式安全钳是足够安全的。
解 释
限制上行方向减速度不超过 $1g_n$ 是 CEN/TC 10/ WG1 的主张。
采用瞬时式安全钳,不能满足第 9.10.3 要求。

9.10.4 该装置应作用于:

a)轿厢;或

b）对重；或

c）钢丝绳系统（悬挂绳或补偿绳）；或

d）曳引轮（例如直接作用在曳引轮，或作用于最靠近曳引轮的曳引轮轴上）。

解析 本条明确说明了轿厢上行超速保护装置作用的位置只可能有六个位置：轿厢、对重、曳引钢丝绳、补偿绳、曳引轮或最靠近曳引轮的轮轴上。只有直接作用在上述部位才可能最大限度地直接保护轿厢内的人员。之所以允许作用在钢丝绳上，是因为轿厢上行超速时，决不可能是由于钢丝绳断裂造成的，此时钢丝绳及其连接装置必定是有效的。

资料9-16 轿厢上行超速保护装置介绍 ⇩ ↓

9.10.4中明确要求，轿厢上行超速保护装置只能直接作用在下面这些位置上，即：轿厢、对重、曳引钢丝绳、补偿绳、曳引轮或最靠近曳引轮的轮轴上。下面我们分别介绍作用在这几个位置上的轿厢上行超速保护装置。

1. 作用在轿厢上的轿厢上行超速保护装置

直接作用在轿厢上的上行超速保护装置，目前最常见的是下图所示的双向安全钳。双向安全钳又可分为分体式和一体式两种。

其中，分体式双向安全钳就是将两个渐进式安全钳相互呈反方向放置。在轿厢下行和上行超速时由不同的安全钳进行保护［资料9-15图1a)]。当然这两个安全钳的制动力是不同的。

一体式安全钳是利用同一套钳体、弹性元器件和制动元器件在轿厢下行和上行超速时提供保护［资料9-15图1 b)]。

双向安全钳要求使用在两个方向都能够动作的限速器。

此外，还有一种电磁式轿厢制动系统，如资料9-15图2所示。这种装置由限速器开关的信号触发，制动力由两块制动片提供，电磁线圈保证制动片张开。

直接作用在轿厢上的上行超速保护装置的优点是能够直接制动轿厢。从原理上讲，这种结构比较可靠，不会引起轿厢上抛，也不会引起钢丝绳打滑。但其制动后释放比较困难，而且可能要重新校正导轨。

2. 作用在对重上的轿厢上行超速保护装置

这是最容易实现的轿厢上行超速保护措施。这种设计与对重安全钳类似（不同之处在下面会谈到），其制动部件和速度监控部件就可以使用目前已有的安全钳和限速器。但采用这种形式的轿厢上行超速保护将增加井道的尺寸，使对重框架的设计复杂化。

作用在对重上的轿厢上行超速保护装置与对重安全钳的区别：

(1)保护目的不同：

对重安全钳的保护目的是，当底坑下方有人员能够进入的空间［5.5b)所述情况]的情况下，在对重自由坠落时保护底坑下方的人员。而作用在对重上的轿厢上行超速保护装置的目的是防止轿厢上行超速而冲顶时对人员造成的伤害。

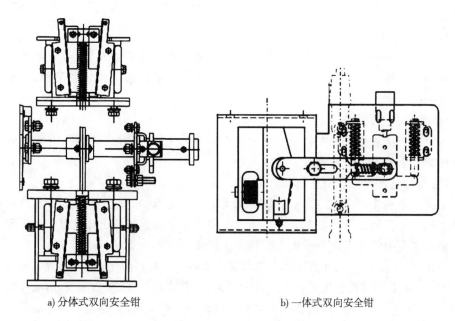

a) 分体式双向安全钳　　　　　　　b) 一体式双向安全钳

资料 9 - 16 图 1　双向安全钳

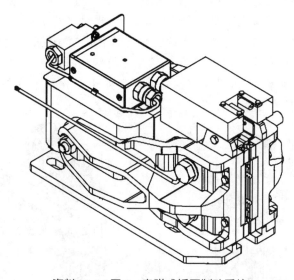

资料 9 - 16 图 2　电磁式轿厢制动系统

(2)对速度监控装置的要求不同：

对重安全钳要求必须由专门的限速器控制，额定速度小于 1m/s 的电梯其对重安全钳可以采用安全绳触发(9.8.3.1)。而作用在对重上的轿厢上行超速保护装置则可以与轿厢安全钳共用限速器，甚至只是使用类似于限速器的装置。

(3)操纵装置的要求不同：

不得用电气、液压或气动操纵的装置来操纵对重安全钳，但对轿厢上行超速保护没有这个要求。

(4)使用条件不同：

除额定速度不超过 1m/s 的对重安全钳可以使用瞬时式安全钳外，其他情况必须使用渐进式安全钳。但是作用在对重上的轿厢上行超速保护装置则不受这个限制，只要保证轿厢的制动减速度不大于 1g 即可。

(5)结构要求不同：

标准中禁止将对重安全钳的夹爪或钳体充当导靴使用，但对于作用在对重上的轿厢上行超速保护装置则没有类似要求。

(6)电气检查方面要求不同：

对重安全钳动作时，不需要一个符合 14.1.2 电气装置，在安全钳动作以前或同时使电梯驱动主机停转。但作用在对重上的轿厢上行超速保护装置需要上述装置(9.10.5)。

3.作用在曳引钢丝绳或补偿绳上的轿厢上行超速保护装置

作用在曳引钢丝绳上的轿厢上行超速保护装置的一般结构如资料 9-15 图 3 所示。钢丝绳制动器的优点是只需要在曳引机座上进行安装，不需要增加井道、机房尺寸，也不需要对轿厢、对重进行任何修改。因此，钢丝绳制动器不但适用于新电梯，同时也适用于在用电梯的改造。在引起上行超速可能的几种情况中，钢丝绳制动器全部都能够保护。对于有齿曳引机来说，钢丝绳制动器是轿厢上行超速保护装置中最好的方案。它不会引起钢丝绳在曳引轮上打滑。

钢丝绳制动器通常安装在曳引轮和导向轮之间，通过夹持曳引钢丝绳是轿厢减速或停止。这种结构一般采用弹簧作为制动力的提供元器件，在电梯正常运行情况下，靠机械力（如挂钩等）、电磁力（如电磁铁）甚至气压或液压保持钢丝绳制动器的释放状态。可以使用机械或电气式触发。在动作时，保持钢丝绳制动器处于释放状态的力消失，钢丝绳制动器夹紧钢丝绳，将上行超速的轿厢制动。

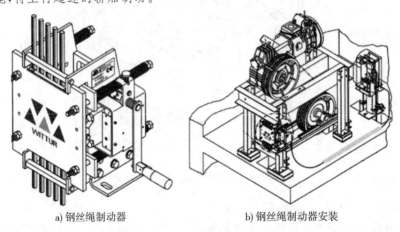

a) 钢丝绳制动器　　　　　　　　　b) 钢丝绳制动器安装

资料 9-16 图 3　作用在曳引钢丝绳或补偿绳上的轿厢上行超速保护装置

4.直接作用在曳引轮，或作用于最靠近曳引轮的曳引轮轴上的轿厢上行超速保护装置

直接作用与曳引轮上的轿厢上行保护装置比较少见，加拿大的 Northern 公司所设计的曳引轮制动器是比较早且比较有代表性的方案。其结构如资料 9-15 图 4 所示。

这种曳引轮制动器安装在曳引轮下部的曳引机架上,制动元器件直接作用于曳引轮下部没有钢丝绳绕过的部分。这种装置靠电磁铁保持其释放状态,动作时电磁铁失电,通过预压缩的弹簧向曳引轮施加制动力。曳引轮制动器只能间接制动超速轿厢,其作用有效的前提是曳引力满足要求。此外这种结构很大程度上受到曳引机结构的影响,通用程度不高。

资料 9－16 图 4　曳引轮制动器

作用于最靠近曳引轮的曳引轮轴上的轿厢上行超速保护装置如资料 9－15 图 5 所示。这种装置在轿厢上行超速时对曳引轮轮轴直接施加制动力,使轿厢制动或降低其速度。其有效作用的前提不仅要求曳引力满足条件,同时还要求曳引轮轮轴与曳引轮之间的连接是可靠的,否则无法起到预期的作用。这种装置的结构复杂,对曳引机结构要求很高,通用程度很差。同时这种结构不能用于钢丝绳在曳引轮上复绕的情况。

资料 9－16 图 5　作用于最靠近曳引轮的曳引轮轴上的轿厢上行超速保护装置

还有一种情况也可以认为是直接作用在曳引轮上。这就是使用无齿轮曳引机时,将曳引机制动器作为轿厢上行超速保护装置使用。由于无齿轮曳引机没有中间减速机构,马达转速和曳引轮转速相同,通常将制动器设置在曳引轮上。在本标准中曳引机对制动器要求其机械部件应分两组装设,如果一组部件不起作用,仍有足够的制动力使载有额定载荷以额定速度下行的轿厢减速下行。这样制动器就存在冗余设计,因此根据 9.10.2 之规定,允许将曳引机制动器作为轿厢上行超速保护装置使用,但其条件是制动器的制动位置在曳引轮上或最靠近曳引轮的轮轴上,其作用有效的前提是曳引力满足要求。资料 9－15 图 6 所示就是这种情况。

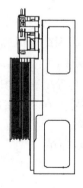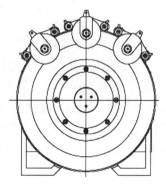

资料 9－16 图 6　曳引机制动器作为轿厢上行超速保护装置

但应注意,将曳引机制动器用作轿厢上行超速保护装置时,要求必须是制动器的制动位置在曳引轮上或最靠近曳引轮的轮轴上,否则如果中间存在减速机、连轴器等中间机构的话,当这些部件失效,则制动器便形同虚设了。此时上行超速保护装置也失去了作用。在目前的曳引机中,有齿曳引机的制动器一般作用在高速轴一侧(通常都是作用在马达连轴器上),因此不能将这样的曳引机制动器作为轿厢上行超速保护装置使用。而无齿轮曳引机,其制动器一般直接作用在曳引轮或与曳引轮直接连接的制动盘上,因此可以作为上行超速保护使用。

由本条所规定的轿厢上行超速保护装置允许设置的位置我们可以知道,上行超速保护装置实际保护的危险中不包含:

(1)钢丝绳在绳槽中打滑(即不满足曳引条件)

由于轿厢上行超速保护装置可以设置在曳引轮上,但即使将曳引轮制动住,也无法保护由于钢丝绳在曳引轮绳槽中打滑造成的危险。

(2)曳引轮与轮轴连接部件的失效

由于轿厢上行超速保护装置可以作用于最靠近曳引轮的曳引轮轴上,但如果轮轴与曳引轮相连接的螺钉、键等部件失效,上行超速保护装置依然无法获得预期的效果。

(3)曳引机制动器完全失效

由于本标准要求曳引机制动器的机械部件必须分为两组设置,因此制动器的制动能力必然存在冗余度。根据9.10.2之规定,在制动器制动能力存在冗余度的情况下,可以将曳引机制动器作为轿厢上行超速保护装置使用,前提是曳引机制动器直接作用于曳引轮或最靠近曳引轮的轮轴上。这时,不考虑曳引机制动器的两组机械部件全部失效的情况。

9.10.5 该装置动作时,应使一个符合14.1.2规定的电气安全装置动作。

解析 轿厢上行超速保护装置动作时,应有一个电气安全装置(一般采用安全开关)来验证其状态。

请注意:在本条中虽然没有说明电气安全装置动作之后要求电梯系统做出何种反应,但这里要求的电气安全装置是必须符合14.1.2之规定的,在14.1.2中有这样的规定"当附录A(标准的附录)给出的电气安全装置中的某一个动作时,应按14.1.2.4的规定防止电梯驱动主机启动,或使其立即停止运转"。因此可以知道,验证轿厢上行超速保护装置状态的电气安全装置在动作后,应能防止电梯驱动主机启动或使其立即停止转动。

此外,此开关必须直接验证轿厢上行超速保护的状态,而不能使用速度监控部件上的电气安全装置代替。因为速度监控部件上在9.10.10中也要求必须有电气安全装置验证其自身的状态。

对于本条,CEN/TC10曾有如下解释单:

问 题
注:为了使本解释更容易理解,条文中与本观点无关的内容已被删除;增加了用"斜体"表示的注释内容。 9.8.1.1 轿厢应装有能在下行时动作的安全钳,在达到限速器动作速度时,甚至在悬挂装置断裂的情况下,安全钳应能夹紧导轨使装有额定载重量的轿厢制停并保持静止状态。 9.8.1.2 在轿厢下面有人员能接近的情况,对重(或平衡重)也可设置仅能在其下行时动作的安全钳。在达到限速器动作速度时,安全钳应能通过夹紧导轨而使对重(或平衡重)制停并保持静止状态。 9.8.8 当轿厢安全钳作用时,装在轿厢上的一个符合 14.1.2 电气装置应在安全钳动作以前或同时使电梯驱动主机停转。 9.9.11.1 在轿厢上行或下行的速度达到限速器动作速度之前,限速器或其他装置上的一个符合 14.1.2 规定的电气安全装置应使电梯驱动主机停止运转。 9.10.1 曳引驱动电梯上应装设轿厢上行超速保护装置。该装置包括速度监控[1]和减速元器件[2],应能检测出上行轿厢的速度失控,并应能使轿厢制停,或至少使其速度降低至对重缓冲器的设计范围。 注:(1)限速器(对于这种情况,见 9.10.4); (2)安全钳(对于这种情况,见 9.10.4)。 9.10.4 该装置(1)应作用在对重上。 注:(1)一个安装在结构上的限速器和安装在对重上的安全钳。 9.10.5 当该装置(1)动作时,应使一个符合 14.1.2 规定的电气安全装置动作。 注:(1)因为"该装置"表示"限速器和安全钳",因此"电气安全装置"可选择被安装的部件。 在 9.10.5 中我们的注(1)所表达观点是否正确?
解 释
正确。对于这个例子,电气安全装置应安装在对重限速器上或对重安全钳上。

由以上解释单可见在控制轿厢上行超速的情况下,电气安全装置可以安装在对重限速器上或是对重安全钳上。这就说明使用对重安全钳作为上行超速保护装置时,9.10.5 要求的电气安全装置可以是装在对重限速器上的安全触点型开关。

9.10.6 该装置动作后,应由称职人员使其释放。

解析 由于轿厢上行超速保护装置一旦动作,必然是由于电梯系统出现故障(很可能是重大故障)而导致的。此时必须由称职的人员进行检查,确认排除故障后方可释放轿厢上行超速保护装置并使电梯恢复正常运行。

9.10.7 该装置释放时,应不需要接近轿厢或对重。

解析 这里所说的"释放",应该主要是针对上行超速保护装置制动元器件的机械部分。轿厢上行超速保护装置动作后的释放应容易进行。"不需要接近轿厢或对重"是因为,当上行超速保护装置动作时,轿厢或对重并非在井道中某一固定位置,要接近它们也是比较困难的。

本条要求其实并不难实现,对于曳引机制动器或安装在机房内的钢丝绳制动器,在机房里就可以释放;对于对重安全钳或轿厢上行安全钳(或双向安全钳),其机械部分的释放应该可以通过紧急电动运行或手动盘车上提对重而释放。

9.10.5 要求的电气安全装置采用自动复位还是手动复位的形式,要看轿厢上行超速保护装置安装的位置。这是因为,设置在机房内的轿厢上行超速保护装置由于释放不需要接近轿厢或对重,则采用何种形式的开关都能够满足本条要求;如果轿厢上行超速保护装置采用的是双向安全钳、对重安全钳或轿厢制动系统(见资料 9-15 图 2)的形式,则非自动复位式开关在释放时就接近轿厢或对重,这种情况下如果没有特殊设计,只能使用自动复位式开关。

9.10.8 释放后,该装置应处于正常工作状态。

■ **解析** 这里所谓的"正常工作状态"指的是当轿厢上行超速时能够正确响应速度监控元器件的信号或动作,并能够将轿厢制停或减速到安全速度的状态。

上行超速保护在动作以后,如果被释放,其能够立即投入工作状态。也就是说,轿厢上行超速保护装置要么是处于动作状态,要么是处于正常工作状态。

9.10.9 如果该装置需要外部的能量来驱动,当能量没有时,该装置应能使电梯制动并使其保持停止状态。带导向的压缩弹簧除外。

■ **解析** 如果轿厢上行超速保护装置是依靠外部能量来制停或减速轿厢的,那么在失去外部能量的情况下,轿厢上行超速保护装置应处于动作状态。也就是说,外部能量的作用只能是保持轿厢上行超速保护装置处于释放状态而已。而不能作用上行超速保护装置在动作时提供制动力的来源。这一点与驱动主机制动器的要求极为相似。

本条似乎是 GB 7588 的一个疏漏,因为轿厢上行超速保护装置动作时也并不需要必须将轿厢制停,只要将其速度降低至对重缓冲器能够承受的速度即可。但本条要求"应能使电梯制动并使其保持停止状态",这似乎更加严格了。

9.10.10 使轿厢上行超速保护装置动作的电梯速度监控部件应是:

a)符合 9.9 要求的限速器;或

b)符合 9.9.1、9.9.2、9.9.3、9.9.7、9.9.8.1、9.9.9、9.9.11.2 的装置,且这些装置保证符合 9.9.4、9.9.6.1、9.9.6.2、9.9.6.5、9.9.10 和 9.9.11.3 的规定。

■ **解析** 这里规定了轿厢上行超速保护的速度监控部件应是限速器(符合 9.9 要求)。或是类似限速器的装置。

9.10.11 轿厢上行超速保护装置是安全部件,应根据 F7 的要求进行验证。

■ **解析** 轿厢上行超速保护装置作为防止轿厢由于上行超速而导致的冲顶事故的重要部件,其动作是否可靠关系到轿内乘客的人身安全。因此本标准将其列入安全部件,并要求根据附录 F7 进行型式试验是非常必要的。

但是,附录 F7 对轿厢上行超速保护装置如何具体进行型式试验并没有明确的规定,给人的感觉此型式试验与附录 F3 所规定的安全钳型式试验相近。但由于本标准中允许轿厢上行超速保护装置安装在几个不同的位置,因此针对每种上行超速保护装置应有不同的试验方法。

资料 9-17　轿厢上行超速保护装置型式试验介绍 ⇩⬛

目前的试验方法中,"特种设备安全技术规范"系列中《电梯轿厢上行超速保护装置型式试验细则》规定的最为合理,同时也最为权威。下面我们参考《电梯轿厢上行超速保护装置型式试验细则》介绍附录 F7 中所规定的轿厢上行超速保护装置型式试验的内容和过程:

一、需要明确的参数

轿厢上行超速保护装置在进行型式试验时,需要明确以下参数:

1.结构参数

(1)结构、动作、所用材料、构件的尺寸和公差的装配详图;

(2)如有必要,弹性元器件的载荷曲线图;

(3)轿厢上行超速保护装置所作用部件的型式、材料及表面状态详细情况(拉制、铣削、磨削等);

(4)所作用部件为 T 形导轨时,导轨的型号和导向面宽度;

(5)速度监控装置和制动减速装置的配套方案。

2.适用范围

(1)适用的系统质量:轿厢自重、额定载重量和平衡系数,曳引绳重量,补偿绳/链的重量(如果有的话);

(2)最大和最小额定速度;

(3)在具有补偿绳(或链)的电梯上使用;

(4)特殊工作环境(室外、防爆等)适用情况及措施说明。

以及要求补充的其他必要资料。

3.试验所需参数

(1)试验所需要的系统质量、电梯额定载重量、轿厢自重和动作速度:

a.如果要求试验的制动减速装置适用于不同系统质量和额定载重量的电梯:

a)申请方必须说明这些系统质量、额定载重量和平衡系数的范围,还须说明调整是分级还是连续进行的;

b)申请方应提供说明制动力与某个给定参数的函数关系的公式或图表。

b.如果要求试验的制动减速装置适用于不同的额定速度:

a)申请方必须说明所适用的额定速度范围,还须说明针对速度的变化是否需要对制动减速装置进行调整。

b)如需调整,申请方应说明调整是分级还是连续进行的,应提供说明速度(制动力)与某个给定参数的函数关系的公式或图表。

(2)如果要求试验的制动减速装置适用于不同直径的钢丝绳:

a. 申请方必须说明所适用的钢丝绳直径范围,还须说明针对直径的变化是否需要对制动减速装置进行调整。

b. 如需调整,申请单位应说明调整是分级还是连续进行的,应提供说明钢丝绳直径与某个给定参数的函数关系的公式或图表。

二、电梯轿厢上行超速保护装置型式试验方法

1. 结构

轿厢上行超速保护装置包括速度监控部件和制动减速部件,速度监控部件应能在检测出上行轿厢的速度失控时,操纵制动减速元器件动作。

制动减速元器件应作用于:

a)轿厢;

b)对重;

c)钢丝绳系统(悬挂绳或补偿绳);

d)曳引轮(例如直接作用在曳引轮,或作用于最靠近曳引轮的曳引轮轴上)。

瞬时式安全钳不能用作轿厢上行超速保护装置的制动减速元器件。

2. 速度监控部件

(1)试验方法

如果速度监控元器件是操作轿厢上、下行双向安全钳系统的双向限速器,或者是操作作用在对重上的安全钳的限速器,其型式试验按电梯限速器型式试验方法进行。

对于类似限速器的速度监控装置,根据具体结构,参照电梯限速器型式试验方法进行。

(2)试验要求

轿厢上行超速保护装置的速度监控部件,应是符合 GB 7588 第 9.9.4～9.9.12 要求的限速器或类似的装置,其动作速度的下限为电梯额定速度的 115%,上限为:

轿厢下行采用除不可脱落滚柱式以外的瞬时式安全钳时,为 0.88m/s;

轿厢下行采用不可脱落滚柱式瞬时式安全钳时,为 1.1m/s;

电梯速度≤1.0m/s,轿厢下行采用渐进式安全钳时,为 1.65m/s;

电梯额定速度>1m/s 时,为 $1.1 \times \left(1.25v + \dfrac{0.25}{v}\right)$m/s。

对于额定载重量大、额定速度低的电梯,速度监控装置的动作速度应接近下限值;电梯额定速度>1m/s 时,速度监控装置的动作速度应接近上限值。

3. 制动减速装置

(1)试验方法

a. 对安装于轿厢上直接作用于导轨的制动减速装置(如:上行安全钳):

a)将制动减速装置安装于专用试验塔架的模拟轿架上,该轿架的质量为申请方给出的空载轿厢的质量。通过悬挂绳、导向轮把该轿架与另一模拟对重架连接,整个系统的质量等于申请方给定的质量。

b)把模拟轿架放到最低处后放开,在模拟对重的拉动下该轿架会向上加速滑行,当滑行速度达到速度监控装置的最大设定速度时,触发减速装置制动,用加、减速度检测仪记录下整个过程的加速度和减速度,最大减速度选择 10Hz 低通滤波后的值。同时,可通过对加

速度或减速度相对时间轴的积分得出速度和制动距离曲线。

如果制动痕迹明显,应在导轨上直接用尺测量制动距离。

c)对于速度较高、滑行和制动距离大的情况,可采用渐进式安全钳下行制动的试验方法进行等效试验,在试验前后进行两次等效换算即可。

b. 钢丝绳制动器:

试验时应根据钢丝绳制动器的具体结构,把它和速度监控元器件一起安装到专用试验塔架上,用钢丝绳制动器要求的钢丝绳把上述的模拟轿架和模拟对重架连接起来,然后按照上述的方法进行试验。

c. 安装在对重上的限速器和安全钳系统:

把安全钳安装在模拟对重架上,然后按上面1所述的方法试验。

d. 直接作用在曳引轮或最靠近曳引轮的曳引轮轴上的制动减速装置:

这种制动减速装置是与曳引机一体的。由于其这一特点,一般可在电梯整机上进行试验。试验时空载轿厢位于最低层站,加速度测试仪置于轿厢内。测试人员在井道外用电动(或手动)打开制动器造成电梯轿厢上行溜车超速(如电梯有动态制动功能,应将其取消),当速度达到监控装置的最大设定速度时,触发减速装置制动,用加、减速度检测仪记录下整个过程的加速度和减速度,同时可通过对加速度或减速度相对时间轴的积分得出速度和制动距离曲线。

e. 对于轿厢上行安全钳、钢丝绳制动器和装在对重上的安全钳,也可按上面第4条的方法在电梯整机上进行;对直接作用在曳引轮或最靠近曳引轮的曳引轮轴上的制动减速装置,也可把该制动装置(或曳引机整体)安装到试验塔架上,按上面第1条的方法进行试验。

(2)试验要求

对于上述(1)～(5)的试验,有如下要求:

a. 当速度监控装置动作时,制动减速装置应能使轿厢制停,或至少使其速度降低至对重缓冲器的设计范围内。

b. 该装置在使空轿厢制停期间,其最大减速度值不得大于1g。

c. 释放后,该装置应处于正常工作状态。

(3)试验要求的说明

a. 根据制动减速装置的不同,申请方和型式试验机构应确定要试部件是由减速元器件和速度监控装置组成的完整系统,还是仅对不能按照电梯限速器和安全钳进行验证的装置进行试验。

b. 根据制动减速装置的不同型式,由申请方和型式试验机构确定试验方法。试验时应测量:

a)加速度和速度;

b)制停距离(必要时);

c)减速度。

记录的测量值应和时间成函数关系。

c. 如果需要进行台架试验,申请方应提供所有试验必须的数套夹紧元器件,以及符合型式试验机构规定尺寸的超速保护装置所作用的部件。

d. 对用于单一质量的上行超速保护装置,应采用相对于轿厢空载时的系统质量进行四次试验,各次试验之间应允许摩擦件恢复到正常温度。

试验期间可使用数套相同的摩擦件,但一套摩擦件应能够承受:

a) 三次试验,当额定速度不大于 4m/s 时;

b) 二次试验,当额定速度大于 4m/s 时。

试验应以该装置能适用的最大动作速度进行。

e. 对用于不同质量的上行超速保护装置,型式试验机构对申请方提供的最大质量和最小质量分别进行四次试验。

型式试验机构应用合适的方式验证申请方给出的,说明制动力与某个给定参数的函数关系的公式或图表。如果没有较好的验证方法,要用中间值进行第三系列的试验进行验证,中间质量的验证试验可只进行一次。

f. 对于适用不同限速器动作速度的制动减速装置,则应按《电梯轿厢上行超速保护装置型式试验细则》第 4 条的规定进行不同质量和不同动作速度组合的试验和验证。进行不同质量和动作速度的试验时,应按申请方给出的调整方法和参数规律进行调整。

g. 试验后的检查

a) 检查是否有断裂损坏、变形和其他变化情况(例如:夹紧件的裂纹、变形或磨损,摩擦表面的情况);

b) 如有必要,应拍摄夹紧件和所作用部件的照片,以便作为变形或断裂的依据;

c) 应检查最小质量时的最大减速度不大于 $1g_n$。

h. 试验期间,如果得到的数值与申请人的期望值相差 20% 以上,则在必要时,征得申请人同意,可在修改调整值后另外进行试验。

同时,应对照设计或安装使用文件检查试样,分析具体结构,以保证轿厢上行超速保护装置能在没有那些在电梯正常运行时控制速度、减速或停车的部件参与下,达到标准要求,除非这些部件存在内部的冗余度。

该装置在动作时,可以由与轿厢连接的机械装置协助完成,无论此机械装置是否有其他用途。

三、其他要求

1. 审查设计文件,手动模拟动作试验,以验证:如果轿厢上行超速保护装置需要外部的能量来驱动,当该能量没有时应能使电梯停止并使其保持停止状态。(带导向的压缩弹簧除外)。

2. 查阅资料、目测观察检查验证:轿厢上行超速保护装置动作时,应使一个电气安全装置动作。

3. 轿厢上行超速保护装置释放时,应不需要接近轿厢或对重。

4. 制动减速装置适用于不同触发方式时,除上述制动试验已经试验过的方式外,应补充进行 4 次触发机构的触发动作试验,每次试验都应动作正常而可靠。

注:本项检查只需用触发机构去触发制动减速装置产生制动动作,然后用复位机构对制动减速装置进行复位。

5.制动减速装置适用于不同复位方式时,除上述制动试验已经试验过的方式外,应补充进行 4 次复位机构的复位动作试验,每次试验都应动作正常而可靠。

注:本项检查只需用触发机构去触发制动减速装置产生制动动作,然后用复位机构对制动减速装置进行复位。

讨论 9-9　采用电气触发的轿厢上行超速保护装置是否可以采用通电触发方式　⇓ ▼

轿厢上行超速保护与安全钳不同,它可以采用电气操作使其动作。这便带来一个问题:是通电动作还是断电动作? 由于目前的上行超速保护主要是钢丝绳制动器、电磁式轿厢制动器、上行安全钳、对重安全钳、带有冗余的曳引机制动器几种,这里面除了钢丝绳制动器和电磁式轿厢制动器外,其他几种型式要么是机械(如安全钳型的轿厢上行超速保护装置)触发,要么肯定是断电触发(曳引机制动器),存在疑问的只有钢丝绳制动器和电磁式轿厢制动器两种型式。下面我们以钢丝绳制动器为例进行分析。

钢丝绳制动器的触发方式无外乎以下四种:

1.刹车钢丝软轴拉线机械控制型;

2.电磁铁控制型;

3.液压、气动控制型;

4.伺服电机减速箱控制型。

其中第 1 种方案是非常广泛和标准的设计,也没有什么争议;第 3 种方案在国外应用较多,其优点是复位方便,但成本较高;第 4 种方案由于设计复杂、成本较高相比第 3 种方案又没有明显的优势应用的较少;存在争议的是第 2 种方案:到底应该采用通电动作还是应该采用断电动作。

所谓断电动作,是指钢丝绳制动器的电磁铁在断电时被触发,操纵钢丝绳制动器的机械装置动作,夹住曳引钢丝绳。

而通电动作,是指在电梯正常运行时夹绳器的电磁铁是不通电的,速度监控装置(通常是限速器开关)动作时,输出一定的电流(或电信号)给夹绳器的电磁铁(或电磁铁的控制装置),触发电磁铁的动作。也就是说钢丝绳制动器的动作原理是得电动作的。

在采用电磁铁控制钢丝绳制动器时,目前都设计成断电时电磁铁动作的型式。但这种设计比较复杂,实现起来较困难(相对于电磁铁通电动作的型式)。主要原因是,为使电磁铁在通电时能够保持钢丝绳制动器处于释放状态,要求的磁力和行程均较大。而且在停电时,为避免钢丝绳制动器误动作,需要采用延时措施和应急电源,这势必增加成本。

如果采用动作的型式来控制钢丝绳制动器,电磁铁的磁力和行程都可以设计的比较小,成本较低也不存在断电时误动作的可能。但是安全可靠性很差,一旦控制电磁铁动作的导线断裂或接头松动,则电磁铁将无法操作钢丝绳制动器动作。到目前为止尚未见到类似设计的钢丝绳制动器。同时,这种设计是否符合标准的要求也有很大的争议。争议的焦点主要是标准的第 9.10.9 规定:"如果该装置需要外部的能量来驱动,当能量没有时,该装置应能使电梯制动并使其保持停止状态。带导向的压缩弹簧除外"。但有人提出在 EN81:1998 中,本条直接翻译的译文应是:"如果需要外部的能量来驱动,当能量没有时,应能使电梯制动并使其保持停止状态。带导向的压缩弹簧除外"。这里相差的是"该装置",也就是说当外部能量没有时,使电梯制动并保持停止状态的是否轿厢上行超速保护装置(钢丝绳制动器)。

如果是由钢丝绳制动器使电梯制动并保持停止状态,则毫无疑问,通电触发的型式是不允许使用的。因为,此时由于外部能量的丧失,钢丝绳制动器根本不可能动作,更不用说将电梯制动了。但如果在外部能量丧失的条件下,不是由钢丝绳制动器将电梯制动,则采用通电触发的型式是完全可以的。同样,控制电磁铁的导线如果折断,与上述情况相同。

在这里,且不分析条文的语法结构,我们从标准的其他条款中就可以找到答案。在第 14.1.1 中有这样的规定:"在 14.1.1.1 中所列出的任何单一电梯电气设备故障,……其本身不应成为导致电梯危险故障的原因";而 14.1.1.1 所列出的故障中有"……a)无电压;b)电压降低;c)导线(体)中断……"。显然,上述原因都不应导致电梯的危险故障。在本标准中,电梯无论处于何种状态,不管是运行还是停止,电梯的安全保护装置都不允许失效。只有所有安全保护装置(既包括机械装置也包括电气装置)都处于有效状态时,电梯才被认为是安全的。但在采用通电触发型的钢丝绳制动器时,如果上述故障发生,则必然导致上行超速保护装置失效,也必然会导致人员面临危险(即所谓"电梯危险故障")。因此通电触发型的轿厢上行超速保护装置是不符合 14.1.1 标准要求的。

此外,根据第 9.10.5 规定:轿厢上行超速保护动作时,"应使一个符合 14.1.2 规定的电气安全装置动作";同时,第 14.1.2.5 的规定:"……如果操作电气安全装置的装置设置在人们容易接近的地方,则它们应这样设置;即采用简单的方法不能使其失效……"。如果采用通电触发型的轿厢上行超速保护装置,只要切断电磁铁的导线或供电电源(简单方法),整个保护装置都失效了,更不用说其上的电气安全装置了。

采用断电触发的轿厢上行超速保护装置就不同了,当外部能量丧失时,其结果是导致上行超速保护装置趋于动作,安全保护的功能并没有丧失,因此断电触发的型式是符合 14.1.1 和 14.1.2.5 要求的。

以上因素清楚的表明,采用通电触发型的轿厢上行超速保护装置其风险远远大于断电触发型的轿厢上行超速保护装置,同时无法满足本标准其他条款的要求。在使用电气触发上行超速保护装置时,应避免采用通电动作的型式,而应采用断电动作。

9.11* 轿厢意外移动保护装置

解析 本条是修改单要求新加入的轿厢安全部件,目的是防止轿厢在层站处的意外移动给人员造成的伤害。一套完整的轿厢意外移动保护装置通常分为三个子系统:

1. 检测子系统

用于检测轿厢意外移动并向制停子系统发出动作信号的装置,主要包括检测轿厢意外

---

* 第1号修改单整体增加。

移动的传感器、对检测到的信号进行逻辑处理和运算电路等。检测子系统负责在发生意外移动时切断安全回路。通常由传感器、控制电路或控制器、输出回路构成。采用电气安全装置(安全触点、安全电路或 PESSRAL)实现。

2. 操纵装置

当检测子系统检测到轿厢的意外移动时,该操纵装置出发制停子系统动作。

3. 制停子系统

由一套作用在轿厢/对重/钢丝绳系统/曳引轮/曳引轮轴上的部件构成,在接收到检测子系统的信号或被操纵装置触发后,停止轿厢意外移动。如果使用驱动主机制动器作为制停子系统,还需对制动器的机械装置正确提起(或释放)的验证和(或)对制动力的验证,即自监测。

要注意:轿厢意外移动保护装置的各子系统间的相互适配性及完整系统的适用范围需经型式试验机构审查确认,并出具完整系统的型式试验报告。

以下是两种较常见的轿厢意外移动保护装置的方案:

	采用符合标准要求的驱动主机制动器	采用钢丝绳制动器
简图		
检测子系统	组成: 磁开关＋逻辑处理电路＋继电器输出 工作原理: 检测到轿厢离开开锁区域时,断开短接门锁触点电路,通过门锁触点切断运行接触器和抱闸线圈,从而使制动器制停轿厢	组成: 磁开关、独立的轿门关闭验证开关、逻辑处理电路、继电器输出 工作原理: ——独立的轿门关闭验证开关检测轿门是否打开; ——磁开关和逻辑处理电路来检测轿厢是否离开开锁区域。 当以上两个条件满足时,继电器输出触发钢丝绳制动器信号,从而制停轿厢
制停子系统	驱动主机制动器	钢丝绳制动器
自监测	需要,可由以下方式: ——对制动器的机械装置是否能够正确提起(或释放)进行验证; 和(或) ——对制动力进行验证	不需要

根据电梯驱动系统和控制系统的不同,轿厢意外移动保护装置也需配置一个或多个子系统,下面是几个子系统的配合使用情况。

常用的厢意外移动保护装置各子系统配置表

序号	电梯配置		轿厢意外移动保护装置配置
1	具有开门运行功能	以驱动主机制动器兼作制停元件的情况 (常见于无齿轮驱动主机)	检测子系统＋制停子系统(共用驱动主机制动器)＋自监测子系统
2			检测子系统＋制停子系统(采用夹绳器、安全钳等其他制动元件,永磁同步驱动主机的制动器不作为制停元件)
3		驱动主机制动器不能兼作制停元件 (常见于带有减速机构的驱动主机)	检测子系统＋制停子系统
4	不具有开门运行功能	驱动主机制动器可以兼作制停元件 (常见于无齿轮驱动主机)	制停子系统＋自监测子系统
5		驱动主机制动器不能兼作制停元件 (常见于带有减速机构的驱动主机)	检测子系统＋制停子系统

注:可见,轿厢意外移动保护装置的构成随使用的制停部件形式、电梯功能不同而有所变化。由于轿厢意外移动保护装置是安全部件,应按照 F8 的方法进行型式试验。轿厢意外移动保护装置应作为一个完整的系统进行型式试验。或者对其检测、操纵装置和制停子系统提交单独的型式试验,组成完整系统的每一个子系统的型式试验,应定义接口条件和相关参数。

9.11.1 在层门未被锁住且轿门未关闭的情况下,由于轿厢安全运行所依赖的驱动主机或驱动控制系统的任何单一元件失效引起轿厢离开层站的意外移动,电梯应具有防止该移动或使移动停止的装置。悬挂绳、链条和曳引轮、滚筒、链轮的失效除外,曳引轮的失效包含曳引能力的突然丧失。

不具有符合 14.2.1.2 的开门情况下的平层、再平层和预备操作的电梯,并且其制停部件是符合 9.11.3 和 9.11.4 的驱动主机制动器,不需要检测轿厢的意外移动。

轿厢意外移动制停时由于曳引条件造成的任何滑动,均应在计算和/或验证制停距离时予以考虑。

解析 据统计,电梯事故主要发生在门区,而且各种事故中,以层/轿门未关闭的情况下轿厢意外移动给人员带来的剪切、挤压伤害最为严重,风险等级非常高。为了保护人员在门区的安全,必须增加技术措施,降低层/轿门未关闭的情况下轿厢意外移动所带来的风险,保护人员的人身安全。

为了保护人员在门区不受到剪切、挤压伤害,本修改单增加了轿厢意外移动的保护装置的相关内容,并从几个方面规定了说明了"轿厢意外移动保护"的设置:

1. "轿厢意外移动保护"装置的目的

设置"轿厢意外移动保护"装置的目的,是旨在降低下列部件失效的情况下的风险:

(1)驱动主机,包括:电动机,制动器,传动装置(如齿轮箱、联轴器、轴等);

(2)驱动控制系统,包括:轿厢在层站停止时的起、制动控制系统及控制速度的系统等。

注意,这里强调的是"单一元件失效",即上面两个系统中没有发生两个或两个以上元件同时失效的情况。

2."轿厢意外移动保护"装置动作的场合

在下面情况发生时,"轿厢意外移动保护"装置将起作用,使轿厢停止下来,从而避免人员受到剪切、挤压等伤害:

(1)层门未被锁住且轿门未关闭;

(2)上述系统(驱动主机或驱动控制系统)的任何单一元件失效,导致的轿厢离开层站的意外移动。

但应注意,以下情况下的轿厢移动,无论其是否会导致危险的发生,均无法通过轿厢意外移动保护装置进行防护:

(a)在层门被锁住或轿门关闭的情况(此情况下不会发生剪切、挤压风险);

(b)驱动主机和驱动控制系统中两个或两个以上元件失效的情况;

(c)符合 9.11.3 和 9.11.4 要求冗余设置的制动器同时失效;

(d)不是由于"驱动主机或驱动控制系统的任何单一元件失效"而引起轿厢移动(如人为盘车等);

(e)悬挂绳、链条和曳引轮、滚筒、链轮的失效的情况,其中曳引轮的失效包含曳引力的突然丧失(在正确的设计制造、无缺陷的材料和良好维护的前提下,这些零部件不会突然失效);

(f)其他故意滥用的情况(如短接层门/轿门触点等)。

3."轿厢意外移动保护"装置需达到的要求

对于"轿厢意外移动保护"装置,本条从阻止意外移动的方法和制停时的表现两个方面进行了要求。

(1)阻止轿厢意外移动的方法

对于可能发生的轿厢意外移动,可以从以下两个方面进行阻止:

(a)防止轿厢意外移动的发生

即,平层时使轿厢不会移动或限制其在层站附近的移动距离

(b)使移动停止的装置

即,发生了轿厢意外移动,能及时制停

(2)制停时,需达到的要求

为了保护人员的安全,"轿厢意外移动保护"装置动作时,需要满足"轿厢意外移动制停时由于曳引条件造成的任何滑动,均应在计算和/或验证制停距离时予以考虑"。具体来说,应考虑制停时以下部件的滑动:

(a)制动元件与其作用部件之间的滑动

制动元件是靠摩擦制停轿厢,因此制动元件与其作用的部件之间不可避免地会有滑动

距离。

(b)钢丝绳在绳槽中可能存在的滑动(当制动元件作用在曳引轮或只有两个支撑的曳引轮轴上时)

当制动元件作用在曳引轮或曳引轮轴(只限两个支撑的曳引轮轴)上时,在制动力矩不同的情况下,可能会出现钢丝绳与绳轮轮槽之间产生相对滑移。

在轿厢意外移动保护装置的制停过程中,无论是制动元件与其作用部件之间的滑动还是钢丝绳在绳槽中可能存在的滑动,都应在设计制造中予以考虑。以避免在制停过程中这些滑动给人员带来的风险。

4. 不具有门开着情况下的平层、再平层和预备操作的电梯,驱动主机制动器符合要求,不需要检测轿厢的意外移动

本条款有两层意思:

(1)必须同时满足以下(a)、(b)两种情况,可以不需要检测轿厢的意外移动:

(a)不具有门开着情况下的平层、再平层和预备操作功能

不具有符合14.2.1.2的开门情况下的平层、再平层和预备操作功能的电梯,从设计上不可能在层门没有锁住且轿门没有关闭的情况下发生轿厢的意外移动。因此这种情况下可以不需要检测轿厢的意外移动。

要注意:本条要求的不但是没有开门情况下的"平层""再平层"功能,还要求不具有"预备操作"功能。

"开门情况下的平层"功能解说见7.7.2.2。其"预备操作"通常是指在开门平层(提前开门)时,层门虽然没有开启,但层门锁紧装置已经处于解锁状态。

如果具有这种开门情况下的平层的"预备操作",也必须检测轿厢的意外移动。

(b)制停部件是符合9.11.3和9.11.4的驱动主机制动器

如果不是使用驱动主机制动器作为轿厢意外移动保护装置的制停部件,而是以采用了诸如安全钳、钢丝绳制动器等部件,则无论是否有门开着情况下的平层、再平层和预备操作功能,都需要检测轿厢的意外移动。

本条之所以规定了使用制动器(符合9.11.3和9.11.4)作为制停部件,且没有开门情况下的平层、再平层和预备操作功能的电梯可以不需要检测轿厢的意外移动是因为:

——没有开门情况下的平层、再平层和预备操作功能的电梯在设计上没有开门运行的情况,保证了不会由于驱动控制系统的任何单一元件失效而导致的轿厢意外移动;

——层门没有关闭(包括没有锁紧)或轿门没有关闭,则不能启动电梯或保持电梯的自动运行(见7.7.2、7.7.3.1和8.9.1的规定),保证了门锁、验证轿门关闭的电气触点与制动器的关联,即只要是层、轿门的任一门扇没有关闭则制动器将阻止轿厢移动。

上述规定已经在本标准的其他条款中有所体现,因此如果使用制动器作为制停部件,且电梯没有门开着情况下的平层、再平层和预备操作功能,已经排除了轿厢意外移动的可能,显然不需要检测轿厢意外移动。

但如果使用其他类型的部件作为轿厢意外移动保护的制停元件(如夹绳器、双向安全钳等),标准中没有规定在层、轿门没有关闭的情况下它们必须能够防止轿厢移动,因此使

用这些部件作为轿厢意外移动保护的制停部件时,必须要设置意外移动检测装置。

结合本修改单12.12来看,平层保持精度只要有超出±20mm的可能,则必须有再平层功能,则必须设置检测轿厢意外移动的装置。

(2)"不需要检测轿厢的意外移动"但不代表可以没有轿厢意外移动保护的制停部件

虽然不具有门开着情况下的平层、再平层和预备操作功能的电梯避免了由于驱动控制系统的任何单一元件失效而导致的轿厢意外移动的可能,但仍存在驱动主机失效(包括传动系统、发动机)可能。而如果在层站位置,层、轿门开启的情况下,驱动主机的失效也会引起轿厢意外移动。因此无论何种情况,轿厢意外移动保护的制停部件都是必须设置的。

只不过,符合9.11.3、9.11.4、9.11.5、9.11.6和12.4.2要求的驱动主机制动器可以作为制停部件,可以不另行设置其他单独的制停部件。

9.11.2 该装置应能够检测到轿厢的意外移动,并应制停轿厢且使其保持停止状态。

解析 为了在发生轿厢意外移动的情况下,保护人员安全,则轿厢意外移动保护装置必须能够:

——监测到轿厢意外移动的发生;

——轿厢发生意外移动时及时阻止。

不具有符合14.2.1.2的开门情况下的平层、再平层和预备操作功能的电梯,如果制动器符合9.11.3和9.11.4,则不需要检测轿厢的意外移动。

9.11.3 在没有电梯正常运行时控制速度或减速、制停轿厢或保持停止状态的部件参与的情况下,该装置应能达到规定的要求,除非这些部件存在内部的冗余且自监测正常工作。

注:符合12.4.2要求的制动器认为是存在内部冗余。

在使用驱动主机制动器的情况下,自监测包括对机械装置正确提起(或释放)的验证和(或)对制动力的验证。对于采用对机械装置正确提起(或释放)验证和对制动力验证的,制动力自监测的周期不应大于15天;对于仅采用对机械装置正确提起(或释放)验证的,则在定期维护保养时应检测制动力;对于仅采用对制动力验证的,则制动力自监测周期不应大于24h。

如果检测到失效,应关闭轿门和层门,并防止电梯的正常启动。

对于自监测,应进行型式试验。

解析 本条规定了轿厢意外移动保护装置的要求,从本条要求来看,与轿厢上行超速保护装置的要求类似,可参见9.10.2解析。

与轿厢上行超速保护装置的要求有所不同的是,本条对使用驱动主机制动器作为轿厢意外移动保护装置制停部件增加了自监测的要求。自监测可以采用以下方法:

1.对制动器的机械装置是否能够正确提起(或释放)进行验证(以下称方法1)

2.对制动器的制动力进行验证(以下称方法2)

对于以上自监测手段,可以单独采用,也可同时采用。针对采取的手段不同,对自监测的周期也有差异:

——方法1+方法2:监测周期不超过15天;

——仅方法1:定期维护保养时要检测制动力(即方法2);

——仅方法2:制动力监测周期不大于24h。

如果检测到制动器不能正确提起(或释放)和(或)制动力不符合要求,则为了防止轿厢发生意外移动时不能有效制停轿厢而造成人员伤害,则应关闭层门和轿门(都要关闭),而且要防止电梯正常启动。

9.11.4 该装置的制停部件应作用在:

a)轿厢;或

b)对重;或

c)钢丝绳系统(悬挂绳或补偿绳);或

d)曳引轮;或

e)只有两个支撑的曳引轮轴上。

该装置的制停部件,或保持轿厢停止的装置可与用于下列功能的装置共用:

——下行超速保护;

——上行超速保护(9.10)。

该装置用于上行和下行方向的制停部件可以不同。

 解析 本条规定了轿厢意外移动保护装置制停部件的作用位置。本条规定与轿厢上行超速保护装置的制停部件作用位置要求类似,可参见9.10.4解析。

所不同的是本条中e)的要求,即轿厢意外移动保护装置制停部件的作用位置如果是在曳引轮轴上,那么这个轮轴是"只有两个支撑"的。这是因为,曳引轮轮轴的支撑,在对轴支撑的同时也会产生约束作用,如果曳引轮轴不是只有两个支撑点,则支撑点越多约束也越多。在轴的转动过程中,这些约束给轴施加的扭转力也越大,同时轴所受到的交替变化的应力也越剧烈,容易造成轴的疲劳损坏。因此,为了保证安全,同时也为了不加剧轮轴的损坏,多点支撑的曳引轮轴不可作为轿厢意外移动保护装置制停部件的作用位置。轿厢意外移动保护装置可以采用与一些超速保护部件相同的结构,如:

——轿厢上行超速保护装置;

——轿厢安全钳;

——对重安全钳。

而且,由于轿厢意外移动可以有上行和下行两个方向,本条允许使用不同的部件制停轿厢的意外移动。例如,使用轿厢安全钳制停轿厢下行意外移动,使用对重安全钳制停轿厢上行意外移动;或是以安全钳作为下行意外移动保护,使用钢丝绳制动器作为上行意外移动保护。但无论采用何种形式,均需要符合9.11的其他要求。

9.11.5 该装置应在下列距离内制停轿厢(见图8):

a)与检测到轿厢意外移动的层站的距离不大于1.20m;

b)层门地坎与轿厢护脚板最低部分之间的垂直距离不大于0.20m;

c)按5.2.1.2设置井道围壁时,轿厢地坎与面对轿厢入口的井道壁最低部件之间的距离不大于0.20m;

d)轿厢地坎与层门门楣之间或层门地坎与轿厢门楣之间的垂直距离不小于1.00m。

轿厢载有不超过100%额定载重量的任何载荷,在平层位置从静止开始移动的情况下,均应满足上述值。

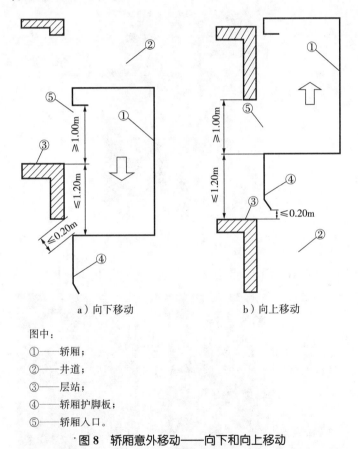

a)向下移动　　　　　　b)向上移动

图中:
①——轿厢;
②——井道;
③——层站;
④——轿厢护脚板;
⑤——轿厢入口。

图8　轿厢意外移动——向下和向上移动

解析　本条规定了轿厢意外移动保护装置在制停轿厢时距离的要求,如果制停距离过大,无法避免轿厢在意外移动时层、轿门的上门框和地坎对人员造成的剪切和挤压伤害。

本条a)的含义是:意外移动时,无论上行还是下行,应在1.2m的距离内制停轿厢,这是

检测出意外移动到制停轿厢的距离要求,所有的滑移量都要包含在这 1.2m 距离内;

本条 b)的含义是:在轿厢向上意外移动时,制停后的层门地坎与轿厢护脚板最低部分之间的垂直距离不能过大(不超过 200mm),见图 8b),以免救援时人员从此间隙中坠落井道(8.11.3 规定,在轿厢意外移动保护装置动作后,可以方便的开启层门和轿门);

本条 c)的含义是:如果是部分封闭的井道,在轿厢向下意外移动时,制停后的轿厢地坎与围封的下沿之间的垂直距离不能过大(不超过 200mm),见图 a),以免人员从此间隙中坠落井道。

本条 d)的含义是:制停后的

——轿厢地坎与层门门楣之间;或

——层门地坎与轿厢门楣之间

垂直距离不能过小(不小于 1.00m),以免人员在这个间隙中受到挤压伤害。1m 是人蹲姿的高度,如图 9-34 示意。

图 9-34 本条 d)对人员的保护

图 9-35 比较形象地说明了轿厢意外移动在向上和向下方向上的距离、间隙要求。

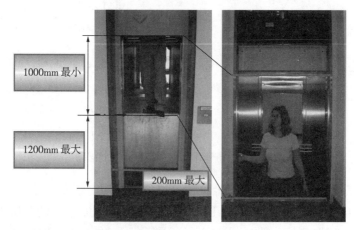

1000mm 最小

1200mm 最大

200mm 最大

图 9-35 轿厢意外移动在上、下方向上的距离、间隙要求

对于轿厢意外移动保护装置,应有如下制停能力:

——轿厢载有不超过 100% 额定载重量的任何载荷

应理解为 0～100% 额定载荷情况下,即不考虑轿厢超载时的任何载荷;

——在平层位置从静止开始移动的情况下

由于轿厢意外移动是发生在层站位置,且层门未锁闭、轿门开启的状态(见 9.11.1),此时轿厢不可能是在运行工况下,因此不必考虑制停具有一定初速度的轿厢。

在以上两个工况下,轿厢意外移动保护装置在制停轿厢时,均应满足本条 a)～d)的距离和间隙。

9.11.6 在制停过程中,该装置的制停部件不应使轿厢减速度超过:

——空轿厢向上意外移动时为 $1g_n$,

——向下意外移动时为自由坠落保护装置动作时允许的减速度。

解析 本条规定了轿厢意外移动保护装置在制停轿厢时减速度的要求,以避免减速度过大时对轿内人员产生的冲击伤害。

a)对于轿厢向上意外移动,空载时由于系统质量最小(系统质量＝轿厢质量＋载荷＋对重质量),这时制停部件产生的系统加速度最大,因此选取这种工况进行要求。详细情况参见 9.10.3 解析。

b)对于向下意外移动时,则无论是在哪种载荷的情况下,应不超过轿厢安全钳的允许减速度。详细情况参见 9.8.4 解析。

9.11.7 最迟在轿厢离开开锁区域(7.7.1)时,应由符合 14.1.2 的电气安全装置检测到轿厢的意外移动。

解析 本条规定了轿厢意外移动保护装置的检测装置,应符合 14.1.2 的要求,即,可以是安全触点,也可以是含有电子元件的安全电路(从技术的发展来看,PESSRAL 也是可以的)。

应注意,如果电梯属于 9.11.1 中所述"不具有符合 14.2.1.2 的开门情况下的平层、再平层和预备操作的电梯,并且其制停部件是符合 9.11.3 和 9.11.4 的驱动主机制动器",则不需要本条所述的轿厢意外移动的检测装置。

9.11.8 该装置动作时,应使符合 14.1.2 要求的电气安全装置动作。

注:可与 9.11.7 中的开关装置共用。

解析 本条参见 9.10.5 解析。与轿厢上行超速保护的电气安全装置不同的是,本条所要求的电气安全装置可以与轿厢意外移动的检测装置共用。

9.11.9 当该装置被触发或当自监测显示该装置的制停部件失效时,应由称职人员使其释放或使电梯复位。

■■ **解析** 本条参见 9.10.6 解析。

9.11.10 释放该装置应不需要接近轿厢、对重或平衡重。

■■ **解析** 本条参见 9.10.7 解析。

9.11.11 释放后,该装置应处于工作状态。

■■ **解析** 本条参见 9.10.8 解析。

9.11.12 如果该装置需要外部能量来驱动,当能量不足时应使电梯停止并保持在停止状态。此要求不适用于带导向的压缩弹簧。

■■ **解析** 本条参见 9.10.9 解析。

9.11.13 轿厢意外移动保护装置是安全部件,应按 F8 的要求进行型式试验。

■■ **解析** 轿厢意外移动保护装置作为防止轿厢在层站时,在层、轿门没有关闭的情况下意外移动,引发人员的剪切、挤压等恶性事故的重要部件,其动作是否可靠关系到人员的人身安全。因此本标准将其列入安全部件,并要求根据附录 F8 进行型式试验是非常必要的。

在进行型式试验时,可对检测子系统、制停子系统和自监测子系统组成的轿厢意外移动保护装置完整性系统进行型式试验;也可对检测子系统、制停子系统和自监测子系统单独进行型式试验。已单独进行了型式试验的检测子系统、制停子系统和自监测子系统的相互适配性及完整系统的适用范围需经型式试验机构审查确认,并出具完整系统的型式试验报告。

应注意以下情况:

1.只需提供驱动主机制动器的型式试验报告(含自监测)

以驱动主机制动器作为制停部件的情况下,以下两种情况只需要提供制动器(含自监测)的型式试验报告:

——电梯整梯不具有符合 14.2.1.2 规定的开门情况下的平层、再平层和预备操作的电梯;并且

——其制停部件是符合 9.11.3 和 9.11.4 规定的驱动主机制动器

该制停部件的型式试验报告可由部件制造单位申请并经型式试验机构检验合格出具的型式试验报告(主要是针对永磁同步曳引机的制动器)。

2.需要提供完整的系统型式试验

若电梯具有符合 14.2.1.2 规定的开门情况下的平层、再平层和预备操作的电梯;或制停部件不是符合 9.11.3 和 9.11.4 规定的驱动主机制动器的情况下,电梯整梯单位需对检测子系统、制停子系统和(或)自监测子系统组合的完整系统进行型式试验,若其检测子系统已经具有由型式试验机构出具的含电子元件的安全电路或可编程电子安全相关系统的型式试验报告且其中包含轿厢意外移动保护功能,则该检测子系统在整梯型式试验时不需

要对该检测子系统进行单独试验论证。

具体的型式试验要求,见资料 9-18。

资料 9-18 轿厢意外移动保护装置型式试验介绍 ⇩ ⬛

目前的试验方法中,"特种设备安全技术规范"系列中《电梯轿厢意外移动保护装置型式试验要求》和本修改单中的附录 F8 应配合使用。下面我们参考《电梯轿厢上行超速保护装置型式试验规则》介绍附录 F8 中所规定的轿厢意外移动保护装置型式试验的内容和过程:

一、技术资料要求与审查

1. 产品合格证明及相关技术资料

(1)产品质量合格证明文件,包括合格证(含数据报告)、产品质量证明书等;

(2)产品图纸目录、总图、主要受力结构件图、机构部件装配图;

(3)安装使用维护说明书。

2. 主要结构参数

轿厢意外移动保护装置在进行型式试验时,需要明确以下参数:

(1)整体结构型式、适用工作环境、适用防爆型式;

(2)制停子系统,标明结构、构件尺寸和公差的装配详图;制动衬材质;制动轮/盘直径;制动臂杠杆长度和杠杆比;夹紧(制动)元件和弹性元件型式、规格、尺寸、数量;所作用部件的型式、数量、规格、材料及表面状态详细情况;所作用部件为 T 型导轨时,适用导轨型号、导向面宽度、硬度和表面润滑状况;

(3)检测子系统,硬件版本和组成、软件版本、检测元件安装位置、传感器型式和数量、与制停子系统的配套方案、适用的制停子系统型式、电气元件型号及制造单位;

(4)自监测子系统,硬件版本和组成、软件版本、自监测方式、监测元件安装位置及数量、所监测的元件及其结构、电气元件型号及制造单位。

3. 适用范围及设计文件

(1)预期功能说明;

(2)制停子系统的作用部位;

(3)适用电梯的额定载重量范围;

(4)适用电梯的系统质量范围;

(5)适用电梯的悬挂比;

(6)适用电梯的轿厢自重范围;

(7)适用电梯的平衡系数范围或者平衡重质量范围;

(8)所预期的轿厢减速前最高速度及对应的平均加速度,以及对于如何确定最高速度的说明(参见注1);

(9)制停子系统触发时对应的轿厢速度(参见注2)及达到该速度的平均加速度;

(10)检测子系统和制停子系统的响应时间;

(11)检测元件安装位置、检测到意外移动时轿厢离开层站的距离;

(12)用于最终检验的试验速度及对应试验速度下允许移动距离的相关计算；

(13)开锁区域的具体尺寸；

(14)弹性元件负载曲线图(如需要调整)；

(15)检测子系统、制停子系统、自监测子系统的电气原理图、所使用的电气(电子)元件清单；

(16)检测子系统软件清单及版本号(仅适用于 PESSRAL)；

(17)工作环境要求,包括设计极限温度、极限湿度和其他任何相关的信息；

(18)对于需要调整制动力以适用于不同额定载重量的装置,应当提供公式或者图表,以说明制动力或者力矩与给定调整量之间的函数关系,结果用移动距离表示；

(19)含有电子元件的安全电路或者可编程电子安全相关系统的型式试验报告和证书复印件；

(20)符合"制动器动作试验"要求的制动器动作试验报告复印件；

(21)特殊工作环境(室外、防爆等)适用情况及防护措施；

(22)制动器、电动机以及其他涉及防爆要求的部件防爆合格证。

注 1:举例说明:曳引式电梯,如果自然加速度为 $1.5m/s^2$,并且没有来自于电动机的任何力矩,则可达到的最大速度为 2m/s。这是基于刚开始减速时达到的速度,即:经过轿厢意外移动保护装置、控制电路和制停部件的响应时间,由 $1.5m/s^2$ 自然加速度产生的结果,假设意外移动检测装置在轿厢到达门区极限位置时动作。

对于曳引式电梯,因内部控制装置引起的电气故障的情况下,假定可达到的加速度不大于 $2.5m/s^2$。

注 2:试验速度由制造商提供,试验单位使用该速度确定电梯移动距离(验证距离),以便在交付使用前的检验中验证意外移动保护系统的正确动作。该速度可为检修速度,或者由制造商确定并经试验单位认可的其他速度。

二、样品检查与试验

1.制停子系统

制停部件的作用部位应当符合 GB 7588 中 9.11.4 的规定。

(1)适用单一质量的制停子系统

(a)一般要求

按照申请的系统质量、额定载重量、轿厢自重、平衡系数等参数配置试验工况。每次试验,允许制停部件的摩擦件恢复到其正常温度,一套摩擦件至少可以进行 5 次试验。试验流程如下:

①使轿厢位于平层位置,调整系统质量、轿厢质量、对重质量等相当于空载轿厢位于顶层端站平层情况下的设计值(即考虑最不利工况),进行 5 次上行制动试验；

②使轿厢位于平层位置,调整系统质量、额定载重量、轿厢质量、对重质量等相当于满载轿厢位于底层端站平层情况下的设计值(即考虑最不利工况),进行 5 次下行制动试验；

③试验时,应当达到所预期的轿厢减速前最高速度。如提供的预期最高速度值小于 0.5m/s,满载轿厢下行制停试验时的速度应当至少达到额定速度值与 0.5m/s 的较小值；

④测量和记录平均减速度、最大减速度、最高速度、制停距离、运行总距离(加速和制停距离之和);

⑤检查制停部件断裂、变形或者其他变化(如夹紧元件的裂纹、变形或者磨损,摩擦表面的状况);

⑥在进行制停试验时利用记录仪器记录制停子系统的响应时间,即轿厢在制停部件作用下开始减速的时间与制停子系统得到制动信号的时间差;

⑦检查轿厢意外移动保护装置的复位操作以及复位后的工作状态。

各次试验均应当符合 GB 7588 中 9.11.5、9.11.6 的规定,制停部件在试验后应当没有任何影响功能的断裂和变形情况;对于相同工况的试验,每次试验的运行总距离或者制停距离(对于仅是制停子系统的试验)数据均应当在试验数据算术平均值的±20%以内。

(b)作用于轿厢或者对重的制停子系统

根据申请单位给出的额定载重量、轿厢自重以及系统质量换算得到的质量作为试验质量,使用等效方法进行制动试验,并得出对应的平均减速度、最大减速度和制停距离。其他要求同(a)。

(c)作用于曳引轮或者只有两个支撑的曳引轮轴的制停子系统

可以将被测驱动主机及制动器安装于配置有模拟系统惯量和质量差的试验台上,利用驱动装置驱动曳引轮旋转。当曳引轮线速度(或者转速)达到设定速度时,触发制停子系统动作,记录整个过程的速度(转速)和力矩曲线并计算平均减速度、最大减速度和制停距离,计算平均减速度、最大减速度和制停距离时应当考虑曳引条件产生滑移时的情况。其他要求同(a)。

(2)适用不同质量的制停子系统

在最大质量工况与最小质量工况下各进行 10 次试验(空载轿厢上行和满载轿厢下行各5 次),试验方法和要求同(1)。如提供的预期最高速度值小于 0.5m/s,最大质量工况满载轿厢下行制停试验时的速度至少达到额定速度值与 0.5m/s 的较小值。

对于制停部件需根据不同质量工况进行调整的,试验机构应当选取调整图表或者公式的中间点(至少 1 点)在上行、下行方向上各进行 2 次试验,以验证公式或者图表的有效性。若制停部件不需要调整的,则不需要进行中间点的验证试验。

(3)制动器动作试验

使用电梯驱动主机制动器作为制停部件的,应当依据曳引机型式试验的要求进行动作试验,或者提供证明其符合该要求的试验报告。

(4)对应试验速度的移动距离

型式试验机构应当对申请单位所提供的对应试验速度下允许移动距离的相关计算是否符合 GB 7588 中 9.11.5 的要求进行确认。

在最大质量工况试验完毕后,保持空载试验工况不变,使轿厢上行移动,在轿厢达到申请单位提供的用于最终检验的试验速度时,按照申请单位提供的方式触发制停子系统动作,测量和记录轿厢总的移动距离。试验进行 3 次,移动距离应当均不超过申请单位提供且经过型式试验机构确认的允许移动距离。

对于上行方向和下行方向采用不同制停部件的轿厢意外移动保护装置,还应当进行最大质量工况下的满载下行制停试验。

2. 检测子系统

检测子系统最迟应当在轿厢离开开锁区域时检测到轿厢的意外移动。

模拟进行轿厢意外移动,使检测传感器发出检测信号,观察电路的动作顺序及动作输出情况是否正确,进行 10 次试验;利用时间记录仪器记录检测子系统的响应时间,即检测子系统向制停子系统发出制动信号的时间与检测传感器发出检测信号的时间差。

3. 自监测子系统

应当符合 GB 7588 中 9.11.3 的规定。逐一模拟制停子系统元件和自监测子系统元件的故障,观察自监测子系统的动作顺序及动作输出情况是否正确,进行 10 次验证试验。

第 9 章习题(判断题)

1. 轿厢和对重(或平衡重)应用钢丝绳或平行链节的钢质链条或滚子链条悬挂。

2. 钢丝绳的公称直径不小于 12mm。

3. 钢丝绳或链条最少应有三根,每根钢丝绳或链条应是独立的。

4. 若采用复绕法,应考虑钢丝绳或链条的根数而不是其下垂根数。

5. 不论钢丝绳的股数多少,曳引轮、滑轮或卷筒的节圆直径与悬挂绳的公称直径之比不应小于 40。

6. 悬挂绳的安全系数应按附录 N(标准的附录)计算。在任何情况下,其安全系数不应小于下列值:对于用三根或三根以上钢丝绳的曳引驱动电梯为 12;对于用两根钢丝绳的曳引驱动电梯为 16;对于卷筒驱动电梯为 12。

7. 安全系数是指装有额定载荷的轿厢停靠在最低层站时,一根钢丝绳的最小破断负荷(N)与这根钢丝绳所受的最大力(N)之间的乘积。

8. 钢丝绳木端应固定在轿厢、对重(或平衡重)或系结钢丝绳固定部件的悬挂部位上。

9. 钢丝绳固定时,须采用金属或树脂填充的绳套、自锁紧楔形绳套、至少带有一个合适绳夹的鸡心环套、手工捻接绳环、环圈(或套筒)压紧式绳环。

10. 钢丝绳在卷筒上的固定,应采用带楔块的压紧装置,或至少用一个绳夹或具有同等安全的其他装置,将其固定在卷筒上。

11. 悬挂链的安全系数不应小于 5。

12. 每根链条的端部应用合适的端接装置固定在轿厢、对重(或平衡重)或系结链条固定部件的悬挂装置上,链条和端接装置的接合处至少应能承受链条最小破断负荷的 80%。

13. 钢丝绳曳引应满足以下三个条件:轿厢装载至 125%8.2.1 或 8.2.2 规定额定载荷的情况下应保持平层状态不打滑;必须保证在任何紧急制动的状态下,不管轿厢内是空载还是满载,其减速度的值不能超过缓冲器(包括减行程的缓冲器)作用时减速度的值;当对重压在缓冲器上而曳引机按电梯上行方向旋转时,应不可能提升空载轿厢。

14. 当轿厢停在完全压缩的缓冲器上时,卷筒的绳槽中应至少保留半圈的钢丝绳。

15. 卷筒上只能绕一层钢丝绳。

16.钢丝绳相对于绳槽的偏角(放绳角)不应大于 4°。

17.至少在悬挂钢丝绳或链条的一端应设有一个调节装置用来平衡各绳或链的张力。

18.与链轮啮合的链条,在它们和轿厢及平衡重相连的端部,也应设有这样的平衡装置。

19.多个换向链轮同轴时,各链轮均不能单独旋转。

20.如果用弹簧来平衡张力,则弹簧不应在压缩状态下工作。

21.如果轿厢悬挂在两根钢丝绳或链条上,则应设有一个符合规定的电气安全装置,在一根钢丝绳或链条发生异常相对伸长时电梯应停止运行。

22.调节钢丝绳或链条长度的装置在调节后,不应自行松动。

23.补偿绳使用时必须符合下列条件:使用张紧轮;张紧轮的节圆直径与补偿绳的公称直径之比不小于 30;张紧轮根据 9.7 设置防护装置;用重力保持补偿绳的张紧状态;用一个符合规定的电气安全装置来检查补偿绳的最小张紧位置。

24.若电梯额定速度大于 5.5m/s,除满足规定外,还应增设一个防跳装置。

25.轿厢应装有能在下行时动作的安全钳,在达到限速器动作速度时,甚至在悬挂装置断裂的情况下,安全钳应能夹紧导轨使装有额定载重量的轿厢制停但不需保持静止状态。

26.若电梯额定速度大于 0.63m/s,轿厢应采用瞬时式安全钳。若电梯额定速度小于或等于 0.63m/s,轿厢可采用渐进式安全钳。

27.若轿厢装有数套安全钳,则它们应全部是渐进式的。

28.若额定速度大于 1m/s,对重(或平衡重)安全钳应是渐进式的,其他情况下,可以是瞬时式的。

29.轿厢和对重(或平衡重)安全钳的动作应由各自的限速器来控制。

30.若额定速度小于或等于 3m/s,对重(或平衡重)安全钳可借助悬挂机构的断裂或借助一根安全绳来动作。

31.不得用电气、液压或气动操纵的装置来操纵安全钳。

32.在装有额定载重量的轿厢自由下落的情况下,渐进式安全钳制动时的平均减速度应为 $0.2g_n \sim 1.0g_n$。

33.安全钳动作后的释放需经称职人员进行。

34.只有将轿厢或对重(或平衡重)放下,才能使轿厢或对重(或平衡重)上的安全钳释放并自动复位。

35.允许将安全钳的夹爪或钳休充当导靴使用。

36.如果安全钳是可调节的,则其调整后应加封记。

37.轿厢空载或者载荷均匀分布的情况下,安全钳动作后轿厢地板的倾斜度不应大于其正常位置的 5%。

38.当轿厢安全钳作用时,装在轿厢上面的一个符合 14.1.2 电气装置应在安全钳动作以前或同时使电梯驱动主机停转。

39.操纵轿厢安全钳的限速器的动作应发生在速度至少等于额定速度的 120%。

40.对于额定载重量小,额定速度高的电梯,应专门为此设计限速器。

41. 对重(或平衡重)安全钳的限速器动作速度应大于 9.9.1 规定的轿厢安全钳的限速器动作速度,但不得超过 20%。

42. 限速器动作时,限速器绳的张力不得小于以下两个值的较大值:安全钳起作用所需力的两倍;或 300N。

43. 限速器上应标明与安全钳动作相应的旋转方向。

44. 限速器应由限速器钢丝绳驱动。

45. 限速器绳的最小破断载荷与限速器动作时产生的限速器绳的张力有关,其安全系数不应小于 13。对于摩擦型限速器,则宜考虑摩擦系数 $\mu_{max} = 0.2$ 时的情况。

46. 限速器绳的公称直径不应小于 10mm。

47. 限速器绳轮的节圆直径与绳的公称直径之比不应小于 20。

48. 限速器绳应用张紧轮张紧,张紧轮(或其配重)应有导向装置。

49. 在安全钳作用期间,即使制动距离大于正常值,限速器绳及其附件也应保持完整无损。

50. 限速器绳应易于从安全钳上取下。

51. 限速器动作前的响应时间应足够短,不允许在安全钳动作前达到危险的速度。

52. 限速器应是可接近的,以便于检查和维修。

53. 若限速器装在井道内,则应能从井道外面接近它。

54. 在轿厢上行或下行的速度达到限速器动作速度之前,限速器或其他装置上的一个符合 14.1.2 规定的电气安全装置使电梯驱动主机停止运转。但是,对于额定速度不大于 3m/s 的电梯,此电气安全装置最迟可在限速器达到其动作速度时起作用。

55. 曳引驱动电梯上不应装设轿厢上行超速保护装置。

56. 该装置包括速度监控和减速元器件,应能检测出上行轿厢的速度失控,其下限是电梯额定速度的 225%,上限是 9.9.3 规定的速度,并应能使轿厢制停,或至少使其速度降低至对重缓冲器的设计范围。

57. 该装置应不能在没有那些在电梯正常运行时控制速度、减速或停车的部件参与下,达到 9.10.1 的要求,除非这些部件存在内部的冗余度。

58. 该装置在动作时,可以由与轿厢连接的机械装置协助完成,无论此机械装置是否有其他用途。

59. 该装置在使空轿厢制停时,其减速度不得大于 $3g_n$。

60. 该装置应作用于:轿厢或对重或钢丝绳系统(悬挂绳或补偿绳)或曳引轮(例如直接作用在曳引轮,或作用于最靠近曳引轮的曳引轮轴上)。

61. 该装置动作后,应由称职人员使其释放。

62. 该装置释放时,需要接近轿厢或对重。

63. 释放后,该装置应处于正常工作状态。

64. 如果该装置需要外部的能量来驱动,当能量没有时,该装置应能使电梯制动并使其保持停止状态。带导向的压缩弹簧除外。

第 9 章习题答案

1. √；2. ✕；3. ✕；4. √；5. √；6. √；7. ✕；8. √；9. ✕；10. ✕；11. ✕；12. √；13. √；14. ✕；15. √；16. √；17. √；18. √；19. ✕；20. ✕；21. √；22. √；23. √；24. ✕；25. ✕；26. ✕；27. √；28. √；29. √；30. ✕；31. √；32. √；33. √；34. ✕；35. ✕；36. √；37. √；38. √；39. ✕；40. ✕；41. ✕；42. √；43. √；44. √；45. ✕；46. ✕；47. ✕；48. √；49. √；50. √；51. √；52. √；53. √；54. ✕；55. ✕；56. ✕；57. ✕；58. √；59. ✕；60. √；61. √；62. ✕；63. √；64. √。

导轨、缓冲器和极限开关

10.1 导轨的通则

资料 10-1 导轨概述 ⇩ ⬇

从电梯的定义(见补充定义1)可知电梯导轨是电梯重要的基准部件,它控制着电梯轿厢运行轨迹,在为轿厢和对重(或平衡重)提供垂直运动导向的同时,也限制了这些部件在水平方向上的移动,防止由于轿厢的偏载而产生的倾斜。同时,导轨又是电梯轿厢发生意外超速紧急制停时的支撑杆系,支撑轿厢或对重。所以电梯导轨是涉及电梯安全及运行质量的重要部件。

下面是常见的几种导轨横截面的形状:a)是电梯通常使用的T形导轨,这种导轨通用性强,有较好的抗弯性及可加工性。T型导轨可采用冷拉加工或工作表面机加工两种制造方式。冷拉是有冷拉钢材直接拉制而成,除两个端面外不需再加工。工作表面机加工的导轨采用热轧T形导轨毛坯,对工作表面和两端进行机加工,以达到所要求的表面质量和直线度。T型导轨宜满足 JG/T 5072.1《电梯T形导轨》的要求。b)、c)、d)、e)、f)常用于速度较低的电梯(额定速度不超过0.63m/s),表面通常不作机加工。g)为冷轧的空心T型导轨,可用于对重使用,前提是对重上不装设安全钳或作用于对重导轨上的轿厢上行超速保护装置。冷轧的空心T型导轨有板材经冷态折弯而成,它宜满足 JG/T 5072.3《电梯对重用空心导轨》的要求。

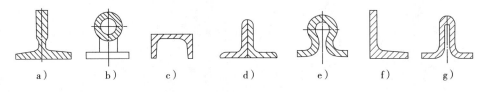

a)   b)   c)   d)   e)   f)   g)

资料 10-1 图 1 几种形式的导轨

以上各种形式中,T型导轨在电梯中的使用量最大。T型导轨每段长度一般为3m~5m,导轨两端部中心分别有榫和榫槽,导轨端缘底面有一加工平面,用于导轨连接板的连接安装,每根导轨端部至少要用4个螺栓与连接板固定。

T型导轨的主要规格参数是底面宽度 b、高度 h、工作面厚度 k(如图资料10-1图2)。

JG/T 5072.1《电梯T形导轨》对这种形式的导轨进也是按照其主要参数来命名的,如:T△-□/■,其中T代表导轨代号;△表示底面宽度 b;□表示规格代号;■表示加工方法代号(A为冷轧导轨、B为机加工导轨、BE为高质量导轨)。

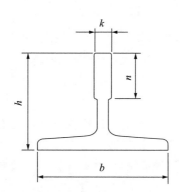

资料 10-1 图 2   T 型导轨
横截面及主要参数

标准 T 型导轨尺寸见资料 10-1 表 1：

资料 10-1 表 1   标准 T 型导轨规格   mm

规格标志	底面宽度 b	高度 h	工作面厚度 k
T45/A	45	45	5
T50/A	50	50	5
T70－1/A	70	65	8
T70－2/A	70	70	9
T75－1/A	75	55	9
T75－2/A	75	62	9
T75－3/A(B)	75	62	10
T82/A(B)	82.5	68.25	9
T89/A(B)	89	62	15.88
T90/A(B)	90	75	16
T114/B	114	89	16
T125/A(B)	125	82	16
T127－1/B	127	88.9	15.88
T127－2/A(B)	127	88.9	15.88
T140－1/B	140	108	19
T140－2/B	140	102	28.6
T140－3/B	140	127	31.75

　　有的国家,如日本是用导轨最终加工完成后每米的重量作为导轨的规格进行命名区分的,如 18k、13k 等。

　　对于导轨,影响其主要特性的方面主要有以下几点:

（1）材质方面

导轨的材料要求使用镇静钢，其化学成分 C≤28%；S≤0.045%；P≤0.045%。其强度应为 370N/mm² ～520N/mm²。这样的要求使得导轨具有足够的强度和韧性，在受到冲击时不至发生断裂。

（2）截面特性

导轨的抗弯能力取决于其横截面的几何特性。抗弯是电梯导轨的主要受力形式。导轨的抗弯强度与截面的抗弯模量有关；抗弯刚度与截面的轴惯性矩有关。T 型导轨的截面形状具有比较理想的抗弯模量和轴惯性矩，因此导轨具有较好的性能。

（3）工作面的粗糙度

导轨工作面是指导轨与导靴接触的表面。工作面的粗糙度对于电梯的运行质量有不可忽视的影响，特别是高速电梯，这种影响尤其明显。对于机加工的导轨，加工纹路的形状和方向也会影响到电梯的运行质量。实践证明，导轨工作面宜采用刨削加工，其加工痕流向应与电梯运行方向一致，不宜采用铣加工。

JG/T 5072.1《电梯 T 形导轨》中要求：机加工导轨在纵向粗糙度为 R_a≤1.6μm，横向上的粗糙度为 1.6μm≤R_a≤6.3μm。可以看出，在纵向上的粗糙度要求高于横向，其意义就是考虑加工痕的流向对电梯运行质量的影响。

（4）几何形状精度

导轨的几何形状误差主要指工作面的直线度、扭曲和厚度偏差。

10.1.1 导轨及其附件和接头应能承受施加的载荷和力，以保证电梯安全运行。

电梯安全运行与导轨有关的部分为：

a）应保证轿厢与对重（或平衡重）的导向；

b）导轨变形应限制在一定范围内，由此：

1）不应出现门的意外开锁；

2）安全装置的动作应不受影响；

3）移动部件应不会与其他部件碰撞。

根据 G2、G3 和 G4 所规定的轿厢内额定载荷的分布状况或用户和供应商商定的实际使用情况（见 0.2.5），应对导轨的应力予以限制。

注：附录 G 提供了选择导轨的方法。

 解析 电梯导轨起始一段在绝大多数情况下都是支撑在底坑中的支撑板上（也有少数情况下，导轨是悬吊在井道顶板上的）。每根导轨的长度一般在 3m～5m，在井道中每隔一定距离就有一个固定点，将导轨固定于设置在井道壁的支架上。

在电梯正常运行时，导轨需要承受载荷的偏载、悬挂点与轿厢重心不重合而产生的弯距、导靴产生的摩擦等。在电梯装载和卸载的过程中，导轨将承受作用于地坎上的力。在安全钳或作用在导轨上的轿厢上行超速保护装置动作时，导轨作为被夹持的部件，必须承受轿厢及载荷(或对重、平衡重)、补偿装置、随行电缆的重量,并对这些部件提供必要的减速度。

基于以上作用,导轨及其附件和接头不但应能够为轿厢(及载荷)、对重或平衡重提供有效的导向,而且无论电梯出现何种本标准所规定的必须加以保护的情况,导轨都必须有足够的强度及刚度以提供必要的支撑。导轨及其附件和接头具有足够强度和刚度的标准就是本条所要求的几个方面。

本标准的附录 G(提示的附录)详细给出了导轨的选择和计算方法,在设计选用导轨时可以参考。

10.1.2 许用应力和变形

10.1.2.1 许用应力可按下式计算:

$$\sigma_{\text{perm}} = \frac{R_{\text{m}}}{S_{\text{t}}}$$

式中:

σ_{perm}——许用应力,MPa;

R_{m}——抗拉强度,MPa;

S_{t}——安全系数。

安全系数必须按表 4 确定:

表 4

载荷情况	延伸率 A_5	安全系数
正常使用	$A_5 \geqslant 12\%$	2.25
	$8\% \leqslant A_5 < 12\%$	3.75
安全钳动作	$A_5 \geqslant 12\%$	1.8
	$8\% \leqslant A_5 < 12\%$	3.0

延伸率小于 8% 的材料太脆不应使用。

符合 JG/T 5072.1 要求的导轨,许用应力值 σ_{perm}(MPa)可使用表 5 的规定值。

表 5

载荷情况	R_{m} MPa		
	370	440	520
正常使用	165	195	230
安全钳动作	205	244	290

解析 以上规定给出了导轨的许用应力,在计算和选用导轨时,可以参考附录 G 提供的方法配合本条要求使用。但应注意:虽然附录 G 是提示的附录,可以不完全遵守,但本条是强制执行的,必须要求遵守。

10.1.2.2 "T"型导轨的最大计算允许变形:

a)对于装有安全钳的轿厢、对重(或平衡重)导轨,安全钳动作时,在两个方向上为 5mm;

b)对于没有安全钳的对重(或平衡重)导轨,在两个方向上为 10mm。

 解析 本条要求是针对 T 型导轨的,其他种类的导轨并不在本条限制范围之内。

在 10.1.1 中仅要求了"导轨及其附件和接头应能承受施加的载荷和力,以保证电梯安全运行";以及"导轨变形应限制在一定范围内"。并限制了导轨在变形时应能保证:不应出现门的意外开锁;安全装置的动作应不受影响;移动部件应不会与其他部件碰撞等要求。但并没有明确给出导轨的最大允许变形。本条中要求了导轨的最大变形不得超过:受到安全钳夹持的导轨为 5mm;没有安全钳作用的导轨为 10mm。本条和 10.1.1 的关系是这样的:本条是最大允许变形,无论是否能够保证 10.1.1 导轨的变形都不能超出本条的限制。而 10.1.1 是保护的目的,无论导轨变形如何小,也必须满足 10.1.1 的要求。

10.1.3 导轨与导轨支架在建筑物上的固定,应能自动地或采用简单调节方法,对因建筑物的正常沉降和混凝土收缩的影响予以补偿。

应防止因导轨附件的转动造成导轨的松动。

 解析 为防止建筑物正常沉降、混凝土收缩以及导轨的热胀冷缩导致安装好的导轨变形和内部应力,应采用导轨压板将导轨夹紧在导轨支架上,不应采用焊接以及直接螺栓连接。当建筑物下沉时,可以使导轨与导轨支架之间在垂直方向上有相对滑动的可能。以下是两种不同的导轨压板。

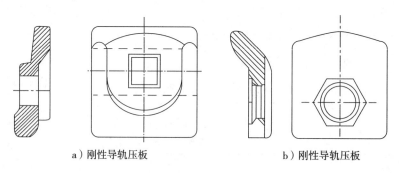

a）刚性导轨压板　　　　　　　　　　b）刚性导轨压板

图 10 - 1

图 10 - 1 a)为刚性导轨压板,这种压板一般为铸造或锻造制成,在使用中对导轨的夹紧力较大,多用于速度不高(不超过 2.5m/s)且提示高度不是很大的情况。b)为弹性导轨压板,这种导轨压板为弹簧钢锻造制成,夹紧导轨后由于其本身有一定弹性,因此这种压板阻

碍导轨在垂直方向上滑动的力较小。同时为了使导轨尽可能顺畅的滑动,在弹性导轨压板与导轨之间往往还垫有铜制垫片,起到减小摩擦阻力作用。

为了避免压板夹紧导轨后导轨脱出和在水平方向上发生位移,导轨支架上固定导轨压板的孔不宜做成水平或垂直方向上的长孔,应做成圆孔或采用45°的倾斜长孔,如图10-2所示。

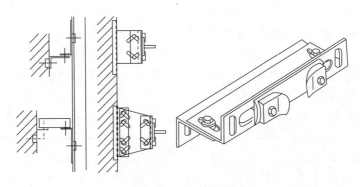

图 10-2　导轨支架

固定导轨的导轨支架一方面要求应具有一定强度,同时也要求有一定的调节量,以弥补电梯井道的建筑误差。导轨支架的形式如图10-3所示。

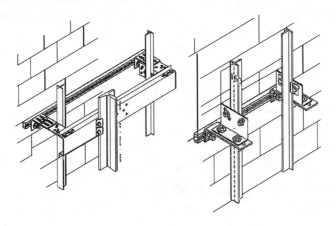

图 10-3　导轨支架

导轨支架在建筑物上的固定方法一般有以下几种:

(1)预埋法:在井道内按照一定的间距直接预埋导轨支架,安装导轨时直接利用这些已经预埋完毕的导轨支架即可。这种方法安装方便,但调整范围小,需要土建配合的程度较高。

(2)焊接法:这种方法多见于井道为钢架结构的情况,导轨支架直接焊接在构成井道的钢架上即可。在其他种类的井道中也有采用,这就要求在建造井道时根据电梯供货商要求在井道中按照一定间距设置预埋件。在安装导轨时,支架直接焊接在这些预埋件上。这种方法工艺简单、安全可靠,但预埋件的位置是固定的,无法进行较大的调整。同时在提升高度较高的情况下,焊接操作也很不方便。

(3)螺栓固定:在井道内按照预先确定好的间距预埋 C 形槽,安装导轨支架时,将螺栓滑入槽中用螺母固定支架。这种方法的利弊与焊接法相似。

(4)预埋地脚螺栓:在井道内按照一定间距预埋地脚螺栓,安装时导轨支架可以使用预埋的地脚螺栓固定。这种方法可以通过导轨支架两面的螺母来调节导轨与井道壁之间的距离,安装时可以适应一定范围内的井道误差。但对地脚螺栓的埋入深度等要求较高。

(5)膨胀螺栓连接:这是目前应用最广泛的导轨支架安装方法。它不需要任何预埋件,在安装导轨支架时直接在井道壁上所需要的位置打孔并设置膨胀螺栓。这样导轨支架在井道壁上的安装位置可以非常灵活,同时也可以简化安装过程。但膨胀螺栓的设置位置要求井道壁是混凝土结构。

关于导轨固定以及补偿建筑物沉降的问题,CEN/TC10 有如下解释单:

问　　题
该标准的条文指出: "对因建筑物的正常沉降和混凝土收缩的影响,导轨与导轨支架和建筑物的固定应能自动地或采用简单调节方法予以补偿。" 　根据该条文,一些制造商主张只有垂直方向的调整是必需的。 　相反,一个国家委员会认为:也应在水平面(纵向和横向)上可调整,以便校正导轨间距或导轨垂直度。事实上,建筑物的下沉不总是一致的(因地基、结构不均衡及建筑物载荷不均衡等方面)。 　能否告知对于该问题的观点?
解　　释
实质上,对导轨的固定允许导轨在水平面两个方向上调整的需要取决于建筑结构的技术。因此,不需要通用性的规则。

10.2　轿厢、对重(或平衡重)的导向

10.2.1　轿厢、对重(或平衡重)各自应至少由两根刚性的钢质导轨导向。

解析　这是为了保证轿厢、对重(或平衡重)在运行过程中的稳定性。一般情况下,轿厢、对重(或平衡重)是以在其上安装的导靴与导轨配合实现导向作用的。导靴一般分为滑动导靴(适用于速度较低的电梯)和滚轮导靴(适用于高速电梯),参见图 10 - 4。

10.2.2　在下列情况下,导轨应用冷拉钢材制成,或摩擦表面采用机械加工方法制作:

a)额定速度大于 0.4m/s;

b)采用渐进式安全钳时,不论电梯速度如何。

解析　在速度高于 0.4m/s 或渐进式安全钳作用的导轨应采用冷拉或对表面进行机加工,不允许采用表面不作任何处理的型钢用作导轨。这是因为,当速度较高的情况下,轿厢、对重(或平衡重)沿导轨运行时对导轨的工作表面要求较高,如果工作表面过于粗糙,无

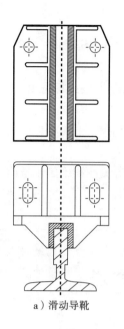
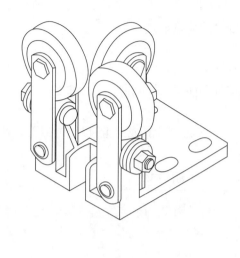

a）滑动导靴　　　　　　　　b）滚轮导靴

图 10 - 4　导靴

法保证这些部件在运行过程中的平稳。同时,由于导轨工作表面引起的冲击和振动也可能带来一定的安全隐患。

当采用渐进式安全钳时,由于这种安全钳动作时其制动距离较长,减速度在很大程度上受导轨工作面的影响,因此在这种情况下要求导轨表面粗糙度应限制在一定范围内。

10.2.3　对于没有安全钳的对重(或平衡重)导轨,可使用成型金属板材,它们应作防腐蚀保护。

解析　对于没有安全钳作用的导轨(对重或平衡重导轨),可以采用图 10 - 5 的形式:

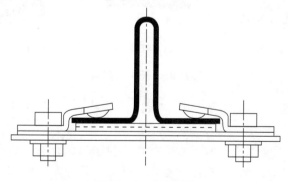

图 10 - 5　空心导轨

这种导轨是用板材折弯而成,不能承受安全钳动作时的挤压,因此只能用于没有安全钳装置的对重或平衡重。同时这种形式的导轨需要进行防腐处理。

10.3　轿厢与对重缓冲器

解析　缓冲器是电梯极限位置的安全保护装置,其原理是使运动物体的动能转化为一种无害的或安全的能量形式。

当电梯系统由于超载、钢丝绳与曳引轮之间打滑、制动器失效或极限开关失效等原因,电梯超越最顶层或最底层的正常平层位置时,轿厢或对重(平衡重)撞击缓冲器。由缓冲器吸收或消耗电梯的能量,减缓轿厢与底坑之间的冲击,最终使轿厢或对重(平衡重)安全减速并停止。

CEN/TC10 认为:轿厢(或对重)以缓冲器设计速度撞击缓冲器不属于危险工况。

资料 10-2　缓冲器概述　　　　　⇩⬇

缓冲器一般分为蓄能型和耗能型两种。蓄能型缓冲器又分为线性缓冲器和非线性缓冲器,前者以弹簧缓冲器为代表,后者一般为聚氨酯缓冲器。耗能型缓冲器一般为液压缓冲器。

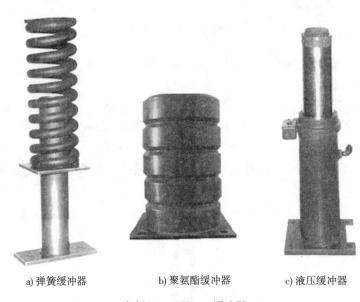

a) 弹簧缓冲器　　　　b) 聚氨酯缓冲器　　　　c) 液压缓冲器

资料 10-2 图 1　缓冲器

一、蓄能型缓冲器

1.蓄能型缓冲器的原理

蓄能型缓冲器是以弹性变形的方式吸收电梯撞击时的能量。这种缓冲器的蓄能部件主要由弹簧或聚氨酯制成,受到冲击后,蓄能部件受到压缩,在这个过程中会吸收能量,产生所谓的"缓冲"效果。下面对蓄能型缓冲器进行介绍。

2.蓄能元器件的主要种类及各自的特点

蓄能型缓冲器根据蓄能元器件在动作时的特性分为线性缓冲器和非线性缓冲器两种。线性缓冲器的蓄能元器件主要是螺旋弹簧制成,在受到撞击过程中,其弹性系数保持不变。

非线性缓冲器的蓄能元器件一般是由聚氨酯、橡胶弹簧或蜗卷弹簧制成,在受到撞击过程中,蓄能元器件的弹性系数是发生变化的。

但应注意,采用聚氨酯或橡胶弹簧制成的非线性缓冲器,由于受到撞击时其内部存在摩擦阻尼,压缩时,其应变和应力是非线性的,压缩曲线和回弹曲线也是不重合的。在压缩过程中,一部分撞击能量以势能的形式储存在蓄能元器件中,还有一部分能量由于内部阻尼的作用而转化成热能耗散掉了。据有关资料显示,聚氨酯缓冲器在受到撞击过程中,吸收并消耗掉的能量甚至能够占其受到碰撞的总能量的 40%。由此可见,这种以聚氨酯或橡胶弹簧为蓄能元器件的缓冲器是介于完全蓄能型(如圆柱螺旋弹簧缓冲器)和耗能型缓冲器(如液压缓冲器)之间。而采用蜗卷弹簧的蓄能型缓冲器则不同,它在受到撞击时,虽然弹性吸收也是非线性的,但这种缓冲器与圆柱螺旋弹簧缓冲器类似,是将撞击部件的所有动能转化为弹性势能存储在弹簧中,并不存在消耗的情况。

3. 蓄能型缓冲器的设计计算

蓄能型缓冲器最常见的形式为圆柱螺旋弹簧缓冲器,下面我们主要以轿厢缓冲器为例来介绍这种形式的蓄能型缓冲器的设计计算。

弹簧缓冲器的尺寸由强度条件确定。计算时仅考虑弹簧扭转,其他应力的影响忽略不计。计算方法与机械设计中的弹簧选择相同。

轿厢对于缓冲器的撞击可能存在两种情况:一种是有对重(或平衡重)影响下的撞击,另一种是钢丝绳全部断裂情况下的撞击。后一种情况是最极端的情况,一般按照这种情况来设计缓冲器。

(1)弹簧所受的最大压力

缓冲器弹簧承受的最大压力可按照下式计算:

$$P = \frac{W}{g}a + W$$

式中:

　W——轿厢总重量(轿厢自重+附件重量+额定载重量)kg,或对重(平衡重)总重量;

　g——重力加速度,m/s^2;

　a——轿厢或对重冲击缓冲器最大减速度,m/s^2。

考虑到乘客能够承受减速度的限度,一般规定减速度 a 在(2~3)g 范围内。

(2)弹簧的压缩行程

根据能量守恒定律,轿厢、对重(或平衡重)在撞击缓冲器时有以下关系:

$$\frac{W}{2g} + WS = \frac{1}{2}SP$$

式中:

　S——缓冲器行程,m;

　v——限速器动作速度,m/s。

整理上式,可得到缓冲器行程 S:

$$S = \frac{v^2}{g}$$

本标准 10.4.1.1.1 规定了速度 v 的取值为 115% 额定速度的情况下重力制停距离的两倍(即 $0.067v^2 \times 2 \approx 0.135v^2$)。并规定了缓冲器行程 S 的最小值在任何情况下均不得小于 65mm。

(3)缓冲器弹簧弹性系数的确定

根据虎克定律,弹簧的弹性系数 K 按照下式确定:

$$K = \frac{P}{S}$$

(4)最大减速度

计算弹簧缓冲器的最大减速度,设定工况为轿厢自由坠落且撞击速度为 1.15 倍的额定速度。弹簧缓冲器作用于撞击部件的最大减速度是弹簧的压缩量最大的位置,其减速度为:

$$a_{max} = \frac{KS}{m} - g$$

式中:

K——弹性系数,N/m;

S——缓冲器压缩行程,m;

m——撞击部件的质量,kg。

根据能量守恒定律,当撞击部件将缓冲器压缩到最大行程位置时,撞击部件的全部动能及重力势能全部转化为弹簧的弹性势能,有:$\frac{1}{2}KS^2 = \frac{1}{2}m(1.15v_{额})^2 + mgS$,其中 $v_{额}$ 为额定速度 m/s。

则

$$a_{max} = \sqrt{\frac{1.32Kv_{额}^2}{m} + g^2}$$

(5)缓冲器底座所承受的冲击力

设缓冲器底座承受的冲击力为 R,则有:$R = P$,即底座承受的冲击力等于缓冲弹簧承受的最大压缩力。

通常在电梯土建设计时,底座承受的冲击力按照下式获得:

$$R = \frac{4W}{n}$$

式中:

W——轿厢总重量(轿厢自重+附件重量+额定载重量),kg,或对重(平衡重)总重量;

n——缓冲器数量。

4.蓄能型缓冲器中采用聚氨酯为缓冲元器件的缓冲器的一些特性

由聚氨酯为缓冲元器件的非线性缓冲器,其特性线不是直线,而且其压缩和回弹曲线是不重合的,表现为非纯弹性体特性。

受到撞击和受压时,其内部存在摩擦阻尼,大部分能量转化为位能(变形能),另一部分能量则因内部阻尼而转化为热能等消耗掉(对聚氨酯弹缓冲器而言,吸收并消耗掉的能量甚至能占到总碰撞能量的 40%)。因此,这种缓冲器是介于纯粹的蓄能型缓冲器和耗能型缓冲器之间的一种产品。但不可避免的是,正是由于这种原因在撞击瞬间可能对撞击它的电梯部件产生很大的制动力和制动减速度。之所以把它归类为蓄能型缓冲器,是由于其变形能吸收的能量还是占主导地位。国内有专家认为,对于这个问题,理论分析计算和静态试验都无法很好的反映,因此检验对这类缓冲器应进行类似耗能型缓冲器的动态冲击试验,以便正确反映缓冲器的特性。

二、耗能型缓冲器

1. 耗能型缓冲器的原理及特点

耗能型缓冲器一般都采用油压形式,利用黏滞性液体流动的阻尼作用对冲击部件进行缓冲。油压缓冲器有许多种形式,但其基本原理是相同的。当轿厢、对重(或平衡重)撞击缓冲器时,柱塞向下运动,压缩油缸内的液压油,使油通过节流孔或槽外溢,由于排油阻力产生的反作用力迫使撞击部件停止。同时,在制停撞击部件过程中,其动能转换为油的热能耗散。

前面我们介绍过的弹簧缓冲器,其特性是制动力随压缩行程的增大而增大,而液压缓冲器在制停期间的作用力近似常数。与弹簧缓冲器相比,液压缓冲器具有缓冲效果好、行程短,没有回弹等特点,在使用相同的情况下,油压缓冲器所需行程可以比弹簧缓冲器减少一半左右。

2. 液压缓冲器的分类

液压缓冲器根据节流孔的形式可以分为多孔式、环状油孔式和多槽式三种,如资料10-2图2~资料10-2图5所示。

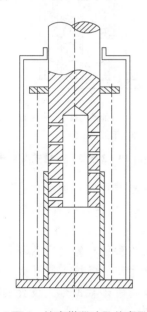

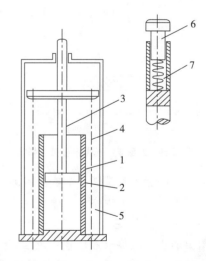

图中:1—油缸;2—活塞;3—活塞杆;4—压缩弹簧;
5—储油腔;6—缓冲头;7—辅助弹簧

资料10-2图2 柱塞带泄油孔的多孔式缓冲器　　**资料10-2图3 缸体带溢流孔的多孔式缓冲器**

以上几种形式的液压缓冲器,其原理是相同的,只是排油阻力面的设计不同而已。排油截面的设计可以保证均匀的反力和均匀的减速度,也就是随着缓冲过程中撞击部件速度的降低,排油截面也相应减小,从而保证了稳定的减速度。

资料10-2图2是柱塞带泄油孔的多孔式缓冲器,其柱塞下部有一空腔,柱塞上有泄油孔,缸体本身是无孔的。当柱塞被压下时,缸体将依次遮挡柱塞上的泄油孔,减少了能够供液压油通过的泄油孔数量和泄油总面积。

资料10-2图3是缸体带溢流孔的多孔式缓冲器,结构与柱塞带泄油孔的多孔式缓冲器类似,只不过是将泄油孔开在油缸壁上。当活塞向下移动进入充满液压油的油缸中时,压力使液压油通过油缸壁上的溢流孔流入外部的储油腔中。随活塞位置的下降,能够供液压油通过的溢流孔数量不断减少,油在通过溢流孔时的节流作用也更加明显,从而使撞击部件减速并停止。

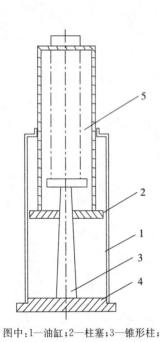

图中:1—油缸;2—柱塞;3—锥形柱;
4—底座;5—复位弹簧

资料 10-2 图 4　环状油孔式缓冲器

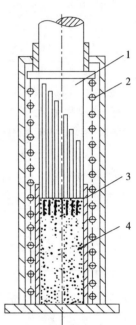

图中:1—带油槽的柱塞;2—复位弹簧;
3—油缸;4—油

资料 10-2 图 5　多槽式缓冲器

资料10-2图4是环状油孔式缓冲器,这种液压缓冲器是最常见的型式。这种型式的液压缓冲器具有一个中空的柱塞及一个上细下粗的锥形柱。在缓冲过程中,随着活塞向下压入油缸中,迫使液压油通过环状孔流入柱塞内腔中。由此造成的排油阻力即是缓冲力,排油阻力的大小取决于液压油的流量,而液压油的流量由锥形柱柱塞之间的环状孔总面积决定。随着柱塞的下移,环状孔的面积逐渐减小,在缓冲过程中保持了制动力和制动减速度的恒定。为了不使撞击瞬间缓冲器的减速度过大,可以将锥形柱的母线设计成特定的曲线(即上、中、下端采不同的锥度),以保证缓冲过程的平顺。

资料10-2图5是多槽式缓冲器,这种缓冲器在柱塞上有一组长度不同的排油槽。在缓冲过程中油槽依次被挡住,泄油面积逐渐减少。但由于泄油槽加工复杂,因此这种型式的缓冲器较少被采用。

当轿厢、对重(或平衡重)被提起之后,以上这几种形式的液压缓冲器中的复位弹簧使活塞恢复到正常位置上,此时液压油经孔或槽回流至原先的位置。

3.耗能型缓冲器的设计计算

下面我们以环状油孔式缓冲器为例介绍缓冲器的设计计算。

(1)排油截面的设计计算

由于液压缓冲器的缓冲特性取决于排油截面的设计,因此合理的设计排油截面,使缓冲器在整个缓冲过程中能够提供我们希望的反力是设计缓冲器的关键。

液压缓冲器在设计时如果将液压油视为理想液体,则遵守伯努利定理:稳定流动中的静压强和动压强之和为常数。伯努利定理是由能量守恒定律得来的,并由此可以推导出伯努利方程:

$$p+\frac{1}{2}\rho v^2+\rho gh=常量$$

缓冲器内液压油的流动如资料 $10-2$ 图6所示。取截面 $A\!-\!A$ 为靠近节流孔处的节流前的液体流动截面; $B\!-\!B$ 为节流处的液体流动截面。按照伯努利方程有: $p_1+\frac{1}{2}\rho v_1^2+\rho gh_1$ $=p_2+\frac{1}{2}\rho v_2^2+\rho gh_2$。

其中 p_1、v_1、h_1 分别为 $A\!-\!A$ 处的液体压力、流速和液面高度; p_2、v_2、h_2 分别为 $B\!-\!B$ 处的液体压力、流速和液面高度;ρ 为液体密度。

由于 $h_1\approx h_2$;v_1 远远小于 v_2;p_2 远远小于 p_1,将 v_1 和 p_2 略去则可以由上式推导出: $v_2=\sqrt{\dfrac{2gp_1}{\rho}}$

在柱塞运动过程中,液体流动存在一些关系:

$$f=\frac{v_1}{v_2}A$$

式中:

　　f——排油孔处的排油截面积;

　　A——柱塞截面积。

将 v_2 代入式中,有:

$$f=\sqrt{\frac{\rho}{2gp_1}}Av_1$$

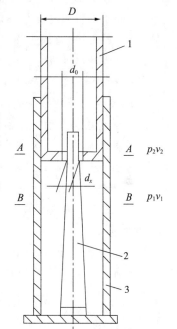

资料 $10-2$ 图6　缓冲过程
液体流动示意图

考虑到实际情况下,缓冲器的液压油与理想液体是有差别的,理想液体没有考虑到液体的黏滞性。但耗能型缓冲器正是利用了液体的黏滞性,将撞击时的动能转换为热能耗散,因此液压油的黏滞性在设计中是不应被忽略的。修正上式为:

$$f=\mu\sqrt{\frac{\rho}{2gp_1}}Av_1$$

式中:

　　μ——考虑到液压油黏滞性的系数。将式中常量提取出来,设 $C=\rho\mu^2/2g$,这里的 C 为缓冲器油的特性系数,不同的缓冲器油具有不同的 C 值。

$$A=\frac{\pi}{4}(D^2-d_0^2)$$

$$p_1=\frac{W_T(1+\frac{a}{g})}{A}$$

$$d_x=\sqrt{d_0^2-\frac{4}{\pi}f}$$

式中:

    D——柱塞直径;

    d_0——柱塞端面处排油孔直径;

    d_x——不同位置处锥形柱的直径;

    W_T——轿厢、对重或平衡重的总重量;

    a——缓冲减速度。

利用上面一系列公式,可以根据在缓冲过程中的每一瞬间位置的速度 v_1 和要求的缓冲减速度 a,确定所需的排油截面积 f 和锥形柱直径 d_x。多孔式和多槽式结构的液压缓冲器也可以使用这些公式确定排油截面积。

油压缓冲器的一个优点就是能够根据需要将缓冲减速度设计为一个恒定值,根据本标准规定,耗能型缓冲器的平均减速度不大于 $1g$,因此 $a=g$。这样可以针对不同位置的速度 v_1 确定所需的 f 和 d_x。

但是,按照等减速度原理来设计缓冲器,在缓冲开始瞬间($t=0$)和缓冲终止瞬间($v_1=0$),减速度存在突变,减速度的变化率 da/dt 趋向无穷大,产生较大的冲击反力和冲击。因此必须在这些阶段恰当的选择锥形柱的母线,以避免上述情况的发生。

从上面的分析可以看出,缓冲器的性能除受结构型式影响外,还取决与液压油的特性。

如果将 $C=\frac{\rho\mu^2}{2g}$ 和 $p_1=\frac{W_T(1+\frac{a}{g})}{A}$ 代入 $f=\mu\sqrt{\frac{\rho}{2gp_1}}Av_1$ 中,可以得到:$f=v_1\sqrt{\frac{CA^3}{W_T(1+\frac{a}{g})}}$

可见,排油孔处的排油截面积 f 与 C/W_T 成比例关系。因此,对于不同的轿厢、对重(或平衡重)的 W_T 值,如果改变缓冲器油的 C 值,则可以得到相同的 f。这说明,在缓冲器的设计结构不改变的情况下,通过改变选取使用的液压油,可以使缓冲器用于不同的轿厢、对重(或平衡重)上,载重量较大的应选取 C 值(C 值实际代表了缓冲器油的黏度)较大的缓冲器油。(液压油的选取见下面设计计算)

(2)强度的设计计算

a)柱塞的抗压强度计算

$$\sigma=\frac{P}{A_0}\leqslant[\sigma]$$

式中:

    σ——压缩应力;

P——最大压缩载荷,N;

$[\sigma]$——材料的许用抗压应力;

A_0——柱塞材料的截面积,有 $A_0=\pi D_\omega \delta$,(D_ω 为柱塞外径;δ 为柱塞的壁厚)。

b)柱塞的受压刚度计算

液压缓冲器应验算其压杆稳定性:

$$n=\frac{P_0}{P}>1.5\sim3$$

式中:

n——压杆不稳定安全系数;

P——最大压缩载荷;

P_0——临界载荷。

P_0 可用下式计算:

$$P_0=\eta\frac{EJ}{l^2}$$

式中:

η——稳定系数,取 $\eta=2.467$;

E——材料的弹性模量,对于钢,$E=2\times10^7 \mathrm{N/cm^2}$;

l——柱塞长度;

J——柱塞材料的惯性矩,

J 可用下式计算:

$$J=\frac{\pi}{6}(D_\omega^4-D_N^4)^4$$

式中:

D_ω^4——柱塞外径;

D_N^4——柱塞内径。

c)缸体的耐压强度计算

圆筒形缸体的耐用强度如下式:

$$\delta=\frac{\Delta P_0 D_N'}{2[\sigma]}+C$$

式中:

δ——缸体的计算壁厚;

D_N'——缸体内径;

C——耐腐蚀裕量;

$[\sigma]$——材料的许用应力;

ΔP_0——缸体内的油压力,用下式计算:

$$\Delta P_0=\frac{P}{A}$$

式中:

P——最大压缩载荷;

A——柱塞截面积。

d)柱塞复位弹簧计算

在附录 F5 缓冲器型式试验中规定"如果缓冲器是弹簧复位式或重力复位式,缓冲器完全复位的最大时间限度为 120s",为此柱塞在完全伸长的位置复位弹簧应具有移动的初始压缩力,此压缩力应大于柱塞的自重及柱塞运动的阻力。柱塞在完全压缩时,复位弹簧的力应予以限制,避免在缓冲器被撞击的初始瞬间产生过大的冲击力。

e)液压油的选择

油压缓冲器中所充的液压油的特性对缓冲器的性能有很大影响,前面已经提到,在缓冲器的设计结构不改变的情况下,通过改变选取使用的液压油,可以使缓冲器用于不同的轿厢、对重(或平衡重)上。关键是选择合适的液压油粘度。通常是根据电梯载重量来选取液压油的,在论述缓冲器结构设计时我们知道,缓冲器的排油截面积计算与电梯载重量有关。在撞击过程中,如果要获得相同的缓冲特性,不同载重量的电梯要求缓冲器有不同的排油截面积。但出于成本考虑及使用方便性等原因,缓冲器的排油截面积不可能设计、制造成极其众多的尺寸和规格。由于液压缓冲器的缓冲性能不但与排油截面积有关,同时也与缓冲器特性——即液压油黏度相关,因此通过改变选用的液压油,可以在不改变排油截面积的情况下可以使缓冲器适用于不同的轿厢、对重(或平衡重)。由 $f = v_1 \sqrt{\dfrac{CA^3}{W_T(1+\dfrac{a}{g})}}$

可知,$f \propto \sqrt{C/W_T}$。对于不同的轿厢、对重(或平衡重)W_T 值,如果选择适当的 C 值,则可以使排油截面积 f 保持不变。实践证明,这种方法是可行的。

10.3.1 缓冲器应设置在轿厢和对重的行程底部极限位置。

轿厢投影部分下面缓冲器的作用点应设一个一定高度的障碍物(缓冲器支座),以便满足 5.7.3.3 的要求。对缓冲器,距其作用区域的中心 0.15m 范围内,有导轨和类似的固定装置,不含墙壁,则这些装置可认为是障碍物。

■■ **解析** 一般情况下,缓冲器均设置在底坑内,也有的缓冲器设置于轿厢、对重(或平衡重)底部并随之一同运行。5.7.3.3 只是要求了"当轿厢完全压在缓冲器上时",应同时满足的条件,但如果缓冲器设置于轿厢底部并随之一同运行时,缓冲器作为轿厢下面的最低部件,在轿厢蹲底甚至在下端层正常平层时缓冲器就已经凸入底坑中,并可能对底坑中的工作人员造成伤害。因此在这种情况下,应在轿厢缓冲器的作用点上设置一个一定高度的"障碍物",使得在撞击缓冲器时能够在底坑中留有足够空间,以满足 5.7.3.3 的要求;同时也是让底坑内的人员知道哪里是可能接触缓冲器的危险区域。

实际所谓的"障碍物"一般就是一个缓冲器的撞块。但如果在缓冲器设置于轿厢底部情况下,在底坑中与缓冲器的撞击点中心距离 0.15m 的范围内有导轨或其他类似装置,这时人员不会进入这个区域,因此不需要另行设置"障碍物"。但如果在这个范围内有墙壁,人员有可能紧贴墙壁工作,因此墙壁不能视为"障碍物"。

当缓冲器设置于对重(或平衡重)底部并随之一同运行时,没有类似的要求,这是因为对重或平衡重被护网阻挡,人员不可能进入其下方。

图10-6所示结构:轿厢结构与装有滑动固定装置的悬挂部件(轿架)之间装有缓冲器。在行程的终端,轿厢悬挂部件(轿架)撞击可靠地固定在导轨上的停止装置。这种结构不能替代目前在底坑底面设置缓冲器的方式。对此,CEN/TC10的解释是:如果轿厢撞击底坑中设置的缓冲器,不仅应防止乘客免于较大减速度的伤害,而且应减少对重的跳跃。因此,简图中所显示的结构不满足本标准的含意。

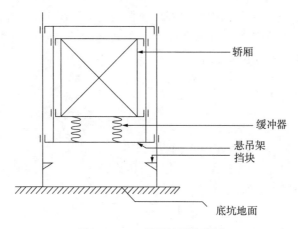

图10-6　一种不恰当的设计

对于本条所述"障碍物",欧洲曾有这样的解释请求:本条第2句是否仅适用于随轿厢(或EN81-1的对重)运行的缓冲器?

CEN/TC10对10.3.1的解释:是的。障碍物(底座)的目的是使人员意识到危险区域。委员会认为不小于300mm的障碍物是显而易见的。对于提供隔障的对重缓冲器,不需要障碍物。

10.3.2　强制驱动电梯除满足10.3.1的要求外,还应在轿顶上设置能在行程上部极限位置起作用的缓冲器。

解析　强制驱动电梯与曳引式电梯不同,由于强制驱动电梯在轿厢、对重(或平衡重)完全压在缓冲器上时,驱动主机仍然能够继续提升轿厢。因此,为了防止轿厢冲顶时给轿内人员带来伤害,要求安装在轿厢上部行程极限位置起作用的上部缓冲器。在轿厢到达井道上部极限位置时,由缓冲器吸收或消耗轿厢的能量,减缓轿厢与井道顶之间的冲击,最终使轿厢安全减速并停止。

强制驱动电梯轿顶上设置的缓冲器其目的不完全是为了将轿厢停止下来,同时还是为了保证在撞击过程中轿厢的平均减速度被限定在人员能够承受的范围内。

强制驱动电梯的轿顶缓冲器可以装在轿顶上随轿厢一起运行,也可以倒置安装在井道顶板下面。

请注意本条的一个细节:强制驱动电梯没有要求设置平衡重缓冲器。即,对于有平衡重的强制驱动式电梯,没有强制要求装设在平衡重行程下部末端起作用的缓冲器。

10.3.3 蓄能型缓冲器(包括线性和非线性)只能用于额定速度小于或等于 1m/s 的电梯。

■ **解析** 蓄能型缓冲器中弹簧缓冲器在受到冲击后,它使轿厢或对重的动能和势能转化为弹簧的弹性变形能,由于弹簧的反作用力,使轿厢或对重减速。当弹簧压缩到极限位置后,弹簧要释放缓冲过程中的弹性变形能,轿厢仍要反弹上升产生撞击。撞击速度越高反弹速度越大。因此弹簧式缓冲器只能适用于额定速度不大于 1.0m/s 的电梯。

非线性缓冲器受到撞击时其内部存在摩擦阻尼,其变形有一个滞后的过程,这在缓冲碰撞的初始瞬间可能对撞击它的电梯部件产生很大的制动力和制动减速度。因此也不能用于额定速度大于 1m/s 的电梯上。

10.3.4 (略)。

10.3.5 耗能型缓冲器可用于任何额定速度的电梯。

■ **解析** 由于耗能型缓冲器的制动减速度可以设计为恒定值,且在撞击过程中不会对轿厢产生反弹,因此耗能型缓冲器能够用于额定速度较大的场合。

10.3.6 缓冲器是安全部件,应根据 F5 的要求进行验证。

■ **解析** 缓冲器作为电梯不可缺少的安全保护装置,应根据 F5 进行型式试验。资料 10-3简要介绍了附录 F5 中所规定的缓冲器型式试验的内容和过程。

资料 10-3 缓冲器型式试验简介

一、需要明确的参数

1. 缓冲器的最小和最大质量;

2. 缓冲器的最大允许撞击速度;

3. 缓冲器的最大压缩行程(除非线性缓冲器之外);

4. 缓冲器类别、型号和安装方式;

5. 缓冲器装配详图,能够显示缓冲器的结构、动作、使用的材料、构件的尺寸和配合公差;

6. 线性蓄能型缓冲器的"力-行程"曲线图;

7. 液压缓冲器的"液体通道的开口度"与"缓冲器行程"的函数关系;

8. 液压缓冲器所用液体的说明书;

9. 特殊环境使用要求的说明资料以及申请方认为其他需要说明或者提供的资料。

二、线性蓄能型缓冲器试验

线性蓄能型缓冲器的设计指标主要有三个:总行程、允许质量、额定速度。试验时,只要将线性蓄能型缓冲器的性能曲线测出,知道了完全压缩行程及所需质量,就可以确定线性蓄能型缓冲器的适用质量和适用额定速度。

1. 试验装置及条件

可采用万能压力试验机或借助于在缓冲器上加重块来确定线性蓄能缓冲器的总行程。压力试验机的吨位(或重块的质量)要满足被试验缓冲器的要求,其精度应符合 F0.1.6 的要求。记录设备采用压力试验机随机记录设备。

试验时缓冲器应按正常工作的方式予以安放和固定。

2. 线性蓄能型缓冲器的总行程

线性蓄能缓冲器的总行程应当至少等于相应于 115% 的额定速度的重力制停距离的两倍,即:$0.135v^2$(m),其中,v——电梯额定速度(m/s)。同时,此行程不得小于 65mm。

对线性蓄能缓冲器进行完全压缩试验。两次完全压缩试验间隔为 5min~30min,记录两次试验数据并且取平均值作为 C_r。在进行两次完全压缩试验后,缓冲器部件不得有损坏。试验时检查缓冲器的压缩行程并记录缓冲器"力-压缩行程"载荷图。

3. 缓冲器的允许质量由下列公式计算:

其质量的范围最大为 $\dfrac{C_r}{2.5}$;最小为 $\dfrac{C_r}{4}$,其中,C_r 为完全压缩缓冲器所需的质量(kg)。

4. 缓冲器的允许额定速度:

线性蓄能型缓冲器只能用于额定速度 $v \leqslant \sqrt{\dfrac{F_L}{0.135}}$(见 10.4.1.1.1);且 $v \leqslant 1\text{m/s}$(见 10.3.3)的情况,其中,F_L 为总的压缩量(m)。

三、非线性蓄能型缓冲器

非线性蓄能型缓冲器在撞击过程中吸收、转化能量的过程比较复杂,单凭计算或理论分析无法准确反映缓冲器的特性。因此,这种缓冲器必须使用重块对缓冲器进行撞击试验。

1. 试验装置及条件

应使用试验塔架、重块和减速度测试仪对缓冲器进行撞击试验。试验时,缓冲器应当以正常工作的同样方式安装和固定。环境温度应为 (15~25)℃。

所用设备应满足:

a) 自由落体的重块

重块的质量应符合最大和最小质量,其精度应符合 F0.1.6 的要求。应在摩擦力尽可能小的情况下,垂直地导引重块。

b) 记录设备

应能在 F0.1.6 规定的精度内检测信号。所设计的测量链(包括记录和时间成函数关系的测量值的记录装置),其系统频率不应小于 1 000Hz。

c) 速度测量

最迟从重块撞击缓冲器瞬间起应记录速度或记录重块在整个行程中的速度,其精度应符合 F0.1.6 的要求。

d) 减速度测量

测量装置(如有)(见 5.3.2.1)应尽可能地放在靠近缓冲器的轴线上,测量精度应符合 F0.1.6 的要求。

试验时,借助重物自由降落对缓冲器进行冲击试验。应该使用最大质量和最小质量先后分别各个进行三次试验。

e)时间测量

应记录到 0.01s 脉宽的时间脉冲,测量精度应符合 F0.1.6 的要求。

2. 试验要求

a)通过自由落体,在撞击瞬间达到要求的最大速度,并且不小于 0.8m/s。从释放重块到缓冲器完全停止的整个过程。应记录下落距离、速度、加速度和减速度;

b)试验中,重块的质量应符合所要求的最大和最小质量。应在摩擦力尽可能小的情况下,垂直地导引重块,应该保证碰撞瞬间的加速度至少为 $0.9g_n$;

c)每次试验间隔为 5min~30min;

d)试验环境温度在 15℃~25℃之间;

e)进行三次最大质量试验时,当缓冲行程等于缓冲器实际高度的 50% 时,所对应的三次测得的缓冲力坐标值之间的变化应当不大于 5%;在进行最小质量试验时也应该满足这一要求;三次缓冲力坐标值的偏差也应类似。最大质量试验之后,缓冲器不得有影响正常工作的任何永久变形或损坏。当试验结果与申请书中的最大或者/和最小允许质量不相符合时,在征得申请单位同意后,型式试验机构可以确定能够接受的允许质量范围。

3. 非线性蓄能型缓冲器的减速度

减速度应满足下列要求:

a)装有额定载重量的轿厢自由落体,从达到 115% 额定速度起的平均减速度不应超过 $1.0g_n$,计算平均减速度的时间为首次出现两个绝对值最小减速度的时间差;

b)超过 $2.5g_n$ 的减速度峰值时间不应超过 0.04s。

四、耗能型缓冲器

耗能型缓冲器的性能也必须通过撞击试验来测定。

1. 试验装置及条件

应借助于重块对缓冲器进行撞击试验。重块的质量应分别等于最小和最大质量,并通过自由落体,在撞击瞬间达到所要求的最大速度。

最迟应从重块撞击缓冲器瞬间起记录速度。在重块的整个运动过程中,加速度和减速度应采用与时间成函数关系的形式加以确定。

向缓冲器灌注液体时,应达到制造单位说明书所规定的标记。

注:本试验程序适用于液压缓冲器,其他类似的缓冲器,可类似进行。

试验时环境温度应为(15~25)℃(液体温度应按 F0.1.6 规定的精度进行测量)。缓冲器应按正常工作的同样方式予以安放和固定。

所用设备应满足:

a)自由落体的重块

重块的质量应符合最大和最小质量,其精度应符合 F0.1.6 的要求。应在摩擦力尽可能小的情况下,垂直地导引重块。

b)记录设备

应能在 F0.1.6 规定的精度内检测信号。所设计的测量链(包括记录和时间成函数关系的测量值的记录装置),其系统频率不应小于 1 000 Hz。

c)速度测量

最迟从重块撞击缓冲器瞬间起应记录速度或记录重块在整个行程中的速度,其精度应符合 F0.1.6 的要求。

d)减速度测量

测量装置(如有)(见 5.3.2.1)应尽可能地放在靠近缓冲器的轴线上,测量精度应符合 F0.1.6 的要求。

试验时,借助重物自由降落对缓冲器进行冲击试验。应该使用最大质量和最小质量先后分别各自进行三次试验。当试验结果与申请书中的最大和最小质量不相符合时,在征得申请人同意后,试验单位可确定能接受的极限值。

e)时间测量

应记录到 0.01s 脉宽的时间脉冲,测量精度应符合 F0.1.6 的要求。

2. 耗能型缓冲器的总行程

耗能型缓冲器的总行程应当至少等于相应于 115% 的额定速度的重力制停距离,即:$0.0674v^2$(m),其中,v 为电梯额定速度(m/s)。

3. 耗能型缓冲器的减速度

使用试验塔架和减速度测试仪进行试验,试验期间记录下落距离、速度、加速度、减速度;试验前后应该记录试验环境和液体温度。

选择重块的自由落体高度时,应使撞击瞬间的速度与申请书内规定的最大撞击速度相等。

减速度应符合 10.4.3.3 的规定。在进行第一次试验时应使用最大质量,在进行第二次试验时应使用最小质量,两次试验均应检查减速度。

试验结果应当符合下列要求:

a)缓冲器平均减速度应当不大于 $1.0g_n$;

b)减速度峰值超过 $2.5g_n$ 的时间应当不大于 0.04s;

c)冲击试验后,缓冲器的部件不得有任何永久变形或影响正常工作的损坏。

4. 缓冲器复位的检查

每次试验后,缓冲器应保持完全压缩状态 5min,然后放松缓冲器,使其恢复至正常位置。

如果缓冲器是弹簧复位式或重力复位式,每次试验后释放缓冲器时,缓冲器完全复位的最大时间限度为 120s。在进行下一次减速试验之前,应间隔 30min,以便使液体返回油缸并让气泡逸出。

5. 液体损失的检查

在按照要求进行两次减速试验之后,应检查液面。两次试验结束 30min 后,液面应再次达到能确保缓冲器正常动作的位置。

10.4 轿厢和对重缓冲器的行程

以下规定的缓冲器行程,在附录 L(标准的附录)中有图解说明。

解析 按照本节规定,额定速度相同的情况下,线性缓冲器的行程应是耗能型缓冲器的两倍(线性缓冲器行程要求为 115%额定速度的重力制停距离的两倍;耗能型缓冲器行程要求为 115%额定速度的重力制停距离)。以额定速度为 1.0m/s 的电梯为例,采用油压缓冲器时,其行程可以只要 67.5mm 即可;而采用弹簧缓冲器(线性缓冲器)时,行程就至少要 135mm。

这是因为,线性缓冲器的作用力是与其压缩行程成正比的,其瞬间制停减速度也是与压缩行程成正比的(理论上是线性的)。在其作用初始阶段,减速度比较小,靠缓冲作用把速度减到零所需的行程就要大一些。在承受一定质量和速度的冲击时,可以把耗能型缓冲器(以液压缓冲器为例)设计成匀减速,假定其匀减速度值为 $1g$,所需行程就是重力制停距离。对于匀减速而言,平均减速度是与减速距离成反比关系的;而对变减速度运动而言,减速距离与平均减速度没有比例关系,减速距离是减速度曲线相对减速时间的积分值。试验和计算都证明,行程等于甚至小于重力制停距离的油压缓冲器,都容易做到平均减速度小于 $1g$;而行程为两倍重力制停距离的螺旋弹簧缓冲器,往往平均减速度大于 $1g$。

10.4.1 蓄能型缓冲器

10.4.1.1 线性缓冲器

10.4.1.1.1 缓冲器可能的总行程应至少等于相应于 115%额定速度的重力制停距离的两倍,即 $0.135v^2$(m)。无论如何,此行程不得小于 65mm。

注:$\dfrac{2 \times (1.15v)^2}{2g_n} = 0.1348v^2$,圆整到 $0.135v^2$。

解析 根据蓄能型缓冲器最小行程为 65mm 计算,这种缓冲器只能用于不超过 1m/s 的额定速度的电梯。当 $v=1$m/s 时,制停距离和减速度为:$S=v^2/2a$;$a=(1.15v_{额})^2/2S \approx g$。

虽然 65mm 的行程很短,但同比耗能型缓冲器,其减速度也相当于 $a=g$,与第 9 章中安全钳减速度的最大值 $a=g$ 相同。

10.4.1.1.2 缓冲器的设计应能在静载荷为轿厢质量与额定载重量之和(或对重质量)的 2.5 倍~4 倍时达到 10.4.1.1.1 规定的行程。

解析 在保证上面一条:蓄能型缓冲器其缓冲行程满足不小于 $0.135v^2$(m),且最小行程在任何情况下都不小于 65mm 的前提下,仍能承受静载荷为轿厢质量与额定载重量之和(或对重质量)的 2.5 倍~4 倍,而且此时缓冲器应完好无损。

由于静载荷 $F=(2.5 \sim 4) \times (P+Q)$,动载荷 $F_b=(P+Q) \times (1+\dfrac{a}{g})$,则动载荷系数:$\beta = \left(1+\dfrac{a}{g}\right)$。当取 $\beta=2.5 \sim 4$,由上式可以分析出其缓冲时静载荷 $F=(2.5 \sim 4) \times (P+Q)$ 相当于 $a=(1.5 \sim 3)g$ 动载荷的冲击力。

10.4.1.2 非线性缓冲器

10.4.1.2.1 非线性蓄能型缓冲器应符合下列要求：

a)当装有额定载重量的轿厢自由落体并以115%额定速度撞击轿厢缓冲器时,缓冲器作用期间的平均减速度不应大于$1g_n$;

b)$2.5g_n$以上的减速度时间不大于0.04s;

c)轿厢反弹的速度不应超过1m/s;

d)缓冲器动作后,应无永久变形。

■■ **解析** 从本条规定来看,非线性缓冲器在本标准中被认为是介于蓄能型线性缓冲器与耗能型缓冲器之间的一种类型:a)、b)类似于耗能型缓冲器的要求;c)、d)类似于蓄能型线性缓冲器的要求。

但标准中没有对非线性缓冲器的行程作出任何规定。

10.4.1.2.2 在5.7.1.1、5.7.1.2、5.7.2.2、5.7.2.3、5.7.3.3中提到的术语"完全压缩"是指缓冲器被压缩掉90%的高度。

■■ **解析** CEN/TC10对10.4.1.2.2的解释:"完全压缩"是指:压缩量为除去所有坚实的固定装置外,缓冲器可压缩高度的90%。

关于减行程缓冲器的问题,CEN/TC10有如下解释单:

问　题
在EN81-1中对减速监控的应用进行了规定。
10.4.3.2规定了当额定速度大于等于2.5m/s时减速监控装置的应用要求,而当额定速度小于2.5m/s时不考虑减速监控装置。
12.8阐明了减速监控的基本要求。12.8.2规定减速监控应保证轿厢或对重撞击速度不应大于缓冲器的设计速度。
我们已经设计一种减速监控装置,该装置保证满足12.8.2要求,轿厢或对重撞击速度决不大于缓冲器的设计速度。
1.依据EN81-1附录L,对于额定速度8m/s的电梯应该装备最小缓冲行程1.44m的缓冲器,如果减速监控装置保证最大可能的冲击速度为4m/s,那么是否允许使用最小缓冲行程0.54m的缓冲器?
2.是否允许在额定速度≤2.5m/s的电梯上使用减速监控装置,以减小按照最大允许撞击速度的缓冲器最小行程,而不考虑10.4.3.2 a)规定的缓冲行程最小值?
解　释
这两个问题的可能性没有包含在本版EN81-1中。减速监控以及减少缓冲行程将在本标准下次修订时重新考虑。

10.4.2 （略）。

10.4.3 耗能型缓冲器

10.4.3.1 缓冲器可能的总行程应至少等于相应于115%额定速度的重力制停

距离,即 $0.0674v^2$(m)。

██ 解析 耗能型缓冲器的总行程在其减速度不超过 $1g$ 的前提下,应至少等于 115% 额定速度下的重力制停距离。

$$S=\frac{(1.15v)^2}{2g}\approx0.067v^2$$

10.4.3.2 当按 12.8 的要求对电梯在其行程末端的减速进行监控时,对于按照 10.4.3.1 规定计算的缓冲器行程,可采用轿厢(或对重)与缓冲器刚接触时的速度取代额定速度。但行程不得小于:

a)当额定速度小于或等于 4m/s 时,按 10.4.3.1 计算行程的 50%。但在任何情况下,行程不应小于 0.42m。

b)当额定速度大于 4m/s 时,按 10.4.3.1 计算的行程 1/3。但在任何情况下,行程不应小于 0.54m。

██ 解析 本条所说的情况在 12.8 中被称为"减行程缓冲器"。根据缓冲器行程:$S=\frac{(1.15v)^2}{2g}\approx0.067v^2$ 可知,速度越高的电梯其缓冲器行程就越高,这样势必造成电梯的底坑深度和顶层高度增加(参见第 5 章的相关要求),建筑结构上难以满足,因此为了降低电梯对建筑物的要求,允许使用减行程缓冲器。减行程缓冲器的行程小于 $0.067v^2$。

使用减行程缓冲器的条件是要在电梯的行程末端(最上和最下部都需设置)设置能够可靠监控电梯速度的装置,当这个装置动作后电梯的速度能够被可靠的控制在所采用的缓冲器能够承受的撞击速度内。

行程末端速度监控装置通常可以采用安全触点(如图 10-7)或安全电路(如图 10-8)的方式实现。图 10-7 所示的结构是安装在井道上下位置,当轿厢或对重在撞击缓冲器前依靠轿厢上安装的碰铁拨打滚轮,并带动一组安全触点,将电梯的速度可靠的降至缓冲器能够承受的范围。图 10-8 中的行程末端速度监控装置是由一组光电开关以及安全电路构成,安装在轿厢上。配合井道上下位置安装的挡板向曳引机给定信号,在电梯撞击缓冲器前将其速度降低至缓冲器能够承受的范围。

但无论采用何种行程末端速度监控装置,减行程缓冲器的行程也必须满足:

1.$0.42m \leqslant S \leqslant \frac{0.067v^2}{2}$——$v \leqslant 4m/s$ 时;

2.$0.54m \leqslant S \leqslant \frac{0.067v^2}{3}$——$v \leqslant 5m/s$ 时。

10.4.3.3 耗能型缓冲器应符合下列要求:

a)当装有额定载重量的轿厢自由落体并以 115% 额定速度撞击轿厢缓冲器时,缓冲器作用期间的平均减速度不应大于 $1g_n$;

b)$2.5g_n$,以上的减速度时间不应大于 0.04s;

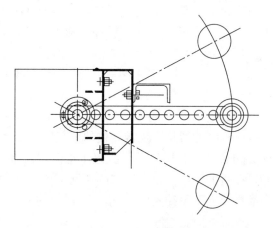

图 10-7 安全触点型行程末端速度监控装置

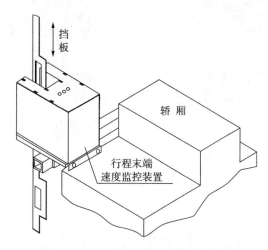

图 10-8 安全电路型行程末端速度监控装置

c)缓冲器动作后,应无永久变形。

解析 为保证轿厢在撞击缓冲器过程中轿内人员的安全,要求在整个碰撞过程中缓冲器对轿厢的平均减速度不超过 $1g$。同时,最大减速度(超过 $2.5g$ 的减速度)持续时间不超过 $0.04s$。

为保证缓冲器能够提供可靠的保护,还要求缓冲器在动作后应没有永久变形。

10.4.3.4 在缓冲器动作后回复至其正常伸长位置后电梯才能正常运行,为检查缓冲器的正常复位所用的装置应是一个符合 14.1.2 规定的电气安全装置。

解析 耗能型缓冲器在动作后,应及时回复至正常位置(缓冲器完全复位的最大时间限度为 120s)。缓冲器的复位可以采用弹簧(包括空气弹簧,如图 10-9)复位或重力复位的型式。但如果弹簧断裂或由于不是垂直撞击而造成缓冲器的柱塞卡住时,缓冲器可能不复位、复位不完全或复位时间超过规定值。为避免缓冲器在没有正常复位时,轿厢、对重(或平衡重)再次撞击而发生缓冲器无法提供应有的缓冲减速度的危险,必须有一电气安全装置验证缓冲器是否正常复位。如果没有正常复位,则应防止电梯的启动。一般情况下,用于缓冲器复位验证的电气安全装置,其设计都是采用一个安全触点型开关,如图 10 - 10 所示。

关于这个安全触点型开关本身在缓冲器复位后是应该自动复位还是必须依靠人工手动将开关复位,在本标准中并没有作唯一的要求,即这两种情况都是被允许的。但详细分析后不难得出这样的结论:检查缓冲器是否正常复位的电气安全装置如果能够随缓冲器复位而自动复位,这种设计更加合理。之所以要设置这个电气安全装置,就是为正确验证缓冲器的状态,因此没有必要在缓冲器已经正常复位的情况下依然保持电气安全装置处于动作状态。同时,如果每次都需要人工手动复位,也增加了操作的复杂性。

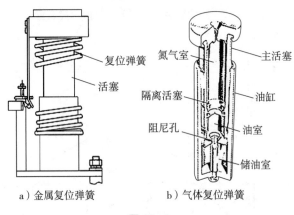

a) 金属复位弹簧   b) 气体复位弹簧

图 10 - 9

10.4.3.5 液压缓冲器的结构应便于检查其液位。

■■ **解析** 为保证液压缓冲器中所充液体在缓冲器动作时能够保持正常状态,必须在日常维修保养时进行液压油量的检查。因此要求液压缓冲器应便于检查其液位。通常情况下的缓冲器都设置如图 10 - 10 所示的液位检查开口,也有一些缓冲器是直接在油缸上开油量观察窗以确定缓冲器液位。

10.5 极限开关

10.5.1 总则

电梯应设极限开关。

极限开关应设置在尽可能接近端站时起作用而无误动作危险的位置上。

极限开关应在轿厢或对重(如有)接触缓冲器之前起作用,并在缓冲器被压缩期间保持其动作状态。

■■ **解析** 极限开关的定义请参照补充定义的第 78 条。当电梯运行到最高层或最低层时,为防止电梯由于控制方面的故障,轿厢超越顶层或底层端站继续运行(冲顶或撞击缓冲

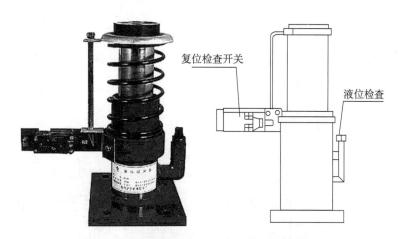

图 10-10　缓冲器及其复位检查开关和液位检查开口

器事故)，必须设置保护装置以防止发生严重的后果和结构损坏，这就是极限开关。

通常情况下，极限开关并不是单独使用的，它作为防止电梯越程保护装置的一部分，一般是与设在井道内上下端站附近的强迫换速开关、限位开关共同配合使用的。

(1)强迫缓速开关。当电梯运行到最高层或最低层应减速的位置而电梯没减速时，装在轿厢边的上下开关碰铁使上缓速开关或下缓速开关动作，强迫轿厢减速运行到平层位置。

(2)限位开关。当轿厢超越应平层的位置 50mm 时，轿厢打板使上限位开关或下限位开关动作，切断电源，使电梯停止运行。

(3)极限开关。当以上 2 个开关均不起作用时，轿厢上的打板触动极限开关碰轮，使终端极限开关动作，切断电源使电梯停下。

由于极限开关才是保护电梯安全的部件，因此本标准中，只要求必须设置极限开关，对于上面所说的其他几种辅助性开关则不是必须设置的。

对于极限开关的控制一般都直接利用设置在轿厢上的碰铁，触动井道导轨上的极限开关来实现的。极限开关的结构一般有两种型式：电气式极限开关和机械电气式极限开关，如图 10-11 所示。

1.电气式极限开关

电气式极限开关是根据本标准 10.5.3 中"通过一种电气安全装置切断向两个接触器线圈直接供电的电路"的要求而设置的。所采用的电气安全装置必须为安全触点型。

这种型式的极限开关设置在井道顶部和底部，采用安全触点型开关，并由支架固定在导轨上。当轿厢底坑超越上下端站一定距离时，在轿厢或对重撞击缓冲器之前，由安装在轿厢上的碰铁触动极限开关，切断主电路接触器线圈电源，断开主电路接触器，使驱动主机停止转动，并使驱动主机制动器动作，可靠的停止电梯系统的运行。电气式极限开关动作后被轿厢上的碰铁压迫处于动作状态，只有认为将轿厢移开极限开关方能复位。

2.机械电气式极限开关

机械电气式极限开关目前采用的已经较少了，在本标准中，允许极限开关的结构采用

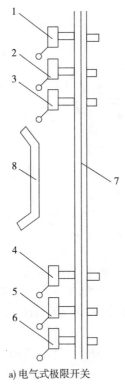

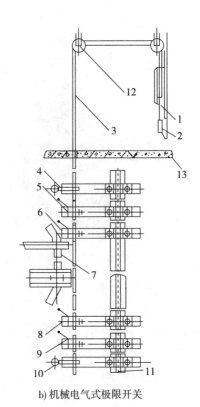

a) 电气式极限开关

b) 机械电气式极限开关

1、6—极限开关；2—上限位开关；
3—上强迫减速开关；4—下强迫减速开关；
5—下限位开关；7—导轨；8—轿厢碰铁

1—机械开关；2—配重；3—钢丝绳；4—上碰铁；
5—上限位开关；6—上强迫减速开关；7—轿厢碰铁；
8—下强迫减速开关；9—下限位开关；10—下碰轮；
11—导轮；12—导向滑轮；13—机房地板

图 10-11　极限开关

电气式或机械电气式,但要求用钢丝绳、传动带或链条等间接连接装置。并应设置防止这些间接连接部件断裂或松弛的检查开关。

这种型式的极限开关是由上下碰轮、传动钢丝绳以及设置在机房中的专门的铁壳开关构成。钢丝绳一端绕在极限开关闸柄驱动轮上,另一端与装在井道内的上下碰轮连接。当轿厢或对重越过行程时,在其尚未接触到缓冲器上的时候,由设置在轿厢上的碰铁触动井道上(下)端的碰轮,牵动钢丝绳并带动极限开关闸柄,使极限开关直接切断电梯的总电源(照明电源和报警装置电源除外)。

应注意,设置在机房中的铁壳开关应具有足够的容量,以便能够切断电梯的动力电源。

综上所述,极限开关应采用能够直接切断电梯动力电源的机械式开关或安全触动型的电气开关,为保证极限开关动作的可靠性,不能采用感应式或非接触式开关。

极限开关作为防止越程的保护装置只能防止在运行中控制故障造成的越程,若是由于曳引绳打滑、制动器失效或制动力不足造成轿厢越程,该保护装置无能为力。

极限开关的作用是为了保护电梯在超出端站位置时,能够可靠的停止下来,以免冲顶或蹾底发生事故。因此要求极限开关要尽可能靠近端站位置,以便及时检测到轿厢位置是否出现了异常。但也必须考虑防止极限开关误动作的情况。

电梯撞击缓冲器对于电梯本身会产生不利的冲击,对于轿内乘客也会带来一定的心理压力,因此应尽可能避免轿厢或对重撞击缓冲器。这就要求极限开关的安装位置应能尽可能在轿厢发生越行程时,在还没有撞击缓冲器之前使轿厢停止下来。由于本标准中只要求了耗能型缓冲器必须设置检查缓冲器是否复位的电气安全装置(见10.4.3.4)。对于蓄能型缓冲器(无论是线性还是非线性缓冲器),并没有要求设置检查缓冲器复位的电气安全装置。因此,在轿厢或对重压在缓冲器上时,极限开关应保证其动作状态以避免在没有排除电梯故障之前电梯再一次启动。

10.5.2 极限开关的动作

10.5.2.1 正常的端站停止开关和极限开关必须采用分别的动作装置。

■■ **解析** 极限开关是防止电梯在非正常状态下超越正常行程范围造成危险而设置的,因此极限开关应是在电梯产生非正常的越程时才被动作的。而在正常进行端站停靠时并不是故障状态,因此极限开关必须与正常的端站停止开关采用不同的动作装置。

10.5.2.2 对于强制驱动的电梯,极限开关的动作应由下述方式实现:

a)利用与电梯驱动主机的运动相连接的一种装置;或

b)利用处于井道顶部的轿厢和平衡重(如有);或

c)如果没有平衡重,利用处于井道顶部和底部的轿厢。

■■ **解析** 强制驱动的电梯是由链条、链轮或钢丝绳、绳鼓驱动电梯系统运行的。可以利用驱动主机来触发极限开关。如果强制驱动电梯带有平衡重,则轿厢和平衡重都应能够触发极限开关。如果没有平衡重,则可利用轿厢来触发。

这时由于,强制驱动的电梯在运行过程中即使轿厢、平衡重(如果有)发生卡阻,如果驱动主机继续旋转,仍然可以将另一侧的平衡重或轿厢提起而发生越行程,因此必须使轿厢和平衡重都能够触发极限开关。只有这样才能真正避免轿厢发生冲顶或蹾底事故。

10.5.2.3 对于曳引驱动的电梯,极限开关的动作应由下述方式实现:

a)直接利用处于井道的顶部和底部的轿厢;或

b)利用一个与轿厢连接的装置,如:钢丝绳、皮带或链条。

该连接装置一旦断裂或松弛,一个符合14.1.2规定的电气安全装置应使电梯驱动主机停止运转。

■■ **解析** 对于曳引驱动电梯,极限开关应能用机械方式直接切断电动机和制动器的供电回路。或直接通过轿厢触发。

应注意的是,曳引驱动的电梯强调了极限开关的动作应由轿厢或与轿厢连接的装置触发,不能由对重触发。这是由于极限开关是避免轿厢发生冲顶和蹾底事故而设置的,因此最直接体现轿厢是否发生越程的方式就是直接利用轿厢的位置来反映其状态。由于在电梯的使用过程中,轿厢和对重之间的钢丝绳可能发生异常伸长,轿厢每次停靠都会自动寻找平层位置,这将造成所有的钢丝绳伸长量全部累积到对重一侧,如果由对重触发极限开关,很可能造成极限开关的误动作。

利用与轿厢连接的钢丝绳、皮带或链条间接驱动极限开关,在以前的电梯上比较常见,通常是用一根连接到轿厢上的钢丝绳驱动安装在机房内的手动复位式的大铁壳开关[见图10-11b)]。但目前已经很少使用这种方式。

CEN/TC10解释:对曳引式电梯,允许在轿厢上安装一个符合10.5.3.1.b)2)要求的极限开关;由安装在行程终点的两个撞弓使该极限开关可靠地动作。

10.5.3 极限开关的作用方法
10.5.3.1 极限开关:

a)对强制驱动的电梯,应根据12.4.2.3.2的规定。用强制的机械方法直接切断电动机和制动器的供电回路;

b)对曳引驱动的单速或双速电梯,极限开关应能:

1)按a)切断电路;或

2)通过一个符合14.1.2规定的电气安全装置,按照12.4.2.3.1、12.7.1和13.2.1.1的要求,切断向两个接触器线圈直接供电的电路;

c)对于可变电压或连续调速电梯,极限开关应能迅速地,即在与系统相适应的最短时间内使电梯驱动主机停止运转。

解析 极限开关的动作方法应是这样的:

a)对于强制驱动电梯,当电动机有可能起发电机作用时,应防止电动机向操纵制动器的电气装置馈电。因此,必须用机械方式切断其电动机和制动器的电源。这是因为,强制驱动电梯即使当轿厢或平衡重压在缓冲器上时,驱动主机如果转动仍然能够提升轿厢。如果一旦电动机向操作制动器的接触器和控制主回路的接触器线圈馈电而造成制动器打开、主回路带电,则完全可能造成轿厢冲顶(即便此时平衡重已经压在缓冲器上)。

b)对于曳引驱动的电梯,极限开关动作后应直接切断电动机和制动器的供电回路,或切断控制电动机和制动器供电回路的接触器线圈的直接供电电路。

c)采用可变电压或连续调速的电梯,通常是采用变频器为驱动主机供电的。由于变频器通常要求不能够采取接通和断开主电路电源的方法来操作变频器的运行和停止,因此在使用变频器的场合,当极限开关动作时,应采用系统能够适应的方法使电梯驱动主机停止转动。但应注意,极限开关的动作应尽可能迅速的起作用。

关于卷筒驱动电梯的极限开关的问题,CEN/TC10有如下解释单:

问　题

对于极限开关的动作方式,在曳引驱动与卷筒驱动电梯之间 EN81-1 的 10.5.3.1 要求存在差异。

依照 EN81-1 的 14.1.2 在井道中的极限开关是电气安全装置,并且依照 EN81-1 的 12.7 切断驱动主机电源。

依照 EN81-1 的 0.3.5 不考虑这些装置的失效。

甚至排除 EN81-1 的 0.3.5 假定:

a)在顶层层站驱动主机没有停止的情况下,轿厢与卷筒驱动连接不存在断裂的可能。因为:

——驱动元器件的计算应考虑轿厢最终停在其缓冲器(EN81-1 的 12.2.1)上的情况;

——钢丝绳的安全系数为 12(EN81-1 的 9.2.2.c);

——在绳与绳端接装置之间的联接应至少承受 80% 的最小破断载荷(EN81-1 的 9.2.3);

——综合上述要求,对于轿厢与卷筒驱动连接的安全系数为 12×80%＝9.6。

b)一旦轿厢已停在缓冲器上,即使极限开关无论什么理由不动作,依照 EN81-1 的 13.3 的过载保护不允许驱动主机持续提供驱动力,这避免了机器被毁坏。

c)在最低层站驱动主机没有停止的情况,不可能发生轿厢运行方向反向。因为:

——依据 EN81-1 的 12.9 电梯设置了防止绳或链松弛的电气安全装置;

——当轿厢停止在其完全压缩的缓冲器上时,卷筒的绳槽中应至少保留一圈半的钢丝绳(见 EN81-1 的 9.4.2),这意味当驱动主机继续松绳时,上述规定的绳松弛触点动作。

d)在检修运行时,对于卷筒驱动电梯,上行、下行极限装置(开关)可能不动作,这不会产生特殊的危险,因为有关于躲避空间的要求(EN81-1 的 5.7.2 与 5.7.3.3)和保持轿厢和平衡重在其导向上的要求(EN81-1 的 5.7.2.1-3)。

e)当轿厢撞击缓冲器时,对乘客(在 EN81 意义上)、所运输的载荷和电梯自身的风险在曳引驱动电梯与卷筒驱动电梯之间没有差异。

由于所有的上述理由,我们认为:对于单速或双速电梯、曳引电梯以及卷筒驱动电梯,10.5.3.1 所规定的极限开关可以有相同的动作方式。

我们的理解是否正确?

解　释

不正确。

所提议的理解导致了 EN81-1 对于强制驱动电梯的基本原则的改变。基于风险评价,这只能在本标准下次修订时作为参考。

在这种情况下,并不预示本标准在该点上将会改变。

10.5.3.2　极限开关动作后,电梯应不能自动恢复运行。

解析　极限开关动作本身就证明电梯系统存在控制方面的问题,在极限开关动作后,在没有解决这些问题前,为了防止电梯系统发生更大的危险,要求电梯不能自动恢复运行。只有经过人工干预后方能恢复运行。

本条要求使得极限开关与其他电气安全装置有所区别:除了极限开关外,其他电气安全装置都没有要求电梯不能自动恢复运行的要求。

对于本条,曾有这样的询问:如果在此期间,轿厢不在极限开关的动作区域,并且同时,动力电源被断开(如:通过动作主开关),则胜任人员的参与是否也是必要的?

对此,CEN/TC10 的回答是:动作主开关可被认为是胜任人员的参与,因为只有胜任人员才能进入机房。然而,可能存在电源中断且不用胜任人员的参与就可恢复正常运行的情况(如:由于照明造成的电源故障)。这种情况下,对于使用者不存在危险。

第 10 章习题(判断题)

1. 导轨及其附件和接头应能承受施加的载荷和力,以保证电梯安全运行。

2. 电梯安全运行与导轨有关的部分为:应保证轿厢与对重(或平衡重)的导向;导轨变形不需限制在一定范围内。

3. "T"型导轨的最大计算允许变形:对于装有安全钳的轿厢、对重(或平衡重)导轨,安全钳动作时,在两个方向上为 10mm;对于没有安全钳的对重(或平衡重)导轨,在两个方向上为 5mm。

4. 导轨与导轨支架在建筑物上的固定,应能自动地或采用简单调节方法,对因建筑物的正常沉降和混凝土收缩的影响予以补偿。

5. 应防止因导轨附件的转动造成导轨的松动。

6. 轿厢、对重(或平衡重)各自应至少由一根刚性的钢质导轨导向。

7. 在下列情况下,导轨应用冷拉钢材制成,或摩擦表面采用机械加工方法制作:额定速度大于 1m/s;采用渐进式安全钳时,不论电梯速度如何。

8. 对于没有安全钳的对重(或平衡重)导轨,可使用成型金属板材,它们无须作防腐蚀保护。

9. 缓冲器应设置在轿厢和对重的行程底部极限位置。

10. 轿厢投影部分下面缓冲器的作用点应设一个一定高度的障碍物(缓冲器支座)。对缓冲器,距其作用区域的中心 0.15m 范围内,有导轨和类似的固定装置,不含墙壁,则这些装置可认为是障碍物。

11. 强制驱动电梯应在轿顶上设置能在行程下部极限位置起作用的缓冲器。

12. 蓄能型缓冲器(包括线性和非线性)只能用于额定速度小于或等于 3m/s 的电梯。

13. 耗能型缓冲器可用于任何额定速度的电梯。

14. 缓冲器可能的总行程应至少等于相应于 115% 额定速度的重力制停距离的两倍,即 $0.135v^2$(m)。无论如何,此行程不得小于 65mm。

15. 非线性蓄能型缓冲器应符合下列要求:当装有额定载重量的轿厢自由落体并以 115% 额定速度撞击轿厢缓冲器时,缓冲器作用期间的平均减速度不应大于 $1g_n$;$2.5g_n$ 以上的减速度时间不大于 0.04s;轿厢反弹的速度不应超过 1m/s;缓冲器动作后,应无永久变形。

16. 缓冲器可能的总行程应至少等于相应于 75% 额定速度的重力制停距离,即 $0.0674v^2$(m)。

17. 耗能型缓冲器应符合下列要求:当装有额定载重量的轿厢自由落体并以 115% 额定速度撞击轿厢缓冲器时,缓冲器作用期间的平均减速度不应大于 $1g_n$;$2.5g_n$ 以上的减速度时间不应大于 0.04s;缓冲器动作后,产生永久变形。

18. 液压缓冲器的结构应便于检查其液位。

19. 电梯不应设极限开关。

20. 极限开关应设置在尽可能接近端站时起作用而无误动作危险的位置上。

21. 极限开关应在轿厢或对重(如有)接触缓冲器之后起作用。

22. 正常的端站停止开关和极限开关必须采用分别的动作装置。

23. 对于强制驱动的电梯,极限开关的动作应由下述方式实现:利用与电梯驱动主机的运动相连接的一种装置;或利用处于井道顶部的轿厢和平衡重(如有);如果没有平衡重,利用处于井道顶部和底部的轿厢。

24. 对于曳引驱动的电梯,极限开关的动作应由下述方式实现:直接利用处于井道的顶部和底部的轿厢;或利用一个与轿厢连接的装置,如:钢丝绳、皮带或链条。

25. 极限开关动作后,电梯应可以自动恢复运行。

第 10 章习题答案

1. √;2. ×;3. ×;4. √;5. √;6. ×;7. ×;8. ×;9. √;10. √;11. ×;12. ×;13. √;
14. √;15. √;16. ×;17. ×;18. √;19. ×;20. √;21. ×;22. √;23. √;24. √;25. ×。

轿厢与面对轿厢入口的井道壁，以及轿厢与对重(或平衡重)的间距

■■ **解析** 关于所述的各项距离问题,CEN/TC10 有如下解释单:

问　　题
除第 11 章所规定的轿厢与面对轿厢入口井道壁;轿厢与对重之间的距离的最小值;以及 EN81-1 5.6.2、EN81-2 8.12.4 的规定外,对于轿厢及其连接部件与井道内其他部件之间的距离,本标准没有规定最小值。 　这些值应由制造商根据特定的安装来决定。 　我们的理解是否正确?
解　　释
正确。 本回答是对于水平距离而言。

11.1　总则

不仅在交付使用之前的检验期间,而且在电梯的整个使用寿命期中应保持本标准所规定的间距。

■■ **解析** 本章规定的各部分之间的间距在电梯安装完毕直至报废期内,应保持一直不变。

11.2　轿厢与面对轿厢入口的井道壁的间距

以下规定用图 4 和图 5 说明。

11.2.1 电梯井道内表面与轿厢地坎、轿厢门框架或滑动门的最近门口边缘的水平距离不应大于 0.15m。

上述给出的间距:

a)可增加到 0.20m,其高度不大于 0.50m;

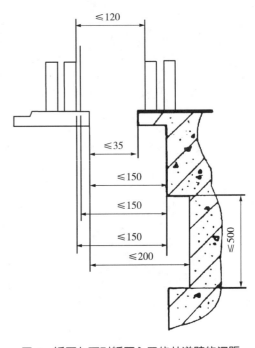

图 4　轿厢与面对轿厢入口的井道壁的间距

b）对于采用垂直滑动门的载货电梯，在整个行程内此间距可增加到 0.20m；

c）如果轿厢装有机械锁紧的门且只能在层门的开锁区内打开，除了 7.7.2.2 所述情况以外，电梯的运行应自动地取决于轿门的锁紧。且轿门锁紧必须由符合 14.1.2 要求的电气安全装置来证实。则上述间距不受限制。

解析 井道内表面与轿厢地坎、门框架或滑动门的最近门口边缘的水平距离要求不大于 0.15m，是为了防止电梯由于故障原因停止在层站区域以外，轿内乘客扒开轿门跌入井道中发生危险。上述距离大于 0.15m 的情况在层、轿门折叠门扇较多的情况下很容易出现。如图 11-1 a)所示，在双扇中分门的情况下，上述间距不大于 0.15m 很好保证，但在 b) 中的情况下，则这个间距很难做到不大于 0.15m。上述情况在折叠门时也同样会出现。但无论怎样，如果没有设置轿门锁，不管采用哪种型式的层、轿门，井道内表面与轿厢地坎、门框架或滑动门的最近门口边缘的水平距离要求不大于 0.15m 的要求都必须满足。

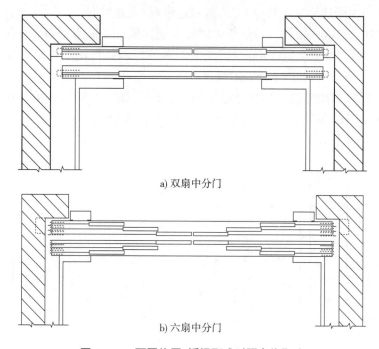

a) 双扇中分门

b) 六扇中分门

图 11-1 不同的层、轿门型式对距离的影响

a）如果面对轿门的井道壁不平或有结构梁的情况下，井道壁有凹陷的地方，如果凹陷的高度不大于 0.5m，在这个位置上即使乘客扒开轿门，也不可能跌入井道，因此在这种情况下，在凹陷的最低点测量，井道壁与轿厢地坎、门框架或滑动门的最近门口边缘的水平距离最大可以增加到 0.2m。而且这种"凹陷"可以沿井道壁断续（注意不是连续）出现。

b）对于垂直滑动门，这个尺寸可以放宽到 0.2m。

c）当电梯设置有轿门锁（如图 11-2 所示）的场合，由于轿门只有在层门开锁区域内打开，不存在乘客在非开锁区扒开轿门的情况，也就不存在坠入井道的危险，因此不必考虑这个间距。

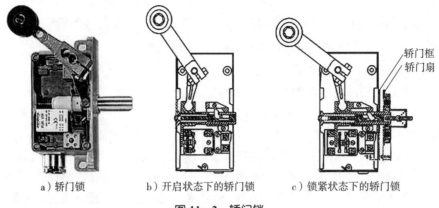

a) 轿门锁   b) 开启状态下的轿门锁   c) 锁紧状态下的轿门锁

图 11-2 轿门锁

对于本条 a) 中所述情况, CEN/TC10 曾给过解释, 大意如下:

如果井道壁与地坎或轿厢入口框架之间需要延伸到所要求的 0.2m 水平距离, 可以使用至少 500mm 高, 且相互之间 500mm 的垂直距离的 (金属) 板使水平距离减少到 150mm 或更小, 以满足本条要求 [如图 11-3 a) 所示]。

要注意, 分隔这段距离使用具有一定高度的板是可以的, 但要采用板条是不行的, 无论板条是否具有足够的强度或板条到井道壁与地坎或轿厢入口框架之间的距离不超过 100mm [如图 11-3 b) 所示]。

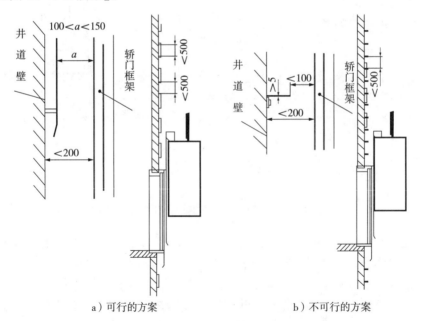

a) 可行的方案   b) 不可行的方案

图 11-3 两种分隔方案

11.2.2 轿厢地坎与层门地坎的水平距离不得大于 35mm。

■■ **解析** 为防止乘客在进出轿厢时, 不慎将脚卡入轿厢地坎与层门地坎之间, 要求轿厢地坎与层门地坎之间的间隙不大于 35mm。这个间距是最低要求,当电梯需要提供特定服务时(如残疾人用),这个间隙应能满足特定的要求。

11.2.3 轿门与闭合后层门的水平距离,或各门之间在整个正常操作期间的通行距离,不得大于 0.12m。

解析 在轿厢停止在层站时,轿门与闭合后的层门之间的水平距离不超过 0.12m,同时轿门和层门在正常操作的情况下,其距离也不应超过 0.12m,以防止异物夹入这个间隙。

"闭合后的层门"主要是针对铰链门和折叠门而言的,因为对于滑动门来说,层、轿门之间的距离是不会变化的。而对于铰链门和折叠门在关闭过程中这一距离是变化的。所以标准中强调了"闭合后的层门"。

11.2.4 如果电梯同时使用铰链式层门和折叠式轿门,则在关闭后的门之间的任何间隙内都应不能放下一个直径为 0.15m 球。

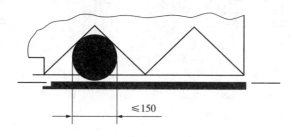

图5 铰链层门和折叠轿门的间隙

解析 由于铰链式层门和折叠门轿门在关闭后不一定是水平的或彼此平行的,为了保证轿门与闭合后层门的水平距离不至过大,因此采用本条规定的方法测量这个间隙。本条也是防止异物夹入关闭的层、轿门之间的间隙。

11.3 轿厢与对重(或平衡重)的间距

轿厢及其关联部件与对重(或平衡重)及其关联部件之间的距离不应小于 50mm。

解析 本条要求轿厢(及其关联部件)与对重或平衡重(及其关联部件)之间的距离应不小于 50mm,在计算这个距离时通常是取轿厢外延到对重或平衡重外延之间的距离。这里应注意,计算间距时是以轿厢、对重(或平衡重)的最外轮廓算起,如图 11-4 所示,当电梯设置补偿绳时,对重外延应取固定在对重上的补偿绳绳头的最外边缘。

要求这个尺寸的目的是由于轿顶有检修空间,可以供人员在上面工作。当人员站在轿顶边缘工作时,肢体可能突出到轿厢投影以外(即使是有护栏,也不可能完全防止人员的身体的某部分突出轿厢投影)。在工作过程中可能要移动轿厢,此时轿厢和对重(或平衡重)的运行方向正好相反,如果两者之间的距离过小,运行中突出轿厢投影的人员肢体可能被

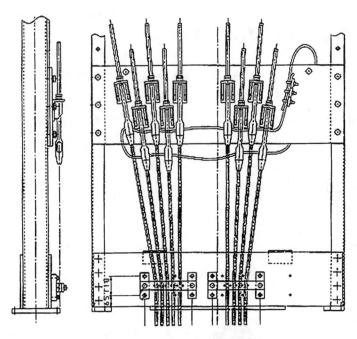

图 11-4 带有补偿绳的对重

对重或平衡重剪切,造成严重伤害。为防止这种危险的发生,本标准要求轿厢(及其关联部件)与对重或平衡重(及其关联部件)之间的距离应不小于50mm。当然,该距离在轿厢和对重整个高度上均有效。

应特别注意的是:本条规定的"轿厢及其关联部件"中不包括轿顶护栏扶手! 在 8.13.3.3 中明确规定:"扶手外缘和井道中的任何部件对重(或平衡重)、开关、导轨、支架等之间的水平距离不应小于0.10m",因此扶手到对重的距离仍必须不小于0.1m。

本条在本标准中最容易引起歧意,很多人认为本条要求的50mm的距离是运动部件之间的最小间隙,并且这个间隙适用于电梯的所有部件。这是不对的,正如本章最前面所引用的 CEN/TC10 解释,除本章所规定的轿厢与面对轿厢入口井道壁;轿厢与对重之间的距离的最小值;以及 5.6.2 的规定外,对于轿厢及其连接部件与井道内其他部件之间的距离,本标准没有规定水平方向的最小值。这些值应由制造商根据特定的安装来决定。正因为如此,本标准并未做出类似:轿厢门机边缘到井道壁之间的距离不大于50mm;或要求对重到井道壁之间的间隙不得超过50mm的规定。而且,本标准是安全标准,其约束的只是与安全相关的内容,这种所谓"运动部件之间的最小距离"并不属于安全范畴,不会在本标准中强制规定。

第 11 章习题(判断题)

1.不仅在交付使用之前的检验期间,而且在电梯的整个使用寿命期中应保持本标准所规定的间距。

2.电梯井道内表面与轿厢地坎、轿厢门框架或滑动门的最近门口边缘的水平距离不应大于 0.25m。

3.轿厢地坎与层门地坎的水平距离不得大于 15mm。

4.轿门与闭合后层门的水平距离,或各门之间在整个正常操作期间的通行距离,不得大于 0.12m。

5.如果电梯同时使用铰链式层门和折叠式轿门,则在关闭后的门之间的任何间隙内都应不能放下一个直径为 0.15m 的球。

6.轿厢及其关联部件与对重(或平衡重)及其关联部件之间的距离不应小于 10mm。

第 11 章习题答案

1. √ ;2. × ;3. × ;4. √ ;5. √ ;6. × 。

12 电梯驱动主机

解析 驱动主机是包括电机、制动器在内的用于驱动和停止电梯的装置。驱动主机设置于机房内(机房和滑轮间的最根本区别就是是否设置驱动主机)。一般设置在井道顶部，极少数设置在井道下部或侧面。

电梯驱动主机的类型主要有曳引式驱动主机和强制式驱动主机两种，目前在电梯上应用最广泛的驱动方式是曳引式。采用曳引式驱动的电梯驱动主机称为曳引机(曳引机定义见补充定义第95条)。

资料 12-1　电梯驱动主机介绍　　　⇩⬇

电梯驱动主机类型主要分为曳引式驱动主机和强制式驱动主机两种，资料 12-1 图 1 中分别是使用这两种驱动主机的电梯及其悬挂形式。

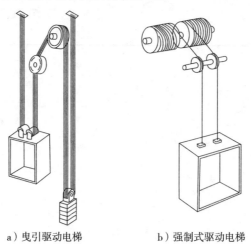

a) 曳引驱动电梯　　　　　　b) 强制式驱动电梯

资料 12-1 图 1　曳引驱动电梯和强制式驱动电梯

一、关于曳引机的介绍

1. 分类

曳引机驱动电梯是依靠曳引轮和曳引绳之间的摩擦传动动力使电梯运行的。电梯曳引机通常由电动机，制动器，减速箱及底座等组成。如果拖动装置的动力，不用中间的减速箱而直接传到曳引轮上的曳引机称为无齿轮曳引机。无齿轮曳引机的电动机电枢同制动轮和曳引轮同轴直接相连。而拖动装置的动力通过中间减速箱传到曳引轮的曳引机称为有齿轮曳引机。曳引机按照减速方式可以按照如下分类：

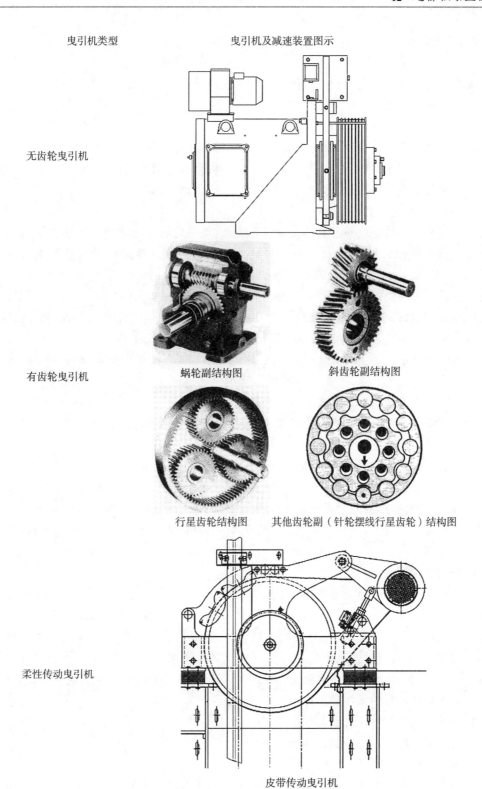

| 曳引机类型 | 曳引机及减速装置图示 |

无齿轮曳引机

有齿轮曳引机

蜗轮副结构图　　　斜齿轮副结构图

行星齿轮结构图　　其他齿轮副（针轮摆线行星齿轮）结构图

柔性传动曳引机

皮带传动曳引机

资料 12-1 图 2　各类曳引机

(1)无齿轮曳引机

无齿轮曳引机主要应用在高速电梯和无机房、小机房电梯上。由于这种曳引机最大的特点是电动机与曳引轮之间没有减速箱。其优点在于：

a)结构简单紧凑；

b)传动效率高,节省能源；

c)不需要润滑油,没有漏油故障以及换油时对环境的污染。

而且一些情况下,无齿轮曳引机使用的电动机为永磁同步电动机,其功率因数也比异步电动机要高很多,对电网的污染也远远小于异步电动机。

(2)蜗轮蜗杆曳引机

蜗轮蜗杆传动属于空间垂直蜗轮轴齿轮传动,采用这种减速方式的曳引机目前是交流有齿曳引机中应用最为广泛、技术最为成熟的一种。采用蜗轮蜗杆减速箱的曳引机优点在于：

a)传动比大,结构紧凑；

b)制造简单,部件和轴承数量少；

c)由于齿面的啮合是连续不断的,因此运行平稳,噪声较低；

d)具有较好的抗冲击载荷特性,不易逆向驱动(即从负载向原动机侧传动的效率很低)。

但蜗轮蜗杆的减速方式也有其固有的缺点：

a)由于啮合齿面之间有较大的滑移速度,在运行时发热量大；

b)齿面磨损较严重；

c)传动效率低(一般的蜗轮副传动效率只在72%～85%)；

d)对蜗轮蜗杆中心距敏感,部件互换性差。

在设计蜗轮副时,考虑到单头蜗杆的传动效率较低,一般尽量采用多头蜗杆。但为了保证加工和传动的精度,蜗杆头数通常不大于4。同时为了避免减速箱体积过大,蜗轮齿数一般不超过85。

(3)斜齿轮副曳引机

斜齿轮传动属于平行轴齿轮传动。在电梯曳引机上应用这种减速方式时,通常要有2～3级减速,其减速箱体积与蜗轮蜗杆减速箱体积相当。与直齿轮相比,由于斜齿轮传动在啮合过程中有轴向的重合度,啮合的齿数增加,因此啮合平稳性和承载能力都要比直齿轮好(直齿轮啮合时接触的轮齿数量是在一对与两对之间交替变换,且由于齿面接触为一条直线,造成啮合、分离时都是同时接触或同时分离的,冲击振动和噪声都比较大)。

斜齿轮副减速箱的优点在于：

a)采用多级传动可以获得各种传动比；

b)传动效率较高,能够达到93%～97%；

c)频率控制更为简单。

但由于应用在电梯曳引机上时,齿轮强度关系到乘客的安全,其噪声和振动也会引起使用者的不满,因此斜齿轮减速机构也暴露出它固有的一些缺点：

a)在设计时必须特别注意确保齿轮的强度和可靠性;

b)为了尽可能减少噪声和振动,对斜齿轮的加工精度要求较高;

c)需要的部件和轴承较多;

d)曳引轮和齿轮的直径比不好匹配,很小的啮合误差也会影响性能,因此需要的制造费用较高。

(4)行星齿轮传动曳引机

与定轴轮系的蜗轮蜗杆传动和斜齿轮传动不同,行星齿轮属于行星轮系传动。电梯曳引机上通常采用渐开线行星齿轮作为减速传动装置,行星齿轮传动具有以下优点:

a)结构紧凑,重量轻,体积小,行星齿轮减速箱的尺寸和重量约为蜗轮蜗杆或斜齿轮减速箱的 $1/2 \sim 1/6$;

b)传动效率高,行星齿轮的传动效率可达 $97\% \sim 99\%$;

c)运行平稳,抗冲击和振动的能力较强。

但行星齿轮传动也具有一定的缺点:结构复杂、造价高、加工制造和装配都比较困难。由于使用了直齿轮,在高转速的情况下噪声和振动会变得较大。同时,面临造价日益降低的无齿轮曳引机,行星齿轮传动曳引机已无明显优势。

(5)针轮摆线行星齿轮

针轮摆线行星齿轮传动与普通行星齿轮相比有一些特有的优点:这种减速传动方式的一级传动比较高,可以达到 $50 \sim 320$;没有窜动;结构扁平,驱动和能量输出轴在同一轴线上。但针轮摆线行星齿轮在电梯上的使用仅限于一些特殊场合。

(6)皮带传动曳引机

皮带传动是一个单级传动,电机轴通过 V 形带直接与曳引轮轴连接。驱动 V 形带的传动轮安装在电机轴上。皮带靠特殊的装置进行张紧。

V 形带传动的优点在于:

a)体积小、重量轻、成本更低;

b)传动效率高,可达 98% 左右;

c)在整个工作寿命期内运行平稳,噪声低;

d)对加工精度的要求不高;

e)维护费用低,不用润滑油,没有漏油问题,环保性好。

但 V 形带传动也存在许多缺点:

a)传动比低,一般总需要 2:1 的绕绳比;

b)皮带作为柔性传动部件,比蜗轮蜗杆和齿轮这样的部件更容易失效;

c)由于需要传递的扭矩较大,对皮带要求较高。

2.曳引机用电动机

(1)工作制和启动次数

曳引机的动力来源是电动机,曳引机配置的电动机主要有直流电动机、交流电动机和永磁同步电动机。电梯用电动机为重复短时工作制,即 GB 755《旋转电机基本技术要求》中所定义的 S_5 工作制。S_5 工作制的定义如下:按一系列相同的工作周期运行,每一周期包

括一段启动时间,一段恒定负载运行时间,一段快速电制动时间和一段断能停转时间。其负载曲线图如下:

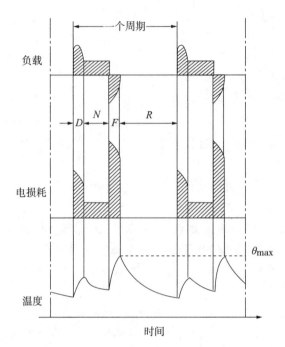

D—启动;N—在恒定负载下运行;F—电制动;R—断能
停转;θ_{max}—在工作周期中达到的最高温度

资料 12 - 1 图 3   包括电制动的短信周期工作制 S_5

负载持续率:
$$\frac{D+N+F}{D+N+F+R}\times100\%$$

电梯用电动机每小时启动次数可分为 120 次/h、180 次/h、240 次/h,常见的启动次数为 180 次/h。

(2)电梯用电动机的主要特点与要求

对于电梯用电动机其特性要求特点有:

a)具有较大的启动转矩,以满足满载轿厢加速启动时的最大力矩要求。

b)启动电流要求尽可能的小,以避免电梯启、制动时影响电网电压,同时也减少了电机的发热。一般情况下,在额定电压条件下电机堵转电流与额定电流之比不大于 4.5。

c)电机应有平坦的转矩特性,以获得最佳的舒适感。

d)具有适当的转差率以保证电梯速度的稳定性。一般来讲,在额定电压下,电机的转差率在高速时应不大于 12%;在低速时应不大于 20%。

e)噪声低,脉动转矩小。

(3)电梯用电动机的相关计算

a)电动机容量的计算可用下式:

$$P = \frac{Qv(1-\psi)}{102\eta i} \quad \text{kW}$$

式中：

    Q——额定载重量，kg；

    v——电梯额定速度，m/s；

    ψ——平衡系数；

    η——电梯机械传动总效率（采用蜗轮副时，一般 $\eta = 0.5 \sim 0.55$；采用无齿轮曳引机时，一般 $\eta = 0.75 \sim 0.8$）；

    i——钢丝绳倍率。

上式为电机静功率，为保证电梯的正常运行，还应考虑轿厢运行产生的附加阻力以及启动工况等因素。

    b）电动机转速的计算：

$$n = \frac{120f}{p} \times (1-s)$$

式中：

    f——输入频率，Hz；

    p——电动机极数；

    s——转差率。

    c）电动机扭矩的计算：

$$T_e = 9550 \times \frac{P}{n}$$

式中：

    T_e——电动机的额定转矩，N·m；

    P——电动机额定功率，kW；

    n——额定转速，r/min。

上式为马达额定转矩与功率、转速的关系。电梯系统正常运行所需要的转矩为：

$$T = (1-\psi)Qg \times \frac{D_t}{2ir} \times \eta$$

式中：

    T——所需电动机提供的转矩，N·m；

    ψ——电梯平衡系数；

    Q——额定载重量，kg；

    η——电梯机械传动总效率；

    i——减速比；

    r——绕绳比。

    3.曳引轮尺寸对电梯系统的影响

在选择使用曳引机时，曳引机本身的三个重要参数：曳引轮直径、电动机转速和减速比应是设计人员着重研究的要素。要想合理搭配曳引机和其他相关部件的使用，获得最佳系统效果,则必须明确这三个参数将对电梯系统造成哪些影响。由于这三者的关系是相互关联的,因此在分析时应先找出关键项,以关键项为线索进行分析。在这三个参数中最关键的是曳引轮直径,曳引轮直径的变化不但影响其他两个参数,同时还将对整个电梯系统的其他许多方面产生重要影响。

在电梯额定速度确定的情况下,电动机转速、减速比和曳引轮直径三者之间的关系是这样的:

$$v = \frac{n\pi D_t}{60ir}$$

式中:

　　n——电动机转速,r/min;

　　D_t——曳引轮直径,mm;

　　i——减速比;

　　r——绕绳比。

如果绕绳比 i_2 作为一个已知的定值,轿厢的额定速度 v 可以看做一个 D_t、i_1 和 n 的函数,即 $v = k\dfrac{nD_t}{i_1}$,(k 为常数)。

下面我们变化曳引轮直径,分析这种变化将会对电梯系统产生哪些影响。

(1)当我们增大曳引轮直径 D_t 时,会增大载荷在曳引轮上产生的扭矩,进而需要增加电机的输出扭矩。

由 $T = (1-\psi)Qg \times \dfrac{D_t}{2ir} \times \eta$ 可知,电梯系统所需的电机转矩与曳引轮直径成正比。

且通过 $T_e = 9550 \times \dfrac{P}{n}$ 可知,额定转矩 T_e 增加时,电动机的额定输出功率 P 也要相应增加。

而电机额定功率的增加,必然要影响到电机的输出功率和电机的物理尺寸。我们知道,感应电动机转子转矩如下式:

$$T = 2\pi r^2 lBK$$

式中:

　　r——转子半径;

　　l——转子有效长度;

　　B——有效磁感应强度;

　　K——转子导体中的线电流密度。

电动机转矩 T 在增加时,由于有效磁感应强度 B 受到磁饱和的限制;转子导体中的线电流密度 K 受到电机发热的限制不可能按照我们的要求增大,因此增加 T 只能采用增加转子半径 r 和转子有效长度 l 的办法。但这样一来,不可避免的会增加电机的物理尺寸,不但消耗材料,更大幅度的增加了成本。

(2)曳引轮直径增加后,另一个明显的的影响是对电梯起、制动时间的影响。

我们知道,电梯系统中电机输出的输出转矩方程:

$$T = T_d + T_j$$

式中：

    T_d——电梯传动系统的动态转矩；

    T_j——电梯负载的静转矩。

    动态负载转矩：

$$T_d = \frac{GD^2}{375}\frac{dn}{dt}$$

式中：

    G——电梯系统总质量，kg；

    D——电梯传动系统的等效直径；

    GD^2——电梯系统的飞轮惯量。

    综合上面的两个公式，我们得到：

$$T = \frac{GD^2}{375}\frac{dn}{dt} + T_j$$

    电梯正常起、制动时，其加、减速度的平均值（也可以近似看做加减速度值）是固定的，那么启、制动所需要的时间为：

$$t = \frac{GD^2 n}{375(T - T_j)}$$

    在上式中，当电梯额定速度确定的情况下，电动机的额定转速也是确定的，因此上式中的 n 以定值情况考虑，即 n 看做常数。在启动情况下，如果 $T - T_j$（即 T_d）恒定，起、制动时间 t 与电梯系统的飞轮惯量 GD^2 成正比。GD^2 增加，将导致电梯起、制动所需的时间越长，电梯的运行效率降低。因此降低电梯系统的飞轮惯量 GD^2 是减少起、制动时间，增加电梯运行效率的适宜方法。由于这里所说的 GD^2 是整个电梯系统的飞轮惯量，它是由各运动部件的飞轮惯量累加获得的，因此为减小电梯系统的 GD^2，我们应尽量减小哪些对系统飞轮惯量影响比较大的部件，如曳引轮、蜗轮、蜗杆、电动机转子、制动器轮（盘）等的飞轮惯量。由于飞轮惯量与部件直径的平方成正比，减小这些部件的飞轮惯量最可行的方法是减小它们的直径。但这中间，减小曳引轮的直径其影响将最显著，通过(1)中的论述我们知道，减小曳引轮直径可以减小电机的输出扭矩，因此可以尽可能的减小转子的直径。对于曳引轮直径的变化将如何影响制动器轮（盘）的飞轮惯量，我们在下面也将有所讨论。

    当然，也有部分较老的电梯，采用交流双速需要分级起、制动，这时则希望增加系统的飞轮惯量来获得平稳的起制动过程。这只是极小部分电梯由于其调速系统的特性所决定的。相对于近些年来更多的 VVVF 调速的电梯来说，减小系统飞轮惯量是有益的。

    从式 $t = \frac{GD^2 n}{375(T - T_j)}$ 中，我们还可以发现，如果要减小 t，另外一个途径是增加 $(T - T_j)$。增大 $T - T_j$ 的值，可以通过增大 T 和减小 T_j 来实现。增大电动机转矩 T 需要增加电机的物理尺寸和功率，显然不经济。如要减小电梯负载的静转矩 T_c，根据(1)中的论述，减小曳引轮直径正好可以实现。因此，需要减小电梯起、制动时间，提高电梯的运行效率，减小曳引轮直径将会获得"一箭双雕"的效果。

    (3)曳引轮直径的变化也会对制动器扭矩产生影响。

对于电梯的制动器,本标准中 12.4.2.1 中有这样的规定:"当轿厢载有 125% 额定载荷并以额定速度向下运行时,操作制动器应能使曳引机停止运转。……"。这样,我们可以得出,作用在制动器轮(盘)上的力矩为:

$$T_B = T_{Bj} + T_{Bd}$$

式中:

T_{Bj}——系统转化到制动器上的静力矩;

T_{Bd}——动力矩。

$$T_{Bj} = [(1.25 - \psi)Q + M]g \times \frac{D_t}{2ir} \times \eta_1$$

$$T_{Bd} = \frac{GD^2}{4} \frac{d\omega_1}{dt}$$

式中:

M——轿厢侧钢丝绳重量(如果有补偿装置,为钢丝绳和补偿装置重量差);

η_1——与制动相关的机械效率;

ω_1——制动轮(盘)的角速度。

很明显,我们希望抱闸所需要的制动力矩越小越好,这样不但可以减小制动器的作用力同时也降低了所需要的制动器容量。使设计人员在选取制动传动部件和摩擦片时条件更加宽松。

要降低制动力矩 T_B,可以通过减小 T_{Bj} 和 T_{Bd} 来实现。在减小 T_{Bj} 时,最方便、最直接的办法就是减小曳引轮直径 D_t。我们知道,电梯制动器的制动能力,也就是在轿厢载有 125% 额定载荷并以额定速度向下运行时能够为电梯系统提供的加速度是预先设定好的。因此在式 $T_{Bd} = \frac{GD^2}{4} \frac{d\omega_1}{dt}$ 中,$\frac{d\omega_1}{dt}$ 是固定值,要减小 T_d,只能通过减小 GD^2 来实现。在(2)中我们已经讨论过,当减小曳引轮直径 D_t 时,有助于减小整个电梯系统的飞轮惯量 GD^2。

更值得注意的是,本标准中 12.4.2.1 中还有这样的规定:"所有参与向制动轮或盘施加制动力的制动器机械部件应分两组装设。如果一组部件不起作用,应仍有足够的制动力使载有额定载荷以额定速度下行的轿厢减速下行。"这说明电梯系统静力矩 T_{Bj} 和动力矩 T_{Bd} 变化对制动器的设计力矩的影响存在倍数的关系。

此外,还应注意的是,当减小曳引轮直径 D_t 后,所需要的制动力矩也有所降低,根据制动力矩 $T = Fd/2$(F 为制动力,d 为制动轮的直径)可知,当保证制动力 F 不变的情况下,将允许设计人员减小制动轮(盘)的直径。这样就减小了制动器轮(盘)的飞轮惯量,使得系统总的飞轮惯量进一步降低。

此外,曳引轮直径的减小还可以节省原材料和机械加工的成本,这在市场竞争日趋白热化的电梯行业,也是一个不可忽视的条件。

综上所述,减小曳引轮直径可以降低电动机容量、减少对电动机输出扭矩的要求、减少电动机发热、减少起制动时间,增加电梯运行效率、降低对制动器的要求等。

(4)对曳引力方面的影响。

参见第 9 章相关部分。

(5)对钢丝绳安全系数的影响。

参见第 9 章相关部分。

综合以上几点,我们可以得出这样的结论:确定曳引轮直径时,在全面的计算并通过了曳引力、安全系数、比压校核后;在曳引轮、减速比和马达转速合理配置并为马达输入电压和转速留有合理余量的情况下,为了减小所需要的马达输出扭矩和功率、减小电梯的起制动时间,应尽可能的减小曳引轮直径。

4.制动器的的介绍及其计算

曳引机采用的制动器通常是常闭式摩擦型制动器,产生制动力的是制动器衬垫与制动盘或制动鼓接触产生的摩擦力。一般采用带导向的压缩弹簧对制动器衬垫产生压力,而制动器的释放是靠电磁铁的电磁力抵消弹簧的弹力。制动器应具有合适的制动力矩,以便能够可靠制动电梯系统。

释放制动器的电磁铁一般采用直流式电磁铁,这主要是因为直流电磁铁采用整体铁心,结构简单,断电后无剩磁,磁铁的吸力无脉动。同时直流电磁铁动作平稳可靠,噪声小,功耗低,寿命长。电磁铁的示意图见资料12-1图4。

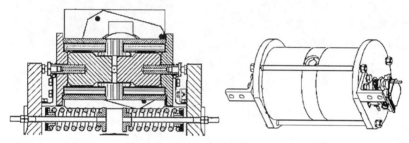

资料 12-1 图 4　电磁铁示意图

在有齿轮曳引机上,尤其是蜗轮蜗杆曳引机和斜齿轮曳引机这些体积较大的曳引机上,通常采用鼓式(闸瓦式)制动器,这种制动器简单可靠,闸瓦的散热好,易于安装调整,且制动力矩与方向无关。但与其能够提供的制动力矩相比尺寸相对较大,为弥补这个缺点,一般鼓式制动器安装在曳引机高速轴(靠近电动机侧的轴)上。在一些大型有齿轮曳引机上,也可能使用内胀式(蹄式)制动器。

随着曳引机的不断小型化,尤其是无齿轮曳引机的出现,盘式制动器有着日益广泛的应用。其特点是体积小,重量轻,转动惯量较小,动作灵敏,制动性能稳定。但其调整比较困难,手动释放需要特殊的机构。

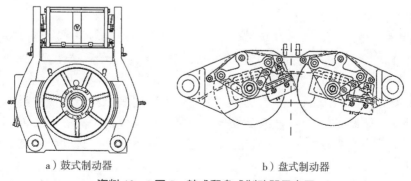

a)鼓式制动器　　　　　　b)盘式制动器

资料 12-1 图 5　鼓式和盘式制动器示意图

(1)根据曳引轮上的力矩计算制动器的力矩

电梯制动系统应具有一个机电式制动器,当主电路断电或控制电路断电时,制动器必须动作。切断制动器电流,至少应由两个独立的电气装置来实现。制动器的制动作用应由导向的压缩弹簧或重锤来实现。制动力矩应足以使以额定速度运行并载有 125% 额定负载的轿厢制停。电梯制动器最常用的是电磁制动器。

制动力矩由两部分组成:静力矩和动力矩。

静力矩:
$$T_{Bj}=[(1.25-\psi)Q+M]g\times\frac{D_t}{2ir}\times\eta_1$$

动力矩:
$$T_{Bd}=\frac{GD^2}{4}\frac{d\omega_1}{dt}$$

式中:

M——轿厢侧钢丝绳重量(如果有补偿装置,为钢丝绳和补偿装置重量差);

η_1——与制动相关的机械效率;

ω_1——制动轮(盘)的角速度。

(2)根据电动机功率计算制动器的力矩

当电动机功率已经确定之后,可以用下式驱动制动器的制动力矩:

$$T=975\frac{P}{n}$$

式中:

n——电动机转速,r/min;

P——电动机功率,kW。

二、关于强制式电梯驱动主机的介绍

强制式驱动主机分为卷筒驱动和链轮驱动两种,早期电梯的驱动,除了液压驱动之外都是卷筒驱动。这种卷筒驱动常用两组悬挂的钢丝绳,每组钢丝绳一端固定在卷筒上,另一端与轿厢或平衡重相连,一组钢丝绳按顺时针方向绕在卷筒上,而另一组钢丝绳按逆时针方向绕在卷筒上。因此,当一组钢丝绳绕出卷筒时,另一组钢丝绳绕入卷筒。

卷筒驱动的电梯主要有以下几方面的问题:

(1)提升高度低。由于不能受卷筒尺寸的限制,卷筒式电梯的行程不能很高,其行程很少超过 20m 的。如果采用叠绕方式,钢丝绳之间互相挤压,磨损严重。因此只允许绕一层钢丝绳。

(2)额定载重量低。电梯的钢丝绳安全系数一般要求较高,卷筒驱动的钢丝绳安全系数应不小于 12,这样随着额定载重的增加,势必选用粗大的钢丝绳,卷筒尺寸相应也增大。

(3)电梯行程不同,必须配用不同的卷筒。

(4)导轨承受的侧向力大。如果驱动主机是上置式,卷筒在提升轿厢过程中,钢丝绳在卷筒的卷绕位置不断变化,轿厢从底层提升至顶层钢丝绳自然形成一个偏角,由此会造成轿厢导靴对导轨产生侧向力。一般规定。这个偏角不应大于 4°。为了避免这种现象产生,可将驱动主机下置。

(5)钢丝绳有过绕或反绕的危险。卷筒式驱动有时会造成轿厢在运行中的搁位。如果轿厢下行搁位,则容易使钢丝绳反绕,此时轿厢一旦下落,后果不堪设想;上行时搁位,则可能使钢丝绳越拉越紧直至断裂,或者过绕后轿厢冲顶。

(6)能耗大。

由于上述这些因素,目前已很少使用卷筒驱动,仅在杂物梯以及曳引电梯不适用的非标设计的货梯中使用。

12.1　总则

每部电梯至少应有一台专用的电梯驱动主机。

解析　这里明确的规定了,不允许两台或多台电梯共用驱动主机。这是因为本标准中所有关于电梯驱动主机的要求,均没有考虑到一台以上电梯共用驱动主机的情况。

12.2　轿厢和对重(或平衡重)的驱动
12.2.1　允许使用两种驱动方式:

a)曳引式(使用曳引轮和曳引绳);

b)强制式,即:

1)使用卷筒和钢丝绳;或

2)使用链轮和链条。

对强制式电梯额定速度不应大于 0.63m/s,不能使用对重,但可使用平衡重。

解析　本标准中对于轿厢和对重(或平衡重)的驱动明确规定了驱动方式,即曳引式或强制式。排除了其他方式的驱动,比如在轿厢上设置齿轮,配合使用齿条形导轨,或使用螺柱驱动轿厢。

由于强制式驱动的各种缺点,使用这种驱动方式的场合应受到严格的限制,在额定速度大于 0.63m/s 的情况下只允许采用曳引驱动方式。

对重与平衡重的区别在于:首先,对重的目的在于提供曳引力,而平衡重则是为节能;其次,对重不但平衡了全部轿厢自重,而且平衡了部分载重,而平衡重仅平衡了全部或部分轿厢自重。强制驱动的电梯不需要满足曳引力的要求,因此没有必要使用对重。

12.2.2　可以使用皮带将单台或多台电机连接到机-电式制动器(见12.4.1.2)所作用的零件上。皮带不得少于两条。

解析　电动机与制动器之间允许采用皮带进行间接连接。综合下面12.4.2.2的"被制动部件应以机械方式与曳引轮或卷筒、链轮直接刚性连接"要求。我们可以推断:制动部件直接、刚性的连接在曳引轮或卷筒上,制动部件可以使用皮带与电机相连,那么采用皮带传动的驱动主机(如上面介绍过的皮带传动曳引机)是完全符合本标准要求的。

但为了防止连接失效,对于皮带连接要求使用皮带的数量不得小于两条。

根据本条规定,当驱动主机采用皮带传动时,制动器直接作用在驱动主机绳轮上,则皮带数量不得少于两根(如图 12-1 所示)。这便给设计者带来了一个必须面对的选择:如果制动器作用在驱动主机绳轮上,则皮带必须使用两根以上,但可以使用制动器作为轿厢上行超速保护装置(曳引驱动时,在符合相关规定的前提下);如果制动器作用在电动机上,则无法使用制动器来实现轿厢上行超速保护的功能,但传动皮带的数量可以不必设置两根以上。

图 12-1 采用皮带传动的驱动主机,制动器直接作用
在曳引轮上时,皮带数量不得少于两根

12.3 悬臂式滑轮或链轮的使用

应采用 9.7 的防护装置。

解析 针对悬臂式滑轮或链轮,应采用 9.7 所规定的防护装置有:防止钢丝绳或链条因松弛而脱离绳槽或链轮的装置;以及防止异物进入绳与绳槽或链与链轮之间的装置。

12.4 制动系统

12.4.1 通则

12.4.1.1 电梯必须设有制动系统,在出现下述情况时能自动动作:

a)动力电源失电;

b)控制电路电源失电。

解析 本条强调制动系统在电梯上是必须设置的部件。同时其动作(制动电梯)不是依靠电梯系统外部供电达到目的,相反当动力电源和控制电源失电时,制动器应能将电梯系统制动。这就要求制动回路电源取自动力电源回路(当然应根据需要附加相关的变压器和整流装置)。同时要求控制制动回路的电气装置(接触器)的控制电源取自控制回路。

制动系统是电梯驱动主机乃至整个电梯系统的最关键的安全保护部件之一,制动系失效对电梯运行安全的威胁极大,是最有可能发生剪切和挤压伤害的直接因素。而且由于制动系统失灵而造成的危险依靠其他安全部件进行保护也是非常困难的,因为此时电气保护不起作用(电气保护一般都是切断电动机和制动器电源而使运行中的电梯系统停止的),而上行超速保护装置和安全钳又只能在轿厢速度超过115%的额定速度情况下才有可能进行保护。因此制动系统能否可靠动作,关系到这个电梯系统和使用人员的安全。

12.4.1.2 制动系统应具有一个机-电式制动器(摩擦型)。此外,还可装设其他制动装置(如电气制动)。

■■ **解析** 机-电式制动器(摩擦型)是通过自带的压缩弹簧将制动器摩擦片压紧在制动鼓(盘)上,依靠二者之间的摩擦来制停电梯系统的。制动器是常闭式的,电梯运行时,制动器的电磁铁通电后产生磁场推动衔铁,并带动连杆使制动器摩擦片与制动鼓(盘)产生间隙,从而使驱动主机能够正常运转。

当出现12.4.1.1中的情况,即动力电源或控制电源失电的状态,电磁铁线圈失电,制动器摩擦片压紧在制动鼓(盘)上,强迫驱动主机停止运行,并将其保持在停止状态。

机-电式制动器是在电气安全回路被切断后,确保驱动主机停止转动的重要部件。

驱动主机除必须设置的机-电式制动器外,还可以根据需要设置电气制动装置,如利用电动机的特性可以采用能耗制动、反接制动,也可采用涡流制动。在使用永磁电机时还可以利用永久磁铁的特性,采用自发电能耗制动方式。但这些制动方式并不是标准中规定必须具有的。同时由于这些电气制动方式受环境因素影响较大,其特性不是很稳定,因此绝不允许用电气制动方式替代本条要求的"机-电式制动器(摩擦型)"。

12.4.2 机-电式制动器

12.4.2.1 当轿厢载有125%额定载荷并以额定速度向下运行时,操作制动器应能使曳引机停止运转。

在上述情况下,轿厢的减速度不应超过安全钳动作或轿厢撞击缓冲器所产生的减速度。

所有参与向制动轮或盘施加制动力的制动器机械部件应分两组装设。如果一组部件不起作用,应仍有足够的制动力使载有额定载荷以额定速度下行的轿厢减速下行。

电磁线圈的铁心被视为机械部件,而线圈则不是。

CEN TC10/WG1 对12.4.2.1的解释:(附录D的试验)试验必须确定制动器有能力制停载有125%额定负荷、以额定速度下行的轿厢,制动器应使轿厢以不大于安全钳和缓冲器作用时所要求的值减速。如果仅有一个制动元器件起作用,它应有能力使以额定速度下行的装有额定载荷的轿厢减速。

■■ **解析** 机-电式制动器要求有足够的制动能力,即在轿厢超载25%的情况下,以额定速度下行时(此时为最不利情况)制动器应能使曳引机停止运转。

但是如果制动器对轿厢造成的制动减速度过大,将会危害到轿内人员的人身安全,因此在保证制动器有足够制动力的情况下还必须限制制动器所能够提供的最大制动减速度。这就要求在125%的载重量的状态下,制动器制停轿厢所产生的减速度不超过安全钳或缓冲器动作时的减速度,即1g。

为保证制动器在电梯运行过程中始终能够安全有效的提供足够的制动力,要求制动器的设置应有冗余。要求参与施加制动力的机械部件必须分两组设置,每一组在独立动作时都应有足够的制动力使装有额定载荷并且运行于额定速度下的轿厢能够减速下行。对于电磁铁来说,所谓机械部件,是电磁铁的衔铁(本条中"电磁线圈的铁心"应为"电磁线圈的衔铁"),而线圈本身则不视为机械部件,也不要求分两组设置。这是因为在制动器释放后,电磁铁的衔铁可能由于生锈、异物等原因卡阻,使其操作的制动器摩擦片无法压紧在制动轮(盘)上。因此,为避免衔铁卡阻带来的制动器不能正常制动,衔铁必须按照机械部件的要求设置为独立的两组。但线圈不同,线圈故障的情况无非是烧毁,线圈烧毁后无法形成磁场,制动器自然处于制动状态,不会造成电梯系统的危险。

在这里应注意以下几点:

1. 这里没有要求单组制动器能够制停运行于上述状态下的轿厢或将轿厢的速度降至某个速度以下。只是要求了"减速下行",这说明单组制动器对轿厢所施加的力只要大于轿厢自重与额定载重量之和即可。

2. 本条要求的是"所有参与向制动轮或盘施加制动力的制动器机械部件应分两组装设",不单单是衔铁还包括联杆、制动器的压缩弹簧等部件都属于"施加制动力的机械部件",都必须分两组设置。

以鼓式制动器为例,如图12-2所示,a)中制动器弹簧、联杆和衔铁都只有一组,一旦这其中任何部件失效制动器将完全丧失制动能力。b)中制动器虽然弹簧和联杆分为两组设置,而且彼此独立,但衔铁只有一组,一旦发生衔铁卡阻,制动器也将完全失效。c)中虽然联杆、衔铁都分为两组设置,但制动器压缩弹簧仅有一组,显然不符合要求。而且,从表面上看,两个衔铁各自分别控制一个制动臂联杆,但应注意,这两个衔铁彼此并不完全独立,其中任一衔铁均是另一衔铁磁路的一部分,只要剩磁过大,仍能使制动器完全失效。只有d)中的制动器联杆压缩弹簧、衔铁均为两组设置,且彼此独立,因此是符合要求的制动器。

总之,判断一个制动器是否为符合要求的制动器,可以假设当两组制动器中的任何一个部件或部位发生任何一种失效,如断裂、松弛、不动作、卡阻等可能出现的故障,如果不会导致制动器完全失效,同时在这种情况下剩余的制动力还能够"使载有额定载荷以额定速度下行的轿厢减速下行",这样的制动器就是符合要求的安全的制动器。

3. "如果一组部件不起作用,应仍有足够的制动力使载有额定载荷以额定速度下行的轿厢减速下行"的要求是针对整改曳引机的使用寿命期内都必须保证的能力。由于制动器在刚投入使用的时候,其衬垫的摩擦系数较大,使用一定时间后会逐渐减小,但本条要求在任何时候都应予以满足。

当进行制动器制动力矩试验时,载有125%额定载荷轿厢以额定速度向下运行时;当轿厢位于高层站且向下运行进行制动时,因为轿厢与缓冲器之间的距离足够长,制动器能使轿厢在

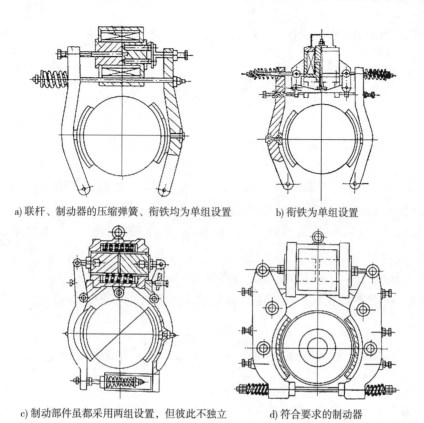

a) 联杆、制动器的压缩弹簧、衔铁均为单组设置　　　　b) 衔铁为单组设置

c) 制动部件虽都采用两组设置，但彼此不独立　　　　d) 符合要求的制动器

图 12 - 2　各种类型的制动器

撞击缓冲器之前制停；而轿厢位于低层站且向下运行进行制动时，因为轿厢与缓冲器之间的距离短，制动器未能及时地制停轿厢，轿厢就会撞击到缓冲器上。对此，CEN/TC10 的解释是：没有限定减速度的最小值，这表明当轿厢撞击缓冲器时，曳引机可能没有达到停滞状态。

12.4.2.2　被制动部件应以机械方式与曳引轮或卷筒、链轮直接刚性连接。

■ **解析**　也就是可以利用电机转子轴与曳引轮直接连接或通过齿轮等部件刚性连接，但不能采用诸如皮带这种柔性连接部件。其目的是制动器对制动轮（盘）制动时必须保证曳引轮也被可靠制停。

本条规定在有齿轮曳引机上尤其需要注意：通常在有齿轮曳引机上，制动器一般安装在电动机和减速箱之间，即安装在高速轴上。这是因为高速轴上所需的制动力矩小，可以减小制动器的结构尺寸。以蜗轮副曳引机为例，制动器作用的制动轮就是电动机和减速箱之间的连轴器。根据本条规定，制动器应作用在蜗杆一侧，不应作用

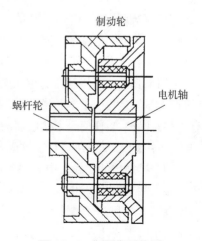

制动轮

电机轴

蜗杆轮

图 12 - 3　制器作用位置

在电机一侧,以保证连轴器破断时,电梯仍能被制停(如图12-3所示)。这也正是本条规定的目的所在。

12.4.2.3 正常运行时,制动器应在持续通电下保持松开状态。

解析 制动器的工作要求是:制动器在通电时保持松开状态;在失电时保持制动状态。

与本条相关,CEN/TC10有一个解释单,参见7.7.2.2解析。

12.4.2.3.1 切断制动器电流,至少应用两个独立的电气装置来实现,不论这些装置与用来切断电梯驱动主机电流的电气装置是否为一体。

当电梯停止时,如果其中一个接触器的主触点未打开,最迟到下一次运行方向改变时,应防止电梯再运行。

解析 这里的所谓"两个独立的电气装置"从下文来看就是接触器,如图12-4所示。如果只使用一个接触器控制,当此接触器触动无法正常断开时,制动器将无法制动。

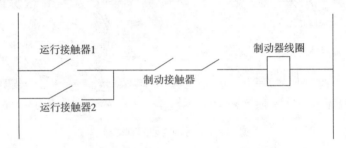

图12-4 由两个独立的接触器控制制动器

控制制动器线圈的电路中应至少有两个独立的接触器,两个接触器用于控制电动机的主触点应该串联于主回路中只要有任意一个主接触器主触点动作就能切断电动机的供电。标准中也允许借助主电源接触器来实现本条规定的"两个独立的电气装置"同时也没有要求两个接触器的主触点必须串联。可以应用主电源接触器的辅助常开触点作为其一,另外再设计一个抱闸接触器。但应注意利用辅助触点作为检测主触点的状态信号时,应符合13.2.1对接触器触点的要求。

"如果其中一个接触器的主触点未打开,最迟到下一次运行方向改变时,必须防止轿厢再运行"实际就是我们平常所说的防黏连(即接触器粘连保护)。控制制动器回路的接触器应具有防粘连保护,当任何一个接触器的主触点在电梯停梯时没有释放,应该最迟到下一次运行方向改变时防止轿厢继续运行。这就要求接触器的吸合或释放应随电梯的运行或停止来进行。

两个接触器的主触点中的一个发生粘连时,由于两个接触器是彼此独立的,另一个接触器仍能够正常工作,同时电梯也仍能够正常工作。但其安全状态已经达到了极限(如果另一个接触器也粘连,则会出现制动器电流无法切断的重大事故),继续运行电梯风险很大,因此在电梯控制系统中需要建立一种监控机制,一旦出现上述情况,应将电梯停止并避免再次运行。

在此处明确要求使用两个接触器,同时两个接触器必须是独立的,不允许使用一个接触器的主触点和辅助触点进行相互校验。尽管接触器的主、副触点在动作时能够满足正确验证主触点动作情况的要求,但由于辅助触点容量、分断距离不能够满足主触点,因此绝不能使用辅助触点替代另一个独立的接触器进行保护。

对于所谓"独立"的理解应是这样的:

1. 触点不能出自同一接触器,也不应存在电气联动、机械联动;

2. 两组触点在安全控制上不能存在主从关系,即当这两组触点中的一组发生粘连时,另一组触点应不受影响,仍能正常工作(即任何一个接触器触点的吸合动作不依赖于另一个触点的吸合动作)。不会出现故障的连锁反应。

这里要注意,制动器电路中用于切断制动器电流的两个接触器应是有触点结构的,静态元器件和电子开关属于无触点的接触器,在这里不应被当作用于切断制动器电流的两个接触器使用。即使使用也不应为此减少触点开关的数量。

12.4.2.3.2　当电梯的电动机有可能起发电机作用时,应防止该电动机向操纵制动器的电气装置馈电。

■ **解析**　电梯的电动机在一些情况下(如满载下行),处于发电状态,这种情况时应防止电动机所发出的电能对制动器的控制产生影响,以免使制动器误动作。

12.4.2.3.3　断开制动器的释放电路后,电梯应无附加延迟地被有效制动。

注,使用二极管或电容器与制动器线圈两端直接连接不能看做延时装置。

■ **解析**　为避免制动器电源被切断时,不能迅速制停电梯,要求切断制动器回路电源后,电梯的制停不能被附加延迟(当然正常的制停过程不属于此范畴)。这里所指的"附加延迟"不但包括机械方面的同时也包括电气方面的。

由于制动器线圈为电感元器件,在切断电源时会产生感应电流,这将影响制动器的有效动作。为避免此现象的发生,通常在设计时会附加一个由电阻和电容组成的电路,吸收感应电流,使之不会影响制动器电磁铁的释放。用于此目的的二极管和电容可不应认为是"附加延迟"装置。

12.4.2.4　装有手动紧急操作装置(见12.5.1)的电梯驱动主机,应能用手松开制动器并需要以一持续力保持其松开状态。

■ **解析**　当驱动主机设有手动紧急操作装置(如盘车装置)时,制动器应能手动释放,以便在紧急操作时可以移动轿厢。但手动释放制动器时,必须要求一个持续的力保持制动器的释放状态,当力失去时,制动器应能有效的制动电梯。其目的是,防止在进行手动紧急操作时,由于轿厢及轿内载荷与对重的重量差导致轿厢运行失去控制。同时这种情况对盘车的人员也是相当危险的,如果出现轿厢快速下滑,需要盘车人员使用人力使轿厢减速并停止时,极易使盘车人员受到伤害。

应注意,如果采用紧急电动运行的情况(见12.5.2的规定),不需要制动器能够被手动释放。

12.4.2.5 制动闸瓦或衬垫的压力应用有导向的压缩弹簧或重砣施加。

解析 施加给制动器闸瓦或衬垫的压力应是不易或不能失效的力,如带有导向的压缩弹簧或利用重块的重力。靠重砣向制动闸瓦或衬垫施加压力的形式目前很少被采用,这是因为重砣在闭合制动时会引起杠杆的振动,可能导致制动过程中制动器的抖动。此外这种形式的制动器制动时间较长,不利于制动器的迅速响应。

12.4.2.6 禁止使用带式制动器。

解析 带式制动器是利用制动带包围制动轮并在表面压紧制动带的摩擦制动装置,其结构如图 12-5 所示。这种制动器的摩擦系数的变化很大;同时由于制动皮带的绕入和绕出端张力不同,导致制动皮带严制动轮周围的磨损不均匀;而且这种制动器散热条件很差。这些因素造成了带式制动器制动效果不稳定,离散性大。而电梯制动器要求性能稳定,因此带式制动器不适用于电梯上。此外,带式制

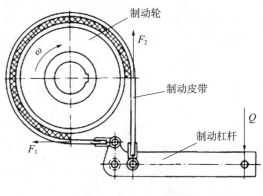

图 12-5 带式制动器

动器在制动过程中不但对制动轮表面产生摩擦力,同时对驱动主机主轴、机座等部件也产生力的作用,使制动轮轴承受额外的附加弯曲作用力,这一点对驱动主机无疑是不利的。

12.4.2.7 制动衬应是不易燃的。

解析 制动器在制动过程中由于摩擦会产生一定的热量,因此要求制动器的摩擦材料不易燃。当然仅仅不易燃也是不够的,制动器的摩擦材料应有足够的热稳定性,在温度升高(设计范围内)时,其主要性能参数(如摩擦系数)能够保持在可以接受的范围内。

12.5 紧急操作

解析 当电梯因突然停电或发生故障而停止运行时,若轿厢停在层距较大的两层之间,或蹲底、冲顶时,乘客将被困在轿厢中。紧急操作装置就是为了在出现上述情况下,使救援人员可通过非常规的操作(如在机房中进行紧急电动运行或手动松开制动器并利用平滑手轮进行盘车)将轿厢移动到平层位置,并将轿厢内乘客救援到能够保证其人身安全的地方而设置的救援装置。盘车手轮的定义见补充定义 121 条。

12.5.1 如果向上移动装有额定载重量的轿厢所需的操作力不大于 400N,电梯驱动主机应装设手动紧急操作装置,以便借用平滑且无辐条的盘车手轮能将轿厢移动到一个层站。

解析 当向上移动装有额定载荷的轿厢所需的力不超过 400N 时,可以采用手动紧急操作装置,借助盘车手轮移动轿厢救援乘客。这个力是指手作用在盘车手轮外圆上的切向

力。根据《机械设计手册》中给出的数据,成年男子直立姿势时,能够施加的扭力为389N±130N;成年男子坐立姿势时,能够施加的扭力为204N±80N。因此在这里规定不超过400N的力是基本合适的。

计算手动紧急操作时所需要的力可使用下面方法(不计摩擦阻力时):

$$F = \frac{(1-\psi)QD_t}{\eta D_h ri}g$$

式中:

ψ——平衡系数;

Q——载重量,kg;

D_t——曳引轮直径,mm;

D_h——盘车手轮直径,mm;

η——机械效率;

r——绕绳比;

i——齿轮比;

g——重量减速度,m/s^2。

在这里应注意以下几个问题:

1. 本条规定"如果……操作力不大于400N,电梯驱动主机应装设手动紧急操作装置,以便……",并不是说在操作力不大于400N的情况下就不允许采用紧急电动运行的方式救援乘客。同时也不应认为在这种情况下必须有手动紧急操作装置,如果设置了紧急电动运行则可以不设手动紧急操作装置。

2. 本条没有规定盘车手轮的尺寸,似乎可以这样认为,无论载重量多大的轿厢,在满载情况下,只要我们增大盘车手轮的直径,都能够做到"操作力不大于400N"。但不能忽视的是,如果盘车手轮的直径过大,使用人员是没有办法正常使用的。通过查阅GB/T 14775—1993《操纵器一般人类工效学要求》可以知道,手轮的尺寸(如图12-6所示)应符合如下规定:

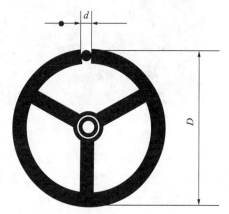

图 12-6 GB/T 14775—1993《操纵器一般人类工效学要求》中的手轮示意图

mm

操纵方式	手轮直径 D		轮缘直径 d	
	尺寸范围	优先选用	尺寸范围	优先选用
双手扶轮缘	140~630	320~400	15~40	25~30
单手扶轮缘	50~125	70~80	10~25	15~20
手握手柄	125~400	200~320		
手指捏握手柄	50~125	75~100		

显然,在盘车时是"双手扶轮缘"的操作方式,手轮直径应选择的应在 140mm～630mm 之间,优先选用尺寸为 320mm～400mm。

当然上图的手轮是带辐条的,不符合本条的要求(下面有相关论述),但可以参考上图和上表的尺寸来设计盘车手轮。

如果直接操作的力大于 400N,但仍希望采用手动紧急操作装置时,可采用带力放大机构的盘车手轮(见图 12 - 7)。

图 12 - 7　带力放大机构的盘车手轮

3. 盘车手轮应是平滑的且没有辐条的(盘车手轮的定义参见补充定义第 121 条),采用杆状或辐条结构很容易在盘车时击伤操作人员的手。同时也容易造成衣物绞入。

应注意:安装可拆卸的手轮时,如果需要进行比较复杂的操作(如需要拆卸部分部件),这种妨碍快速操作,而且又对操作人员的能力有要求的结构是不满足本标准要求的。对此,CEN/TC10 的解释为:如果电梯没有紧急电动运行,则应在没有使用工具的情况下可以安装可拆卸的手轮。

12.5.1.1　对于可拆卸的盘车手轮,应放置在机房内容易接近的地方。对于同一机房内有多台电梯的情况,如盘车手轮有可能与相配的电梯驱动主机搞混时,应在手轮上做适当标记。

一个符合 14.1.2 规定的电气安全装置最迟应在盘车手轮装上电梯驱动主机时动作。

■ **解析**　盘车手轮可以是两种形式的,按在电梯正常工作时是否可以拆下分为可拆卸式和不可拆卸式两种。不可拆卸式盘车手轮与驱动主机的高速轴固定,电梯运行时它与驱动主机的高速轴一起转动。可拆卸式盘车手轮是在盘车时才装到驱动主机高速轴端的,由于这种盘车手轮与轴的连接通常是靠键连接,因此在电梯正常运行时必须卸下。但这种盘车手轮卸下后必须防止在机房内容易接近的地方,一旦电梯发生故障需要紧急救援时,操作人员可以方便及时的将其安装到指定位置并盘车。机房内有多台电梯的驱动主机时,如果每台驱动主机的盘车手轮又不完全相同,为了避免弄错而延误救援,应做出合适的标记,使救援人员能够清楚的分辨不同的盘车手轮适用于哪台驱动主机。

对于可拆卸的盘车手轮,本标准要求应有一个符合 14.1.2 规定的安全触点型开关,在盘车手轮装设到驱动主机上之前动作并切断驱动主机主电源回路和制动器电源回路。这个电气安全装置在附录 A《电气安全装置一览表》中被称为"检查可拆卸盘车手轮的位置"的装置。

此装置是防止出现当盘车手轮安装到驱动主机上之后,在电梯恢复正常使用时盘车手轮忘记取下,仍留在驱动主机高速轴上时,电梯运行会将盘车手轮甩出,造成重大危险。

许多人认为这个开关的的作用是防止在盘车过程中驱动主机启动伤害盘车人。理由是,以前曾发生过因忘记关闭电源开关进行人工盘车,电梯突然启动致使盘车人受伤的事故。但经分析不难知道,这种情况无论盘车手轮是哪种形式(可拆卸或不可拆卸式的),都可能出现危害盘车人员的事故,而标准中只规定了对于可拆卸的盘车手轮才需要这个开关,显然没有考虑因忘记关闭电源开关进行人工盘车的危险。

目前这个装置通常装一个与轴安全罩(在用电梯都装有曳引电动机外伸轴安全保护装置即轴安全罩)相联动的电气安全开关,这个开关就是"检查可拆卸盘车手轮位置"的安全装置。驱动主机正常工作时,装在轴安全罩上的电气安全开关处于闭合状态,当装盘车手轮时,须先将轴安全罩拆下(或打开),这时电气安全开关动作,驱动主机不能工作,从而达到在断开驱动主机状态下进行盘车的目的。

12.5.1.2 在机房内应易于检查轿厢是否在开锁区。例如,这种检查可借助于曳引绳或限速器绳上的标记。

解析 紧急救援就是要将乘客从被困的轿厢中疏散到层门位置。因此在机房中应能够判断轿厢是否在层门开锁区的位置。

12.5.2 如果 12.5.1 规定的力大于 400N,机房内应设置一个符合 14.2.1.4 规定的紧急电动运行的电气操作装置。

解析 如果当向上移动装有额定载荷的轿厢所需的力超过 400N 时,由于人员体能的限制不能够再采用手动紧急操作装置,不能依靠人力完成。因此应采用本条所要求的电气操作装置通过进行紧急电动运行,采用正常电源或备用电源移动轿厢。紧急电动运行的电气操作装置在机房中,是靠持续按压按钮来控制,此操作可在电气安全回路局部发生故障情况下(如限速器,安全钳开关动作)进行。紧急电动实际就是将一些电气安全装置旁接后达到上述效果的。

与本条内容相关,在欧洲曾有这样的询问:对于驱动主机,当手动提升载有额定载重量轿厢的力小于等于 400N 时,是否允许在机房中设置电气紧急操作开关?

CEN/TC10 的解释是:在满足 EN81－1 的 12.5.1 要求的前提下,允许。

12.6 速度

当电源为额定频率,电动机施以额定电压时,电梯轿厢在半载,向下运行至行程中段(除去加速和减速段)时的速度,不得大于额定速度的 105%,宜不小于额定速度的 92%。

下列速度的值,不得大于额定值的 105%:

a)平层[14.2.1.2b)];

b)再平层[14.2.1.2c)];

c)检修运行[14.2.1.3d)];

d)紧急电动运行[14.2.1.4e)];

e)对接运行[14.2.1.5c)]。

解析 在 GB 7588—1987 中本条有这样的注解:"实践证明,在上述测定条件下,速度在额定速度以下且不低于额定速度的 8% 是比较好的。

从以上条款不难看出,12.6 中提及的以额定频率和电压运行时的速度实际上一般称为快车速度,由变频器和曳引机完全可以保证,而 a)～ e)中提及的速度限制在一般的电梯控制系统中都远低于此限制,很容易满足。

12.7 停止电梯驱动主机以及检查其停止状态

使用符合 14.1.2 规定的电气安全装置使电梯驱动主机停止,应按下述各项进行控制。

解析 14.1.2 中与本条有关的规定为第 14.1.2.4 电气安全装置的动作:"当电气安全装置为保证安全而动作时,应防止电梯驱动主机启动或立即使其停止运转。制动器的电源也应被切断"。以及"电气安全装置应直接作用在控制电梯驱动主机供电的设备上。若由于输电功率的原因,使用了继电接触器控制电梯驱动主机,则它们应视为直接控制电梯驱动主机启动和停止的供电设备"。

实际上这其中有两点最为关键:

1.防止电梯驱动主机启动或立即使其停止运转。制动器的电源也应被切断。

2.电气安全装置应直接作用在控制电梯驱动主机供电的设备上。

12.7.1 由交流或直流电源直接供电的电动机

必须用两个独立的接触器切断电源,接触器的触点应串联于电源电路中。电梯停止时,如果其中一个接触器的主触点未打开,最迟到下一次运行方向改变时,必须防止轿厢再运行。

解析　当电梯驱动主机是由电源直接供电(如双速电梯),则必须使用两个独立的接触器来控制电源回路。这两个接触器的触点应串联在电源回路中,只要有一个主触点不吸合,则驱动主机的供电回路被切断。如果在电梯停梯时,两个接触器中的某一个接触器的主触点没有释放,应该防止轿厢继续运行(最迟到下一次运行方向改变时)。这就要求接触器的吸合或释放应随电梯的运行或停止来进行。而且必须具有触点粘连保护的设计与检查。这里允许当一个接触器的主触点粘连但电梯运行方向不改变(包括中间停车时),电梯系统不对其故障进行判断和处理,这里是采用忽略微小概率事件的方法。从理论上讲,在一个接触器已粘连,但电梯运行方向尚未改变时,另一接触器也可能发生粘连。但电梯在同一方向行驶的事件很短,可以忽略这种情况的发生。

电梯驱动主机是由电源直接供电的情况下,一般采用控制电梯运行方向(上行和下行)的接触器与控制电梯速度(快速和慢速)的接触器配合使用(主触点串联)。两个方向接触器的动断触点相互控制对方动合触点的线圈(见图12-8)。

关于"两个独立接触器"以及接触器防粘连的保护,请参考12.4.2.3.1切断制动器电电流的接触器的相关解析。

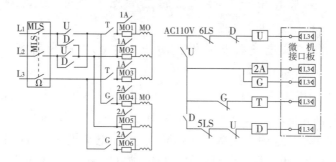

图12-8　接触器在由电源直接供电的电动机主电源回路中的位置

CEN/TC10的解释:由于三相电机在三角形连接或没有零线的星形连接的情况下,断开其中两相是足以切断供电电源的,因此不需要断开所有的三相。

关于用两个独立的接触器来切断电梯电动机的电流的问题,CEN/TC10有如下解释单:

问　题
用两个独立的接触器来切断电梯电动机的电流(由静态元器件控制,如:变频器)。
通常,这两个主接触器的功能检查(在一次正常运行后断开)借助于一个(电子的)处理器-入口来进行。
主接触器的两个常闭触点与处理器-入口串联连接。
对于处理器-入口是否需要一个单独的监测装置?
如果是,若由于故障该处理器-入口(它进行主接触器功能-检查)不再工作,是否该监测装置应该立即引起电梯停止(或阻断)?

解　释
不,对于处理器-入口不需要一个单独的监测装置。 处理器-入口的故障自身不能导致危险状态。最迟到下一次运行方向改变时,应检测出故障,并防止电梯的再运行。

12.7.2　采用直流发电机-电动机组驱动

■■ **解析**　本条所说"直流发电机-电动机组"是指电梯驱动主机采用直流电动机,其供电是由交流电动机-直流发电机将交流电源改变为直流电源对驱动主机供电的情况。

12.7.2.1　发电机的励磁由传统元器件供电

两个独立的接触器应切断:

a)电动机发电机回路;或

b)发电机的励磁;或

c)电动机发电机回路和发电机励磁。

电梯停止时,如果其中一个接触器的主触点未打开,最迟到下一次运行方向改变时,必须防止轿厢再运行。

在 b)和 c)情况下,应采取有效措施防止发电机中产生的剩磁电压使电动机转动(例如:防爬行电路)。

■■ **解析**　如果发动机的励磁回路由非静态元器件供电(如可采用电源直接供电并使用可变电阻等控制励磁回路的电流),对于驱动主机电动机(直流电动机)的主电源回路必须用两个独立的接触器切断。这两个接触器应切断发电机-电动机回路,这相当于切断了驱动主机电动机的电源回路;也可以切断直流发电机的励磁回路;当然也可以将发电机-电动机回路和直流发电机的励磁回路同时切断。

这两个接触器也如同 12.7.1 要求的一样,具有主触点粘连保护,其实现方法可参考 12.7.1。

由于直流发电机的励磁可采用自激或他激的方式(他激方式是采用外加的直流电源励磁,而自激是靠本身的发电来励磁的),无论哪种方式励磁绕组在通电后会使铁心磁化,在绕组失电后铁心仍会有剩磁,尤其是自激发电的直流发电机,其最初就是利用剩磁发电向励磁绕组供电的,这种情况下剩磁是无法避免的。在铁心有剩磁的情况下,即使接触器切断了励磁绕组的电流,但如果直流发电机的转子继续旋转,仍然能够发电并可能使驱动主机电动机继续旋转,这实际上是驱动主机的失控。为避免上述情况的发生,应防止剩磁电压继续使电动机转动。通常是利用接触器的辅助触点将发动机励磁绕组反接至电枢两端,如果发动机尚有由于剩磁而产生的电源,则这个电源将施加到励磁绕组中,产生一个与剩磁方向相反的励磁磁场,这两个磁场相互抵消,从而避免电动机转动。

应注意的是,本条并没有要求两个接触器的主触点是串联的,可以使用一个接触器切断电动机发电机回路,而另一个接触器切断发电机励磁回路。但这两个接触器之间必须具有相互校验主触点是否粘连的保护。这也正是本条要求的"在 b)和 c)情况下,应采取有效措施防止发电机中产生的剩磁电压使电动机转动"的原因。试想,本条 a)的情况是切断了电动机发电机回路;b)的情况是切断发电机励磁回路;而 c)的情况是两者都切断。但之所以要求 b)和 c)的情况下要防止发电机中产生的剩磁电压使电动机转动正是考虑到了两个接触器分别切断两个回路的情况。假设如果切断电动机发电机回路的接触器粘连,虽然切断励磁回路的接触器能够切断励磁回路,但如果发动机中有足够的剩磁电压,也可能导致电动机转动。因此必须避免这种情况的发生。

12.7.2.2　发电机的励磁由静态元器件供电和控制

应采用下述方法中的一种:

a)与 12.7.2.1 规定的方法相同;

b)一个由以下元器件组成的系统:

1)用来切断发电机励磁或电动机发电机回路的接触器。

至少在每次改变运行方向之前应释放接触器线圈。如果接触器未释放,应防止电梯再运行。

2)用来阻断静态元器件中电流流动的控制装置。

3)用来检验电梯每次停车时电流流动阻断情况的监控装置。

在正常停车期间,如果静态元器件未能有效阻断电流的流动,监控装置应使接触器释放并应防止电梯再运行。

应采取有效措施,防止发电机中产生的剩磁电压使电动机转动(例如:防爬行电路)。

解析　如果发动机的励磁是由静态元器件,如晶闸管、IGBT 一类的开关元器件供电并进行控制的,可以使用 12.7.2.1 规定的方法来停止电梯驱动主机。

也可以采用下面的元器件组合实现:由一个接触器切断电机励磁回路或电动机发电机回路;采用某种装置来阻断静态元器件中的电流流动;能够检测出电流流动阻断情况的监控装置。

如图 12-9 所示的电路,主运行接触器 H 与方向接触器 UX、DX 主触点串联与发电机的励磁回路,同时主运行接触器的辅助动合触点串联在方向接触器的线圈回路中,形成电气连锁保护,保证在电梯停梯(接触器 H 主触点释放)时,方向接触器不会吸合。两个方向接触器的辅助动断触点相互串联到对方的线圈回路中形成互锁,能够保证当其中一个触点未释放时另一个触点不会吸合。这样就能够保证每次电梯运行方向改变时,如果一个接触器触点未释放,则防止电梯再运行。

电梯停止时,用于运行接触器 H 释放,能够直接切断发电机励磁电流。

上面电路中直流发电机励磁绕组通过由 UP、UN 四个晶闸管(静态元器件)组成的全波整流电路供电。晶闸管门极的触发脉冲由微机提供,触发脉冲决定电流大小,方向接触器(UX、DX)切换电流方向。本条要求具有"用来阻断静态元器件中电流流动的控制装置",实

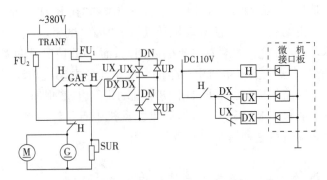

图 12-9 接触器控制由采用直流发电机-电动机组驱动的电动机的情况

际上就是提供静态元器件触发脉冲的微机。

同时在上述电路中,主运行接触器 H 和方向接触器 UX、DX 的通断全部由微机控制,在电梯停梯时,可采取微机控制信号与各接触器线圈电压信号进行对比的方法实现"检验电梯每次停车时电流流动阻断情况的监控"的要求。

与 12.7.2.1 的规定一样,本条也要求"防止发电机中产生的剩磁电压使电动机转动"。在上述电路中用于满足这个要求的方法与 12.7.2.1 中所述相同。

应注意,在本条当中,静态元器件对电动机电流的阻断作用与接触器是相同的,在静态元器件供电的系统中,静态元器件和用来导通或阻断静态元器件电流的控制装置的组合可以看出是一个"智能接触器"(静态元器件类似于接触器的触点,控制静态元器件的控制装置类似于接触器的线圈)。静态元器件与普通接触器一样,可以完成主电路的导通和阻断,只不过在完成电流导通的同时还可以调节电流、电压和频率的大小。因此静态元器件如果被击穿造成断路,或其控制上出现故障,与接触器的主触点粘连效果相同,只不过发生的概率较小而已。因此,在使用静态元器件供电时,外加一个用来切断发电机励磁或电动机发电机回路的接触器来防止静态元器件的上述故障是必要的,同时这个接触器本身也应具有防粘连保护。

12.7.3 交流或直流电动机用静态元器件供电和控制

应采用下述方法中的一种:

a)用两个独立的接触器来切断电动机电流。

电梯停止时,如果其中一个接触器的主触点未打开,最迟到下一次运行方向改变时,必须防止轿厢再运行。

b)一个由以下元器件组成的系统;

1)切断各相(极)电流的接触器。

至少在每次改变运行方向之前应释放接触器线圈。如果接触器未释放,应防止电梯再运行。

2)用来阻断静态元器件中电流流动的控制装置。

3）用来检验电梯每次停车时电流流动阻断情况的监控装置。

在正常停车期间，如果静态元器件未能有效的阻断电流的流动，监控装置应使接触器释放并应防止电梯再运行。

解析 本条所述"交流或直流电动机用静态元器件供电和控制"的情况，实际上就是使用变频器控制电梯驱动主机，目前市场上的电梯产品大多都是采用这种驱动控制方式。

采用变频器控制电梯驱动主机的情况，可以采用如同12.7.1一样的方法采用两个独立的接触器切断，这两个接触器在电梯运行过程中每次停梯时都应释放，且应采用电气连锁设计，以满足"电梯停止时，如果其中一个接触器的主触点未打开，最迟到下一次运行方向改变时，必须防止轿厢再运行"的要求。

值得注意的是，现在有相当多的电梯在系统设计时，在变频器前端和后端各设置了一个接触器（见图12-10）。靠近电源侧接触器（接触器1）只有在锁梯、断电时断开，靠近电动机侧接触器（接触器2）在电梯每次停梯时释放。这种设计并不是上面说到的"用两个独立的接触器来切断电动机电流"的情况，因为接触器1并不是每次停梯时都释放。这种情况应属于按照12.7.3 b)设计其主回路接触器的。

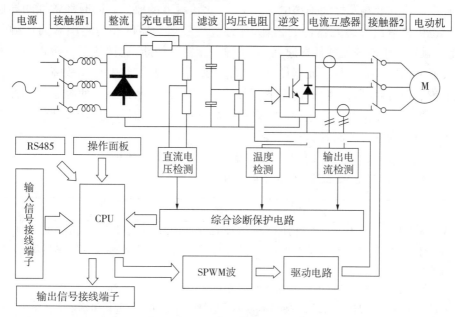

图 12-10　变频器系统基本结构

12.7.3 b)给出的是除了使用上面所述的两个独立接触器控制驱动主机电动机电源回路的方法，即可使用一个接触器切断电动机各相电流，这个接触器在每一次电梯运行方向改变时都应被释放。同时还应对其主触点设计防粘连保护，以防止触点粘连时电梯能够再运行。

此外，b)中第2条还要求了"用来阻断静态元器件中电流流动的控制装置"。对于这个装置，由于变频器中开关元器件的脉冲触发信号是由变频器自带的微机控制的，当没有触发信号时，开关元器件关断，阻止了电流的流动，因此变频器的微机可以认为是符合要求的

"用来阻断静态元器件中电流流动的控制装置",如图 12-10 中的 CPU。也可以利用电梯控制系统的电脑板或 PLC,通过监测变频器内部的运行信号时序判断变频器是否处于正常工作状态,如果变频器发生异常,则操纵接触器切断主电路。此外,还可以通过变频器输出侧的电压和电流检测装置,根据其所输出的变频器内部电流信号控制接触器,在必要时切断主电路,实现对电梯系统的保护。

对于第 3 点要求,"用来检验电梯每次停车时电流流动阻断情况的监控装置",在变频器的输出端带有输出电流检测装置,监视输出电流,当电梯每次停车时,如果输出电流检测装置检测到静态元器件中仍有电流流动,变频器中的"综合诊断保护电路"将给出相应信号。在变频器自身保护的同时,控制系统主微机也可以利用此信号进行判断,并由控制系统主微机给出信号操作断开电动机供电回路的接触器。

在这里应注意的是,接触器可以直接切断或导通大的电流,但静态元器件就不同了。由于静态元器件自身的特性要求,通过它的电流不应是突变的大电流,尤其是在输出端,更是如此。如果静态元器件的工作输出未关断而输出端突然断路,将产生巨大的浪涌冲击,不但损坏静态元器件,同时也造成接触器触点拉弧烧损。这就是通用变频器的使用条件中不允许在电动机和变频器之间连接电磁开关、电磁接触器的原因。同时经常性的导通和切断大电流也极易造成静态元器件的损坏。因此,当静态元器件和与之串联的接触器工作时,应使接触器先于静态元器件导通,而后于静态元器件切断,这样就可以防止静态元器件中产生浪涌冲击。只有当静态元器件被击穿造成断路,或其控制上出现故障无法正常切断电动机电流(如同接触器粘连)的情况下,不得以时才直接切断接触器使静态元器件断电或断开静态元器件的输出回路。这时,如果接触器分断静态元器件的输出回路时,静态元器件的关断应设定为基极关断,以防止接触器拉弧。

关于 12.7.3 a),CEN/TC10 有一个解释单,参见 12.7.1 解析。

关于 12.7.3 b),CEN/TC10 有如下解释单:

问 题
我们认为条款 12.7.3 b)需要一个附加解释。符合 12.7.3 b)2)的控制装置和符合 12.7.3 b)3)的监控装置不是符合 EN81-1 的 14.1.2.3 规定的安全电路,应当允许将控制装置和监控装置做成一体或与一个共用微处理器做成一体。   在生产商和标准检查机构之间的讨论中,我们感觉到已发生或将发生解释方面的困难。因此,我们认为条款 12.7.3 b)需要再明确,我们愿意向 CEN/TC 10/WG 的解释委员会传递该请求并希望尽快得到详细说明。
解 释
符合 12.7.3 b)2)的控制装置和符合 12.7.3 b)2)的监控装置不是符合 12.7.3 b)3)的安全电路。只有满足 14.1.1 要求,类似于 12.7.3 a)的装置才能使用。

12.7.4 在 12.7.2.2b)2)或 12.7.3b)2)中所述的控制装置和在 12.7.2.2b)3)或 12.7.3b)3)中所述的监控装置不必是 14.1.2.3 规定的安全电路。

只有满足 14.1.1 的要求以获得与 12.7.3a)类似的效果时,这些装置才能使用。

解析 12.7.2.2 和 12.7.3 中所要求的"用来阻断静态元器件中电流流动的控制装置"以及"用来检验电梯每次停车时电流流动阻断情况的监控装置"不要求必须符合 14.1.2.3 规定的安全电路的要求。但应能防止 14.1.1 所描述的各种故障给电梯带来的危险,同时应能获得与 12.7.3a)所要求的"用两个独立的接触器来切断电动机电流。电梯停止时,如果其中一个接触器的主触点未打开,最迟到下一次运行方向改变时,必须防止轿厢再运行"的效果类似时,这些装置才被认为是安全的。

12.8 采用减行程缓冲器时对电梯驱动主机正常减速的监控

解析 本节内容可参照 10.4.3.2 所述情况。

12.8.1 在 10.4.3.2 情况下,轿厢到达端站前,检查装置应检查电梯驱动主机的减速是否有效。

解析 在使用减行程缓冲器时,由一个检查装置(安全触点或安全电路)来确认轿厢或对重(或平衡重)的速度已经小于设定的最大允许速度,并在平层停靠直至接触极限开关(当然,正常的平层停靠是不会接触极限开关的)时始终小于这个允许速度。为此,端站减速检查装置应在轿厢进入监测位置开始,到轿厢平层停靠、触及极限开关直至撞击缓冲器之前,始终处于能够监控电梯速度的状态。只有当轿厢在接触端站减速检查装置直至撞击缓冲器之前,速度已经小于设定的最大允许速度,端站减速检查装置才不会动作,否则应实施保护。

在一些设计中,这样的速度监控装置可以通过限速器来实现,在限速器上设置一组凸轮,在电梯处于不同速度的阶段按照设定情况,由不同的凸轮推动与之相对应的安全触点,根据安全触点导通的情况来监控电梯的速度。如图 12-11 所示的装置就是设置在限速器上,通过限速器轮的旋转速度来实现对电梯速度的监控。

图 12-11 采用减行程缓冲器时限速器上附带的速度验证开关

12.8.2 如减速无效,检查装置应以这样的方式使轿厢减速,即:如果轿厢或对

重与缓冲器接触,其冲击速度不应大于缓冲器的设计速度。

解析 端站减速开关的作用仅是需要保证在使用减行程缓冲器的情况下,轿厢、对重(或平衡重)撞击缓冲器时的速度不超过减行程缓冲器的最大允许速度。因此,在端站减速检查装置获取了轿厢的速度之后,如果这个速度在整个监控过程中没有超过设定的最大速度,则监控装置不会操作减速机构使电梯系统减速。否则,应按照12.8.5的要求,通过操纵速度调节系统将电梯的速度降低至允许的范围内。

12.8.3 如果检查减速的装置与运行方向有关,应设置一个装置检查轿厢的运动是否与预定方向一致。

解析 有时为了提高电梯的运行效率,在使用了减行程缓冲器的情况下,当轿厢在最底层(受到端站减速检查装置监控的范围内)向上运行,或在最顶层(受到端站减速检查装置监控的范围内)向下运行时,由于这种情况下可能撞击缓冲器的部件(轿厢、对重或平衡重)是远离缓冲器的,不可能撞击到缓冲器,因此没有必要将速度降低到缓冲器可以承受的范围内。这时检查速度的装置需要获取电梯的运行方向,以便判断是否需要进行端站减速。这时应有一个装置验证轿厢的运动方向是否与预定的方向一致,如果不一致应采取必要的保护(诸如强迫减速等方式)将电梯的速度降低到缓冲器能够承受的范围内。

12.8.4 如果这些检查装置或其中一部分安放在机房内:

a)它们应由一个与轿厢直接连接的装置操纵;

b)轿厢位置的信息不应依赖于曳引、摩擦驱动装置或同步电机;

c)如果用钢带、链条或钢丝绳作连接装置将轿厢的位置传到机房,该装置的断裂或松弛应通过一个符合14.1.2规定的电气安全装置使电梯驱动主机停止。

解析 为了准确获取轿厢速度的信息,检查装置应由与轿厢直接连接的装置操纵。同时,为了避免获取轿厢位置信息时失误,不应依赖曳引、摩擦的方式获取轿厢的位置信息,以免在曳引、摩擦条件失效时发生打滑而造成错误。为避免同步电机失效,也不应使用同步电动机来获取轿厢位置信息。

图 12-12 选层器用钢带

可以采用链条、钢带(见图12-12及第3章补充定义124)或钢丝绳等方式将轿厢位置反馈到机房,但为防止由于这些柔性部件断裂或松弛而引起的轿厢位置信息错误,应有一个电气安全装置在这些部件断裂或松弛时将电梯驱动主机停止,通常这个电气安全装置是采用安全触点型开关实现的。

12.8.5　这些装置的功能及控制方式应与正常的速度调节系统结合起来获得一个符合 14.1.2 要求的减速控制系统。

　　■ **解析**　对于使用减行程缓冲器的电梯系统,为保证轿厢或对重在撞击缓冲器时,速度能够降低至缓冲器能够承受的范围内,要求在如减速无效的情况下,应由正常的速度调节系统(包括使用制动器)根据电梯的速度和位置信息将电梯速度降低至允许的范围。这个由速度监控、位置监控和速度调节装置共同构成的减速控制系统应符合 14.1.2 中所要求的"防止电梯驱动主机启动或立即使其停止运转。制动器的电源也应被切断"的要求。同时还必须满足,这个减速控制系统应"直接作用在控制电梯驱动主机供电的设备上"的要求。

12.9　绳或链松弛的安全装置

　　强制式驱动电梯应有一个绳或链松弛的装置来动作一个符合 14.1.2 要求的电气安全装置。此装置和 9.5.3 要求的可以是同一个装置。

　　■ **解析**　强制式驱动电梯在轿厢或平衡重(如果有)压到缓冲器上或在运行中受到阻碍时,如果驱动主机继续旋转,仍能够将另一侧的平衡重(如果有)或轿厢提起,从而可能造成冲顶事故,或由于钢丝绳或链条的松弛而发生绳或链脱槽或脱离齿轮的事故。为避免这些危险,要求在钢丝绳或链条松弛时能够检测到这种情况,并能够做到 14.1.2 中所要求的"防止电梯驱动主机启动或立即使其停止运转。制动器的电源也应被切断"的要求。这里所要求的符合 14.1.2 要求的电气安全装置一般情况下是采用安全触点型开关(参考图 9-15)。其原理是这样的,以平衡重压在缓冲器上为例,当驱动主机继续旋转轿厢被提起,但平衡重由于已经压在缓冲器上则不可能再继续向下运行。由于悬挂轿厢和平衡重为一组钢丝绳或链条,此时必然造成平衡重侧钢丝绳松弛,使监视钢丝绳绳或链条的开关动作将电梯停止。

　　这里允许将本条要求的监视钢丝绳或链条松弛的电气安全装置与 9.5.3 所要求的当轿厢悬挂在两根钢丝绳或链条上时,监视一根钢丝绳或链条发生异常相对伸长的电气安全装置作用同一装置使用。

　　应注意,由于曳引式驱动电梯在对重压到缓冲器上时,根据 9.3 c)的规定:"当对重压在缓冲器上而曳引机按电梯上行方向旋转时,应不可能提升空载轿厢。设计依据可参见附录 M(提示的附录)",不存在冲顶的危险,因此不必设置本条要求的电气安全装置。

12.10　电动机运转时间限制器

12.10.1　曳引驱动电梯应设有电动机运转时间限制器,在下述情况下使电梯驱动主机停止转动并保持在停止状态:

a)当启动电梯时,曳引机不转;

b)轿厢或对重向下运动时由于障碍物而停住,导致曳引绳在曳引轮上打滑。

解析 本条要求电梯系统在获取曳引机不转、或由于轿厢、对重受到阻碍而导致钢丝绳在曳引轮上打滑的信息后,应有一个时间限制器,在超过 12.10.2 规定的时间后将驱动主机停止并保持停止状态。

很明显,这个时间限制器是由于曳引机不转或轿厢、对重被阻碍时才被触发的。当电梯系统正常运行时,无论连续运行多长时间,无论轿厢的位置处于何处,此时间限制器动不应起作用。

应注意,只有曳引驱动电梯才需要本条规定的电动机运转时间限制器。这是因为,如果曳引驱动电梯轿厢或对重在运行过程中受到阻碍,如果驱动主机继续旋转则钢丝绳将在曳引轮绳槽上打滑,如果打滑持续的时间较长,很容易损坏钢丝绳或绳槽,造成更严重的事故发生(如钢丝绳断裂等)。为避免这种情况的发生,要求设置电动机运转时间限制器,在尚未造成更严重的事故时,时间限制器起作用,停止驱动主机运转并将驱动主机保持在停止状态下。此外,在电梯启动后,如果由于转子堵转而造成电动机无法运行,此时电动机内部的堵转电流很大,如果持续较长时间则可能烧毁电动机定子线圈。为了保护电动机,也需要运转时间限制器将驱动主机停止。

曳引驱动电梯的运转时间限制器与强制式驱动的监测钢丝绳或链条松弛的开关的作用是类似的,都是避免电梯的轿厢、对重(或平衡重)在运行过程中别阻碍而引起更加严重的电梯事故。

12.10.2 电动机运转时间限制器应在不大于下列两个时间值的较小值时起作用:

a)45s;

b)电梯运行全程的时间再加上 10s。若运行全程的时间小于 10s,则最小值为 20s。

解析 应注意本条所说的电动机运转时间限制器起作用的时间范围,其前提条件不包括电梯正常运行的情况。在电梯正常运行时,即电梯启动后电动机旋转,且运行过程中轿厢和对重也没有受到阻碍的情况下,电梯连续运行时间(也可认为是电动机连续旋转的时间),无论是否大于 40s,也无论是否大于电梯运行全程再加 10s,电动机运转时间限制器都不应起作用。

对电动机运转时间限制器动作时间的要求是这样的,如果假设电梯运行全程的时间为 T;电梯出现 12.10.1 的故障直至电动机运转时间限制器起作用的时间间隔为 t,则有:

$t \leqslant 45s$; $T > 35s$ 时

$t \leqslant (T+10)s$; $T \geqslant 10s$ 时

$t \leqslant 20s$; $T < 10s$ 时

12.10.3 恢复正常运行只能通过手动复位。恢复断开的电源后,曳引机无须保持在停止位置。

■■ **解析** 在电动机运转时间限制器起作用时,驱动主机被停止并保持停止状态之后,电梯系统如果需要恢复正常运行,不能采取能够自动复位的形式,应只能通过手动复位才可使电梯再次投入正常使用。这是因为,一旦电动机运转时间限制器起作用,说明电梯启动后电动机没有转动或运行过程中轿厢和对重受到阻碍,这种故障可能引起更严重的事故发生,因此当电梯再次投入正常运行前必须将所出现的故障隐患彻底排查并予以解决。

手动恢复曳引机的供电后曳引机不必保持在其停止位置,这是指电动机运转时间限制器动作时,电梯轿厢不一定在平层位置,恢复曳引机供电时即使外部没有给电梯运行指令(包括外呼、内选或检修运行、紧急电动运行指令)电梯曳引机是可以自动运行到可以停车的最近层站或者控制系统记忆的原目的层站。

12.10.4 电动机运转时间限制器不应影响到轿厢检修运行和紧急电动运行。

■■ **解析** 当轿厢处于检修运行或紧急电动运行时,速度较正常运行时慢很多,此时电动机运转时间限制器不应动作。

CEN/TC10 对此的解释是:对电动机运转时间限制器的解释是电动机运转时间限制器动作后检修操作和紧急电动运行应能继续(有效)工作。

12.11 机械部件的防护

对可能产生危险并可能接近的旋转部件,特别是下列部件,必须提供有效的防护:

a)传动轴上的键和螺钉;

b)钢带、链条、皮带;

c)齿轮、链轮;

d)电动机的外伸轴;

e)甩球式限速器。

但带有 9.7 所述防护装置的曳引轮,盘车手轮、制动轮及任何类似的光滑圆形部件除外。这些部件应涂成黄色,至少部分地涂成黄色。

■■ **解析** 本条中,所要求提供的防护可采用设置防护罩的方法来实现。防护罩能够起到的主要作用有:

(1)防止设备的旋转部分伤害人体;

(2)防止杂物落入绳与绳槽之间;

(3)防止悬挂绳松弛时脱离绳槽。

但应注意,防护罩的设置不应妨碍对身边的正常检查和维护。

盘车手轮(这里所说的盘车手轮是不可拆卸式的)和曳引轮在 9.7 中,已经要求进行相关防护,因此可不必再作防护。根据 GB 2893《安全色》的规定:黄色为表示提醒人们注意凡是警告人们注意的器件、设备及环境都应以黄色表示。因此,盘车手轮(无论是可拆卸式的还是不可拆卸式的)、曳引轮以及其他类似的光滑圆形部件都应涂成黄色,以示警戒。

关于本条,CEN/TC10 有如下解释单:

问 题
1. 在需要防护的旋转部件名单中特别提到了甩球式限速器。
是否可以认为其他型式限速器不需要任何防护?
2. 对于"曳引轮、盘车手轮、制动轮以及任何类似的光滑圆形的部件"不需要防护。
是否可以认为导向轮属于此范畴?
解 释
1. 是的,除与甩球式设计类似的限速器外其他型式的限速器不需要防护。
2. 滑轮的防护不是 12 章驱动主机的主题。机房或滑轮间中的滑轮的防护要求不需要特别的条款。

12.12* 轿厢的平层准确度应为±10mm。平层保持精度应为±20mm,如果装卸载时超出±20mm,应校正到±10mm 以内。

解析 为了保证轿厢在层站停靠期间,人员进出轿厢时的安全,本条对轿厢地坎和层站地坎上平面之间的铅锤距离进行了限制见图 12-13。

"平层准确度"的定义见资料 3-1 第 8 条。对于"平层保持精度"在 GB/T 7024 中有如下定义:电梯装卸载过程中轿厢地坎和层站地坎间铅锤方向的最大差值。

本条有三层含义:

1. 平层时,轿厢地坎与层门地坎面在铅锤方向上的最大差值应在±10mm 的范围内。

2. 电梯装卸载过程中轿厢地坎和层站地坎间铅锤方向的最大差值应在±20mm 的范围内。

轿厢平层后,在装卸载期间,由于钢丝绳头弹簧、曳引机减震橡胶、轿底减震橡胶等弹性压缩量变化,以及钢丝绳的弹性变形,导致轿厢地坎与层门地坎的铅锤距离发生变化,这个变化导致的轿厢地坎和层站地坎的最大差值应控制在±20mm 的范围内。

这里的"±20mm"不仅要将装卸载导致的差值计算在内,而且连同轿厢的平层准确度差值(±10mm)也包含在内。

3. 如果装卸载的时候不能保证±20mm 的范围,应有校正功能。

应注意,校正后不是达到±20mm,而是要达到±10mm 以内。

这里所说的"校正"其实就是 GB/T 7024 中 3.1.28.4 的"再平层"功能:"当电梯停靠开门期间,由于负载变化,检测到轿厢地坎与层门地坎平层差过大时,电梯自动运行使轿厢地坎与层门地坎再次平层的功能"。

只要是在轿厢装卸载期间,平层保持精度只要有超出±20mm 的可能,则必须有再平层功能。结合 9.11.1 中的要求,此时应设置检测轿厢意外移动的装置。

---

* 第 1 号修改单整体增加。

图 12 - 13　轿厢的平层准确度和平层保持精度示意图

第 12 章习题(判断题)

1.每部电梯至少应有两台专用的电梯驱动主机。

2.轿厢和对重(或平衡重)的驱动允许使用两种驱动方式:曳引式(使用曳引轮和曳引绳);强制式,即:使用卷筒和钢丝绳;或使用链轮和链条。

3.对强制式电梯额定速度不应大于 0.33m/s,不能使用对重,但可使用平衡重。

4.在计算传动部件时,应考虑到对重或轿厢压在其缓冲器上的可能性。

5.可以使用皮带将单台或多台电机连接到机-电式制动器(见 12.4.1.2)所作用的零件上。皮带不得少于两条。

6.电梯必须设有制动系统,在出现下述情况时能自动动作:动力电源失电;控制电路电源失电。

7.制动系统应具有一个机-电式制动器(摩擦型)。不可装设其他制动装置(如电气制动)。

8.当轿厢载有 125% 额定载荷并以额定速度向下运行时,操作制动器应能使曳引机停止运转。在上述情况下,轿厢的减速度应大于安全钳动作或轿厢撞击缓冲器所产生的减速度。

9.所有参与向制动轮或盘施加制动力的制动器机械部件应分两组装设。如果一组部件不起作用,应没有足够的制动力使载有额定载荷以额定速度下行的轿厢减速下行。

10.电磁线圈的铁心被视为机械部件,而线圈则不是。

11.被制动部件应以机械方式与曳引轮或卷筒、链轮直接刚性连接。

12.正常运行时,制动器应在持续通电下保持松开状态。

13.切断制动器电流,至少应用一个独立的电气装置来实现,不论这些装置与用来切断电梯驱动主机电流的电气装置是否为一体。

14. 当电梯停止时,如果其中一个接触器的主触点未打开,最迟到下一次运行方向改变时,应防止电梯再运行。

15. 当电梯的电动机有可能起发电机作用时,应允许该电动机向操纵制动器的电气装置馈电。

16. 断开制动器的释放电路后,电梯应无法被有效制动。

17. 制动闸瓦或衬垫的压力应用有导向的压缩弹簧或重铊施加。

18. 如果向上移动装有额定载重量的轿厢所需的操作力不大于400N,电梯驱动主机应装设手动紧急操作装置,以便借用平滑且无辐条的盘车手轮能将轿厢移动到一个层站。

19. 对于可拆卸的盘车手轮,应放置在机房内容易接近的地方。对于同一机房内有多台电梯的情况,如盘车手轮有可能与相配的电梯驱动主机搞混时,应在手轮上做适当标记。

20. 在机房内应不可检查轿厢是否在开锁区。

21. 当电源为额定频率,电动机施以额定电压时,电梯轿厢在半载,向下运行至行程中段(除去加速和减速段)时的速度,不得大于额定速度的110%,宜不小于额定速度的75%。

22. 必须用两个独立的接触器切断电源,接触器的触点应串联于电源电路中。电梯停止时,如果其中一个接触器的主触点未打开,最迟到下一次运行方向改变时,必须防止轿厢再运行。

23. 电梯停止时,如果其中一个接触器的主触点未打开,最迟到下一次运行方向改变时,必须防止轿厢再运行。

24. 在正常停车期间,如果静态元器件未能有效阻断电流的流动,监控装置应使接触器释放并使电梯再运行。

25. 应采取有效措施,防止发电机中产生的剩磁电压使电动机停转(例如:防爬行电路)。

26. 在正常停车期间,如果静态元器件未能有效的阻断电流的流动,监控装置应使接触器释放并应防止电梯再运行。

27. 如果检查减速的装置与运行方向有关,应设置一个装置检查轿厢的运动是否与预订的方向一致。

28. 曳引驱动电梯应设有电动机运转时间限制器,在下述情况下使电梯驱动主机停止转动并保持在停止状态:当启动电梯时,曳引机不转;轿厢或对重向下运动时由于障碍物而停住,导致曳引绳在曳引轮上打滑。

29. 电动机运转时间限制器应在不大于下列两个时间值的较小值时起作用:45s;电梯运行全程的时间再加上10s。若运行全程的时间小于10s,则最小值为20s。

30. 恢复正常运行只能通过手动复位。恢复断开的电源后,曳引机需保持在停止位置。

31. 电动机运转时间限制器应影响到轿厢检修运行和紧急电动运行。

32. 对可能产生危险并可能接近的旋转部件,特别是下列部件,必须提供有效的防护:传动轴上的键和螺钉;钢带、链条、皮带;齿轮、链轮;电动机的外伸轴;甩球式限速器。但带有9.7所述防护装置的曳引轮,盘车手轮、制动轮及任何类似的光滑圆形部件除外。这些部件应涂成黄色,至少部分地涂成黄色。

第 12 章习题答案

1. ×;2. √;3. ×;4. √;5. √;6. √;7. ×;8. ×;9. ×;10. √;11. √;12. √;13. ×;
14. √;15. ×;16. ×;17. √;18. √;19. √;20. ×;21. ×;22. √;23. √;24. ×;25. ×;
26. √;27. √;28. √;29. √;30. ×;31. ×;32. √。

电气安装与电气设备

> **解析** 本章是对电梯电气设备、电气安装的总体要求。这些要求的范围是当这些部件用于电梯上时有效。

13.1 总则

13.1.1 适用范围

13.1.1.1 本标准对电气安装和电气设备组成部件的各项要求适用于：

a)动力电路主开关及其从属电路；

b)轿厢照明电路开关及其从属电路。

电梯应视为一个整体，如同一部含有电气设备的机器一样。

注：国家有关电力供电线路的各项要求，应只适用到开关的输入端。但这些要求也适用于机房、滑轮间、井道和底坑的全部照明和插座电路。

> **解析** 本条明确了 GB 7588 中对电气安装和电气设备组成部件的要求的适用范围：动力电路主开关、轿厢照明电路开关以及它们的从属电路。对于除上述之外的电路及电气系统，如建筑物中敷设的供电线路在进入机房之前的部分，不属于本标准所要求的范围。也就是说，对于电梯开关输入端之后的电气线路和电气设备应满足本标准的要求。但为机房、滑轮间、底坑和井道提供照明和电源插座的供电电流应符合国家有关电流供电线路的要求。
>
> 电梯是机电类产品，是由机械系统和电气系统有机结合的产品，因此应作为一个整体对待。

13.1.1.2 本标准对 13.1.1.1 中所述及的开关从属电路的要求，是依据现行国家有关电气设备的标准，同时尽可能考虑了电梯的特殊要求。在采用这些标准时，注明了引用标准号。

如果没有给出确切资料，所用电气设备应符合可接受的通用安全法规。

> **解析** 本条说明了本标准对电梯开关及其从属电路的要求是如何制定的，申明了本标准的要求是根据相关的现行国家标准并考虑了电梯的特殊要求。
>
> 对于本条，CEN/TC 10 有如下解释单：

问　题
在电梯安装中,随行电缆 H05W—H6F 的护套被去掉,以便简化从井道到机房控制柜的安装(扁平电缆)。 　　个别的线芯与其他井道安装导线被设置在共用的导管中。 　　这些线芯中的部分用于电路,由主开关切断。另一些(轿厢照明、插座)不是由主开关切断。没有使用色码。 　　依据 EN81-1/2 的 13.5.3.6,仅允许在导管中安装不同电路的导线,关于线槽没有任何说明,如:在13.5.1.3 中。 　　13.1.1.1 规定电梯应视为一个整体,如同一部含有电气设备的机器一样。EN 60204-1 也包括电梯,正如该标准中所规定一样。依据 EN 60204-1 的 14.1.3 这些线路必须分开设置,或在切断主开关后带电电路必须是可辨认的(色码)。 　　问题1:是否允许去掉护套,或必需找到另外的解决方案? 　　在 EN81-1/2 的 13.1.1.2 中,提到相应的参考为 CENELEC。 　　问题2:是否 EN60204-1 的 14.2"导线的识别"及 11.3"可编程的设备"对电梯也适用?因为在 EN81中没有任何说明。

解　释
回答1:如果考虑了 EN81-1/2 的 13.5.3.6 要求,去掉护套是允许的。术语导管包括线槽。 　　回答2:关于 EN 60204-1 14.2"导线的识别",是通用原则,每一单一导线的识别是不必要的,如:继电器上导线,因为这与安全无关。 　　关于"可编程设备",EN 60204-1 的 11.3 不适用于电梯。对于电梯中与安全有关的电路,EN81-1/2prA1 正在制定中。

13.1.1.3　电磁兼容性宜符合 EN 12015 和 EN 12016 的要求。

解析　随着变频变压调速技术在电梯拖动系统上的普及,微处理器及功率电子器件的广泛应用,电梯电气系统的电磁兼容性变得不容忽视。电梯系统对环境的电磁干扰程度和自身的抗干扰性能成为衡量电梯系统的重要指标之一。欧洲地区于 1998 年率先发表了专用于电梯的电磁兼容性的两个标准:EN 12015 和 EN 12016。

　　由于我国没有等效或等同采用 EN 12015 和 EN 12016 的电磁兼容性方面的国家标准,同时这两个标准的配套标准也没有转化。但为了忠实于 EN81 的技术要求且符合我国目前的实际情况,在此对电梯电磁兼容性的要求推荐采用 EN 12015 和 EN 12016。

资料 13-1　EN12015、EN12016 简介　⇩ ◆

　　一、EN 12015 简介:

　　这个标准的标准号和全称为:EN 12015:1998《电磁兼容性　用于电梯、自动扶梯和自动人行道的产品系列标准　辐射》。它提供了一种符合电磁兼容性(EMC)要求的措施,以使电梯设备引起的骚扰其他设备的电磁发射减少到最低水平。

　　在 EN 12015 包括的电梯系统组件有:

　　1. 在机房中所有与电梯主开关相连的装置;

　　2. 与轿厢油缸的装置,如门机构、控制面板、门保护装置等;

3.除电梯轿厢外的每个电梯楼层上的有关装置。

按照 EN 12015 所规定的实验方法进行实验,其发射限制应符合:

1.对于封闭(辐射的)端口:

在子系统或装置的每个封闭(辐射的)端口测得的电磁发射水平不应超过资料 13－1 表 1 的限制值。

资料 13－1 表 1　封闭(辐射的)端口发射限值

频率范围 F MHz	限值 μV/m	
	在 30m 距离处测量	在 30m 至 10m[1] 距离处测量
30≤F<230	30 准峰值	40 准峰值
230≤F<1000	37 准峰值	47 准峰值
1)这些限值是基于 EN50081－2:1993(参见 EN55011:1991 的 8.1.3)规定得出的。测量距离不小于 3m。		

2.交流主电源(传导的)端口

在子系统或装置的每个交流主电源(传导的)端口测得的电磁辐射水平不应超过 13.1 表 2 给出的限值。对于由特定比例的脉冲噪声引起的电磁发射水平有不同的限值,在 3 中述及。

3.脉冲噪声

对 2 中测得的脉冲噪声(喀呖声)导致的电磁发射水平,如果喀呖声的频率超过每分钟 30 次,则不超过资料 13－1 表 2 给出的限值。如果喀呖声的频率在每分钟 5 次至 30 次之间,则它导致的电磁发射水平不应超过资料 13－1 表 2 给出的限值。该值由 $20\log\frac{30}{N}dB$ (μV)得出(N 代表每分钟喀呖声次数)。孤立的喀呖声导致的电磁发射水平不应超过 EN55014:1993 给出的限值。对每分钟少于 5 次的喀呖声没有限制。

资料 13－1 表 2　交流主电源(传导的)端口发射限值[1]

频率范围 F MHz	限值 dB μV 在主电源额定输入电流下测量[2]		
	<25A	25～100A	>1000A[4]
0.15≤F<0.50	79 准峰值 66 平均值	100 准峰值 90 平均值	130 准峰值 120 平均值
0.50≤F<5.0	73 准峰值 60 平均值	86 准峰值 76 平均值	125 准峰值 115 平均值
5.0≤F<30	73 准峰值 60 平均值	90～70[3] 准峰值 80～60[3] 准峰值	115 准峰值 105 平均值
1)这些限值是基于 CISPR 中 B 分行的工作得出的。			
2)指该装置的设计电流。			
3)随频率呈对数下降。			
4)假定有来自特定变压器的专用电源供应。			

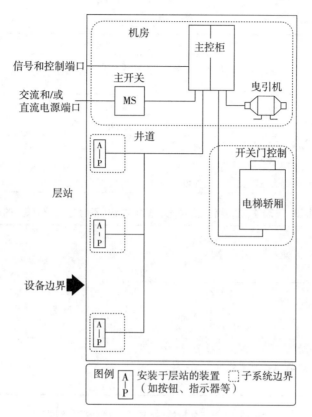

资料 13－1 图 1　电梯设备的 EMC 模型

二、EN 12016 简介

这个标准的标准号和全称为：EN 12016：1998《电磁兼容性　用于电梯、自动扶梯和自动人行道的产品系列标准　抗干扰性》。它提供了一种符合电磁兼容性（EMC）要求的措施，以使电梯设备的电磁抗干扰性能保持其受到的干扰最小。

在 EN 12016 包括的电梯系统组件与 EN12015 中相同，有：

1. 在机房中所有与电梯主开关相连的装置；

2. 与轿厢油缸的装置，如门机构、控制面板、门保护装置等；

3. 除电梯轿厢外的每个电梯楼层上的有关装置。

按照 EN 12016 所规定的实验方法进行实验，其实验数据应符合以下资料 13－1 表 3～资料 13－1 表 9 的规定：

资料 13－1 表 3　抗扰性-封闭端口

环境现象	试验方案	单位	试验值		性能标准	
			一般功能电路[1]	安全电路[2]	一般功能电路[1]	安全电路[2]
无线电频率电磁环境	EN61000－4－3	MHz V/m(rms,unmod)	27—500 3[3]	27—500 10	A	D

续表

环境现象	试验方案	单位	试验值		性能标准	
			一般功能电路[1]	安全电路[2]	一般功能电路[1]	安全电路[2]
静电放电	EN61000－4－2	kV(放电电压)	4 接触放电 8 开启放电	6 接触放电 15 开启放电	B	D

1)仅指对包含一般功能电路的端口的试验值。

2)指对包含安全电路的端口的试验值。

3)但对于 ITU ISM 频率为 27120MHz、433920MHz 处的值则应为 10V/m(rms,unmod)。

资料 13－1 表 4　抗扰性-信号线和数据总线(不含过程控制等)的端口

环境现象	试验方案	单位	试验值		性能标准	
			一般功能电路[1]	安全电路[2]	一般功能电路[1]	安全电路[2]
快速瞬时变化普通方式	EN61000－4－4	kV(峰值) Tr/Th ns 参考频率 kHz	0.5 5/50 5	N/A	B	N/A

1)仅指对包含一般功能电路的端口的试验值。

2)指对包含安全电路的端口的试验值。

注:只适用于与电路对接的端口(电路长度按照制造商的规定可能超过 3m)。

资料 13－1 表 5　抗扰性-过程测量和控制线端口

环境现象	试验方案	单位	试验值		性能标准	
			一般功能电路[1]	安全电路[2]	一般功能电路[1]	安全电路[2]
快速瞬时变化普通方式	EN61000－4－4	kV(峰值) Tr/Th ns 参考频率 kHz	1.0 5/50 5	2.0 5/50 5	B	D

1)仅指对包含一般功能电路的端口的试验值。

2)指对包含安全电路的端口的试验值。

资料 13－1 表 6　抗扰性-额定电流≤100A 的输入输出直流电源端口

环境现象	试验方案	单位	试验值		性能标准	
			一般功能电路[1]	安全电路[2]	一般功能电路[1]	安全电路[2]
快速瞬时变化普通方式	EN61000－4－4	kV(峰值) Tr/Th ns 参考频率 kHz	0.5 5/50 5	2.0 5/50 5	B	D

1)仅指对包含一般功能电路的端口的试验值。

2)指对包含安全电路的端口的试验值。

注:不适用于与专用不可充电电源连接的输入端口。

资料 13－1 表 7　抗扰性-额定电流＞100A 的输入输出直流电源端口

环境现象	试验方案	单位	试验值		性能标准	
			一般功能电路[1]	安全电路[2]	一般功能电路[1]	安全电路[2]
快速瞬时变化普通方式	EN61000－4－4	kV(峰值) Tr/Th ns 参考频率 kHz	1.0 5/50 5	4.0 5/50 2.5	B	D

1)仅指对包含一般功能电路的端口的试验值。
2)指对包含安全电路的端口的试验值。
注:不适用于与专用不可充电电源连接的输入端口。

资料 13－1 表 8　抗扰性-额定电流≤100A 的输入输出交流电源端口

环境现象	试验方案	单位	试验值		性能标准	
			一般功能电路[1]	安全电路[2]	一般功能电路[1]	安全电路[2]
快速瞬时变化普通方式	EN61000－4－4	kV(峰值) Tr/Th ns 参考频率 kHz	1.0 5/50 5	4.0 5/50 2.5	B	D
电压跌落[3][4]	EN61000－4－11	减少率% ms	N/A	30　60 10　100	N/A	D
电压中断[3][4]	EN61000－4－11	减少率% ms	N/A	＞95 5000	N/A	D

1)仅指对包含一般功能电路的端口的试验值。
2)指对包含安全电路的端口的试验值。
3)但对于单相系统适用,三相系统的试验尚在考虑中。
4)仅针对输入端口,允许亮度有变化。
注:不适用于与专用不可充电电源连接的输入端口。

资料 13－1 表 9　抗扰性-额定电流＞100A 的输入输出交流电源端口

环境现象	试验方案	单位	试验值		性能标准	
			一般功能电路[1]	安全电路[2]	一般功能电路[1]	安全电路[2]
快速瞬时变化普通方式	EN61000－4－4	kV(峰值) Tr/Th ns 参考频率 kHz	1.0 5/50 5	4.0 5/50 2.5	B	D

1)仅指对包含一般功能电路的端口的试验值。
2)指对包含安全电路的端口的试验值。

13.1.2 在机房和滑轮间内,必须采用防护罩壳以防止直接触电。所用外壳防护等级不低于IP2X。

解析 由于电梯的许多部件是带电的,在机房和滑轮间内人员经常工作的地方,带电部分必须使用外罩罩住,以防止人员在工作时不慎触电发生危险。

触电是指电流通过人体而引起的病理、生理效应。这里要求防止的是直接触电,触电一般分为两种:直接触电和间接触电。

直接触电是指人身直接接触电气设备或电气线路的带电部分而遭受的电击。它的特征是人体接触电压,就是人所触及带电体的电压;人体所触及带电体所形成接地故障电流就是人体的触电电流。直接触电带来的危害是最严重的,所形成的人体触电电流总是远大于可能引起心室颤动的极限电流。直接触电必须采用防护罩进行防护。

间接触电是指人员接触正常情况下不带电的导体,但这些导体由于电气设备故障或是电气线路绝缘损坏发生单相接地故障,导致其外露部分存在对地故障电压(这就是一般我们所称的漏电),人体接触此外露部分而遭受的电击。它主要是由于接触电压而导致人身伤亡的。为防止间接触电(漏电)对人的伤害,可采用接地的方法。

外壳的防护等级应不低于IP2X。所谓外壳,是指能防止设备受到某些外部影响并在各个方向防止直接接触的设备部件。这里的IP2X是防护等级的代号,其相关要求见GB 4208《外壳防护等级(IP 代码)》。所谓"防护等级"是指按GB 4208《外壳防护等级(IP 代码)》规定的检验方法,外壳对接近危险部件、防止固体异物进入或水进入所提供的保护程度。"IP代码"是表明外壳对人接近危险部件、防止固体异物或水进入的防护等级以及与这些防护有关的附加信息的代码系统。

根据GB 4208《外壳防护等级(IP 代码)》中的规定,外壳防护等级为IP2X时可以防止手指接近危险部件,其具体防护指标是直径不小于12.5mm的固体不得进入外壳内。

在欧洲曾询问过井道内部件的IP等级。CEN/TC10的解释是:在EN81-1和EN81-2中,没有直接规定井道的防护等级,然而,依据13.1.1.3,IEC和CENELEC标准适用于井道。尤其是,至少应考虑意外的接触带电部件。注:在指令86/312/EEC中,对于机房和滑轮间,要求防护等级IP 2X。

资料13-2 GB 4208《外壳防护等级(IP 代码)》简介: ⇩⬛

IP代码由代码字母IP(国际防护 International Protection)、第一位特征数字、第二位特征数字、附加字母、补充字母组成。不要求规定特征数字时,该处由字母"X"代替(如果两个字母都省略则用"XX"表示)。

附加字母和(或)补充字母可省略,不需代替。

1. IP代码的组成见下面IP代码的组成及含义表:

资料13-2表1 IP代码的组成及含义表

组 成	数字或字母	对设备防护的含义	对人员防护的含义
代码字母	IP	—	—

续表

组　成	数字或字母	对设备防护的含义	对人员防护的含义
		防止固体异物进入	防止接近危险部件
第一位 特征数字	0	无防护	无防护
	1	≥ϕ50mm	手　背
	2	≥ϕ12.5mm	手　指
	3	≥ϕ2.5mm	工　具
	4	≥ϕ1.0mm	金属线
	5	防　尘	金属线
	6	尘　密	金属线
		防止进水造成有害影响	
第二位 特征数字	0	无防护	
	1	垂直滴水	
	2	15°滴水	
	3	淋　水	
	4	溅　水	—
	5	喷　水	
	6	猛烈喷水	
	7	短时间浸水	
	8	连续浸水	
			防止接近危险部件
附加字母 (可选择)	A		手　背
	B		手　指
	C		工　具
	D		金属线
		专门补充的信息	
补充字母 (可选择)	H	高压设备	
	M	做防水试验时试样运行	—
	S	做防水试验时试样静止	
	W	气候条件	

2. IP 代码举例

从上面 IP 代码的组成中我们知道,IP 代码是由代码字母 IP、第一位特征数字、第二位特征数字、附加字母、补充字母组成。在 GB 7588 中,我们用到的 IP 代码只是使用了代码字母 IP、第一位特征数字、第二位特征数字,并没有涉及附加字母和补充字母。因此这里只介绍无附加字母和补充字母的 IP 代码。

无附加字母和补充字母的 IP 代码形式如下面例子:

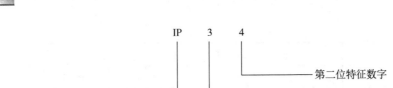

其中：

3——防止人手持直径不小于 2.5mm 的工具接近危险部件；防止直径不小于 2.5mm 的固体异物进入设备外壳内。

4——防止由于在外壳各个方向溅水对设备造成有害影响。

又如：

IPX5：不要求第一位特征数字。

IP2X：不要求第二位特征数字。

3. IP 代码中特征数字的含义

IP 代码中，IP 为 International Protection(国际防护)的缩写。

第一位特征数字的含义如下面两个表所示：

资料 13－2 表 2　第一位特征数字所代表的对接近危险部件的防护等级

第一位 特征数字	防　护　等　级	
	简要说明	含　义
0	无防护	—
1	防止手背接近危险部件	直径 50mm 球形试具应与危险部件有足够的间隙
2	防止手指接近危险部件	直径 12mm，长 80mm 的铰接试指应与危险部件有足够的间隙
3	防止工具接近危险部件	直径 2.5 mm 的试具不得进入壳内
4	防止金属线接近危险部件	直径 1.0mm 的试具不得进入壳内
5	防止金属线接近危险部件	直径 1.0mm 的试具不得进入壳内
6	防止金属线接近危险部件	直径 1.0mm 的试具不得进入壳内

资料 13－2 表 3　第一位特征数字所代表的防止固体异物进入的防护等级

第一位 特征数字	防　护　等　级	
	简要说明	含　义
0	无防护	—
1	防止直径不小于 50mm 的固体异物物	直径 50mm 球形物体试具不得完全进入壳内[1]
2	防止直径不小于 12.5mm 的固体异	直径 12.5mm 的球形物体试具不得完全进入壳内[1]
3	防止直径不小于 2.5mm 的固体异物	直径 2.5mm 的物体试具完全不得进入壳内[1]

续表

第一位 特征数字	防 护 等 级	
	简要说明	含 义
4	防止直径不小于 1.0mm 的固体异物	直径 1.0mm 的物体试具完全不得进入壳内[1]
5	防 尘	不能完全防止尘埃进入,但进入的灰尘量不得影响设备的正常运行,不得影响安全
6	尘 密	无灰尘进入

[1] 物体试具的直径部分不得进入外壳的开口。

与资料 13-2 表 2 有所区别,资料 13-2 表 3 中的特征数字所代表的对固体异物(包括灰尘)进入的防护等级。

出于防止固体异物进入的目的,当资料 13-2 表 3 中第一位特征数字为 1 或 2 时,指物体试具不得完全进入外壳,意即球的整个直径不得通过外壳开口;第一位特征数字为 3 或 4 时,物体试具完全不得进入外壳;数字为 5 的防尘外壳,允许在某些规定条件下进入数量有限的灰尘;数字为 6 的尘密外壳,不允许任何灰尘进入。

应注意:第一位特征数字为 1 至 4 的外壳应能防止三个互相垂直的尺寸都超过资料 13-2 表 3 第三栏相应数字、形状规则或不规则的固体异物进入外壳。

第二位特征数字表示外壳防止由于进水而对设备造成有害影响的防护等级。资料 13-2 表 4 给出了第二位特征数字所代表的防护等级的简要说明和含义:

资料 13-2 表 4　第二位特征数字所代表的防护等级

第二位 特征数字	防 护 等 级	
	简要说明	含 义
0	无防护	—
1	防止垂直方向滴水	垂直方向滴水应无有害影响
2	防止当外壳在 15°范围内倾斜时垂直方向滴水	当外壳的各垂直面在 15°范围内倾斜时,垂直滴水应无有害影响
3	防淋水	各垂直面在 60°范围内淋水,无有害影响
4	防溅水	向外壳各方向溅水无有害影响
5	防喷水	向外壳各方向喷水无有害影响
6	防强烈喷水	向外壳各个方向强烈喷水无有害影响
7	防短时间浸水影响	浸入规定压力的水中经规定时间后外壳进水量不致达有害程度
8	防持续潜水影响	按生产厂和用户双方同意的条件(应比数字为 7 严酷)持续潜水后外壳进水量不致达有害程度

GB/T 4942.2《低压电器外壳防护等级》中给出了低压电器常用的防护等级,如资料 13-2

表5所示:

资料 13 - 2 表 5　常用的防护等级

第一位表征数字及其数后补充字母的防护	第二位表征数字的防护								
	0	1	2	3	4	5	6	7	8
	防　护　等　级　IP								
0	IP00	—							
1	IP10	IP11	IP12	—					
2	IPL0	IP21	IPL2	IP23	—				
3	IP30	IP31	IP32	IP33	IP34				
4	IP40	IP41	IP42	IP43	IP44	—			
5	IP50	—		IP54	IP55				
6	IP60	—				IP65	IP66	IP67	IP68

13.1.3　电气安装的绝缘电阻(HD384.6.61S1)

绝缘电阻应测量每个通电导体与地之间的电阻。

绝缘电阻的最小值应按照表6来取。

表 6

标称电压/V	测试电压(直流)/V	绝缘电阻/MΩ
安全电压	250	≥0.25
≤500	500	≥0.50
>500	1000	≥1.00

当电路中包含有电子装置时,测量时应将相线和零线连接起来。

解析　电器设备的正常运行的条件之一就是其绝缘材料的绝缘程度,即绝缘电阻的数值。规定通电导体与地之间的绝缘电阻,主要是防止发生因导体对地短路损坏设备,以及防止电磁干扰影响电梯正常运行。

需要注意的是,在测量含有电子设备的不同电路通电导体之间对地的绝缘电阻(包括测量导体之间的绝缘电阻)时,应将相线和零线连接,来然后测量其对地之间的绝缘电阻使电子器件两端不会产成巨大的压降,以免损坏电子部件。

GB/T 16895.23—2005 规定:电气装置绝缘电阻的测试应在装置与电源隔离的条件下,在装置的电源进线端进行在测量 TN - C 系统中带电导体对地之间的绝缘电阻时 PEN 导体被视作大地的一部分绝缘电阻测量时应采用直流,测试仪器应能在载有 1mA 电流时提供表6所列的试验电压。

GB/T 16895.23—2005 附录 E 中还规定:

a)当某些回路或回路的一部分是由欠压电器(例如接触器)切断所有带电导体时则这

些回路或回路一部分的绝缘电阻应分别测量。

b)如果回路中连接的一些用电器具允许在带电导体和地之间测试。如果在这种情况下测得的值低于表 61A(内容同表 6)规定的值则应断开这些器具重新测量。

也就是说在将相导体和中性导体连接起来后应该允许对电路进行绝缘测试但是如果测量值不符合标准要求可能是由于电子装置引起的(有的电子装置的中性线有保护接地)则要断开电子装置重新测量。

13.1.4 对于控制电路和安全电路,导体之间或导体对地之间的直流电压平均值和交流电压有效值均不应大于 250V。

■ **解析** 本条限制了控制电路和安全电路的最高电压(直流平均值或交流有效值)。从安全技术方面考虑,通常将电气设备分为高压和低压两种:凡对地电压在 250V 以上者为高压;对地电压在 250V 及以下者为低压。而 36V 及以下者称为安全电压(在一般情况下对人身无危害)。

由于高压对人员的人身安全威胁很大,因此在控制电路和安全电路中不应使用高压,而应采用电压在 250V(直流平均值或交流有效值)以下的低压电源。

应注意,关于控制和安全电路,本条定导体之间或导体对地之间的直流电压平均值和交流电压有效值均不应大于 250V。但类似轿厢上的动力驱动自动门的电源可以超出此限值,原因为它不是控制或安全电路。

13.1.5 零线和接地线应始终分开。

■ **解析** 电梯设备需要接地的主要目的有三个:

1.安全保护

为防止直接触电,在本标准 13.1.2 中要求:"在机房和滑轮间内,必须采用防护罩壳以防止直接触电。所用外壳防护等级不低于 IP2X"。而对间接触电(接触正常时不带电而故障时带电的电气设备造成的触电)的防护是采用接地保护。在电气设备发生绝缘损坏和导体搭壳等故障时,通过变压器中性点之间的电气连接和相线形成故障回路,在故障电流达到一定值时,使串联在回路中的保护装置动作切断故障电源,防止发生间接出的故障。

2.抑制外部干扰

为了对电阻设备进行保护,抑制外部电磁干扰的影响以及防止电子设备向外发射电磁干扰(即电磁兼容性的要求),一般都采用屏蔽层、屏蔽体,这些屏蔽装置都必须良好接地才能起到应有的屏蔽作用。这种接地应与保护线、防雷装置作等电位连接,这样才能使外界干扰对电子设备的影响降到最低(法拉第笼的屏蔽作用),这种接地又称屏蔽接地。

3.电子设备的工作要求

要使电子设备能正常、稳定的工作,必须处理好等电位点的接地问题,这类接地称为系统接地。系统接地也是要与保护线、防雷装置作等电位连接,也可悬空。因为电子学上的逻辑地不等同与电气设备的保护接地,它只是用来描述零电位的基准点。

以上所有接地要求的前提是具有符合要求的接地方式。本条要求了电梯的零线和接地线必须分开,不能采用接零保护代替接地保护。这是因为如果接零前端导线出现断裂,会造成所有接零外壳上出现危险的对地电压。此外,如果零线和接地线不分开,电梯的电气设备采用 TN-C 接地保护系统,工作零线和保护零线合用一根导体,此时三相不平衡电路、电梯单相工作电流都会在零线上及接零设备外壳上产生电压降。这不但会对电梯的控制系统带来干扰,在严重的时候可能导致工作产生电麻感甚至触电。因此进入机房后,零线与接地线就要始终分开,并要求接地线分别直接接到接地点上,不得相互串联后再接地。

我国采用三相四线制的供电方式,即相线 L1、L2、L3 和中性线 N,并且大多数供电系统采用中性线 N 接地的 TN 系统(关于各种供电系统的介绍见下文)。但要实现零线与接地线始终分开,就必须同时设置工作零线(中性线)和保护零线(接地线),因此电梯的供电系统必须采用三相五线制(TN-S 系统)或局部三相五线制(TN-C-S 系统)。要求其工作零线(中性线)引入电梯机房后不得接地,不得连接电气设备所有外露部分,与地是绝缘的。保护零线(接地线)与电梯电气设备所有外露可到达部分以及为了防止触电应该接地的部位进行直接连接,且接地电阻值不应大于 4Ω。

资料 13-3 电梯设备接地介绍:

一、保护接地

根据 GB/T 9089.2《严酷条件下户外场所电气设施 一般防护要求》的规定,配电系统的保护接地共有:TT 类系统、IT 类系统和 TN 类系统,其中我国的供电系统中,TN 类系统应用最为广泛。

1. TT 类系统

电源系统中性点直接接地,电气设备外壳的接地采取独立接地的方式进行保护,与电源系统的接地电气上无关。如资料 13-3 图 1 所示。

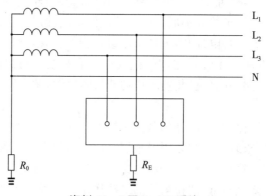

资料 13-3 图 1 TT 系统

2. IT 类系统

电源系统的带电部分不接地或经一阻抗接地。电气设备采取接地保护,设备外壳通过接地线 PE 直接接至接地极,接地极的接地电阻一般不大于 4Ω,接地极与电源系统的接地电气无关。如资料 13-3 图 2 所示。

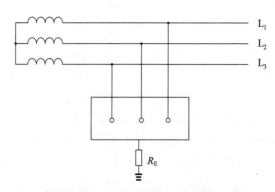

资料 13-3 图 2　IT 系统

3. TN 类系统

TN 类系统是我国城镇常采用的供电方式。这类系统中,电源系统的中性点直接接地("T"即表示此义),同时用电设备的外壳与电源系统中性点相连接("N"表示此义)。我国的 380/220V 供电系统中,除某些特殊情况外,绝大部分采用的是中性点直接接地的系统,其目的是满足 220V 单相用电设备工作电压的要求,也为了防止 6～10～35/0.38kV 变压器的一次、二次绕组绝缘损坏,导致低压侧出现高压的危险。

按照工作中性线(工作零线)与保护导体(接地线)的组合方式,可分为以下三种:

(1)TN-C 系统

供电系统的中性线 N 与保护线 PE 是合一的为 PEN 线,如资料 13-3 图 3 所示。这种系统中由于电气设备的外壳接到保护中性线 PEN 上,当一相绝缘损坏与外壳相连则该相线、外壳和保护中性线形成回路。当短路电流较大时可以引起保护装置动作。

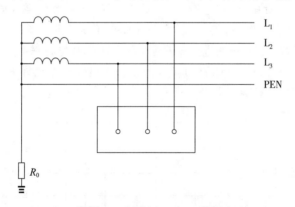

资料 13-3 图 3　TN-C 系统

但采用这种系统时,即使没有发生设备漏电的故障,但如果有单相用电设备而导致三相不平衡,则在中性线上将有电流。这种系统中,中性线与保护线(接地线)是合一的,则此时 PEN 上是有电流的。由于保护中性线 PEN 上的电阻作用,设备外壳与 PEN 连接的点与 PEN 的接地点距离越远,则电压越高。在这种非故障的情况下,TN-C 系统也无法避免人员有触电的电麻感。因此 TN-C 系统只能用于三相负载比较平均且单相负荷容量不大的场合。

（2）TN-S 系统

这种保护系统是将整个电网的中性线 N 与保护线 PE 完全分开，如资料 13-3 图 4 所示。即将设备外壳接到保护线 PE 上。在设备没有故障的情况下，保护线 PE 上没有电流流过，人员是安全的。这种系统就是我们常说的"三相五线制"。电梯的供电系统最迟从进入机房起，电源零线和接地线应始终分开，实际上要求电梯动力采用三相五线制，即三根相线，一根零线和一根接地线。但我国一般都是采用 TN-C 系统，即三相四线制，为此也可采用下面 c)中的系统，满足标准的要求。

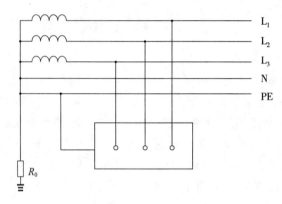

资料 13-3 图 4　TN-S 系统

（3）TN-C-S 系统

这种系统中有一部中性线与保护线合一，而在局部设置专门的保护线，如资料 13-3 图 5 所示。这是 TN-S 的折中方案，也是 TN-C 和 TN-S 系统的混合体。由于我国供电大部分是 TN-C 系统，单独为一两台电梯敷设 PE 线不是很现实，在这种情况下可以采用 TN-C-S 系统，即 TN-C 系统在进入机房后，在总开关箱处将保护中性线（PEN 线）分为中性线（N 线）即零线，和保护线（PE 线）即接地线。零线供电梯的单相用电设备使用；接地线连接所有电气设备的外露导电部分。

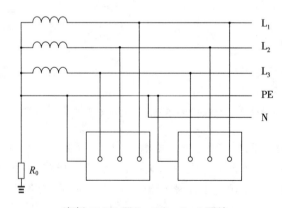

资料 13-3 图 5　TN-C-S 系统

二、屏蔽接地和系统接地

这两种接地是为了保证电子设备正常、稳定和可靠的工作。与保护性接地不同,这两种接地必须处理好设备内部各电流工作的参考电位。这两类接地也是要求与建筑物进行等电位连接,只有这样才能最大程度上减小外界电磁脉冲对电子器件的干扰,也消除了雷击等情况下过电压的危险,保护电子器件的安全。

在系统接地中等电位连接的好处体现在以下几个方面:

1. 减少建筑物内受到的雷击危险;

2. 消除来自建筑物之外的电磁干扰信号。

三、TN 系统中的等电位接地

在 TN 系统中,还可以采取等电位连接的保护措施。即将 PE 线或 PEN 线与建筑物的钢筋、金属管道系统等良好的接地体自然连接,使所有导电体均处于同一电位,没有电位差,对其内部人员和设备可以进行有效保护,如资料 13－3 图 6 所示。

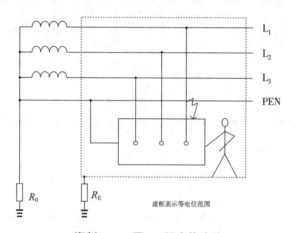

资料 13－3 图 6　等电位连接

在保护接地中等电位连接的好处体现在以下几个方面:

1. 限制降低建筑物内发生接地故障时的接触电压;

2. 消除自建筑物外沿 PE 线或 PEN 线窜入的危险故障电压;

3. 减少保护电气动作不可靠带来的危险。

四、TN 系统中电梯的电气设备不能单独接地

许多技术资料和标准规范中都明确指出:在一根供电系统中不允许采用 2 中不同的接地方式。

以资料 13－3 图 7 所示情况为例,设备 A 外壳接 PEN 线,设备 B 外壳单独接地。当 B 设备与 L1 发生短路故障时:

设备 B 的接地与 PEN 线之间形成显著的故障电流,设 $R_0 = R_E = 4\Omega$,则 $I = 220/(4+4) = 27.5A$。这时,零线和设备 B 上的电压均为:$U_E = U_{PEN} = I \times R_E = I \times R_0 = 27.5 \times 4 = 110V$。这个电压会泄散到所有接零设备上,而引起人员触电的事故。

如果 A、B 两设备同时接 PEN 线或 PE 线,则任一设备发生短路故障时,通过 PEN 线

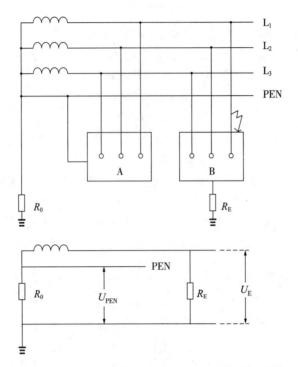

资料 13 - 3 图 7　TN 系统设备单独接地示意图及等效电路

或 PE 线构成一根小阻抗的回路,较大的短路电流将使保护装置动作,将电源切断,避免危险的发生。

五、接地电阻的确定

接地电阻的大小直接关系到在电气设备发生电气故障而导致外壳带电,人员接触带电导体时的安全保护。对于人体来讲,危险的电压极限是 65V,国家标准上推荐降低至 50V。但实际上人体安全是取决于流过人体的电流值,15mA 以下有电麻感,15mA~50mA 能短时间忍受,50mA~100mA 能够造成伤害,100mA 以上是致命的。

TN 系统主要由过电流保护电器提供电击防护。

根据 GBJ65《工业与民用电力装置的接地设计规范》规定:"低压电力设备接地装置的接地电阻,不宜超过 4Ω"。即机房内接地装置的接地电阻值不应大于 4Ω。采取保护接地后,接地电流将同时沿着接地体与人体两条途径流过。因为人体电阻比保护接地电阻大得多,所以流过人体的电流就很小,绝大部分电流从接地体流过(分流作用),从而可以避免或减轻触电的伤害。从电压角度来说,采取保护接地后,故障情况下带电金属外壳的对地电压等于接地电流与接地电阻的乘积,其数值比相电压要小得多。接地电阻越小,外壳对地电压越低。当人体触及带电外壳时,人体承受的电压(即接触电压)最大为外壳对地电压(人体离接地体 20m 以外),一般均小于外壳对地电压。

从以上分析得知,保护接地是通过限制带电外壳对地电压(控制接地电阻的大小)或减小通过人体的电流来达到保障人身安全的目的。只有人体电阻远远大于接地电阻时,在漏电的情况下通过人体的电流才会很小,才不会有危险。因此,必须保证接地电阻符合要求。

六、接地保护线 PE 线径的确定

接地保护线 PE 的线径最低不得小于下列值：

资料 13-3 表 1

电气装置中相导体的截面 $S/(mm^2)$	相应保护导体的最小截面 $S_p/(mm^2)$
$S \leqslant 16$	S
$16 < S \leqslant 35$	16
$S > 35$	$S/2$

注：表中所列的数值只在保护导体的材质与相导体的材质相同时才有效。若材质不同，则应采用下述方法选取：即所选取的截面值的导体的电导应与按资料 13-3 表 1 所选取的截面值的导体的电导相同。

但不论采用上述那种方法，所确定的单根保护导体的截面均不得小于以下数值：

1）有机械保护时，2.5mm²；

2）没有机械保护时，4mm²。

包含在供电电缆中的保护导体以及以电缆外护物作保护导体的可以不受上述限制。

13.2 接触器、继电接触器、安全电路元器件

13.2.1 接触器和继电接触器

解析 接触器和继电器作为自动化控制电器，在电梯系统中起到控制通断电流的作用，是整个电梯系统安全、稳定运行的基础部件。本节是对电梯用接触器和继电接触器的要求。我们首先来简要介绍接触器和继电器（继电接触器）的相关情况。

资料 13-4 接触器和继电器的介绍 ⇩ ⬛

一、接触器简介

1.用途的分类

接触器是一种自动化的控制电器。接触器主要用于频繁接通或分断交、直流电路，具有控制容量大，可远距离操作，配合继电器可以实现定时操作，联锁控制，各种定量控制和失压及欠压保护，广泛应用于自动控制电路，其主要控制对象是电动机，也可用于控制其他电力负载，如电热器、照明、电焊机、电容器组等。

接触器按被控电流的种类可分为交流接触器和直流接触器。这里主要介绍常用的交流接触器。交流接触器又可分为电磁式和真空式两种。GB 7588 中主要对磁式接触器进行了要求，因此我们主要介绍电磁式接触器。

2.电磁式交流接触器的结构

接触器主要由电磁系统、触点系统、灭弧系统及其他部分组成（如图 13-1 所示）。

（1）电磁系统：电磁系统包括电磁线圈和铁心，是接触器的重要组成部分，依靠它带动

触点的闭合与断开。

（2）触点系统：触点是接触器的执行部分，由动、静触点和触点弹簧支撑件、导电板和固定部件组成，触点的作用是接通和分断主回路，控制较大的电流。

（3）辅助触点系统：辅助触点是在控制回路中，以满足各种控制方式的要求。辅助触点通常由两对以上动合触点（接触器不带电时是断开状态，又称常开触点）和两对以上动断触点（接触器不带电时是闭合状态，又称常闭触点）组成，主要用于实现电气连锁、发送信号以及自保持等。辅助触点与主触点是联动的，同时在接触顺序上要求主触点闭合前辅助动合触点（常开触点）应提前闭合；辅助动断触点（常闭触点）应滞后分断。主触点分断时，辅助动合触点（常开触点）应同时或提前分断；辅助动断触点（常闭触点）应同时或稍滞后闭合。

（4）灭弧系统：灭弧装置用来保证触点断开电路时，产生的电弧可靠的熄灭，减少电弧对触点的损伤。为了迅速熄灭断开时的电弧，通常接触器都装有灭弧装置，一般采用半封式纵缝陶土灭弧罩，并配有强磁吹弧回路。辅助触点与灭弧系统通常在产品上要分开安装，防止电弧弧焰的危害。

（5）其他部分：有绝缘外壳、弹簧、短路环、传动机构等。

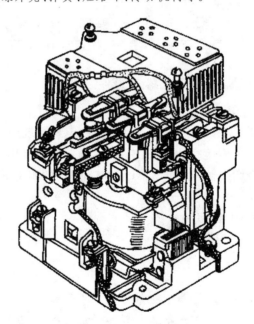

资料 13-4 图 1 接触器结构

3.电磁式交流接触器的工作原理

当接触器电磁线圈不通电时，弹簧的反作用力和衔铁芯的自重使主触点保持断开位置。当电磁线圈通过控制回路接通控制电压（一般为额定电压）时，电磁力克服弹簧的反作用力将衔铁吸向静铁心，带动主触点闭合，接通电路，辅助接点随之动作。

4.如何选用接触器

接触器的选用应从其工作条件出发，按满足被控制设备的要求进行，除额定工作电压应与被控设备的额定电压相同外，被控设备的负载功率、使用类别、操作频率、工作寿命、安装方式及尺寸以及经济性等是选择的依据。主要考虑下列因素：

（1）控制交流负载应选用交流接触器；控制直流负载则选用直流接触器。

（2）接触器的使用类别应与负载性质相一致。

电梯选用的接触器是用于控制驱动主机电动机的，因此要选用适用于负载为低压电动机的接触器。目前电梯驱动主机上使用的多为交流电动机，常用的有绕线式电动机和鼠笼式感应电动机。

绕线式电动机启动时，在转子电路中接入电阻以限制启动电流。但不同的负载启动时间不同，负载越重启动时间越长。用于绕线式电动机切换的接触器属于 AC-2 使用类别。

鼠笼式电动机一般采用直接启动，启动电流冲击衰减后随后流过的是稳态电流 I_e，一般的鼠笼式电动机启动电流（有效值）I_A 为 4～8 倍的电动机额定电流 I_N。电动机的空载电流 $I_O=(0.95\sim0.2)I_e$，正常负载下的启动时间 $t_A<10s$，重载启动时 t_A 可大于 10s。用于切换鼠笼式电动机正常启动和在运转中分断的接触器属于 AC-3 使用类别。

而运行在鼠笼式电动机正常启动并同时进行反接制动，或者是反向运转、点动情况下的接触器，因其接通电流和分断电流均是电动机的启动电流。这种工作类别的开关电器属于 AC-4，它比 AC-3 工作类别的要求严酷得多。

（3）主触头的额定工作电流应大于或等于负载电路的电流；还要注意的是接触器主触头的额定工作电流是在规定的条件下（额定工作电压、使用类别、操作频率等）能够正常工作的电流值，当实际使用条件不同时，这个电流值也将随之改变。

（4）主触头的额定工作电流应大于或等于负载电路的电压。

（5）吸引线圈的额定电压应与控制回路电压相一致，接触器在线圈额定电压 85% 及以上时应能可靠地吸合。

（a）选择接触器的类型：

根据电路中负载电流的种类选择。交流负载应选用交流接触器，直流负载应选用直流接触器，如果控制系统中主要是交流负载，直流电动机或直流负载的容量较小，也可都选用交流接触器来控制，但触点的额定电流应选得大一些。

（b）选择接触器主触头的额定电压：

应等于或大于负载的额定电压。

（c）选择接触器主触头的额定电流：

被选用接触器主触头的额定电流应不小于负载电路的额定电流。也可根据所控制的电动机最大功率进行选择。如果接触器是用来控制电动机的频繁启动、正反或反接制动等场合，应将接触器的主触头额定电流降低使用，一般可降低一个等级。

（d）根据控制电路要求确定吸引线圈工作电压和辅助触点容量：

如果控制线路比较简单，所用接触器的数量较少，则交流接触器线圈的额定电压一般直接选用 380V 或 220V。如果控制线路比较复杂，使用的电器又比较多，为了安全起见，线圈的额定电压可选低一些，这时需要加一个控制变压器。直流接触器线圈的额定电压应视控制回路的情况而定。而一系列、同一容量等级的接触器，其线圈的额定电压有好几种，可以选线圈的额定电压和直流控制电路的电压一致。直流接触器的线圈是加直流电压，交流接触器的线圈一般是加交流电压。有时为了提高接触器的最大操作频率,交流接触器也有采用直流线圈的。如果把直流电压的线圈加上交流电压,因阻挠太大,电流太小,则接触器往往不吸合。如果将交流电压的线圈加上直流电压,则因电阻太小,电流太大,会烧坏线圈。

二、继电器

1.用途的分类

继电器是利用电流的效应来闭合或断开电路的装置,用于自动保护和自动控制。继电器按作用原理来分:常见的有电磁型继电器和热继电器。

电磁继电器是自动控制电路中常用的一种元器件。实际上它是用较小电流控制较大电流的一种自动开关,广泛应用于电子设备中。

2.电磁型继电器的结构

电磁型继电器按电磁铁线圈匝数的多少,又可分电流继电器和电压继电器。它主要包含三部分:

(1)电磁系统:电磁铁线圈、圆柱型铁芯、可动衔铁等;

(2)触点系统:一般都有一组或几组带触点的簧片组成。触点有动触点和静触点之分:在工作过程中能够动作的称为动触点,不能动作的称为静触点。

(3)反作用弹簧。

3.电磁型继电器的工作原理

在大多数的情况下,继电器就是一个电磁铁,这个电磁铁的衔铁可以闭合或断开一个或数个接触点。当电磁铁的绕组中有电流通过时,衔铁被电磁铁吸引,因而就改变了触点的状态。

4.安全电路中继电器的选择

用于安全电路中的继电器不能选择普通中间继电器,应采用带有强制引导触点的继电器。关于这种继电器的介绍,见13.2.2.2的解析。

三、关于继电接触器

在我国的国家标准中并没有"继电接触器"的定义,在 GB/T 14048.1—2000《低压开关设备和控制设备　总则》中只有"接触器式继电器"的定义:接触器用作控制开关。根据下面条文的分析所谓"继电接触器"应就是"接触器式继电器"。因此所谓"继电接触器"其本质上与接触器应是相同的,只不过用于控制主接触器的通断而已。

四、接触器和继电器的区别

接触器是一种用于频繁的接通或断开交直流主电路及大容量控制电路的自动切换器,输入信号只有电压,可以直接带负载。继电器是一种根据某种输入信号的变化来接通或者断开控制电路,实现自动控制和保护电器。起输入量可以是电压、电流、温度、时间、速度、压力等电气量或非电气量,继电器的触点容量一般都比较小。

13.2.1.1　主接触器(即按 12.7 要求使电梯驱动主机停止运转的接触器)应为 GB 14048.4 中规定的下列类型:

a)AC-3,用于交流电动机的接触器;

b)DC-3,用于直流电源的接触器。

此外,这些接触器应允许启动操作次数的10%为点动运行。

■ **解析** 根据 GB14048.4《低压开关设备与控制设备 低压机电式接触器和电动机启动器》中的规定,AC-3接触器用于并激电动机的启动、反接制动或反向运转、点动、电动机在动态中分断。DC-3接触器用于并激电动机的启动、反接制动或反向运转、点动、电动机在动态中分断。接触器和电动机启动器主电路通常选用的使用类别及其代号见表13-1。

表13-1 接触器和电动机启动器主电路通常选用的使用类别及其代号

电流	使用类别代号	典型用途举例
AC	AC-1	无感或微感负载、电阻炉
	AC-2	绕线式感应电动机的启动、分断
	AC-3	笼型感应电动机的启动、运转中分断
	AC-4	笼型感应电动的启动、反接制动或反向运转、点动
	AC-5a	放电灯的通断
	AC-5b	白炽灯的通断
	AC-6a	变压器的通断
	AC-6b	电容器组的通断
	AC-7a	家用电器和类似用途的低感负载
	AC-7b	家用的电动机负载
	AC-8a	具有手动复位过载脱扣器的密封制冷压缩机中的电动机控制
	AC-8b	具有自动复位过载脱扣器的密封制冷压缩机中的电动机控制
DC	DC-1	无感或微感负载、电阻炉
	DC-3	并激电动机的启动、反接制动或反向运转、点动、电动机在动态中分断
	DC-5	串激电动机的启动、反接制动或反向运转、点动、电动机在动态中分断
	DC-6	白炽灯的通断

本条中还要求"这些接触器应允许启动操作次数的10%为点动运行",所谓点动运行,通常发生在电梯安装调试阶段和检修运行过程中,此时由于接触器的频繁通断,电动机的感性负载特性非常明显,这种情况下接触器接通的电动机电流往往为其额定电流的5~7倍,而通电时间很短。因此要求选择的主接触器能够经受这样的电流冲击。

10%的点动运行的概念应是这样理解的:如每小时允许启动操作180次的电梯系统,允许有18次为点动运行。也就是说,每小时允许启动180次的电梯系统,即20s启动1次。

是否能够满足上述要求,是由接触器的额定工作制决定的。接触器的额定工作制分为:

(a)8小时工作制:又称间断长期工作制。指接触器的主触点保持闭合并通过一稳定电流足以达到热平衡,但大于8h必须分断。

(b)长期工作制:指接触器的主触点保持闭合并通过一稳定电流超过8h(几天、几个月甚至更长时间)也不分断。

(c)短时工作制:指接触器的主触点保持闭合时间不足以使其达到热平衡,而在两次通电间隔之间的无负载时间是以使接触器的温度恢复到与冷却介质相同的温度。短时工作制的标准值规定为触点闭合时间 10min、30min、60min、90min。

(d)反复短时工作制或间断工作制:指接触器的主触点保持闭合的周期与无负载的周期间有一旦的比例,此两种周期均很短,使接触器不能达到热平衡。间断工作制用电流值、通电时间和负载系数(工作周期与整个周期之比)来表征其工作特性,常用百分数表示,称作通电持续率,计算方法如下:

$$T_D = \frac{T_i}{T} \times 100\%$$

其中:

T_D——通电持续率;

T_i——触点闭合通电时间,s;

T——触点闭合通电和分断间歇的全周期,s。

很明显,电梯上使用的接触器属于反复短时工作制或间断工作制,所谓 10% 的点动运行,即通电持续率为 10%。以上面给出的每小时允许启动操作 180 次的电梯系统而言,10% 的通电持续率意味着每小时应能有 6min 作点动运行。

13.2.1.2 由于承受功率的原因,必须使用继电接触器去操作主接触器时,这些继电接触器应为 GB 14048.5 中规定的下列类型:

a)AC-15,用于控制交流电磁铁;

b)DC-13,用于控制直流电磁铁。

解析 我国标准中并没有"继电接触器"的定义,在 GB/T 14048.1—2000《低压开关设备和控制设备总则》中只有"接触器式继电器"的定义:接触器用作控制开关。从 13.2.1.3 的要求来看,所谓"继电接触器"应就是"接触器式继电器"。为了保持用语的一致性,我们在此仍使用本标准中使用的"继电接触器"这个名称。

用途上来看,继电接触器的作用是控制接触器的中间继电器,因为某些大型接触器的电磁线圈功率及吸合电流均较大,由于电子开关元器件的容量限制,使用电子开关元器件去直接操控接触器是不可靠的,需要中间设置继电接触器实现对主接触器进行控制。这时,开关元器件控制继电接触器,通过继电接触器控制主接触器的线圈,以此操纵主接触器的通断。

根据 GB 14048.5《低压开关设备与控制设备 第 5-1 部分 控制电路电气和开关元器件 机电式控制电路电器》中的规定,AC-15 继电器用于控制电磁铁负载(>72VA)。DC-13 继电器用于控制电磁铁负载。开关元器件的使用类别见表 13-2。

表 13-2 开关元器件的使用类别

电流种类	使用类别	典型用途
交流	AC-12	控制电阻性负载和光电耦合隔离的固态负载
	AC-13	控制具有变压器隔离的固态负载
	AC-14	控制小型电磁铁负载(≤72 VA)
	AC-15	控制电磁铁负载(>72 VA)

续表

电流种类	使用类别	典 型 用 途
直流	DC-12	控制电阻性负载和光电耦合隔离的固态负载
	DC-13	控制电磁铁负载
	DC-14	控制电路中具有经济电阻的电磁铁负载

与使用类别相关的电器额定值见表13-3：

表13-3　某些使用类别的触头名义额定值举例

名义额定值[1]	使用类别	约定封闭发热电流 I_{the} A	不同额定工作电压 U_e 下的额定工作电流 I_e A						控制容量 VA	
AC			120 V	240 V	380 V	480 V	500 V	600 V	接通	分断
A 150	AC-15	10	6	—	—	—	—	—	7 200	720
A 300	AC-15	10	6	3	—	—	—	—	7 200	720
A 600	AC-15	10	6	3	1.9	1.5	1.4	1.2	7 200	720
B 150	AC-15	5	3	—	—	—	—	—	3 600	360
B 300	AC-15	5	3	1.5	—	—	—	—	3 600	360
B 600	AC-15	5	3	1.5	0.95	0.75	0.72	0.6	3 600	360
C 150	AC-15	2.5	1.5	—	—	—	—	—	1 800	180
C 300	AC-15	2.5	1.5	0.75	—	—	—	—	1 800	180
C 600	AC-15	2.5	1.5	0.75	0.47	0.375	0.35	0.3	1 800	180
D 150	AC-14	1.0	0.6	—	—	—	—	—	432	72
D 300	AC-14	1.0	0.6	0.3	—	—	—	—	432	72
E 150	AC-14	0.5	0.3	—	—	—	—	—	216	36
DC			125 V	250 V		400 V	500 V	600 V		
N 150	DC-13	10	2.2	—	—	—	—	—	275	275
N 300	DC-13	10	2.2	1.1	—	—	—	—	275	275
N 600	DC-13	10	2.2	1.1	—	0.63	0.55	0.4	275	275
P 150	DC-13	5	1.1	—	—	—	—	—	138	138
P 300	DC-13	5	1.1	0.55	—	—	—	—	138	138
P 600	DC-13	5	1.1	0.55	—	0.31	0.27	0.2	138	138
Q 150	DC-13	2.5	0.55	—	—	—	—	—	69	69
Q 300	DC-13	2.5	0.55	0.27	—	—	—	—	69	69
Q 600	DC-13	2.5	0.55	0.27	—	0.15	0.13	0.1	69	69
R 150	DC-13	1.0	0.22	—	—	—	—	—	28	28
R 300	DC-13	1.0	0.22	0.1	—	—	—	—	28	28

1)字母表示约定封闭发热电流且区分交流或直流；例如B表示交流5A。

2)额定绝缘电压 U1 不得小于字母后的数字。

注：额定工作电流 I_e(A)，额定工作电压 U_e(V)和分断视在功率 B(VA)的相互关系用公式为：$B=U_e \times I_e$。

应注意,继电接触器只有必要时才应被设置。所谓"必要"时,就是标准中所提到的"由于承受功率的原因",除此之外不应设置继电接触器。由于承受功率的原因而在电气安全回路中使用继电接触器时,虽然其类型为继电器,但对其特性的要求与接触器相同:同样要求其具有强迫断开的特性,以及 4mm 的分断距离。同时在选用继电接触器时要注意,不但要满足标准中所规定的 AC-15(用于控制交流电磁铁)和 DC-13(用于控制直流电磁铁)型继电器,同时必须考虑到继电接触器应具有适当的电压、电流和功率参数,以便在动作时能够可靠分断。

13.2.1.3 对于 13.2.1.1 中述及的主接触器和 13.2.1.2 中述及的继电接触器,下列 a)和 b)可认为是防止 14.1.1.1 相关故障的措施。

　　a)如果动断触点(常闭触点)中的一个闭合,则全部动合触点断开;

　　b)如果动合触点(常开触点)中的一个闭合,则全部动断触点断开。

解析　14.1.1.1 中与本条相关故障为:

　　……

　　f)接触器或继电器的可动衔铁不吸合或吸合不完全;

　　g)接触器或继电器的可动衔铁不释放;

　　h)触点不断开;

　　i)触点不闭合;

　　……

由于基于接触器和继电接触器的故障检测一般都是利用其辅助触点,因此接触器和继电接触器的检测与被检测触点之间的连接结构是保证检测有效性的关键。接触器和继电接触器(实际要求与接触器相同)的主触点和辅助触点是联动的,二者之间的连接结构具有强制动作分合的推拉式结构。有些接触器和继电接触器为了延长使用寿命,保证其工作的可靠性,减少触点粘连故障的发生,在设计制造中还会采取一些措施避免触点的粘连,如一组触点的两个接点采用不同的金属等措施。但这些方法都只是起到使接触器的触点更加可靠,但无法监测其触点是否发生粘连,也无法在触点粘连时进行相关保护。因此绝不能单纯使用上述延长寿命、提高部件可靠性的方法作为接触器或继电接触器触点粘连的保护措施。

前面对接触器的介绍中也曾提到,辅助触点主要用于实现电气连锁、发送信号等用途。因此辅助触点应能够验证主触点的状态:如果主触点(假设动合触点)中的一个闭合,用于验证主触点位置的辅助动断触点应全部断开;如果辅助动断触点中的一个闭合,则主触点全部断开。当然,也可以同时利用辅助动断、动合触点进行冗余验证,以便更可靠的验证主触点的状态。

在满足上述要求的情况下,14.1.1.1 f)~i)中描述的故障可认为已经被有效防止。

13.2.2　安全电路元器件

解析　用于安全电路在防止机械和系统事故方面有重要作用。在出现故障时,通过安全电路可以让系统切换到安全状态。因此对于安全中所使用的元器件有着严格的要求。

在本标准中出现了以下几种用于安全电路中的元器件：

1. 电气安全装置；

2. 安全触点；

3. 安全电路（包括，冗余型安全电路、含有电子元器件的安全电路）；

4. 安全部件；

它们之间的关系，可以这样表述：

1. 安全触点包含于安全装置内，是安全装置的一部分；

2. 安全装置，如符合安全电路要求的开关和继电器等，是安全电路的组成部分，即若干安全装置进行逻辑组合，满足一定的逻辑关系组成安全电路；

3. 冗余型安全电路和含有电子元器件的安全电路是特殊形式的安全电路，安全电路不仅是这两种，还可以采用相异、自诊断等方式；

4. 安全电路与限速器-安全钳系统、上行超速保护装置一样，是多种安全部件中的其中一种。

13.2.2.1 当将 13.2.1.2 中述及的继电接触器用于安全电路时，13.2.1.3 的规定也应适用。

解析 与 13.2.1.2 相同，继电接触器在用于安全电路时也只有必要时才应被设置。同样，所谓"必要"时，就是标准中所提到的"由于承受功率的原因"，除此之外不应设置继电接触器。在电气安全回路（电气安全链）中使用继电接触器更是要非常慎重，这是因为电气安全回路是电梯安全保护系统中非常重要的一个方面，应尽可能防止电气安全回路由于部件的故障而导致其保护失效。因此必须尽量避免电气安全回路中不必要部件（包括电气元器件）的使用。即使必须用到的电气元器件也应对其安全性，以及当其处于故障状态时释放会导致电气安全回路的保护作用失效进行充分的评价和验证。

关于继电接触器的要求，参见 13.2.1.3 的解析。

13.2.2.2 如果使用的继电器，其动断和动合触点，不论衔铁处于任何位置均不能同时闭合，那么 14.1.1.1f)衔铁不完全吸合的可能性可不予考虑。

解析 以上要求在接触器和继电接触器上很容易满足，而常用的普通中间继电器则不满足这些要求。由于普通中间继电器自身结构的特点，其触点相对比较容易发生故障。触点故障有不接通或不断开两种极限状态，常称接触不良或分断不良。触头寿命的极限通常以触点簧片开合失误的程度来衡量，其次是触点间的接触电阻。

一、中间继电器常见的故障

1. 簧片故障

(1)簧片弹性下降：触点的簧片在使用过程中，由于材料疲劳，导致弹性下降，在触点接触不可靠时容易造成触点粘连。

(2)簧片断裂：由于长期使用，操作过于频繁，可能导致簧片断裂。

2. 触点故障

(1)粘连：通常由触点熔焊造成，多因使用不当、安装不妥、负载过重或操作过于频繁。

（2）接触不可靠：长期使用后触点表面氧化或电弧烧蚀造成缺陷、毛刺等，接触电阻增加，导致触点温升过高，由面接触变成点接触。

（3）变形：因触片变形、弹性连接片变形或弹性系数变化造成触点接触不良。

（4）拉弧导致触点磨损加快：继电器吸合、断开时拉弧，导致触点腐蚀过快，缩短使用寿命。

因为可能发生上述故障，普通中间继电器在使用过程中很可能出现某一组常开触点粘连，而其余常开触点仍处于开启状态，对常闭触点亦然。这正是用于安全电路中的继电器与普通继电器的不同点之一。如果发生这样情况，这种常用的普通中间继电器恰巧是连接在电气安全装置之后，则无法做到触点粘连或驱动机构卡滞故障发生以后的保护。因此用于安全电路中的继电器应是带有强制引导触点的继电器。这种继电器在设计上已经考虑到所有可能发生的故障，并针对这些故障的影响进行了检验。国际设计标准 EN50205 规定了带强制引导触点的继电器的设计规范。

二、用于安全电路中的继电器特点功能

1. 机械牵制的带强制引导触点的功率继电器；

（1）该功率继电器必须同时拥有至少一个常开触点和至少一个常闭触点，并在机械设计上保证常开触点和常闭触点不会同时闭合。

（2）在设计寿命内，不论是在正常工作还是在失效情况下，触点间距不会小于 0.5mm。

这种设计保证了各自独立的触点可以相互监测其他触点失效状态。例如，当电源切断时，常开触点粘连可以通过常闭触点不恢复到原状态而被指示出来。

2. 用于安全电路中的继电器设计中的故障考虑：

可能的故障	结　果
由于粘连，触点不能打开	即使继电器没有工作电压，动合触点不能打开导致动断触点不能闭合。 即使继电器工作电压正常，动断触点不能打开导致动合触点不能闭合
由于电源失误而导致触点没有打开	驱动电源与带强制引导触点的继电器的动作无关
继电器簧片折断	即使簧片折断，动断触点和动合触点不可能同时闭合。完全独立的触点空间或栅栏确保触点 0.5mm 的间距

下面的图例中是普通继电器与用于安全电路中的继电器在触点粘连时的不同表现：

通过图 13-1 所示，带强制引导触点的继电器其动断触点和动合触点永远不能同时接通。在这种情况下，14.1.1.1 中 f)所述"接触器或继电器的可动衔铁不吸合或吸合不完全"的故障可不予考虑。

用于电气安全回路中的继电器不仅要满足触点粘连情况下，动断、动合触点保证不能同时接通，同时在触点簧片断裂的情况下也不应造成动断、动合触点同时接通的故障。此外触点间隙要求在任何时候都不能小于 0.5mm。

下面的图例中是普通继电器与用于安全电路中的继电器在触点簧片断裂时的不同表

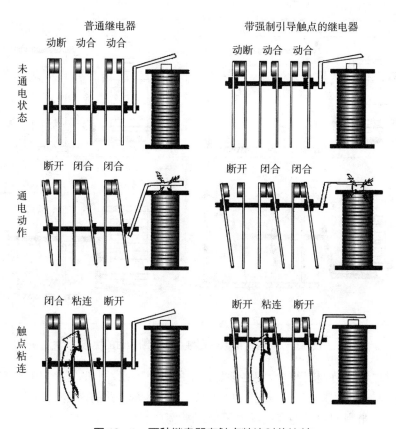

图 13 - 1 两种继电器在触点粘连时的比较

现,以及在出现某个粘连情况时,其他触点间隙也应满足不小于 0.5mm;

三、用于安全电路中的继电器应具有的性质

综上所述,用于安全电路中的继电器应具有下面的性质:

(1)继电器中的动触点与静触点是刚性连接的,至少有一个动合触点(常开触点)和一个动断触点(常闭触点),只要在规定条件下(允许温度、电流、电压)使用,触点能被强制保持一致性,即使两触点熔接在一起时也能被强制保证一致性,即不可能同时出现触点同时闭合或开启的现象;

(2)采用适当的附加电子线路,消除线圈铁心剩磁,保证衔铁的正常释放;

(3)采用凸式触点接触,确保触点能够可靠接触;

(4)对于有两付或两付以上触点的继电器,均应通过单独隔离的电气空间进行绝缘隔离,以防止簧片折断或触点脱落时发生断路故障,导电材料的磨损也不应导致断路的发生;

(5)在设计寿命内,不论是在正常工作还是在失效情况下,触点间距不会小于 0.5mm。

用于安全电路中的继电器(带强制引导触点的继电器)通常也被称为"安全继电器"。

应注意,单一的带强制引导触点的继电器,在独立使用的情况下也是无法达到较高的安全控制等级的要求(如:本标准中第 14.1.2.3 要求)的。如果要实现安全控制的要求,首先要根据风险评估评定安全控制等级,而后按不同的安全控制等级的需要,把几个带强制

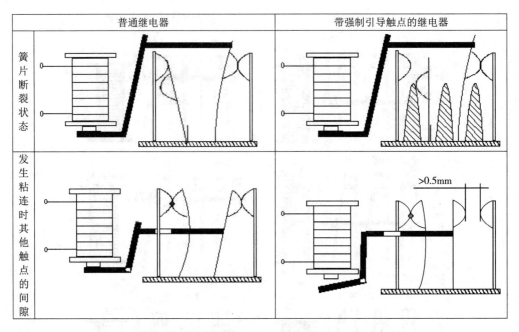

图 13-2　两种继电器在触点簧片断裂时的比较

引导触点的继电器进行逻辑组合,使之满足一定的逻辑关系,例如:冗余,相异,自检等功能,方能满足安全控制的要求。这一点在第 14.1.2.3 关于安全电路的内容中进行论述。

下面是一个带强制引导触点的继电器应用举例:

安全控制电路的结构是基于特定的失误条件。带强制引导触点的继电器具有常开触点和常闭触点不会同时闭合的特点。图 13-3 所示电路是一个由此 3 个 4 组触点带强制引导触点的继电器构成的紧急制动控制电路:

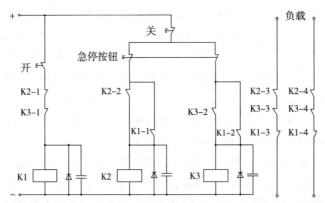

图 13-3　带强制引导触点的继电器构成的紧急制动控制电路

操作:

闭合 ON 开关,K1 继电器开始工作。由于触点 K1-1,K1-2 闭合,K2,K3 继电器的线圈得到驱动电压,使触点 K2-2,K2-3 闭合并保持 K2,K3 处于工作状态。触点 K2-1,

K3-1打开,线圈 K1 失去工作电压,则动断触点 K1-3,K1-4 复位,负载电路导通。

第一次失误发生:

由于使用了超过设计要求的元器件(冗余设计),不会引起安全功能失效。避免重新启动并可作为结果进行监测(自我监控)。

失误分析:

失效类型	有无危险	是否需要重启
触点 K2-3 无法断开	无,当触发紧急制动后,触点 K3-3 断开	否,K2-1 和 K2-3 不会同时闭合,ON 按钮不会令 K1 工作
触点 K1-3 无法断开	无,当触发紧急制动后,触点 K2-3,K3-3 断开	否,由于 K1-3 闭合,触点 K1-1,K1-2 不会同时闭合,线圈 K2 和 K3 不会被激励

13.2.2.3 连接在电气安全装置之后的装置(如有)应符合 14.1.2.2.3 关于爬电距离和电气间隙(不是分断距离)的要求。

这项要求不适用于 13.2.1.1、13.2.1.2 和 13.2.2.1 中述及的器件,因为这些器件本身满足 GB 14048.4 和 GB 14048.5 的要求。

对于印制电路板应适用附录 H(标准的附录)表 H1(3.6)的要求。

解析 在 GB/T 14048.1《低压开关设备和控制设备 总则》中对于爬电距离和电气间隙是这样定义的:

爬电距离(creepage distance):两导电部件间沿绝缘材料表面的最短距离。

注:两个绝缘材料部件间接缝认为是表面部分。

电气间隙(clearance):两个导电部件间最短的直线距离。

也就是说,一个开关或一个触点的爬电距离和电气间隙是指 2 个接线端子间的几何参数,即视线距离为电气间隙,从一个端子沿表面形状到另一个端子的轮廓则为爬电距离。

"分断距离"在 GB/T 14048.1《低压开关设备和控制设备 总则》中没有定义,但从描述上来看应是"断开触头间的电气间隙(开距)"。

断开触头间的电气间隙(开距):在断开位置时机械开关电器一极的触头间或与触头相连的任何导电部件间的总电气间隙。

14.1.2.2.3 关于爬电距离和电气间隙的要求是这样的:如果保护外壳的防护等级不高于 IP4X,则其电气间隙不应小于 3mm,爬电距离不应小于 4mm,触点断开后的距离不应小于 4mm。如果保护外壳的防护等级高于 IP4X,则其爬电距离可降至 3mm。

"连接在电气安全装置之后的装置"其含义是:该装置比电气安全装置从电气上更靠近停止电梯驱动主机以及检查其停止状态的接触器(12.7)和切断驱动主机制动器电流的接触器(12.4.2.3.1)。这些装置不能因为其前面有符合本标准要求的电气安全装置而降低其爬电距离和电气间隙的要求。

但本标准 13.2.1.1、13.2.1.2 和 13.2.2.1 中述及的接触器、继电接触器本身满足

GB 14048.4 和 GB 14048.5 的相关要求,因此不需要再满足 14.1.2.2.3 关于爬电距离和电气间隙的要求。

GB 14048.4 对电气间隙和爬电距离的规定为:

额定绝缘电压U_i V	电气间隙 mm				爬电距离 mm			
	$I_e \leqslant 63A$		$I_e \geqslant 63A$		$I_e \leqslant 63A$		$I_e \geqslant 63A$	
	L-L	L-A	L-L	L-A	a	b	a	b
$U_i \leqslant 60$	2	3	3	5	2	3	3	4
$60 < U_i \leqslant 250$	3	5	5	6	3	4	5	8
$250 < U_i \leqslant 380$	4	6	6	8	4	6	6	10
$380 < U_i \leqslant 500$	6	8	8	10	6	10	8	12
$500 < U_i \leqslant 660$	6	8	8	10	8	12	10	14
$660 < U_i \leqslant 750$ 交流	10	14	10	14	10	14	14	20
$660 < U_i \leqslant 800$ 直流								
$750 < U_i \leqslant 1\,000$ 交流	14	20	14	20	14	20	20	28

表中:U_i 为额定绝缘电压;I_e 为额定工作电流;L-L 表示给出两个带电部件之间的电气间隙;L-A 表示带电部件与偶然性危险部件之间的电气间隙。

GB 14048.5 对电气间隙和爬电距离的规定为:

额定绝缘电压U_i V	电气间隙 mm		爬电距离 mm	
	L-L	L-A	a	b
$U_i \leqslant 60$	2	3	2	3
$60 < U_i \leqslant 250$	3	5	3	4
$250 < U_i \leqslant 400$	4	6	4	6
$400 < U_i \leqslant 500$	6	8	6	10
$500 < U_i \leqslant 690$	6	8	8	12
$690 < U_i \leqslant 750$a. c.	10	14	10	14
$750 < U_i \leqslant 1000$a. c.	14	20	14	20

表中:U_i 为额定绝缘电压;I_e 为额定工作电流;L-L 表示给出两个带电部件之间的电气间隙;L-A 表示带电部件与偶然性危险部件之间的电气间隙。

对于印制电路板的爬电距离和电气间隙在附录 H(标准的附录)表 H1(3.6)中有相关要求:"对 250V 的有效电压值爬电距离为 4mm、电气间隙为 3mm。对于其他电压值请参考 GB/T 16935.1 如果 PCB 的防护等级不低于 IP5X,或材料有更高的质量,爬电距离可以减小到电气间隙要求,如:对 250V 的有效电压值为 3mm。"因此也不需满足 14.1.2.2.3 的要求。

资料 13－5　电气间隙和爬电距离的测量　　⇩↓

一、基本要求

在例1～例11中规定的槽的宽度 X 基本上适用于以污染等级为函数的所有例子,如下表:

污染等级	槽宽度的最小值/mm
1	0.25
2	1.0
3	1.5
4	2.5

污染等级的具体含义是这样的:

污染等级1:指无污染或仅有干燥的非导电性污染的环境条件;

污染等级2:指一般情况下仅有非导电性污染,但在偶然产生凝露时有可能造成短时的导电性污染的环境条件;

污染等级3:指有导电性污染(包括因凝露而使干燥的非导电性污染变为导电性污染的情况)的环境条件;

污染等级4:指有可能持久存在导电性污染(如导电尘埃或雨雪造成的污染)的环境条件。

对于承载触头的固定的和移动的绝缘材料间的爬电距离,具有相对运行的绝缘材料间无最小 X 值的要求。

如果有关的电气间隙小于3mm,槽最小宽度可以减小至该电气间隙的三分之一。

测量电气间隙和爬电距离的方法示于以下例1～例11中,这些举例对气隙与槽之间或绝缘型式之间没有区别。

而且:

——假定任意角被宽度为 X mm 的绝缘联接在最不利的位置下桥接(见例3);

——当横跨槽顶部的距离为 X mm 或更大时,沿着槽的轮廓测量爬电距离(见例2)。

——当运动部件处于最不利的位置时,测量运动部件之间的电气间隙和爬电距离。

二、筋的使用

由于筋受污染物的影响小以及筋的干透效果较好,筋的使用大大地减少了泄漏电流的形成。因此假设筋的最小高度为2mm时,爬电距离可以减少至规定值的0.8倍。

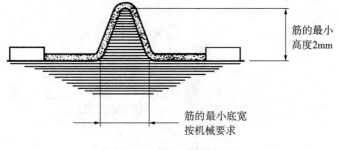

筋的最小高度2mm

筋的最小底宽按机械要求

资料 13－5 图 1　筋的测量

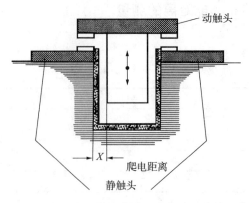

动触头

爬电距离

静触头

资料 13-5 图 2　触头支持用固定的和移动的绝缘件间的爬电距离

例 1

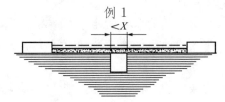

条件:该爬电距离路径包括宽度小于 X 而深度为任意的平行边或收敛形边槽。

规则:爬电距离和电气间隙如图所示,直接跨过槽测量。

例 2

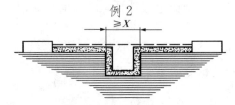

条件:爬电距离路径包括任意深度且宽度等于或大于 X 的平行边槽。

规则:电气间隙是"虚线"的距离,爬电距离路径沿槽的轮廓。

例 3

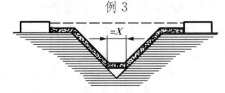

条件:爬电距离路径包括宽度大于 X 的 V 形槽。

规则:电气间隙是"虚线"的距离,爬电距离路径沿着槽的轮廓但被 X 联结把槽底"短路"。

例 4

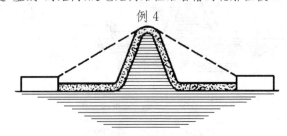

条件:爬电距离路径包括一条筋。

规则:电气间隙是通过筋顶的最短直径空气路径,爬电距离沿着筋的轮廓。

－ － － － － 电气间隙　　　　　　　　爬电距离

例 5

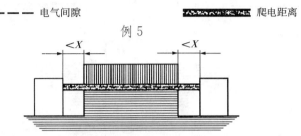

条件:爬电距离路径包括一条未浇合的接缝以及每边的宽度小于 X 的槽。

规则:爬电距离和电气间隙路径是"虚线"所示距离。

例 6

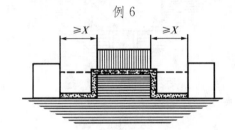

条件:爬电距离路径包括一条未浇合的接缝以及每边的宽度等于或大 X 的槽。

规则:电气间隙为"虚线"的距离,爬电途径沿着槽的轮廓。

例 7

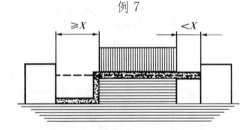

条件:爬电距离路径一条未浇合的接缝以及一边宽度小于 X 而另一边宽度大于或等于 X 的槽。

规则:电气间隙和爬电距离路径如图所示。

例 8

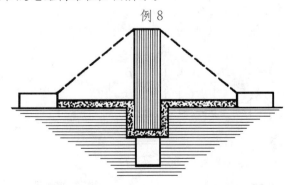

条件:穿过一条未浇合的接缝的爬电距离小于通过隔板的爬电距离。

规则:电气间隙是通过隔板顶部的最短直接空气路径。

－－－－－－ 电气间隙　　　　　　　　▨▨▨▨▨ 爬电距离

例 9

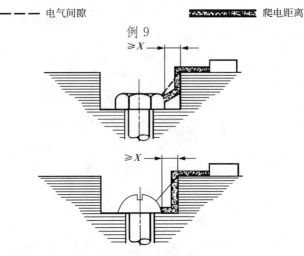

条件:螺钉头与凹壁之间的间隙足够宽应加以考虑。

规则:电气间隙和爬电距离路径如图所示。

例 10

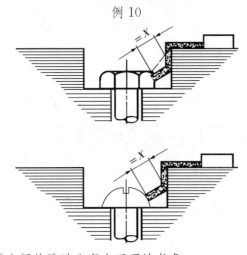

条件:螺钉头与凹壁之间的隙过分窄小而不被考虑。

规则:当螺钉头到壁的距离为 X 时的测量爬电距离。

例 11

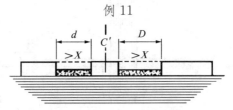

电气间隙为 $d+D$ 的距离,爬电距离也为 $d+D$。

－－－－－－ 电气间隙　　　　　　　　▨▨▨▨▨ 爬电距离

13.3 电动机和其他电气设备的保护

13.3.1 直接与主电源连接的电动机应进行短路保护。

解析 通常情况下,这种保护就是使用熔断器(熔丝)或自动空气断路器保护。当三相异步电动机发生短路故障时,将产生很大的短路电流,如不及时切断电源将会使电动机烧毁甚至引起更大的事故。熔断器和自动空气开关都能在短路电流较大的情况下立即切断电源,起到保护电动机的作用。

在选择熔断器时,为了防止电动机启动时电流较大将熔断器烧断,不能按照电动机的额定电流来选择熔断器的额定电流。而且,由于电梯的电动机在工作时需要频繁启动,因此熔断器电流应满足:

$$熔断器电流 = \frac{电动机启动电流}{1.6 \sim 2}$$

或参考下表选择熔断器:

三相 380V 异步电动机熔断器(熔丝)选择参考表

电动机额定功率/kW	熔断器电流/A
4	20
4.5	20～25
7.0～7.5	30
10	50～60
14	60
17	70
20	80
28	100(熔体)
40	150(熔体)
55	200(熔体)
75	250(熔体)

自动空气断路器是低压开关电器中的一个主要组类,又称自动空气开关。当电路中发生过载、短路等不正常的情况时,能自动分断电路。这种部件具有较好的操作特性:分、合闸操作速度快;良好的保护特性:具有过载、短路、失压等保护性能。它兼有断路器和保护装置的良好功能,用于电动机的短路保护也非常合适。

13.3.2 直接与主电源连接的电动机应采用自动断路器(13.3.3 所述情况例外)进行过载保护,该断路器应切断电动机的所有供电。

解析 电气设备的额定电流小于实际负荷,则会出现过载现象。过载现象对电气设备的影响主要是容易造成设备、线路较高的温升以及加速绝缘老化、缩短使用寿命。电气设备长时间的过载运行就会因严重过热而损坏电气设备。

CEN/TC10 对 13.3.2 的解释:只有功率大于 0.5kW 的电动机才需要过载保护。

根据 CEN/TC10/WG1 的解释,很明显,这里是针对大功率电动机的要求,而功率不大于 0.5kW 的电动机一般用于门机上。因此,在这里主要以驱动主机电动机为讨论对象。

电梯驱动主机使用的电动机容量一般比较大,从几千瓦到十几千瓦不等。对于直接与主电源连接的电动机,为了防止电动机过载后被烧毁,要求对其进行过载保护。这种过载保护应能够自动切断电动机的所有供电(如直流电动机的励磁回路和转子回路的供电)。

通常采用热继电器或自动空气断路器(自动空气开关)作为过载保护装置。

应注意,这里要求设置的过载保护不可以用 12.10 中所描述的电动机运转时间限制器替代。

13.3.3 当对电梯电动机过载的检测是基于电动机绕组的温升时,则只有在符合 13.3.6 时才能切断电动机的供电。

解析 在一些情况下,检测驱动主机的电动机过载不是根据电动机绕组的电流值(电流超过允许值时可利用变频器过电流保护或通过自动断路器切断电动机供电),而是通过在电动机绕组内埋有热传感器(热敏电阻)的方法实现。电动机绕组内的温升大于规定值后,切断电源停止电梯运行,待电动机温升降低至允许值后再将电梯恢复运行。但必须注意,切断电源停止电梯运行的前提条件是 13.3.6 所规定的"此时轿厢应停在层站,以便乘客能离开轿厢"。这是考虑到在电动机过载时,如果能够就近停站,既可以保证过载的时间很短,不会造成电动机烧毁的故障;同时应尽可能避免将乘客困在轿厢内。

当然,在电动机内部埋设热传感器(热敏电阻)的方法并不是检测过载的唯一手段。

13.3.4 如果电动机具有多个不同电路供电的绕组,则 13.3.2 和 13.3.3 的规定适用于每一绕组。

解析 当电动机的绕组不同电路供电的情况(如直流电动机的励磁回路和转子回路的供电),这些绕组都需要进行过载保护。同时对于过载的保护适用 13.3.2 和 13.3.3 的要求。

13.3.5 当电梯电动机是由电动机驱动的直流发电机供电时,则该电梯电动机也应该设过载保护。

解析 如果电梯的电动机是由直流发电机供电(直流发电机由电动机驱动),电动机也应设置过载保护。而不能用直流发电机或原动机的过载保护代替。

13.3.6 如果一个装有温度监控装置的电气设备的温度超过了其设计温度,电梯不应再继续运行,此时轿厢应停在层站,以便乘客能离开轿厢。电梯应在充分冷却后才能自动恢复正常运行。

解析 电气设备的温度对其寿命和使用时的稳定性有很大影响。为保证电梯使用过程中电气设备的稳定可靠,应对必要的电气设备进行温度监控,当其温度超过了允许值时,电梯应停止运行,而且只有在充分冷却后才能再次投入运行。由于温度超过允许值时并不会立即对电气设备造成损害,因此停止电梯运行应在电梯停站的情况下进行,以免将乘客困在轿厢内。

13.4 主开关

13.4.1 在机房中,每台电梯都应单独装设一只能切断该电梯所有供电电路的主开关。该开关应具有切断电梯正常使用情况下最大电流的能力。

该开关不应切断下列供电电路:

a)轿厢照明和通风(如有);

b)轿顶电源插座;

c)机房和滑轮间照明;

d)机房、滑轮间和底坑电源插座;

e)电梯井道照明;

f)报警装置。

■ **解析** 在电梯机房中,应为每一台电梯设置一个能切断电梯动力电源和控制电路电源的主开关。这个开关应能切断电梯正常使用中可能出现的最大电流,通常这个最大电流出现在电梯满载上行加速时。电梯电源设备的主开关宜采用低压断路器。低压断路器的额定电流应根据持续负荷电流和拖动电动机的启动电流来确定。过电流保护装置的负载-时间特性应设备负载-时间特性曲线相配合。

设置主开关的目的是在电梯发生紧急情况时,能够迅速、方便的切断电梯电源,避免电梯事故的进一步扩大。切断电梯动力电源和控制电路电源后,如果有乘客在轿厢中,但为了保证轿内乘客的安全同时使乘客能够报警呼救,主开关不应切断照明、通风和报警装置的电路。为了保证工作人员能够在井道、机房(或滑轮间)以及轿顶正常工作,主开关不应切断这些位置的照明电路和电源插座的供电。

为满足上述条件,a)~f)的供电应引自另一条不受主开关控制的电路或从电梯的动力电源主开关前取得,同时应有相应的开关控制这些电路的供电,如图13-4所示。

13.4.2 在13.4.1中规定的主开关应具有稳定的断开和闭合位置,并且在断开位置时应能用挂锁或其他等效装置锁住,以确保不会出现误操作。

应能从机房入口处方便、迅速地接近主开关的操作机构。如果机房为几台电梯所共用,各台电梯主开关的操作机构应易于识别。

如果机房有多个入口,或同一台电梯有多个机房,而每一机房又有各自的一个或多个入口,则可以使用一个断路器接触器,其断开应由符合14.1.2的电气安全装置控制,该装置接入断路器接触器线圈供电回路。

图 13-4　主开关和照明开关

断路器接触器断开后,除借助上述安全装置外,断路器接触器不应被重新闭合或不应有被重新闭合的可能。断路器接触器应与一手动分断开关连用。

■■ **解析**　CEN/TC10 对 13.4.2 的解释:对于机房有多个入口的情况,在每个入口附近应设置主开关。如果其中一个主开关"断开"且被"锁住",则不能在其他入口处接通电源。

要求在主开关断开位置时应能够用挂锁或其他等效装置锁住,是为了防止在主开关被切断的情况下,有人误操作,重新启动电梯。对于类似的防止误启动的操作在 GB 4064—83《电气设备安全设计导则》有着更完善的规定:

防止误启动措施(GB 4064—83《电气设备安全设计导则》第 4.10.3 要求):

"对于在安装、维护、检验时,需要察看危险区域或人体部分(例如手或臂)需要伸进危险区域的设备,必须防止误启动。可通过下列措施来满足此项要求:

a. 先强制分断设备的电能输入;

b. 在"断开"位置用多重闭锁的总开关;

c. 控制或联锁元器件位于危险区域,并只能在此处闭锁或启动;

d. 具有可拔出的开关钥匙。

可见,上述规定对保证安全更加有利,同时也给出了更加明了的解决方案。尤其是上面的规定中所要求的"在'断开'位置用多重闭锁的总开关"是非常重要的,它能够避免主开关在正常状态被锁闭。也就避免了紧急情况下需要切断主开关而主开关被锁闭无法被切断的事故。这是 GB 7588 规定中不甚完备的方面。

现在应用非常广泛的一种带有锁闭装置的电源开关箱如图 13-5 所示:

a）能够锁闭的电源主开关箱

b）可以同时使用6把锁的锁片

图 13 - 5 带有锁闭装置的主开关箱

上面这种开关箱只有在主开关切断电源的情况下才能够锁闭,在正常情况下是无法锁闭的。在锁闭的情况下,最多允许使用 6 把锁同时锁闭(即提供了六个人同时工作的可能)。当然,标准中并没有这么复杂的要求,只能说这种结构的主开关箱比标准中要求的更加完善。

在电梯使用过程中,检修人员援救乘客或检修电梯,有时需要切断电梯电源。为便于检修人员迅速的接近、操作电源主开关的操作机构,要求电源主开关的操作机构设置在靠近机房入口且方便接近的地方。还应注意,主开关的操作机构前面不应有影响人员操作的障碍物,设置主开关的操作机构时还应考虑其设置高度应适合人员操作。这里所说的是主开关的操作机构,应注意与上面所说的主开关是有所区别的。主开关不一定要设置在“从机房入口处方便、迅速地接近”的位置,但在上述位置上必须能够操作主开关。也就是说允许使用适当的装置去操作电梯主开关,这个装置就是所谓的“主开关操作机构”。

当机房为多个电梯共用的情况,为避免混淆,主开关的操作机构上应有易于识别的标识,能够让使用者分辨其所对应的电梯。

当一个电梯有几个机房(这种情况很少见)或机房有多个入口的情况下,允许使用一个断路器接触器切断电梯所有供电电路(除了 13.4.1 中 a～f 的电路),与主开关的要求一样,断路器接触器的容量应能切断电梯正常使用中可能出现的最大电流。由于在我国现行标准中没有查到断路器接触器相关定义,笔者认为所谓“断路器接触器”就是符合 GB 14048.4《低压开关设备与控制设备 低压机电式接触器和电动机启动器》中相关规定的接触器,而此接触器的作用是在手动分断开关的控制下切断电梯的供电电路。

(注:“断路器”是指:能接通、承载和分断正常电路条件下的电流,也能在规定的非正常条件下(例如短路条件下)接通、承载电流一定时间和分断电流的一种机械开关电器。

“接触器”是指:仅有一个起始位置能接通、承载和分断正常电路条件(包括过载运行条件)下的电流的一种非手动操作的机械开关电器。

上述的断路器接触器应与一个具有符合 14.1.2 要求的安全触点的手动分断开关连用。这个手动分断开关的触点接入断路器接触器的线圈中,通过它能够切断断路器接触器线圈的供电。同时只有通过这个手动分断装置才可能将断开的断路器接触器闭合。

从标准要求的原义来看,手动分断器应是在每个机房的每个入口处都应设置,否则没有必要采用与手动分断开关连用的断路器接触器,在某个机房中设置一个主开关就可以了。因此,我们认为,"能从机房入口处方便、迅速地接近主开关的操作机构"的要求也应适用于多个机房、多个入口的情况下手动分断开关的设置要求。

图 13-6 所示是当机房有多个入口的情况,采用断路器接触器切断电梯主电源。

图中 KM1 为断路器接触器,QF1 为主开关。断路器接触器 KM1 受安全触点型开关 SA1 和 SA2 控制。这两个安全触点型开关分别设置在机房其他两个入口处。应注意,断路器接触器的主触头只能与主开关的触头串联,且只能串联在主开关 QF1 后面。

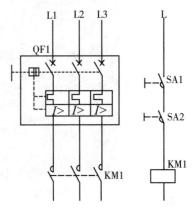

图 13-6 机房有多个入口时采用断路器接触器控制示例

13.4.3 对于一组电梯,当一台电梯的主开关断开后,如果其部分运行回路仍然带电,这些带电回路应能在机房中被分别隔开,必要时可切断组内全部电梯的电源。

解析 在具有多台电梯客流量大的高层建筑物中,通常把电梯分为若干组,每组四~六台电梯,将几台电梯控制连在一起,分区域进行有程序或无程序综合统一控制,对乘客需要电梯情况进行自动分析后,选派最适宜的电梯及时应答呼梯信号。这种的形式,就是我们通常所说的群管理模式(群控)。对于一组群控电梯,一般梯群的调度部分安装在其中某一台电梯中,这台电梯称为主控梯。但梯群调度部分的电源是整个梯群共用的,不受主控梯主开关的控制,此时即使切断主控梯电源主开关,但群控调度部分仍带电。为了保证切断电源后在主控梯上工作的人员的人身安全,带电的调度部分的电路应被分隔开。如果没有单独分隔开,则应切断所有电梯的电源,以保证没有暴露的带电电路。

13.4.4 任何改善功率因数的电容器,都应连接在动力电路主开关的前面。

如果有过电压的危险,例如,当电动机由很长的电缆连接时,动力电路开关也应切断与电容器的连接线。

解析 驱动电梯运行的主要动力来源是驱动主机的电动机,电动机属于感性负载,具有相应的感性无功功率。根据《全国供用电规则》第26条规定:"无功电力应就地平衡。用户应在提高用电自然功率因数的基础上,设计和装置无功补偿设备,并做到随其负荷和电压变动及时投入或切除,防止无功电力倒送"。并有明确的功率因数规定。

　　如果需要补偿电梯驱动主机电动机的感性无功功率,一般采用在电路中并联相应容量的电容器的方式,通过电容的放电抵消电动机的感性无功功率,如图 13-6 所示。当主开关 SW 切断后,电容有个放电的过程,如果电容接在电路主开关 SW 后面,则电容在放电时有可能使电梯维修人员触电。因此改善功率因数的电容应如图 13-7 所示,设置在主开关的前面,当主开关切断后,即使电容放电,电流将被主开关阻断,不会对维修人员造成伤害。

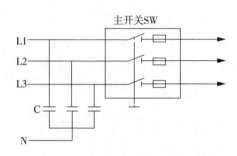

图 13-7　改善功率因数的电容器设置的位置

　　所谓"过电压",是由于在电气系统中,各种电压等级的电气设备,在正常运行状态下只起承受其额定电压的作用。但在异常情况下,可能由于系统运行中的操作、故障等原因引起系统内部电磁能量的振荡、积聚和传播,从而造成对电气设备绝缘有危险的电压升高,这种现象称为过电压。过电压现象虽然持续的时间很短(一般从几微秒至几十毫秒),但电压升高的中能较大,在设备本身绝缘水平较低时,可能发生电气设备的绝缘击穿。

　　本条中所述及的过电压的可能是这样的:如果使用变频器控制电动机,由于在实际的应用场合中,变频器可能无法与马达近距离连接,必须使用较长的电缆来连接。如果变频器采用脉宽调制的方式(PMW),其输出的电压并不是一个正弦电压而是一系列占空比可变的梯形脉冲,这些电压通过电机电缆传送到电机。由于电缆上的漏电感和耦合电容与变频器、电机的阻抗不匹配,造成 PMW 边缘(上升和下降)波形中的高频成分会沿着其来的方向反射回去,当这些反射波与原边缘波形叠加,就会出现过压与振荡现象,引起电动机侧出现高压甚至导致绝缘破损。

　　为避免这种情况的发生,可采用 LC 滤波器,滤波器由 3 个电抗器和电容网络组成,如图 13-8 所示,它的基本原理是选择合适的 L、C 值,使这个 LC 低通滤波器的截止频率正好可以将 PWM 波形中的高频成分率掉,有效的检修谐振现象,使有可能引起共振的高频成分无法到达电动机。

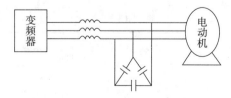

图 13-8　LC 滤波器连接位置

在这种情况下,也是在电路中并联了电容成分,在主开关切断后,电容放电可能伤害到检修人员的安全。因此,要求在上述情况下,主开关也必须切断线路与并联在线路中起滤波作用的电容之间的连接。

13.5 电气配线

13.5.1 在机房、滑轮间和电梯井道中,导线和电缆应依据国家标准选用。同时考虑到 13.1.1.2 的要求,除随行电缆外,其质量至少应等效于 GB 5023.3 和 GB 5013.4 的规定。

解析 电梯机房、滑轮间和井道使用的导线和电缆(除随行电缆外)应符合 GB 5023.3—1997《额定电压 450/750V 及以下聚氯乙烯绝缘电缆 第 3 部分:固定布线用无护套电缆》;和 GB 5013.4—1997《额定电压 450/750V 及以下橡皮绝缘电缆 第 4 部分:软线和软电缆》的规定。

13.5.1.1 符合 GB 5023.3—1997 第 2 章[227IEC01(BV)]第 3 章[227IEC02(RV)]、第 4 章[227IEC05(BV)]和第 5 章[227IEC06(RV)]的导线,只有当其被敷设于金属或塑料制成的导管(或线槽)内或以一种等效的方式保护时才能使用。

注:这些规定用来替换列在 GB 5023.1—1997 附录 A 内的规定。

解析 符合 GB 5023.3—1997 的电线由于其绝缘厚度相对于导线直径来说很薄,容易造成绝缘破损。因此在使用时必须设置导管或线槽一类的防护。

上述导线通常主要用于控制柜(屏)中各电气元器件之间的连接,以及井道内的安装线。

资料 13-6 符合 GB 5023.3—1997 的各种导线的介绍

1. GB 5023.3—1997 第 2 章所述的导线为:一般用途单芯硬导体无护套电缆。

这种导线的特点:

(1)额定电压:450/750V。

(2)导体:采用 1 芯(实心导体或绞合导体)。

(3)绝缘:挤包在导体上的绝缘应是 PVC/C 型聚氯乙烯混合物。

(4)使用导则:正常使用时导体的最高温度为 70℃。

其综合数据如下表所示:

资料 13-6 表 1

导体标称截面 mm²	导体种类	绝缘厚度规定值 mm	平均外径上限 mm	70℃时最小绝缘电阻 (MΩ·km)
1.5	1	0.7	3.3	0.011
1.5	2	0.7	3.4	0.010

续表

导体标称截面 mm²	导体种类	绝缘厚度规定值 mm	平均外径上限 mm	70℃时最小绝缘电阻 (MΩ·km)
2.5	1	0.8	3.9	0.010
2.5	2	0.8	4.2	0.009
4	1	0.8	4.4	0.0085
4	2	0.8	4.8	0.0077
6	1	0.8	4.9	0.0070
6	2	0.8	5.4	0.0065
10	1	1.0	6.4	0.0070
10	2	1.0	6.8	0.0065
16	2	1.0	8.0	0.0050
25	2	1.2	9.8	0.0050
35	2	1.2	11.0	0.0040
50	2	1.4	13.0	0.0045
70	2	1.4	15.0	0.0035
95	2	1.6	17.0	0.0035
120	2	1.6	19.0	0.0032
150	2	1.8	21.0	0.0032
185	2	2.0	23.5	0.0032
240	2	2.2	26.5	0.0032
300	2	2.4	29.5	0.0030
400	2	2.6	33.5	0.0028

注:"导体种类"栏中,1为实心导体;2为绞合导体。

2. GB 5023.3—1997第3章所述的导线为:一般用途单芯软导体无护套电缆。

这种导线的特点:

(1)额定电压:450/750V。

(2)导体:采用1芯。

(3)绝缘:挤包在导体上的绝缘应是PVC/C型聚氯乙烯混合物。

(4)使用导则:正常使用时导体的最高温度为70℃。

其综合数据如下表所示:

资料 13-6 表 2

导体标称截面/mm²	导体种类	平均外径上限/mm	70℃时最小绝缘电阻/(MΩ·km)
1.5	0.7	3.5	0.010
2.5	0.8	4.2	0.009
4	0.8	4.8	0.007

续表

导体标称截面/mm²	导体种类	平均外径上限/mm	70℃时最小绝缘电阻/(MΩ·km)
6	0.8	6.3	0.006
10	1.0	7.6	0.0056
06	1.0	8.8	0.0046
25	1.2	11.0	0.0044
35	1.2	12.5	0.0038
50	1.4	14.5	0.0037
70	1.4	17.0	0.0032
95	1.6	19.0	0.0032
120	1.6	21.0	0.0029
150	1.8	23.5	0.0029
185	2.0	26.0	0.0029
240	2.2	29.5	0.0028

3. GB 5023.3—1997 第 4 章所述的导线为:内部布线用导体温度为 70℃的单芯实心导体无护套电缆。

这种导线的特点:

(1)额定电压:300/500V。

(2)导体:采用 1 芯(实心导体或绞合导体)。

(3)绝缘:挤包在导体上的绝缘应是 PVC/C 型聚氯乙烯混合物。

(4)使用导则:正常使用时导体的最高温度为 70℃。

其综合数据如下表所示:

资料 13 - 6 表 3

导体标称截面/mm²	导体种类	平均外径上限/mm	70℃时最小绝缘电阻/(MΩ·km)
0.5	0.6	2.4	0.015
0.75	0.6	2.6	0.012
1	0.6	2.8	0.011

4. GB 5023.3—1997 第 5 章所述的导线为:内部布线用导体温度为 70℃的单芯软导体无护套电缆。

这种导线的特点:

(1)额定电压:300/500V。

(2)导体:采用 1 芯。

(3)绝缘:挤包在导体上的绝缘应是 PVC/C 型聚氯乙烯混合物。

(4)使用导则:正常使用时导体的最高温度为 70℃。

其综合数据如下表所示:

资料 13-6 表 4

导体标称截面/mm²	导体种类	平均外径上限/mm	70℃时最小绝缘电阻/(MΩ·km)
0.5	0.6	2.6	0.013
0.75	0.6	2.8	0.011
1	0.6	3.0	0.010

13.5.1.2 机械和电气性能不低于 GB 5023.4—1997 第 2 章要求的护套电缆可明敷在井道(或机房)墙壁上,或装在导管、线槽或类似装置内使用。

■■ **解析** 在机房、井道墙壁上或类似的地方,检修人员不可能踩到敷设在这些位置的导线,减小了导线绝缘层破损的可能。因此符合 GB 5023.4—1997《额定电压 450/750V 及以下聚氯乙烯绝缘电缆 第 4 部分:固定布线用护套电缆》第 2 章要求的护套电缆可以不使用套管或线槽等装置,而明敷在机房、井道墙壁上。但如敷设在地面上,则必须装在导管、线槽或类似装置内使用。

资料 13-7 符合 GB 5023.4—1997 第 2 章要求的护套电缆的介绍 ⇩↓

GB 5023.4—1997 第 2 章所述的导线为:轻型聚氯乙烯护套电缆。

这种导线的特点:

(1)额定电压:300/500V。

(2)导体:采用 2、3、4 或 5 芯(实心导体或绞合导体)。

(3)绝缘:挤包在导体上的绝缘应是 PVC/C 型聚氯乙烯混合物。

(4)绝缘线芯成缆:绝缘线芯应绞合在一起。

(5)内护层:在绞合的绝缘线芯上应挤报一层由非硫化型橡皮或塑料混合物构成的内护层。内护层与绝缘线芯应易于分离。

(6)护套:挤包在内护层上的护套应是 PVC/ST4 型聚氯乙烯混合物。护套应与内护层紧密贴合且易于剥离而不损伤内护层。

(7)使用导则:正常使用时导体的最高温度为 70℃。

其综合数据如下表所示:

资料 13-7 表 1

导体芯数和标称截面 mm²	导体种类	绝缘厚度规定值 mm	内护层厚度近似值 mm	护套厚度规定值 mm	平均外径 下限 mm	平均外径 上限 mm	70℃时最小绝缘电阻 (MΩ·km)
2×1.5	1	0.7	0.4	1.2	7.6	10.0	0.011
2×1.5	2	0.7	0.4	1.2	7.8	10.5	0.010
2×2.5	1	0.8	0.4	1.2	8.6	11.5	0.010
2×2.5	2	0.8	0.4	1.2	9.0	12.0	0.009

续表

导体芯数和标称截面 mm²	导体种类	绝缘厚度规定值 mm	内护层厚度近似值 mm	护套厚度规定值 mm	平均外径		70℃时最小绝缘电阻（MΩ·km）
					下限 mm	上限 mm	
2×4	1	0.8	0.4	1.2	9.6	12.5	0.0085
	2	0.8	0.4	1.2	10.0	13.0	0.0077
2×6	1	0.8	0.4	1.2	10.5	13.5	0.0070
	2	0.8	0.4	1.2	11.0	14.0	0.0065
2×10	1	1.0	0.6	1.4	13.0	16.5	0.0070
	2	1.0	0.6	1.4	13.5	17.5	0.0065
2×16	2	1.0	0.6	1.4	15.5	20.0	0.0052
2×25	2	1.2	0.8	1.4	18.5	24.0	0.0050
2×35	2	1.2	1.0	1.6	21.0	27.5	0.0044
3×1.5	1	0.7	0.4	1.2	8.0	10.5	0.011
	2	0.7	0.4	1.2	8.2	11.0	0.010
3×2.5	1	0.8	0.4	1.2	9.2	12.0	0.010
	2	0.8	0.4	1.2	9.4	12.5	0.009
3×4	1	0.8	0.4	1.2	10.0	13.0	0.0085
	2	0.8	0.4	1.2	10.5	13.5	0.0077
3×6	1	0.8	0.4	1.4	11.5	14.5	0.0070
	2	0.8	0.4	1.4	12.0	15.5	0.0065
3×10	1	1.0	0.6	1.4	14.0	17.5	0.0070
	2	1.0	0.6	1.4	14.5	19.0	0.0065
3×16	2	1.0	0.8	1.4	16.5	21.5	0.0052
3×25	2	1.2	0.8	1.4	20.5	26.0	0.0050
3×35	2	1.2	1.0	1.4	22.0	29.0	0.0044
4×1.5	1	0.7	0.4	1.2	8.6	11.5	0.011
	2	0.7	0.4	1.2	9.0	12.0	0.010
4×2.5	1	0.8	0.4	1.2	10.0	13.0	0.010
	2	0.8	0.4	1.2	10.0	13.5	0.009
4×4	1	0.8	0.4	1.4	11.5	14.5	0.0085
	2	0.8	0.4	1.4	12.0	15.0	0.0077
4×6	1	0.8	0.6	1.4	12.5	16.0	0.0070
	2	0.8	0.6	1.4	13.0	17.0	0.0065
4×10	1	1.0	0.6	1.4	15.5	19.0	0.0070
	2	1.0	0.6	1.4	16.0	20.5	0.0065
4×16	2	1.0	0.8	1.4	18.0	23.5	0.0052

续表

导体芯数和标称截面 mm²	导体种类	绝缘厚度规定值 mm	内护层厚度近似值 mm	护套厚度规定值 mm	平均外径 下限 mm	平均外径 上限 mm	70℃时最小绝缘电阻 (MΩ·km)
4×25	2	1.2	1.0	1.6	22.5	28.5	0.0050
4×35	2	1.2	1.0	1.6	24.5	32.0	0.0044
5×1.5	1	0.7	0.4	1.2	9.4	12.0	0.011
5×1.5	2	0.7	0.4	1.2	9.8	12.5	0.010
5×2.5	1	0.8	0.4	1.2	11.0	14.0	0.010
5×2.5	2	0.8	0.4	1.2	11.0	14.5	0.009
5×4	1	0.8	0.6	1.4	12.5	16.0	0.0085
5×4	2	0.8	0.6	1.4	13.0	17.0	0.0077
5×6	1	0.8	0.6	1.4	13.5	17.5	0.0070
5×6	2	0.8	0.6	1.4	14.5	18.5	0.0065
5×10	1	1.0	0.6	1.4	17.0	21.0	0.0070
5×10	2	1.0	0.6	1.4	17.5	22.0	0.0065
5×16	2	1.0	0.8	1.6	20.5	26.0	0.0052
5×25	2	1.2	1.0	1.6	24.5	31.5	0.0050
5×35	2	1.2	1.2	1.6	27.0	35.0	0.0044

　　注："导体种类"栏中,1为实心导体;2为绞合导体。

13.5.1.3　符合 GB 5013.4—1997 第 3 章[245IEC53(YZ)]以及 GB 5023.5—1997 第 5 章[227IEC52(RVV)]要求的软线只有装在导管、线槽或能确保起到等效防护作用的装置中时才能使用。

　　符合 GB 5013.4—1997 第 5 章[245IEC66(YCW)]要求的电缆可以按 13.5.1.2 中规定条件下的电缆一样使用,并可用于连接移动设备(除轿厢的随行电缆以外)或用于其易受振动的场合。

　　符合 GB 5023.6 以及 GB 5013.5 要求的电梯电缆,可在这些文件的限制范围内用作连接轿厢的电缆。总之,所选用的随行电缆至少应具有等效的质量。

　　■■■**解析**　符合 GB 5013.4—1997《额定电压 450/750V 及以下橡皮绝缘电缆　第 4 部分:软线和软电缆》第 3 章和 GB 5023.5—1997《额定电压 450/750V 及以下聚氯乙烯绝缘电缆　第 5 部分:软电缆(软线)》第 5 章要求的软线在使用时需要有防护。而且,符合 GB 5023.5 第 5 章要求的软线不能用于随行电缆,只能用于连接一些移动设备等。

　　用作随行电缆的线缆,必须符合 GB 5023.6—1997《额定电压 450/750V 及以下聚氯乙烯绝缘电缆　第 6 部分:电梯电缆和挠性连接用电缆》和 GB 5013.5—1997《额定电压 450/750V 及以下橡皮绝缘电缆　第 5 部分:电梯电缆》的要求。

对于本条,CEN/TC10有一项解释单,参见13.1.1.2。

资料13-8　GB 5013.4—1997第3章、GB 5023.5—1997第5章所要求的线缆的介绍

1. GB 5013.4—1997第3章所述的导线为:普通强度橡套软线。

这种导线的特点:

(1)额定电压:300/500V。

(2)导体:采用2、3、4或5芯(单线可以不镀锡或镀锡)。

(3)隔离层:在不镀锡导体或镀锡导体和绝缘之间可以任选放置一层由合适材料组成的隔离带(可以在每根导体外面包覆一层)。

(4)绝缘:包覆在每根导体上的绝缘应是IEl型橡皮混合物。如果不采用挤包,绝缘应至少由两层组成。

(5)绝缘线芯和填充物(若有)的成缆:绝缘线芯应绞合在一起。可以在成缆线芯中间放置填充物。

(6)护套:包覆在成缆线芯上的护套应是SE3型橡皮混合物,护套应单层挤出并应填满成缆线芯的间隙,护套应能剥离而又不损伤绝缘线芯。

(7)使用导则:正常使用时导体的最高温度为60℃。

其综合数据如下表所示:

资料13-8表1

芯数及导体标称截面 mm²	绝缘厚度规定值 mm	护套厚度规定值 mm	平均外径	
			下限 mm	上限 mm
2×0.75	0.6	0.8	6.0	8.2
2×1	0.6	0.9	6.6	8.8
2×1.5	0.8	1.0	8.0	10.5
2×2.5	0.9	1.1	9.5	12.5
3×0.75	0.6	0.9	6.5	8.8
3×1	0.6	0.9	7.0	9.2
3×1.5	0.8	1.0	8.6	11.0
3×2.5	0.9	1.1	10.0	13.0
4×0.75	0.6	0.9	7.1	9.6
4×1	0.6	0.9	7.6	10.0
4×1.5	0.8	1.1	9.6	12.5
4×2.5	0.9	1.2	11.0	14.0
5×0.75	0.6	1.0	8.0	11.0
5×1	0.6	1.0	8.5	11.5
5×1.5	0.8	1.1	10.5	13.5
5×2.5	0.9	1.3	12.5	15.5

2. GB 5023.5—1997 第5章所述的导线为:轻型聚氯乙烯护套软线。

这种导线的特点:

(1)额定电压:300/300V。

(2)导体:采用2和3芯。

(3)绝缘:挤包在导体上的绝缘应是PVC/C型聚氯乙烯混合物。

(4)绝缘线芯成缆:圆形软线(绝缘线芯应绞在一起)、扁形软线(绝缘线芯应平行放置)。

(5)护套:挤包在成缆绝缘线芯上的护套应是PVC/ST5型聚氯乙烯混合物。护套运行填满绝缘线芯之间的空隙、构成填充,但不应粘连绝缘线芯。绝缘线芯成缆后允许包有隔离层,也不应粘连绝缘线芯。成品圆形软线实际上应是圆形截面。

(6)使用导则:正常使用时导体的最高温度为70℃。

其综合数据如下表所示:

资料 13-8 表 2

导体芯数和标称截面 mm²	绝缘厚度规定值 mm	护套厚度规定值 mm	平均外径		70℃时最小绝缘电阻 (MΩ·km)
			下限 mm	上限 mm	
2×0.5	0.5	0.6	4.8 或 3.0×4.8	6.0 或 3.6×6.0	0.012
2×0.75	0.5	0.6	5.2 或 3.2×5.2	6.4 或 3.9×6.4	0.010
3×0.5	0.5	0.6	5.0	6.2	0.012
2×0.75	0.5	0.6	5.4	6.8	0.010

资料 13-9　符合 GB 5023.6—1997 和 GB 5013.5—1997 所要求的电缆的介绍 ⇩▶

1. GB 5023.6—1997 所述的导线为:扁形聚氯乙烯护套电梯电缆和挠性连接用电缆。

这种电缆的特点:

(1)额定电压:导体标称截面不超过1mm²的电缆:300/500V;其他电缆:450/750V。

(2)导体:采用3、4、5、6、9、12、16、18、20或24芯。导体截面和芯数的组合见下表:

资料 13-9 表 1

导体标称截面/mm²	芯　　数
0.75 和 1	(3)、(4)、(5)、6、9、12、(16)、(18)、(20)或24
1.5 和 2.5	(3)、4、5、6、9 或 12
4、6、10、16 和 25	4 或 5

(3)绝缘:挤包在成缆绝缘线芯上的护套应是PVC/D型聚氯乙烯混合物。

(4)绝缘线芯和承力元器件(若有)的排列:绝缘线芯应平行排列,但也允许把2芯、

3芯、4芯或5芯绞合成组后再平行排列,在这种情况下,每组绝缘线芯内可以夹一根撕裂绳。绝缘线芯应可分离而不损伤绝缘。单股或多股承力元器件也可以使用织物材料和金属材料(在使用金属材料时,应包覆一层非导电的耐磨材料)。如果绝缘线芯绞合后分组排列,则应按下表规定分组:

资料 13-9 表 2

绝缘线芯数	5	6	9	12	16	18	20	24
分　组	2+1+2	2×3	3×3	3×4	4×4	4+5+5+4	5×4	6×4

对于间距 e_1 的平均值没有要求,但组与组之间的任一间距可小于标称值 e_1,只要不小于标称值的 $80\% \sim 0.2mm$。

(5)护套:挤包在绝缘线芯上的护套应是 PVC/ST5 型聚氯乙烯混合物。护套应紧密挤包以避免行程空隙,并不应粘连绝缘线芯,扁形电缆的边缘应成圆角。e_2 和 e_3 的平均值应不小于相应的规定值。但任一处的厚度可小于规定值,只要不小于相应规定值的 $80\% \sim 0.2mm$。

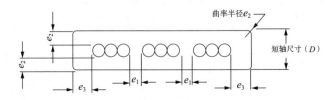

资料 13-9 图 1　电缆断面图

(6)使用导则:这类电缆预定用于安装在自由悬挂长度不超过35m及移动速度不超过1.6m/s的电梯和升降机,当电缆使用范围超过上述限制时,应由买方和制造厂之间协商解决。以上规定不适用于温度低于0℃以下使用的电缆。正常使用时导体的最高温度为70℃。

其综合数据如下表所示:

资料 13-9 表 3

导体标称截面/mm²	绝缘厚度规定值/mm	70℃时最小绝缘电阻/(MΩ·km)
0.75	0.6	0.011
1	0.6	0.010
1.5	0.7	0.010
2.5	0.8	0.009
4	0.8	0.007
6	0.8	0.006
10	1.0	0.0056
16	1.0	0.0046
25	1.2	0.0044

线缆组之间的间距和护套厚度见下表

资料 13-9 表 4

导体标称截面	间距标称值 e_1	护套厚度规定值	
mm²	mm	e_2 mm	e_3 mm
0.75	1.0	0.9	1.5
1	1.0	0.9	1.5
1.5	1.0	1.0	1.5
2.5	1.5	1.0	1.8
4	1.5	1.2	1.8
6	1.5	1.2	1.8
10	1.5	1.4	1.8
16	1.5	1.5	2.0
25	1.5	1.6	2.0

2. GB 5013.5—1997 所述的电缆为:电梯电缆。

这种电缆的特点:

(1)额定电压:300/500V。

(2)导体:6、9、12、18、24 或 30。且并不排除含有其他芯数或更多芯数的电缆结构。导体在 20℃时的最大电阻值应增加 5%。单线可以不镀锡或镀锡。

(3)隔离层:在不镀锡导体或镀锡导体和绝缘之间可以任选放置一层由合适材料组成的隔离带(可以在每根导体外面包覆一层)。

(4)绝缘:挤包在每根导体上的绝缘应是 IE1 型橡皮混合物。

(5)绝缘线芯保护层:可以在每根绝缘线芯外面任选包覆一层织物编织层或相当的保护覆盖层。

(6)中心垫芯:如果电梯电缆的中心垫芯包含承受拉力的元器件,它应具有足够的抗拉强度。

(7)绝缘线芯、中心垫芯和填充物(若有)的成缆:绝缘线芯和任选的填充物应绞合在中心垫芯周围。填充物(若有)应由干棉纱或其他合适的纤维材料组成。中心垫芯应由大麻、黄麻或类似材料组成。它可能有承力元器件;如果中心垫芯是由金属材料构成,则应用非导电材料包覆。包覆层的目的是防止由于金属承力元器件断丝而损伤绝缘线芯。制造厂应说明电缆是否有承力元器件。对于 6、9 和 12 芯的电缆,线芯应成缆为一层;对于 12 芯以上的电缆,线芯应成缆为一层或两层。成缆芯的横断面应实际上呈圆形。

(8)外覆盖层:

a)编织电梯电缆:绝缘线芯应任选包覆一层内织物编织层或包带层,以及包覆一层外织物编织层。内织物编织层(若有)应采用棉纱或类似材料。用织物胶布带或类似的带子,螺旋绕包包扎,绕包搭盖至少为 1mm。外编织层应由合适的织物材料组成。对于防潮和阻燃的编织电梯电缆,外层编织后应浸透防潮和阻燃料。制造厂应说明电梯电缆是否阻燃。

　　b)高强度橡皮,氯丁或其他相当的合成弹性体橡套电梯电缆:绝缘线芯成缆后应螺旋绕包扎带或包覆内编织层以及包覆护套。螺旋绕包用扎带应是棉纱的或类似材料的带子。内编织层应用织物材料或类似材料。护套应是:245 IEC 74(YT)用 SE3 型橡皮混合物;245 IEC 75(YTF)用 SE4 型橡皮混合物。氯丁或其他相当的合成弹性体橡套电缆应是阻燃的。

　　(9)使用导则:正常使用时导体的最高温度为 60℃。

　　其结构尺寸数据如下表所示:

资料 13 - 9 表 5

芯数与导体标称截面[1] mm²	绝缘厚度规定值[2] mm	护套厚度规定值 mm
(6×0.75)	0.8	1.5
6×1	0.8	1.5
(9×0.75)	0.8	2.0
9×1	0.8	2.0
(12×0.75)	0.8	2.0
12×1	0.8	2.0
(18×0.75)	0.8	2.0
18×1	0.8	2.0
(24×0.75)	0.8	2.5
24×1	0.8	2.5
(30×0.75)	0.8	2.5
30×1	0.8	2.5

[1] 有括号的为非优先芯数与导体截面:这个问题正在考虑中。

[2] 如果绝缘线芯外面包覆了一层织物编织层或相当的保护层,则 0.75mm² 绝缘线芯的绝缘厚度可减薄到 0.6mm。

13.5.1.4　下述情况无须执行 13.5.1.1、13.5.1.2 和 13.5.1.3 的要求:

　　a)除连接层门上电气安全装置外的导线或电缆,如果:

　　1)它们承受的额定输出不大于 100VA;

　　2)两极(或相)间电压,或极(或相)对地之间电压正常时不大于 50V;

　　b)控制柜中或控制屏上的控制或配电装置的配线:

　　1)电气设备中不同器件间的配线;或

　　2)这些器件与连接端子间的配线。

　　■■ **解析**　本条的意思是除去连接在层门上的电气安全装置以外的电气配线,在满足额定输出不大于 100VA 和相间电压、相对地电压不大于 50V 时,由于其功率和电压已经被限定的很低,因此流经导线的电流不大,可以不遵守 13.5.1.1、13.5.1.2 和 13.5.1.3 的要求。

出于同样原因,控制柜中或控制屏上的控制或配电装置的配线也可以不遵守 13.5.1.1、13.5.1.2 和 13.5.1.3 的要求。

但应注意:本条只是考虑到在上述场合下,流经导线的电流不大,因此对导线容量并不作过高要求。但如果考虑到导线还应具有一定强度(如 13.5.2 的要求),则导线直径仍不能选择太小。

13.5.2　导线截面积

为了保证机械强度,门电气安全装置导线的截面积不应小于 $0.75mm^2$。

■■ **解析**　这里要求的层、轿门安全装置(即 7.7.3 中要求的验证门锁紧的电气安全装置;和 7.7.4 中要求的验证门关闭的电气安全装置)的导线的截面积不应小于 $0.75mm^2$,并非出于对流经导线中电流大小的考虑,而是为保证导线应具有足够的机械强度。对于这些导线,不但要注意应有足够的机械强度,同样要考虑其折断的可能性,因此应选择导线截面积不小于 $0.75mm^2$ 的多股绞合线。

这里只是要求了门电气安全装置的导线截面积而没有要求层、轿门系统其他部分导线的最小截面尺寸。

13.5.3　安装方法

13.5.3.1　应随电气设施提供必要的说明,以使人们懂得安装方法。

■■ **解析**　本条要求电梯在出厂时随机附带的资料中,应包含电梯各种电气设施必要的说明,同时这些说明应是清晰、易懂的。其编写方法可参考 GB 9969.1《工业产品使用说明书总则》的相关要求。

13.5.3.2　除 13.1.2 中规定的外,全部电线接头、连接端子及连接器应设置于柜和盒内或为此目的而设置的屏上。

■■ **解析**　出于对人员触电的保护,所有电线接头、端子等连接位置(除非其具有符合 13.2.1 规定的防止触电的外壳),均应设置在柜、盒内或相应的屏上,以避免人员直接触及这些裸露的带电部件造成人身和设备的损害。

13.5.3.3　如果电梯的主开关或其他开关断开后,一些连接端子仍然带电,则它们应与不带电端子明显地隔开。且当电压超过 50V 时,对于仍带电的端子应注上适当标记。

■■ **解析**　应注意,当主开关或其他开关断开后,有时在控制柜、轿厢的一些部件中,有一些电气设备或接线端子仍是带电的(如电梯之间互联、照明部分及轿厢的报警系统等),这些带电的部分应被隔开。尤其是电压超过 50V 时,可能造成检修人员触电,因此应设置适当的标记提示检修人员,防止触电事故的发生。此标记可参考 GB/T 5465.2—1996《电气设备用图形符号》中的"表示危险电压引起的危险"的标志如图 13-9 a)所示。本符号可与 ISO 所规定的警告符号和颜色结合作用。也可参考 GB 16179《安全标志使用导则》中的"当心触电"的标志,如图 13-9 b)所示。GB 16179《安全标志使用导则》中规定此标志应设置在"有可能发生触电危险的电器设备和线路,如:配电室、开关等"

a) 危险电压引起的危险　　　　　b) 当心触电
（GB/T 5465.2）　　　　　　　　GB 16179

图 13-9　带电端子的标记

对于电梯主开关,CEN/TC10 认为:用于控制轿厢照明电路的开关不属于电梯主开关之一。

13.5.3.4　偶然互接将导致电梯危险故障的连接端子,应被明显地隔开,除非其结构形式能避免这种危险。

■ **解析**　为避免在接线过程中,由于失误造成不同的端子偶然互接而造成电梯发生危险故障,要求将那些在不慎互接时可能导致电梯发生危险的接线端子明显的分开。除非有经过特殊设计能够避免这种危险的发生。根据本条要求,在通常情况下,不能将直流电压的"＋"极和"－"极;交流与直流;高压与低压等端子线号相互紧邻,应隔开机构接线端子。

13.5.3.5　为确保机械防护的连续性,导线和电缆的保护外皮应完全进入开关和设备的壳体或接入一个合适的封闭装置中。

注:厅门和轿门的封闭框架,可以视为设备壳体。

但是,当由于部件运动或框架本身锋利边缘具有损伤导线和电缆的危险时,则与电气安全装置连接的导线应加以机械保护。

■ **解析**　保护外皮的作用是为导线和电缆提供机械保护。为使导线和电缆在其全长上都能得到保护,在接入开关或其他设备的接线盒时,应保证其外皮要求完全进入开关和接线盒内。同时,为避免这些开关、接线盒等设备的外壳的进线入口边缘划伤导线和电缆,这些位置应有必要的防护。这种防护通常就是一般的塑料或橡胶的护口。

对于处于运动部件上的导线或电缆(如轿门光幕电缆等),应有适当的保护,防止在反复运动的情况下造成导线疲劳折断或被其他部件擦伤。通常是将导线穿在软管中,并适当固定,防止导线受到机械损伤。

13.5.3.6 如果同一导管中的各导线或电缆中的各芯线,接入不同电压的电路时,则导线或电缆应具有其中最高电压下的绝缘。

■■ **解析** 同一导管或线槽中的各导线或电缆,应按照其中承受最高使用电压的情况来选择绝缘性能。

对于本条,CEN/TC10有一项解释单,参见13.1.1.2。

13.5.4 连接器件

设置在安全电路中的连接器件和插接式装置应这样设计和布置,即:如果不需要使用工具,就能将连接装置拔出时,或者错误的连接能导致电梯危险的故障时,则应保证重新插入时,绝对不会插错。

■■ **解析** 当安全电路中的连接器件和插接式装置仅用手就可以将两个相连接的部件分开,或错误的连接会造成电梯发生危险时,应保证被分开的部件再次连接时不会出现错误插接的可能。

图13-10是一个能够防止插接错误的继电器及其插座的例子。要防止插接件在插接时发生错误,可在插座上设置定位槽或孔,插头上有相应配合的定位榫或销,在插接时,如果不是按照预定的方向,插头和插座将无法配合。

图13-10　防止插接错误的继电器及其插座

13.6 照明与插座

13.6.1 轿厢、井道、机房和滑轮间照明电源应与电梯驱动主机电源分开,可通过另外的电路或通过与13.4规定的主开关供电侧相连,而获得照明电源。

■■ **解析** 在13.4.1中也要求了,电梯电源主开关断开时不应切断轿厢、井道、机房和滑轮间的照明电源。因此,这些地方的照明供电应引自另一条不受主开关控制的电路或从电梯的动力电源主开关供电侧相连的电路(即主开关前面)取得,同时应有相应的开关控制这些电路的供电。

关于电气安全防护的问题,CEN/TC10有如下解释单:

问　题
在 13.6.1 中规定"轿厢、井道、机房和滑轮间的照明电源应与电梯驱动主机电源分开，……。" 　　一个丹麦的电梯供应商已经选择通过单一动力电缆给电梯供电。为了实现电缆本身及驱动主机所能达到特殊的安全防护，一个称作 PFI－继电器的装置被安装在电源盒中，由此处该电缆被连接到建筑物动力电源。如果相线与地线之间出现超过 300mA 有害的和危险的电流，PFI－继电器将断开动力电源。 　　该电缆在机房内或控制柜内被分成两组线路。一组经过主开关到驱动主机，另一组经过一个 HPFI－继电器到机房、井道和轿厢的照明、插座及控制系统等。如果相线与地线之间出现超过 30mA 的电流，该 HPFI－继电器可切断供电。 　　动力电路的接地故障电流可以切断两个系统的供电，也就是，可断开驱动主机及照明的供电。 　　我们的问题如下：这种连接方法是否满足 13.6.1 所规定的要求？
解　释
不满足。 　　13.6.1 要求照明电路与动力电路分开。原则是如果主开关断开动力电路应防止断开照明电路。 　　因此，因为特殊提供的用于保护驱动主机的装置动作，不应发生电梯内部照明电路的断开。 　　然而，问题中所述的连接方法包含本标准范围以外和以内的部分，即：300mA 继电器。这是不符合本标准意图，但是，由于 13.1.1.1，它不可能被禁止。

13.6.2　轿顶、机房、滑轮间及底坑所需的插座电源，应取自 13.6.1 述及的电路。

这些插座是：

a)2P＋PE 型 250V，直接供电，或

b)根据 GB 14821.1 的规定，以安全电压供电。

上述插座的使用并不意味着其电源线须具有相应插座额定电流的截面积，只要导线有适当的过电流保护，其截面积可以小一些。

■■ **解析**　在电梯电源主开关断开后，轿顶、机房、滑轮间及底坑的插座电源不应被断开（在 13.4.1 中也有要求）。因此，上述插座的电源应如 13.6.1 中所要求的照明电源一样，自另一条不受主开关控制的电路或从电梯的动力电源主开关供电侧相连的电路（即主开关前面）取得。

插座的型式是：

1. 2P＋PE 型 250V，直接供电，或

2. 以安全电压供电

为了确保人身安全，采用安全电压时，要求安全电压电路必须具备以下条件：

(1)除采用独立电源外，其他安全电压供电电源的输入电路和输出电路必须实行电气上的隔离。

(2)工作在安全电压下的电路，必须与其他电气系统和无关的任何可导电部分实行电气上隔离，即安全电压电路是相对独立的，应保持"悬浮"状态，不允许接地（不得与大地、中性线或零线、水管、暖气管道、设备的机壳和保护线等相连接）。但安全隔离变压器的铁芯（屏蔽或隔离层）应该接地。

（3）用安全隔离变压器或具有独立绕组的变流器与供电干线隔离开的电路中，导体之间或任何一个导体与地之间有效值不超过 50V 的交流电压。

（4）当采用 24V 以上的安全电压时，必须采取防止直接接触带电体的保护措施，不允许有人体可以触及的裸露带电体。

（5）电路所用的部件和导线的绝缘等级至少应为 250V；安全电压用的插头，应不能插入较高电压的插座（如 220V 的插座）。

所谓 2P＋PE 型插座就是 GB 2099.1—1996《家用和类似用途的插头和插座　第一部分　通用要求》中的 2P＋⏚ 型插座，其额定电压为 250V，额定电流分为：6A、10A 和 16A 三种。此类插座就是我们常见的三线插座，其外形如图 13-11 所示。其中的 PE 为保护接地线。该插座的三个插孔不是均布的，可以防止插接错误（本标准 13.5.4 要求）。

由于此类插座的额定电流分为 6A、10A 和 16A 三种，但如果连接插座的导线有适当的过流保护，则这些导线的额定电流可小于配用插座的额定电流。

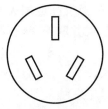

图 13-11　2P＋PE 型插座

关于插座和照明开关的问题，CEN/TC10 有如下释单：

问　题
在本标准 13.6.2 中，要求两种类型的输出插座： 2P＋E, 250V；或 由符合 CENELEC HD 384.4.41 第 411 条的非常低的安全电压供电。 1）类型 1 和类型 2 输出插座应分别在何处使用？ 2）对于类型 2 输出插座，甚至轿厢上的输出插座，是否允许在插座附近安装变压器？ 3）是否仅用符合 13.6.3 的开关也可控制滑轮间内的照明电路和插座电路？
解　释
1）两种类型可任意选择。 2）允许。 3）轿厢照明开关应位于对应的主开关附近，滑轮间的照明开关应安装在该滑轮间内。因此，不可能用同一个开关。

13.6.3　照明和插座电源的控制

13.6.3.1　应有一个控制电梯轿厢照明和插座电路电源的开关。如果机房中有几台电梯驱动主机，则每台电梯轿厢均须有一个开关。该开关应设置在相应的主开关近旁。

▨　**解析**　按照本条要求，轿厢照明和插座应由一个开关控制，该开关安装在机房入口合适高度处的墙壁上，且在主开关旁边。如果机房中有数台电梯的驱动主机，其主开关也有相应数量的时候，应设置与主开关数量相同的用于控制轿厢照明和插座电流电源的开关。这些开关应安装在各自的主开关旁。

照明和插座电源的控制 CEN/TC10 的解释单见 13.6.2。

13.6.3.2 机房内靠近入口处应有一个开关或类似装置来控制机房照明电源。

井道照明开关(或等效装置)应在机房和底坑分别装设,以便这两个地方均能控制井道照明。

解析 由于机房照明和井道照明都不受电梯电源主开关控制(见第 13.4),在机房内靠近入口处的合适高度上,应设置控制机房照明的开关。

为了使用方便,无论在机房或在底坑中均能控制井道照明,要求用于控制井道照明的开关在上述两个位置都要设置。本条中所谓"这两个地方均能控制井道照明",应理解为:在正常情况下,无论井道照明处于何种状态(燃亮或熄灭),也无论机房或底坑中的开关处于何种状态,通过改变其中的任何一个开关的状态,都可以根据要求任意燃亮或熄灭井道照明。为达到这样的目的,在机房和底坑的井道照明开关不应是串联或并联形式,否则都不可能在上述两个位置实现对井道照明的完全控制。

可以使用下面的方式实现在机房和底坑均能控制井道照明的要求。

图 13-12 中是在机房和底坑中分别设计一个双联开关(双向控制开关)井道照明设备,以达到机房和底坑动可以控制井道照明燃亮和熄灭的目的。

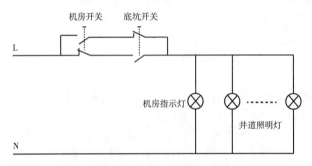

图 13-12 采用双联开关实现在机房和底坑内均能控制井道照明的目的

13.6.3.3 由 13.6.3.1 和 13.6.3.2 规定的开关所控制的电路均应具有各自的短路保护。

解析 轿厢、机房和井道照明电路,以及轿厢插座电路均应具有各自的短路保护。通常这种保护是采用熔断器(熔丝)或空气开关实现的。

第 13 章习题(判断题)

1.本标准对电气安装和电气设备组成部件的各项要求适用于:动力电路主开关及其从属电路;轿厢照明电路开关及其从属电路。

2.在机房和滑轮间内,必须采用防护罩壳以防止直接触电。所用外壳防护等级不低于 IP2X。

3.对于控制电路和安全电路,导体之间或导体对地之间的直流电压平均值和交流电压有效值均不应大于 350V。

4.零线和接地线应始终分开。

5.直接与主电源连接的电动机应进行短路保护。

6.当电梯电动机是由电动机驱动的直流发电机供电时,则该电梯电动机无须设过载保护。

7.如果一个装有温度监控装置的电气设备的温度超过了其设计温度,电梯不应再继续运行,此时轿厢应停在层站,以便乘客能离开轿厢。电梯应手动恢复正常运行。

8.在机房中,每台电梯都应单独装设一只能切断该电梯所有供电电路的主开关。该开关应具有切断电梯正常使用情况下最大电流的能力。

9.应能从机房入口处方便、迅速地接近主开关的操作机构。如果机房为几台电梯所共用,各台电梯主开关的操作机构应易于识别。

10.断路器接触器断开后,除借助安全装置外,断路器接触器应可被重新闭合或应有被重新闭合的可能。断路器接触器应与一手动分断开关连用。

11.对于一组电梯,当一台电梯的主开关断开后,如果其部分运行回路仍然带电,这些带电回路应能在机房中被分别隔开,任何时候均不可切断组内全部电梯的电源。

12.任何改善功率因数的电容器,都应连接在动力电路主开关的后面。

13.如果有过电压的危险,例如,当电动机由很长的电缆连接时,动力电路开关也应切断与电容器的连接线。

14.为了保证机械强度,门电气安全装置导线的截面积不应小于 0.75mm^2。

15.应随电气设施提供必要的说明,以使人们懂得安装方法。

16.如果电梯的主开关或其他开关断开后,一些连接端子仍然带电,则它们应与不带电端子明显地隔开。且当电压超过 20V 时,对于仍带电的端子应注上适当标记。

17.偶然互接将导致电梯危险故障的连接端子,应被明显地隔开,除非其结构形式能避免这种危险。

18.为确保机械防护的连续性,导线和电缆的保护外皮应完全进入开关和设备的壳体或接入一个合适的封闭装置中。但是,当由于部件运动或框架本身锋利边缘具有损伤导线和电缆的危险时,则与电气安全装置连接的导线应加以机械保护。

19.如果同一导管中的各导线或电缆中的各芯线,接入不同电压的电路时,则导线或电缆应具有其中最低电压下的绝缘。

20.设置在安全电路中的连接器件和插接式装置应这样设计和布置,即:如果不需要使用工具,就能将连接装置拔出时,或者错误的连接能导致电梯危险的故障时,则应保证重新插入时,绝对不会插错。

21.应有一个控制电梯轿厢照明和插座电路电源的开关。如果机房中有几台电梯驱动主机,则每台电梯轿厢均须有一个开关。该开关应设置在相应的主开关近旁。

22.机房内靠近出口处应有一个开关或类似装置来控制机房照明电源。

23.井道照明开关(或等效装置)应在轿厢和轿顶分别装设,以便这两个地方均能控制井道照明。

第 13 章习题答案

1. √;2. √;3. ×;4. √;5. √;6. ×;7. ×;8. √;9. √;10. ×;11. ×;12. ×;13. √;14. √;15. √;16. ×;17. √;18. √;19. ×;20. √;21. √;22. ×;23. ×。

14 电气故障的防护、控制、优先权

■■ **解析** 本章主要对电梯故障采取的防护措施进行了要求,同时对电梯的控制进行了相关规定,以防止事故的发生以及在紧急情况下的处置方法。

在电梯运行过程中最重要的子系统是电气控制系统,电气控制系统的安全性、可靠性是直接影响电梯安全运行的重要因素。其中电气故障的防护系统是电气控制系统中监测电梯运行状态、防止电梯发生危险故障的主要部分。电气故障防护主要是依靠电气安全装置来实现的,本章相当大的篇幅是论述电气安全装置所应具有的特性。

14.1 故障分析和电气安全装置

14.1.1 故障分析

在 14.1.1.1 中所列出的任何单一电梯电气设备故障,如在 14.1.1.2 和(或)附录 H 所述条件下,其本身不应成为导致电梯危险故障的原因。

关于安全电路见 14.1.2.3。

■■ **解析** GB/T 16855.1《机械安全 控制系统有关安全部件 第 1 部分:设计通则》中对"故障"的定义是这样的:故障是指"无能力执行所需功能的产品特征状态,不包括预防性维修或其他有计划的活动期间或由于缺乏外部资源而无能力执行所需功能"。

所谓"电梯危险故障"在本标准中并没有给出明确定义,参照前面几章所述及的安全方面内容和电气安全装置(列于附录 A 中)对电梯可能发生的故障的防护,"电梯危险故障"可以这样表述:无论电梯何种状态下,凡是对乘客、维修人员、救援人员的人身安全造成威胁或使建筑物和电梯设备严重损坏的故障可以称为"电梯危险故障"。总结起来,其具体内容就是 0.1.2.1 所述及的:剪切、挤压、坠落、撞击、被困、火灾、电击以及材料失效等。

本章只是对电气故障的防护,使电气设备的故障不会成为导致电梯危险故障的原因。作为例子,本条中列举了触点不断开(14.1.1.2 所述)和电气元器件可能发生的各种形式的失效。对于触点不断开,只要符合 14.2.2.2 要求的安全触点,此故障可以被排除(即不必考虑,认为不会发生);对于电气元器件可能出现的各种失效,只要根据附录 H 进行对照分析,并采取相应措施,也可以被排除。

本标准要求,14.1.1.1 中所列出所有电气故障,只要是单一出现的,都不应成为导致电梯危险故障的原因。

而安全电路的相关规定在 14.1.2.3 中有规定,安全电路在出现故障时,不但要保证在出现 14.1.1.1 中所列出的单一故障时,电梯系统的安全,同时在发生多个故障(故障组合)时也不应导致电梯的危险故障。

对于本条,CEN/TC10有如下解释:符合14.1.1的故障分析对检修运行控制也是有效的。不由操作人员控制,由14.1.1.1列出的故障之一所引起的任何运行必须认为是危险状况。我们假定,操作人员在静止轿厢的轿顶上工作之前,应使附近的停止装置起作用。

资料14-1　附录H的介绍　⇩■

附录H《电气元器件　故障排除》为标准的附录,也就是说它的规定与标准正文同等效力。需要解释的是,在EN81-1英文版中,附录H的"电气元器件"和14.1.2.3.3中的"电子元器件"同为"Electronic Components"。因此,14.1.2.3.3中所叙述的"电子元器件"与附录H所说的"电气元器件"其内容应是一致的。

附录H只给出了各种电子元器件可能发生故障的模式和排除条件,并没有告诉我们对于"故障排除"的通用原则。参考GB/T 16855.1《机械安全　控制系统有关安全部件　第一部分:设计通则》中"故障排除"的原则和条件可以知道,能够进行"故障排除"的原因和进行"故障排除"的通用原则是这样的:

如果不假定某些故障可以排除,那么评价控制系统有关安全部件就是无意义的。可能排除的故障是安全技术要求和故障出现的理论可能性之间的综合结果。这将受到有关安全部件中各元器件的结构、尺寸、安装和布局影响。设计者应说明所有有关故障排除的理由并列出清单。

故障的排除可根据:

——某种(些)故障出现的不可能性;

——普遍认可的技术经验,这种经验能独立适用于所考虑的应用场合;

——由应用导致的技术要求和所考虑的特定风险。

资料14-2　GB/T 16855.1—2005《机械安全　控制系统有关安全部件　第1部分:设计通则》中对"故障考虑"的介绍　⇩■

故障考虑

1.概述

根据所需的类别,各有关安全部件应按其承受故障的能力选择。为了评价其承受故障的能力,应考虑各种失效模式。某些故障也可以排除。

当必要时宜考虑并列出一些附加的故障。在这种情况下鉴定方法也宜明确说明。

通常应考虑以下一些故障判别准则:

——如果由于一个故障的结果而导致一些元器件进一步发生故障,那么,第一个故障和随后所有的故障均应视为单一故障;

——共态故障应被视为单一故障;

——不考虑两个独立故障同时发生的情况。

2.故障排除

如果不假定某些故障能够被排除,那么评价控制系统有关安全部件就是不实际的。能够被排除的故障是安全技术要求和理论上故障出现的可能性之间的综合平衡的结果。这会受到有关安全部件中各元器件的设计、尺寸、安装和布局影响。设计者应说明所有故障排除的理由并列出清单。

排除故障可根据：

——某种(些)故障出现的不可能性；

——普遍认可的技术经验，这种经验能独立适用于所考虑的应用场合；

——由应用导致的技术要求和所考虑的特定风险。

14.1.1.1　可能出现的故障：

a) 无电压；

b) 电压降低；

c) 导线(体)中断；

d) 对地或对金属构件的绝缘损坏；

e) 电气元器件的短路或断路以及参数或功能的改变，如电阻器、电容器、晶体管、灯等；

f) 接触器或继电器的可动衔铁不吸合或吸合不完全；

g) 接触器或继电器的可动衔铁不释放；

h) 触点不断开；

i) 触点不闭合；

j) 错相。

解析　本条列出了电梯电气系统可能出现的故障。这里举出的 10 种可能出现的故障，在 14.1.1 中已经要求了，在发生单一故障的情况下，不应成为电梯危险故障的原因。这里应注意的是，上述故障本身可能并不会导致电梯的危险故障，但在与其他因素结合在一起时，可能就会导致电梯的危险故障，此时本条中所述故障就是所谓"成为电梯危险故障的原因"。比如 g) 中"接触器或继电器的可动衔铁不释放"，当电梯停止运行时，这个故障本身并不会直接导致电梯的危险故障，但如果在电梯运行过程中发生这样的故障，则可能造成无法停车。再如，h) 所述的"触点不断开"，假设在门锁触点后面串联一个继电器，继电器的触点粘连，此故障本身不会直接导致电梯的危险故障，但如果电梯正在运行，层门被打开，则可能发生"开门走车"的故障，导致剪切的危险。这些示例都说明了，如果出现本条所述的 10 种故障，不但不应直接成为电梯的危险故障，也不允许"成为电梯危险故障的原因"。这就要求我们在设计时采用各种方法去避免出现上述故障时导致电梯危险故障的发生。比如我们可以采用继电接触器(13.2.1.2)来避免衔铁不释放；采用触点粘连保护(12.7)以避免在发生触点不断开的故障时，电梯系统出现危险故障。

本条中也有一些故障在某些条件下不会对电梯系统的安全产生影响，比如 j) 错相，当电梯的驱动主机采用由交流源直接供电的电动机时，一旦发生错相将会引起电动机旋转方向异常,是非常危险的。但当使用变频器的情况下,由于一般情况下电梯用变频器带有整流-逆变的环节,因此电梯系统的工作与电源的相序无关。当需要针对错相故障进行保护时,通常是采用相序保护器进行保护,下图是相序保护器原理图。

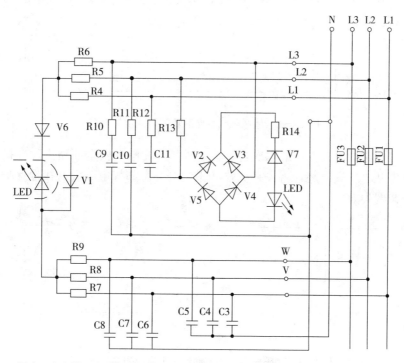

图中 C 电容器;L 相线、R 电阻器;V 晶体管;FU 熔断器;LED 发光二极管

图 14-1 XJ3 型相序保护器原理图

14.1.1.2 对于符合 14.1.2.2 要求的安全触点,可不必考虑其触点不断开的情况。

解析 在本标准中,电气安全装置要么具有安全触点的结构,要么属于安全电路。而安全电路的效果实际上是等效与安全触点的,因此安全触点结构的可靠性是至关重要的。作为触点结构,只要符合 14.1.2.2 的要求,则可认为其满足安全触点的要求。而对于安全触点,其不断开的情况可以不必考虑。

14.1.1.3 如果电路接地或接触金属构件而造成接地,该电路中的电气安全装置应:

a)使电梯驱动主机立即停止运转;或

b)在第一次正常停止运转后,防止电梯驱动主机再启动。

恢复电梯运行只能通过手动复位。

解析 电流接地或接触金属构件而造成接地,可能会造成部分电路通过电流,损害电气设备。也会造成部分电路电压过低,如果不加保护,电气设备较长时间低电压运行,会造成电机的出力和效率降低或不能启动,而且也会引起过电流而造成电机过热甚至烧毁。

如果是包括电气安全装置的电路发生接地,若安全电路为悬浮的隔离电源,当电气安全回路中出现两处或以上接地或接触金属构件时,两个短路点间串接的电气安全装置将失去功效,见图 14 - 2。此时如果该电路没有得到有效保护,随时会有安全事故发生。

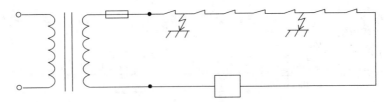

图 14 - 2　包括电气安全装置的电路发生接地

如果安全电路的电源变压器二次边(0V 端)接地,在电气安全回路中发生接地时,接地点后面所有串联电气安全装置将失去功效,见图 14 - 3。如果电路没有接地保护,将造成大量电气安全装置失效。

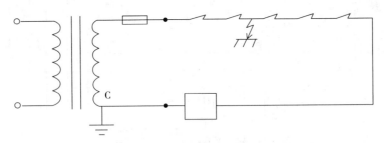

图 14 - 3　变压器二次边接地情况下电路发生对地短路

因此电梯系统的电路必须要求有接地保护,当电路发生接地故障时,应能将电梯立即停止。如果能够确定接地故障不会立即使电梯系统出现危险故障,则可以在第一次正常停止运转后,防止电梯驱动主机再启动。

而且,为保证电梯系统再次投入使用时,接地故障已被排除,要求如果由于电路接地而造成电梯停梯,则恢复电梯运行只能采用手动复位型式。

关于本条,CEN/TC10 有如下解释单:

问　题
我们认为,如果在控制回路的接触器和接地分支之间装有触点,而这些触点既非安全触点也不属于安全回路中的触点,则它仍然满足标准要求。 　因为在上例中即使是由于偶然的接地故障导致电梯意外启动,则该启动不管是在正常状态(运行依赖电气安全装置的接通)还是在检修运行状态,都不会导致电梯危险故障。
解　释
是的。

14.1.2　电气安全装置

■■ **解析**　根据 GB/T 15706.1—1995《机械安全　基本概念与设计通则　第 1 部分:基

本术语和方法》中的定义,所谓"安全装置"是指:消除或减小风险的单一装置或与防护装置联用的装置(而不是防护装置)。

电气安全装置,我们可以理解为:消除或减小风险的单一电气装置或与防护装置联用的电气装置(而不是防护装置)。

安全装置,包括电气安全装置都是通过自身的结构功能来限制或防止机器的某种危险,或限制运动速度等危险因素。

电气安全装置应具有的技术特征:

(1)电气安全装置零部件的可靠性应作为其安全功能的基础,在一定使用期限内不会因零部件失效而使安全装置丧失主要安全功能。

(2)电气安全装置应能在危险事件即将发生时停止危险过程。

(3)电气安全装置具有需要进行重新启动的功能,即当电气安全装置动作使电梯停止后,只有动作的电气安全装置被恢复到正常位置电梯才能再次投入运行。

(4)电气安全装置应采取适当方式与电梯的控制系统和/或动力系统一起操作并与其形成一个整体。安全装置的性能水平应与之相适应。

(5)电气安全装置应考虑关键件的冗余、监控,必要时还应采用相异(如含有电子元器件的安全电路中的微电脑等)。电梯的电气安全装置用于电气安全回路中,主要针对电梯的机械运动状态实施监控,防止电梯发生危险故障,如开门运行、超速运行、超越端站等。在机械安全保护装置动作的同时或先于机械安全保护切断电梯驱动主机电动机和制动器的电源,对人员、设备、装载物和建筑物实施保护;同时为电梯出现故障时实施救援提供电气保护。由电气安全装置串联构成的电气安全回路对电梯系统的控制在电路设计上处于优先地位。电气安全装置,应是具有高度可靠性的电气元器件,其结构的安全性要求是最重要的,这种安全性应能在设计寿命周期内保持持续的稳定。

14.1.2.1 通则

14.1.2.1.1 当附录 A(标准的附录)给出的电气安全装置中的某一个动作时,应按 14.1.2.4 的规定防止电梯驱动主机启动,或使其立即停止运转。

电气安全装置包括:

a)一个或几个满足 14.1.2.2 要求的安全触点,它直接切断 12.7 述及的接触器或其继电接触器的供电。

b)满足 14.1.2.3 要求的安全电路,包括下列一项或几项:

1)一个或几个满足 14.1.2.2 要求的安全触点,它不直接切断 12.7 述及的接触器或其继电接触器的供电;

2)不满足 14.1.2.2 要求的触点;

3)符合附录 H 要求的元器件。

解析 附录 A 中列出了本标准中要求使用的电气安全装置,这些电气安全装置中的任何一个动作时,都应防止电梯驱动主机启动或立即使其停止运转。制动器的电源也应被切断。这个要求在 14.1.2.4 中要求的非常明确。

在本标准中,电气安全装置只允许是直接切断驱动主机电动机电源接触器(或继电接触器)的安全触点(符合 14.1.2.2 要求)或安全电路(符合 14.1.2.3 要求)。而安全电路可以是安全触点但不直接切断驱动主机电动机电源接触器(或继电接触器);或是非安全触点;或按照附录 H 进行故障排除的电气元器件。

其实安全电路所实现的安全功能和效果与安全触点是类似甚至相同的。

14.1.2.1.2 (略)

14.1.2.1.3 除本标准允许的特殊情况(见 14.2.1.2、14.2.1.4 和 14.2.1.5)外,电气装置不应与电气安全装置并联。

与电气安全回路上不同点的连接只允许用来采集信息。这些连接装置应该满足 14.1.2.3 对安全电路的要求。

解析 我们知道,电气安全装置是为了避免电梯出现危险情况而设置的保护装置。如果随意在电气安全装置上并联其他电气装置,则可能造成电气安全装置被短接,在出现可能导致电梯危险故障的情况时无法对电梯进行有效的安全保护。

电气安全回路是实现电梯安全基本保护的主要措施,其主要目的是对电梯机械运动状态进行实时监测,防止电梯发生危险故障。因此绝不允许在电气安全回路的不同点上随意连接(即并联)电气装置,以防止这些并联的装置在发生故障,尤其是发生内部短路故障时,并联两接点间的电气安全装置失去应有的保护作用。如果在电气安全回路上必须设置用来采集信息的装置,这些装置可以与电气安全回路上的不同点连接。这些电路虽然不是安全电路,但应满足对安全电路的要求。如果其含有电子元器件,由于不是安全电路,因此没有必要按照附录 F6 的要求来验证。

但在下面这些情况下不得不短接部分电气安全装置:

(1)门开着的情况下平层和再平层控制(14.2.1.2)。此时必须屏蔽或短接验证门锁紧和闭合的电气安全装置。

(2)紧急电动运行控制(14.2.1.4)。此时必须使下列电气安全装置失效(屏蔽或短接):

a)安全钳上的电气安全装置(9.8.8);

b)限速器上的电气安全装置(9.9.11.1 和 9.9.11.2);

c)轿厢上行超速保护装置上的电气安全装置(9.10.5);

d)极限开关(10.5);

e)缓冲器上的电气安全装置(10.4.3.4)。

(3)对接操作运行控制(14.2.1.5)。此时必须屏蔽或短接验证门锁紧和闭合的电气安全装置。

以上三种情况属于特殊情况,是为了满足这些功能不得不使部分电气安全装置在一定条件下失效。但为了不降低安全水平,在这些特殊情况下,如果需要使电气安全装置失效必须同时满足一系列的相关规定和要求。

曾有人向 CEN/TC10 询问:如何定义电气安全电路与为了采集信息而与电气安全回路

连接的电路之间的界限？

CEN/TC10 的回复是：在电梯指令 95/16/EC 附录 IV 意义上，为采集信息与电气安全回路连接的监控电路不是安全电路，但是这些电路的设计者必须遵守 EN81 - 1/2 附录 H 的要求。

另外的询问是：EN81 - 1/2 的 14.1.2.1.3 规定"……与电气安全回路不同点的连接只允许用来采集信息。用于该目的的装置应满足 14.1.2.3 有关安全电路的要求。14.1.2.3.3 又规定"含有电子元器件的安全电路是安全部件，应按照 F6 的要求来验证。"这是否意味着需要符合 F6 的试验？

CEN/TC10 的回复是：F6 是含有电子元器件的安全电路的试验程序。与电气安全回路不同点连接的装置没有被认为是安全部件。因此，不必执行 F6。该装置应考虑 14.1.1 和附录 H 的规定进行设计。

14.1.2.1.4　内、外部电感或电容的作用不应引起电气安全装置失灵。

解析　由于电感元器件不允许通过其中的电流突变；电容元器件不允许加在其两端的电压突变，电路中有这两种元器件的存在，均会有一个充电-放电的过程。如果电容或电感元器件用于电气安全装置的电路中（电容与电气安全装置并联，电感与电气安全装置串联），如果没有特殊设计，则这些元器件有可能使电气安全装置延迟动作或使电梯驱动主机延迟对电气安全装置动作的响应。这就有可能使电气安全装置不能起到良好的安全保护作用。因此，由电容、电感元器件造成的延时效应不应引起电气安全装置失灵或预期的性能改变，安全电路（安全回路）的设计应该注意避免这类问题。

14.1.2.1.5　一个电气安全装置发出的信号，不应被同一电路中设置在其后的另一个电气安全装置发出的外来信号所改变，以免造成危险后果。

解析　电气安全装置主要针对电梯的机械运动状态实施监控，电气安全装置的动作标志着电梯可能出现危险故障，而其作用就是为了避免这些危险故障的发生。因此电气安全装置不但不能由于其他元器件的原因导致失灵，同时也不能被其他电气安全装置所发出的信号所改变。当然，14.2.1.2、14.2.1.4 和 14.2.1.5 所允许的特殊情况除外。

在本标准中，检修运行开关和紧急电动运行开关从附录 A 电气安全装置表中删除了，这使标准的要求更加明确了。在 GB 7588—1995 中，上述两个开关都是电气安全装置；在检修运行的描述中要求：一经进入检修运行应取消紧急电动运行；在紧急电动运行的描述中又要求：紧急电动运行开关操作后，除由该开关控制的以外，应防止轿厢的一切运行。这些描述以及本条的规定，使设计人员很难弄清到底该如何设计检修运行和紧急电动运行的优先级别。但在本标准中，由于上述两个开关不再作为电气安全装置出现，也就不存在这两个开关中一个发出的信号是否可以被另一个所改变的争议。大大明确了紧急电动运行和检修运行的关系。

14.1.2.1.6　在含有两条或更多平行通道组成的安全电路中，一切信息，除奇

偶校验所需要的信息外,应仅取自一条通道。

███ **解析** 本条的意思是:在由两条或更多并联通道组成的安全电路中除相同性检查所需信息以外的一切信息应仅取自一条通道。

本标准14.1.2.3.2.3规定:"如果存在三个以上故障同时发生的可能性,则安全电路应设计成有多个通道和一个用来检查各通道的相同状态的监控电路。如果检测到状态不同,则电梯应被停止"。在这里,这个监控电路是可以取自不同通道的,除此之外,其他的采集信息的通道只允许取自一条通道。

除校验所需要的信息外,安全电路中的其他信息,尤其是用于操作执行机构的信息,如果取自构成安全电路的多条平行通道中,一旦引出线之间发生短路,则会导致非预期结果的发生。

如图14-4所示,当用于采集信息的两条引出线之间发生短路,将使这两条电路中的KA11和KA21发生非正常的动作,可能给电梯带来危险。

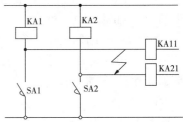

图14-4 多通道信号采集的风险

14.1.2.1.7 记录或延迟信号的电路,即使发生故障,也不应妨碍或明显延迟由电气安全装置作用而产生的电梯驱动主机停机。即,停机应在与系统相适应的最短时间内发生。

███ **解析** 如果使用变频器向电梯驱动主机供电,按照12.7.3的要求,应至少使用一个接触器。但如果静态元器件的工作输出未关断而输出端突然断路将产生巨大的浪涌冲击,损坏静态元器件并造成接触器触点拉弧烧损。为防止静态元器件中产生浪涌冲击,应使接触器先与静态元器件导通,而后与静态元器件切断。这就要求电气安全装置在切断接触器线圈供电时,要有必要的延时,以便能够使接触器在静态元器件关断后再切断电路。本条中要求"停机应在与系统相适应的最短时间内发生",而没有要求立即停机,就是考虑到在上述情况下应有必要的延时。

但在上述记录或延时电路发生故障时,电气安全装置动作时使电梯停止运行的要求不能受到影响。也就是只要电气安全装置动作,无论这些用于延时、记录的电路发生何种故障,电气安全装置使电梯驱动主机停止是迅速的、保证安全的。为保证电气安全装置动作时驱动主机停止,在电气控制电路设计时应做到:延时的动断触点要与电气安全装置串联,并应尽量避免并联支路。

14.1.2.1.8 内部电源装置的结构和布置,应防止由于开关作用而在电气安全装置的输出端出现错误信号。

███ **解析** 本条所说的"内部电源装置"是指电气安全装置内部的电源如有些安全电路内部具有UPS电源其设计和布置应防止因电源的通断和故障而使电气安全装置失效。也就是说当某个电气安全装置的输出信号依赖于其内部的电源装置那么就要求当其电源装置关断或出现故障时电气安全装置不能输出错误信号。

本条也针对以下情况：当动力电源接通或断开时，瞬间产生的干扰信号或浪涌电流会影响电气安全装置的输出，使电气安全装置不动作或误动作。同时也要求在控制柜、控制屏内布线的时候要考虑到防止导线间相互干扰。对于安全电路，不但要防止电磁干扰，还应注意在电源接通或断开时可能产生的过电源或电流，避免影响安全电路的输出或损害安全电路。尤其对含有电子元器件的安全电路，更应注意其内部电源装置的结构和布置是否合理，以免对整个电梯系统的安全运行留下隐患。

为防止导线间的干扰，应避免将信号线和动力线平行布置，并应留有足够的距离。最好能够采用金属屏蔽隔离措施或垂直交叉布置的方法。

14.1.2.2　安全触点

解析　所谓"安全触点"就是触点在断开时能够符合 GB/T 14048.1—2000《低压开关设备和控制设备　总则》中（机械开关电气的）肯定断开操作的要求，即"按规定要求，当操动器位置与开关电器的断开位置相对应时，能保证全部主触头处于断开位置的断开操作"。

安全触点是构成电气安全装置的基本形式之一。由安全触点和安全电路组成的电梯电气安全系统是静态的，只在电梯可能出现危险故障时才动作，因此安全触点工作时都是处于常闭状态（安全触点为动断触点）。

通常情况下，安全触点有动触点、静触点和操控部件构成。静触点始终保持静止状态，动触点由驱动机构推动。当动、静触点在接触的初始状态时，两个触点间产生一个初始的接触力，随着驱动机构的推进，当动、静触点间将产生最终接触力，这个接触力保证触点在受压状态下具有良好的接触，直至推动到位为止。在这个过程中，触点始终在受压状态下工作。安全触点动作时，两点断路的桥式触点有一定行程余量，断开时应能可靠断开。驱动机构动作时，必须通过刚性元器件迫使触点断开。此外，安全触点还应具备符合要求的电气间隙、爬电距离、分断距离、绝缘特性等。

14.1.2.2.1　安全触点的动作，应由断路装置将其可靠地断开，甚至两触点熔接在一起也应断开。

安全触点的设计应尽可能减小由于部件故障而引起的短路危险。

注：当所有触点的断开元器件处于断开位置时，且在有效行程内，动触点和施加驱动力的驱动机构之间无弹性元器件（例如弹簧）施加作用力，即为触点获得了可靠的断开。

解析　电气安全装置从结构上分，实际上就是安全触点和安全电路两种。无论哪种结构，都应能够可靠的切断电梯驱动主机电动机和制动器的供电。因此无论是安全触点还是安全电路，其断开的可靠性是至关重要的。

本条要求了对于采用安全触点结构的电气元器件其"可靠断开"的要求，我们认为所谓"可靠断开"有下面几层意思：

（1）有足够的分断能力：安全触点必须能够有足够的容量断开电气安全回路，切断驱动主机电动机和制动器的电源。

（2）安全触点应能被强制断开：强制断开是指安全触点是被刚性机械连杆驱动，驱动机构的驱动力直接作用于触点上。在触点熔接的情况下，这种由刚性机械结构施加的作用力也能够机械的破坏焊死的位置，将触点安全断开。

安全触点即使粘连甚至熔接在一起再动作时也应被强制分断，对于这个要求不能机械的去理解，触点熔接在一起并不意味着完全烧熔结合在一起，无论以多大的力都无法分断。如果这样，没有哪种触点能够满足安全触点的要求。我们知道，所有的触点通过的电流都是被限定大小的，在最大可能出现的电流条件下可能导致触点发生粘连或熔接的程度也是一定的。此外，触点材料本身也具有确定的强度特性。将这些因素一起考虑，完全可以设计出一种能够在触点粘连甚至熔接的条件下仍能将触点断开的机械装置。因此，安全触点只要满足在规定的条件下（允许温度、电流、电压等）使用，即使触点熔接在一起时，也能被驱动机构强迫断开即可。具有能够被强制断开的触点的开关如图14-5所示。

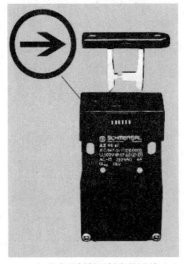

a）具有强制断开触点的开关　　　　　　b）具有强制断开触点的标志

图 14-5　具有强制度断开触点的开关及其标志

（3）安全触点在内部故障的情况下，应尽可能减少短路的危险：如果安全触点的簧片或其他机械结构断裂，则不应引起短路，更不应导致安全触点无法断开。

（4）安全触点不能靠弹簧的作用断开和保持断开状态：安全触点在断开的"有效行程"内，使其分断的作用力应不是由弹性元器件（如弹簧）施加的力。保持其断开的力也不能是由弹性元器件提供。这主要是考虑到弹性元器件在使用过程中一旦失效，可能引起安全触点无法断开或无法保持断开状态，安全触点和非安全触点的区别见图14-6。

但应注意，判断触点的断开元器件处于断开位置，且在有效行程内时，动触点和施加驱动力的驱动机构之间是否弹性元器件施加作用力，不能简单的观察两者之间是否存在弹性元器件。认为两者之间只要有弹性元器件存在就不符合安全触点的要求，这是完全错误的。即使存在弹性元器件也不能就此判断触点的结构不符合安全触点的要求。而应仔细判断弹性元器件在触点结构中所起的作用：如果弹性元器件作为断开或保持触点断开状态

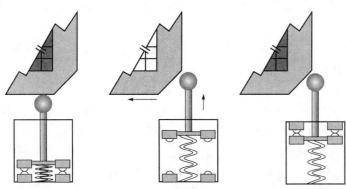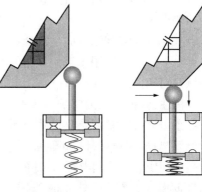

在此情况下，触点为动合触点。由机械部件驱
动使触点闭合；当机械部件移开，外力消失时，
触点靠弹簧力断开。很显然，如果弹簧失效，
则触点无法断开。

a）非安全触点

在此情况下，触点为动断触点。触点在没有机
械部件的作用下为闭合状态；在机械部件对其
施加作用力时，触点断开，并在作用力没有移
走前保持断开状态。在此情况下，即使弹簧失
效，触点不会无法断开，只是不能闭合而已。

b）安全触点

图 14-6　安全触点与非安全触点的区别

的施力元器件，则触点不符合安全触点的结构要求；如果弹性元器件只是辅助触点断开或
辅助保证触点处于断开状态的施力元器件，则触点符合安全触点的结构要求。简单的说，
就是将弹性元器件去除，如果触点在驱动机构的作用下仍能断开并保持断开状态，则触点
符合安全触点要求，反之则不能作为安全触点。

　　这里所说的"有效行程"应这样理解，在触点闭合
过程中，驱动机构带动动触点向静触点移动。当动触
点和静触点开始接触后，驱动机构还要向前走一段距
离以便在动、静触点之间产生一定的接触压力。但此
时动触点已经不再移动了。因此，从动触点与静触点
接触位置起，到驱动机构移动到最终位置，这个行程
应视作无效行程。此外由于触点元器件和驱动机构
间可能的弹性联接（见图 14-7），驱动机构的超行程
可能超过触点元器件超行程一个长度。同样在断开
过程中，驱动机构开始，但动触点并不移动，只是接触
压力逐渐减小。因此可以认为有效行程是在驱动机
构的作用下，自动、静触点处于正常分断位置开始，直
至运动到二者接触时为止，驱动机构所走的行程。

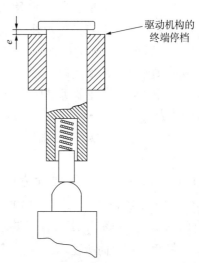

驱动机构的
终端停档

图 14-7　驱动机构的超行程和
触点元器件的超行程之间的差距 e

　　(5)要有相应机械驱动机构与之相配合：触点结
构是否满足安全触点要求，还应注意当触点熔接在一
起的时候，驱动触点断开的机械机构是否有足够的能
力将其断开。以及在有效行程内，驱动机构不是靠弹性元器件的力断开触点。在一些情况

下,驱动机构还用作触点断开后保持触点断开位置的元器件,这时驱动机构应能满足保持触点断开的要求。

(6)触点的类型:安全触点应是符合 GB 14048.5 中规定的型式:AC - 15(用于交流电路的安全触点);或 DC - 13(用于直流电路的安全触点)。见 14.1.2.2.2 规定。

(7)触点应具有适当的绝缘特性、爬电距离、电气间隙,以及分断距离:

a)绝缘特性:保护外壳的防护等级不低于 IP4X,应能承受 250V 的额定绝缘电压;外壳防护等级低于 IP4X,应能承受 500 V 的额定绝缘电压。见 14.1.2.2.2 规定。

b)爬电距离:如果保护外壳的防护等级不高于 IP4X,爬电距离不应小于 4mm;外壳的防护等级高于 IP4X,则其爬电距离可降至 3mm。见 14.1.2.2.2 规定。

c)电气间隙:如果保护外壳的防护等级不高于 IP4X,电气间隙不应小于 3mm。见 14.1.2.2.2 规定。

d)分断距离:保护外壳的防护等级不高于 IP4X,分断距离不应小于 4mm;多分断点的情况,分断距离不得小于 2 mm。见 14.1.2.2.2、14.1.2.2.3 规定。

14.1.2.2.2 如果安全触点的保护外壳的防护等级不低于 IP4X,则安全触点应能承受 250V 的额定绝缘电压。如果其外壳防护等级低于 IP4X,则应能承受 500V 的额定绝缘电压。

安全触点应是在 GB 14048.5 中规定的下列类型:

a)AC - 15,用于交流电路的安全触点;

b)DC - 13,用于直流电路的安全触点。

解析 安全触点的保护外壳的防护等级不低于 IP4X,意味着外壳能够防止 $\phi \geqslant 1.0$mm(如金属线)的固体异物进,此时安全触点能够承受的电压为 250V。如果外壳防护灯具低于 IP4X,则触点必须能够承受 500V 的电压。AC - 15 和 DC - 13 只是使用类别代号。AC - 15 和 DC - 13 主要都是用于控制电磁铁负载其在正常和非正常负载条件下的接通和分断能力。

GB 14048.5 中规定的触点类型见 13.2.1.2 的解析。

14.1.2.2.3 如果保护外壳的防护等级不高于 IP4X,则其电气间隙不应小于 3mm,爬电距离不应小于 4mm,触点断开后的距离不应小于 4mm。如果保护外壳的防护等级高于 IP4X,则其爬电距离可降至 3mm。

解析 如上面所述,安全触点不但要求满足一系列机械特性,在电气特性方面也有严格的要求。本条所规定的电气间隙和爬电距离也是安全触点必须满足的。即使机械特性符合要求,但电气间隙和爬电距离过小也不能满足要求。

14.1.2.2.4 对于多分断点的情况,在触点断开后,触点之间的距离不得小于 2mm。

■ **解析** 本条是针对多分断点式安全触点的情况,但目前我国的低压电器标准中没有这个名词。只有"双断点触头组"的描述:

双断点触头组(double-break contact assembly):开关电器断开后在电路内同时产生两个串联的断口的触头组。

由此我们可以认为:"多分断点式安全触点"就是在断开时,在电路内同时产生多个串联断口的触头组。

本条限定了安全触点即使采用多分断点结构时,在断开情况下触点之间的距离也不得小于2mm,实际上排除了安全触点采用多触点的微动开关和微型继电器。对于多分断点的安全触点装置,除了要满足触点断开时的分断距离要求,还应考虑各分断触点动作的同步性。

14.1.2.2.5 导电材料的磨损,不应导致触点短路。

■ **解析** 当导电材料由于磨损而脱落金属粉末,甚至触点脱落或触点簧片折断也不应导致断路故障的发生。因此,作为安全触点系统,其结构上是有特殊要求的。通常的做法是在安全触点系统的动、静触点处,设置一个绝缘的隔离支架,这样即使在动、静触点磨损或烧蚀后,也不会使动、静触点的导电部分接触而造成短路。此外对于有两付或两付以上触点的电气装置,应采用独立隔离的电气空间绝缘。

14.1.2.3 安全电路

■ **解析** 安全电路可以认为是在电气系统中为了满足电梯特定的安全要求,按照一定逻辑关系,采用符合要求的电气元器件组成的电路。安全电路的作用与安全触点相似,当电梯系统可能出现危险故障时,安全电路对电梯系统起到安全保护作用,能够使正在运行的电梯驱动主机停止运转并防止其再启动,同时驱动主机制动器的供电也应被切断。安全电路(包括本章后面提到的"含有电子元器件的安全电路")可以是一个独立存在的部件,其作用上相当于由一个(或几个)安全触点构成的能够切断主接触器(或继电接触器)和制动器接触器线圈供电的电气安全装置。但由于安全电路的构成相对比较复杂,因此比安全触点的要求严格得多。安全电路要求,当其内部元器件出现14.1.1.1提出的无电压、电压降低、导线中断、对地或对金属构件的绝缘损坏、电气元器件的短路或断路以及参数或功能的改变、接触器或继电器的可动衔铁不吸合或吸合不完全、接触器或继电器的可动衔铁不释放、触点不断开、触点不闭合、错相这10种常见故障时,不会导致安全电路失效,也不会由于这些故障的出现而使电梯系统出现危险故障(即安全电路不能丧失其对电梯系统应有的保护,其本身也不会出现导致电梯危险的故障)。

安全电路在设计时应根据实际情况和需要保护的级别充分考虑到以下方面(注意,下面所给出的例子只是为了说明各种不同的技术是如何实现的,而不是给出了安全电路的设计方案):

(1)采用成熟的电路技术和元器件:根据GB/T 15706.2—1995《机械安全　基本概念与设计通则　第2部分:技术原则》中的要求:"安全装置的元器件尤其要可靠,由于它们的失效会使人们面临危险"。因此,"应采用可靠性是已知的关键安全部件"。即采用在相似的应用领域中有过广泛和成功的使用,或是根据可靠的安全标准制造的元器件,以及使用成熟的技术。

(2)冗余技术:安全电路中的关键零部件,可以通过备份的方法,当一个零部件万一失效,用备份件接替以实现预定功能。当与自动监控相结合时,自动监控应采用不同的设计工艺,以避免共同失效或减少共同失效的危险。图14-8是一个由继电器控制电动机的例子,a)中只使用了一个继电器(不带冗余),如果继电触点粘连,将无法切断电动机供电。b)是一个采用冗余技术的例子,电路中采用两个串联的继电器控制,减少了由于一个继电器触点粘连而导致无法切断电动机供电的故障。但b)例子由于没有自检也并不是安全的,这一点在下面会论述。

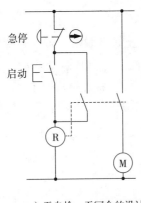
a)无自检、无冗余的设计

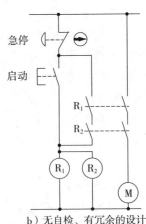
b)无自检、有冗余的设计

图 14-8 有冗余和无冗余设计的实例

(3)自检测功能:安全电路中的必要部件应具备自检测功能,以自动检验其工作是否正确。

(4)采用主动模式:所谓主动模式是指信号持续发送,检测到异常时信号中断。而且,任何内部故障(如断线、机构的卡阻等)都会令电梯停梯。

注:主动模式是相对于被动模式而言的,在被动模式下信号仅在检测时发送,正常情况是不发送信号的。这种情况下,如果内部发生某些故障,就可能导致信号无法发送或被检测出,从而产生潜在的危险状态。

(5)相异:即多样性设计,是为了减少由于部件故障和失效导致的不安全,通过采用不同的工作原理或不同的电气装置来实现降低系统故障可能性的一种设计方法。图14-10给出了一种相异设计的方案,图中护栏的位置是由两个不同工作原理的开关确认,其中S2是上面我们曾说过

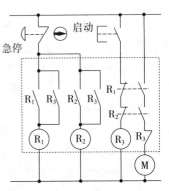

图 14-9 有冗余、有自检的设计的实例

的安全触点型开关,而 S1 则是非安全触点型的普通开关。在这里,两个开关的状态是互异的,其工作原理也是互异的,因此这两个开关可以配合使用确定护栅的开闭情况。在这里即使开关 S1 的触点发生了粘连也不要紧,还有 S2 对其状态进行检测。

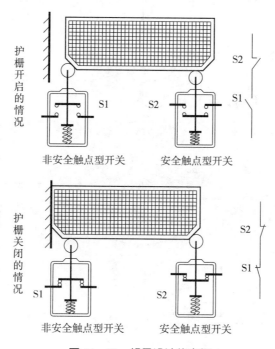

图 14 - 10 相异设计的实例

以上是一些安全电路设计中常用的技术,必须声明的是,判断某种设计是否符合安全电路的要求,必须将它放置在其所使用的系统中,否则无法得到准确答案。比如图 14 - 8 中的两中情况,看上去似乎 b) 是安全的,因为采用了冗余技术。但如果其中 R1 或 R2 继电器中的某个发生粘连,由于不能检测出来,则在另一个粘连时,依旧不能断开电动机的供电。无论从理论上还是实际角度,只要一个继电器可能发生粘连,则与之工作状态相同的其他继电器存在粘连的可能,因此这种冗余,即使再多也不会起到防止危险情况发生的作用,只是降低了危险发生的概率而已。因此,以上各种技术在设计时应综合考虑,根据实际情况和整体设计方案的不同而采用相应的技术,以获得适当的解决方案。

14.1.2.3.1 安全电路应满足 14.1.1 有关出现故障时的要求。

解析 安全电路作为电气安全装置的一种型式,与安全触点一样也是为保证电梯系统在出现 14.1.1 中所述故障的情况下,能够保证电梯系统不会出现危险故障。

14.1.2.3.2 进一步,如图 6 所示,下列要求也应满足。

解析 本标准对于电气故障的防护提出了明确的要求,列出了安全电路的评价流程图,针对电梯控制系统的常用元器件可预见的不同故障形式提出了具体的防护标准,以附录 H 列出了不同电气元器件故障排除的条件与标准。

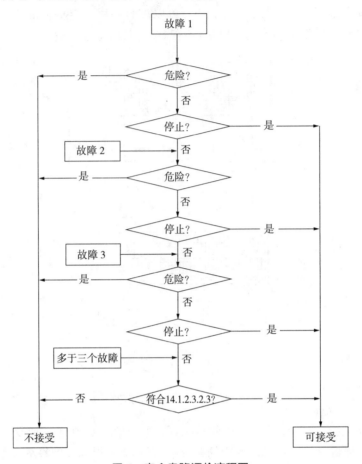

图 6　安全电路评价流程图

14.1.2.3.2.1　如果某个故障(第一故障)与随后的另一个故障(第二故障)组合导致危险情况,那么最迟应在第一故障元器件参与的下一个操作程序中使电梯停止。

只要第一故障仍存在,电梯的所有进一步操作都应是不可能的。

在第一故障发生后而在电梯按上述操作程序停止前,发生第二故障的可能性不予考虑。

解析　见 14.1.2.3.2.2 的解析。

14.1.2.3.2.2　如果两个故障组合不会导致危险情况,而它们与第三故障组合就会导致危险情况时,那么最迟应在前两个故障元器件中任何一个参与的下一个操作程序中使电梯停止。

在电梯按上述操作程序停止前发生第三故障从而导致危险情况的可能性不予考虑。

▦ **解析**　以上两条简单的说就是:如果安全电路发生故障,这个故障本身及该故障与随后(或同时)可能发生的另一故障组合均不会导致电梯的危险状态,则这些故障是可接受的,电梯可以在这些故障发生的情况下继续运行。如果不能保证故障本身及可能发生的故障组合均不会导致电梯的危险状态,则电梯应在故障出现后,但还未发生危险状态之前停止下来。已经停止的电梯,被认为不会发生下一个故障。

这种设计不但在安全电路设计中有要求,在电梯的机械保护装置中也有类似要求。比如,当电梯上行超速时,这个故障本身就可能导致危险的发生,因此在速度超过预定值后,限速器电气开关动作,切断安全回路,如果电梯停止则危险被消除。但如果电梯继续超速上行(如曳引条件失效),则速度监控元器件在检测到轿厢速度达到上行超速保护动作速度后,上行超速保护起作用,将电梯制停。

14.1.2.3.2.3　如果存在三个以上故障同时发生的可能性,则安全电路应设计成有多个通道和一个用来检查各通道的相同状态的监控电路。

如果检测到状态不同,则电梯应被停止。

对于两通道的情况,最迟应在重新启动电梯之前检查监控电路的功能。如果功能发生故障,电梯重新启动应是不可能的。

▦ **解析**　如果同时发生的故障很多,无法确定是否会导致危险状态,则安全电路应采取必要的措施进行故障监控,在发现故障时将电梯停止。

由 14.1.2.3.2.1~14.1.2.3.2.3 规定可见,安全电路的要求比安全触点严格很多,这主要是由于安全电路自身的复杂性所决定的,因此只能说安全电路的作用与安全触点类似,但它们并不等效。由于安全电路一旦出现故障,可能造成电梯出现危险状态时无法被停止,使危险状态进一步扩大,因此安全电路应具有很高的安全级别。按照 14.1.2.3.2.1~14.1.2.3.2.3 的规定,安全电路的安全级别应为 GB/T 16855.1《机械安全　控制系统有关安全部件　第 1 部分:设计通则》中所规定的 4 级。对于 GB/T 16855.1 的介绍见资料 14-4。

14.1.2.3.2.4　在恢复已被切断的动力电源时,如果电梯在 14.1.2.3.2.1~14.1.2.3.2.3 的情况下能被强制再停梯,则电梯无须保持在已停止的位置上。

▦ **解析**　当电梯的安全电路出现故障,导致电气安全装置将驱动主机电源切断时,当再次给电,如果电梯能够保证如果安全电路再次出现故障(包括故障组合在内),在出现危险状态之前停梯,则电梯在给电后可以不必停在原来的位置上。

14.1.2.3.2.5　在冗余型安全电路中,应采取措施,尽可能限制由于某一原因而在一个以上电路中同时出现故障的危险。在燃气电路中采用冗余技术

▦ **解析**　当安全电路的设计中采用冗余技术时,应防止冗余措施的轻易丧失。下面一

个例子就是采用相异技术来防止冗余失效的设计。目前电梯多采用微机控制,我们无法保证采用的微处理器在硬件设计上是毫无缺陷的,如果采用图 14-11 a)的设计,虽然采用两个微处理器,但采用的是两个同厂家、同型号的产品。如果这种微处理器在硬件设计上存在缺陷,则很可能在某种情况下在两条电路中同时出现故障。但 b)中的情况就不同了,采用了三个(当然也可以是两个)不同制造商的微处理器,它们不可能存在完全相同的硬件设计缺陷,在某一条件下同时发生故障,因此能够保证冗余设计不会轻易丧失。而且,通过对三个微处理器输出的监控,完全可以做到当某个处理器出现故障时,使电梯停止。

下面的例子并不代表电梯控制系统必须使用两个相异的微处理器,但如果安全电路中采用冗余设计,则应采用相应的技术,防止由于某一原因使冗余部件同时出现故障。

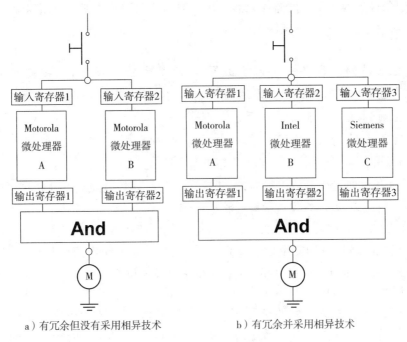

a)有冗余但没有采用相异技术   b)有冗余并采用相异技术

图 14-11　防止冗余设计失效的例子

14.1.2.3.3　含有电子元器件的安全电路是安全部件,应按照 F6 的要求来验证。

解析　如果安全电路中含有电子元器件,则安全电路应视为安全部件。这里所谓的"电子元器件"应包括附录 H《电气元器件　故障排除》(标准的附录)中所列出的元器件。应说明的是,在 EN81-1 英文版中,附录 H 的"电气元器件"和本条中的"电子元器件"同为"Electronic Components"因此,这里的"电子元器件"与附录 H 所说的"电气元器件"其内容应是一致的。附录 H 中,电子元器件的内容见表 14-1:

表 14 - 1

电子元器件		
无源元器件	定值电阻	
	可变电阻	
	非线性电阻如 NTC,PTC,VDR,IDR	
	电容	
	电感元器件:线圈、扼流圈	
半导体	二极管、发光二级管	
	稳压二极管	
	三极管,晶闸管,可关断晶闸管	
	光耦合器	
	混合电路	
	集成电路	
其他元器件	连接件	
	氖灯泡	
	变压器	
	熔丝	
	继电器	
	印制电路板(PCB)	
组装于印制电路板(PCB)上的元器件的总成		

不难看出,上表中的"电子元器件"几乎涵盖了所有的常用电子元器件,也就是除非安全电路完全是由触点构成,否则绝大多数情况都应是含有电子元器件的安全电路。

含有电子元器件的安全电路需要按照附录 F6 的要求进行相关的型式试验。与附录 F 中的其他型式试验不同,由于检验人员不可能在现场进行相关试验,因此含有电子元器件的安全电路的型式试验只能在实验室进行。试验时的样品应为一块印制电路板和一块不含电气元器件的印制电路裸板(即基板)。

对于印刷电路板型式的安全电路,试验分为机械试验和温度试验两部分,方法如下:

一、需要明确的参数

1.电路板的类别;

2.工作条件;

3.使用元器件清单;

4.印制电路板布置图;

5.安全电路的混合电路布置图及印制线路的标记;

6.功能描述;

7.布线图等电气数据,如有可能,还应有印制电路板的输入输出定义。

二、机械试验

机械试验时,印刷电路板应处于工作状态。

1. 振动试验

振动试验的基本目的是提供一种能在实验室内再现样品可能经受到的实际环境影响的方法,而不是重现实际环境。

(1)试验设备

振动试验时,样品应安装在符合 GB/T 2423.10《电工电子产品环境试验 第 2 部分:试验方法 试验 Fc:振动(正弦)》的振动试验台进行试验。

(2)试验条件

在每个坐标轴方向上,进行 20 次扫频循环振动试验,振动幅值为 0.35mm 或 5g,频率为 10Hz~55Hz。

脉冲的加速度和持续时间为:

(a)加速度峰值 294m/s² 或 30g;

(b)相应脉冲持续时间 11ms;且

(c)相应速度变化率 2.1m/s,波形为半正弦波。

注:若传递元器件装有冲击减振器,冲击减振器应看成是传递元器件的一部分。

(3)试验期间和试验后对样品的要求

(a)试验期间和试验后,安全电路不应有不安全的动作和状态显示。

(b)试验后,电气间隙和爬电距离不应小于最小允许值。

2. 冲击试验

冲击试验提供了一种在实验室内模拟实际环境效应的方法,这种方法对样品所产生的效应可以和样品在运输和工作期间内实际所经受的效应相比拟。这个试验的基本目的不是为了重现真实环境。这个试验主要模拟的是在陆地运输的车辆上使用和被运输的样品上所产生的效应。陆地运输所产生的充分性碰撞和颠簸是非常严酷的,并且在不同的时间周期上呈现复杂和随机的性质,而且取决于路程的长短、路面的条件、车辆的类型等。因此本试验是模拟印制电路板坠落状态,发生元器件破损和不安全状态的危险。

试验分为单独冲击试验和持续冲击试验。要求根据 GB/T 2423.6《电工电子产品环境试验 第 2 部分:试验方法 试验 Eb 和导则:碰撞》。

单独冲击试验

(1)试验设备

使用碰撞试验机或振动试验台装置进行试验。

(2)试验条件

(a)冲击试验波形:半正弦波;

(b)加速度幅值 15g;

(c)冲击持续时间:11ms。

(3)试验期间和试验后对样品的要求

(a)试验期间和试验后,安全电路不应有不安全的动作和状态显示。

(b)试验后,电气间隙和爬电距离不应小于最小允许值。

持续冲击试验

(1)试验设备

使用碰撞试验机或振动试验台装置进行试验。

(2)试验条件

(a)加速度幅值:10g;

(b)冲击持续时间:16ms;

(c)冲击次数:1000＋10;冲击频率:2/s。

(3)试验期间和试验后对样品的要求

(a)试验期间和试验后,安全电路不应有不安全的动作和状态显示。

(b)试验后,电气间隙和爬电距离不应小于最小允许值。

三、温度试验

温度试验是为了确定元器件、设备和其他产品经受环境温度迅速变化的能力。

要求根据 GB/T 2423.22《电工电子产品环境试验　第 2 部分:试验方法　试验 N:温度变化》进行。电路板工作环境温度为 0℃、65℃(这个环境温度是安全装置的环境温度)。

(1)试验设备

使用温度试验箱进行试验。

(2)试验条件

(a)印制电路板必须处于工作状态:

(b)印制电路板必须是正常的额定电压;

(c)安全装置在试验中和试验后必须动作正常,如果印制电路板除了安全电路外,还包含其他元器件,则它们也必须在试验中动作(它们的故障可不考虑);

(d)试验按照最低和最高温度进行(0℃、65℃),至少各持续 4h;

(e)如果印制电路板设计在更宽的温度范围内工作,则必须在该温度范围内试验。

(3)试验期间和试验后对样品的要求

应按照有关标准的要求对试验样品进行外观检查及电气和机械性能的检测。

曾有询问:试验单独的安全电路还是试验整个的电气安全回路?

CEN/TC10 对此的回答是:只测试单独的安全电路而不是整个的电气安全回路。如果安全电路由电子元器件组成,则仅对该电路组件进行 CE-标记的型式试验。由于实际上接线端子是在现场用导线连的,且不可能以仅按照设计的方法来接线,因此对整个的电气安全回路可不进行型式试验。

资料 14-3　含有电子元器件的安全电路的介绍　⇩⬇

在电梯的安全保护中,电气安全装置具有重要作用。电气安全装置的型式主要分为安全触点型和安全电路型两种。目前电梯的控制系统越来越多的采用微机控制的方式,这就促使了安全电路型的电气安全装置在电梯安全保护中的广泛应用。安全电路型的电气安全装置(以下简称安全电路)中,按照组成结构可以分为两种:一种是基于继电器组合构成电路,另一种是基于电子元器件或微处理器的电路。后者被称为含有电子元器件的安全电路,它是安全电路的一个重要形式。

为了提高安全保护的等级,在设计含有电子元器件的安全电路时,对其安全保护控制电路的要求是非常高的。含有电子元器件的安全电路通常采用安全监控器模块的型式。安全监控器模块具有一个完整的安全保护控制电路,使它能够满足标准中对电气安全装置的要求。一般情况下,这含有电子元器件的安全电路连接在电梯安全回路中或用于其他一些不便采用安全触点的场合。为了提高可靠性,所有的含有电子元器件的安全电路都应具有双重的系统安全自检检测电路,以及肯定动作的输出继电器。每一个含有电子元器件的安全电路都能够监测到安全保护系统中元器件的故障、接线中的相互连接故障,以及自身内部监测电路和输出继电器的故障。

当含有电子元器件的安全电路检测到相关的电梯电气或机械故障,它就能够切断模块的输出信号,使电梯停止下来,防止进一步危险的发生,保护人员的人身安全。同时,它还能够在故障被排除之前,禁止机器设备的重新启动。

根据不同的设计,含有电子元器件的安全电路通常用于检测如下一些故障:

(1)安全保护电路断路;

(2)安全保护电路短路(包括接地短路);

(3)被控制的输出装置(如马达接触器)触点粘连;

(4)安全继电器失效;

(5)安全保护系统的检测电路故障;

(6)工作电压不足。

在一些情况下,含有电子元器件的安全电路被设计成能够检测到电梯安全保护电路中的故障,并能够确定其出现的位置,增强了电梯安全保护系统的可靠性,通过检测出安全保护电路中的故障,可以切断电源使电梯停止运行,直到故障被排除,大大提高了安全等级。对于电梯上应用的安全电路,应设计为双通道的模式,在自检测电路中互为冗余,能够检测出接线故障和输入状态改变故障,具有较高的安全等级。

在设计或选择使用含有电子元器件的安全电路时,通常需要明确以下几点内容:

(1)需要监控的输入信号的类型,例如,是急停开关、验证层门和轿门锁紧或关闭的开关还是速度监控装置;

(2)需要监控的输入信号的数量;

(3)需要的输出通道的数量和类型,例如,安全继电器的输出数量,辅助信号的输出数量;

(4)是否需要对所控制的输出装置(如马达接触器、控制继电器等)的工作状态进行监控;

(5)需要达到的安全保护等级(对于电梯来说应是 4 级);

(6)控制系统所需要的复位方式。

14.1.2.4　电气安全装置的动作

当电气安全装置为保证安全而动作时,应防止电梯驱动主机启动或立即使其停止运转。制动器的电源也应被切断。

按照12.7的要求,电气安全装置应直接作用在控制电梯驱动主机供电的设备上。

若由于输电功率的原因,使用了继电接触器控制电梯驱动主机,则它们应视为直接控制电梯驱动主机启动和停止的供电设备。

解析 电气安全装置(包括安全触点和安全电路)的作用是防止电梯发生危险故障,它(们)的动作,说明了电梯可能会处于不安全的状态。为保证电梯安全,在电气安全装置动作的时候,应能立即停止电梯运行,即要使驱动主机停止且制动器电源也应被切断。

本条要求电气安全装置应直接对驱动主机的供电设备起作用,这里的供电设备并不一定是主电源,也可以是向电梯驱动主机供电的变频器、发电机等,只要符合12.7规定即可。采用继电接触器控制时,可视为直接作用于电梯驱动主机的供电设备上。

与本条相关,CEN/TC10有一个解释单,参见7.7.2.2解析。

关于电气安全回路的问题,CEN/TC10有如下解释单:

问 题
如果为了避免太大的电压下降,继电接触器被用在子安全回路的末端,如:当含有门触点时,则是否14.1.2.4也意味着继电接触器可被认为是直接控制驱动主机启动和停止的供电设备?
背景
由于建筑物的高度和层站数原因,在安全回路中可能出现相当大的电压降。尤其是当包含有许多个层门触点的情况下,这些层门触点用一个单独的"子安全一回路"可以解决这一问题。
在EN81-1/2第3章中,"电气安全回路"的定义为串联连接所有电气安全装置的回路。
EN81-1的14.1.2.4写的是"当电气安全装置为保证安全而动作时,应防止电梯驱动主机启动或立即使其停止运转。制动器的电源也应被切断。
依照12.7的要求,电气安全装置应直接作用在控制电梯驱动主机供电的设备上。
如果因为输电功率,使用继电接触器控制电梯驱动主机,则它们应被视为是直接控制启动和停止电梯驱动主机供电的设备。"
其他的主要标准,如加拿大和美国的协调标准A17.1—2000,允许这种解决方案。
风险分析表明没有另外的风险,只要:
在层门"子安全-回路"末端的继电器断开位置被监控;
继电器满足EN81-1/2的13.2.1有关需求;
该"子安全-回路"满足主电气安全回路的同样要求。

解 释
按照与能量传输同样的基本原理,如果满足下列要求,14.1.2.4的继电接触器可用作反映主电气安全回路中的所有层门关闭触点和门锁触点("子回路"):
在每个单独的"子安全-回路"末端使用两个继电接触器;
这些继电器的断开位置被监控(见14.1.2.3);
两个继电器的常开触点用导线串联连接到主电气安全回路中;
该继电器满足EN81-1/2的13.2.1相关规定[继电接触器(13.2.1.2)可操作主接触器(13.2.1.1),但是它们不是用来直接控制驱动主机的供电]。

资料 14－4　对于机器设备停止类型的介绍　⇩⬇

机器设备的安全保护，其核心就是使机器设备的危险动作停止下来，因此如何将机器设备从运行到停止下来是非常重要的。根据所使用的安全保护装置的不同，可以有不同的安全停止功能。在正常运行中使用的停止功能，必须要能够避免机器设备、产品和加工过程被破坏，同时要能够防止机器设备的重新启动，这就是对安全停止功能的要求。

GB 5226.1《机械安全　机械电气设备　第 1 部分：通用技术条件》（即欧洲标准 EN 60204－1）中对机器设备的停止类型分为三种类别：

1. 停止类别 0：通过立即切断供给机器设备的电源来实现停止，也就是停止不受控制。

2. 停止类别 1：受控制的停止，供给机器设备执行机构的电源一直保持，以使机器设备逐渐停止下来。只有当机器设备完全停止后电源才被切断。

3. 停止类别 2：受控制的停止，供给机器设备驱动装置的电源一直保持。

正确的停止类别的选择，必须建立在对机器设备所进行的危险性分析的基础之上，这在 GB/T 16856《机械安全　风险评价的原则》标准中有所规定。

所有的机器设备都必须具有停止类别 0 的停止功能。停止类别 1 和/或 2 的停止功能只有在机器设备的安全和功能要求有必要时才可使用。停止类别 0 和 1 的停止功能必须与运行方式无关，并且停止类别 0 必须具有优先权。停止功能必须通过相应电路的失电来实现，并且应该比所对应的启动功能具有优先权。

14.1.2.5　电气安全装置的操作

操作电气安全装置的部件，应能在连续正常操作产生机械应力条件下，正确地起作用。

如果操作电气安全装置的装置设置在人们容易接近的地方，则它们应这样设置；即采用简单的方法不能使其失效。

注：用磁铁或桥接件不算简单方法。

对于冗余型安全电路，应用传感器元器件机械的或几何的布置来确保机械故障时不应丧失其冗余性。

对用于安全电路传感器元器件的要求应符合 F6.3.1.1。

解析　电气安全装置，尤其是安全触点型的电气安全装置是与相关的机械结构配合使用的，比如限速器上的电气开关、极限开关等，在动作时都会受到机械应力的作用。要求电气安全装置（包括安全触点和安全电路型电气安全装置）能够承受正常使用中的机械应力。

如果操作电气安全装置的设置位置是在人们容易接近的地方，为防止其轻易失效，应采取必要措施。本条要求不能通过简单方法使之失效。

本条所说的"失效"应作如下理解，根据 GB/T 16855.1《机械安全　控制系统有关安全部件　第 1 部分：设计通则》中的定义，所谓"失效"是指：产品执行所需功能能力的终止。"失效"与"故障"的区别是，"失效"是一事件，而"故障"是一种状态。

操作电气安全装置设置在人们容易接近的位置，最典型的例子就是验证层门锁紧的开关，这个电气安全装置的操作装置（锁钩）是安装在人们容易接近的地方，但要使触点失效，则必须采用短路等方法。这些方法(包括使用磁铁)都不视为简单方法。简单方法应为人们非故意施加的方法,或即便故意但不需使用专门工具的方法。

对于采用冗余技术的安全电路,其传感器元器件(如果有)应采用合理的布置方式或机械结构,当发生机械故障时,冗余性不能丧失。这与14.1.2.3.2.5中:"在冗余型安全电路中,应采取措施,尽可能限制由于某一原因而在一个以上电路中同时出现故障的危险"的要求是类似的。

对于安全电路的传感器元器件,按照本条规定,应能够抵御附录F6.3.1.1对于振动的要求。即振动幅值为0.35mm或5g,频率为10Hz~55Hz的低频小振幅振动。应充分注意一些安全开关,如安全钳开关、验证层门锁紧开关、验证层门、轿门关闭的开关等,应能经受上述振动,以防止在电梯运行和开关门的条件下影响这些安全装置的性能。

资料14-5　安全回路、电气安全装置、安全触点和安全电路之间的对比及相互关系 ⇩▮

1. 安全回路

安全回路即所谓的"电气安全链",是由串联在一起的电气安全装置构成,这些电气安全装置列在附录A中。当电气安全装置动作时,安全回路断开,使电梯驱动主机停止运行并防止其再启动,此外制动器电源也被切断。

2. 电气安全装置

电气安全装置列于附录A中。从型式上分为安全触点和安全回路两大类型。它的作用是保证当电梯可能发生危险故障时,通过电气安全装置的动作,使电梯停止运行并防止再启动。

3. 安全触点

安全触点就是触点在断开时能够符合GB/T 14048.1—2000《低压开关设备和控制设备　总则》中(机械开关电气的)肯定断开操作的要求,即"按规定要求,当操动器位置与开关电器的断开位置相对应时,能保证全部主触头处于断开位置的断开操作"。

实际上,可以认为符合AC-3和DC-3的主接触器以及符合AC-15和DC-13的继电接触器其触点是符合安全触点要求的。

4. 安全电路

安全电路难以有一个明确的定义,可以认为,安全电路是在电气系统中为了满足电梯特定的安全要求,按照一定逻辑关系,采用符合要求的电气元器件组成的电路,其作用与安全触点相似。与安全触点不同的是,安全电路要求在自身部件发生14.1.1.1中所列出的故障时,不会导致危险状态的出现。同时在自身故障时,如果这个故障可能导致电梯发生危险,则在危险发生前应使电梯停止。

资料14-6　GB/T 16855.1《机械安全　控制系统有关安全部件　第1部分:设计通则》的介绍 ⇩▮

一、电梯控制系统安全设计综述

1. 设计过程中的安全目标

电梯作为一种关系到人员生命安全的机械电气类产品,在我国属于特种设备,其制造、安装都必须接受严格的审查,以保证电梯运行过程中的安全。同时要求设计人员在设计电梯产品时,必须严格的遵守相关的产品安全规范(如本标准和其他相关标准),并应采用必要的保护措施防止电梯危险故障的发生。电梯中采用了大量的用于保证安全的部件,既有机械部件(如限速器、安全钳、上行超速保护装置等);又有与这些机械部件相关的电气安全装置,在这些部件动作之前(或同时)向电梯控制系统施加影响;同时还有大量的由安全触点和安全电路构成的电气安全装置,用以保证电梯控制系统的安全,提供控制系统的安全功能。

电梯控制系统不但是整个电梯的控制系统,同时也是电梯安全系统的主要组成部分,没有可靠的控制系统,是无法保证电梯安全运行的。因此电梯控制系统的安全性是每个电梯设计人员应考虑的主要问题之一。

提供安全功能的控制系统有关安全部件应设计得使遗留风险在以下情况是可接受的:

——在全部预定使用期间和可能预见的误用时;

——出现故障时;

——整个机器在预定使用期间出现可预见的人为差错时。

2.一般设计对策

在设计电梯控制系统的安全保护时,设计者应根据对机器的风险评价,决定需要由控制系统有关安全部件的每一个部件减小风险的分配(关于风险分析方法,参考资料0-2关于风险评价原则的介绍)。这种分配不包括受控机器的全部风险,而只考虑通过应用特定安全功能减小的那部分风险。

设计者应保证控制系统有关安全部件在内部失效或外部干扰的情况下,不产生会导致高于可接受遗留风险的风险输出。这不是总能达到的,但设计者应将出现高于可接受风险的输出减至最小,并且在这种情况下应提供其他安全措施。这在 14.1.1.1 和 14.1.2.3.2 都有相应的体现。

由控制系统有关安全部件减小的风险越大,需要那些部件具有的耐故障能力越高。这种能力(理解为所需执行的功能)可通过可靠性值和耐故障结构部分地量化。可靠性和结构两者都影响有关安全部件耐故障的能力。规定的耐故障性可通过规定元器件可靠性水平和(或)采用改进的有关安全部件结构来达到。可靠性和结构的作用可随所用的技术而变化。例如,在一种技术条件中,一种高可靠性的单通道有关安全部件,可能提供与在别的技术中故障容许的可靠性较低的结构具有同样的或更高的耐故障性。

注1:有关安全部件耐故障性越高,不能执行所需安全功能的概率就越低。比如安全触点,不能断开的概率可以忽略,因此它被认为耐故障性很高,这就是14.1.1.2认为只要是符合本标准要求的安全触点,就可不必考虑其触点不断开的情况的原因。

应注意,可靠性和安全性并不是同一概念:

安全性是指根据在故障情况下的工况所规定类别的部件在给定时间内执行其功能的能力;可靠性是指在规定的条件下和规定时间内部件执行其规定功能的能力。

例如,在一个冗余的结构中,具有相对不可靠性元器件系统的安全性可能比具有较简单结构但具有较高可靠性元器件系统的安全性更高。弄清这一概念很重要,因为在有些应用场合,不管达到的可靠性如何,优先需要最高的安全性。例如,当失效的后果总是严重的并且通常是不可挽回的时候。在这种应用场合,应根据风险评价,提供一种故障探测(一个周期允许的故障)结构,这种结构能提供一次、两次或多次故障后所需的安全功能。

在安全性主要是通过改善系统结构获得的场合,对复杂结构本标准不要求计算可靠性值。在元器件的可靠性对安全性是重要的场合,对于简单结构(例如一个单通道)计算可靠性值对通过各有关安全部件分担全部风险的减小是有用的。

二、在故障情况下控制系统有关安全部件的设计

1. 概述

控制系统有关安全部件应符合以下规定的五种类别的一项或多项要求。

根据"一般设计对策"阐述的措施,类别表明控制系统有关安全部件在其耐故障方面所需的工况。

B类是基本类。当出现故障时,不能执行安全功能。在1类中主要是通过选择和应用合适的元器件提高耐故障的能力。在2、3、4类中对特定安全功能方面的性能提高主要是通过改进控制系统有关安全部件结构实现的。这在2类中,是通过定期检查正在被执行的特定安全功能达到的,在3类和4类中是通过保证单项故障不会导致安全功能丧失达到的。在3类中,只要合理可行,要查明单项故障,而在4类中,要查明单项故障,并要规定承受故障积累的能力。

各类别之间耐故障工况的直接比较只有在一次仅有一个参数变化时才能进行。较高的类别只有在可比较的条件下,例如使用类似的制造技术、可靠性可比较的元器件、类似的维修规范和在可比较的应用场合,才能被理解为可提供更大的耐故障性。

资料14-6表1是控制系统有关安全部件的各个类别、要求和在故障情况下的系统工况一览表。

资料14-6表1　控制系统有关安全部件类别

类别	要　求	系统工况	实现安全的主要原则
B	控制系统有关安全部件和(或)其防护装置以及它们的元器件都应根据有关标准设计、选择、装配和组合,以使其能承受预期的影响	——出现故障时可能导致安全功能的丧失	通过选用元器件
1	应采用B类的要求 使用经过验证的安全元器件和安全原则	像上述的B类那样,但安全功能具有更高的与安全相关的可靠性	
2	应采用B类的要求和经过验证的安全原则 应通过机器控制系统以适当的时间间隔检查安全功能 注:适当的时间间隔取决于机器的类型和应用场合	——两次检查期间出现故障会导致安全功能丧失 ——安全功能丧失通过检查判明	

续表

类别	要 求	系统工况	实现安全的主要原则
3	应采用 B 类的要求和使用经过验证的安全原则。 控制系统应设计得: ——控制中的单项故障应不导致安全功能丧失,和 ——只要合理可行,查明单项故障	——出现单项故障时安全功能始终执行 ——有些(但不是全部)故障将被查明 ——未查明的故障积累可能导致安全功能丧失	通过结构设计
4	应采用 B 类的要求和使用经过验证的安全原则。 控制系统应设计得: ——控制中的单项故障不应导致安全功能丧失,和 ——在下一个有关安全功能指令发出时或发出之前查明单项故障。如果不可能查明,那么,故障的积累不应导致安全功能丧失	——故障出现时安全功能始终执行 ——故障要及时查明,以防止安全功能丧失	
注:风险评价应指明由故障引起的总体或部分安全功能丧失是否可接受。			

当考虑一些元器件失效原因时,有些故障可不包括在内。

2. 类别规范

(a)B 类

根据有关标准,采用针对具体应用场合的一些基本安全原则,将控制系统有关安全部件至少应设计、制造、选择、装配和组合得能承受:

——预期的操作应力(例如与开关容量和频次有关的耐久性和可靠性);

——加工物质的影响(例如洗衣机中的洗涤物质);

——其他相关的外界影响(例如机械振动,外部场,电源波动或中断)。

注 1:对遵循 B 类的部件不采用专门安全措施。

注 2:出现故障时可能导致安全功能丧失。

(b)1 类

1 类应采用 B 类要求和本条要求。

1 类控制系统有关安全部件应采用经过验证的元器件和原则来设计、制造。

有关安全应用的经过验证的元器件是指:

——在类似应用场合已广泛使用过并且具有成功经验的那些元器件,或

——采用经过证明对有关安全应用是适用而可靠的原则制作并经过验证的那些元器件。

在有些经过验证的元器件中,某些评估出的故障由于已知故障率很低,也可以不包括在内。

可根据应用场合,决定将某一特定元器件认可为经过验证的元器件。

注1:在只有单一电子元器件水平上,通常不可能实现1类。

经过验证的安全原则的例子是:

——避免某些故障(例如通过隔离避免短路);

——减小故障概率(例如元器件的超标定或低估);

——采用定向故障模式(例如在故障事件中除去动力是至关重要的时,采用保证开路);

——尽早查明故障(例如早期故障检查);

——限制故障后果。

新开发的元器件和原则如果满足上述条件,它们可以考虑视为等效"经过验证的"。

注2:1类中的失效概率低于B类的,因此,安全功能丧失可能性较少。

注3:出现故障时可能导致安全功能丧失。

(c)2类

应采用B类的要求和经过验证的安全原则以及本条的要求。

2类控制系统有关安全部件的安全功能应按适当的时间间隔通过机器控制系统进行检查。安全功能检查应在以下情况下进行:

——在机器启动时和在某种危险状态产生之前,和

——如果风险评价和操作类型表明有必要的话,在运行期间定期进行。

这种检查可以自动地或手动地进行。安全功能的某种检查应做到:或

——如已查明没有故障允许运行,或

——如果查明有故障,产生一个触发合适控制动作的输出。只要可能,这种输出应产生安全状态。当这种输出不可能产生安全状态时(例如执行开关装置中的触头焊合),该输出应提供危险警报。

这种检查自身应不导致危险状态。

故障查明后,安全状态应保持到故障被排除。

注1:因为安全功能检查不可能应用于所有元器件,例如压力开关或温度传感器,所以在有些情况下,2类是不适用的。

注2:一般2类可以借助电子技术实现,例如在防护设备和特定控制系统中。

注3:这种系统工况允许:

——一种故障出现可能导致两次检查之间安全功能丧失;

——通过检查发现安全功能的丧失。

检查设备可以与提供安全功能的有关安全部件是一个整体或者是分离的。

(d)3类

应采用B类的要求和经过验证的原则以及本条的要求。

3类控制系统有关安全部件应设计得在这些部件中任何一个出现单项故障,都不会导致安全功能丧失。应考虑共因失效。只要合理可行,在有关安全功能的下一个指令发出时或在发出之前应查明单项故障。

注1:检查单项故障的这种要求并不意味着所有故障都将查明。因此,未查明的故障积

累可能导致意外输出和机器危险状态。继电器触头的持连动作或冗余电输出的监控是查明故障的实际可行措施的典型例子。

注2：如果技术上和应用上需要的话，C类标准的制定者应对查明故障给出进一步详细规定。

注3：这种系统工况允许：

——当单项故障出现时安全功能总是有效的；

——有些（但不是全部）故障将被查明；

——未查明故障积累可能导致安全功能丧失。

注4："只要合理可行"是指为查明故障所需的措施及实施这些措施的程度主要取决于失效的后果和在应用中出现失效的可能性。所采用的技术将影响执行故障检查的可能性。

（e）4 类

应采用B类要求和经过验证的安全原则以及本条的要求。

对4类控制系统有关安全部件应设计得：

——在这些有关安全部件中的任一部件的单项故障都不导致安全功能丧失，和

——在有关安全功能的下一个指令发出时或发出之前查明单项故障。例如，在开关闭合(on)时、机器运行周期结束时立即查明。如果不可能查明，那么故障积累也不应导致安全功能丧失。

如果不可能查明某些故障，至少应假设在故障出现之后下一次检查期间，由于技术或电路原因，会进一步出现某些故障。在这种情况下，故障的积累应不导致安全功能丧失。当认为故障进一步出现的概率很小时，故障复查可以停止。在这种情况下，需要考虑的组合的故障数取决于技术、结构和应用的场合，但应充分满足检查判据。

注1：实际上需考虑的故障数将会有很大变化，例如在复杂的微处理器电路的情况下，可能存在大量故障，但在电液系统中，考虑三项（甚至两项）故障可能就足够了。

在以下情况时这种故障复查可以限于组合中的两种故障：

——元器件故障率很低，和

——组合中的故障在很大程度上是相互独立的，和

——各种故障必须按中断安全功能的一定顺序出现。

如果由于第一个单项故障的结果会出现进一步故障，第一个和随后的所有故障都应考虑为单项故障。应考虑共因失效，例如通过使用不同的方案、专门试验程序等加以研究。

注2：在复杂电路结构的情况下（例如微处理器，完整的冗余技术）故障复查一般在结构方面进行，即以装配组为基础。

注3：本系统工况允许：

——出现故障时安全功能一直有效；

——及时查明故障以防安全功能丧失。

3. 不同类别有关安全部件的选择和组合

（a）类别的选择

安全功能是根据"一般设计对策"中阐述的程序确定的。执行这些安全功能的控制系

统所有有关安全部件都应选择故障工况类别,以达到预期的风险减小(见资料14-6表1)。如果对控制系统各有关安全部件选用不同的类别,在故障情况下这些部件仍应保持预期的系统工况。

风险减小量和各类别之间没有直接关系,只存在微弱相关性(选择类别的指南见资料0-2对于prEN1050—1994附录B的介绍)。

具体的控制系统有关安全部件类别的选择主要取决于该部件:

——承担安全功能所达到的风险减小;

——故障出现的概率;

——在故障情况下产生的风险;

——避免故障的可能性。

(b)各有关安全部件的组合

为获得所需的输出信号,可以只用一个有关安全部件或多个有关安全部件组合应用。一种安全功能可以通过一个或多个部件(单独的或以联合的方式)实现。几种安全功能也可以通过一个部件实现,当不同类别的各分部件执行一种安全功能时,最终类别只能通过重新全面分析所考虑结构的系统故障工况才能确定(见资料14-6表1中的各类别判据)。如果各部件的分析结果是合适的,这种分析可以简化。

由以上分析不难看出对"安全控制系统"的要求,按照对故障的承受能力和出现故障后安全功能的作用,对应于危险等级的五个等级,机器设备的控制系统中安全控制部分也可分为五个等级。

等级B要求与安全功能有关的控制电路在设计、选择和组装过程中必须使用符合基本安全准则和有关标准的安全开关电器。安全控制电路要能够承受预期的运行强度,能够承受运行过程中工作介质的影响和相关外部环境的影响。等级B为最基本的等级,其他等级都必须满足等级B的要求。

与等级B相比,等级1要求使用技术成熟的元器件,即在相似的应用领域中有过广泛和成功的使用,或是根据可靠的安全标准制造的元器件,以及使用成熟的技术。

在等级B和等级1中,安全控制系统对故障的承受能力主要是通过采用适当的元器件来实现,当安全控制电路中出现任何单一故障时,都会导致安全功能失效。由于使用了技术成熟的元器件,等级1对故障的承受能力比等级B更强一些。

等级2除了要符合等级1的要求外,还必须要做到在机器的控制系统中能够对安全控制系统进行测试,在机器启动时和在危险状态出现前,必须对安全功能进行测试。在危险性分析和运行方式显示有必要时,还可在运行中定期进行测试。只有测试正常,才能启动机器或使机器持续运行,测试本身不会导致危险状态,一旦检测到故障,必须输出一个信号使相应的控制系统产生作用,同时必须能维持安全状态直至故障排除。测试装置可以是单独的,也可以是安全系统的一部分。

在满足等级1的要求的基础上,等级3最主要的要求是当安全控制系统中的一个元器件出现故障时,不会导致安全功能失效。在下一次安全功能起作用前或起作用时,必须能够检测到已经存在的一个故障,但这并不意味着所有故障都已检测出来,因此故障的积累会导致安全功能失效。

等级 4 为最高安全控制等级。在符合等级 1 要求的同时,还要求安全控制系统中一个元器件的故障不会引起安全功能失效,而且故障能在下一次安全功能起作用时被识别出来,如果无法识别,要求多个故障的积累不会引起安全功能的失效。

在等级 2,3 和 4 中,主要是通过电路结构上的设计来达到对安全功能的要求。在设计电路时,应采用工作极其安全可靠的元器件,可以不考虑这种元器件本身故障发生的可能性。同时,为了避免短路,减少故障的发生率,确定故障的类别,准确地检测故障以及避免二次故障的发生,可以采用诸如:隔离电路,充分的承载能力,当遇故障时及时开路断电,良好的接地等措施。

在对机器设备的危险性进行了分析和评估,同时确定了对应的安全控制等级后,就必须对机器设备采用合理有效的安全保护措施和应用符合国际标准的安全保护电器产品。对机器设备实现安全保护有多种方式,如机电式、电子式、液压式、气动式等,可以根据机器的实际情况进行选择,目前使用最多、技术最成熟的方式是机电式。

在实际应用上,等级 2 很少使用,因为在等级 2 中,安全保护功能如果在两次测试之间出现故障,系统将无法检测到,从而有可能在安全保护功能失效时导致机器或人身伤害事故的发生。就目前而言,绝大多数的工业机器都应使用等级 3 或 4 的安全保护措施,特别是对一些极其危险的工业机器,如切纸机械、冲压机械、注塑机械等,必须使用等级 4 的安全保护措施。根据安全电路的流程图我们可以知道,电梯也应试验等级 4 的安全保护措施。

评估机器存在的危险等级和相应的安全等级,是选择安全方案的第一步,如结果显示一台机器或者一道工序存在致伤的危险,就一定要加以清除或者遏制,如何清除则取决于机器本身及其危险的性质。最好的保护措施就是,既提供最大限度的保护,又最小限度地干扰设备系统的正常运行。全面考虑机器各个方面的使用非常重要,因为经验表明使用困难的系统最终将被淘汰。

在评估机器存在的维修等级并选用了相应的安全等级之后,应针对所需的安全等级进行相应的设计,以保证真正能够达到相应的安全等级要求。下面的图表是按照安全等级设计的几种电路的例子。

资料 14 - 6 表 2

类型	故障后果	控制系统要求	线路举例	常见部件
B	单一故障后安全功能可能丧失	——出现故障时可能导致安全功能的丧失	急停 / R / 其他逻辑控制 / 启动 / R / M / L1+ / N(-)	常规继电器

续表

类型	故障后果	控制系统要求	线路举例	常见部件
1	单一故障后安全功能可能丧失	像上述的B类那样，但安全功能具有更高的与安全相关的可靠性	急停　启动　K　其他逻辑控制　K　M　L1(+)　N(-)	安全继电器
2	若故障出现在两次检测之间，安全功能可能丧失	——两次检查期间出现故障会导致安全功能丧失 ——安全功能丧失通过检查判明	启动测试　急停　K1　K2　K3　其他逻辑控制　M　L1{+}　N(-)	带周期检测的安全继电器
3	单一故障情况下能够保持安全功能	——出现单项故障时安全功能始终执行 ——有些（但不是全部）故障将被查明 ——未查明的故障积累可能导致安全功能丧失	急停　启动　K1　K2　其他逻辑控制　M　L1{+}　L2　N(-)	双通道（冗余）安全继电器
4	多故障情况下能够保持安全功能	——故障出现时安全功能始终执行 ——故障要及时查明，以防止安全功能丧失	急停　启动　K1　K2　K3　其他逻辑控制　M　L1(+)　N(-) 最大交流电压：L1=48 Vae	双通道（冗余）；自检；故障探测安全继电器

14.2　控制

解析　电梯作为涉及人身安全的机电一体化的产品，其控制是至关重要的。在欧洲人们也经常就本节向 CEN/TC10 提出询问。

14.2.1 电梯运行控制

此控制应是电气控制。

■ 解析 根据本条的规定,电梯运行控制只能是电气控制,不应采用液压、气动以及机械方式来控制电梯运行。前面已经介绍过,各种安全保护措施中目前使用最多、技术最成熟的方式是机电式,因此本标准针对电梯要求的许多安全部件和安全功能都是依靠电气控制实现的,比如驱动主机制动器是机-电式的、电气安全装置切断驱动主机主电源及制动器电源等。因此,电梯运行的控制必须采用电气控制,这是本标准制定的基础和默认条件。

14.2.1.1 正常运行控制

这种控制应借助于按钮或类似装置,如触摸控制、磁卡控制等。这些装置应置于盒中,以防止使用人员触及带电零件。

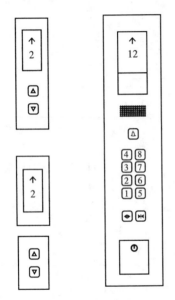

图 14-12 层站按钮和轿厢按钮

■ 解析 本条是针对电梯的正常运行控制而制定的。按照本条的规定,电梯正常情况下的运行控制不应再采用手柄开关实现。现代电梯一般采取在轿内及层站设置按钮实现,如图 14-12 所示。

14.2.1.2 门开着情况下的平层和再平层控制

在 7.7.2.2a)述及的特殊情况下,具备下列条件,允许层门和轿门打开时进行轿厢的平层和再平层运行。

a)运行只限于开锁区域(见 7.7.1):

1)应至少由一个开关防止轿厢在开锁区域外的所有运行。该开关装于门及锁紧电气安全装置的桥接或旁接式电路中;

2)该开关应是满足 14.1.2.2 要求的一个安全触点,或者其连接方式满足 14.1.2.3 对安全电路的要求;

3)如果开关的动作是依靠一个不与轿厢直接机械连接的装置,例如绳、带或链,则连接件的断开或松弛,应通过一个符合 14.1.2 要求的电气安全装置的作用,使电梯驱动主机停止运转;

4)平层运行期间,只有在已给出停站信号之后才能使门电气安全装置不起作用。

b)平层速度不大于 0.8m/s。对于手控层门的电梯,应检查:

1)对于由电源固有频率决定最高转速的电梯驱动主机,只用于低速运行的控制电路已经通电;

2)对于其他电梯驱动主机,到达开锁区域的瞬时速度不大于0.8m/s。

c)再平层速度不大于0.3m/s。应检查:

1)对于由电源固有频率决定最高转速的电梯驱动主机,只用于低速运行的控制电路已经通电;

2)对于由静态换流器供电的电梯驱动主机,再平层速度不大于0.3m/s。

解析 根据本条规定,在电梯平层运行(提前开门)和自动再平层(或手动再平层)的情况下,允许层门和轿门打开使轿厢移动。提前开门和自动再平层(或手动再平层)的情况参考7.7.2.2解析。

但允许在层门、轿门开启的情况下移动轿厢是有严格限定的:

1.轿厢只能在开锁区进行平层(提前开门)或再平层运行。

由于要实现开门运行,必须要将验证层、轿门的锁紧和闭合的电气安全装置旁接或桥接,为避免发生挤压、剪切的危险,必须限定轿厢只能在移动范围内(开锁区)进行上述运行。为保证这个要求,必须有一个安全触点或安全电路构成的电气安全装置对电梯的提前开门和再平层运行进行保护,而且要求这个电气安全装置串联在门及锁紧电气安全装置的桥接或旁接式电路中,一旦动作将直接切断这个桥接或旁接电路,使电梯立即停止运行。此外,平层运行只能是电梯已经到达目的层站后(控制系统已经给出停站信号后)才能进行,也就是说只有这个时候才能够旁接或桥接门的电气安全装置。

2.平层(提前开门)或再平层运行时轿厢的速度必须受到严格限制。

(1)平层运行(提前开门)时

平层时的速度不超过0.8m/s。而且,如果层门的开启是人力控制的且电梯的驱动主机的转速是直接由电源频率决定的(如交流双速电梯),在平层运行时必须已经切换到低速运行状态。如果驱动主机的转速是由其他方式控制的,或层门不是手动形式的,则只需要保证平层时的速度不超过0.8m/s即可。

(2)再平层运行时

在平层速度不超过0.3m/s。与平层运行的要求相似,如果电梯的驱动主机的转速是直接由电源频率决定的,当再平层运行时必须已经切换到低速运行状态。

与本条相关,CEN/TC10有一个解释单,参见7.7.2.2解析。

14.2.1.3 检修运行控制

为便于检修和维护,应在轿顶装一个易于接近的控制装置。该装置应由一个能满足14.1.2电气安全装置要求的开关(检修运行开关)操作。

该开关应是双稳态的,并应设有误操作的防护。

同时应满足下列条件:

a)一经进入检修运行,应取消:

1）正常运行控制，包括任何自动门的操作；

2）紧急电动运行（14.2.1.4）；

3）对接操作运行（14.2.1.5）。

只有再一次操作检修开关，才能使电梯重新恢复正常运行。

如果取消上述运行的开关装置不是与检修开关机械组成一体的安全触点，则应采取措施，防止14.1.1.1列出的其中一种故障列在电路中时轿厢的一切误运行；

b）轿厢运行应依靠持续揿压按钮，此按钮应有防止误操作的保护，并应清楚地标明运行方向；

c）控制装置也应包括一个符合14.2.2规定的停止装置；

d）轿厢速度不应大于0.63m/s；

e）不应超过轿厢的正常的行程范围；

f）电梯运行应仍依靠安全装置。

控制装置也可以与防止误操作的特殊开关结合，从轿顶上控制门机构。

■ **解析**　当电梯进行调试和维修保养时，人员通常需要在轿厢顶上慢速移动轿厢，这种状态下对电梯的控制就是所谓的"检修运行控制"，在检修运行控制的情况下电梯能够以低速运行（不超过0.63m/s的速度）。检修运行是电梯的一种特殊运行状态。检修运行的定义见第3章的补充定义第42条。

电梯的正常运行状态和检修运行状态是由一个控制装置进行切换的。图14-13是一个典型的检修运行控制装置：这个控制装置设有检修运行切换开关；上、下行电动按钮；门的控制开关；符合14.2.2要求的停止装置；符合8.15要求的电源插座；照明灯等。这样的控制装置一般称为轿顶操作盒。

图14-13所示的轿顶操作盒中，有些部件并不是本条要求的，而是8.15条中所要求的"轿顶上的装置"。就本条要求而言，控制装置应满足如下要求：

1. 安装在轿顶上，且必须易于接近。

2. 检修运行开关应是双稳态的，且应带有防止误动作的防护装置。

所谓双稳态开关，是指这种开关有两个稳定的状态，如果没有外界操作，这种开关可以稳定的保持在一种状态下。检修运行开关的一个状态是"正常运行"，另一个状态是"检修运行"。在检修运行开关的旁边应标有"检修""正常"字样以明显区别这两种状态。图14-13中检修开关旁边设置的防护圈高于旋柄的边缘，操作时手指要伸入其保护外壳内旋动开关，非故意的操作或操作人员的衣物就不太可能无意间转动开关。就是说不可能意外把处于检修状态的检修运行转换开关转换到正常运行位置从而防止对轿顶检修人员产生危险。这就起到防止误动作的作用。

3. 进行检修/正常运行状态切换的电气装置应是符合14.1.2要求的安全触点型开关。

注意，本条明确说明了切换装置要求采用"满足14.1.2电气安全装置要求的开关（检修运行开关）"，即必须采用安全触点型开关的型式，不能采用安全电路型式。

a) 轿顶操作盒

b) 检修开关

c) 轿厢运行按钮

图 14-13　轿顶操作盒

4.控制装置上应带有能够控制轿厢运行的点动按钮,此按钮必须标明轿厢的运行方向,同时还必须能够防止误动作的发生。

在检修运行状态下,控制轿厢运行应依靠持续揿压按钮(点动按钮)实现。此按钮应有防止误操作的保护,并应清楚地标明运行方向。图 14-13 中的上、下行控制按钮带有防护圈,以防止误动作,在按钮的旁边还明确的标有上、下行的字样。

5.控制装置上应带有停止装置。

在检修运行过程中如果轿顶的操作人员发现电梯出现可能导致危险的异常情况,应立即将电梯停止,避免事故的发生。这就要求应在检修控制装置上提供一个提供符合 14.2.2 规定的停止装置。

6.允许提供一个能够从轿顶控制门机构(主要是轿门)的开关。

在检修运行过程中,有时需要对电梯门机构进行操作,因此允许在检修控制装置上提供一个控制门机构的开关。应注意,这个开关不是必须设置的,但如果设置这个开关,其要求与控制轿厢运行的按钮类似,也要求能够防止误操作。一般情况下,这个开关也选用点动开关。

检修运行时,由于工作人员是在轿顶进行操作,保护工作人员的人身安全是非常重要的。因此,检修运行操作时,相关工作人员必须对电梯的控制拥有最高优先权,但操作检修运行的工作人员对电梯的控制也必须依赖于电气安全装置。

电梯在检修运行状态下必须具有如下要求:

1.一经进入检修运行,应取消正常运行控制,包括任何自动门的操作。

2.进入检修运行应取消正在进行的紧急电动运行；对于在检修运行之后发出的紧急电动运行信号不予响应。

3.进入检修运行应取消对接操作运行。

4.从检修运行状态恢复正常运行，必须再次操作检修开关，方可使电梯切换到正常运行状态。禁止采用其他方式（如旁接检修开关等）使电梯恢复正常运行状态。

5.处于检修运行状态时，轿厢的移动速度不应大于 0.63m/s。

6.为防止出现脱出导轨等危险故障的发生，处于检修状态的电梯，其行程也不能超过轿厢正常的行程范围，即电梯的行程不能超越极限开关。

7.检修运行过程中电梯运行应仍依靠安全装置。也就是检修运行的优先级比电梯的电气安全装置低。

对于本条规定的检修运行控制，人们在执行中提出的问题很多，下面摘抄部分问题和欧洲标委会 CEN/TC10 的相关解释。

关于"检修控制的停止装置和轿顶停止装置"的问题，CEN/TC10 有如下解释单：

问　题
1)下列理解是否符合标准？ 一个开关位于非常靠近入口处（为的是可以从层站安全地操作该开关），该开关具有 3 个工作位置："正常－检修－在检修期间的门控制"。只有第一和第二工作位置是稳态的。 该开关以强制分断形式断开正常控制、紧急电动运行（如果有）以及对接操作（如果有）。该开关允许断开电梯及动力操作门的正常运行并保持断开状态，如果有两个轿厢入口，则应提供两个开关。 在轿厢悬挂部件（轿架）中部（在尽可能离开轿顶边缘、合适的高度并且有站立的可能性的位置）的操纵屏将停止装置"停止"与第二个能够强制分断的开关合并并具有 3 个工作位置"检修上行－断开－检修下行"。只有中间工作位置是稳态的。 2)如果轿厢悬挂部件（轿架）与入口处超过 1m，则： a)是否需要将第二个停止装置设置在入口处附近？ b)或，是否将具有停止装置的操作屏靠近入口处安装？这样安全性差一些（如果有两个轿厢入口，则该开关应提供两个）。
解　释
1)在该问题中，包括三个不同方面的错误： a)检修运行开关设有第三个工作位置"在检修运行期间控制门"。因为它不是双稳态开关，因此这种结构不符合本标准。 b)依据本标准条文，检修运行开关、停止装置和两个检修上、下运行的按钮（关于它们的相互位置，没有要求）属于检修操作控制屏。因此，严禁检修开关与检修操作控制屏的其他部分分开设置。修改建议只可能在本标准下次修订时讨论。 关于强制分断，参考 14.2.1.3a 最后一段。 c)由一个具有 3 个工作位置的开关实现检修上/下运行按钮的转换，这种结构由于不符合本标准（14.2.1.3.b），因而不应被采用。 2)对于轿厢悬挂部件（轿架）与带停止装置的控制屏之间的相互位置关系，本标准没有任何规定。

关于检修控制状态下,轿门控制问题,CEN/TC10 有如下解释单:

问 题
通过"检修"开关进行检修运行时,在检修运行的转换期间,轿门可能恰恰处在打开位置。 该门应采取哪种方式立即关闭? 存在下列 3 种可能性: a)在检修运行的转换的瞬间,门自动关闭。 b)当检修"上行"或"下行"按钮之一被动作,在轿厢运行之前,门自动关闭。当按压该按钮的压力被取消时,门保持关闭状态。 c)靠按压 14.2.1.3 最后一句话所提及的控制门机构的特殊开关,进行门关闭。

解 释
a)该方案不被认可。 b)该方案如满足下列条件可被认可,即:在持续按压检修"上行"或"下行"按钮之下,进行门关闭。当门已到达关闭位置,并且按压该按钮的压力被取消时,门应保持关闭状态。 c)该方案被认可。

对于本条中"控制装置也可以与防止误操作的特殊开关结合,从轿顶上控制门机构"的问题,CEN/TC10 有如下解释单:

问 题
EN81 的 14.2.1.3 检修运行: "控制装置也可以与防止误操作的特殊开关相结合,从轿顶上控制门机构。" 1)这是否意味着应紧靠检修操作开关装配这些"特殊开关"? 在某种情况下(如:轿厢具有贯通入口,门机在轿厢下面),如果这些"特殊的开关"被设置在门机上,则更适合于调整工作。 2)是否这些"特殊的开关"可仅在"检修运行"状态下才是有效的?

解 释
1)不。这些特殊开关可以位于门机附近。 2)是。因为在"检修运行"条中提及这些特殊开关的事实,因此得出结论:仅当"检修运行"时,它们才有效。 注:如果在正常运行期间,由于观察门机而转移维修人员注意力是非常危险的。

对于检修运行的优先级问题,CEN/TC10 有如下解释单:

问 题
14.2.1.3 a)规定: "一经进入检修运行,应取消: 1)正常运行,包括任何自动门的操作;" 此句话理解为如下:

问　题
a)如果在转变为检修运行的瞬间,门正在关闭运行,则门操作运行应该停止;或 b)在转变为检修运行后,轿门关闭运行是允许的,并且在此(门关闭)之后,门的运行是不可能的。 上述理解 a)还是 b)是正确的?

解　释
a)是正确的(也见第 120 号解释)。 制定本标准是为了避免由于门的运行产生危险。 如果通过设计,门的关闭不产生剪切、挤压等风险,那么仅关闭操作被认为是可接受的。

对于玻璃电梯的检修控制问题,CEN/TC10 有如下解释单:

问　题
我们的观点是:对于轿厢和/或井道壁为玻璃的电梯,如果玻璃由未经过电梯培训的人员清扫,会存在另外的危险。通常,涉及两种人员,其一是在轿顶上确定位置的人员,其二是在轿厢下面或侧面清扫玻璃板的人员。我们认为新版标准中引入玻璃电梯和玻璃井道,该危险没有被 CEN/TC10/WG1 成员完全地识别出,风险分析应该是此标准该条文的基础。 　由于这个原因,荷兰请求至少此类型电梯具有这样一个系统:在检修运行模式结束之后电梯被恢复到正常运行模式时,该系统能够防止在底坑或轿厢旁边的人员遭受轿厢意外运动而造成的伤害,并防止上述人员遭受轿厢的挤压。荷兰电梯安全委员会及荷兰劳动部的观点是:至少对于此类电梯,采用一个基于该技术上的解决方案而不是靠程序措施的系统。

解　释
EN81-1/2 制定的前提是:当有授权人员在底坑中时,轿厢不运行。 　为了实现这一点,5.7.3.4 a)规定: 　"底坑内应设置停止装置,该装置在打开门去底坑时及在底坑地面上应可接近,且应符合 14.2.2 和 15.7 要求;" 该条要求打开门去底坑时可接近的停止装置,假定进入底坑的人员可使它动作。 　在问题中所提出的解决方案不仅根本上偏离了 EN81 的基本假定,而且该解决方案本身也是不理想的,因为它不是自动故障防护的。

14.2.1.4　紧急电动运行控制

对于人力操作提升装有额定载重量的轿厢所需力大于 400N 的电梯驱动主机,其机房内应设置一个符合 14.1.2 的紧急电动运行开关。电梯驱动主机应由正常的电源供电或由备用电源供电(如有)。

同时下列条件也应满足:

a)应允许从机房内操作紧急电动运行开关,由持续揿压具有防止误操作保护的按钮控制轿厢运行。运行方向应清楚地标明;

b)紧急电动运行开关操作后,除由该开关控制的以外,应防止轿厢的一切运行。检修运行一旦实施,则紧急电动运行应失效;

c)紧急电动运行开关本身或通过另一个符合 14.1.2 的电气开关应使下列电气装置失效：

1)9.8.8 安全钳上的电气安全装置；

2)9.9.11.1 和 9.9.11.2 限速器上的电气安全装置；

3)9.10.5 轿厢上行超速保护装置上的电气安全装置；

4)10.5 极限开关；

5)10.4.3.4 缓冲器上的电气安全装置。

d)紧急电动运行开关及其操纵按钮应设置在使用时易于直接观察电梯驱动主机的地方；

e)轿厢速度不应大于 0.63m/s。

解析　首先必须明确，紧急电动运行功能并不是每台电梯必备的。只有在下面的情况下，紧急电动运行功能才是必要的，即如果通过电梯驱动主机操作，提升装有额定载重量的轿厢所需力大于 400N 时，由于人员体能的限制，已不能再依靠人力完成上述操作。此时根据 12.5.2 规定，机房内应设置一个符合 14.1.2 的紧急电动运行开关，依靠电力提升轿厢。紧急电动运行与检修运行类似，也属于电梯处于特殊状态下的运行方式，因此对电梯处于紧急电动运行状态时的运行特性也有着严格的要求。

对于将电梯切换到紧急电动运行状态的装置，应满足如下要求：

1. 紧急电动运行开关要求设置在机房中。

紧急电动运行一般是用于在电梯发生故障时，营救被困在轿厢中的乘客，而且紧急电动运行是依靠电梯驱动主机来移动轿厢。因此，紧急电动运行开关应设置在机房中，这样不但能方便救援也给操作紧急电动运行的人员提供一个安全的环境。

2. 切换到紧急电动运行状态的电气装置应是符合 14.1.2 的开关。

与检修运行的切换开关类似，紧急电动运行的切换开关也要求采用安全触点型开关。

3. 紧急电动运行时操作电梯移动的应是依靠持续揿压工作的按钮(即点动按钮)，应能够防止误动作。按钮旁仍需标明轿厢运行的方向。

在紧急运行状态下，控制轿厢运行应依靠持续揿压按钮(点动按钮)实现。此按钮应有防止误操作的保护(即带有防护圈)，并在按钮的旁边还明确的标有上、下行的字样。

4. 紧急电动运行状态下，电梯驱动主机是由正常电源或备用电源供电。

当电梯具有紧急电动运行功能时，标准中并没有要求必须具备备用电源，但从实际使用上来看，如果没有备用电源，一旦发生停电故障，则无法通过紧急电动运行移动轿厢，解救被困乘客。

5. 紧急电动运行开关及其操纵按钮应设置在使用时易于直接观察电梯驱动主机的地方。

由于紧急电动运行是靠电梯驱动主机来移动轿厢，为使操作人员能够时刻监视驱动主机的运行状态，要求在进行紧急电动运行操作时，操作人员能够方便的观察电梯驱动主机，也就是说紧急电动运行的切换开关和控制按钮均应始终在易于直接观察驱动主机的位置上。

要注意,这里要求的是在紧急电动运行时能够直接观察到电梯驱动主机,不能采用其他如摄像机等手段实行间接观察。

由于紧急电动运行也属于电梯在非常规情况下的运行,也具有一定的风险,尤其是旁接了部分电气安全装置。因此电梯在紧急电动运行状态下必须具有如下要求:

1. 紧急电动运行开关操作后,除由该开关控制的以外,应防止轿厢的一切运行。

也就是说,一旦进入紧急电动运行,应取消任何正常运行控制,以保证紧急电动运行控制的优先权高于正常的运行控制。

2. 检修运行一旦实施,则紧急电动运行应失效。

相比在机房内进行紧急电动运行的工作人员,在轿顶进行检修运行操作的人员的风险更大。因此要求紧急电动运行的优先级别应低于检修运行的优先级。

3. 紧急电动运行状态下轿厢速度不应大于 0.63m/s。

0.63m/s 的速度在本标准中是作为低速的上限值出现的,通常认为在必要的情况下将电梯的速度降低至 0.63m/s 以下,就能够满足限制电梯运行速度的目的。但在这里,0.63m/s 的速度对于紧急电动运行来说太高了,我们知道,开锁区最大可以达到 0.7m。在紧急救援过程中,要停止到达开锁区的轿厢,要求救援人员要在看到轿厢到达层门的只是后 1s 之内做出反应。应使轿厢自动停止在下一个层站或将速度降至 0.3m/s 以下。

4. 紧急电动运行开关本身或通过另一个符合 14.1.2 的安全触点型电气开关使下列电气装置失效:安全钳上的电气安全装置;限速器上的电气安全装置;轿厢上行超速保护装置上的电气安全装置;缓冲器上的电气安全装置和极限开关。

上述电气安全装置动作后,电梯会立即停止运行并被防止再次启动,此时如果轿厢内有乘客,必须将轿厢移动到某个安全的救援地点(通常是层站)将被困乘客救援出轿厢。但经过分析不难发现,如果上述电气安全装置不被置于失效状态,实际上是无法移动轿厢,也无法救援乘客的。比如,轿厢冲顶碰到极限开关,根据 10.5.3 的规定,电梯应立即停止并防止再次启动。如果需要通过驱动主机移动轿厢,不将极限开关旁接,则无法使驱动主机旋转并移动轿厢。

但应注意,紧急电动运行状态下,仅允许将上述电气安全装置置为无效,决不允许擅自扩大被旁接的电气安全装置的数量和种类。

CEN/TC10 对 14.2.1.4 的解释:在检修运行状态下去操作紧急电动运行开关时,紧急电动运行应不起作用,检修运行的上/下按钮将仍处于有效状态。在紧急电动运行状态下去操作检修运行开关时,紧急电动运行将被取消,检修运行的上/下按钮将有效。

同时,对于人力操作提升装有额定载重量的轿厢所需力不大于 400N 的电梯驱动主机,也可以选择设置紧急电动运行,其前提条件是符合 12.5.1 之规定(CEN/TC10 的相关解释参见 12.5.2)。

本条规定:"紧急电动运行开关及其操纵按钮应设置在使用时易于直接观察电梯驱动主机的地方"。对此,曾有这样的询问:当需要紧急电动运行时(14.2.1.4),该标准对控制装置的位置唯一的规定是"紧急电动运行开关及其操纵按钮应设置在使用时易于直接观察电梯驱动主机的地方"(14.2.1.4.5)。假如达到了 14.2.1.4.5 要求,是否允许把开关和它的按钮放在控制柜里,还是放在一个位于驱动主机附近的独立控制箱里呢?

对此,CEN/TC10 的回答是:本条目的是在不打开控制柜的情况下,能够接触到开关和其按钮,只要它们满足了 14.2.1.4.5,就不必考虑是否紧挨着驱动主机。

关于"紧急电动运行"与"检修运行"的关系问题,CEN/TC10 有如下解释单:

问 题
14.2.1.4 b)规定: "紧急电动运行开关动作后,应防止由该开关控制以外的轿厢的一切运行。检修运行一旦实施,则紧急电动运行应失效。" 我们对该条解释如下: 检修运行使紧急电动运行失效,也就是,在检修运行状态下,由紧急电动运行开关控制的运行指令是不起作用的,但仍保持防止轿厢运行。 从风险评价观点来看: 在紧急电动运行开关动作的同时操作检修运行的情况下,从轿顶抑止轿厢的运行导致下列危险: ——困住:这种危险包括在 EN81:1998 第 5.10 中; ——对站立在轿顶上的人员来说,轿厢意外停止。 在检修运行动作的同时使紧急电动运行开关动作的情况下,由于人员正站在进到轿顶上的层站附近,因此不存在危险。
解 释
在检修运行状态下,操作紧急电动运行开关,紧急电动运行应不起作用,检修运行控制的向上(或向下)按钮仍持续有效。 在紧急电动运行状态下,操作检修运行开关,紧急电动运行应不再起作用,检修运行控制的向上(或向下)按钮应变为有效。

本条中提到的"备用电源"在标准中没有明确定义。一般认为,双路供电的第 2 电源可以称为备用电源;应急发电设备供给的也可以称为备用电源。如果是用目前电梯上使用的可充电应急电源则该电源的容量、供电和控制方式就要符合第 14.2.1.4 的所有要求。

14.2.1.5 对接操作运行控制

对于 7.7.2.2b)述及的特殊情况,同时满足下列条件时,允许轿厢在层门和轿门打开时运行,以便装卸货物:

a)轿厢只能在相应平层位置以上不大于 1.65m 的区域内运行;

b)轿厢运行应受一个符合 14.1.2 要求的定方向的电气安全装置限制;

c)运行速度不应大于 0.3m/s;

d)层门和轿门只能从对接侧被打开;

e)从对接操作的控制位置应能清楚地看到运行的区域;

f)只有在用钥匙操作的安全触点动作后,方可进行对接操作。此钥匙只有处在切断对接操作的位置时才能拔出。钥匙应只配备给专门负责人员,同时应供给他使用钥匙防止危险的说明书；

g)钥匙操作的安全触点动作后：

1)应使正常运行控制失效。

如果使其失效的开关装置不是与用钥匙操作的触点机构组成一体的安全触点,则应采取措施,防止 14.1.1.1 列出的其中一种故障出现在电路中时,轿厢的一切误运行。

2)仅允许用持续揿压按钮使轿厢运行,运行方向应清楚地标明；

3)钥匙开关本身或通过另一个符合 14.1.2 要求的电气开关可使下列装置失效：

——相应层门门锁的电气安全装置；

——验证相应层门关闭状况的电气安全装置；

——验证对接操作入口处轿门关闭状况的电气安全装置。

h)检修运行一旦实施,则对接操作应失效；

i)轿厢内应设有一停止装置 114.2.2.1e)。

■ **解析** 对接操作通常是在那些服务于仓库、商场等场所的电梯为装卸货物方便而设置的一种特殊功能。在对接操作时,电梯轿厢向上移动一定高度,以方便将货物送至运输车辆上或从车上卸到轿厢中。关于对接操作的内容,请参考 7.7.2.2 解析。

同 14.2.1.2"门开着情况下的平层和再平层控制"的要求相似,允许对接操作也是有严格限定的：

1. 轿厢只能在特定区域内、特定方向上运动

在对接操作时,轿厢的运动范围被限定在相应平层位置以上不大于 1.65m 的范围内。同时在对接操作过程中轿厢只能自下向上运行,不能自上向下运行。

2. 层门和轿门只能从对接侧被打开

对接操作时,如果轿厢有不止一个轿门(最常见的是贯通门),层门和轿门只能在对接一侧被打开,其他侧的层门和轿门不应在对接操作中开启。

3. 对接操作时轿厢的速度必须受到严格限制

对接操作过程中,轿厢的移动速度不超过 0.3m/s。

4. 在控制对接操作的过程中,应能看到运行的区域并应在轿厢中设置停止装置

在对接操作过程中,为避免挤压、剪切等危险事故的发生,在控制对接操作的位置上,控制人员应能清楚的看到对接操作的运行区域,一旦发生危险可以立即停止对接操作。为了尽量减少在对接操作中开着层门运行轿厢的情况,同时为了保证在任何情况下随时可以关闭层门,根据本条要求,轿厢在允许对接操作区域内的任何位置,必须有可能不经专门的操作使层门完全闭合。

不但如此,为防止危险的发生,在轿厢中应设有停止装置,在可能出现危险时,操作人员可以立即停止轿厢的一切运行。

5. 只能通过钥匙操作的安全触点切换到对接操作状态

切换到对接操作运行状态应极为慎重,因此要求采用钥匙操作的安全触点,当此安全触点动作后方能切换到对接操作运行状态,此时必须使正常运行控制失效。通过钥匙开关进而对接操作运行状态之后,即使出现14.1.1.1中列出的任何故障,也要防止电梯的误运行。

而且操作安全触点的钥匙在实施对接操作的整个过程中应无法拔出,直至对接操作完成后,用钥匙操作安全触点使其处于切断对接操作的位置上,钥匙才可被拔出。

钥匙应由专门负责的人员进行管理,而且要求向管理钥匙的人员提供相关的使用说明及危险警示。

通过钥匙开关操作安全触点进入对接操作后,电梯的一切动作均必须通过持续按压按钮来实现。

6.在对接操作状态下允许被旁接的电气安全装置

在对接操作时,只允许下列电气安全装置被旁接:

(1)相应层门门锁的电气安全装置;

(2)验证相应层门关闭状况的电气安全装置;

(3)验证对接操作入口处轿门关闭状况的电气安全装置。

7.对接操作的优先级必须低于检修运行

当轿厢进入检修运行时,轿顶有人员在工作,这些工作人员所处的位置危险程度较高。为保护实施检修操作的工作人员的安全,当电梯进入检修运行时,对接操作应立即失效。

资料 14 - 7　对于门开着情况下的平层和再平层控制、对接操作运行、紧急电动运行旁;路部分电气安全装置的分析　⇩▼

对于正常运行状态下的电梯,在任何情况下其电气安全装置都必须能可靠地发挥作用,一旦电气安全装置动作,电梯立即应被可靠的停止,防止危险情况的发生。但是,也允许有例外情况,就是电梯在门开着情况下的平层和再平层控制、对接操作运行和紧急电动运行这三种状态下,可以将部分电气安全装置旁接(门开着情况下的平层、再平层控制和对接操作运行是将验证层、轿门锁紧和关闭的电气安全装置旁接掉;而紧急电动运行是将安全钳、限速器、轿厢上行超速保护装置、缓冲器上的电气安全装置和极限开关旁接掉)。在进行上述三种操作时,电梯的速度是受到限制的。而且对门开着情况下的平层、再平层控制和对接操作运行这两种操作还限制了运行的区域(开门区内或相应平层位置以上不大于1.65m的区域内)。

通过对上述三种操作的要求,可以总结出旁接电气安全装置的条件应是这样的:

1.将电气安全装置旁接掉只能在电梯的某些特殊运行方式下才可以进行。此时,旁接装置必须有保护措施。例如为了有效防止电梯进入自动运行方式,在对接操作中要求使用可锁定的选择开关:"只有在用钥匙操作的安全触点动作后,方可进行对接操作。此钥匙只有处在切断对接操作的位置时才能拔出"。

2.即使是在这些特殊的运行方式下,也就是旁接装置已经将自动运行方式旁接掉时,仍然必须采取措施来保护运行人员的人身安全。如需要采取措施来限制电梯运动的速度和范围。

3.要实现旁接功能,应使用特殊的固定式指令装置或者特殊控制装置,这些装置使运行人员能够有意识地选择触发电梯的运动,并且能自动复位。例如采用需要持续揿压的按钮控制电梯的运行等(见 7.7.2.2b 的规定)。

总之,将电梯的电气安全装置旁接掉是十分危险的,只有在不得以的情况下,并使用经过严格测试的旁接装置,才允许将电气安全装置旁接掉。也只有在上述条件的情况下,即使旁接掉部分电气安全装置,仍能够确保人员的人身安全。

14.2.2 停止装置

解析 本标准中没有"急停装置"的要求,而是采用了停止装置的概念。根据下面的描述,本条所要求的"停止装置"的功能是:

(1)避免电梯产生或减小对人的各种危险以及对设备的危害;

(2)由一个人的动作激发的。

停止装置应设计成为便于使用人员的操作,因此多采用 GB 16754《机械安全 急停设计原则》中规定的"蘑菇型按钮",停止装置本身应为红色。如果有背景的话,背景应着黄色,如图 14-14 所示。

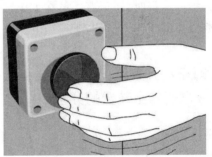

图 14-14 停止按钮

在电梯的各种运行模式中,停止功能都应优先于所有其他功能。急停功能应设计得当,在其动作后,运行的电梯应以合适的方式停止运行,而不产生附加风险。应注意,设置停止装置的目的是,当电梯发生危险动作的时候,能够为操作人员或在电梯上以及电梯附近工作的人员提供一种有效的、能使电梯及时停止的装置。它不应用来代替安全防护措施和其他主要安全功能,而应设计为一种辅助安全措施,而且不应削弱防护装置或具有其他主要安全功能装置的有效性。

对于停止装置的型式,CEN/TC10 有如下解释单:

问 题
引言 依据 14.2.2,EN81-1 和 EN81-2 不同的条文规定了停止装置的安装。 在缺乏更详细的开关类型的安装使用说明时,我们使用具有两个位置的"双稳态按钮(蘑菇头)"、"拨杆式开关"或"旋转式开关"。

问　题

针对 5.7.3.4 的第 121 号解释允许双稳态拨杆式开关、双稳态按钮或旋转开关,而没有定义标记。

我们建议:对于不同的应用,在所有使用双稳态型开关的地方,应区分危险与需要两个方面。

1. 安装在底坑外的停止开关

A 在轿顶上

"双稳态按钮(蘑菇头)""拨杆式开关"及"旋转式开关"符合上面提到的解释。

B 在滑轮间

很明显,快速的作用是必要的(直接的危险、衣服咬入滑轮或其他旋转部件)。因此,"双稳态按钮(蘑菇头)"似乎更适合。

我们的解释是否正确?

2. 安装在底坑内的停止开关

A 标准要求

5.7.3.4 规定"底坑内应有停止装置,以便停止电梯和使电梯保持静止状态。该装置应安装在打开门去底坑时和在底坑地面上容易接近的位置,且不存在弄错停止状态的风险(见 15.7)"。

另一方面,15.7 规定"在底坑内停止装置上或其近旁应标出'停止'字样,其设置位置不能存在停止状态错误的任何风险。"我们认为上述第二部分要求在"功能"和"状态"的标记之间存在混淆的危险。

我们的解释是否正确?

B 现场应用

在现场经常安装轻便的"双稳态按钮(蘑菇头)"。这些开关在其盒子上或近旁仅有一个"停止"标示。

对于井道内或在通道上的观察人员,无论他自该开关的距离或姿势如何,尤其从前面,确定该开关是在哪个位置是不可能的。

我们认为井道内的停止开关必须是:

——"双稳态按钮(蘑菇头)"且有:

　——个功能指示,即:"停止"(保持符合此标准的术语)

　——两个状态指示,即:"停止"和"运转"。

为了此目的,当该按钮被按压时,它应旋转,并且状态指示应刻在按钮的可移动部件上。

——或,具有两个状态的"旋转式开关"(旋转式开关—凸轮轴操纵装置)应有功能指示"停止"和指示旋转的两个状态标记"停止"和"运转"

——或,具有两个状态的"拨杆式开关",应有功能指示"停止"和拨杆的两个状态标记"停止"和"运转"

我们的解释是否正确?

注释:在双稳态开关的情况下,开关的状态指示应清晰。

解　释

1. A:第 121 号解释中的三种类型的开关都是允许的。

1. B:第 121 号解释中的三种类型的开关都是允许的。当进入滑轮间时,必须使此开关动作。

2. A:如果满足 15.7 要求,则不存在任何风险。

2. B:对于三种类型的开关,恰当位置的"停止"标记是足够的。不可能存在关于停止状态错误的任何风险。

14.2.2.1 电梯应设置停止装置,用于停止电梯并使电梯包括动力驱动的门保

持在非服务的状态。停止装置设置在:

a) 底坑[5.7.3.4a)]

b) 滑轮间(6.4.5);

c) 轿顶(8.15),距检修或维护人员入口不大于 1m 的易接近位置。该装置也可设在紧邻距入口不大于 1m 的检修运行控制装置位置;

d) 检修控制装置上[14.2.1.3c)]

e) 对接操作的轿厢内[14.2.1.5i)]。

此停止装置应设置在距对接操作入口处不大于 1 m 的位置,并应能清楚地辨别(见 15.2.3.1)。

 解析 停止装置是电气安全装置,被列入附录 A 中,停止装置动作后,可以使运行中的电梯停止下来,在没有将停止装置复位的情况下,能够防止电梯的再次启动。

停止装置应位于每个电梯工作人员和需要使用停止装置的其他位置。它们应配置在容易接近处,并且工作人员和可能操作它们的人在操作时没有危险。因此,根据电梯的实际情况分析,以下位置必然需要使用停止装置:底坑、滑轮间、轿顶、检修控制装置上以及对接操作的轿厢内。这里所谓的容易接近,是指距离人员的工作场所不大于1m的位置。

上述几个停止装置中,设置在轿顶的和设置在检修控制装置上的停止开关可以合并成一个,前提是停止装置处于距离入口不大于1m的易接近位置。

14.2.2.2 停止装置应由符合 14.1.2 规定的电气安全装置组成。停止装置应为双稳态,误动作不能使电梯恢复运行。

 解析 停止装置必须采用强制机械作用原则,应采用具有肯定断开操作的电接触停止装置来实现强制机械作用原则。与安全触点相同,(接触元器件的)肯定断开操作是通过非弹性元器件(如不依靠弹簧)开关操纵器的特定运动直接结果实现接触、分离的。操作停止装置产生停止电梯运行的指令后,该指令必须通过驱动装置的啮合(锁定)而保持,直到停止装置复位(脱开)。在没有产生停止指令时停止装置应不可能啮合。停止装置的复位(脱开)应只可能在停止装置上通过手动进行。复位停止装置时不应由其自身产生再启动指令。在所有已操作过的停止装置被复位之前,电梯应不可能重新启动。

停止装置应是双稳态的,其状态应能够稳定的保持,直到有外力改变其状态为止。在没有操作的情况下,停止装置不会自动改变状态。停止装置应有防止误动作的措施,在其动作后即使操作人员不小心出现误动作,但电梯仍不能意外启动。直到停止功能被复位以前,任何启动指令(预定的,非预定的或意外的)都应是无效的。

这里应注意,停止装置并不仅限于上面介绍的"蘑菇型按钮",也可以是安全电路的形式。

CEN/TC10 对 14.2.2.2 的解释:禁止设置轿厢内停止装置是肯定的(14.2.2.3 所述具有对接操作的轿厢除外)。

560

14.2.2.3 除对接操作外,轿厢内不应设置停止装置。

■■■ **解析** 在电梯处于对接操作状态下,在电梯运行过程中将要发生危险时,为了使操作人员能够迅速将电梯停止,避免事故的发生,应在对接操作的控制位置(在距对接操作入口处不大于 1m 的位置)设置停止开关。

但如果电梯没有对接操作的功能,轿厢内不允许设置停止装置。这是因为,电梯轿厢内的设备是电梯在正常运行状态下乘客能够接触到的,如果在轿厢内设置停止装置,无法保证停止装置不被乘客随意使用。在电梯运行过程中如果发生随意操作停止开关的情况,电梯将紧急停止,这不但会给轿厢内的乘客带来惊吓,也会对电梯设备造成不必要的损伤。此外,轿厢内如果设置停止装置,也可能给犯罪份子提供便利。

14.2.3 紧急报警装置

14.2.3.1 为使乘客能向轿厢外求援,轿厢内应装设乘客易于识别和触及的报警装置。

■■■ **解析** 当电梯发生故障造成轿厢内乘客被困的情况下,轿厢内应提供一套能使被困乘客向外界发出求救信号的装置,这就是本条所要求的紧急报警装置。紧急报警装置必须设置在轿厢内,同时对于乘客而言必须是容易使用且容易识别的。报警装置的另一端应在相应的,随时有称职人员值守的管理室中。只有这样才能够保证第 0.3.13 要求的"装有电梯的大楼管理机构,应能有效地响应应急召唤,而没有不恰当的延时"。

紧急报警装置的形式在本标准中并没有作统一的规定,只要是能够使乘客能向轿厢外求援,并能在使用中不产生附加危险即可。通常的紧急报警装置是采用警铃配合对讲机的型式,在轿厢中提供警铃按钮供乘客在发生紧急情况时使用。当使用警铃时,其按钮上应有相应标志。报警装置的标志应采用15.2.3.1 规定的"报警开关(如有)按钮应是黄色,并标以铃形符号加以识别"。

图 14 - 15 警铃按钮的标志

14.2.3.2 该装置的供电应来自 8.17.4 中要求的紧急照明电源或等效电源。

注:14.2.3.2 不适用于轿内电话与公用电话网连接的情况。

■■■ **解析** 紧急报警装置的供电是保证其正常使用的最基本的条件,在发生紧急情况时,不应由于建筑物中停电而造成报警装置无法使用。因此,应采用 8.17.4 所规定的自动再充电的紧急照明电源或其他等效型式的电源,同时在正常电源一旦发生故障的情况下,应自动接通上述电源。在 8.17.5 中也要求上述电源如果应为紧急报警装置提供相应的额定容量。

但如果轿厢内的报警装置采用与公共电话网相连接的情况,是不会由于建筑物中停电而造成紧急报警装置无法使用的,因此在这种情况下无须使用紧急照明电源或等效的电源。

14.2.3.3 该装置应采用一个对讲系统以便与救援服务持续联系。在启动此对讲系统之后,被困乘客应不必再做其他操作。

解析 报警装置不但要求能使外界获知轿厢内有被困的乘客,同时还应能够了解被困乘客的具体情况,并能告知乘客救援复位的进展情况。为便于双方的沟通,应采取一个能够双向通话的对讲系统。双向通话的对讲系统的含义是通讯设备之间的通信链路占用两个频率:从终端到网络(上行链路)的传输信道,以及一个反方向(下行链路)的信道。这种通讯型式可以同时进行双向传输,即对讲双方可以同时通话,就如平时在电话中通话那样。像步行对话机这样的设备是半双工或简单双工的,不能用于紧急报警系统的对讲机。

当启动对讲系统之后,乘客应能直接、持续的与外界通话,不需要再进行其他操作(如持续按下按钮等)。应注意,如果使用电话型式,最好采用免提型式,而不要采用手持话机的型式。因为只有免提式电话才可以最大限度的满足本条"在启动此对讲系统之后,被困乘客应不必再做其他操作"的要求,而手持话机的动作是否属于"其他操作"是存在争议的。

CEN/TC10 对 14.2.3.3 的解释:第 14.2.3.3 含义为需要"全双工通信制系统"。

14.2.3.4 如果电梯行程大于 30m,在轿厢和机房之间应设置 8.17.4 述及的紧急电源供电的对讲系统或类似装置。

解析 14.2.3.1~14.2.3.3 的要求中只是规定了轿厢中必须有紧急报警装置,但并没有规定轿厢内的紧急报警装置连接到外界的什么地方。但根据 0.3.13 要求的"装有电梯的大楼管理机构,应能有效地响应应急召唤,而没有不恰当的延时"的规定,很显然轿厢内的报警装置应连接到长期有称职人员值守的管理室中。当然,如果电梯机房中长期有人值班,也可以设置在机房中(其实这种情况下的电梯机房就是管理室)。

但是,当电梯行程大于 30m 时,轿厢和机房之间(假定轿厢停在最下层时)无法采用喊话的方式进行联系,为保证维修和保养时的人员安全,应在轿厢和机房之间设置相应的对讲系统。目前生产的电梯多采用轿厢、管理室和机房之间可以相互通话的紧急报警系统,这就是我们常说的"三方通话"。

讨论 14-1　紧急报警装置和"紧急解困"要求的报警装置的关系　⇩ ▶

根据 5.10 对"紧急解困"的规定:"如果在井道中工作的人员存在被困危险,而又无法通过轿厢或井道逃脱,应在存在该危险处设置报警装置。该报警装置应符合 14.2.3.2 和 14.2.3.3 的要求。"很显然,在井道中可能发生工作人员被困的位置都要求设置紧急报警装置。要求这些报警装置的型式和性能与 14.2.3.2 和 14.2.3.3 的要求一致。

那么井道内拥有紧急解困的报警装置和轿厢内的紧急报警装置之间的关系是什么呢?许多人认为,这两套紧急报警系统应作为一个整体,其中任何位置可以两两通话。由于用作井道内"紧急解困"的紧急报警装置通常设置在轿顶和底坑(通常只有这两个地方可能造成乘客被困),就产生了所谓的"五方通话"的要求。即轿顶、轿内、底坑、管理室和机房这五个位置,都可以满足两两通话的要求。

但我们认为,这样的要求是不必要的。首先本标准上并没有这样的规定。标准上只是要求在井道中存在人员被困危险时,在可能困人的位置要设置紧急报警装置。并没有明确报警装置的另一端应设置在何处。很显然,既然设置紧急报警装置,就是向被困的工作人员提供报警的可能,自然另外一端应设置在能够向被困人员提供解困服务的地方。但这个地方并不限定在某个固定位置,只要能够及时为被困的工作人员提供救援即可。对于轿厢内的紧急报警装置的要求也是一样的。因此这两者可以完全是两套系统,有各自不同的终端。

此外,提供所谓的"五方通话"并不能对及时救援带来好处。举例来说,当底坑有人员被困时,通常都是因为轿厢停在最下端层并将下端层的层门遮挡住了。这时,轿顶如果有人,底坑中被困的工作人员只要通过喊话就可以通知其将轿厢驶离下端站,从而使底坑中的人员脱困,这并不需要底坑和轿顶之间设置对讲系统。如果轿顶没有人,或电梯无法开动,即使底坑和轿顶之间设置了对讲系统,依然无法帮助被困人员脱困。

因此,这两套报警系统可以是完全独立的两套系统,根本不需要"五方通话"。当然,如果愿意,也可以结合成一套系统。但无论如何设置,都必须满足能够及时、有效的帮助被困人员脱困的要求。

14.2.4　优先权和信号

14.2.4.1　对于手动门电梯应有一种装置,在电梯停止后不小于 2s 内,防止轿厢离开停靠站。

解析　本条规定了电梯的优先权,所谓优先权是指电梯到达停站时,应为在该层站的电梯使用人员(包括乘客和工作人员)提供优先使用电梯的权利。这种就近使用电梯的原则能够使电梯获得相对高效的使用,尤其是当电梯采用按钮控制和信号控制的模式下(按钮控制和信号控制的特点见下文)。

当电梯采用手动门的情况下,在电梯停站时,为了保证电梯停站楼层的使用者使用电梯的优先权,必须为使用者提供充足的手动开门的时间,因此要求电梯停止后至少应在 2s 内不会响应其他楼层的呼梯和轿内选层信号。

GB 7024《电梯、自动扶梯、自动人行道术语》中对"按钮控制"和"信号控制"的定义:

按钮控制:电梯运行由轿厢内操纵盘上的选层按钮或层站呼梯按钮来操纵。某层站乘客将呼梯按钮揿下,电梯就启动运行去应答。在电梯运行过程中如果有其他层站呼梯按钮揿下,控制系统只能把信号记存下来,不能去应答,而且也不能把电梯截住,直到电梯完成前应答运行层站之后方可应答其他层站呼梯信号。

信号控制:把各层站呼梯信号集合起来,将与电梯运行方向一致的呼梯信号按先后顺序排列好,电梯依次应答接运乘客。电梯运行取决于电梯司机操纵,而电梯在何层站停靠由轿厢操纵盘上的选层按钮信号和层站呼梯按钮信号控制。电梯往复运行一周可以应答所有呼梯信号。

14.2.4.2　从门关闭后到外部呼梯按钮起作用之前,应有不小于 2s 的时间让进入轿厢的使用人员能揿压其选择的按钮。

这项要求不适用于集选控制的电梯。

解析 当电梯为按钮控制或信号控制时,由于电梯在应答呼梯信号和选层信号时,很大程度上是按照信号的先后顺序来排序的,为保证在电梯停站时能够为所在层站的乘客提供有限使用电梯的权利,应为乘客提供充足的撤压按钮选层的时间。也就是说至少应提供两秒钟的时间让电梯使用者选层,如果在规定时间内没有任何指令,则在电梯门锁闭的情况下响应其他楼层的呼梯指令。

由于集选控制的电梯是将所有的呼梯信号集合起来进行有选择的应答,因此优先权是由集选控制系统来保障的(集选控制的特点见下文)。

GB 7024《电梯、自动扶梯、自动人行道术语》中对"集选控制"的定义:

集选控制:在信号控制的基础上把呼梯信号集合起来进行有选择的应答。电梯为无司机操纵。在电梯运行过程中可以应答同一方向所有层站呼梯信号和按照操纵盘上的选层按钮信号停靠。电梯运行一周后若无呼梯信号就停靠在基站待命。为适应这种控制特点,电梯在各层站停靠时间可以调整,轿门设有安全触板或其他近门保护装置,以及轿厢设有过载保护装置等。

14.2.4.3 对于集选控制的情况,从停靠站上应可清楚地看到一种发光信号,向该停靠站的候梯者指出轿厢下一次的运行方向。

注:对于群控电梯,不宜在各停靠站设置轿厢位置指示器,推荐采用一种先于轿厢到站的音响信号来指示。

解析 上面已经说过,集选控制是将所有的呼梯信号集合起来进行有选择的应答,电梯停站后下一次运行方向并不完全由某个使用者决定,而是依靠集选系统根据所有使用者的指令、电梯所处的位置以及电梯运行方向综合判断确定的。因此对于集选控制的电梯,要求在停站侧能够看到轿厢下一次启动的运行方向的信号,以便使用者能够按照预报的方向乘用电梯。为便于使用者在晚上光线不足的情况下也能够容易的获得电梯运行方向的信号,本条要求指示轿厢运行方向的信号是发光的。

群控电梯一般是由三台或三台以上电梯所构成的电梯群,每台电梯作为这个梯群的一部分,受到群控系统的调配,按照最有利于交通流量的方式应答使用者的召唤和指令(群控的特点见下文)。这种控制方式是目前最经济、最有效的电梯调度方式,它有助于做到使各层站使用者候梯时间最短。

正是由于上述优点,群控电梯也有自身的一些特色,如果处理不当,很容易造成使用者的误解。对于群控电梯,不一定是距离使用者呼梯楼层最近的一台电梯应答呼梯信号,尤其是最近的一台电梯如果处于满载状态或其当时的位置、运行方向不能最有效率的应答使用者的召唤时,这台电梯将不会在该呼叫层停站。在这种情况下,群控系统会综合根据整个梯群的情况调度一台最适合的电梯来响应使用者的召唤。这时不宜在各停靠站设置轿厢位置和方向的指示器,否则如果出现距离使用者发出呼梯信号最近的一台电梯由于上述原因经过该呼梯层而没有停站时,不了解轿厢内情况和整个梯群运行情况的使用者会感到疑惑和抱怨:为什么电梯不响应我的召唤呢? 为了免除这些不必要的误会,建议不采用轿厢位置指示器,而采用一种轿厢抵达前的预报信号。这种预报信号在轿厢抵达该层站之前,通知使用者是哪一台电梯将要到达。

应注意,本条虽然不是强制要求的条款,但给出的方案是一种更优的设计方案。

GB 7024《电梯、自动扶梯、自动人行道术语》中对"群控"的定义:

群控(梯群控制):具有多台电梯客流量大的高层建筑物中,把电梯分为若干组,每组四至六台电梯,将几台电梯控制连在一起,分区域进行有程序或无程序综合统一控制,对乘客需要电梯情况进行自动分析后,选派最适宜的电梯及时应答呼梯信号。

关于本条所述"发光信号",CEN/TC10 有如下解释单:

问 题
在 14.2.4.3 中规定:在集选控制的情况,从停靠站上可清楚地看到的一种发光信号应为该停靠站的候梯者指出轿厢下一次的运行方向。 对于仅有两个停站的电梯,该要求似乎是多余的,因为在到达一个层站之后,轿厢只能向一个方向运行,这对使用者非常清楚。 委员会是否同意我们的观点:"14.2.4.3 不适用于仅有两个停站的电梯"?
解 释
同意。 14.2.4.3 的目的是避免使用者对下一次运行方向的混淆。仅有两个层站时,这种混淆不存在。

14.2.5 载重量控制

14.2.5.1 在轿厢超载时,电梯上的一个装置应防止电梯正常启动及再平层。

解析 由于电梯的曳引条件、安全部件的配置等一些与安全相关的重要设计,都是以轿厢满载作为条件进行考虑的,当轿厢超载时无法保证轿厢仍然能够安全运行。因此必须设置一个能够防止在轿厢超载情况下正常启动运行,同时也要防止其再平层。

目前在电梯中最传统使用的载重量控制装置是微动开关,即在调试时根据预设的载重量使微动开关动作,以使电梯控制系统获得是否超重的信号。这种装置一般设置在绳头上或轿底,通过绳头弹簧或轿底橡胶在不同的压力作用下其变形量的不同,并配合相应的传感器正确"感知"轿厢内的重量。

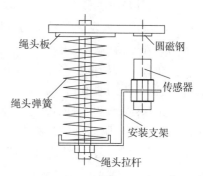

图 14-16 载重量控制装置

14.2.5.2 所谓超载是指超过额定载荷的 10%,并至少为 75kg。

解析 本条给出了所谓"超载"的具体指标,并不是只要超过额定载荷即为"超载"。超载是轿厢实际载荷超出额定载荷的 10%,在 10% 以下时均不应视为超载。

由于本标准中每个乘客的体重按照 75 公斤作为基准进行计算,乘客电梯的超重是由于乘客数量过多造成,因此超过额定载荷的最小重量不应小于 75kg。

只有同时满足"超出额定载荷的 10%"以及"至少为 75kg"才视为"超载"发生。可见,额定载重量为 750kg 以上的电梯,在设计时要着重考虑"超出额定载荷的 10%"的情况。而对于载重量较小的电梯,应特别注意超载重量"至少为 75kg"的规定。

14.2.5.3 在超载情况下:

a)轿内应有音响和(或)发光信号通知使用人员;

b)动力驱动自动门应保持在完全打开位置;

c)手动门应保持在未锁状态;

d)根据 7.7.2.1 和 7.7.3.1 进行的预备操作应全部取消。

解析 为保证电梯在超载情况下能够使轿内乘客获知超载的信息,要求轿厢内有音响以及发光信号向轿内乘客示警,直至部分乘客离开轿厢,使轿厢内的载重量低于超载的重量。为了能够使轿内乘客方便的离开轿厢,在超载报警时,层门和轿门都应保持在完全打开的位置(如果为手动门,应处于未锁闭状态)。如果电梯超载,应将轿内乘客已登录的选层信号全部取消,直至足够的乘客离开轿厢后,由轿内乘客再次选层。

第 14 章习题(判断题)

1.如果电路接地或接触金属构件而造成接地,该电路中的电气安全装置应:使电梯驱动主机立即停止运转;或在第一次正常停止运转后,防止电梯驱动主机再启动。恢复电梯运行只能通过手动复位。

2.内、外部电感或电容的作用会引起电气安全装置失灵。

3.一个电气安全装置发出的信号,可能被同一电路中设置在其后的另一个电气安全装置发出的外来信号所改变。

4.在含有两条或更多平行通道组成的安全电路中,一切信息,除奇偶校验所需的信息外,应取自不同通道。

5.记录或延迟信号的电路,即使发生故障,也不应妨碍或明显延迟由电气安全装置作用而产生的电梯驱动主机停机。即,停机应在与系统相适应的最短时间内发生。

6.内部电源装置的结构和布置,应防止由于开关作用而在电气安全装置的输出端出现错误信号。

7.安全触点的动作,应由断路装置将其可靠地断开,甚至两触点熔接在一起也应断开。

8.安全触点的设计应尽可能减小由于部件故障而引起的短路危险。

9.如果安全触点的保护外壳的防护等级不低于 IP4X,则安全触点应能承受 350V 的额定绝缘电压。如果其外壳防护等级低于 IP4X,则应能承受 400V 的额定绝缘电压。

10.如果保护外壳的防护等级不高于 IP4X,则其电气间隙不应小于 5mm,爬电距离不应小于 8mm,触点断开后的距离不应小于 8mm。如果保护外壳的防护等级高于 IP4X,则其爬电距离可降至 5mm。

11.对于多分断点的情况,在触点断开后,触点之间的距离不得小于 2mm。

12. 导电材料的磨损,不应导致触点短路。

13. 如果某个故障(第一故障)与随后的另一个故障(第二故障)组合导致危险情况,那么最迟应在第一故障元器件参与的下一个操作程序中使电梯停止。只要第一故障仍存在,电梯的所有进一步操作都应是不可能的。在第一故障发生后而在电梯按上述操作程序停止前,发生第二故障的可能性不予考虑。

14. 如果两个故障组合不会导致危险情况,而它们与第三故障组合就会导致危险情况时,那么最迟应在前两个故障元器件中任何一个参与的下一个操作程序中使电梯停止。在电梯按上述操作程序停止前发生第三故障从而导致危险情况的可能性不予考虑。

15. 如果存在三个以上故障同时发生的可能性,则安全电路应设计成有一个通道和一个用来检查各通道的相同状态的监控电路。

16. 如果检测到状态不同,则电梯应继续使用。

17. 对于两通道的情况,最迟应在重新启动电梯之前检查监控电路的功能。如果功能发生故障,电梯可重新启动。

18. 在冗余型安全电路中,应采取措施,尽可能限制由于某一原因而在一个以上电路中同时出现故障的危险。

19. 当电气安全装置为保证安全而动作时,应防止电梯驱动主机启动或立即使其停止运转。制动器的电源也应被切断。

20. 若由于输电功率的原因,使用了继电接触器控制电梯驱动主机,则它们应视为间接控制电梯驱动主机启动和停止的供电设备。

21. 操作电气安全装置的部件,应能在连续正常操作产生机械应力条件下,正确地起作用。

22. 如果操作电气安全装置的装置设置在人们容易接近的地方,则它们应这样设置:即采用简单的方法不能使其失效。

23. 对于冗余型安全电路,应用传感器元器件机械的或几何的布置来确保机械故障时不应丧失其冗余性。

24. 正常运行控制应借助于按钮或类似装置,如触摸控制、磁卡控制等。这些装置应裸露放置,以方便使用人员触及带电零件。

25. 平层运行期间,只有在已给出停站信号之后才能使门电气安全装置起作用。

26. 平层速度不大于 1.5m/s。对于手控层门的电梯,应检查:对于由电源固有频率决定最高转速的电梯驱动主机,只用于低速运行的控制电路已经通电;对于其他电梯驱动主机,到达开锁区域的瞬时速度不大于 1.5m/s。

27. 再平层速度不大于 0.3m/s。应检查:对于由电源固有频率决定最高转速的电梯驱动主机,只用于低速运行的控制电路已经通电;对于由静态换流器供电的电梯驱动主机,再平层速度不大于 0.3m/s。

28. 停止装置应设置在距对接操作入口处不大于 3m 的位置,并应能清楚地辨别。

29. 除对接操作外,轿厢内应另外设置停止装置。

30. 为使乘客能向轿厢外求援,轿厢内应装设乘客易于识别和触及的报警装置。

31. 对于手动门电梯应有一种装置,在电梯停止后不小于 2s 内,防止轿厢离开停靠站。

32. 从门关闭后到外部呼梯按钮起作用之前,应有不小于 2s 的时间让进入轿厢的使用人员能揿压其选择的按钮。

33. 对于集选控制的情况,从停靠站上应可清楚地看到一种发光信号,向该停靠站的候梯者指出轿厢上一次的运行方向。

34. 对于群控电梯,宜在各停靠站设置轿厢位置指示器。

35. 在轿厢超载时,电梯上的一个装置应防止电梯正常启动及再平层。

36. 所谓超载是指超过额定载荷的 20%,并至少为 95kg。

第 14 章习题答案

1. √;2. ×;3. ×;4. ×;5. √;6. √;7. √;8. √;9. ×;10. ×;11. √;12. √;13. √;14. √;15. ×;16. ×;17. ×;18. √;19. √;20. ×;21. √;22. √;23. √;24. ×;25. ×;26. ×;27. √;28. ×;29. ×;30. √;31. √;32. √;33. ×;34. ×;35. √;36. ×。

15 注意、标记及操作说明

📖 **解析** 本章要求的注意、标记及操作说明是为约束每个电梯使用人员的相关行为,为正常使用及在电梯上工作提供安全保障。

本条所要求注意和标记从内容上可分为禁止标志、警告标志、指令标志和说明标志等。

禁止标志:禁止人们不安全的行为。

警告标志:提醒人们注意,避免可能发生的危险。

指令标志:强制人们必须做出某种动作或采用某种防范措施。

提示标志:向人们提供某一信息,用于说明某种事物。操作说明即属于此类。

对于含有电子元器件的安全电路,本条中没有明确说明要求有"制造商名称和型式试验标志及相关信息"。但 CEN/TC10 对此曾有过说明:含有电子元器件的安全电路明显地需要追溯它们型式试验证书的方法。这一点可以容易地被实现,如:通过制造商名称和零件号。这将在本标准下次修订时考虑。

15.1 总则

所有标牌、须知、标记及操作说明应清晰易懂(必要时借助标志或符号)和具有永久性,并采用不能撕毁的耐用材料制成,设置在明显位置。应使用电梯安装所在国家的文字书写(必要时可同时使用几种文字)。

📖 **解析** 这里所要求的标牌、须知、标记即操作说明等属于《中华人民共和国产品质量法》中所规定的"产品标识"的范围。因此,无论电梯的原产地是何处,在中国境内安装的电梯产品,上述标识应用采用中文。

缓冲器铭牌的作用是:1)标明缓冲器的主要技术参数和型号规格,以便识别;2)标明缓冲器的生产厂、型式试验标志和试验单位,目的在于可追溯性。因此,本标准 15.1 规定"所有标牌……应……具有永久性,并采用不能撕毁的耐用材料制成,……"

"永久性和不能撕毁"是指:

1)铭牌(含铭牌的基体材料和上面的字体,下同)的自然寿命不应低于该部件的使用寿命;

2)在该部件的使用寿命内,铭牌在该部件上的固定不能自然脱落;

3)在该部件的使用寿命内,铭牌上面的字体不能与基体材料发生自然剥离;

4)在不用工具的情况下,不能将铭牌撕毁。

本标准 15.1 和 15.8 对缓冲器铭牌的材料没有明确规定,符合上述要求的材料都是可用的。

15.2 轿厢内

15.2.1 应标出电梯的额定载重量及乘客人数(载货电梯仅标出额定载重量)。

乘客人数应依据 8.2.3 来确定。

所用字样应为:

"......kg......人"

所用字体高度不得小于:

a)10mm,指文字、大写字母和数字;

b)7mm,指小写字母。

解析 本条要求的应在轿厢内标出的电梯参数只是额定载重量和乘客人数,因为这些参数是涉及安全的。只是关于性能的一些参数,如速度等,并不强调必须标出。为使使用者能够清晰获得所标出的电梯参数,要求使用的文字、字母和数字应具有相应大小。

15.2.2 应标出电梯制造厂名称或商标。

15.2.3 轿厢的其他事项

15.2.3.1 停止开关的操作装置(如有)应是红色,并标以"停止"字样加以识别,以不会出现误操作危险的方式设置。

报警开关(如有)按钮应是黄色,并标以铃形符号加以识别:

红、黄两色不应用于其他按钮。但是,这两种颜色可用于发光的"呼唤登记"信号。

解析 具有对接操作功能的货梯,轿内要求设置停止开关。为防止误操作,停止开关要求明确标明,并采用红色作为标记。根据 GB 2893《安全色》中的相关规定:"红色表示禁止、停止、危险以及消防设备的意思。凡是禁止、停止、消防和有危险的器件或环境均应涂以红色的标记作为警示的信号"。

而报警开关按钮应采用黄色,并要求以本条中规定的标志作为标识。GB 2893 中对黄色的规定是:"表示提醒人们注意。凡是警告人们注意的器件、设备及环境都应以黄色表示"。

15.2.3.2 控制装置应有明显的、易于识别其功能的标志。推荐使用以下标记:

a)轿内选层按钮宜标以一2、一1、0、1、2、3 等;

b)再开门按钮宜标以符号:

解析 轿厢内控制盘上的控制器件上应标有与其功能相对应的标志。本条中所推荐的标志可供设计时参考使用。

本条标准要求控制装置应有明显的、易于识别其功能的标志。尤其是对于控制按钮，推荐采用标记－2、－1、0、1、2、3 等。这意味着每个层站有其自己的控制按钮。但在很多层站的情况，使轿厢操纵盘很大，尤其是如果考虑残障人员，还要满足按钮的最小尺寸和间距。这种情况下，也允许使用一个 10 按钮键盘，如同所使用的电话键盘，以登记轿厢选层。

15.2.4 在明显需要设置安全使用说明的轿厢中，应设置安全使用说明。

这些说明至少应指出：

a)对于具有对接操作功能的电梯，应设有专用操作说明；

b)对于装有电话或内部对讲系统的电梯，若使用方法并非简单明了的，则应设有使用说明；

c)对于关闭过程始终在使用人员控制下完成的人力驱动门和动力驱动门的电梯，在使用完毕后，应将门关闭。

解析 一般情况下的电梯是不需要特别设置安全使用说明的。但是本条中列出的几种情况：对接操作；操作复杂的对讲系统或电话；需要人员持续控制才能关闭的门，上述几种情况并不常见，同时如果未能正确操作将会影响使用者的安全。因此，应为上述这些操作或功能在轿厢中提供明显的使用说明以保证操作过程的安全。

上述几种情况是必须提供安全使用说明的，但并不仅限于上述情况，应根据电梯的实际功能和具体操作情况判断是否需要提供安全使用说明。

15.3 轿顶上

在轿顶上应给出下列指示：

a)停止装置上或其近旁应标出"停止"字样，设置在不会出现误操作危险的地方；

b)检修运行开关上或其近旁应标出"正常"及"检修"字样；

c)在检修按钮上或其近旁应标出运行方向；

d)在栏杆上应有警示符号或须知。

解析 通常情况下，轿顶的停止装置、检修开关集中在一起，共同构成检修操作箱。图 15－1 所示为一种最常见的检修操作箱的式样。根据本条及第 14 章的相关要求，检修操作箱的各开关旁标注出相应的标记。

根据 8.13.4 规定："在有护栏时，应有关于俯伏或斜靠护栏危险的警示符号或须知，固定在护栏的适当位置"。本条 d)所要求的"警示符号或须知"，即是 8.13.4 所要求的内容。

15.4 机房及滑轮间

15.4.1 在通往机房和滑轮间的门或活板门的外侧应设有包括下列简短字句

图 15-1 轿顶各装置及其标注

的须知：

"电梯驱动主机——危险

未经许可禁止入内"

对于活板门，应设有永久性的须知，提醒活板门的使用人员：

"谨防坠落——重新关好活板门"

　　解析　为防止无关人员进入机房和滑轮间，在本标准 6.3.3.3 和 6.4.3.3 中规定了（机房和滑轮间的）门或检修活板门应装有带钥匙的锁。本条所要求的"须知"仅是起到告知或提示相关人员注意的目的。

15.4.2　各主开关及照明开关均应设置标注以便于区分。

　　在主开关断开后，某些部分仍然保持带电（如电梯之间互联及照明部分等），应使用一须知说明此情况。

　　解析　为避免混淆，本标准 13.4 所要求的主开关和照明开关应给予适当的标注，以确保能够区分开关的功能及所对应的电梯。

　　本标准 13.5.3.3 规定："如果电梯的主开关或其他开关断开后，一些连接端子仍然带电，则它们应与不带电端子明显地隔开。且当电压超过 50 V 时，对于仍带电的端子应注上适当标记"。本条即是对上述条文的具体规定。

15.4.3　在电梯机房内应设有详细的说明，指出电梯万一发生故障时应遵循的规程，尤其应包括手动或电动紧急操作装置和层门开锁钥匙的使用说明。

　　解析　本条所要求的即是通常在机房中设置的《紧急救援说明》。此说明提供了紧急救援（包括手动及电动紧急操作）时的方法、步骤以及必须的注意事项。同时提供了如何手动制动器、手动开启层门等操作的说明。

15.4.3.1　在电梯驱动主机上靠近盘车手轮处，应明显标出轿厢运行方向。如果手轮是不能拆卸的，则可在手轮上标出。

解析 为了在紧急操作过程中能够方便、清楚的获得轿厢运行方向的信息,应在靠近盘车手轮的地方向使用者提供标有上述信息的标识。

15.4.3.2 在紧急电动运行按钮上或其近旁应标出相应的运行方向。

解析 与15.4.3.1中的目的相同,紧急电动运行的操作按钮附近也要标出相对应的轿厢运行方向的标志。

15.4.4 在滑轮间内停止装置上或其近旁,应标有"停止"字样,设置在不会有误操作危险的地方。

解析 与轿顶设置的停止开关功能相同,滑轮间内也应设置停止开关。同样也应在该开关附近设置相应标志。

15.4.5 在承重梁或吊钩上应标明最大允许载荷(见6.3.7)。

解析 在本标准6.3.7中要求为搬运较重的电梯部件,在机房中应设置吊钩,以便起吊重载设备。为避免在吊运设备时,起重设备的承载超过承重梁或吊钩的最大允许载荷,本条要求应将最大允许载荷标注在相应的吊钩或承重梁上。

15.5 井道

15.5.1 在井道外,检修门近旁,应设有一须知,指出:

"电梯井道——危险

未经许可禁止入内"

解析 如果井道设有检修门,为防止无关人员通过检修门进入井道,在本标准5.2.2.2.1规定了:"检修门……均应装设用钥匙开启的锁"。本条所要求的"须知"仅是起到告知或提示相关人员注意的目的。

15.5.2 如果手动开启的电梯层门有可能与相邻的其他门相混淆,则前者应标有"电梯"字样。

解析 有时由于建筑物装潢等方面的需要,电梯层门要求做成与其他门相似的样式,如图15-2所示,这时应能让人员清楚的分辨出电梯的层门。以免由于不慎而导致危险的发生。

15.5.3 对于载货电梯,应在从层站装卸区域总可看见的位置上设置标志,标明额定载重量。

解析 本条规定主要是为了防止由于操作人员不了解电梯规格而造成货梯超载。

图 15 - 2   可能与其他门混淆的电梯层门

15.6   限速器

应设有铭牌,标明:

a)限速器制造厂名称;

b)型式试验标志及其试验单位;

c)已整定的动作速度。

■■ **解析**   限速器作为保证电梯安全的关键部件,应给予特别关注。因此,限速器上应给出上述信息。

15.7   底坑

在停止装置上或其近旁应标出"停止"字样,设置在不会出现误操作危险的地方。

■■ **解析**   根据 5.7.3.4 规定,要求在底坑中设置停止开关。本条要求停止开关应明确标出,根据标识操作,不会发生误动作停止开关的情况。

15.8   缓冲器

除蓄能型缓冲器外,在缓冲器上应设有铭牌,标明:

a)缓冲器制造厂名称;

b)型式试验标志及其试验单位。

▨ **解析** 见15.1。

15.9 层站识别

应设有清晰可见的指示或信号,使轿内人员知道电梯所停的层站。

▨ **解析** 根据本条要求,必须向轿厢内的人员提供一个可见的指示或信号,使其能够分辨出电梯所停靠的层站。这说明,轿内必须有楼层显示器以显示电梯位置(见图15-3)。

为向轿内人员提供电梯所停靠的层站信息,也可以采用其他媒体(如声音)作为指示信号,但应注意,这些信号只能作为附加信号与"可见的指示或信号"配合使用,而不能单独使用。

对于本条所规定的"层站识别",CEN/TC10有如下解释单:

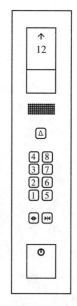

图15-3 带有层站显示器的轿厢内操作盘

问 题
15.9要求应设有完全清晰可见的指示或信号,使轿内人员知道电梯所停的层站。
我们认为:对于仅有两个层站的电梯,如果层站识别以这样一种方式被显示,即:当轿厢入口门开着时,它可被看见,则就满足此要求。
委员会是否同意我们提出的上述观点?
解 释
同意。该方法不限于仅有两个层站的电梯。

15.10 电气识别

接触器、继电器、熔断器及控制屏中电路的连接端子板均应依据线路图作出标记。熔断器的必要数据如型号、参数应标注在熔断器上或底座上或其近旁。

在使用多线连接器时,只需在连接器而不必在各导线上作出标记。

▨ **解析** 本条规定主要是为防止接线错误,以及在检查、更换相关部件时能够迅速、明确的获得该部件的相关参数。

15.11 层门开锁钥匙

开锁钥匙上应附带一小牌,用来提醒人们注意使用此钥匙可能引起的危险。并注意在层门关闭后应确认其已经锁住。

▨ **解析** 尽管层门开锁钥匙在本规范中被要求为只有"负责人员"才可以获得(见7.7.3.2要求),但为防止人员使用层门开锁钥匙时发生危险,同时提示使用完毕后确认层门的锁闭,应提供一个符合本条规定的钥匙牌(图15-4所示为一个典型的钥匙牌实例),将使用须知和注意事项标明。以便人员在使用紧急开锁钥匙时将可能存在的风险降低到最小。

注　意　事　项

将钥匙插入钥匙孔旋转并把层门打开

开启层门时请注意保证安全

当打开层门时，请注意不要跌入井道

当层门关上时，请确认其是否已经锁紧

出于安全考虑，请您妥善使用本钥匙

图 15-4　开锁钥匙上的警示牌

15.12　报警装置

接受轿厢内发出呼救信号，起报警作用的铃或装置，应清楚地标明"电梯报警"字样。如果是多台电梯，应能辨别出正在发出呼救信号的轿厢。

解析　为满足 0.3.13 所要求的："装有电梯的大楼管理机构，应能有效地响应应急召唤，而没有不恰当的延时"。因此在轿厢发出呼救信号之后，操作人员必须能够迅速有效的获取报警信息。由于目前电梯报警信号多输出到管理室，而管理室可能有多种报警信号的输出装置（如火灾报警等），为避免混淆电梯的报警装置与其他报警装置，应在发出报警信号的装置上标明"电梯报警"字样。

同样道理，如果有多台电梯共用管理室，在电梯报警时，也应使操作人员能够清晰、准确的分辨出正在发出呼救信号的轿厢。

15.13　门锁装置

应设有铭牌，标明：

a）门锁装置制造厂名称；

b）型式试验标志及其试验单位。

解析　见 15.8。

15.14　安全钳

应设有铭牌，标明：

a）安全钳制造厂名称；

b）型式试验标志及其试验单位。

解析　见 15.8。

15. 15 群控电梯

如果不同电梯的部件共用一个机房和（或）滑轮间，则每部电梯的所有部件都应用相同的数字或字母加以区分（电梯驱动主机、控制柜、限速器、开关等）。

为便于维护，在轿顶、底坑或其他需要的地方也应标有同样的符号。

解析 当多台电梯共用一个机房或滑轮间的情况下，尤其是当电梯的规格和型号相同时，各电梯所用的部件极易混淆，给维修、保养以及救援工作带来不便，甚至导致危险。为避免上述情况，要求能够明确区分各台电梯所用的部件。本条所规定的方法："每部电梯的所有部件都应用相同的数字或字母加以区分（电梯驱动主机、控制柜、限速器、开关等）"能有效的区分使用同一机房的各电梯的部件。

同样道理，安装在轿顶、底坑等部位的电梯部件也要标出与机房（或滑轮间）内相同的标识，以便区分。

15. 16 轿厢上行超速保护装置

应设有铭牌，标明：

a)轿厢上行超速保护装置制造厂名称；

b)型式试验标志及试验单位；

c)已整定的动作速度。

解析 见15.8。

15. 17* 轿厢意外移动保护装置的完整系统或子系统（见 F8.1）上，应设置铭牌，标明：

a)轿厢意外移动保护装置制造商名称；

b)型式试验标志及试验单位；

c)轿厢意外移动保护装置型号。

解析 轿厢意外移动保护装置作为保证电梯安全的关键部件，应予以特别关注。因此轿厢意外移动保护装置的子系统（通常是制停元件）或完整系统上，应给出上述信息。

第 15 章习题(判断题)

1.所有标牌、须知、标记及操作说明应清晰易懂（必要时借助标志或符号）和具有永久性，并采用不能撕毁的耐用材料制成，设置在明显位置。应使用电梯安装所在国家的文字书写（必要时可同时使用几种文字）。

2.轿厢内应标出电梯的额定载重量及乘客人数（载货电梯仅标出额定载重量）。

3.轿厢内不应标出电梯制造厂名称或商标。

---

* 第 1 号修改单增加。

4.停止开关的操作装置(如有)应是黄色,并标以"停止"字样加以识别,以不会出现误操作危险的方式设置。

5.报警开关(如有)按钮应是红色,并标以铃形符号加以识别:

6.在明显需要设置安全使用说明的轿厢中,应设置安全使用说明。

7.在通往机房和滑轮问的门或活板门的外侧应设有包括下列简短字句的须知:"电梯驱动主机——危险,未经许可禁止入内"。

8.对于活板门,应设有永久性的须知,提醒活板门的使用人员:"谨防坠落——重新关好活板门"。

9.各主开关及照明开关均应设置标注以便于区分。

10.在主开关断开后,某些部分仍然保持带电(如电梯之间互联及照明部分等),无须说明此情况。

11.在电梯机房内应设有详细的说明,指出电梯万一发生故障时应遵循的规程,不应包括手动或电动紧急操作装置和层门开锁钥匙的使用说明。

12.在电梯驱动主机上靠近盘车手轮处,应明显标出轿厢运行方向。如果手轮是不能拆卸的,则可在手轮上标出。

13.在紧急电动运行按钮上或其近旁应标出相应的运行方向。

14.在滑轮问内停止装置上或其近旁,应标有"启动"字样,设置在不会有误操作危险的地方。

15.在承重梁或吊钩上应标明最小允许载荷。

16.在井道外,检修门近旁,应设有一须知,指出:"电梯井道——危险,未经许可禁止入内"。

17.如果手动开启的电梯层门有可能与相邻的其他门相混淆,则前者应标有"电梯"字样。

18.对于载货电梯,应在轿厢内设置标志,标明额定载重量。

19.应设有铭牌,标明:限速器制造厂名称;型式试验标志及其试验单位;已整定的动作速度。

20.在停止装置上或其近旁应标出"停止"字样,设置在不会出现误操作危险的地方。

21.包括蓄能型缓冲器在内,在所有的缓冲器上应设有铭牌,标明:缓冲器制造厂名称;型式试验标志及其试验单位。

22.应设有清晰可见的指示或信号,使轿内人员知道电梯所停的层站。

23.接触器、继电器、熔断器及控制屏中电路的连接端子板均应依据线路图作出标记。熔断器的必要数据如型号、参数应标注在熔断器上或底座上或其近旁。

24.在使用多线连接器时,需在各导线上作出标记。

25.开锁钥匙上应附带一小牌,用来提醒人们注意使用此钥匙可能引起的危险。并注意在层门关闭后应确认其已经锁住。

26.接受轿厢内发出呼救信号,起报警作用的铃或装置,应清楚地标明"电梯报警"字样。如果是多台电梯,允许无法辨别出正在发出呼救信号的轿厢。

27.门锁装置应设有铭牌,标明:门锁装置制造厂名称和型式试验标志及其试验单位。

28.如果不同电梯的部件共用一个机房和(或)滑轮间,则每部电梯的所有部件都应用相同的数字或字母加以区分(电梯驱动主机、控制柜、限速器、开关等)。为便于维护,在轿顶、底坑或其他需要的地方也应标有同样的符号。

第 15 章习题答案

1. √;2. √;3. ×;4. ×;5. ×;6. √;7. √;8. √;9. √;10. ×;11. ×;12. √;13. √;
14. ×;15. ×;16. √;17. √;18. ×;19. √;20. √;21. ×;22. √;23. √;24. ×;25. √;
26. ×;27. √;28. √。

16. 检验、记录与维护

解析 在我国电梯属于特种设备,其制造、安装均受到政府质量技术监督部门的监控。为规范电梯的安装,特制订了《电梯安装监督检验与定期检验规则》。其中对检验、记录与维护进行了相关要求。

本章主要规定了对电梯"交付使用前的检验""定期检验"以及"重大改装或事故后的检验"各阶段的要求。这与我国相关的安全技术规范一致。

16.1 检验

16.1.1 如申请预审核,所提供的技术档案应包括必要的资料,以审核各部分的设计是否正确,整个工程是否符合本标准。

此审核仅涉及电梯交付使用前检验内容的条款,或部分条款。

注:对那些在电梯投入使用前希望进行考察或已经考察过该电梯的人,附录C(提示的附录)可作为一种依据。

解析 在我国,电梯属于特种设备,根据国务院 373 号令《特种设备安全检查条例》中第十五条之规定:特种设备出厂时,应当附有安全技术规范要求的设计文件、产品质量合格证明、安装及使用维修说明、监督检验证明等文件。

同时,根据《电梯安装监督检验与定期检验规则》要求,电梯制造单位应当提供"必要的资料"包括以下中文资料和文件:

(1)产品出厂合格证,应当有制造许可证编号,电梯主要技术参数,驱动主机、控制柜、安全装置的型号和编号,制造单位的公章或者检验合格章及出厂日期等;

(2)机房或者机器设备区间及井道布置图,其顶层高度、底坑深度,楼层间距、井道内防护、安全距离、井道下方有人可以进入的空间等设计尺寸应当满足安全要求;

(3)安装使用维护说明书,应当有使用和日常维护等方面的内容。

16.1.2 在电梯投入使用前,电梯应按附录 D 要求进行检验。

注:对未经预审核的电梯,可以要求提供附录 C 提及的全部或部分技术资料和计算内容。

解析 电梯的最终生产过程是安装,通过安装过程将电梯的部件进行组合才形成了最终的产品。但由于安装工作一般都是在远离电梯生产厂家的使用现场进行的,因此电梯的安装比一般的机电设备要更加复杂和重要。电梯的安装工程质量与其设计、制造质量共同决定了电梯最终的产品质量,因此,要根据附录 D 要求进行"交付使用前的检验"。

16.1.3 应提供下述有关型式试验证书的复印件：

　　a)门锁装置；

　　b)层门耐火试验证书(如有防火要求时)；

　　c)安全钳；

　　d)限速器；

　　e)轿厢上行超速保护装置；

　　f)缓冲器；

　　g)含有电子元器件的安全电路。

　　h)*轿厢意外移动保护装置。

解析 　根据《电梯安装监督检验与定期检验规则》要求,电梯制造单位应当提供型式试验证书的复印件：

　　(1)门锁装置、限速器、安全钳、缓冲器、含有电子元器件的安全电路(如果有)、轿厢上行超速保护装置的型式试验合格证书复印件,并对照试验报告进行确认,其安全钳允许的 $P+Q$ 值、缓冲器所对应的额定速度和允许重量、限速器所对应的速度、上行超速保护装置的型式、额定速度和允许重量应当合适；

　　(2)电气原理图,应当包括动力电路和连接电气安全装置的电路；

　　(3)紧急救援和紧急电动运行(如果有)说明；

　　(4)电梯整机产品型式试验合格证书复印件或者报告书,并经过电梯制造单位盖章确认,其所检型号电梯应当经过型式试验,型式试验报告或证书的内容应当覆盖所检电梯。

　　由于型式试验证书认证机关只发给厂家一份,不可能提供原件,因此这里只需要提供复印件即可。但为了保证电梯制造单位对型式试验证书复印件的真实性负责,应经过电梯制造单位盖章确认。

16.2　记录

　　电梯最迟到交付使用时,电梯的基本性能应记录在记录本上,或编制档案。此记录本或档案应包括：

　　a)技术部分：

　　1)电梯交付使用的日期；

　　2)电梯的基本参数；

　　3)钢丝绳和(或)链条的技术参数；

　　4)按要求(见 16.1.3)进行认证的部件的技术参数；

　　5)建筑物内电梯安装的平面图；

　　6)电气原理图(宜使用 GB/T 4728 符号)；

---

　　* 第 1 号修改单增加。

电气原理图可限于能对安全保护有全面了解的范围内,缩写符号应通过术语解释;

b)要保留记有日期的检验及检修报告副本及观察记录。

在下列情况,这些记录或档案应保持最新记录:

1)电梯的重大改装[附录 E(提示的附录)];

2)钢丝绳或重要部件的更换;

3)事故。

注:本记录或档案,对主管维修的人员和负责定期检验的人员或组织是有用的。

解析 本条要求的各项记录均是对电梯技术档案最基本的要求。在我国,电梯属于特种设备,根据国务院 373 号令《特种设备安全检查条例》中第二十六条之规定:

特种设备使用单位应当建立特种设备安全技术档案。安全技术档案应当包括以下内容:

(一)特种设备的设计文件、制造单位、产品质量合格证明、使用维护说明等文件以及安装技术文件和资料;

(二)特种设备的定期检验和定期自行检查的记录;

(三)特种设备的日常使用状况记录;

(四)特种设备及其安全附件、安全保护装置、测量调控装置及有关附属仪器仪表的日常维护保养记录;

(五)特种设备运行故障和事故记录。

16.3 安装资料

电梯的制造或安装者应提供一本说明书。

解析 为了使电梯在安装和后续使用、保养、检验等环节均能够安全、顺利进行,电梯制造企业应提供相关的说明书或手册,通过手册来规范、指导上述行为。

本节主要对电梯"正常使用""检验""维护"等阶段所需要的资料内容做出了相关规定。

16.3.1 正常使用

使用说明书应有电梯正常使用和救援操作的必要说明,特别是:

a)机房门保持锁紧;

b)装载和卸载的安全;

c)电梯采用部分封闭的井道[见 5.2.1.2d)]采取的防范措施;

d)主管人员需要介入的事情;

e)保留的文件;

f)紧急开锁钥匙的使用;

g)救援操作。

解析 除本条所述的正常使用和救援操作的必要说明外，根据《电梯安装监督检验与定期检验规则》要求，还应提供：

(1)电梯注册登记证号，内容应当与实物相符；

(2)电梯档案(内容包括制造、安装、改造、维修单位提供的资料，维修、保养记录；故障记录等)，内容应当完整；

(3)电梯运行管理规章制度(例如紧急救援操作规程，电梯钥匙使用保管制度等)，应当执行。

16.3.2 维护

说明书应提供：

a)为使电梯及其辅助设备能保持正常的工作状态，所必要的维护工作(见0.3.2)；

b)维护安全须知。

解析 目前电梯制造企业通常提供"使用维护说明书"，其中包括了本条所规定的内容。

16.3.3 检验

说明书应提供下述内容。

16.3.3.1 定期检验

电梯交付使用后，为了验证其是否处于良好状态，应按附录E要求对电梯作定期的检验。

解析 在我国，电梯属于特种设备，据国务院373号令《特种设备安全检查条例》中第二十八条之规定："特种设备使用单位应当按照安全技术规范的定期检验要求，在安全检验合格有效期届满前1个月向特种设备检验检测机构提出定期检验要求。检验检测机构接到定期检验要求后，应当按照安全技术规范的要求及时进行检验。未经定期检验或者检验不合格的特种设备，不得继续使用"。

16.3.3.2 重大改装或事故后的检验

重大改装或事故后，应对电梯进行检验，以查明电梯是否仍符合本标准。此检验应按附录E的要求进行。

解析 根据《电梯安装监督检验与定期检验规则》要求，在电梯重大改装或事故后的检验时应当提供以下资料：

安装(大修)单位应当提供下列资料和文件，并符合规定要求：

(1)施工方案应当满足施工活动的要求，审批程序完善；

(2)自检记录和检验报告，应当真实的反映施工质量，施工和验收手续，签字、审查手续齐全；

(3)安装、维修过程中事故记录与处理报告,应当有处理结果的意见;

(4)重大修理项目清单,应当完善。

改造单位除提供上述4项要求的有关内容外,还应当提供以下文件,并符合要求:

(1)改造或重大维修部分的清单;

(2)主要部件合格证、电控柜曳引机等重要部件和安全部件型式试验报告(复印件)等资料,必要时还应当提供相关的图样和计算资料;

(3)对重大改造项目,还应提供改造后的整梯合格证。

所提供的资料应当齐全,资料复印件应当经改造单位盖章确认,提供的改造方案、图样和计算资料应当符合编审批程序,技术指标应当符合标准要求。整梯合格证应当表明改造单位名称、许可编号、改造日期等。

第16章习题(判断题)

1. 如申请预审核,所提供的技术档案应包括必要的资料,以审核各部分的设计是否正确,整个工程是否符合本标准。此审核仅涉及电梯交付使用前检验内容的条款,或部分条款。

2. 应提供下述有关型式试验证书的复印件:门锁装置;层门耐火试验证书(如有防火要求时);安全钳;限速器;轿厢上行超速保护装置;缓冲器;含有电子元器件的安全电路。

3. 电梯的使用者应提供一本说明书。

4. 使用说明书应有电梯正常使用和救援操作的必要说明。

5. 说明书应提供:为使电梯及其辅助设备能保持正常的工作状态,所必要的维护工作;维护安全须知。

6. 电梯交付使用后,无须对电梯作定期的检验。

7. 重大改装或事故后,无须对电梯进行检验,以查明电梯是否仍符合本标准。

第16章习题答案

1.√;2.√;3.×;4.√;5.√;6.×;7.×。

附 录 A

（标准的附录）

电气安全装置表

A1 电气安全装置表

表 A1 为电气安全装置表。

表 A1

章条	所检查的装置
5.2.2.2.2	检查检修门、井道安全门及检修活板门的关闭位置
5.7.3.4a)	底坑停止装置
6.4.5	滑轮间停止装置
7.7.3.1	检查层门的锁紧状况
7.7.4.1	检查层门的闭合位置
7.7.6.2	检查无锁门扇的闭合位置
8.9.2	检查轿门的闭合位置
8.12.4.2	检查轿厢安全窗和轿厢安全门的锁紧状况
8.15b)	轿顶停止装置
9.5.3	检查钢丝绳或链条的非正常相对伸长(使用两根钢丝绳或链条时)
9.6.1e)	检查补偿绳的张紧
9.6.2	检查补偿绳防跳装置
9.8.8	检查安全钳的动作
9.9.11.1	限速器的超速开关
9.9.11.2	检查限速器的复位
9.9.11.3	检查限速器绳的张紧
9.10.5	检查轿厢上行超速保护装置
9.11.7*	检查开门状态下轿厢的意外移动
9.11.8*	检查开门状态下轿厢意外移动保护装置的动作
10.4.3.4	检查缓冲器的复位
10.5.2.3b)	检查轿厢位置传递装置的张紧(极限开关)
10.5.3.1b)2)	曳引驱动电梯的极限开关

---

* 第 1 号修改单增加。

续表

章条	所检查的装置
11.2.1c)	检查轿门的锁紧状况
12.5.1.1	检查可拆卸盘车手轮的位置
12.8.4c)	检查轿厢位置传递装置的张紧（减速检查装置）
12.8.5	检查减行程缓冲器的减速状况
12.9	检查强制驱动电梯钢丝绳或链条的松弛状况
13.4.2	用电流型断路接触器的主开关的控制
14.2.1.2a)2)	检查平层和再平层
14.2.1.2a)3)	检查轿厢位置传递装置的张紧（平层和再平层）
14.2.1.3c)	检修运行停止装置
14.2.1.5b)	对接操作的行程限位装置
14.2.1.5i)	对接操作停止装置

解析　附录 A 是将本标准正文中所要求的电气安全装置进行了整理并在此全部列出。电气安全装置的具体要求（功能、结构等）在 14.1.2 中进行了规定。

在表 A1 中，与其他电气安全装置略有不同的是 14.2.1.2a)2)"检查平层和再平层"和 14.2.1.5b)"对接操作的行程限位装置"。这两个电气安全装置动时并没有被要求符合"防止电梯驱动主机启动，或使其立即停止运转"（14.1.2.1.1 当附录 A（标准的附录）给出的电气安全装置中的某一个动作时，应按 14.1.2.4 的规定防止电梯驱动主机启动，或使其立即停止运转）的要求。这两个开关的作用并不是要切断驱动主机和制动器电源并防止驱动主机启动，而是为了防止电梯在开锁区外或对接操作行程限制范围外开门运行。这与其他电气安全装置略有不同。但对于它们结构的要求，则与其他电气安全装置完全一致。正是因为这两个开关的特殊性，有人主张将它们从表 A1 中删除，至少将它们单独列出。

附 录 B

（标准的附录）

开锁三角形钥匙

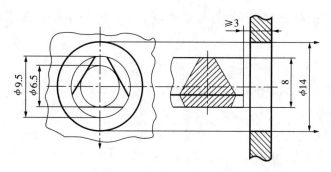

图 B1　开锁三角形钥匙

附 录 C

（提示的附录）

技 术 文 件

C1 引言

在申请预审核时应提交的技术文件,包括下列全部或部分资料。

C2 概述

电梯安装者、所有者和(或)用户的名称和地址;

电梯安装地点;

电梯型号、额定载重量、额定速度及乘客人数;

电梯行程、服务层站数;

轿厢和对重(或平衡重)的质量;

进入机房和滑轮间(如有)的通道型式(见6.2)。

C3 技术说明和平面图

为了了解安装情况所必须的平面图和截面图,包括机房、滑轮间和设备间的内容。

这些资料不必包括结构的详细资料,但是它们应包括检查是否符合本标准所必须的资料,尤其是下列内容:

井道顶部和底坑内的净空(见5.7.1、5.7.2、5.7.3.3);

井道下方存在的任何可进入的空间(见5.5);

进入底坑的通道(见5.7.3.2);

当同一井道内装有多台电梯时,相邻电梯间的防护措施(见5.6);

固定件的预留孔;

机房的位置和主要尺寸,以及电梯驱动主机和主要部件的布置图,曳引轮或卷筒的尺寸,通风孔,对建筑物和底坑底部的反作用力;

进入机房的通道(见6.3.3);

滑轮间(如有)的位置和主要尺寸,滑轮的位置和尺寸;

滑轮间其他设备的位置;

进入滑轮间的通道(见6.4.3);

层门的布置和主要尺寸(见 7.3),如果层门都相同,且标明相邻层门地坎间的距离时,则无须标出全部层门;

检修门、检修活板门和井道安全门的布置和尺寸(见 5.2.2);

轿厢及其入口的尺寸(见 8.1、8.2);

地坎和轿门至井道内表面的距离(见 11.2.1、11.2.2);

轿门和层门关闭后之间的水平距离(见 11.2.3);

悬挂装置的主要参数:安全系数、钢丝绳(数量、直径、结构、破断载荷)、链条(型号、结构、节距、破断载荷)、补偿绳(如有);

安全系数的计算(见附录 N);

限速器绳和(或)安全绳的主要参数:直径、结构、破断载荷、安全系数;

导轨的尺寸和验算,及其摩擦面的尺寸和状况(拉制、轧制、磨削);

线性蓄能型缓冲器的尺寸及验算。

C4 电气原理图

电气原理图包括:

a)动力电路;和

b)连接电气安全装置的电路。

这些图均应清晰,并宜用 GB/T 4728 所规定的符号。

C5 合格证书

应提供安全部件型式试验合格证书复印件,以及其他相关部件合格证书复印件(钢丝绳、链条、防爆装置、玻璃等)。

附　录　D

（标准的附录）

交付使用前的检验

电梯交付使用前的检验应包括下列项目的检查及试验。

■解析　附录D是为验证交付使用的电梯其安全性、可靠性的而进行的最终检验。在我国，此项检验实际是按照《电梯安装监督检验与定期检验规则》进行的。

D1　检查

检查应包括下列内容：

a)按提交的文件(见附录C)与安装完毕的电梯进行对照；

b)检查一切情况下均满足本标准的要求；

c)根据制造标准，直观检查本标准无特殊要求的部件；

d)对于要进行型式试验的安全部件，将其型式试验证书上的详细内容与电梯参数进行对照。

■解析　电梯作为建筑物中的重要交通工具，与一般产品不同，它是一种比较复杂的机电设备，而且其出厂时仅是部件，并不是最终产品。电梯的最终生产过程是安装，通过安装过程将电梯的部件进行组合才形成了最终的产品。但由于安装工作一般都是在远离电梯生产厂家的使用现场进行的，因此电梯的安装比一般的机电设备要更加复杂和重要。电梯的安装工程质量与其设计、制造质量共同决定了电梯最终的产品质量。因此，进行"交付使用前的检验"的第一个步骤就是验证、核对各项资料、证书是否与被检验电梯相一致；检查部件的制造是否满足要求；检查电梯运行的环境条件、土建条件是否满足要求。

D2　试验和验证

试验应包括下列内容：

a)门锁装置(见7.7)；

b)电气安全装置(见附录A)；

c)悬挂装置及其附件，应校验它们的技术参数是否符合记录或档案的技术参数[见16.2a)]；

d)制动系统(见12.4)；

载有125%额定载重量的轿厢以额定速度下行，并切断电动机和制动器供电的情况下,进行试验。

　　e)电流或功率的测量及速度的测量(见 12.6);

　　f)电气接线;

　　　　1)不同电路绝缘电阻的测量(见 13.1.3)。作此项测试时,所有电子元器件的连接均应断开;

　　　　2)机房接地端与易于意外带电的不同电梯部件间的电气连通性的检查。

　　g)极限开关(见 10.5);

　　h)曳引检查(见 9.3);

　　　　1)在相应于电梯最严重制动情况下,停车数次,进行曳引检查。每次试验,轿厢应完全停止,试验应这样进行:

　　　　　　——行程上部范围内,上行,轿厢空载;

　　　　　　——行程下部范围内,下行,轿厢载有 125% 额定载重量;

　　　　2)应检查,当对重压在缓冲器上时,空载轿厢不能向上提升;

　　　　3)应检查平衡系数是否如安装者所说,这种检查可通过电流检测并结合;

　　　　　　——速度测量,用于交流电动机;

　　　　　　——电压测量,用于直流电动机。

　　对 8.2.2 所列特殊情况,轿厢面积超出表 1 规定的载货电梯,除按上述 1)、2)、3)要求进行曳引检查外,还须用 125% 轿厢实际载重量达到了轿厢面积按表 1 规定所对应的额定载重量进行静态曳引检查。

　　对 8.2.2 所列非商用汽车电梯,则须用 150% 额定载重量进行静态曳引检查。

　　i)限速器;

　　　　1)应沿着轿厢(见 9.9.1、9.9.2)或对重(或平衡重)(见 9.9.3)下行方向检查限速器的动作速度;

　　　　2)9.9.11.1 和 9.9.11.2 所规定的停车控制操作检查,应沿两个方向进行。

　　j)轿厢安全钳(见 9.8);

　　安全钳动作时所能吸收的能量已经过了型式试验(见 F3)的验证,交付使用前试验的目的是检查正确的安装,正确的调整和检查整个组装件,包括轿厢、安全钳、导轨及其和建筑物的连接件的坚固性。

　　试验是在轿厢正在下行期间,轿厢装有均匀分布的规定的载重量,电梯驱动主机运转直至钢丝绳打滑或松弛,并在下列条件下进行;

　　　　1)瞬时式安全钳,轿厢装有额定载重量,而且安全钳的动作在检修速度下进行;

　　　　2)渐进式安全钳,轿厢装有 125% 额定载重量,而且安全钳的动作可在额定速度或检修速度下进行。

对 8.2.2 所列特殊情况,轿厢面积超出表 1 规定的载货电梯,对瞬时式安全钳,应以轿厢实际载重量达到了轿厢面积按表 1 规定所对应的额定载重量进行安全钳的动作试验;对渐进式安全钳,取 125% 额定载重量与轿厢实际载重量达到了轿厢面积按表 1 规定所对应的额定载重量两者中的较大值,进行安全钳的动作试验。

对 8.2.2 所列非商用汽车电梯,则须用 150% 额定载重量代替 125% 额定载重量进行安全钳的上述。

如果渐进式安全钳的试验在检修速度进行,制造厂家应提供曲线图,说明该规格渐进式安全钳在对重(或平衡重)作用下和附联的悬挂系统一起进行动态试验的型式试验性能。

试验以后,应用直观检查确认未出现对电梯正常使用不利影响的损坏。必要时,可更换摩擦元器件。

注:为了便于试验结束后轿厢卸载及松开安全钳,试验宜尽量在对着层门的位置进行。

k)对重(或平衡重)安全钳(见 9.8);

安全钳动作时所能吸收的能量已经过了型式试验(见 F3),交付使用前试验的目的是检查正确的安装、正确的调整和检查整个组装件,包括对重(或平衡重)、安全钳、导轨及其和建筑物连接件的坚固性。

试验是在对重(或平衡重)下行期间,电梯驱动主机运转直至钢丝绳打滑或松弛,并在下列条件下进行:

1)瞬时式安全钳,轿厢空载,安全钳的动作应由限速器或安全绳触发,并在检修速度下进行:

2)渐进式安全钳,轿厢空载,安全钳的动作可在额定速度或检修速度下进行。

如果试验在检修速度进行,制造厂家应提供曲线图,说明该规格渐进式安全钳在对重(或平衡重)作用下和附联的悬挂系统一起进行动态试验的型式试验性能。

试验以后,应用直观检查确认未出现对电梯正常使用不利影响的损坏,必要时可更换摩擦元器件。

l)缓冲器(见 10.3,10.4);

1)蓄能型缓冲器,试验应以如下方式进行:载有额定载重量的轿厢压在缓冲器(或各缓冲器)上,悬挂绳松弛。同时,应检查压缩情况是否符合记录在 C3 技术文件上的特性曲线并用 C5 进行鉴别;

2)非线性缓冲器和耗能型缓冲器,试验应以如下方式进行:载有额定载
重量的轿厢和对重以额定速度撞击缓冲器。在使用减行程缓冲器并
验证了减速度的情况下(见 10.4.3.2),以减行程设计速度撞击缓
冲器。

对 8.2.2 所列特殊情况,轿厢面积超出表 1 规定的载货电梯,上述试验的额
定载重量应用轿厢实际载重量达到了轿厢面积按表 1 规定所对应的额定载重
量替代。

试验以后,应用直观检查确认未出现对电梯正常使用不利影响的损坏。

m)报警装置(见 14.2.3);

功能试验。

n)轿厢上行超速保护装置(见 9.10)。

试验应以如下方式进行:轿厢空载,以不低于额定速度上行,仅用轿厢上行
超速保护装置制停轿厢。

o)*轿厢意外移动保护装置(见 9.11)

交付使用前试验的目的是检查检测装置和制停部件。

试验时应仅使用 9.11 定义的装置的制停部件制停电梯。

试验应:

——包括验证该装置的制停部件按型式试验所述的方式触发。

——轿厢以预定速度(例如:型式试验所确定的速度,如检修速度等),在井
道上部空载上行(例如:从一个层站到上端站),以及在井道下部满载下行(例
如:从一个层站到下端站);

按型式试验所述的试验,应验证轿厢意外移动的距离满足 9.11.5 规定。

如果该装置需要自监测(见 9.11.3),应检查其功能。

注:如果该装置的制停部件包括层站的部件,有必要在每个涉及的层站重
复该试验。

在 E2b)的最后增加一项:

轿厢意外移动保护装置。

解析　本条所要求的检验都是针对那些涉及电梯安全的重要部件的检验。主要目的
是验证其:

1.适用性;

2.安装的正确性;

3.实际性能。

* 第 1 号修改单增加。

关于本条第 i 项"限速器"的检验，CEN/TC10 有如下解释单：

问　题
在电梯交付使用之前，应检查限速器动作速度。 　为了该试验，我们将轿厢载有额定载重量，手动打开机械制动器，使轿厢均匀地加速并且测量限速器的动作速度是否满足 9.9.1 要求。 　然而，确实存在行程不足以达到限速器的动作速度的情况；另外，如果限速器没有被正确地设置，当安全钳以大于应动作速度的速度动作时，可能会发生电梯的部件损坏。 　我们打算进行模拟动作试验，即：把限速器绳从绳槽中脱开，用旋转设备驱动限速器轮，在动作的瞬间测量圆周速度。 　这种程序是否正确？
解　释
正确。

对于附录 D，CEN/TC10 有如下解释单：

问　题
我们认为用在控制系统中的一些部件，如： a)为了满足 14.1.1.1 b)和 j)，如果使用断错相继电器； b)EN81-1 的 10.6.2 和 EN81-2 的 12.12 要求的电机运行时间限制器； c)满足 14.1.2.3 且用于 EN81-1 的 9.9.11.1b)所需要的速度监测的测速装置或测速装置组合。 是否应根据附录 D.2、E.1 和 E.2 在试验中进行检查？ 注：电机运行时间限制器的试验仅在 EN81-2 附录 D.2w)中提到，而在 EN81-1 中没有提到。 委员会是否同意在 a)、b)和 c)中提及的装置应在附录 D 和 E 的试验中进行检查？
解　释
a)断错相继电器不是符合 14.1.2 的电气安全装置。检查试验被包括在 D.1 中。不需要依据 D.2 的试验。 b1)依据 EN81-1 10.6.2 的电机运行时间限制器不是符合 14.1.2 的电气安全装置。检查被包括在 D.1 中。不需要依据 D.2 的试验。 b2)依据 EN81-2 12.12 的装置不是符合 14.1.2 的电气安全装置。但是，需要依据 EN81-2 的 D.2 w)进行试验。 c)满足 14.1.2.3 且用于 EN81-1 的 9.9.11.1b)所需要的速度监测装置或测速装置组合的试验被规定在 D.2 b)。

关于本条第 h2)项"应检查，当对重压在缓冲器上时，空载轿厢不能向上提升"的检验，CEN/TC10 有如下解释单：

问 题

"应检查:当对重压在缓冲器上时,空载轿厢不能向上提升。"

一些管理机构要求钢丝绳必须在曳引轮上滑动。与此相反,标准却没有提到这一点。

究竟是否应该打滑呢?

我们认为答案是不滑,原因如右图:

为了有相对滑动,电机扭矩应足够大,把轿厢提升几毫米,以便使对重侧的钢丝绳松驰,这时将会有$\frac{T_1}{T_2}>e^{f\alpha}$,由于$T_2$会接近0,这样才可能产生滑动。

然而,电机所设计的额定扭矩C_n大小与$Q/2$对应,当电机启动时扭矩通常会达到$2.2\times C_n$。

这意味着,如果轿厢的质量P约等于Q,启动力矩足以使轿厢慢慢提升直到曳引力消失。

如果轿厢的质量P大大超过了Q,启动力矩不足以提升轿厢。

这两种情况是在实践中存在的。如果考虑用双速电机,在低速时启动力矩为$1.6\times C_n$,更难存在滑动。

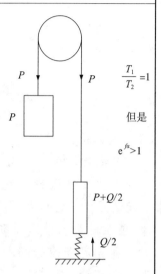

$$\frac{T_1}{T_2}=1$$

但是

$$e^{f\alpha}>1$$

解 释

在9.3.1中要求曳引系统应不能提起空轿厢。

因此,在D2(h)2中所要求的检测中,对绳和曳引轮之间的滑动进行试验是很必要的。本标准没有规定提供产生滑动所需扭矩的方法。

也曾经有人问起h)2)所规定的"打滑试验"应进行多长时间,是否要到电动机运转时间限制器设定的保护时间? CEN/TC10/WG1的答复是,为了避免因局部过热引起的钢丝绳与绳轮间不必要的磨损,这项试验的时间应尽可能短,但其时间长度也应足以观察到轿厢保持静止状态(曳引绳停止后曳引轮至少转一周)。

附　录　E

（提示的附录）

定期检验、重大改装或事故后的检验

E1　定期检验

定期检验的内容不应超出电梯交付使用前的检验。

这些反复进行的定期检验不应造成过度的磨损或产生可能降低电梯安全性能的应力，尤其是对安全钳和缓冲器部件的试验。当进行这些部件的试验时，应在轿厢空载和降低速度的情况下进行。

负责定期检验的人员应确认这些部件（在电梯正常运行时，它们不动作）仍是处于可动作状态。

定期检验报告副本应附在16.2规定的记录本或档案中。

解析　定期检验是指以一定的时间间隔对已经投入使用的电梯按照标准规定的项目和技术要求进行的检查、试验和验证。

国务院373号令《特种设备安全检查条例》中第二十八条规定："特种设备使用单位应当按照安全技术规范的定期检验要求，在安全检验合格有效期届满前1个月向特种设备检验检测机构提出定期检验要求。检验检测机构接到定期检验要求后，应当按照安全技术规范的要求及时进行检验。未经定期检验或者检验不合格的特种设备，不得继续使用"。

无论是本标准附录D规定的"交付使用前的检验"还是国家质量监督检验检疫总局所发布的《电梯安装监督检验与定期检验规则》，都要求电梯投入运行前需要进行大量的检验。因此，在定期检验时，其范围不必超出电梯交付使用前的检验内容。

由于定期检验每隔一定时间间隔就要进行一次（按照我国的规定，周期为1年），定期检验本身不应成为加剧电梯部件损坏、降低电梯安全性能的原因，因此在进行定期检验的项目时，应尽量降低对电梯部件的不利影响，尽量在轿厢空载、检修速度下进行。

E2　重大改装或事故后的检验

电梯的重大改装和事故均应记录在16.2规定的记录本或档案的技术部分。

特别指出，以下情况均应视为重大改装：

a)改变；

额定速度；

额定载重量；

轿厢质量；

行程。

b)改变或更换：

门锁装置类型（用同一种类型的门锁更换，不作为重大改装）；

控制系统；

导轨或导轨类型；

门的类型（或增加一个或多个层门或轿门）；

电梯驱动主机或曳引轮；

限速器；

轿厢上行超速保护装置；

缓冲器；

安全钳。

为了进行重大改装或事故以后的检验，应将有关文件和必要的资料提交负责检验的人员或部门。

上述人员或部门将合理地决定对已改装或更换的部件进行试验。

这些试验将不超出电梯交付使用前对其原部件所要求的检验内容。

■ **解析**　改装是指改变原设备的受力结构、机构（传动系统）或控制系统，只是设备的性能参数与技术指标发生改变的行为。

国务院 373 号令《特种设备安全检查条例》中第二十一条规定：锅炉、压力容器、压力管道元器件、起重机械、大型游乐设施的制造过程和锅炉、压力容器、电梯、起重机械、客运索道、大型游乐设施的安装、改造、重大维修过程，必须经国务院特种设备安全监督管理部门核准的检验检测机构按照安全技术规范的要求进行监督检验；未经监督检验合格的不得出厂或者交付使用。

本条明确给出了如何定义电梯的"重大改造"，即更改了主要参数（额定速度、额定载重量等）或更换了主要功能部件（如曳引轮、门等）或主要安全部件（限速器、安全钳、轿厢上行超速保护装置等）。

《电梯安全监察规定》中的"电梯施工类别划分表"对电梯的各类施工做出了更加详细、更加明确的分类：

	部件调整	参数调整
改造	以下部件变更型号、规格，致使右栏列出的电梯参数等内容发生变更时，应当认定为改造作业： 　限速器、安全钳、缓冲器、门锁、绳头组合、导轨、曳引机、控制柜、防火层门、玻璃门及玻璃轿壁、上行超速保护装置、含有电子元器件的安全电路、液压泵站、限速切断阀、电动单向阀、手动下降阀、机械防沉降（防爬）装置、梯级或踏板、梯级链、驱动主机、滚轮（主轮、副轮）、金属结构、扶手带、自动扶梯或自动人行道的控制屏	不管左栏所列部件是否变更，致使以下参数等内容发生变更，应当认定为改造作业： 　额定速度、额定载荷、驱动方式、调速方式、控制方式、提升高度、运行长度（对人行道）、倾斜角度、名义宽度、防爆等级、防爆介质、轿厢重量

续表

	部件调整	参数调整
重大维修	不变更右栏列出的参数等内容,但需要通过更新或者调整以下部件(保持原规格)才能完成的修理业务,应当认定为重大维修作业: 限速器、安全钳、缓冲器、门锁、绳头组合、导轨、曳引机、控制柜、导靴、防火层门、玻璃门及玻璃轿壁、上行超速保护装置、含有电子元器件的安全电路、液压泵站、限速切断阀、电动单向阀、手动下降阀、机械防沉降(防爬)装置、梯级或踏板、梯级链、驱动主机、滚轮(主轮、副轮)、金属结构、扶手带、自动扶梯或自动人行道的控制屏	额定速度、额定载荷、驱动方式、调速方式、控制方式、提升高度、运行长度(对人行道)、倾斜角度、名义宽度、防爆等级、防爆介质、轿厢重量
维修	不变更右栏列出的参数等内容,但需要通过更新或者调整以下部件(保持原型号、规格)才能完成的修理业务,应当认定为维修作业: 缓冲器、门锁、绳头组合、导靴、防火层门、玻璃门及玻璃轿壁、液压泵站、电动单向阀、手动下降阀、梯级或踏板、梯级链、滚轮(主轮、副轮)、扶手带	
日常维护保养	不变更右栏列出的参数等内容,需要通过调整以下部件(保持原型号、规格)才能完成的业务,应当认定为日常维护保养作业: 缓冲器、门锁、绳头组合、导靴、电动单向阀、手动下降阀、梯级或踏板、梯级链、滚轮(主轮、副轮)、扶手带	

《电梯型式试验规则》中也给出了影响型式试验结果的电梯配置与参数变更表。

设备类型	设备型式	部件配置	参数
乘客电梯	曳引式客梯	1.拖动方式(交流变极调速、交流调压调速、交流变频调速、直流调速等)改变; 2.悬挂驱动系统(悬挂比、驱动主机的布置方式)改变; 3.控制柜(含紧急和测试操作装置)布置区域(井道内或井道外)改变; 4.工作环境由室内型向室外型改变; 5.轿厢上行超速保护装置型式变更	额定速度增大;额定载重量大于 1600kg 且增大
	强制式客梯		
	无机房客梯		
	消防电梯		防爆等级提高,防爆型式改变,其他同上栏
	观光电梯		
	病床电梯		
	防爆客梯		
载货电梯	曳引式货梯		额定载重量增大;额定速度大于 0.63m/s 且增大
	强制式货梯		
	无机房货梯		
	汽车电梯		防爆等级提高,防爆型式改变,其他同上
	防爆货梯		

以上两个表能够帮助我们加深对本节的理解。

对于附录 E,CEN/TC10 有如下解释单:

问　题
我们认为用在控制系统中的一些部件,如: a)为了满足 14.1.1.1 b)和 j),如果使用断错相继电器; b)EN81-1 的 10.6.2 和 EN81-2 的 12.12 要求的电机运行时间限制器; c)满足 14.1.2.3 且用于 EN81-1 的 9.9.11.1b)所需要的速度监测的测速装置或测速装置组合。 是否应根据附录 D.2、E.1 和 E.2 在试验中进行检查? 注:电机运行时间限制器的试验仅在 EN81-2 附录 D.2w)中提到,而在 EN81-1 中没有提到。 委员会是否同意在 a)、b)和 c)中提及的装置应在附录 D 和 E 的试验中进行检查?

解　释
a)断错相继电器不是符合 14.1.2 的电气安全装置。检查试验被包括在 D.1 中。不需要依据 D.2 的试验。 b1)依据 EN81-1 10.6.2 的电机运行时间限制器不是符合 14.1.2 的电气安全装置。检查被包括在 D.1 中。不需要依据 D.2 的试验。 b2)依据 EN81-2 12.12 的装置不是符合 14.1.2 的电气安全装置。但是,需要依据 EN81-2 的 D.2 w)进行试验。 c)满足 14.1.2.3 且用于 EN81-1 的 9.9.11.1b)所需要的速度监测装置或测速装置组合的试验被规定在 D.2 b)。

附 录 F

（标准的附录）

安全部件 型式试验认证规程

F0 绪论

F0.1 总则

F0.1.1 本标准所规定的试验单位是一个经批准的机构,同时承担试验和签发合格证工作。

F0.1.2 型式试验的申请书应由部件制造厂家或其委托的代理人填写,并应提交给经批准的某试验单位。

注:应试验单位的要求,提供三份必备文件,试验单位也可以要求提供试验所需的补充信息。

F0.1.3 试验样品的选送应由试验单位和申请人商定。

F0.1.4 申请人可以参加试验。

F0.1.5 如果受委托对要求颁发型式试验合格证书的某一部件进行全面检测的试验单位没有合适的设备去完成某项试验,则在该单位负责下,可安排其他试验单位去完成。

F0.1.6 除非有特殊规定,仪器的精确度应满足下列测量精度的要求

    a)对质量、力、距离、速度为±1%;

    b)对加速度、减速度为±2%;

    c)对电压、电流为±5%;

    d)对温度为±5℃;

    e)对记录设备应能检测到0.01s变化的信号。

F0.2 型式试验证书的格式

    型式试验证书应包括下列内容:

型式试验证书格式:
经批准机构名称:
型式试验证书:

型式试验编号:

1.类别、型号和产品或商品的名称:
2.制造厂的名称和地址:

3.证书持有者的名称和地址:

4.提交型式试验日期:

5.根据下列要求签发证书:

6.试验单位:
7.试验报告日期和编号:
8.型式试验日期:
9.上述型式证验号的证书附有下列技术文件:
10.其他附加材料:

地点: 日期:
签名:

F1 层门门锁装置

F1.1 通则

F1.1.1 适用范围

本程序适用于电梯层门的门锁装置试验,所有参与层门锁紧和检查锁紧状态的部件,均为门锁装置的组成部分。

F1.1.2 试验目的和范围

应按本试验程序去验证门锁装置的结构和动作是否符合本标准的规定。

应特别检查门锁装置的机械和电气部件的尺寸是否合适以及在最后,特别是磨损后,门锁装置是否丧失其效用。

如果门锁装置需要满足特殊的要求(防水、防尘、防爆结构),申请人对此应有详细的说明,以便按照有关的标准补充检查。

F1.1.3 需要提交的文件

型式试验的申请书应附有下列文件:

F1.1.3.1 带操作说明的结构示意图

示意图应清楚地表明所有与门锁装置的操作和安全性有关的全部细节，包括：

a) 正常情况下门锁装置的操作情况，标出锁紧元器件的有效啮合位置和电气安全装置的动作点。

b) 用机械方式检查锁紧位置的装置的动作情况(如有这样装置)；

c) 紧急开锁装置的操纵和动作；

d) 电路的类型[交流和(或)直流]及额定电压和额定电流。

F1.1.3.2 带说明的装配图

装配图应标出对门锁装置的操作起重要作用的全部零件，特别是要求符合本标准规定的零件，说明中应列出主要零件的名称、采用材料的类别和固定元器件的特性。

F1.1.4 试验样品

应提供一件门锁装置的试验样品。

如果试验是用试制品进行的，则以后还应对批量产品重新试验。如果门锁装置的试验只能在将该装置安装在相应的门上(例如：有数扇门扇的滑动门或数扇门扇的铰链门)的条件下进行，则应按照工作状况把门锁装置安装在一个完整的门上。在不影响测试结果的条件下，此门的尺寸可以比实际生产的门小。

F1.2 检验

F1.2.1 操作检验

本检验的目的旨在验证门锁装置机械和电气元器件是否按安全作用正确地动作，是否符合本标准的规定，以及门锁装置是否与申请书所提供的细节一致，特别应验证：

a) 在电气安全装置作用以前，锁紧元器件的最小啮合长度为 7mm(见 7.7.3.1.1 示例)；

b) 在门开启或未锁住的情况下，从人们正常可接近的位置，用单一的不属于正常操作程序的动作应不可能开动电梯(见 7.7.5.1)。

F1.2.2 机械试验

机械试验的目的在于验证机械锁紧元器件和电气元器件的强度。

处于正常操作状态的门锁装置试样由它通常的操作装置控制。

试样应按照门锁装置制造厂的要求进行润滑。

当存在数种可能的控制方式和操作位置时，耐久试验应在元器件处于最不利的受力状态下进行。

操作循环次数和锁紧元器件的行程应用机械或电气的计数器记录。

F1.2.2.1 耐久试验

F1.2.2.1.1 门锁装置应进行 1×10^6 次完全循环操作($\pm1\%$),一个循环包括在两个方向上的具有全部可能行程的一次往复运动。

门锁装置的驱动应平滑、无冲击,其频率为每分钟 60 次循环($\pm10\%$)。

在耐久试验期间,门锁装置的电气触点应在额定电压和两倍额定电流的条件下,接通一个电阻电路。

F1.2.2.1.2 如果门锁装置装有检查锁销或锁紧元器件位置的机械检查装置,则此装置应进行 1×10^5 次循环耐久试验($\pm1\%$)。

此装置的驱动应平滑、无冲击,其频率为每分钟 60 次循环($\pm10\%$)。

F1.2.2.2 静态试验

门锁装置应进行以下试验:沿门的开启方向,在尽可能接近使用人员试图开启这扇门施加力的位置上,施加一个静态力。对于铰链门,此静态力在 300s 的时间内,应逐渐增加到 3000N。对于滑动门,此静态力为 1 000N,作用 300s 的时间。

F1.2.2.3 动态试验处于锁紧位置的门锁装置应沿门的开启方向进行一次冲击试验。

其冲击相当于一个 4kg 的刚性体从 0.5m 高度自由落体所产生的效果。

F1.2.3 机械试验结果的评定

在耐久试验(见 F1.2.2.1)、静态试验(见 F1.2.2.2)和动态试验(见 F1.2.2.3)后,不应有可能影响安全的磨损、变形或断裂。

F1.2.4 电气试验

F1.2.4.1 触点耐久试验

这项试验已包括在 F1.2.2.1.1 述及的耐久试验中。

F1.2.4.2 断路能力试验

此试验在耐久试验以后进行。检查是否有足够能力断开一带电电路。试验应按照 GB 14048.4 和 GB 14048.5 的规定的程序进行。作为试验基准的电流值和额定电压应由门锁装置的制造厂家指明。

如果没有具体规定,额定值应符合下值:

a)对交流电为 230V,2A;

b)对直流电为 200V,2A。

在未说明是交流电或直流电的情况下,则应检验交流电和直流电两种条件下的断路能力。

试验应在门锁装置处于工作位置的情况下进行,如果存在数个可能的位置,则试验应在最不利的位置上进行。

试验样品应像正常使用时一样装有罩壳和电气布线。

F1.2.4.2.1 对交流电路在正常速度和时间间隔为(5～10)s的条件下,门锁装置应能断开和闭合一个电压等于110%额定电压的电路50次,触点应保持闭合至少0.5s。

此电路应包括串联的一个扼流圈和一个电阻,其功率因数为0.7±0.05,试验电流等于11倍制造厂指明的额定电流。

F1.2.4.2.2 对直流电路在正常速度和时间间隔为(5～10)s的条件下,门锁装置应能断开和闭合一个电压等于110%额定电压的电路20次,触点应保持闭合至少0.5s。

此电路应包括串联的一个扼流圈和一个电阻,电路的电流应在300ms内达到试验电流稳定值的95%。试验电流应等于制造厂指明的额定电流的110%。

F1.2.4.2.3 如果未产生痕迹或电弧,也没有发生不利于安全的损坏现象,则试验为合格。

F1.2.4.3 漏电流电阻试验

这项试验应按照GB/T 4207规定的程序进行。各电极应连接在175V、50Hz的交流电源上。

F1.2.4.4 电气间隙和爬电距离的检验

电气间隙和爬电距离应符合本标准14.1.2.2.3的规定。

F1.2.4.5 安全触点及其可接近性要求的检验(见14.1.2.2)

这项检验应在考虑门锁装置的安装位置和布置后进行。

F1.3 某些型式门锁装置的特殊试验

F1.3.1 有数扇门扇的水平或垂直滑动门的门锁装置

按7.7.6.1规定,门扇间直接机械连接的装置或按7.7.6.2规定,门扇间间接机械连接的装置,均应看作是门锁装置的组成部分。

这些装置应按照F1.2述及的合理方式进行试验。在其耐久试验中,每分钟的循环次数应与其结构的尺寸相适应。

F1.3.2 用于铰链门的舌块式门锁装置

F1.3.2.1 如果这种门锁装置有一个用来检查门锁舌块可能变形的电气安全装置,并且在按照F1.2.2.2规定的静态试验之后,对此门锁装置的强度存有任何怀疑,则需逐步地增加载荷,直至舌块发生永久变形后,安全装置开始打开为止。门锁装置或层门的其他部件不得破坏或产生变形。

F1.3.2.2 在静态试验之后,如果尺寸和结构都不会引起对门锁装置强度的怀疑,就没有必要对舌块进行耐久试验。

F1.4 型式试验证书

F1.4.1　型式试验证书一式三份,二份给申请人,一份留试验单位。

F1.4.2　证书应标出下列内容:

　　a)F0.2 述及的内容;

　　b)门锁装置的类型及应用;

　　c)电路的类型[交流和(或)直流]以及额定电压和额定电流值:

　　d)对于舌块式门锁装置:使电气安全装置动作所需的力,以便校核舌块的弹性变形。

F2　(略)

F3　安全钳

F3.1　通则

　　申请人应指明使用范围,即:

　　最小和最大质量;

　　最大额定速度和最大动作速度。

　　同时,还必须提供导轨所使用的材料、型号及其表面状态(拉制、铣削、磨削)的详细资料。

　　申请书还应附有下列资料:

　　a)给出结构、动作、所用材料、部件尺寸和配合公差的装配详图。

　　b)对于渐进式安全钳,还应附有弹性元器件载荷图。

F3.2　瞬时式安全钳

F3.2.1　试验样品

　　应向试验单位提供两个安全钳(含楔块或夹紧件)和两段导轨。

　　试验的布置和安装细则由试验单位根据使用的设备确定。

　　如果安全钳可以用于不同型号的导轨,那么在导轨厚度、安全钳所需夹紧宽度及导轨表面情况(拉制、铣削、磨削等)相同的条件下,就无须进行新的试验。

F3.2.2　试验

F3.2.2.1　试验方法

　　应采用一台运动速度无突变的压力机或类似设备进行试验,测试内容应包括:

　　a)与力成函数关系的运行距离;

　　b)与力成函数关系或与位移成函数关系的安全钳钳体的变形。

F3.2.2.2　试验程序

　　应使导轨从安全钳上通过。参考标记应画在钳体上,以便能够测量钳体变形。

应记录运行距离与力成函数关系的曲线；

试验之后：

a) 应将钳体和夹紧件的硬度与申请人提供的原始值进行比较。特殊情况下，可以进行其他分析；

b) 若无断裂情况发生，则应检查变形和其他情况（例如：夹紧件的裂纹，变形或磨损、摩擦表面的外观）；

c) 如有必要，应拍摄钳体、夹紧件和导轨的照片，以便作为变形或裂纹的依据。

F3.2.3 文件

F3.2.3.1 应绘制两张图表

a) 第一张图表绘出与力成函数关系的运行距离；

b) 第二张图表绘出钳体的变形，它必须与第一张图表相对应。

F3.2.3.2 安全钳的能力由"距离-力"图表上的面积积分值确定。

图表中，所考虑的面积应是：

a) 总面积，无永久变形情况；

b) 如果发生永久变形或断裂，则为：

1) 达到弹性极限值时的面积；或

2) 与最大力相应的面积。

F3.2.4 允许质量的确定

F3.2.4.1 安全钳吸收的能量

自由落体距离应按 9.9.1 规定的限速器最大动作速度进行计算，公式如下：

$$h = \frac{v_1^2}{2g_n} + 0.10 + 0.03$$

式中：

h——自由落体距离，m；

v_1——限速器动作速度，m/s；

0.10——相当于响应时间内的运行距离，m；

0.03——相当于夹紧件与导轨接触期间的运行距离，m。

安全钳能够吸收的总能量为：

$$2K = (P+Q)_1 \times g_n \times h$$

由此：

$$(P+Q)_1 = \frac{2K}{g_n \times h}$$

式中：

$(P+Q)_1$——允许质量，kg；

P——空轿厢和由轿厢支承的零部件的质量，如部分随行电缆、补偿绳或链(若有)等的质量和，kg；

Q——额定载重量，kg；

K——一个安全钳钳体吸收的能量(按图表计算)，J。

F3.2.4.2 允许质量

a)如果未超过弹性极限：

K 按 F3.2.3.2.a)规定的面积积分值计算；

安全系数取 2,允许质量(kg)为：

$$(P+Q)_1=\frac{K}{g_n\times h}$$

b)如果超过弹性极限，则应按如下两种方法计算，以便选择有利于申请人的一种计算结果。

1)K_1 按 F3.2.3.2b)1)规定的面积积分值计算,取安全系数为 2,从而允许质量(kg)为：

$$(P+Q)_1=\frac{K_1}{g_n\times h}$$

2)K_2 按 F3.2.3.2b)2)规定的面积积分值计算,取安全系数为 3.5,从而允许质量(kg)为：

$$(P+Q)_1=\frac{2K_2}{3.5\times g_n\times h}$$

式中：

K_1,K_2——一个安全钳钳体吸收的能量(按图表计算)，J。

F3.2.5 检查钳体和导轨的变形

如果钳体上的夹紧件或导轨的变形太大，可能导致安全钳释放困难，则必须减少允许质量。

F3.3 渐进式安全钳

F3.3.1 报告书和试验样品

F3.3.1.1 申请人应说明试验所需要的质量(kg)和限速器的动作速度(m/s)，如果要求认证不同质量安全钳的情况，申请人必须将这些质量注明，此外，他还须说明调整是分级进行，还是连续进行。

注:申请人应通过将制动力(N)除以 16 的方法选取悬挂质量(kg)，以求得 $0.6g_n$ 平均减速度。

F3.3.1.2 申请人应将一套完整的安全钳总成,按照试验单位规定的尺寸安装在横梁上,全部试验所需数量的制动板的布置方式也应按试验单位规定。同时,应附有全部试验所需要的数套制动板。对所用的导轨,除型号外,还需要提供试验单位规定的长度。

F3.3.2 试验

F3.3.2.1 试验方法

试验应以自由落体的方式进行。应直接或间接测量以下各项:

a)下落的总高度;

b)在导轨上的制动距离;

c)限速器或其代用装置所用绳的滑动距离;

d)作为弹性元器件的总行程。

a)和 b)所记录的测量值应和时间成函数关系,再测定以下几项:

1)平均制动力;

2)最大瞬时制动力;

3)最小瞬时制动力。

F3.3.2.2 试验程序

F3.3.2.2.1 认证用于单一质量的安全钳

试验单位需对质量$(P+Q)_1$进行四次试验,在每次试验之间,应允许摩擦件恢复到正常温度。

在进行这几次试验期间,可使用数套相同的摩擦件,但一套摩擦件应能够承受:

a)三次试验,当额定速度不大于 4m/s 时;

b)二次试验,当额定速度大于 4m/s 时。

须对自由下落的高度进行计算,使其和安全钳相应的限速器的最大动作速度相适应。安全钳的啮合应借助于动作速度可精确调节的装置去完成。

注:例如,可使用一根装有套筒的绳,其松弛量应仔细计算。此套筒能在一根固定、平滑的绳上摩擦滑动。摩擦力应等于该安全钳相应的限速器施加于操纵绳的作用力。

F3.3.2.2.2 认证用于不同质量的安全钳(分级调整或连续调整)

应进行两个系列的试验,对申请的:

a)最大值;和

b)最小值。

申请人应提供一个公式或一张图表,以显示与某一给定参数成函数关系的制动力的变化。

试验单位应用恰当的方法(如没有较好的办法时可用中间值进行第三系列试验)去核实给出公式的有效性。

F3.3.2.3 安全钳制动力的确定

F3.3.2.3.1 认证用于单一质量的安全钳

对给定的调整值及导轨型号,安全钳能够产生的制动力等于在数次试验期间测定的平均制动力的平均值。每次试验均应在一段未使用过的导轨上进行。

应检查试验期间测定的平均制动力,与上面确定的制动力相比是否在±25% 的范围内。

注:试验表明,如果在一根机加工导轨表面的同一区域上进行连续多次试验,摩擦系数将大大减小。这是由于在安全钳的连续制动动作期间。导轨表面的状态发生变化。

一般认为,对于一台电梯来说,安全钳的偶然动作通常都可能发生在未被使用的表面上。有必要考虑,如发生意外而不是上述情况,那么在达到未使用过的导轨表面之前,会出现较小的制动力,此时,滑动距离将会大于正常值。这就是任何调整均不允许安全钳动作开始阶段减速度太小的另一原因。

F3.3.2.3.2 认证用于不同质量的安全钳(分级调整或连续调整)

应按照 F3.3.2.3.1 的规定为申请的最大值和最小值计算安全钳能够产生的制动力。

F3.3.2.4 试验后的检查

a)应将安全钳钳体和夹紧件的硬度与申请人提供的原始值相比较。在特殊情况下,可以进行其他分析;

b)应检查变形和变化的情况(例如:夹紧件的裂纹、变形或磨损、摩擦表面的外观);

c)如果有必要,应拍摄安全钳、夹紧件和导轨的照片,以便作为变形或裂纹的依据。

F3.3.3 允许质量的计算

F3.3.3.1 认证用于单一质量的安全钳

允许质量为:

$$(P+Q)_1 = \frac{制动力}{16}$$

式中:

制动力——根据 F3.3.2.3 所确定的力,N。

F3.3.3.2 认证用于不同质量的安全钳

F3.3.3.2.1 分级调整

应按 F3.3.3.1 的规定,为每次调整计算允许质量。

F3.3.3.2.2 连续调整

应按 F3.3.3.1 的规定,为申请的最大值和最小值计算允许质量,并符合中间值调整所采用的公式。

F3.3.4 调整值的修正

试验期间,如果得到的数据和申请人期望的值相差 20% 以上,则在必要时,征得申请人同意,可在修改调整值后另外进行试验。

注:如果制动力明显地大于申请人需要的制动力,则试验用的质量就会明显地小于按照 F3.3.3.1 计算的并将送去批准的质量。因此,此时的试验不能证明,安全钳能消耗按计算得出的质量所要求的能量。

F3.4 几点说明

a)1)用于某一给定的电梯时,对于瞬时式安全钳,安装者给出的质量不应大于安全钳的允许质量和所考虑的调整值;

2)对于渐进式安全钳,给出的质量可以与 F3.3.3 规定的允许质量相差 ±7.5%。一般认为在这个条件下,不论导轨厚度的公差、表面状况等的情况如何,电梯仍能符合 9.8.4 的规定。

b)为了检查焊接件的有效性,应参考相应的标准;

c)在最不利的情况下(各项制造公差的累积),应检查夹紧件是否有足够的移动距离;

d)应适当地使摩擦件保持不动,以确保在动作瞬间它们各在其位;

e)对于渐进式安全钳,应检查弹簧各组件是否有足够的行程。

F3.5 型式试验证书

F3.5.1 证书须一式三份,二份给申请人,一份留试验单位。

F3.5.2 证书应包括以下内容:

a)F0.2 述及的内容;

b)安全钳的型号和应用;

c)允许质量的限值[见 F3.4a];

d)限速器的动作速度;

e)导轨型号;

f)导轨工作面允许厚度;

g)夹紧面的最小宽度。

对渐进式安全钳还应说明:

h)导轨表面状况(拉制、铣削、磨削);

i)导轨润滑情况。润滑剂的类别和规格(如果需要润滑)。

F4 限速器

F4.1 通则

申请人应向试验单位表明:

a)由限速器操纵的安全钳的类型；

b)采用该限速器的电梯之最大和最小额定速度；

c)限速器动作时所产生的限速器绳张力的预期值。

申请书还应附有下列文件：

给出结构、动作、所用材料、构件的尺寸和公差的装配详图。

F4.2 限速器的性能检查

F4.2.1 试验样品

应向试验单位提供下列样品：

a)一套限速器；

b)用于该限速器的一根绳子，其条件与正常安装时相同，长度由试验单位确定。

c)用于该限速器的一套张紧轮装置。

F4.2.2 试验

F4.2.2.1 试验方法

应检查下列各项：

a)动作速度；

b)按9.9.11.1的规定，使电梯驱动主机停止运转的电气安全装置的动作（如此装置装在限速器上）；

c)按9.9.11.2规定的电气安全开关的动作，此装置在限速器动作时，能防止电梯的全部运动；

d)限速器动作时钢丝绳的张力。

F4.2.2.2 试验程序

在限速器动作范围内[与F4.1b)述及的电梯额定速度范围相对应]，应至少进行20次试验。

注：

1.这些试验可以由试验单位在制造厂进行。

2.大多数试验应按速度范围的极限值进行。

3.应以尽可能低的加速度达到限速器动作速度，以便消除惯性的影响。

F4.2.2.3 对试验结果的说明

F4.2.2.3.1 在20次试验中，限速器的动作速度均应在9.9.1规定的极限值内。

注：如果超过规定的极限值，可由制造厂进行调整，并再作20次试验。

F4.2.2.3.2 在20次试验中，F4.2.2.1b)和c)要求的电气安全装置应在9.9.11.1和9.9.11.2规定的极限值内动作。

F4.2.2.3.3 限速器动作时,限速器绳的张力至少应为 300N 或申请人给定的任何一个较高值。

注:

1.在制造厂无特殊要求,试验报告也无其他说明的情况下,包角应为 180°。

2.对于通过将绳夹紧面起作用的限速器的情况.应检查绳是否产生永久变形。

F4.3 型式试验证书

F4.3.1 证书须一式三份,二份给申请人,一份留试验单位。

F4.3.2 证书应包括以下内容:

a)F0.2 述及的内容;

b)限速器的型号及应用;

c)使用本限速器的电梯之最大和最小额定速度;

d)限速器绳的直径和结构;

e)带有曳引滑轮的限速器的最小张紧力;

f)限速器动作时能产生的限速器绳张力。

F5 缓冲器

F5.1 通则

申请人应说明使用范围(最大撞击速度、最小和最大质量)。申请书还应附有:

a)详细的装配图,该图应显示结构、动作、使用的材料、构件的尺寸和公差。对液压缓冲器,要特别将液体通道的开口度表示成缓冲器行程的函数;

b)所用液体的说明书。

F5.2 试验的样品

应向试验单位提供:

a)一个缓冲器;

b)对液压缓冲器,所需的液体应单独发送。

F5.3 试验

F5.3.1 线性蓄能型缓冲器

F5.3.1.1 试验程序

F5.3.1.1.1 应确定完全压缩缓冲器所需的质量。例如:可采用压力试验机或借助于在缓冲器上加重块来确定。

缓冲器只能用于:

a)额定速度 $v \leqslant \sqrt{\dfrac{F_L}{0.135}}$(见 10.4.1.1.1)

且 $v \leqslant 1\mathrm{m/s}$(见 10.3.3)

式中：

F_L——总的压缩量，m。

b)质量的范围

1)最大 $\dfrac{C_r}{2.5}$

2)最小 $\dfrac{C_r}{4}$

式中：

C_r——完全压缩缓冲器所需的质量，kg。

F5.3.1.1.2 （略）。

F5.3.1.2 使用的设备

设备应满足下列条件。

F5.3.1.2.1 压力试验机(或重块)

压力试验机的吨位(或重块的质量)要满足被试验缓冲器的要求，其精度应符合 F0.1.6 的要求。

F5.3.1.2.2 记录设备

记录设备采用压力试验机随机记录设备。

F5.3.1.2.3 （略）

F5.3.1.3 （略）

F5.3.1.4 缓冲器的安装

缓冲器应按正常工作的方式予以安放和固定。

F5.3.1.5 试验后对缓冲器状况的检查

在进行两次压实试验之后，缓冲器的任何部件不得有影响正常工作的损坏。

F5.3.2 耗能型缓冲器

F5.3.2.1 试验程序

应借助于重块对缓冲器进行撞击试验。重块的质量应分别等于最小和最大质量，并通过自由落体，在撞击瞬间达到所要求的最大速度。

最迟应从重块撞击缓冲器瞬间起记录速度。在重块的整个运动过程中，加速度和减速度应采用与时间成函数关系的形式加以确定。

注：本试验程序适用于液压缓冲器，其他类似的缓冲器，可类似进行。

F5.3.2.2 所用的器材

所用的器材应满足下述要求：

F5.3.2.2.1 自由落体的重块

重块的质量应符合最大和最小质量，其精度应符合 F0.1.6 的要求。应在摩擦力尽可能小的情况下,垂直地导引重块。

F5.3.2.2.2　记录设备

记录设备应能在 F0.1.6 规定的精度内检测信号。所设计的测量链(包括记录和时间成函数关系的测量值的记录装置),其系统频率不应小于 1 000 Hz。

F5.3.2.2.3　速度测量

最迟从重块撞击缓冲器瞬间起应记录速度或记录重块在整个行程中的速度,其精度应符合 F0.1.6 的要求。

F5.3.2.2.4　减速度测量

测量装置(如有)(见 5.3.2.1)应尽可能地放在靠近缓冲器的轴线上,测量精度应符合 F0.1.6 的要求。

F5.3.2.2.5　时间测量

应记录到 0.01s 脉宽的时间脉冲,测量精度应符合 F0.1.6 的要求。

F5.3.2.3　环境温度

环境温度应为(15~25)℃。

液体温度应按 F0.1.6 规定的精度进行测量。

F5.3.2.4　缓冲器的安装

缓冲器应按正常工作的同样方式予以安放和固定。

F5.3.2.5　缓冲器的灌注

向缓冲器灌注液体时,应达到制造单位说明书所规定的标记。

F5.3.2.6　检查

F5.3.2.6.1　减速度检查

选择重块的自由落体高度时,应使撞击瞬间的速度与申请书内规定的最大撞击速度相等。

减速度应符合 10.4.3.3 的规定。在进行第一次试验时应使用最大质量,在进行第二次试验时应使用最小质量,两次试验均应检查减速度。

F5.3.2.6.2　缓冲器复位的检查

每次试验后,缓冲器应保持完全压缩状态 5min,然后放松缓冲器,使其恢复至正常位置。

如果缓冲器是弹簧复位式或重力复位式,缓冲器完全复位的最大时间限度为 120s。

在进行下一次减速试验之前,应间隔 30min,以便使液体返回油缸并让气泡逸出。

F5.3.2.6.3　液体损失的检查

在按照 F5.3.2.6.1 的要求进行两次减速试验之后,应检查液面。隔 30min

之后,液面应再次达到能确保缓冲器正常动作的位置。

F5.3.2.6.4　试验后对缓冲器状态的检查

在按照 F5.3.2.6.1 的要求进行两次减速试验后,缓冲器的部件不得有任何永久变形或影响正常工作的损坏。

F5.3.2.7　当试验结果与申请书规定的质量不相符合时的规定

当试验结果与申请书中的最大和最小质量不相符合时,在征得申请人同意后,试验单位可确定能接受的极限值。

F5.3.3　非线性缓冲器

F5.3.3.1　试验程序

F5.3.3.1.1　应借助于重块对缓冲器进行撞击试验。通过自由落体,在撞击瞬间达到所要求的最大速度,且不低于 0.8m/s。

从释放重块到缓冲器完全停止的整个过程。应记录下落距离、速度,加速度和减速度。

F5.3.3.1.2　重块的质量应符合所要求的最大和最小质量。应在摩擦力尽可能小的情况下,垂直地导引重块,以便碰撞的瞬间加速度至少达到 $0.9g_n$ 以上。

F5.3.3.2　所用设备

所用设备应符合 F5.3.2.2.2、F5.3.2.2.3 和 F5.3.2.2.4 规定。

F5.3.3.3　环境温度

环境温度应为 $(15\sim25)℃$。

F5.3.3.4　缓冲器的安装

缓冲器应按正常工作的同样方式予以安放和固定。

F5.3.3.5　试验次数

应以下列所要求的质量分别进行三次试验:

a)最大质量;

b)最小质量。

两次试验之间的间隔为 $(5\sim30)min$。

在进行最大质量试验时,当缓冲行程等于申请人给出的缓冲器实际行程 50% 时,对应三次测得的缓冲力坐标值的偏差不大于 5%。在进行最小质量试验时,三次缓冲力坐标值的偏差也应类似。

F5.3.3.6　检查

F5.3.3.6.1　减速度检查

减速度"a"应满足下列要求:

a)装有额定载重量的轿厢自由落体,从达到 115% 额定速度起的平均减速度不应超过 $1.0g_n$ 计算平均减速度的时间为首次出现两个绝对值最小减速度

的时间差(见图F1);

　　b)超过 $2.5g_n$ 的减速度峰值时间不应超过0.04s。

F5.3.3.6.2　试验后对缓冲器状况的检查

　　最大质量试验之后,缓冲器不得有影响正常工作的任何永久变形或损坏。

F5.3.3.7　当试验结果与申请书规定的质量不相符合时的规定

　　当试验结果与申请书中最大和最小质量不相符合时,在征得申请人同意后,试验单位可确定可接受的极限值。

F5.4　型式试验证书

F5.4.1　证书须一式三份,二份给申请人,一份给试验单位。

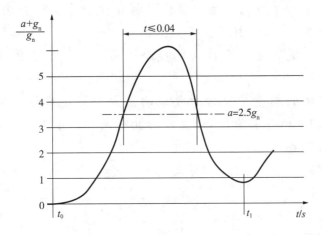

t_0—撞击缓冲器瞬间(第1个绝对值最小时);t_1—第2个绝对值最小时

图 F1　减速图

F5.4.2　证书应说明下列内容:

　　a)F0.2述及的内容;

　　b)缓冲器的型号和应用;

　　c)最大撞击速度;

　　d)最大质量;

　　e)最小质量;

　　f)液压缓冲器液体的规格;

　　g)非线性缓冲器使用的环境条件(温度、湿度、污染等)。

F6　含有电子元器件的安全电路

　　含有电子元器件的安全电路必须进行实验室试验,因为检验人员在现场进行实际检验是不可能的。

　　下面阐述的是印制电路板,如果安全电路不是这种方式,也应假设为等效印制电路板型式。

F6.1　通则

申请人应向试验单位说明：

a)电路板的类别；

b)工作条件；

c)使用元器件清单；

d)印制电路板布置图；

e)安全电路的混合电路布置图及印制线路的标记；

f)功能描述；

g)布线图等电气数据,如有可能,还应有印制电路板的输入输出定义。

F6.2　试验样品

应向试验单位提供：

a)一块印制电路板；

b)一块印制电路裸板(不含电气元器件)。

F6.3　试验

F6.3.1　机械试验

试验时,印制电路板处于工作状态,试验期间和试验后,安全电路不应有不安全的动作和状态显示。

F6.3.1.1　振动

安全电路的传递元器件应满足：

a)GB/T 2423.10—1995 表 C2 中扫频振动耐久性试验的规定:在每个坐标轴方向上,20 次扫频循环振动试验。振动幅值为 0.35mm 或 $5g_n$,频率为 10Hz～55Hz。

b)GB/T 2423.5—1995 表 1 中脉冲的加速度和持续时间：

1)加速度峰值 294m/s² 或 30g；

2)相应脉冲持续时间 11ms；且

3)相应速度变化率 2.1m/s,波形为半正弦波。

注:若传递元器件装有冲击减振器,冲击减振器应看成是传递元器件的一部分。

试验后,电气间隙和爬电距离不应小于最小允许值。

F6.3.1.2　冲击试验(GB/T 2423.6)

冲击试验模拟印制电路板坠落状态,发生元器件破损和不安全状态的危险。

试验分为：

a)单独冲击试验；

b)持续冲击试验。

印制电路板至少应满足如下最低要求：

F6.3.1.2.1 单独冲击试验

a)冲击试验波形：半正弦波；

b)加速度幅值 15g；

c)冲击持续时间：11ms。

F6.3.1.2.2 持续冲击试验

a)加速度幅值：10g；

b)冲击持续时间：16ms；

c)1)冲击次数：1 000＋10；

　2)冲击频率：2/s。

F6.3.2 温度试验(GB/T 2423.22)

电路板工作环境温度为 0℃、65℃(这个环境温度是安全装置的环境温度)。

试验条件：

a)印制电路板必须处于工作状态；

b)印制电路板必须是正常的额定电压；

c)安全装置在试验中和试验后必须动作正常，如果印制电路板除了安全电路外，还包含其他元器件，则它们也必须在试验中动作(它们的故障可不考虑)；

d)试验按照最低和最高温度进行(0℃、65℃)，至少各持续 4h；

e)如果印制电路板设计在更宽的温度范围内工作，则必须在该温度范围内试验。

F6.4 型式试验证书

F6.4.1 证书须一式三份，二份给申请人，一份留试验单位。

F6.4.2 证书应包括如下内容：

a)F0.2 述及的内容；

b)电路的类型和应用；

c)GB/T 16935.1 规定的清洁度设计；

d)工作电压；

e)印制电路板上安全电路与其他控制电路之间的距离。

注：由于电梯运行在正常的环境条件，没有必要进行湿度试验和气候冲击试验等其他试验。

F7 轿厢上行超速保护装置

本规定适用于轿厢上行超速保护装置，该装置未使用按照 F3、F4 和 F6 型式试验的安全钳、限速器或其他装置。

F7.1　通则

申请人应说明使用范围：

a)最小和最大质量；

b)最大额定速度；

c)用在具有补偿绳的电梯上。

申请时还应附有下列文件：

a)结构、动作、所用的材料、构件的尺寸和公差的装配详图；

b)如有必要，弹性元器件的载荷图；

c)轿厢上行超速保护装置所作用部件的型式、材料及表面状态详细情况（拉制、铣削、磨削等）。

F7.2　陈述和样品

F7.2.1　申请人应说明试验所需要的质量(kg)和动作速度(m/s)，如果要求认证的装置适用于不同质量，申请人必须说明这些质量，另外，还须说明调整是分级还是连续进行的。

F7.2.2　申请人和试验单位确定

a)由制动系统和速度监控装置组成的完整件；或

b)无须按 F3、F4 或 F6 验证的装置，应提交试验单位处理。

申请人应提供所有试验必须的数套夹紧元器件，以及符合试验单位规定尺寸的超速保护装置所作用的部件。

F7.3　试验

F7.3.1　试验方法

试验方法由申请人和试验单位确定，取决于被试装置和它需要达到的实际功能的作用，测量应包括：

a)加速度和速度；

b)制停距离；

c)减速度。

测量应记录成时间的函数。

F7.3.2　试验程序

在速度监控装置相应于 F7.1b)述及电梯额定速度的动作速度范围内，应至少进行 20 次试验。

注：应以尽可能小的加速度达到动作速度，以便消除惯性的影响。

F7.3.2.1　认证用于单一质量的轿厢上行超速保护装置

试验单位应采用相当于空载轿厢质量的系统质量进行四次试验。

在各次试验之间应允许摩擦件恢复到正常温度。

在试验期间,可使用数套相同的摩擦件。但一套摩擦件应能够承受:

a)三次试验,当额定速度不大于 4m/s;

b)二次试验,当额定速度大于 4m/s。

试验应在装置适用的最大动作速度下进行。

F7.3.2.2 认证用于不同质量的轿厢上行超速保护装置(分级调整或连续调整)

试验单位须对申请的最大质量和最小质量分别进行一系列试验。申请人应提供一个公式或图表,以说明制动力与给定参数的函数关系。

试验单位应用合适的方式(如没有较好的方法时,可用中间值来进行第三系列试验)去验证给出公式的有效性。

F7.3.2.3 超速监控装置

F7.3.2.3.1 试验程序

不用制动装置,在动作速度范围内,应至少进行 20 次试验。

大多数试验应在速度范围内极限值时进行。

F7.3.2.3.2 试验结果的整理

在 20 次试验中,动作速度均应在 9.10.1 规定的范围内。

F7.3.3 试验后的检查

试验后:

a)应将夹紧件的硬度与申请人提供的原始值进行比较。在特殊情况下,可以进行其他分析;

b)若夹紧件没有断裂,应检查变形和其他变化情况(例如:夹紧件的裂纹、变形或磨损、摩擦表面的外观);

c)如果有必要,应拍摄夹紧件和所作用部件的照片,以便作为变形或裂纹的依据;

d)应检查最小质量的减速度不大于 $1g_n$。

F7.4 调整值的修正

试验期间,如果得到的数值和申请人期望的值相差 20% 以上,则在必要时,征得申请人同意,可在修改调整值后另外进行试验。

F7.5 试验报告

为了试验的可再现性,试验时应记录所有细节,例如:

a)申请人和试验单位确定的试验方法;

b)试验布局描述;

c)试验布局中轿厢上行超速保护装置的位置;

d)试验次数;

e)测试数据的记录;

f)试验期间的观察报告；

g)试验结果和要求的一致性的判断。

F7.6 型式试验证书

F7.6.1 证书须一式三份,二份给申请人,一份留试验单位。

F7.6.2 证书应包括如下内容:

a)F0.2述及的内容;

b)超速保护装置的类型和应用;

c)允许质量的范围;

d)超速监控装置的动作速度范围;

e)制动装置所作用部件类型。

F8* 轿厢意外移动保护装置

F8.1 通则

轿厢意外移动保护装置应作为一个完整的系统进行型式试验,或者对其检测、操纵装置和制停子系统提交单独的型式试验。组成完整系统的每一个子系统的型式试验,应定义接口条件和相关参数。

申请人应说明应用于该系统或子系统的主要参数:

——最小和最大质量;

——最小和最大力或力矩(如果适用);

——检测装置、控制电路和制停部件各自的响应时间;

——所预期的减速之前的最高速度(参见注1);

——与检测装置所安装的层站之间的距离;

——试验速度(参见注2);

——设计的温度和湿度的限值,以及申请人和试验单位所达成的任何其他相关信息。

注1:举例说明:曳引式电梯,如果自然加速度为$1.5m/s^2$,并且没有来自于电动机的任何力矩,则可达到的最大速度为$2m/s$。这是基于刚开始减速时达到的速度,即:经过轿厢意外移动保护装置、控制电路和制停部件的响应时间,由$1.5m/s^2$自然加速度产生的结果,假设意外移动检测装置在轿厢到达门区极限位置时动作。

对于曳引式电梯,因内部控制装置引起的电气故障的情况下,假定可达到的加速度不大于$2.5m/s^2$。

注2:试验速度由制造商提供,试验单位使用该速度确定电梯移动距离(验证距离),以便在交付使用前的检验中验证意外移动保护系统的正确动作。该速度可为检修速度,或者由制造商确定并经试验单位认可的其他速度。

---

* 第1号修改单整体增加。

申请时,应附下列文件:

a)结构、动作、部件尺寸和公差的详图和装配图;

b)如果必要,与弹性元件相关的载荷图;

c)所用材料的详细信息,该装置所作用的部件类型及其表面条件(拉制、铣削、磨削等)。

F8.2 说明和样品

F8.2.1 申请人应说明该装置的功能。

F8.2.2 申请人应按照与试验单位之间的约定提供测试样品,根据需要包括:完整的轿厢意外移动检测装置、控制电路(执行机构)、制停部件以及任何监测装置(如果有)。

应提供所有试验必须的数套夹紧元件。

按试验单位要求的尺寸提供该装置所作用的部件。

F8.3 试验

F8.3.1 试验方法

依据该装置及其所实现的实际功能,申请人和试验单位共同确定试验方法。

测量应包括:

——制停距离;

——平均减速度;

——检测、触发电路、制停部件和控制电路的响应时间(参见图 F2);

——移动的总距离(加速距离和制停距离之和)。

试验还应包括:

——轿厢意外移动检测装置的动作;和

——任何自动监测系统(如果适用)。

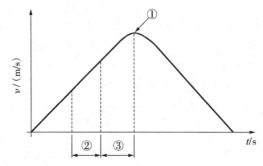

图中:

①——在制停部件作用下开始减速的点;

②——轿厢意外移动检测和任何控制电路的响应时间;

③——触发电路和制停部件的响应时间。

图 F2 响应时间

F8.3.2 试验程序

应对制停部件进行 20 次试验,并且:

——每个结果均不超出所规定的范围;

——每个结果均应在平均值的±20%范围内。

证书应给出平均值。

使用驱动主机制动器作为制停部件时,还应按 GB/T 24478—2009 4.2.2.4 的要求进行制动器动作试验。

F8.3.2.1 认证用于单一质量或力矩的轿厢意外移动保护装置

试验单位应以空载轿厢的系统质量或力矩进行 10 次上行试验;以载有额定载重量轿厢的系统质量或力矩进行 10 次下行试验。

在各次试验之间,应允许摩擦件恢复到正常温度。

在试验期间,可使用数套相同的摩擦件。但每套摩擦件应至少能承受 5 次试验。

F8.3.2.2 认证用于不同质量或力矩的轿厢意外移动保护装置

试验单位应对所申请的最大值和最小值分别进行一系列试验。

申请人应提供公式或图表,以说明制动力或力矩与给定调整量之间的函数关系,结果用移动距离表示。

试验单位应验证公式或图表的有效性。

F8.3.2.3 轿厢意外移动检测装置的试验程序

应进行 10 次试验以验证该装置的动作。所有试验应可靠地验证该装置均正确动作。

F8.3.2.4 自监测装置的试验程序

应进行 10 次试验以验证该装置的动作。所有试验应可靠地验证该装置均正确动作。

此外,应验证在危险情况发生前自监测装置检测制停部件冗余失效的能力。

F8.3.3 试验后的检查

试验后:

a)应将制停部件的机械特性与申请人提供的原始值进行比较。在特殊情况下可进行其他分析;

b)应检查确认没有任何断裂、变形或其他变化情况(例如:夹紧元件的裂纹、变形或磨损、摩擦表面的外观);

c)如果有必要,应拍摄夹紧元件和所作用部件的照片,以便作为变形或裂纹的证据。

F8.4 调整值的修正

试验期间,如果得到的数值和申请人期望的值相差 20% 以上,则在必要时,征得申请人同意,可在修改调整值后另外进行一系列的试验。

F8.5 试验报告

为了试验的再现性,型式试验时应记录所有细节,例如:

——申请人和试验单位确定的试验方法;

——试验方案描述;

——试验方案中该装置的安装位置;

——试验次数;

——测试数据的记录;

——试验期间的观察报告;

——试验结果和要求的一致性判断。

F8.6 型式试验证书

证书应包括如下内容:

a)F0.2 述及的内容;

b)轿厢意外移动保护系统/子系统的类型和应用;

c)主要参数的限值(由制造商和试验单位约定);

d)用于最终检验的试验速度及相关参数;

e)制停部件所作用部件类型;

f)对于完整系统,检测装置和制停部件的组合;

g)对于子系统,接口条件。

附 录 G

（提示的附录）

导 轨 验 算

G1 概述

G1.1 为了满足 10.1.1 的内容,如果没有特殊的载荷分布要求,导轨应采用下述计算。

G1.1.1 额定载荷 Q 在轿厢里应按不均匀分布,见 G2.2。

G1.1.2 假定安全装置在导轨上的作用是同时的,并且制动力平均分配。

　　G2 载荷和外力 G2.1 空载轿厢及其支承的其他部件,如:柱塞、部分随行电缆、补偿绳或链(如有),其重量作用于轿厢本身的重心 P。

G2.2 在"正常使用"和"安全装置作用"的工况,根据 8.2 的内容,额定载荷 Q 如 G7 的例子那样按最不利的情况均匀分布在 3/4 的轿厢面积上。

　　然而,如果通过协商(0.2.5)有不同的载荷分布情况,那么计算必须根据商定条件进行。

G2.3 轿厢产生的压弯力 F_k 的计算公式为;

$$F_k = \frac{k_1 g_n (P+Q)}{n}$$

式中:

　　k_1——根据表 G2 确定的冲击系数;

　　n——导轨的数量。

G2.4 带安全钳的对重或平衡重产生的压弯力 F_c 的计算公式:

$$F_c = \frac{k_1 g_n (P+qQ)}{n} \quad 或 \quad F_c = \frac{k_1 g_n qP}{n}$$

式中:

　　q——平衡系数,即额定载重量及轿厢质量由对重或平衡重平衡的量。

G2.5 在轿厢装卸载时,作用于地坎的力几假设作用于轿厢入口的地坎中心。力的大小为:

　　$F_s = 0.4 g_n Q$　　对于额定载重量小于 2 500kg 的私人住宅、办公楼、宾馆、医院等处使用的电梯;

　　$F_s = 0.6 g_n Q$　　对于额定载重量不小于 2 500kg 的电梯;

　　$F_s = 0.85 g_n Q$　　对于叉车装载的额定载重量不小于 2 500kg 的电梯。

施加该力时,认为轿厢空载。当轿厢有多个入口时,只按照最不利的情况计算地坎受力。

G2.6 对重或平衡重的导向力 G 应考虑:

a)质量产生的力的作用点;

b)悬挂情况;

c)补偿绳或链(如有)产生的力,及其是否张紧。

对于中心悬挂和导向的对重或平衡重,重力的作用点应考虑相对于其重心的偏差,水平断面上的偏心在宽度方向至少为 5%,深度方向为 10%。

G2.7 导轨上安装的附加部件对每根导轨产生的力 M 应予考虑,但限速器及相关部件和开关或定位装置除外。

G2.8 对于安装于建筑物外面且井道部分封闭的电梯,还应考虑风载荷 WL,其值可同建筑设计师商定(0.2.5)。

G3 工况

G3.1 不同工况情况下的载荷和外力的载荷组合见表 G1。

表 G1

工况	载荷和外力	P	Q	G	F_s	F_k 或 F_c	M	WL
正常使用	运行	+	+	+	−	−	+	+
	装卸载	+	−	−	+	−		+
安全装置动作	安全钳或类似装置	+	+	+		+		−
	安全阀	+	+	−	−	−	+	−

G3.2 在首次检验和测试时需要提交的文件中,只需对最不利的载荷组合进行计算。

G4 冲击系数

G4.1 安全装置动作

安全装置动作时的冲击系数 k_1 取决于安全装置的类型。

G4.2 轿厢

在"正常使用,运行"的工况下,轿厢垂直方向的移动质量 $(P+Q)$ 应乘以冲击系数 k_2,以便考虑由于电气安全装置的动作或电源突然中断而引起的制动器紧急制动。

G4.3 对重或平衡重

在 G2.6 中提到的对重或平衡重施加于导轨的力应乘以冲击系数 k_3,以便考虑当轿厢以大于 $1g_n$ 的减速度停止时,对重或平衡重的反弹。

G4.4 冲击系数的数值

冲击系数的数值见表 G2。

表 G2

冲击工况	冲击系数	数值
带非不可脱落滚子的瞬时式安全钳或夹紧装置的动作	k_1	5.0
带不可脱落滚子式的瞬时式安全钳或夹紧装置的动作		3.0
渐进式安全钳或渐进式夹紧装置的动作		2.0
安全阀		2.0
运行	k_2	1.2
附加部件	k_3	(……)[1]
1)根据实际安装情况由制造者确定。		

G5 计算

G5.1 计算的范围

导轨必须根据弯曲应力来确定其尺寸和规格。

在安全装置作用于导轨的情况下,必须根据弯曲和压弯应力确定导轨尺寸。

对于悬挂式导轨(固定于井道顶部)应考虑拉伸应力而不是压弯应力。

G5.2 弯曲应力

G5.2.1 根据:

a)轿厢、对重或平衡重的悬挂情况;

b)轿厢、对重或平衡重导轨的位置;

c)轿厢中的载荷及其分布。

导靴上的支反力几引起导轨中的弯曲应力。

G5.2.2 计算导轨不同轴(见图 G1)上的弯曲应力,并假定:

a)导轨是跨距为 l 的柔性支撑的连续梁;

b)引起弯曲应力的等效力作用在两相邻支撑点的中间;

c)弯矩作用于导轨截面的中性轴上。

计算由垂直作用于截面轴的力产生的弯曲应力 σ_m 时,公式如下:

$$\sigma_m = \frac{M_m}{W}, \text{而} \ M_m = \frac{3F_b l}{16}$$

式中:

σ_m——弯曲应力,N/mm^2;

M_m——弯矩,N/mm;

W——截面抗弯模量,mm^3;

F_b——在不同载荷组合时导靴作用于导轨的力,N;

l——导轨支架的最大间距,mm。

"正常使用,运行"的工况,对给出导靴相对导轨固定点位置的情况,上述公式不能使用。

G5.2.3 导轨截面不同轴上的弯曲应力应复合考虑。

如果计算时使用通常表中查得的 W_x 和 W_y 数值(分别是各自的最小值),且未超过许用应力,则不必作进一步的验算。反之,若超过许用应力,则应分析导轨截面外侧边缘上具有最大拉伸应力的点。

G5.2.4 如果有两根以上的导轨且导轨截面相同,允许假定导轨之间的力均匀分布。

G5.2.5 如果根据 9.8.2.2 使用了一副以上的安全钳,可以假定总制动力由各安全钳均匀分配。

G5.2.5.1 一根导轨上在垂直方向有多个安全钳作用时,假定总制动力作用于每根导轨上的一点。

G5.2.5.2 在水平方向有多个安全钳时,每根导轨上的制动力应根据 G2.3 或 G2.4 计算。

G5.3 压弯

用"ω"方法计算压弯应力的公式:

$$\sigma_k = \frac{(F_k + k_3 M)\omega}{A} \text{ 或 } \sigma_k = \frac{(F_c + k_3 M)\omega}{A}$$

式中:

σ_k——压弯应力,N/mm^2,即 MPa;

F_k——轿厢作用于一根导轨上的压力,N,见 G2.3;

F_c——对重或平衡重作用于一根导轨上的压力,N,见 G2.4;

K_3——冲击系数,见表 G2;

M——附加装置作用于一根导轨上的力,N;

A——导轨的横截面积,mm^2;

ω——ω 值。

ω 值可从表 G3 抗拉强度为 370MPa 的钢材的 ω 数值和表 G4 抗拉强度为 520MPa 的钢材的一数值查得,或按照下面公式计算:

$$\lambda = \frac{l_k}{i} \text{ 和 } l_k = l$$

式中:

λ——细长比；

l_k——压弯长度，mm；

i——最小回转半径，mm。

对于抗拉强度为 $R_m=370$MPa 的钢材：

$20\leqslant\lambda\leqslant60$：$\omega=0.000\,129\,20\times\lambda^{1.89}+1$；

$60<\lambda\leqslant85$：$\omega=0.000\,046\,27\times\lambda^{2.14}+1$；

$85<\lambda\leqslant115$：$\omega=0.000\,017\,11\times\lambda^{2.35}+1.04$；

$115<\lambda\leqslant250$：$\omega=0.000\,168\,87\times\lambda^{2.00}$。

对于抗拉强度为 $R_m=520$MPa 的钢材：

$20\leqslant\lambda\leqslant50$：$\omega$：$0.000\,082\,40\times\lambda^{2.06}+1.021$；

$50<\lambda\leqslant70$：$\omega=0.000\,018\,95\times\lambda^{2.41}+1.05$；

$70<\lambda\leqslant89$：$\omega=0.000\,024\,47\times\lambda^{2.36}+1.03$；

$89<\lambda\leqslant250$：$\omega=0.000\,253\,30\times\lambda^{2.00}$。

对于抗拉强度介于 370MPa 和 520MPa 之间的钢材，ω 的数值根据下面公式得出：

$$\omega_R=\left[\frac{\omega_{520}-\omega_{370}}{520-370}\times(R_m-370)\right]+\omega_{370}$$

其他坚固的金属材料的 ω 数值由制造商提供。

表 G3

λ	0	1	2	3	4	5	6	7	8	9	λ
20	1.04	1.04	1.04	1.05	1.05	1.06	1.06	1.07	1.07	1.08	20
30	1.08	1.09	1.09	1.10	1.10	1.11	1.11	1.12	1.13	1.13	30
40	1.14	1.14	1.15	1.16	1.16	1.17	1.18	1.19	1.19	1.20	40
50	1.21	1.22	1.23	1.23	1.24	1.25	1.26	1.27	1.28	1.29	50
60	1.30	1.31	1.32	1.33	1.34	1.35	1.36	1.37	1.39	1.40	60
70	1.41	1.42	1.44	1.45	1.46	1.48	1.49	1.50	1.52	1.53	70
80	1.55	1.56	1.58	1.59	1.61	1.62	1.64	1.66	1.68	1.69	80
90	1.71	1.73	1.74	1.76	1.78	1.80	1.82	1.84	1.86	1.88	90
100	1.90	1.92	1.94	1.96	1.98	2.00	2.02	2.05	2.07	2.09	100
110	2.11	2.14	2.16	2.18	2.21	2.23	2.27	2.31	2.35	2.39	110
120	2.43	2.47	2.51	2.55	2.60	2.64	2.68	2.72	2.77	2.81	120
130	2.85	2.90	2.94	2.99	3.03	3.08	3.12	3.17	3.22	3.26	130
140	3.31	3.36	3.41	3.45	3.50	3.55	3.60	3.65	3.70	3.75	140
150	3.80	3.85	3.90	3.95	4.00	4.06	4.11	4.16	4.22	4.27	150
160	4.32	4.38	4.43	4.49	4.54	4.60	4.65	4.71	4.77	4.82	160

续表

λ	0	1	2	3	4	5	6	7	8	9	λ
170	4.88	4.94	5.00	5.05	5.11	5.17	5.23	5.29	5.35	5.41	170
180	5.47	5.53	5.59	5.66	5.72	5.78	5.84	5.91	5.97	6.03	180
190	6.10	6.16	6.23	6.29	6.36	6.42	6.49	6.55	6.62	6.69	190
200	6.75	6.82	6.89	6.96	7.03	7.10	7.17	7.24	7.31	7.38	200
210	7.45	7.52	7.59	7.66	7.73	7.81	7.88	7.95	8.03	8.10	210
220	8.17	8.25	8.32	8.40	8.47	8.55	8.63	8.70	9.78	8.86	220
230	8.93	9.01	9.09	9.17	9.25	9.33	9.41	9.49	9.57	9.65	230
240	9.73	9.81	9.89	9.97	10.05	10.14	10.22	10.30	10.39	10.47	240
250	10.55										

表 G4

λ	0	1	2	3	4	5	6	7	8	9	λ
20	1.06	1.06	1.07	1.07	1.08	1.08	1.09	1.09	1.10	1.11	20
30	1.11	1.12	1.12	1.13	1.14	1.15	1.15	1.16	1.17	1.18	30
40	1.19	1.19	1.20	1.21	1.22	1.23	1.24	1.25	1.26	1.27	40
50	1.28	1.30	1.31	1.32	1.33	1.35	1.36	1.37	1.39	1.40	50
60	1.41	1.43	1.44	1.46	1.48	1.49	1.51	1.53	1.54	1.56	60
70	1.58	1.60	1.62	1.64	1.66	1.68	1.70	1.72	1.74	1.77	70
80	1.79	1.81	1.83	1.86	1.88	1.91	1.93	1.95	1.98	2.01	80
90	2.05	2.10	2.10	2.19	2.24	2.29	2.33	2.38	2.43	2.48	90
100	2.53	2.58	2.64	2.69	2.74	2.79	2.85	2.90	2.95	3.01	100
110	3.06	3.12	3.18	3.23	3.29	3.35	3.41	3.47	3.53	3.59	110
120	3.65	3.71	3.77	3.83	3.89	3.96	4.02	4.09	4.15	4.22	120
130	4.28	4.35	4.41	4.48	4.55	4.62	4.69	4.75	4.82	4.89	130
140	4.96	5.04	5.11	5.18	5.25	5.33	5.40	5.47	5.55	5.62	140
150	5.70	5.78	5.85	5.93	6.01	6.09	6.16	6.24	6.32	6.40	150
160	6.48	6.57	6.65	6.73	6.81	6.90	6.98	7.06	7.15	7.23	160
170	7.32	7.41	7.49	7.58	7.67	7.76	7.85	7.94	8.03	8.12	170
180	8.21	8.30	8.39	8.48	8.58	8.67	8.76	8.86	8.95	9.05	180
190	9.14	9.24	9.34	9.44	9.53	9.63	9.73	9.83	9.93	10.03	190
200	10.13	10.23	10.34	10.44	10.54	10.65	10.75	10.85	10.96	11.06	200
210	11.17	11.28	11.38	11.49	11.60	11.71	11.82	11.93	12.04	12.15	210
220	12.26	12.37	12.48	12.60	12.71	12.82	12.94	13.05	13.17	13.28	220
230	13.40	13.52	13.63	13.75	13.87	13.99	14.11	14.23	14.35	14.47	230
240	14.59	14.71	14.83	14.96	15.08	15.20	15.33	15.45	15.58	15.71	240
250	15.83										

G5.4 弯曲应力和压弯应力的复合

弯曲应力和压弯应力的复合计算公式为：

弯曲应力 $\qquad \sigma_m = \sigma_x + \sigma_y \qquad \leqslant \sigma_{perm}$

弯曲和压缩 $\qquad \sigma = \sigma_m + \dfrac{F_k + k_3 M}{A} \qquad \leqslant \sigma_{perm}$

$\qquad$ 或 $\qquad \sigma = \sigma_m + \dfrac{F_c + k_3 M}{A} \qquad \leqslant \sigma_{perm}$

压弯和弯曲 $\qquad \sigma_c = \sigma_k + 0.9\sigma_m \qquad \leqslant \sigma_{perm}$

式中：

$\qquad \sigma_x$——X 轴的弯曲应力，MPa；

$\qquad \sigma_y$——Y 轴的弯曲应力，MPa；

$\qquad \sigma_{perm}$——许用应力，MPa，见 10.1.2.1。

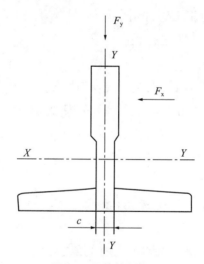

图 G1 导轨的坐标系

G5.5 翼缘弯曲

翼缘弯曲必须考虑，对于 T 型导轨，使用下面公式：

$$\sigma_F = \frac{1.85 F_x}{c^2} \leqslant \sigma_{perm}$$

式中：

$\qquad \sigma_F$——局部翼缘弯曲应力，MPa；

$\qquad F_x$——导靴作用于翼缘的力，N；

$\qquad c$——导轨导向部分与底脚连接部分的宽度，mm，见图 G1。

G5.6 导向方式、悬挂情况和轿厢载荷工况的例子及其相关的计算公式，见 G7。

G5.7　挠度

挠度计算的公式为：

$$\delta_y = 0.7\frac{F_y \cdot l^3}{48 \cdot E \cdot I_x} \quad Y\text{—}Y\text{导向面}$$

$$\delta_x = 0.7\frac{F_x \cdot l^3}{48 \cdot E \cdot I_y} \quad X\text{—}X\text{导向面}$$

式中：

δ_x——X 轴上的挠度，mm；

δ_y——Y 轴上的挠度，mm；

F_x——X 轴上的作用力，N；

F_y——Y 轴上的作用力，N；

E——弹性模量，MPa；

I_x——X 轴上的截面惯性矩，mm^4；

I_y——Y 轴上的截面惯性矩，mm^4。

G6　许用挠度

T 形导轨的许用挠度在 10.1.2.2 已经述及。其他类型的导轨的挠度也应该满足 10.1.1 的要求。许用挠度与导轨支架变形的复合，虽然对于导轨的直线度和导靴比较重要，但不需按 10.1.1 的要求。

G7　计算方法示例

下面是导轨计算的示例。

下面符号用于一个笛卡儿坐标系（直角坐标系）计算机程序，并考虑了所有的几何形状及位置。

下面符号用于表示电梯的尺寸（见图 G2）。

D_x——X 方向轿厢尺寸，即轿厢深度；

D_y——Y 方向轿厢尺寸，即轿厢宽度；

x_C, y_C——轿厢中心 C 相对导轨直角坐标系的坐标；

x_S, y_S——悬挂点 S 相对导轨直角坐标系的坐标；

x_P, y_P——轿厢重心 P 相对导轨直角坐标系的坐标；

x_{CP}, y_{CP}——轿厢重心 P 相对轿厢中心 C 的相对坐标；

S——轿厢悬挂点；

C——轿厢中心；

P——轿厢弯曲质量——质量的重心；

Q——额定载重量——质量的重心；

$\rightarrow$——载荷方向；

1,2,3,4——轿厢门 1,2,3,4 的中心；

x_i,y_i——轿厢门的位置，$i=1,2,3,4$；

n——导轨的数量；

h——轿厢导靴之间的距离；

x_Q,y_Q——额定载荷 Q 相对导轨直角坐标系的坐标；

x_{CQ},y_{CQ}——轿厢中心 C 与额定载荷 Q 在 X 和 Y 方向的距离。

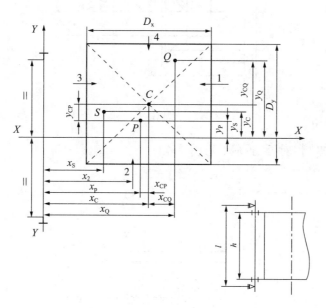

图 G2

G7.1 概述

G7.1.1 安全钳动作

G7.1.1.1 弯曲应力

a)由导向力引起的 Y 轴上的弯曲应力为：

$$F_x=\frac{k_1 g_n(Qx_Q+Px_P)}{nh},\ M_y=\frac{3F_x l}{16},\ \sigma_y=\frac{M_y}{W_y}$$

b)由导向力引起的 X 轴上的弯曲应力为：

$$F_y=\frac{k_1 g_n(Qy_Q+Py_P)}{\frac{n}{2}h},\ M_x=\frac{3F_y l}{16},\ \sigma_x=\frac{M_x}{W_x}$$

载荷分布

第一种情况:相对于 X 轴(见图 G3)

$$x_Q=x_C+\frac{D_x}{8}$$

$$y_Q = y_C$$

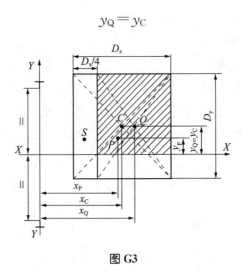

图 **G3**

第二种情况:相对于 Y 轴(见图 G4)

$$x_Q = x_C$$

$$y_Q = y_C + \frac{D_y}{8}$$

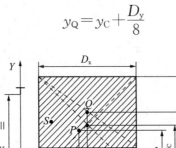

图 **G4**

G7.1.1.2　压弯应力

$$F_k = \frac{k_1 g_n (P+Q)}{n}, \ \sigma_k = \frac{(F_k + k_3 M)\omega}{A}$$

G7.1.1.3　复合应力[1]

$$\sigma_m = \sigma_x + \sigma_y \qquad\qquad \leqslant \sigma_{perm}$$

---

1)　适用于第一和第二种载荷分布情况,见 G7.1.1.1。如果 $\sigma_{perm} < \sigma_m$,则可以应用 G5.2.3 以便获得最小的导轨尺寸。

$$\sigma = \sigma_m + \frac{F_k + k_3 M}{A} \qquad \leqslant \sigma_{perm}$$

$$\sigma_c = \sigma_k + 0.9\sigma_m \qquad \leqslant \sigma_{perm}$$

G7.1.1.4 翼缘弯曲[2)]

$$\sigma_F = \frac{1.85 F_x}{c^2} \qquad \leqslant \sigma_{perm}$$

G7.1.1.5 挠度[3)]

$$\delta_x = 0.7 \frac{F_x l^3}{48 E I_y} \quad \leqslant \delta_{perm}, \quad \delta_y = 0.7 \frac{F_y l^3}{48 E I_x} \quad \leqslant \delta_{perm}$$

G7.1.2 正常使用,运行

G7.1.2.1 弯曲应力

a)由导向力引起的 Y 轴上的弯曲应力为:

$$F_x = \frac{k_2 g_n [Q(x_Q - x_S) + P(x_P - x_S)]}{nh}, \ M_y = \frac{3F_x l}{16}, \ \sigma_y = \frac{M_y}{W_y}$$

b)由导向力引起的 X 轴上的弯曲应力为:

$$F_y = \frac{k_2 g_n [Q(y_Q - y_S) + P(y_P - y_S)]}{\frac{n}{2} h}, \ M_x = \frac{3F_y l}{16}, \ \sigma_x = \frac{M_x}{W_x}$$

载荷分布:第一种情况相对于 X 轴(见 G7.1.1.1)

第二种情况相对于 Y 轴(见 G7.1.1.1)

G7.1.2.2 压弯应力

"正常使用,运行"工况,不发生压弯情况。

G7.1.2.3 复合应力[4)]

$$\sigma_m = \sigma_x + \sigma_y \qquad \leqslant \sigma_{perm}$$

$$\sigma = \sigma_m + \frac{k_3 M}{A} \qquad \leqslant \sigma_{perm}$$

G7.1.2.4 翼缘弯曲[5)]

$$\sigma_F = \frac{1.85 F_x}{c^2} \qquad \leqslant \sigma_{perm}$$

G7.1.2.5 挠度[6)]

$$\delta_x = 0.7 \frac{F_x l^3}{48 E I_y} \quad \leqslant \delta_{perm}, \quad \delta_y = 0.7 \frac{F_y l^3}{48 E I_x} \quad \leqslant \delta_{perm}$$

---

2)、3) 适用于第一和第二种载荷分布情况,见 G7.1.1.1。如果 $\sigma_{perm} < \sigma_m$,则可以应用 G5.2.3 以便获得最小的导轨尺寸。

4) 适用于第一和第二种载荷分布情况,见 G7.1.2.1。如果 $\sigma_{perm} < \sigma_m$,则可以应用 G5.2.3 以便获得最小的导轨尺寸。

5)、6)这些数字适用于第一和第二种载荷分布情况,参见 G7.1.1.1。

G7.1.3 正常使用,装卸载(见图 G5)

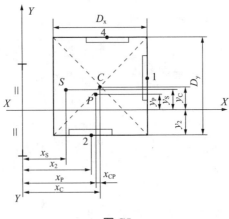

图 G5

G7.1.3.1 弯曲应力

a)由导向力引起的 Y 轴上的弯曲应力为:

$$F_x = \frac{g_n P(x_P - x_S) + F_S(x_i - x_S)}{nh}, \quad M_y = \frac{3F_x l}{16}, \quad \sigma_y = \frac{M_y}{W_y}$$

b)由导向力引起的 X 轴上的弯曲应力为:

$$F_y = \frac{g_n P(y_P - y_S) + F_S(y_i - y_S)}{\frac{n}{2}h}, \quad M_x = \frac{3F_y l}{16}, \quad \sigma_x = \frac{M_x}{W_x}$$

G7.1.3.2 压弯应力

"正常使用,装卸载"工况,不发生压弯情况。

G7.1.3.3 复合应力[7]

$$\sigma_m = \sigma_x + \sigma_y \qquad \leqslant \sigma_{perm}$$

$$\sigma = \sigma_m + \frac{k_3 M}{A} \qquad \leqslant \sigma_{perm}$$

G7.1.3.4 翼缘弯曲

$$\sigma_F = \frac{1.85F_x}{c^2} \qquad \leqslant \sigma_{perm}$$

G7.1.3.5 挠度

$$\delta_x = 0.7 \frac{F_x l^3}{48EI_y} \quad \leqslant \delta_{perm}, \quad \delta_y = 0.7 \frac{F_y l^3}{48EI_x} \quad \leqslant \delta_{perm}$$

---

7) 如果 $\sigma_{perm} < \sigma_m$,则可以应用 G5.2.3 以便获得最小的导轨尺寸。

G7.2　中心导向和悬挂的轿厢

G7.2.1　安全钳动作

G7.2.1.1　弯曲应力

a)由导向力引起的 Y 轴上的弯曲应力为:

$$F_\mathrm{x}=\frac{k_1 g_\mathrm{n}(Q x_\mathrm{Q}+P x_\mathrm{P})}{nh}, \ M_\mathrm{y}=\frac{3F_\mathrm{x}l}{16}, \ \sigma_\mathrm{y}=\frac{M_\mathrm{y}}{W_\mathrm{y}}$$

b)由导向力引起的 X 轴上的弯曲应力为:

$$F_\mathrm{y}=\frac{k_1 g_\mathrm{n}(Q y_\mathrm{Q}+P y_\mathrm{P})}{\dfrac{n}{2}h}, \ M_\mathrm{x}=\frac{3F_\mathrm{y}l}{16}, \ \sigma_\mathrm{x}=\frac{M_\mathrm{x}}{W_\mathrm{x}}$$

载荷分布

第一种情况:相对于 X 轴(见图 G6)

P 和 Q 位于同一侧是最不利的情况,因此 Q 在 X 轴上。

$$x_\mathrm{Q}=\frac{D_\mathrm{x}}{8}$$

$$y_\mathrm{Q}=0$$

第二种情况,相对于 Y 轴(见图 G7)

$$x_\mathrm{Q}=0$$

$$y_\mathrm{Q}=\frac{D_\mathrm{y}}{8}$$

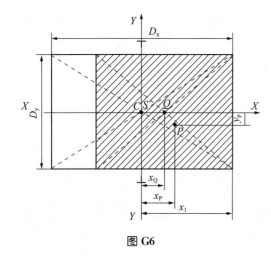

图 G6

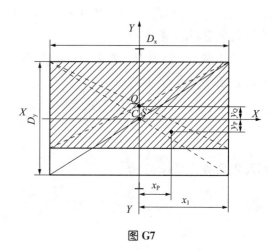

图 G7

G7.2.1.2　压弯应力

$$F_\mathrm{k}=\frac{k_1 g_\mathrm{n}(P+Q)}{n}, \ \sigma_\mathrm{k}=\frac{(F_\mathrm{k}+k_3 M)}{A}\omega$$

G7.2.1.3 复合应力[8]

$$\sigma_m = \sigma_x + \sigma_y \qquad \leqslant \sigma_{perm}$$

$$\sigma = \sigma_m + \frac{F_k + k_3 M}{A} \qquad \leqslant \sigma_{perm}$$

$$\sigma_c = \sigma_k + 0.9\sigma_m \qquad \leqslant \sigma_{perm}$$

G7.2.1.4 翼缘弯曲[9]

$$\sigma_F = \frac{1.85 F_x}{c^2} \qquad \leqslant \sigma_{perm}$$

G7.2.1.5 挠度[10]

$$\delta_x = 0.7 \frac{F_x l^3}{48 E I_y} \leqslant \delta_{perm}, \qquad \delta_y = 0.7 \frac{F_y l^3}{48 E I_x} \leqslant \delta_{perm}$$

G7.2.2   正常使用,运行

G7.2.2.1 弯曲应力

a)由导向力引起的 Y 轴上的弯曲应力为:

$$F_x = \frac{k_2 g_n (Q x_Q + P x_P)}{n h}, \quad M_y = \frac{3 F_x l}{16}, \quad \sigma_y = \frac{M_y}{W_y}$$

b)由导向力引起的 X 轴上的弯曲应力为:

$$F_y = \frac{k_2 g_n (Q y_Q + P y_P)}{\frac{n}{2} h}, \quad M_x = \frac{3 F_y l}{16}, \quad \sigma_x = \frac{M_x}{W_x}$$

载荷分布:第一种情况相对于 X 轴(见 G7.2.1.1)

第二种情况相对于 Y 轴(见 G7.2.1.1)

G7.2.2.2 压弯应力

"正常使用,运行"工况,不发生压弯情况。

G7.2.2.3 复合应力[11]

$$\sigma_m = \sigma_x + \sigma_y \qquad \leqslant \sigma_{perm}$$

$$\sigma = \sigma_m + \frac{k_3 M}{A} \qquad \leqslant \sigma_{perm}$$

G7.2.2.4 翼缘弯曲[12]

$$\sigma_F = \frac{1.85 F_x}{c^2} \qquad \leqslant \sigma_{perm}$$

---

8) 适用于第一和第二种载荷分布情况,见 G7.2.1.1。

9)、10) 适用于第一和第二种载荷分布情况,见 G7.2.1.1。

11) 适用于第一和第二种载荷分布情况,见 G7.2.1.1。如果 $\sigma_{perm} < \sigma_m$,则可以应用 G5.2.3 以便获得最小的导轨尺寸。

12) 适用于第一和第二种载荷分布情况,见 G7.2.1.1。

G7.2.2.5　挠度[13]

$$\delta_x = 0.7\frac{F_x l^3}{48EI_y} \leqslant \delta_{perm}, \quad \delta_y = 0.7\frac{F_y l^3}{48EI_x} \leqslant \delta_{perm}$$

G7.2.3　正常使用,装卸载

G7.2.3.1　弯曲应力

a)由导向力引起的 Y 轴上的弯曲应力为:

$$F_x = \frac{g_n P x_P + F_S x_1}{2h}, \quad M_y = \frac{3F_x l}{16}, \quad \sigma_y = \frac{M_y}{W_y}$$

b)由导向力引起的 X 轴上的弯曲应力为:

$$F_y = \frac{g_n P y_P + F_S y_1}{h}, \quad M_x = \frac{3F_y l}{16}, \quad \sigma_x = \frac{M_x}{W_x}$$

G7.2.3.2　压弯应力

"正常使用,装卸载"工况,不发生压弯情况。

G7.2.3.3　复合应力[14]

$$\sigma_m = \sigma_x + \sigma_y \qquad \leqslant \sigma_{perm}$$

$$\sigma = \sigma_m + \frac{k_3 M}{A} \qquad \leqslant \sigma_{perm}$$

G7.2.3.4　翼缘弯曲

$$\sigma_F = \frac{1.85F_x}{c^2} \qquad \leqslant \sigma_{perm}$$

G7.2.3.5　挠度

$$\delta_x = 0.7\frac{F_x l^3}{48EI_y} \leqslant \delta_{perm}, \quad \delta_y = 0.7\frac{F_y l^3}{48EI_x} \leqslant \delta_{perm}$$

G7.3　偏心导向

G7.3.1　安全钳动作

G7.3.1.1　弯曲应力

a)由导向力引起的 Y 轴上的弯曲应力为:

$$F_x = \frac{k_1 g_n (Q x_Q + P x_P)}{nh}, \quad M_y = \frac{3F_x l}{16}, \quad \sigma_y = \frac{M_y}{W_y}$$

b)由导向力引起的 X 轴上的弯曲应力为:

$$F_y = \frac{k_1 g_n (Q y_Q + P y_P)}{\frac{n}{2}h}, \quad M_x = \frac{3F_y l}{16}, \quad \sigma_x = \frac{M_x}{W_x}$$

---

13)　适用于第一和第二种载荷分布情况,见 G7.2.1.1。

14)　如果 $\sigma_{perm} < \sigma_m$,则可以应用 G5.2.3 以便获得最小的导轨尺寸。

载荷分布

第一种情况:相对于 X 轴(见图 G8)

$$X_Q = X_C + \frac{D_x}{8}$$

$$Y_P = Y_C = Y_Q = Y_S = 0$$

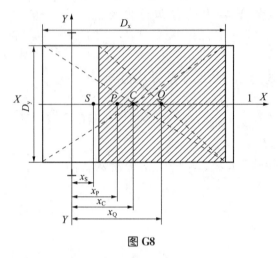

图 G8

第二种情况:相对于 Y 轴(见图 G9)

$$y_Q = \frac{D_y}{8}$$

$$x_C = X_Q$$

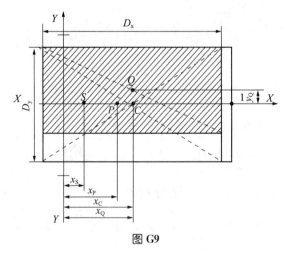

图 G9

G7.3.1.2 压弯应力

$$F_k = \frac{k_1 g_n (P+Q)}{n}, \ \sigma_k = \frac{(F_k + k_3 M)}{A}\omega$$

G7.3.1.3 复合应力[15)]

$$\sigma_m = \sigma_x + \sigma_y \qquad \leqslant \sigma_{perm}$$

$$\sigma = \sigma_m + \frac{F_k + k_3 M}{A} \qquad \leqslant \sigma_{perm}$$

$$\sigma_c = \sigma_k + 0.9\sigma_m \qquad \leqslant \sigma_{perm}$$

G7.3.1.4 翼缘弯曲[16)]

$$\sigma_F = \frac{1.85 F_x}{c^2} \qquad \leqslant \sigma_{perm}$$

G7.3.1.5 挠度[17)]

$$\delta_x = 0.7 \frac{F_x l^3}{48 E I_y} \quad \leqslant \delta_{perm}, \quad \delta_y = 0.7 \frac{F_y l^3}{48 E I_x}$$

G7.3.2 正常使用,运行

G7.3.2.1 弯曲应力

a)由导向力引起的 Y 轴上的弯曲应力为:

$$F_x = \frac{k_2 g_n (Q(x_Q - x_S) + P(x_P - x_S))}{nh}, \ M_y = \frac{3F_x l}{16}, \ \sigma_y = \frac{M_y}{W_y}$$

b)由导向力引起的 X 轴上的弯曲应力为:

$$F_y = \frac{k_2 g_n (Q(y_Q - y_S) + P(y_P - y_S))}{\frac{n}{2} h}, \ M_x = \frac{3F_y l}{16}, \ \sigma_x = \frac{M_x}{W_x}$$

载荷分布:第一种情况相对于 X 轴(见 G7.2.1.1)

第二种情况相对于 Y 轴(见 G7.2.1.1)

G7.3.2.2 压弯应力

"正常使用,运行"工况,不发生压弯情况。

G7.3.2.3 复合应力[18)]

$$\sigma_m = \sigma_x + \sigma_y \qquad \leqslant \sigma_{perm}$$

$$\sigma = \sigma_m + \frac{k_3 M}{A} \qquad \leqslant \sigma_{perm}$$

G7.3.2.4 翼缘弯曲[19)]

$$\sigma_F = \frac{1.85 F_x}{c^2} \qquad \leqslant \sigma_{perm}$$

---

15) 适用于第一和第二种载荷分布情况,见 G7.3.1.1。如果 $\sigma_{perm} < \sigma_m$,则可以应用 G5.2.3 以便获得最小的导轨尺寸。

16)、17) 适用于第一和第二种载荷分布情况,见 G7.3.1.1。

18) 适用于第一和第二种载荷分布情况,见 G7.3.1.1。如果 $\sigma_{perm} < \sigma_m$,则可以应用 G5.2.3 以便获得最小的导轨尺寸。

19) 适用于第一和第二种载荷分布情况,见 G7.3.1.1。

G7.3.2.5 挠度[20]

$$\delta_x = 0.7 \frac{F_x l^3}{48EI_y} \leqslant \delta_{perm}, \quad \delta_y = 0.7 \frac{F_y l^3}{48EI_x} \leqslant \delta_{perm}$$

G7.3.3 正常使用,装卸载(见图 G10)

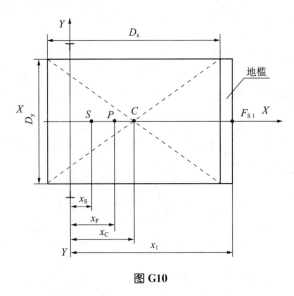

图 G10

G7.3.3.1 弯曲应力

a)由导向力引起的 Y 轴上的弯曲应力为:

$$F_x = \frac{g_n P(x_P - x_S) + F_s(x_1 - x_S)}{nh}, \quad M_y = \frac{3F_x l}{16}, \quad \sigma_y = \frac{M_y}{W_y}$$

b)由导向力引起的 X 轴上的弯曲应力为:

$$F_y = 0$$

G7.3.3.2 压弯应力

"正常使用,装卸载"工况,不发生压弯情况。

G7.3.3.3 复合应力[21]

$$\sigma_m = \sigma_y \qquad \leqslant \sigma_{perm}$$

$$\sigma = \sigma_m + \frac{k_3 M}{A} \qquad \leqslant \sigma_{perm}$$

G7.3.3.4 翼缘弯曲

$$\sigma_F = \frac{1.85 F_x}{c^2} \qquad \leqslant \sigma_{perm}$$

---

20) 适用于第一和第二种载荷分布情况,见 G7.3.1.1。

21) 如果 $\sigma_{perm} < \sigma_m$,则可以应用 G5.2.3 以便获得最小的导轨尺寸。

G7.3.3.5 挠度

$$\delta_x = 0.7\frac{F_x l^3}{48EI_y} \leqslant \delta_{perm}, \quad \delta_y = 0$$

G7.4 悬臂导向

G7.4.1 安全钳动作

G7.4.1.1 弯曲应力

a)由导向力引起的 Y 轴上的弯曲应力为:

$$F_x = \frac{k_1 g_n(Qx_Q + Px_P)}{nh}, \quad M_y = \frac{3F_x l}{16}, \quad \sigma_y = \frac{M_y}{W_y}$$

b)由导向力引起的 X 轴上的弯曲应力为:

$$F_y = \frac{k_1 g_n(Qy_Q + Py_P)}{\frac{n}{2}h}, \quad M_x = \frac{3F_y l}{16}, \quad \sigma_x = \frac{M_x}{W_x}$$

载荷分布

第一种情况:相对于 X 轴(见图 G11)

$$x_P > 0, \quad y_P = 0$$

$$x_Q = C + \frac{5}{8}D_x, \quad y_Q = 0$$

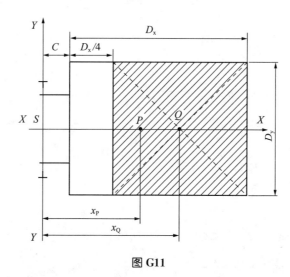

图 G11

第二种情况:相对于 Y 轴(见图 G12)

$$x_P > 0 \quad y_P = 0$$

$$x_Q = C + \frac{D_x}{2}, \quad y_Q = \frac{1}{8}D_y$$

G7.4.1.2 压弯应力

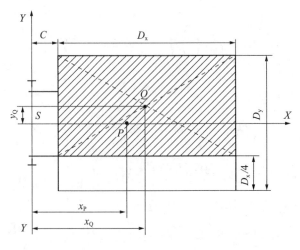

图 G12

$$F_k = \frac{k_1 g_n (P+Q)}{n}, \quad \sigma_k = \frac{(F_k + k_3 M)\omega}{A}$$

G7.4.1.3 复合应力[22]

$$\sigma_m = \sigma_x + \sigma_y \qquad \leqslant \sigma_{perm}$$

$$\sigma = \sigma_m + \frac{F_k + k_3 M}{A} \qquad \leqslant \sigma_{perm}$$

$$\sigma_c = \sigma_k + 0.9\sigma_m \qquad \leqslant \sigma_{perm}$$

G7.4.1.4 翼缘弯曲[23]

$$\sigma_F = \frac{1.85 F_x}{c^2} \qquad \leqslant \sigma_{perm}$$

G7.4.1.5 挠度[24]

$$\delta_x = 0.7 \frac{F_x l^3}{48 E I_y} \quad \leqslant \delta_{perm}, \quad \delta_y = 0.7 \frac{F_y l^3}{48 E I_x} \quad \leqslant \delta_{perm}$$

G7.4.2 正常使用,运行

G7.4.2.1 弯曲应力

a)由导向力引起的 Y 轴上的弯曲应力为:

$$F_x = \frac{k_2 g_n [Q(x_Q - x_S) + P(x_P - x_S)]}{nh}, \quad M_y = \frac{3 F_x l}{16}, \quad \sigma_y = \frac{M_y}{W_y}$$

b)由导向力引起的 X 轴上的弯曲应力为:

---

22) 适用于第一和第二种载荷分布情况,见 G7.4.1.1。如果 $\sigma_{perm} < \sigma_m$,则可以应用 G5.2.3 以便获得最小的导轨尺寸。

23)、24) 适用于第一和第二种载荷分布情况,见 G7.4.1.1。

$$F_y = \frac{k_2 g_n \left[Q(y_Q - y_S) + P(y_P - y_S) \right]}{\frac{n}{2} h}, \quad M_x = \frac{3 F_y l}{16}, \quad \sigma_x = \frac{M_x}{W_x}$$

载荷分布:第一种情况相对于 X 轴(见 G7.4.1.1)

第二种情况相对于 Y 轴(见 G7.4.1.1)

G7.4.2.2 压弯应力

"正常使用,运行"工况,不发生压弯情况。

G7.4.2.3 复合应力[25]

$$\sigma_m = \sigma_x + \sigma_y \qquad \leqslant \sigma_{perm}$$

$$\sigma = \sigma_m + \frac{k_3 M}{A} \qquad \leqslant \sigma_{perm}$$

G7.4.2.4 翼缘弯曲[26]

$$\sigma_F = \frac{1.85 F_x}{c^2} \qquad \leqslant \sigma_{perm}$$

G7.4.2.5 挠度[27]

$$\delta_x = 0.7 \frac{F_x l^3}{48 E I_y} \quad \leqslant \delta_{perm}, \quad \delta_y = 0.7 \frac{F_y l^3}{48 E I_x} \quad \leqslant \delta_{perm}$$

G7.4.3 正常使用,装卸载

$$x_P > 0 \quad y_P = 0$$

$$x_1 > 0, y_1 = \frac{1}{2} D_y (见图 G13)$$

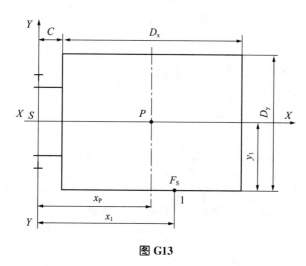

图 G13

---

25) 适用于第一和第二种载荷分布情况,见 G7.4.1.1。如果 $\sigma_{perm} < \sigma_m$,则可以应用 G5.2.3 以便获得最小的导轨尺寸。

26)、27) 适用于第一和第二种载荷分布情况,见 G7.4.1.1。

$$x_P > 0, \quad y_P = 0$$
$$x_2 = C + D_x, \quad y_2 > 0 (见图 G14)$$

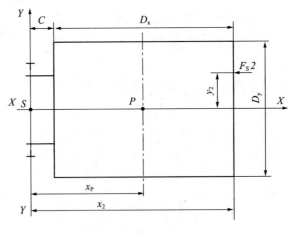

图 G14

G7.4.3.1 弯曲应力

a) 由导向力引起的 Y 轴上的弯曲应力为：

$$F_x = \frac{g_n P x_P + F_S x_i}{nh}, \quad M_y = \frac{3F_x l}{16}, \quad \sigma_y = \frac{M_y}{W_y}$$

b) 由导向力引起的 X 轴上的弯曲应力为：

$$F_y = \frac{F_S y_i}{\frac{n}{2} h}, \quad M_x = \frac{3F_y l}{16}, \quad \sigma_x = \frac{M_x}{W_x}$$

G7.4.3.2 压弯应力

"正常使用,装卸载"工况,不发生压弯情况。

G7.4.3.3 复合应力[28]

$$\sigma_m = \sigma_x + \sigma_y \qquad \leqslant \sigma_{perm}$$

$$\sigma = \sigma_m + \frac{k_3 M}{A} \qquad \leqslant \sigma_{perm}$$

G7.4.3.4 翼缘弯曲

$$\sigma_F = \frac{1.85 F_x}{c^2} \qquad \leqslant \sigma_{perm}$$

G7.4.3.5 挠度

$$\delta_x = 0.7 \frac{F_x l^3}{48 E I_y} \leqslant \delta_{perm}, \quad \delta_y = 0.7 \frac{F_y l^3}{48 E I_x} \leqslant \delta_{perm}$$

---

28)   如果 $\sigma_{perm} < \sigma_m$,则可以应用 G5.2.3 以便获得最小的导轨尺寸。

G7.5 观光电梯——概述

下面是偏心导向的观光电梯的示例。

G7.5.1 安全钳动作

G7.5.1.1 弯曲应力

a) 由导向力引起的 Y 轴上的弯曲应力为：

$$F_x = \frac{k_1 g_n (Qx_Q + Px_P)}{nh}, \quad M_y = \frac{3F_x l}{16}, \quad \sigma_y = \frac{M_y}{W_y}$$

b) 由导向力引起的 X 轴上的弯曲应力为：

$$F_y = \frac{k_1 g_n (Qy_Q + Py_P)}{\frac{n}{2}h}, \quad M_x = \frac{3F_y l}{16}, \quad \sigma_x = \frac{M_x}{W_x}$$

载荷分布

第一种情况：相对于 X 轴（见图 G15）

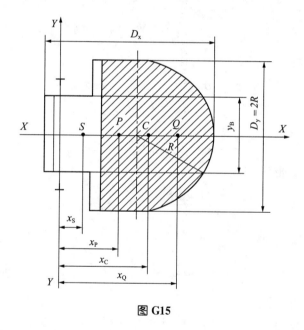

图 G15

x_Q 为分布在 3/4 轿厢面积上载荷的重心坐标

$y_Q = 0$

第二种情况：相对于 Y 轴（见图 G16）

x_Q、y_Q 为分布在 3/4 轿厢面积上载荷的重心坐标

G7.5.1.2 压弯应力

$$F_k = \frac{k_1 g_n (P+Q)}{n}, \quad \sigma_k = \frac{(F_k + k_3 M)\omega}{A}$$

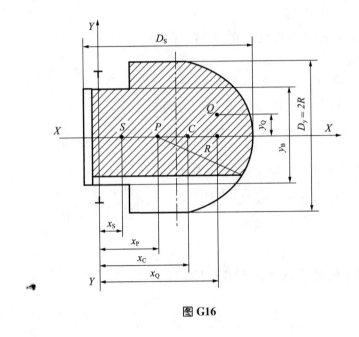

图 G16

G7.5.1.3 复合应力[29]

$$\sigma_m = \sigma_x + \sigma_y \qquad \leqslant \sigma_{perm}$$

$$\sigma = \sigma_m + \frac{F_k + k_3 M}{A} \qquad \leqslant \sigma_{perm}$$

$$\sigma_c = \sigma_k + 0.9\sigma_m \qquad \leqslant \sigma_{perm}$$

G7.5.1.4 翼缘弯曲[30]

$$\sigma_F = \frac{1.85 F_x}{c^2} \qquad \leqslant \sigma_{perm}$$

G7.5.1.5 挠度[31]

$$\delta_x = 0.7 \frac{F_x l^3}{48 E I_y} \leqslant \delta_{perm}, \quad \delta_y = 0.7 \frac{F_y l^3}{48 E I_x} \leqslant \delta_{perm}$$

G7.5.2 正常使用,运行

G7.5.2.1 弯曲应力

a)由导向力引起的 Y 轴上的弯曲应力为:

$$F_x = \frac{k_2 g_n [Q(x_Q - x_S) + P(x_P - x_S)]}{nh}, \quad M_y = \frac{3 F_x l}{16}, \quad \sigma_y = \frac{M_y}{W_y}$$

---

29) 适用于第一和第二种载荷分布情况,见 G7.5.1.1。如果 $\sigma_{perm} < \sigma_m$,则可以应用 G5.2.3 以便获得最小的导轨尺寸。

30)、31) 适用于第一和第二种载荷分布情况,见 G7.5.1.1。如果 $\sigma_{perm} < \sigma_m$,则可以应用 G5.2.3 以便获得最小的导轨尺寸。

b）由导向力引起的 X 轴上的弯曲应力为：

$$F_y = \frac{k_2 g_n \left[Q(y_Q - y_S) + P(y_P - y_S) \right]}{\dfrac{n}{2} h}, \quad M_x = \frac{3 F_y l}{16}, \quad \sigma_x = \frac{M_x}{W_x}$$

载荷分布：第一种情况相对于 X 轴（见 G7.5.1.1）

第二种情况相对于 Y 轴（见 G7.5.1.1）

G7.5.2.2　压弯应力

"正常使用，运行"工况，不发生压弯情况。

G7.5.2.3　复合应力[32]

$$\sigma_m = \sigma_x + \sigma_y \qquad\qquad \leqslant \sigma_{perm}$$

$$\sigma = \sigma_m + \frac{k_3 M}{A} \qquad\qquad \leqslant \sigma_{perm}$$

G7.5.2.4　翼缘弯曲[33]

$$\sigma_F = \frac{1.85 F_x}{c^2} \qquad\qquad \leqslant \sigma_{perm}$$

G7.5.2.5　挠度[34]

$$\delta_x = 0.7 \frac{F_x l^3}{48 E I_y} \quad \leqslant \delta_{perm}, \quad \delta_y = 0.7 \frac{F_y l^3}{48 E I_x} \quad \leqslant \delta_{perm}$$

G7.5.3　正常使用，装卸载（见图 G17）

$$Y_i = 0$$

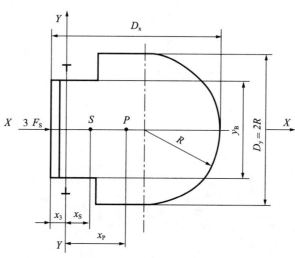

图 G17

---

32)　适用于第一和第二种载荷分布情况，见 G7.5.1.1。如果 $\sigma_{perm} < \sigma_m$，则可以应用 G5.2.3 以便获得最小的导轨尺寸。

33)、34)　适用于第一和第二种载荷分布情况，见 G7.5.1.1。

G7.5.3.1 弯曲应力

a) 由导向力引起的 Y 轴上的弯曲应力为：

$$F_x = \frac{g_n P(x_P - x_S) + F_S(x_i - x_S)}{nh}, \quad M_y = \frac{3F_x l}{16}, \quad \sigma_y = \frac{M_y}{W_y}$$

b) 由导向力引起的 X 轴上的弯曲应力为：

$$F_y = 0$$

G7.5.3.2 压弯应力

"正常使用,装卸载"工况,不发生压弯情况。

G7.5.3.3 复合应力

$$\sigma_m = \sigma_y \qquad \leqslant \sigma_{perm}$$

$$\sigma = \sigma_m + \frac{k_3 M}{A} \qquad \leqslant \sigma_{perm}$$

G7.5.3.4 翼缘弯曲[35]

$$\sigma_F = \frac{1.85 F_x}{c^2} \qquad \leqslant \sigma_{perm}$$

G7.5.3.5 挠度

$$\delta_x = 0.7 \frac{F_x l^3}{48 E I_y} \quad \leqslant \delta_{perm}, \quad \delta_y = 0$$

---

35) 如果 $\sigma_{perm} < \sigma_m$,则可以应用 $G5.2.3$ 以便获得最小的导轨尺寸。

附 录 H

(标准的附录)

电气元器件 故障排除

电梯上电气设备的故障已在 14.1.1.1 中列出。14.1.1.1 中也指出,在特定的条件下,某些故障可以被排除。

故障排除仅考虑这些元器件在性能、参数、温度、湿度、电压和振动的所限定的最恶劣的条件之内使用。

下面的表 H1 描述了 14.1.1.1e)中提到的各种故障可以被排除的条件。表中:

——带"否"的栏表示该故障不能排除,即必须考虑;

——没有标记的栏表示与该类故障不相关。

注:设计指南

表 H1 故障排除

元器件	可排除故障					条件	备注
	断路	短路	改变为更高值	改变为更低值	改变功能		
1 无源元器件							
1.1 定值电阻	否	(a)	否	(a)		(a)对根据国家标准进行轴向连接,且由涂漆或封闭处理的电阻膜制成的薄膜电阻器和由漆包线封闭保护的单层绕制的线绕电阻器	
1.2 可变电阻	否	否	否	否			
1.3 非线性电阻 如 NTC, PTC, VDR, IDR	否	否	否	否			
1.4 电容	否	否	否	否			
1.5 电感元器件 线圈 扼流圈	否	否		否			
2 半导体							
2.1 二极管、发光二极管	否	否			否		功能改变代表所向电流值的改变

续表

元器件	可排除故障					条件	备注
	断路	短路	改变为更高值	改变为更低值	改变功能		
2.2 稳压二极管	否	否		否	否		改变为低值代表稳压电压的改变 功能改变代表反向电流值的改变
2.3 三极管,晶闸管,可关断晶闸管	否	否			否		功能改变代表误触发或不触发
2.4 光耦合器	否	(a)			否	(a)可以排除的条件是光耦合器符合 GB/T 15651 的要求,且绝缘电压至少符合下表(GB/T 16935.1—1997 表1)的要求 根据系统额定电压决定的相与地最高电压值(交流有效电压值或直流电压值) / 安装后能承受的峰值电压优先数 类别Ⅲ 50 / 800 100 / 1500 150 / 2500 300 / 4000 600 / 6000 1000 / 8000	断路是指发光二极管及光电晶体管两个基本元器件之一断路。短路是指两者之间短路
2.5 混合电路	否	否	否	否	否		
2.6 集成电路	否	否	否	否	否		功能改变成振荡,与门变成或门等
3 其他元器件							
3.1 连接件	否	(a)				(a)连接件短路故障排除的条件是: 各最小数值根据 GB/T 16935.1—1997 上的表,满足下列条件: ——污染等级是 3; ——材料类别是Ⅲ; ——非均匀的场。	

续表

元器件	可排除故障					条件	备注
	断路	短路	改变为更高值	改变为更低值	改变功能		
3.1 连接件	否	(a)				不使用表 4 上的"印制线路材料"栏。这些是在连接件上能找到的绝对最小值,而非间距尺寸或理论数值。当连接件的防护等级不低于 IP5X 时,爬电距离可以减小到电气间隙值,如:对 250V 的有效电压值为 3mm	
3.2 氖灯泡	否	否					
3.3 变压器	否	(a)	(b)	(b)		(a)(b)当线圈和铁心之间的绝缘电压满足 GB 13028—1991 中 17.2 和 17.3 的要求,且带电体对地工作电压是表 6 上的最大可能电压	短路包括初级或次级线圈内部的短路,或初级与次级线圈之间的短路。数值改变代表线圈内部分短路导致的变压比改变
3.4 熔丝		(a)				(a)如果熔丝规格正确且结构符合适用的国家标准,则故障可以排除	短路指的是熔断熔丝的短路
3.5 继电器	否	(a)(b)				(a)如果满足 13.2.2.3(14.1.2.2.3)的要求,则触点间的短路及触点与线圈间的短路可以排除;(b)触点烧熔不能排除然而,如果继电器结构上采用机械强制联锁触点,且根据 GB 14048.5 要求制造,则 13.2.1.3 的假设可以采用	
3.6 印制电路板(PCB)	否	(a)				(a)短路排除的条件:——PCB 总体技术条件符合 GB/T 16261 的要求;——基础的材料能符合标准 GB/T 4724和(或)GB/T 4723的要求;——PCB 的结构符合上述要求,而且各最小数值根据 GB/T 16935.1—1997 上的表,满足下列条件:	

续表

元器件	可排除故障					条件	备注
	断路	短路	改变为更高值	改变为更低值	改变功能		
3.6 印制电路板(PCB)	否	(a)				——污染等级是 3 ——材料类别是Ⅲ ——非均匀的场。 不使用表 4 上"印制线路材料"栏。 对 250V 的有效电压值爬电距离为 4mm、电气间隙为 3mm。 对于其他电压值请参考 GB/T 16935.1 如果 PCB 的防护等级不低于 IP5X,或材料有更高的质量,爬电距离可以减小到电气间隙要求,如:对 250V 的有效电压值为 3mm。对于至少有 3 层经预浸处理的聚酯胶片或其他绝缘片组成的多层板,短路故障可以排除(见 GB 4943)	
4 组装于印制电路板(PCB)上的元器件的总成	否	(a)				(a)短路故障可以排除的条件是元器件自身的短路可以排除,而且不管是由于组装技术还是 PCB 板自身的原因,元器件的组装方式不会使爬电距离和电气间隙减小到小于本表 3.1 和 3.6 列出的最小允许值	

解析 关于表 H1,CEN/TC10 有如下解释单:

问 题
如果电气安全电路的电流通路是在印刷电路板上,而该印刷电路板又没有其他功能,将如何进行试验?
解 释
如果电气安全回路的电流通路是在印刷电路板上,而该印刷电路板又没有其他功能,必须满足附录 H 表 H.1 关于爬电距离和电气间隙的要求。 在交付使用之前的检查和测试期间,必须检查它是否满足该要求。

一些公认的危险情况缘于这种可能性,即短路或与公共端(地)的连接局部断开,从而导致一个或几个安全触点的桥接,同时又组合其他的一个或几个故障。当用于控制、远程

监控、报警等信号从安全回路中采集时,最好能遵循下面的建议。

——根据表 H1 中 3.1 和 3.6 的规定设计线路板和电路间距;

——将公共连接端子安排到印制电路板的安全回路中,以便当印制电路板上的公共端断路时,14.1.2.4 中提到的接触器或继电接触器的公共端能断电;

——根据 GB/T 16856 的要求,必须进行 14.1.2.3 提到的安全电路的故障分析。如果在电梯安装后,电路进行了修改或增加,那么必须重新进行包括新元器件和原来的元器件在内的故障分析;

——使用外部电阻作为输入元器件的保护装置,这些装置的内部电阻应认为是不安全的;

——各元器件只能按制造商规定的条件使用;

——来自电子器件的反向电压必须予以考虑,在某些情况下,使用镀层分离电路能解决上述问题;

——应根据 GB 16895.3 的要求进行接地装置的安装,在此情况下,从建筑物到控制屏的集电棒(轨)之间的线继裂的故障可以排除。

此外,关于如何定义电气安全电路与为了采集信息而与电气安全回路连接的电路之间的界限,见 CEN/TC10 对 14.1.2.1.3 的解释单。

附　录　J

（标准的附录）

摆锤冲击试验

J1　概述

由于欧洲标准中没有关于玻璃摆锤冲击试验的内容,为了满足7.2.3.1、8.3.2.1和8.6.7.1的要求,应进行下述内容的试验。

J2　试验架

J2.1　硬摆锤冲击装置

硬摆锤冲击装置应如图J1所示,该装置包含一个由符合GB/T 700的钢材Q235A制成的冲击环,一个由符合GB/T 700的钢材Q275制成的壳体。内装填直径为(3.5±0.25)mm的铅球,其总质量为(10±0.01)kg。

J2.2　软摆锤冲击装置

软摆锤冲击装置应如图J2所示,为一个皮革制成的冲击小袋,内装填直径为(3.5±1)mm的铅球,其总质量为(45±0.5)kg。

J2.3　摆锤冲击装置的悬挂

摆锤冲击装置应用直径为3mm的钢丝绳悬挂,并使自由悬挂的冲击装置的最外侧与被试面板之间的水平距离不超过15mm。

摆的长度(钩的低端至冲击装置参考点的长度)应至少为1.5m。

J2.4*　提拉和触发装置

悬挂的摆锤冲击装置通过提拉和触发装置的牵引从被试面板上摆,上摆的高度按J4.2和J4.3的要求。在释放的瞬间触发装置不应对摆锤冲击装置产生附加的冲击。

悬挂钢丝绳应勾挂住摆锤冲击装置而没有任何的扭转,以防止在触发后摆锤冲击装置的旋转。

在触发之前,悬挂钢丝绳与摆锤冲击装置的中心线在一条直线上,应通过一个三角形的勾挂装置,在触发位置使摆锤冲击装置的重心与提拉钢丝绳在一条直线上。

J3　面板

门板应完整,包括导向部件;轿壁板应按所需的尺寸和固定方式。面板应

---

* 第1号修改单修改。

656

固定在一个框架或其他合适的结构上,固定点在试验条件下不应变形(刚性固定)。

提交试验的面板应完成所需的制造加工(加工好边、孔等)。

J4 试验程序

J4.1 试验时的环境温度应为(23 ± 2)℃。试验前,面板应在该温度下直接放置至少 4h。

J4.2 硬摆锤冲击试验用 J2.1 所述的装置在跌落高度为 500mm(见图 J3)的条件下进行。

J4.3[*] 软摆锤冲击试验用 J2.2 所述的装置在跌落高度为以下条件进行:

a)对于层门面板或门框,跌落高度为 800mm(见图 J3);

b)对于玻璃轿门、玻璃轿壁,跌落高度为 700mm(见图 J3);

J4.4[*] 摆锤应撞击在宽度方向为面板的中点,高度方向为面板设计地平面上方(1.0 ± 0.1)m 处。对于层门,该高度值见 7.2.3.8。

跌落高度是参考点之间的垂直距离(见图 J3)。

J4.5 J2.1 和 J2.2 所规定的每个装置对每个撞击点仅进行一次试验。

如果硬摆锤和软摆锤冲击试验都需要做,两种试验应在同一面板上进行,且先做硬摆锤冲击试验。

J5 试验结果解释

J5.1[*] 轿门和轿壁的试验结果能满足标准要求的条件为:

a)面板未整体损坏;

b)面板上没有裂纹;

c)面板上无孔;

d)面板未脱离导向部件;

e)导向部件无永久变形;

f)面板表面无其他损坏,对面板表面有直径不大于 2mm,但无裂纹痕迹的情况还应再做一次成功的软摆锤冲击试验。

J5.2[*] 层门、层门侧门框试验完成后,应按标准要求检查以下内容:

a)失去完整性;

b)永久变形;

c)裂纹或破碎。

J6 试验报告

试验报告应至少包含下面内容:

————————————

* 第 1 号修改单修改。

a)进行试验的试验单位的名称和地址;

b)试验的日期;

c)面板的尺寸和结构;

d)面板的固定方式;

e)试验时的跌落高度;

f)试验的次数;

g)试验负责人的签字。

J7* 例外情况

如果使用了表J1轿壁使用的平板玻璃面板和表J2水平滑动轿门使用的平板玻璃面板,由于他们能满足试验要求,所以无需进行摆锤冲击试验。

表 J1*   轿壁使用的平板玻璃面板

玻璃类型	内切圆的直径	
	最大 1m	最大 2m
	最小厚度	最小厚度
	mm	mm
夹层钢化	8 (4+0.76+4)	10 (5+0.76+5)
夹层	10 (5+0.76+5)	12 (6+0.76+6)

表 J2*   水平滑动轿门使用的平板玻璃面板

玻璃类型	最小厚度 mm	宽度 mm	自由门的高度 m	玻璃面板的固定
夹层钢化	16 (8+0.76+8)	360~720	最大 2.1	上部及下部固定
夹层	16 (8+0.76+8)	300~720	最大 2.1	上部、下部及一边固定
	10 (6+0.76+4) (5+0.76+5)	300~870	最大 2.1	所有边固定

注:对于玻璃的三边或四边固定的侧面与其他部件刚性连接的情况,表中所列数值也适用。

---

* 第 1 号修改单修改。

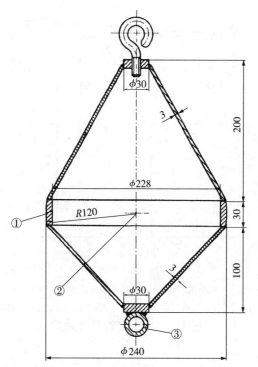

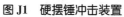

①—冲击环;②—测量跌落高度参考点;③—触发装置附件

图 J1　硬摆锤冲击装置

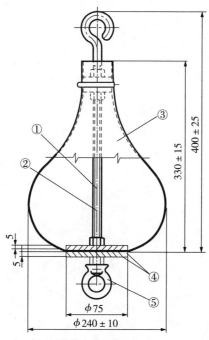

①—螺杆;②—在最大直径的平面内测量跌落高度的参考点;③—皮袋;④钢制圆盘;⑤—触发装置附件

图 J2　软摆锤冲击装置

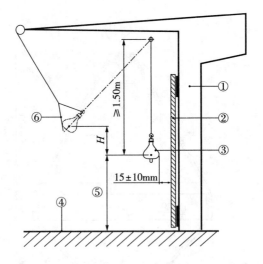

图中：

H—跌落高度；①—框架；②—被测试的玻璃面板；③—冲击装置；④—被测试玻璃面板的参考地平面；
⑤—撞击点高度为 1m，对于层门，该高度值见 7.2.3.8；⑥—J2.4 所述的三角钩结构。

图 J3*　测试装置的跌落高度

---

* 第 1 号修改单修改。

附　录　K

（标准的附录）

曳引电梯的顶部间距

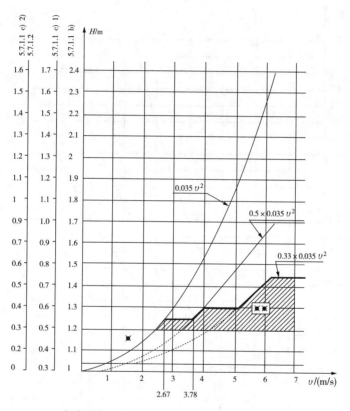

υ——额定速度，m/s；

H——顶部间距，m。

　＊ 粗线表示按 5.7.3.1 的规定作最优选取时，可能的最小间距。

　＊＊ 对于带有防跳装置补偿轮的电梯，按 5.7.1.4 计算可能获得的数值范围。这种装置仅要求用于速度大于 3.5m/s 的电梯，但也不禁止用于较低速的电梯。

　这些数值取决于防跳装置的设计和电梯的行程。

图 K1　曳引电梯顶部间距说明图(5.7.1)

附 录 L

（标准的附录）

需要的缓冲行程

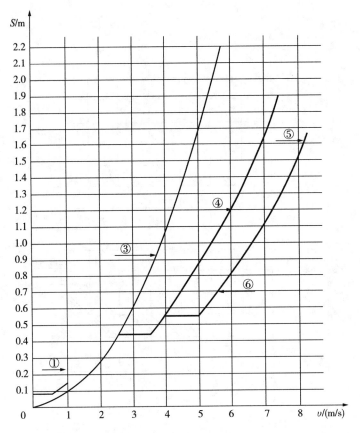

S——缓冲行程，m；

v——额定速度，m/s；

①—蓄能型缓冲器(10.4.1.1)；②—(略)；③—无减行程的耗能型缓冲器
(10.4.3.1)；④—减至50%行程的耗能型缓冲器[10.4.3.2a]；⑤—减至
1/3行程的耗能型缓冲器[10.4.3.2b]；⑥—粗线表示采用10.4.3的所有
可能性有利条件而得到的最小可能缓冲行程

图 L1　缓冲器需要行程的图示(10.4)

附 录 M

（提示的附录）

曳引力计算

M1 引言

曳引力应在下列情况的任何时候都能得到保证：

a)正常运行；

b)在底层装载；

c)紧急制停的减速度。

另外，必须考虑到当轿厢在井道中不管由于何种原因而滞留时应允许钢丝绳在绳轮上滑移。

下面的计算是一个指南，用于对传统应用的钢丝绳配钢或铸铁绳轮且驱动主机位于井道上部的电梯进行曳引力计算。

根据经验，由于有安全裕量，因此下面的因素无须详加考虑，结果仍是安全的。

a)绳的结构；

b)润滑的种类及其程度；

c)绳及绳轮的材料；

d)制造误差。

M2 曳引力计算

须用下面的公式：

$$\frac{T_1}{T_2} \leqslant e^{f\alpha} \text{ 用于轿厢装载和紧急制动工况；}$$

$$\frac{T_1}{T_2} \geqslant e^{f\alpha} \text{ 用于轿厢滞留工况（对重压在缓冲器上，曳引机向上方向旋转）。}$$

式中：

f——当量摩擦系数；

α——钢丝绳在绳轮上的包角；

T_1、T_2——曳引轮两侧曳引绳中的拉力。

M2.1 T_1 及 T_2 的计算

M2.1.1 轿厢装载工况

T_1/T_2 的静态比值应按照轿厢装有125%额定载荷并考虑轿厢在井道的不同位置时的最不利情况进行计算。如果载荷的1.25系数未包括8.2.2的情况，则 8.2.2 的情况必须特别对待。

M2.1.2 紧急制动工况

T_1/T_2 的动态比值应按照轿厢空载或装有额定载荷时在井道的不同位置的最不利情况进行计算。

每一个运动部件都应正确考虑其减速度和钢丝绳的倍率。

任何情况下,减速度不应小于下面数值:

a)对于正常情况,为 $0.5m/s^2$;

b)对于使用了减行程缓冲器的情况,为 $0.8m/s^2$。

M2.1.3 轿厢滞留工况

T_1/T_2 的静态比值应按照轿厢空载或装有额定载荷并考虑轿厢在井道的不同位置时的最不利情况进行计算。

M2.2 当量摩擦系数计算

M2.2.1 绳槽类型

M2.2.1.1 半圆槽和带切口的半圆槽

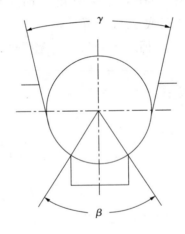

β:下部切口角

γ:槽的角度

图 M1 带切口的关圆槽

使用下面公式:

$$f=\mu \cdot \frac{4\left(\cos\frac{\gamma}{2}-\sin\frac{\beta}{2}\right)}{\pi-\beta-\gamma-\sin\beta+\sin\gamma}$$

式中:

β——下部切口角度值;

γ——槽的角度值;

μ——摩擦系数。

β 的数值最大不应超过 $106°$(1.83 弧度),相当于槽下部 80% 被切除。

γ 的数值由制造者根据槽的设计提供。任何情况下,其值不应小于 $25°$(0.43 弧度)。

M2.2.1.2   V形槽

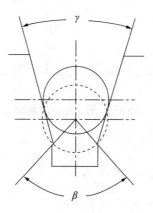

β:下部切口角
γ:槽的角度

图 M2   V形槽

当槽没有进行附加的硬化处理时,为了限制由于磨损而导致曳引条件的恶化,下部切口是必要的。

使用下面的公式:

——轿厢装载和紧急制停的工况:

$$f=\mu \frac{4\left(1-\sin \frac{\beta}{2}\right)}{\pi-\beta-\sin\beta},对于未经硬化处理的槽;$$

$$f=\mu \frac{1}{\sin \frac{\gamma}{2}},对于经硬化处理的槽;$$

——轿厢滞留的工况:

$$f=\mu \frac{1}{\sin \frac{\gamma}{2}},对于硬化和未硬化处理的槽。$$

下部切口角 β 的数值最大不应超过 $106°$(1.83 弧度),相当于槽下部 80% 被切除。对电梯而言,任何情况下,γ 值不应小于 $35°$。

M2.2.2   摩擦系数计算

使用下面的数值:

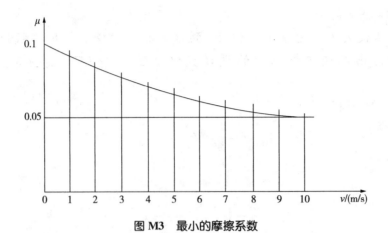

图 M3　最小的摩擦系数

——装载工况　　$\mu=0.1$；

——紧急制停工况　　$\mu=\dfrac{0.1}{1+\dfrac{v}{10}}$；

——轿厢滞留工况　　$\mu=0.2$。

式中：

v——轿厢额定速度下对应的绳速，m/s。

M3　实例

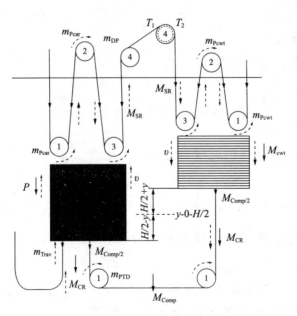

1,2,3,4—滑轮的速度系数（例如：2 表示 2 · v_{car}）

图 M4　通常情况

计算公式如下：

$$T_1 = \frac{(P + Q + M_{\text{CRcar}} + M_{\text{Trav}})(g_n \pm a)}{r} + \frac{M_{\text{Comp}}}{2r} g_n +$$

$$M_{\text{SRcar}}(g_n \pm r \cdot a) + \left(-\frac{2m_{\text{PTD}}}{r} a\right)^{\text{I}} \pm (m_{\text{DP}} \cdot r \cdot a)^{\text{II}}$$

$$\pm \left[M_{\text{SRcar}} \cdot a\left(\frac{r^2 - 2r}{2}\right) \pm \sum_{i=1}^{r-1} (m_{\text{Pcar}} \cdot i_{\text{Pcar}} \cdot a) \right]^{\text{III}} \pm \frac{FR_{\text{car}}}{r}$$

$$T_2 = \frac{M_{\text{cwt}} \cdot (g_n \pm a)}{r} + \frac{M_{\text{Comp}}}{2r} g_n + M_{\text{SRcwt}} \cdot (g_n \pm r \cdot a) + \frac{M_{\text{CRcwt}}}{r}(g_n + a) + \left(-\frac{2m_{\text{PTD}}}{r} a\right)^{\text{IV}}$$

$$\pm (m_{\text{DP}} \cdot r \cdot a)^{\text{II}} \pm \left[M_{\text{SRcwt}} \cdot a\left(\frac{r^2 - 2r}{2}\right) \pm \sum_{i=1}^{r-1} (m_{\text{Pcwt}} \cdot i_{\text{Pcwt}} \cdot a) \right]^{\text{V}}$$

$$\pm \frac{FR_{\text{cwt}}}{r}$$

$$\frac{T_2}{T_1} \leqslant e^{f\alpha}$$

工况：

Ⅰ——轿厢位于最上位置；

Ⅱ——轿厢侧或对重侧有导向轮；

Ⅲ——对于绳的倍率大于1；

Ⅳ——对重位于最上位置；

Ⅴ——对于绳的倍率大于1。

式中：

m_{Pcar}——轿厢侧滑轮惯量 J_{Pcar}/R^2 的折算质量，kg；

m_{Pcwt}——对重侧滑轮惯量 J_{Pcwt}/R^2 的折算质量，kg；

m_{PTD}——张紧装置的滑轮惯量（2个滑轮）J_{PTD}/R^2 的折算质量，kg；

m_{DP}——轿厢或对重侧导向轮惯量 J_{DP}/R^2 的折算质量和，kg；

n_s——悬挂绳的数量；

n_c——补偿绳（链）的数量；

n_t——随行电缆的数量；

P——空载轿厢及其支承的其他部件如部分随行电缆、补偿绳（链）（如有）等的质量和，kg；

Q——额定载重量，kg；

M_{cwt}——对重包括滑轮的质量，kg；

M_{SR}——悬挂绳的实际质量$[(0.5H \pm y) \times n_s \times$ 悬挂绳单位长度的重量$]$，kg；

M_{SRcar}——轿厢侧的 M_{SR}；

M_{SRcwt}——对重侧的 M_{SR}；

M_{CR}——补偿绳（链）的实际质量$[(0.5H \pm y) \times n_c \times$ 补偿绳单位长度的重量$]$，kg；

M_{CRcar}——轿厢侧的 M_{CR}；

M_{CRcwt}——对重侧的 M_{CR}；

M_{Trav}——随行电缆的实际质量$[(0.25H \pm 0.5y) \times n_t \times$ 随行电缆单位长度的重量$]$，kg；

M_{Comp}——张紧装置包括滑轮的质量，kg；

FR_{car}——井道上的摩擦力（轿厢侧轴承的效率和导轨摩擦力等），N；

FR_{cwt}——井道上的摩擦力（对重侧轴承的效率和导轨摩擦力等），N；

H——提升高度，m；

y——以 $H/2$ 处作为零点的坐标值，m；

T_1, T_2——曳引轮两侧钢丝绳拉力，N；

r——钢丝绳的倍率；

α——轿厢制动减速度（绝对值），m/s^2；

g_n——标准重力加速度，m/s^2；

i_{Pcar}——轿厢侧滑轮的数量（不包括导向轮）；

i_{Pcwt}——对重侧滑轮的数量（不包括导向轮）；

$\longrightarrow$——静态力；

$\longrightarrow$——动态力；

f——摩擦系数；

α——钢丝绳在绳轮上的包角。

附　录　N

（标准的附录）

悬挂绳安全系数的计算

N1　概述

参考 9.2.2 的内容,本附录给出计算悬挂绳安全系数 S_f 的方法。该方法考虑到:

a)在钢丝绳驱动的设计中使用传统材料制作各个部件,如钢(铸铁)曳引轮;

b)钢丝绳符合国家标准;

c)在正常的维护和检查下,钢丝绳有足够的寿命。

N2　滑轮的等效数量 N_{equiv}

弯折次数以及每次弯折的严重弯折程度导致钢丝绳的劣化。同时,绳槽的种类(U 形或 V 形)以及是否有反向弯折也有影响。

每次弯折的严重弯折程度可以等效为一定数量的简单弯折。

简单弯折定义为钢丝绳运行于一个半径比钢丝绳名义半径大 5% 至 6% 的半圆槽。

简单弯折的数量相当于一个等效的滑轮数量 N_{equiv},其数值从下式得出:

$$N_{equiv} = N_{equiv(t)} + N_{equiv(p)}$$

式中:

$N_{equiv(t)}$——曳引轮的等效数量;

$N_{equiv(p)}$——导向轮的等效数量。

N2.1　$N_{equiv(t)}$ 的计算

$N_{equiv(t)}$ 的数值从表 N1 查得。对于不带切口的 U 形槽,$N_{equiv(t)} = 1$。

表 N1

V 形槽	V 形槽的角度值 γ	—	35°	36°	38°	40°	42°	45°
	$N_{equiv(t)}$	—	18.5	15.2	10.5	7.1	5.6	4.0
U 形/V 形带切口槽	下部切口角度值 β	75°	80°	85°	90°	95°	100°	105°
	$N_{equiv(t)}$	2.5	3.0	3.8	5.0	6.7	10.0	15.2

N2.2　$N_{equiv(p)}$ 的计算

反向弯折仅在下述情况时考虑,即钢丝绳与两个连续的静滑轮的接触点之间的距离不超过绳直径的 200 倍。

$$N_{\text{equiv(p)}} = K_{\text{p}}(N_{\text{ps}} + 4N_{\text{pr}})$$

式中:

N_{ps}——引起简单弯折的滑轮数量;

N_{pr}——引起反向弯折的滑轮数量;

K_{p}——跟曳引轮和滑轮直径有关的系数。

而:

$$K_{\text{P}} = \left(\frac{D_{\text{t}}}{D_{\text{p}}}\right)^4$$

式中:

D_{t}——曳引轮的直径;

D_{p}——除曳引轮外的所有滑轮的平均直径。

N3 安全系数

对于一个给定的钢丝绳驱动装置,考虑到正确的 $D_{\text{t}}/d_{\text{r}}$ 比值和计算得到的 N_{equiv},安全系数的最小数值可从图 N1 查得。

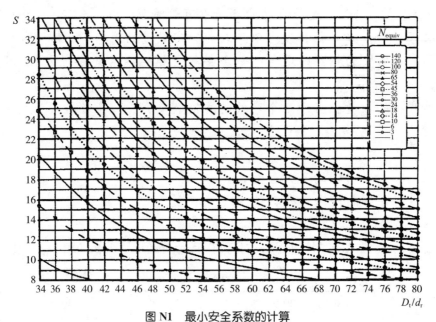

图 N1 最小安全系数的计算

图 N1 中的曲线是基于下面公式得出:

$$S_{\text{f}} = 10^{\left(2.6834 - \dfrac{\log\left(\dfrac{695.85 \times 10^6 \, N_{\text{equiv}}}{\left(\frac{D_{\text{t}}}{d_{\text{r}}}\right)^{8.567}}\right)}{\log\left(77.09 \left(\frac{D_{\text{t}}}{d_{\text{r}}}\right)^{-2.894}\right)}\right)}$$

式中：

S_f——安全系数；

N_{equiv}——滑轮的等效数量；

d_r——钢丝绳的直径。

N4 示例

滑轮的等效数量 N_{equiv} 的计算示例如图 N2 所示。

例 1.

V 形槽，$\gamma=40°$

$N_{equiv(t)}=7.1$

$K_p=2.07$

$N_{equiv(p)}=2\times2.07=4.1$

$N_{equiv}=11.2$

注：因为是动滑轮故没有反向弯折。

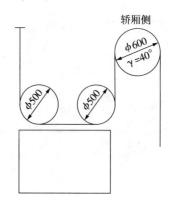

例 2.

V 形带切口槽

$\gamma=40°$

$\beta=90°$

$N_{equiv(t)}=5.0$

$K_p=5.06$

$N_{equiv}=10.06$

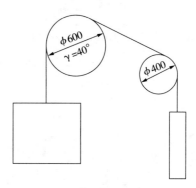

例 3.

U 形槽

$N_{equiv(t)}=1+1$（双绕）

$K_p=1$

$N_{equiv(p)}=2$

$N_{equiv}=4$

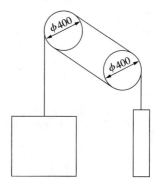

图 N2 滑轮等效数量的计算示例

附 录 ZA

（提示的附录）

本标准对欧洲电梯指令 EU 的符合性说明

本标准符合欧洲法规《电梯指令》(95/16/EC Lift Directive)的基本安全要求及其他规定。

参考文献

[1] 张福恩,吴乃优,张金陵,李秩耕.《交流调速电梯原理、设计及安装维修》.北京:机械工业出版社,1991.

[2] 张福恩,张金陵,李秩耕,朱昌明,余存杰.《电梯制造与安装安全规范应用手册》.北京:机械工业出版社,1993.

[3] 朱昌明,洪致育,张惠侨.《电梯与自动扶梯-原理设计安装测试》.上海:上海交通大学出版社,1995.

[4] 刘连昆,冯国庆,等.电梯安全技术-结构.标准.故障排除.事故分析.北京:机械工业出版社,1995.

[5] 陈凤旺,等.电梯工程施工质量验收规范实施指南.北京:中国建筑工业出版社,2003.

[6] 李秩耕.电梯基本原理及安装维修全书.北京:机械工业出版社,2005.

[7] 朱昌明,孙立新,张晓峰,冯宏景,刘锡奎.EN81-1:1998电梯制造与安装安全规范 解读.北京:中国标准出版社,2007.

[8] 全国电梯标准化技术委员会秘书处.EN81-1/2解释单汇编.内部资料.

[9] 马培忠.限速器的型式特点和性能分析——浅谈电梯安全部件之一.中国电梯,1996(6).

[10] 马培忠.安全钳的型式特点和性能分析——浅谈电梯安全部件之二.中国电梯,1996(7).

[11] 马培忠.缓冲器的型式特点和性能分析——浅谈电梯安全部件之三.中国电梯,1996(8).

[12] George W. Gibson.电梯水平滑动门系统瞬时最大动能限量.Elevator World,1997(4).

[13] 金琪安.电梯的电气安全保护.中国电梯,2002(8).

[14] 金琪安.再谈电梯的电气安全保护.中国电梯,2003(19).

[15] 金琪安.论电气安全链的中继控制.中国电梯,2004(15).

[16] 金江山.电梯安全链安全技术应用探讨.中国电梯,2004(15).

[17] 曾晓东.接地保护的原理、检验及计算.中国电梯,2001(7).

[18] 冯志华,杨永强,朴庆利,李伟东,贺辽勤.变频器与长电缆相连时电机的失效现象分析.电气传动,2002(5).

[19] 权安江.安全元器件、安全电路及安全系统设计介绍.内部资料.

[20] 朱昌明,冯宏景.电磁兼容性 电梯、自动扶梯、自动人行道系列标准 发射.内部资料.

[21] 朱昌明,冯宏景.电磁兼容性 电梯、自动扶梯、自动人行道系列标准 抗干扰.内部资料.

[22] 封士彩,张晓英.矿用提升钢丝绳安全系数的研究.煤矿机械,2001(6).

[23] 封士彩,张晓英.矿用提升钢丝绳安全系数的研究.煤矿机械,2001(6).